高等职业教育系列教材

电工与电子技术基础

张志良　主编

邵　菁　张慧莉　刘剑昀　参编

机械工业出版社

本书根据高等职业教育要求和当前高职学生特点编写，内容覆盖面较宽，但难度较浅。习题丰富，可布置性好。并有与之配套的《电工与电子技术学习指导及习题解答》，给出全部解答。既便于学生自学练习，又便于教师选用，能有效减轻教师的教学负担。

本书主要内容包括电路基本分析方法、正弦交流电路、三相电路、磁路和铁心变压器、电动机与控制电路、常用半导体元件及其特性、放大电路基础、直流稳压电路、数字逻辑基础、常用集成数字电路、振荡与信号转换电路和电工电子基础实验。

本书适合作为高职高专院校、应用型本科院校机电专业和其他相关专业电工电子课程教材。

本书配有授课电子课件，需要的教师可登录 www.cmpedu.com 免费注册，审核通过后下载，或联系编辑索取（QQ：1239258369，电话：010-88379739）。

图书在版编目（CIP）数据

电工与电子技术基础 / 张志良主编. 一北京：机械工业出版社，2016.7（2022.7 重印）

高等职业教育系列教材

ISBN 978-7-111-53685-7

Ⅰ. ①电… Ⅱ. ①张… Ⅲ. ①电工技术－高等职业教育－教材②电子技术－高等职业教育－教材 Ⅳ. ①TM ②TN

中国版本图书馆 CIP 数据核字（2016）第 095591 号

机械工业出版社（北京市百万庄大街 22 号 邮政编码 100037）

策划编辑：王 颖　　责任编辑：王 颖

责任校对：张艳霞　　责任印制：常天培

天津翔远印刷有限公司印刷

2022 年 7 月第 1 版 • 第 6 次印刷

184mm×260mm • 22.5 印张 • 538 千字

标准书号：ISBN 978-7-111-53685-7

定价：55.00 元

凡购本书，如有缺页、倒页、脱页，由本社发行部调换

电话服务

服务咨询热线：（010）88379833

读者购书热线：（010）88379649

网络服务

机 工 官 网：www.cmpbook.com

机 工 官 博：weibo.com/cmp1952

教育服务网：www.cmpedu.com

金 书 网：www.golden-book.com

高等职业教育系列教材

电子类专业编委会成员名单

出版说明

《国家职业教育改革实施方案》（又称“职教20条”）指出：到2022年，职业院校教学条件基本达标，一大批普通本科高等学校向应用型转变，建设50所高水平高等职业学校和150个骨干专业（群）；建成覆盖大部分行业领域、具有国际先进水平的中国职业教育标准体系；从2019年开始，在职业院校、应用型本科高校启动“学历证书+若干职业技能等级证书”制度试点（即1+X证书制度试点）工作。在此背景下，机械工业出版社组织国内80余所职业院校（其中大部分院校入选“双高”计划）的院校领导和骨干教师展开专业和课程建设研讨，以适应新时代职业教育发展要求和教学需求为目标，规划并出版了“高等职业教育系列教材”丛书。

该系列教材以岗位需求为导向，涵盖计算机、电子、自动化和机电等专业，由院校和企业合作开发，多由具有丰富教学经验和实践经验的“双师型”教师编写，并邀请专家审定大纲和审读书稿，致力于打造充分适应新时代职业教育教学模式、满足职业院校教学改革和专业建设需求、体现工学结合特点的精品化教材。

归纳起来，本系列教材具有以下特点：

1）充分体现规划性和系统性。系列教材由机械工业出版社发起，定期组织相关领域专家、院校领导、骨干教师和企业代表开展编委会年会和专业研讨会，在研究专业和课程建设的基础上，规划教材选题，审定教材大纲，组织人员编写，并经专家审核后出版。整个教材开发过程以质量为先，严谨高效，为建立高质量、高水平的专业教材体系奠定了基础。

2）工学结合，围绕学生职业技能设计教材内容和编写形式。基础课程教材在保持扎实理论基础的同时，增加实训、习题、知识拓展以及立体化配套资源；专业课程教材突出理论和实践相统一，注重以企业真实生产项目、典型工作任务、案例等为载体组织教学单元，采用项目导向、任务驱动等编写模式，强调实践性。

3）教材内容科学先进，教材编排展现力强。系列教材紧随技术和经济的发展而更新，及时将新知识、新技术、新工艺和新案例等引入教材；同时注重吸收最新的教学理念，并积极支持新专业的教材建设。教材编排注重图、文、表并茂，生动活泼，形式新颖；名称、名词、术语等均符合国家有关技术质量标准和规范。

4）注重立体化资源建设。系列教材针对部分课程特点，力求通过随书二维码等形式，将教学视频、仿真动画、案例拓展、习题试卷及解答等教学资源融入到教材中，使学生学习课上课下相结合，为高素质技能型人才的培养提供更多的教学手段。

由于我国高等职业教育改革和发展的速度很快，加之我们的水平和经验有限，因此在教材的编写和出版过程中难免出现疏漏。恳请使用本系列教材的师生及时向我们反馈相关信息，以利于我们今后不断提高教材的出版质量，为广大师生提供更多、更适用的教材。

机械工业出版社

前　言

“电工与电子技术”是高职高专院校机电专业和其他相关专业学习电工、模拟电子技术、数字电子技术等基础知识和基本概念的一门非常重要的专业基础课。由于电工电子课程涉及内容繁多，但课时却有限，既要把电工电子的基本概念、基础知识融入，又不能内容过多，还要针对机电等专业的专业特性，把握内容繁简，把握难度分寸，满足专业需求，便于学生学习。因此，本书力求做到以下几点：

1）内容广、难度浅、适用面宽。既有利于学生比较全面地学习电工电子技术，也便于不同院校、不同专业、不同教学要求的老师选用。

2）文字叙述注重条理化。使学生容易记忆理解，也便于教师板书教学。对学生不易理解和容易混淆的概念，给出较为详尽的解说，便于自学。

3）重概念，轻计算。除电工中一些重要和基本的计算外，模拟电子技术、数字电子技术均以概念为主。

4）将一些重要的、基础的、学生不易理解和容易混淆的概念归纳整理成复习思考题，用于课后对基本概念的理解、辨析和加深记忆。

5）习题量多，且可布置性好，单一概念习题多，模仿题多，简单容易的题目多，更适应于当前高职学生的特点，并有与之配套的《电工与电子技术学习指导及习题解答》，给出全部解答。既便于不同教学要求的院校和老师选用，方便布置习题和选择考试复习题，且因有题解，又能有效减轻教师批改作业和答疑的教学负担。

6）注意实践运用和与后续课程的衔接。书中概念、例题、习题，凡能与实际应用结合或与后续课程中的应用结合的，均给出说明。

7）电工电子基础实验一章涉及实验内容丰富，便于选择；实验器材较简单普遍，便于实施。

综上所述，本书总的指导思想和特色是方便教学。对学生，便于自学；对教师，能有效减轻教学负担。

本书由上海电子信息职业技术学院张志良主编，邵菁、张慧莉、刘剑昀参编。其中第1、2、3章由邵菁编写，第4、5、6章由张慧莉编写，第7、8、9章由刘剑昀编写，其余章节由张志良编写并统稿。

限于编者水平，书中错误不妥之处，恳请读者批评指正。

编　者

目　录

出版说明
前言
第1章　电路基本分析方法……1
1.1　电路和电路模型……1
1.2　电路基本物理量……2
1.2.1　电流……2
1.2.2　电压……3
1.2.3　电功率……5
1.3　电路元件……7
1.3.1　电阻……7
1.3.2　电容……10
1.3.3　电感……11
1.3.4　电压源和电流源……12
1.4　电路基本定律……15
1.4.1　欧姆定律……16
1.4.2　基尔霍夫定律……18
1.5　电路基本分析方法……21
1.5.1　叠加定理……21
1.5.2　戴维南定理……22
1.6　线性电路暂态分析……26
1.6.1　换路定律……26
1.6.2　一阶电路暂态响应（三要素法）……29
1.6.3　微分电路和积分电路……31
1.7　习题……33
1.7.1　选择题……33
1.7.2　分析计算题……36
第2章　正弦交流电路……45
2.1　正弦交流电路基本概念……45
2.1.1　正弦量三要素……45
2.1.2　正弦量的相量表示法……48
2.2　正弦交流电路中的电阻、电感和电容……49
2.2.1　纯电阻正弦交流电路……49
2.2.2　纯电感正弦交流电路……50
2.2.3　纯电容正弦交流电路……51

2.3 相量法分析正弦交流电路 53
2.3.1 *RLC* 串联正弦交流电路 53
2.3.2 复阻抗的串联和并联 55
2.4 正弦交流电路功率 56
2.4.1 正弦交流电路功率基本概念 56
2.4.2 提高功率因数 58
2.5 谐振电路 60
2.5.1 串联谐振电路 60
2.5.2 电感线圈与电容并联谐振电路 61
2.6 非正弦周期性电流电路 63
2.7 习题 70
2.7.1 选择题 70
2.7.2 分析计算题 72
第 3 章 三相电路 78
3.1 三相电路基本概念 78
3.1.1 对称三相电源概述 78
3.1.2 三相电源联结 79
3.1.3 三相负载联结 80
3.2 三相电路分析计算 82
3.2.1 对称三相电路分析计算 82
3.2.2 不对称三相电路分析计算 83
3.3 三相电路功率 85
3.3.1 三相功率分析计算 85
3.3.2 三相功率测量 87
3.4 安全用电 88
3.5 习题 91
3.5.1 选择题 91
3.5.2 分析计算题 92
第 4 章 磁路和铁心变压器 95
4.1 磁路基本概念 95
4.1.1 磁场基本物理量 95
4.1.2 铁磁性物质 96
4.1.3 磁路及其基本定律 98
4.2 交流铁心线圈 101
4.2.1 电压、电流与磁通的关系 101
4.2.2 交流铁心线圈功率损耗 102
4.2.3 交流铁心线圈等效电路 103
4.2.4 电磁铁 104
4.3 铁心变压器 106
4.3.1 互感及互感线圈同名端 106

4.3.2 理想变压器……109
4.3.3 实际变压器……110
4.3.4 特殊变压器……114
4.4 习题……116
4.4.1 选择题……116
4.4.2 分析计算题……118
第5章 电动机与控制电路……121
5.1 常用低压电器……121
5.2 三相异步电动机……127
5.2.1 三相异步电动机概述……127
5.2.2 三相异步电动机的电磁转矩和机械特性……131
5.2.3 三相异步电动机的起动、调速和制动……133
5.2.4 三相异步电动机的铭牌……140
5.3 单相异步电动机……142
5.4 直流电动机……144
5.5 习题……146
5.5.1 选择题……146
5.5.2 分析计算题……147
第6章 常用半导体元件及其特性……149
6.1 普通二极管……149
6.1.1 PN 结……149
6.1.2 二极管……150
6.1.3 二极管的检测与选用……153
6.2 特殊二极管……154
6.2.1 稳压二极管……154
6.2.2 发光二极管……155
6.2.3 光敏二极管……155
6.3 双极型晶体管……156
6.3.1 晶体管概述……156
6.3.2 晶体管的特性曲线……157
6.3.3 晶体管的主要参数……159
6.3.4 晶体管的检测和选用……162
6.4 场效应晶体管……164
6.5 习题……165
6.5.1 选择题……165
6.5.2 分析计算题……166
第7章 放大电路基础……171
7.1 共射基本放大电路……171
7.1.1 共射基本放大电路概述……171
7.1.2 共射基本放大电路的分析……172

7.1.3 静态工作点稳定电路 ……177
7.2 共集电极电路和共基极电路 ……180
7.2.1 共集电极电路 ……181
7.2.2 共基极电路 ……182
7.3 放大电路中的负反馈 ……184
7.3.1 反馈的基本概念 ……184
7.3.2 负反馈对放大电路性能的影响 ……186
7.4 互补对称功率放大电路 ……189
7.5 集成运算放大电路 ……193
7.5.1 集成运放基本概念 ……194
7.5.2 集成运放基本输入电路 ……196
7.5.3 集成运放基本运算电路 ……198
7.5.4 电压比较器 ……201
7.6 习题 ……203
7.6.1 选择题 ……203
7.6.2 分析计算题 ……205
第8章 直流稳压电路 ……212
8.1 整流电路 ……212
8.1.1 半波整流 ……212
8.1.2 全波整流 ……213
8.1.3 桥式整流 ……214
8.2 滤波电路 ……215
8.3 硅稳压管稳压电路 ……217
8.4 线性串联型稳压电路 ……218
8.4.1 线性串联型稳压电路概述 ……219
8.4.2 三端集成稳压电路 ……220
8.5 开关型直流稳压电路 ……223
8.5.1 开关型直流稳压电路概述 ……223
8.5.2 Top Switch 开关电源单片集成电路 ……226
8.6 习题 ……228
8.6.1 选择题 ……228
8.6.2 分析计算题 ……229
第9章 数字逻辑基础 ……232
9.1 数字电路概述 ……232
9.2 数制与编码 ……233
9.2.1 二进制数和十六进制数 ……233
9.2.2 BCD 码 ……236
9.3 逻辑代数基础 ……237
9.3.1 基本逻辑运算 ……237
9.3.2 逻辑代数 ……239

9.4 逻辑函数……240
9.4.1 逻辑函数及其表示方法……240
9.4.2 公式法化简逻辑函数……242
9.4.3 卡诺图化简逻辑函数……243
9.5 习题……246
9.5.1 选择题……246
9.5.2 分析计算题……247
第10章 常用集成数字电路……250
10.1 集成门电路……250
10.1.1 TTL集成门电路……250
10.1.2 CMOS集成门电路……253
10.1.3 常用集成门电路……255
10.2 组合逻辑电路……258
10.2.1 编码器……258
10.2.2 译码器……259
10.3 触发器……263
10.3.1 触发器基本概念……263
10.3.2 JK触发器……264
10.3.3 D触发器……266
10.4 时序逻辑电路……268
10.4.1 寄存器……269
10.4.2 计数器……272
10.5 半导体存储器……277
10.6 习题……281
10.6.1 选择题……281
10.6.2 分析计算题……283
第11章 振荡与信号转换电路……288
11.1 正弦波振荡电路……288
11.1.1 振荡电路基本概念……288
11.1.2 *RC*正弦波振荡电路……289
11.1.3 *LC*正弦波振荡电路……291
11.1.4 石英晶体正弦波振荡电路……295
11.2 多谐振荡电路……297
11.2.1 由集成运放组成的多谐振荡电路……297
11.2.2 由门电路组成的多谐振荡电路……299
11.2.3 石英晶体多谐振荡电路……302
11.2.4 由555定时器组成的多谐振荡电路……303
11.3 数-模转换和模-数转换电路……305
11.3.1 数-模转换和模-数转换基本概念……305
11.3.2 数-模转换电路……306

11.3.3 模-数转换电路……307
11.4 习题……309
11.4.1 选择题……309
11.4.2 分析计算题……310
第12章 电工电子基础实验……317
12.1 电阻和直流电压电流的测量……317
12.1.1 测量电阻……317
12.1.2 测量直流电压电流……317
12.1.3 验证叠加定理……319
12.2 荧光灯电路……319
12.2.1 安装并点亮荧光灯……320
12.2.2 测量荧光灯功率和提高功率因素……321
12.3 三相电路……322
12.3.1 测量三相电路电压电流……322
12.3.2 测量三相功率……323
12.4 变压器……325
12.5 三相异步电动机……327
12.5.1 三相异步电动机定子绕组首尾端判别……327
12.5.2 三相异步电动机单向起动……328
12.5.3 三相异步电动机正反转……329
12.5.4 三相异步电动机反接制动……329
12.6 二极管与晶体管的检测……329
12.6.1 二极管检测……329
12.6.2 晶体管检测……331
12.7 放大电路……333
12.7.1 共射基本放大电路静态工作点测试和调节……333
12.7.2 集成运算放大电路……335
12.8 直流稳压电源……338
12.8.1 整流和滤波电路……338
12.8.2 集成稳压电路……339
12.9 集成门电路……340
12.9.1 与或非基本逻辑门……340
12.9.2 三人多数表决器……341
12.10 振荡、计数、显示、译码和编码电路……342
12.11 555定时器应用……343
参考文献……345

第1章　电路基本分析方法

电，作为一种优越的能量形式和信息载体已成为当今社会不可或缺的重要组成部分。而电的产生、传输和应用又必须通过电路来实现。

1.1　电路和电路模型

1．什么叫电路

由各种电气器件按一定方式连接的总体，并可提供电流流通的路径，称为电路或电网络。

2．电路组成

图 1-1a 为手电筒电路示意图，它代表了一个最简单电路的组成。然而不管电路如何复杂，都可以归结为由以下 4 个部分组成。

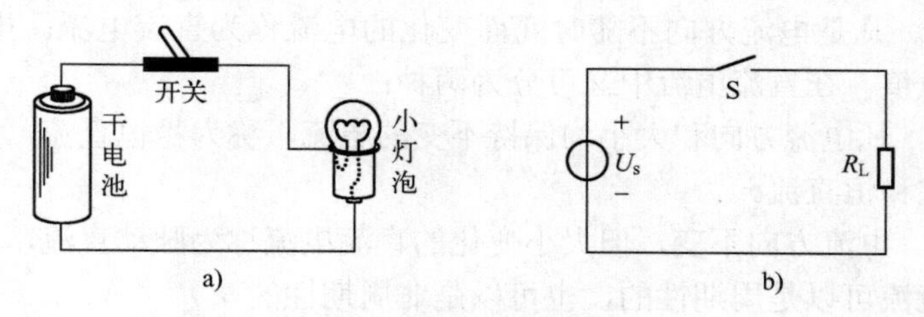

图 1-1　手电筒电路

a) 实物图　b) 电路图

1）电源。如图 1-1a 中的干电池，其作用是提供电能。

2）负载。如图 1-1a 中的小灯泡，其作用是应用电能、消耗电能。

3）连接导线。其作用是连接电源和负载，形成回路，让电流流通。

4）控制器件。如图 1-1a 中的开关，其作用是控制电路的状态，即接通或断开电流流通的通路，控制小灯泡的亮暗。

3．电路状态

电路状态可分为 3 种：

1）通路。如图 1-1a 中开关合上，电路接通，小灯泡亮。

2）断路（或称开路）。如图 1-1a 中开关断开，电流不通，小灯泡暗。

3）短路。电源不经负载直接闭合形成回路。如图 1-1a 中干电池正负极直接连通；或开关合上后，小灯泡两端直接连通（电流不经过小灯泡灯丝）。此时，电流很大，常会损坏电路器件。

4．电路模型

在科学研究中，各学科为了便于分析研究，都引入了本学科的模型。即把实际器件近似化、理想化，在一定条件下忽略其次要特性，归结为足以表征其主要特性的理想元件，称为电路模型。图 1-1b 即为用电路模型描述的手电筒电路。

电学中的理想元件主要有电阻 R、电感 L、电容 C、电压源 U_s 和电流源 I_s。今后，若未加特殊说明，本书中的元件均为理想元件。

1.2 电路基本物理量

描述电路的基本物理量主要有电流、电压和电功率。

1.2.1 电流

1. 电流和电流强度

在物理学中，我们学过，电荷的定向移动就形成了电流。并且将正电荷运动的方向定义为电流的实际方向。而电流的大小通常用电流强度表示，电流强度是指单位时间内通过导体横截面的电荷量。在电路中，电流强度常被简称为电流。

2. 电流分类

电流一般可分为两大类：直流和交流。

1）直流电流。凡是电流方向不随时间而变化的电流称为直流电流。电流值可以全为正值，也可以全为负值。在直流电流中又可分为两种：

① 稳恒直流。凡电流方向和大小均保持不变的电流，称为稳恒直流，如图 1-2a 所示。本章主要分析研究稳恒直流。

② 脉动直流。电流方向不变，但大小变化的直流电流称为脉动直流，如图 1-2b 所示。大小变化的脉动直流可以是周期性的，也可以是非周期性的。

2）交流电流。凡电流方向随时间而变化的电流称为交流电流。即电流值有正有负的是交流电流。交流电流一般又可分为两类：

① 正弦交流。按正弦规律变化的交流电流称为正弦交流，如图 1-2c 所示，正弦交流将在第 2 章中分析。

② 非正弦交流。不按正弦规律变化的交流电流称为非正弦交流电流，如图 1-2d 所示。非正弦交流电流也有周期性和非周期性之分。

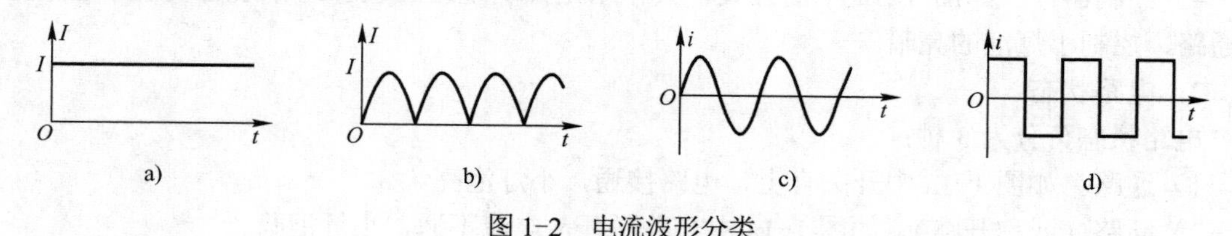

图 1-2　电流波形分类

a) 稳恒直流　b) 脉动直流　c) 正弦交流　d) 非正弦交流

3. 电流定义式

电流定义式是指电流强度的定义式：

$$i = \frac{dq}{dt} \tag{1-1}$$

式中，dq 和 dt 均为数学中的微分符号，表示在很小的时间 dt 内，通过导体横截面积的电荷量 dq。对于稳恒直流，则可用下式表示：

$$I = \frac{Q}{T} \tag{1-1a}$$

电流的单位是安培，用符号 A 表示。它表示 1 秒（s）内通过导体横截面的电荷为 1 库仑（c）。

4．电流的参考方向

在分析电路时，对某一电流的实际方向可能一时很难确定，或其方向是不断变化的。因此，需要有一个电流参考方向与其比较，这样，可使求解电流实际方向问题简化。

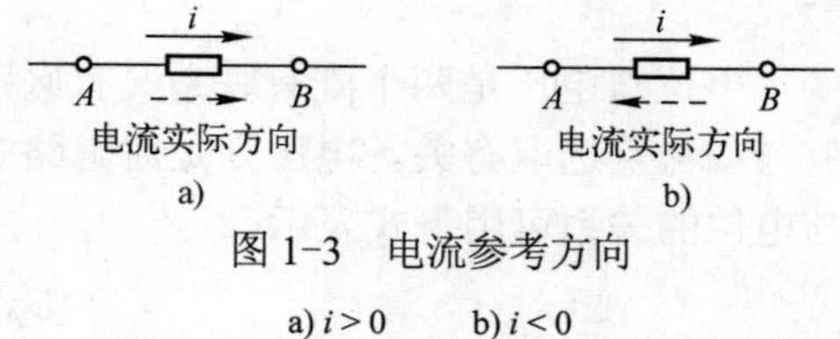

图 1-3　电流参考方向

a) $i>0$　　b) $i<0$

1）电流参考方向表达方式。电流参考方向的表达方式通常有两种：一种是以实线箭头表示，如图 1-3 所示；另一种是用双下标表示，例如 i_{AB}，表示电流参考方向从 A 流向 B。

2）电流实际方向和正负值的确定。电流参考方向确定后，若电流的实际方向与参考方向相同，则电流为正值；若电流的实际方向与参考方向相反，则电流为负值。

或者，已知电流的正负，就可根据电流正负确定电流的实际方向。若电流为正值，则电流的实际方向与参考方向相同；若电流为负值，则电流的实际方向与参考方向相反。

分析研究电流，物理学与电工学的区别就在于：物理学中的电流没有参考方向，只有正值；而电工学中的电流有参考方向，可正可负，因而可进一步深入分析研究。

3）注意事项。

① 电流参考方向可以任意选定。

② 不规定电流参考方向而分析电流正负是没有意义的。

【例 1-1】 已知电路和电流参考方向如图 1-4 所示，且 $I_a = I_c = 1A$，$I_b = I_d = -1A$，试指出电流的实际方向。

解： $I_a = 1A > 0$，I_a 的实际方向与参考方向相同，即由 $A \to B$；

$I_b = -1A < 0$，I_b 的实际方向与参考方向相反，即由 $B \to A$；

$I_c = 1A > 0$，I_c 的实际方向与参考方向相同，即由 $B \to A$；

$I_d = -1A < 0$，I_d 的实际方向与参考方向相反，即由 $A \to B$。

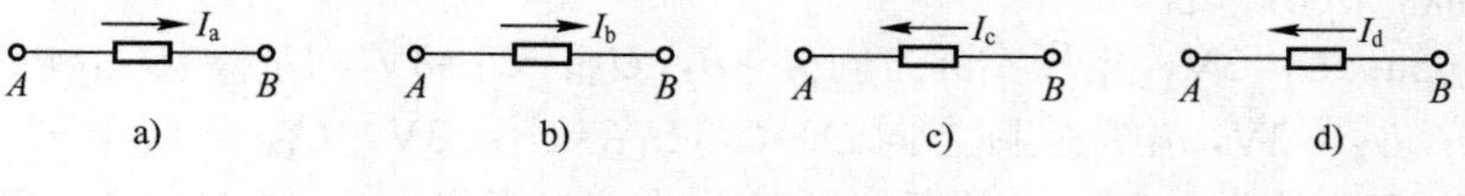

图 1-4　例 1-1 电路

1.2.2　电压

电路中的另一个重要物理量是电压。电压是使电流流通的必要条件。

1．电压的定义

在物理学中，我们已知，要使正电荷 q 从 A 点移到 B 点，必须对其做功。电场力做功

W_{AB}与该电荷 q 的比值定义为 A、B 两点间电压（或称电压降）。

$$U_{AB}=\frac{W_{AB}}{q} \tag{1-2}$$

电压的单位为伏特，用符号 V 表示。U_{AB} =1V，表示将 1 库仑（c）正电荷从 A 点移到 B 点所作的功为 1 焦耳（J）。

2．电位

在电路中任选一点 O 为零电位参考点，则某点 A 到该参考点 O 之间的电压称为 A 点相对于 O 点的电位，记作 φ_A（或 U_A）。

$$\varphi_A = U_{AO} \tag{1-3}$$

电位与电压是两个既有联系又有区别的概念。电位是对电路中某零电位参考点而言，其值与参考点选取有关。电压则是对电路中某两个具体点而言，其值与参考点选取无关。电压与电位的关系可用下式表示：

$$U_{AB}=U_A-U_B=\varphi_A-\varphi_B \tag{1-4}$$

因此可以得出，两点间电压即两点间电位差。若取 B 点作为零电位参考点，则 AB 两点间电压即为 A 点电位，$U_{AB}=\varphi_A$。

3．电压参考方向

与电流参考方向概念相同，电压也必须确定参考方向。

1）电压参考方向表达方式。电压参考方向的表达方式通常有两种：一种是用“+”“-”极性表示，此时电压参考方向是由“+”指向“-”；另一种是用双下标，例如 U_{AB}，表示电压参考方向由 A 指向 B。

2）电压实际方向和正负值的确定。若电压的实际方向与参考方向相同，则电压为正值；若电压的实际方向与参考方向相反，则电压为负值。

或者，若电压为正值，则电压的实际方向与参考方向相同；若电压为负值，则电压的实际方向与参考方向相反。因此，$U_{AB}=-U_{BA}$。

3）注意事项。① 电压参考方向可以任意确定。

② 电压实际方向是客观存在的，并不因电压参考方向的不同选择而改变。

③ 不规定电压参考方向而分析电压正、负是没有意义的。

【例 1-2】 已知电路如图 1-5 所示，U_1 =3V，U_2 =−3V，试指出电路电压的实际方向。并求 U_{AB}、U_{BA}、U_{CD}、U_{DC}。

解：图 1-5a：U_1=3V，电压实际方向 $A\rightarrow B$，$U_{AB}=U_1$=3V，$U_{BA}=-U_{AB}$=−3V。

图 1-5b：U_2=−3V，电压实际方向 $D\rightarrow C$，$U_{CD}=U_2$=−3V，$U_{DC}=-U_{CD}$=−(−3)V=3V。

【例 1-3】 已知电路如图 1-6 所示，以 O 为电位参考点，φ_A =30V，φ_B =20V，φ_C =5V，试求 U_{AB}、U_{BC}、U_{CA}。

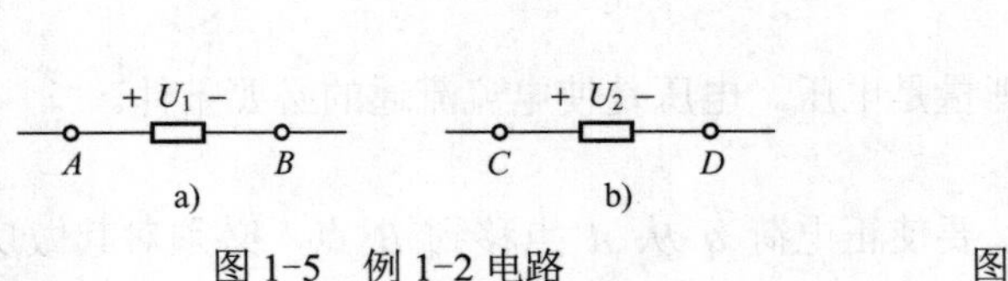

图 1-5 例 1-2 电路

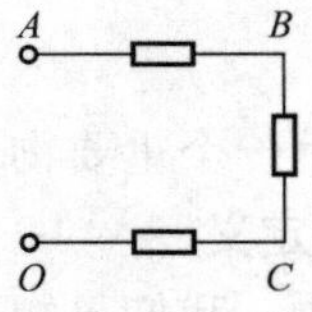

图 1-6 例 1-3 电路

解：$U_{AB}=\varphi_A-\varphi_B=(30-20)V=10V$

$U_{BC}=\varphi_B-\varphi_C=(20-5)V=15V$

$U_{CA}=\varphi_C-\varphi_A=(5-30)V=-25V$

4．关联参考方向

电流参考方向和电压参考方向的选定是相互独立的，可任意选定。不确定电流和电压的参考方向，就无法确定电流值和电压值的正负。为了方便起见，对一段电路或一个电路元件，电流和电压参考方向通常选为一致，称为关联参考方向。即电流的参考方向从电压的正极性端流入，从负极性端流出。若两者参考方向不一致，则称为非关联参考方向。

需要指出的是，今后，本书电流和电压的方向，若无特殊说明，均指关联参考方向。

1.2.3 电功率

电功率是电路分析中常用到的一个复合物理量。

1．定义

电能对时间的变化率称为电功率，可用下式表示：

$$p(t)=\frac{\mathrm{d}W}{\mathrm{d}t} \tag{1-5}$$

根据式（1-2）、式（1-1）和式（1-5），又可得出：

$$p(t)=\frac{\mathrm{d}(uq)}{\mathrm{d}t}=u\frac{\mathrm{d}q}{\mathrm{d}t}=ui \tag{1-5a}$$

电功率的单位为瓦[特]，用符号 W 表示。在直流情况下，式（1-5a）可表达为：

$$P=UI \tag{1-5b}$$

2．吸收功率和发出功率

在物理学中，电压、电流和电功率恒为正值。在电路中，我们已经引入了正、负电压，正、负电流的概念，同时也要引入正、负功率的概念。我们定义：$p>0$ 时为吸收功率，$p<0$ 时为发出功率。为此在具体计算时，式（1-5a）也可写为：

$$p=\pm ui \tag{1-5c}$$

式中正负号的取法：当 u 与 i 参考方向一致（关联参考方向）时，取“+”号；当 u 与 i 参考方向相反（非关联参考方向）时，取“-”号。按照式（1-5c）计算得出的功率值，若为正值，则为吸收功率；若为负值，则为发出功率。

【例 1-4】 已知电路如图 1-7 所示，U=5V，I=2A，试求电路中元件的功率，并指出其属于吸收功率还是发出功率？

解：图 1-7a：电压电流参考方向相同，$P=UI=(5\times2)W=10W$，$p>0$，吸收功率。

图 1-7b：电压电流参考方向相反，$P=-UI=(-5\times2)W=-10W$，$p<0$，发出功率。

图 1-7c：电压电流参考方向相反，$P=-UI=(-5\times2)W=-10W$，$p<0$，发出功率。

图 1-7d：电压电流参考方向相同，$P=UI=(5\times2)W=10W$，$p>0$，吸收功率。

a) b) c) d)

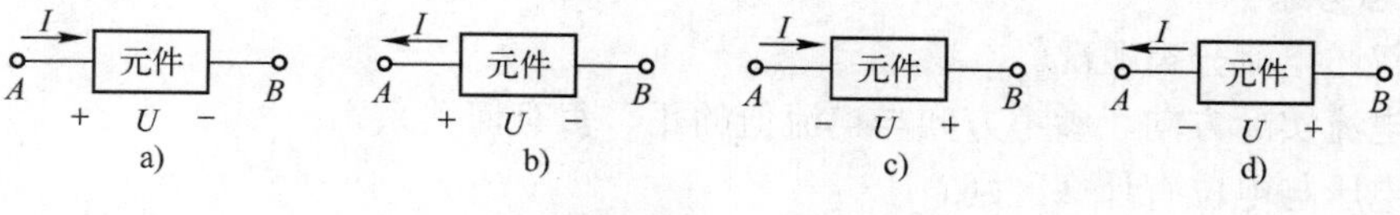

图 1-7 例 1-4 电路

【例 1-5】 电路同上，但图 1-7a、b 中，$U=-5\text{V}$，$I=2\text{A}$，图 1-7c、d 中，$U=5\text{V}$，$I=-2\text{A}$，试再求电路中元件的功率，并指出其属于吸收功率还是发出功率？

解：图 1-7a：$P=UI=(-5)\times2\text{W}=-10\text{W}$，$p<0$，发出功率。

图 1-7b：$P=-UI=-(-5)\times2\text{W}=10\text{W}$，$p>0$，吸收功率。

图 1-7c：$P=-UI=-5\times(-2)\text{W}=10\text{W}$，$p>0$，吸收功率。

图 1-7d：$P=UI=5\times(-2)\text{W}=-10\text{W}$，$p<0$，发出功率。

从例 1-4 和例 1-5 解可以看出，式（1-5c）中正、负号的取法，仅与 ui 的参考方向有关，与数值正、负本身无关，不论正、负，代入式（1-5c），然后根据功率计算结果值的正、负，确定是吸收功率还是发出功率。

3．电阻元件的功率

在物理学中，我们学过，电阻元件的功率有 3 个计算公式：

$$P_{\mathrm{R}}=\pm U_{\mathrm{R}}I_{\mathrm{R}}=I_{\mathrm{R}}^{2}R=\frac{U_{\mathrm{R}}^{2}}{R} \tag{1-6}$$

其中，后面两个计算式，虽然在电路中引入了正、负电压、电流的概念，但 U_{R}^2 和 I_{R}^2 恒为正值，而电阻 R 又为正实常数，因此 P_{R} 恒为正值。在第一个计算式中，我们曾规定当 U_{R} 与 I_{R} 参考方向一致时，取正号；参考方向相反时，取负号。因此计算出来的电阻功率恒为正值，即电阻总是吸收功率，电阻是耗能元件。

4．功率平衡

能量转换和守恒定律是自然界基本规律之一。在一个完整的电路中，能量转换当然要遵循这一规律。因此，在一个完整电路中，任一瞬间，吸取电能的各元件功率总和等于发出电能的各元件功率总和，称为“功率平衡”。

5．电能

电能与功率是两个完全不同的概念。电能是一种能量，单位是焦耳；电功率是能量消耗或传递的速率，单位是瓦特。式（1-5）反映了它们之间的关系。在实际应用中，电能的单位为千瓦小时（kW·h），1kW·h 的电能称为一度电。$1\text{kW}\cdot\text{h}=1000\text{W}\times3600\text{s}=3.6\times10^{6}\text{J}$。

6．额定值

电气设备的额定值是指设备安全和经济运行的使用值，即在一定工作条件下的额定电压、额定电流和额定功率，通常由制造厂商规定。电气设备只有在额定值运行情况下，才能保证它的使用寿命和使用质量。低于额定值，则一般达不到电气设备的性能指标；高于额定值，轻则影响使用寿命，重则有可能造成设备损坏。例如，某白炽灯额定电压为 220V，额定功率为 40W 等。若接到 110V 电压上，则白炽灯昏暗，达不到既定的亮度；若接到 380V 电压上，则白炽灯过亮且很快损坏。

【复习思考题】

1.1 叙述电流分类概况。

1.2 电流实际方向、参考方向与电流值的正、负有何关系？

1.3 电压与电位有什么区别？

1.3 电路元件

电路中的理想元件主要有电阻 R、电感 L、电容 C、电压源 U_s 和电流源 I_s。

1.3.1 电阻

电阻元件简称电阻。实际上电阻这个名词代表双重含义，既代表电阻元件又表示电阻参数。

1. 定义

元件两端电压 u_R 与流过元件电流 i_R 的比值称为电阻。其定义可用下式表示：

$$R=\frac{u_R}{i_R} \tag{1-7}$$

电阻的物理意义是元件对电流流通呈现阻碍作用。

2. 特点

1）对电流有阻碍作用。

2）电流通过电阻元件要消耗电能，即电阻是耗能元件。

3）电流流过电阻后，电压必定降低。即电流流过电阻会产生电压降，在电阻两端有一定电压。

3. 单位

电阻的单位为欧姆，用希腊字母 Ω 表示。对较大的电阻，工程上常用 kΩ（10^3Ω）、MΩ（10^6Ω）表示。

4. 电阻计算

在物理学中，我们学过：

$$R=\rho\frac{l}{S} \tag{1-8}$$

式中，l 是导体长度，单位为 m；S 是导体横截面积，单位为 m^2；ρ 是物体材料的电阻率，单位为 Ω·m。不同的材料，电阻率有很大差别，表 1-1 为几种常见材料的电阻率。

表 1-1 几种常见材料的电阻率和温度系数

材料名称	电阻率 ρ/Ω·m(20℃)	温度系数 α/℃(0～100℃)	材料名称	电阻率 ρ/Ω·m(20℃)	温度系数 α/℃(0～100℃)
银	1.59×10^{-8}	3.8×10^{-3}	镍铬合金	$1.0\sim1.2\times10^{-6}$	15×10^{-5}
铜	1.69×10^{-8}	4.3×10^{-3}	铁铬铝合金	$1.3\sim1.4\times10^{-6}$	28×10^{-5}
铝	2.65×10^{-8}	4.23×10^{-3}	碳	3.5×10^{-5}	-0.5×10^{-3}
铁	9.78×10^{-8}	6.0×10^{-3}	锗	0.60	
钨	5.48×10^{-8}	4.5×10^{-3}	硅	2300	
钢	$1.30\sim2.50\times10^{-7}$	6.0×10^{-3}	塑料	$10^{15}\sim10^{16}$	
锡	1.14×10^{-7}	4.4×10^{-3}	陶瓷	$10^{12}\sim10^{13}$	
铂	1.05×10^{-7}	4.0×10^{-3}	云母	$10^{11}\sim10^{15}$	
锰铜	$4.2\sim4.8\times10^{-7}$	0.6×10^{-5}	石英	75×10^{16}	
康铜	$4.8\sim5.2\times10^{-7}$	0.5×10^{-5}	玻璃	$10^{10}\sim10^{14}$	

5. 电阻与温度的关系

材料的电阻值通常与温度有关，随温度变化而变化。设某电阻在温度 t_1 时的电阻值为 R_1，在温度 t_2 时的电阻值为 R_2，则电阻与温度的关系为：

$$R_2=R_1+R_1\alpha（t_2-t_1） \tag{1-9}$$

式中，α 为电阻温度系数。温度上升电阻增大称为正温度系数，α 为正值；温度上升电阻减小，称为负温度系数，α 为负值。几种常见材料的电阻率和温度系数如表 1-1 所示。

温度系数大的如半导体材料，可用于制作热敏电阻；温度系数很小的如锰铜丝、康铜丝等，可用于制作标准电阻、仪表中的分流电阻等。

6. 电阻的伏安特性

电阻的伏安关系是指电阻两端的电压 u_R 与流过电阻电流 i_R 之间的函数关系。以 u_R 为横坐标，以 i_R 为纵坐标，画出电阻的伏安特性如图 1-8 所示。其中图 1-8a 为线性电阻伏安特性。所谓“线性”是指电阻两端电压 u_R 与流过电阻的电流 i_R 呈线性关系，服从在物理学中学过的欧姆定律 $i_R = u_R/R$，其特性图形为一条直线，斜率为 $1/R$。因此，斜率大，电阻小；斜率小，电阻大。图 1-8b 为非线性电阻的伏安特性，即电阻两端电压 u_R 与流过电阻的电流 i_R 不呈线性关系，其特性曲线不是一条直线，例如二极管的伏安特性曲线。

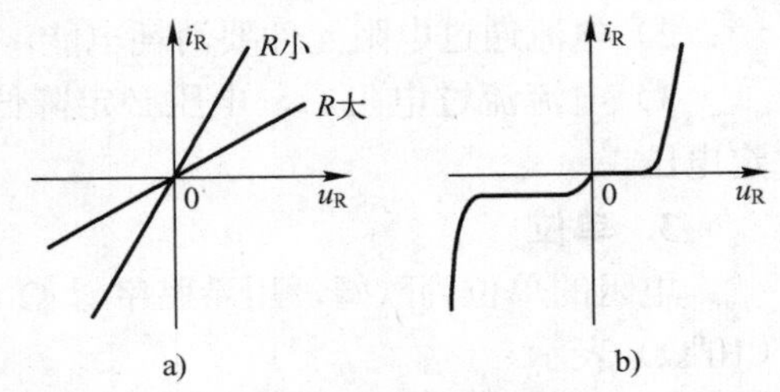

图 1-8　电阻的伏安特性

a) 线性电阻　b) 非线性电阻

7. 电导

在电路中，电阻的倒数称为电导，用字母 G 表示。单位为西（门子），符号为 S，1S=1/Ω。

$$G=\frac{1}{R} \tag{1-10}$$

8. 电阻的串联和并联

1）电阻串联。电阻串联电路如图 1-9 所示。串联后的等效电阻（总电阻）等于每个串联电阻之和。

$$R=R_1+R_2+\cdots+R_n \tag{1-11}$$

2）电阻并联。电阻并联电路如图 1-10 所示。并联后的等效电阻（总电阻）的倒数等于并联各电阻倒数之和。

$$\frac{1}{R}=\frac{1}{R_1}+\frac{1}{R_2}+\cdots+\frac{1}{R_n} \tag{1-12}$$

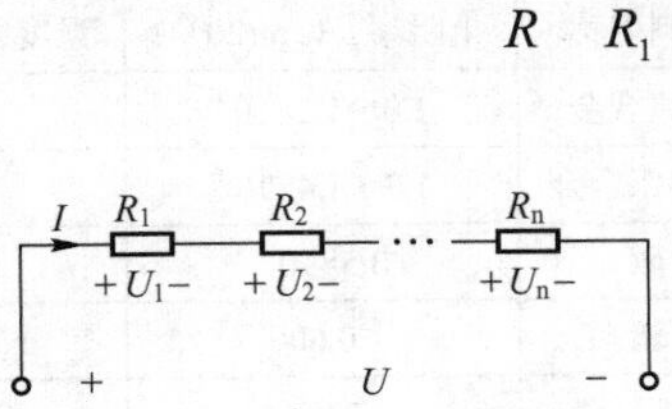

图 1-9　电阻串联电路

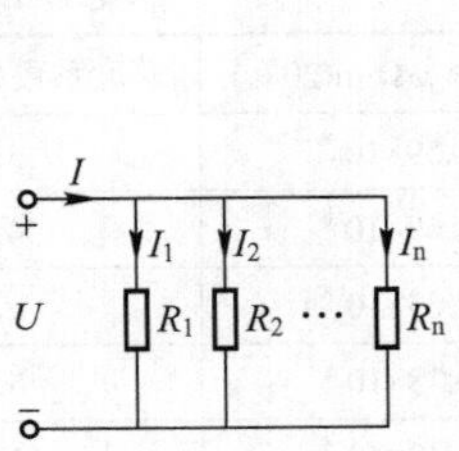

图 1-10　电阻并联电路

两个电阻并联时，有：

$$R=\frac{R_1R_2}{R_1+R_2} \tag{1-13}$$

式（1-13）通俗地被称为“上乘下加”，但需要指出的是，式（1-13）仅适用于两个电阻并联，不适用于 3 个或 3 个以上电阻并联。

电阻并联的特点是并联后等效电阻变小。等效电阻小于并联电阻中最小的电阻，即 $R<\mathrm{Min}[R_1、R_2、\cdots、R_n]$。$n$ 个等值电阻 R 并联后，等效电阻为 R/n。

【例 1-6】 已知电阻并联电路如图 1-11a 所示，$R_1=2\Omega$，$R_2=3\Omega$，$R_3=6\Omega$，试求其并联等效电阻。

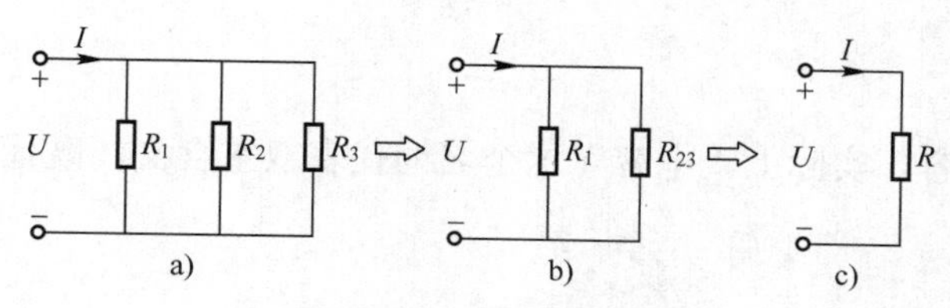

图 1-11　例 1-6 电路

解： $R=\dfrac{1}{\dfrac{1}{R_1}+\dfrac{1}{R_2}+\dfrac{1}{R_3}}=\dfrac{1}{\dfrac{1}{2}+\dfrac{1}{3}+\dfrac{1}{6}}=1\Omega$

也可以先将其中两个电阻并联，再将并联后的等效电阻与剩下的一个电阻并联，如图 1-11b、c 所示。$R_{23}=R_2//R_3=3//6=2\Omega$，$R=R_{23}//R_1=2//2=1\Omega$。

若应用函数型计算器，利用其倒数相加后求倒数可很方便地求出多个电阻并联后的等效电阻。

【例 1-7】 已知电路如图 1-12a 所示，$R_1=R_4=4\Omega$，$R_2=R_5=2\Omega$，$R_3=1\Omega$，试求 ab 端等效电阻。

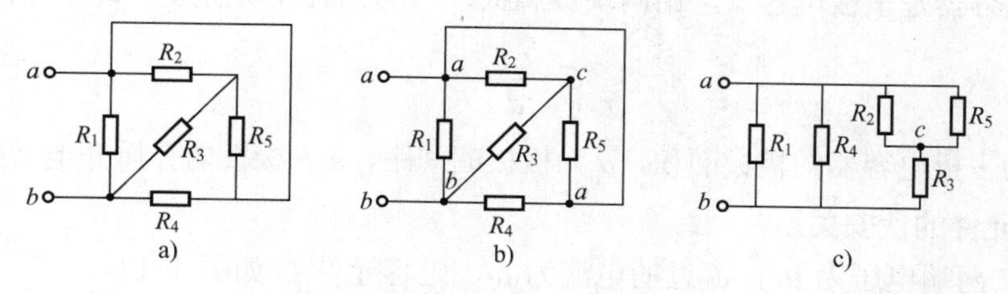

图 1-12　例 1-7 电路

解： 初看图 1-12a 电路，一下很难看清电路电阻串、并联的结构，一般可按下列步骤操作：

1）标节点。如图 1-12b 所示，将所有连接节点用字母标明。

2）编序号。编序号的原因是有的题目没给出电阻序号，仅给出电阻阻值，而部分电阻的阻值是相同的，在下一步骤改画电路时无法区分。且即使电阻阻值不同，改画电路时也难免遗漏。图 1-12a 电路的电阻已编序号。

3）改画电路。改画电路的方法是按已标明的电路连接点依次画出电路。

① 如图 1-12b 中，从节点 a 到节点 b，第一条支路 R_1，画出 R_1；第二条支路 R_4，画出 R_4；第三条支路是 acb，需经过节点 c；三条支路之间的关系是并联。

② 从节点 a 到节点 c，有两条支路 R_2 和 R_5，始节点为 a，终节点为 c，因此，R_2 与 R_5 的连接关系为并联，画出 R_2 和 R_5，如图 1-12c 所示。

③ 从节点 c 到节点 b，只有一条支路 R_3，画出 R_3，如图 1-12c 所示。

至此，我们已能够在电路中看清各电阻的连接关系，电路改画完毕。在改画电路过程中，若一次看不清电路连接关系，可多次改画，直到按习惯画法能看清电路串/并联结构。改画完毕，还必须复核查验，直至正确无误。

4）计算等效电阻。

$$R_{ab}=R_1//R_4//[(R_2//R_5)+R_3]=4//4//[(2//2)+1]\Omega=1\Omega$$

1.3.2 电容

电容元件简称电容。实际上“电容”这个名词代表双重含义，既代表电容元件，又表示电容参数。

1. 定义

一个二端元件其存储的电荷 q 与其端电压 u 的比值称为电容。

$$C=\frac{q}{u} \tag{1-14}$$

若 q 与 u 呈线性关系，则电容 C 称为线性电容。线性电容的电容量为一常量，与其两端电压大小无关。非线性电容如电子技术中 PN 结结电容。

电容的单位为法拉，用字母 F 表示。1F 表示电容存储电荷 1 库仑（c），两端电压为 1 伏特（V）。法拉单位偏大，通常用微法（μF）、纳法（nF）和皮法（pF）表示。

$$1\text{F}=10^6\,\mu\text{F}=10^9\,\text{nF}=10^{12}\,\text{pF}$$

2. 电容计算

常见的电容器是平板电容器，由两块金属板，中间充有介质组成。其电容量为：

$$C=\frac{\varepsilon S}{d} \tag{1-15}$$

其中 S 为平板电容器的极板面积，d 为极板间间距，ε 为极板内介质介电常数。

3. 电容元件的伏安关系

设电容 C 两端电压为 u_C，流过的电流为 i_C，电容元件 C 如图 1-13 所示，则有：

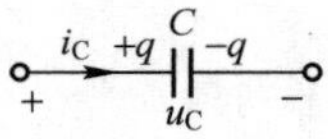

图 1-13 电容元件 C

$$i_C(t)=\frac{dq}{dt}=\frac{d(Cu_C)}{dt}=\pm C\frac{du_C(t)}{dt} \tag{1-16}$$

上式中正负号取法：若 i_C 与 u_C 参考方向一致，取“+”号；若相反，取“-”号。式（1-16）表明：任一时刻电容中的电流 $i_C(t)$与该时刻电容两端电压 $u_C(t)$的变化率 $du_C(t)/dt$ 成正比，而与该时刻电容两端电压无关。若电压恒定不变（即直流电压），则 $du_C(t)/dt=0$，其电流为 0。即电容对直流相当于开路。

式（1-16）也可变换为积分形式：

$$u_C(t)=\pm\frac{1}{C}\int i_C(t)dt \tag{1-17}$$

由于电容是储能元件，电容电压的变化是个充电或放电过程，因此应用式（1-17）计算 u_C 时，与电容初始电压值有关，写成定积分形式：

$$u_C(t)=u_C(t_0)\pm\frac{1}{C}\int_{t_0}^{t}i_C(t)\mathrm{d}t \qquad (1\text{-}17a)$$

其中，$u_C(t_0)$为 t_0 时刻电容的初始电压，$u_C(t)$为电容 C 从时刻 t_0 开始充电（此时 i_C 与 u_C 参考方向一致，取“+”号）或放电（此时 i_C 与 u_C 参考方向相反，取“-”号）至 t 时刻的电压。

4．电容储能

$$W_C(t)=\frac{1}{2}Cu_C^2(t) \qquad (1\text{-}18)$$

上式表明，电容储能与电容 C 和电容电压的平方成正比。

5．电容并联

电容并联电路如图 1-14a 所示，其等效电容（总电容）等于各个电容之和。

$$C=C_1+C_2+\cdots+C_n \qquad (1\text{-}19)$$

6．电容串联

电容串联电路如图 1-14b 所示，其等效电容的倒数等于各电容倒数之和。

$$\frac{1}{C}=\frac{1}{C_1}+\frac{1}{C_2}+\cdots+\frac{1}{C_n} \qquad (1\text{-}20)$$

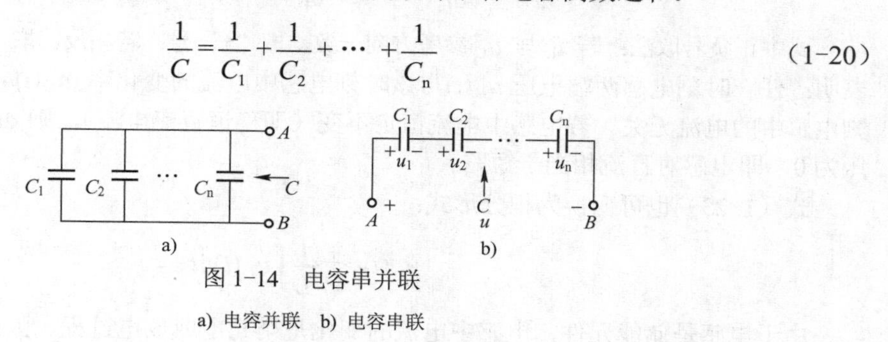

图 1-14　电容串并联

a) 电容并联　b) 电容串联

两个电容串联时，等效电容 $C=\frac{C_1C_2}{C_1+C_2}$，类似于两个电阻并联上乘下加，但需要注意的是，该计算公式仅适用于两个电容串联，而不适用于 3 个或 3 个以上电容串联。

【例 1-8】 已知电容电路如图 1-15 所示，C_1=60μF，C_2=20μF，C_3=10μF，试求等效电容。

解：C_2、C_3 并联后等效电容为：$C_{23}=C_2+C_3=(20+10)\mu F=30\mu F$

C_{23} 与 C_1 串联后，等效电容：$C=\frac{C_1C_{23}}{C_1+C_{23}}=\left(\frac{60\times30}{60+30}\right)\mu F=20\mu F$

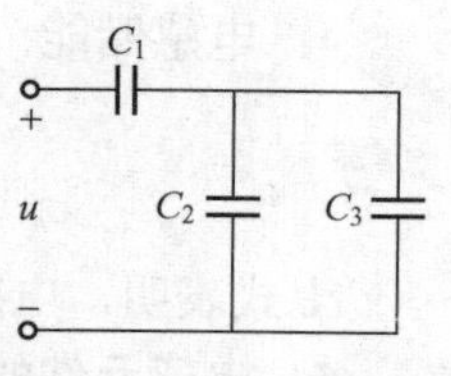

图 1-15　例 1-8 电路

1.3.3　电感

电感元件简称电感。实际上“电感”这个名词代表双重含义，既代表电感元件，又表示电感参数。

1．定义

一个二端元件，其交链的磁通链 ψ 与其电流 i 的比值称为电感。

$$L=\frac{\psi}{i} \qquad (1\text{-}21)$$

若磁通链 ψ 与 i 呈线性关系，则电感 L 称为线性电感。线性电感的电感量为一常量，与其流过的电流大小无关。电感线圈中的介质为铁磁性物质时，属非线性电感。

电感的单位为亨利，用字母 H 表示。1H 表示磁链为 1 韦伯的电感中的电流为 1 安培。亨利单位有时偏大，通常用毫亨（mH）和微亨（μH）表示，$1H=10^3 mH=10^6 \mu H$。

2．电感计算

常见的电感是螺旋管电感，即用导线绕成的线圈。其电感为：

$$L=\frac{\mu N^2 S}{l} \tag{1-22}$$

其中 N 为线圈匝数，S 为线圈截面积，l 为线圈长度，μ 为线圈内介质的磁导率。

3．电感元件的伏安关系

设电感 L 两端的电压为 u_L，流过的电流为 i_L，电感元件 L 如图 1-16 所示，则有：

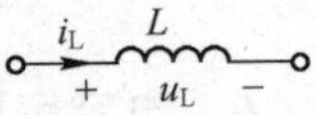

$$u_L(t)=\frac{d\psi}{dt}=\frac{d(Li_L)}{dt}=\pm L\frac{di_L(t)}{dt} \tag{1-23}$$

i_L　L

$+$　u_L　$-$

图 1-16　电感元件 L

式中正负号取法：若 i_L 与 u_L 参考方向一致，取“+”号；若相反，取“-”号。式（1-23）表明：任一时刻电感两端电压 $u_L(t)$与该时刻电感中电流的变化率 $di_L(t)/dt$ 成正比，而与该时刻电感中的电流无关。若电感中电流恒定不变（即稳恒直流电流），则 $di_L(t)/dt=0$，其两端电压为 0，即电感对直流相当于短路。

式（1-23）也可变换为积分形式：

$$i_L(t)=\pm\frac{1}{L}\int u_L(t)dt \tag{1-24}$$

由于电感是储能元件，电感中电流的变化是个充电或放电过程。因此应用式（1-24）计算 i_L 时，与电感中初始电流值有关，写成定积分形式：

$$i_L(t)=i_L(t_0)\pm\frac{1}{L}\int_{t_0}^{t} u_L(t)dt \tag{1-24a}$$

其中 $i_L(t_0)$为 t_0 时刻电感的初始电流，$i_L(t)$为电感从时刻 t_0 开始充电（此时 i_L 和 u_L 参考方向一致，取“+”号）或放电（此时 i_L 和 u_L 参考方向相反，取“-”号）至 t 时刻的电流。

4．电感储能

$$W_L(t)=\frac{1}{2}Li_L^2(t) \tag{1-25}$$

上式表明，电感储能与电感 L 和电感中电流的平方成正比。

5．电感元件的串联和并联

由于两个电感线圈之间一般均存在互耦（即一个电感的磁链 ψ_1 与另一个线圈的磁链 ψ_2 交耦），因此一般无须讨论两个无互耦电感元件的串联和并联。

1.3.4　电压源和电流源

在电路中的元件模型除电阻、电感、电容外，还有电源模型。电源模型主要有电压源和电流源。

1．电压源

1）理想电压源。在任何情况下，端电压均能按给定规律变化的电路元件，称为理想电压源。特点是端电压与外电路无关；输出电流取决于外电路；给定规律既可以是直流，也可以是交流。图 1-17a 为理想电压源符号，“+”“-”为其电压极性（参考方向），u_S 可理解为时间 t 的函数，$u_S=u_S(t)$，当电压源为直流时，可用 U_S 表示。

2）实际电压源。实际电压源由理想电压源与电阻的串联组合，如图 1-17b 所示。串联电阻 R_S 也称为实际电压源的内阻或输出电阻。

3）伏安特性。元件的伏安关系是指元件两端的电压 u 与流过元件电流 i 之间的函数关系。实际电压源接负载 R 时如图 1-17c 所示。设其两端电压为 U，输出电流为 I，则输出电压 U 与输出电流 I 的函数关系为：$U=U_S-IR_S$，作出其伏安特性，是一条斜率为$-R_S$，截距为 U_S 的直线，如图 1-17d 所示。R_S 越大，输出电流 I 增大时，在 R_S 上的压降越大，端电压 U 下降越大；R_S 越小，越接近理想电压源特性；R_S=0 时，即为理想电压源。常见的实际电源如发电机、新电池、稳压电源等，其内阻 R_S 很小，接近于理想电压源特性。

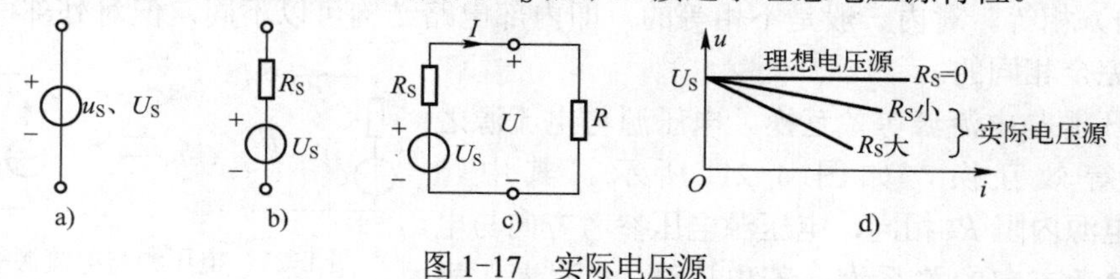

图 1-17 实际电压源

a) 符号 b) 实际电压源 c) 与外电路连接 d) 伏安特性

2．电流源

电流源是另一种电源。

1）理想电流源。在任何情况下，输出电流均能按给定规律变化的电路元件，称为理想电流源。特点是输出电流与外电路无关；端电压取决于外电路；给定规律既可以是直流，也可以是交流。理想电流源图 1-18a 为理想电流源符号，箭头方向为其电流参考方向。i_S 可理解为时间 t 的函数，$i_S=i_S(t)$，当电流源为直流时，可用 I_S 表示。

2）实际电流源。实际电流源由理想电流源与电阻的并联组合，如图 1-18b 所示。并联电阻 R_S 也称为实际电流源的内阻或输出电阻。

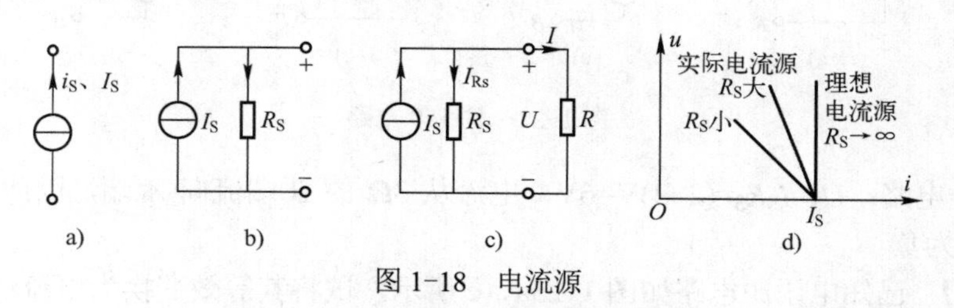

图 1-18 电流源

a) 符号 b) 实际电流源 c) 与外电路连接 d) 伏安特性

3）伏安特性。实际电流源接负载 R 时，如图 1-18c 所示，设其两端电压为 U，输出电流为 I，则 $I=I_S-\dfrac{U}{R_S}$，作出其伏安特性，是一条斜率为$-\dfrac{1}{R_S}$，截距为 I_S 的直线，如图 1-18d

所示。R_S越小，输出电压 U 增大时，在 R_S 上的分流越大，输出电流越小；R_S 越大，越接近理想电流源特性；$R_S\to\infty$时，即为理想电流源。

3．电压源与电流源等效互换

1）等效网络概念。与外部连接只有两个端点的电路称为二端网络，如图 1-19 所示，实际上，每一个二端元件，例如电阻、电容等，就是一个最简单的二端网络。若一个二端网络的端口电压、电流与另一个二端网络的端口电压、电流相同，则这两个二端网络互为等效网络，如图 1-20 所示，二端网络 N_1 的端电压为 u_1，流进电流为 i_1；另一个二端网络 N_2 的端电压为 u_2，流进电流为 i_2。若 u_1=u_2，i_1=i_2，则 N_1 与 N_2 互为等效二端网络。

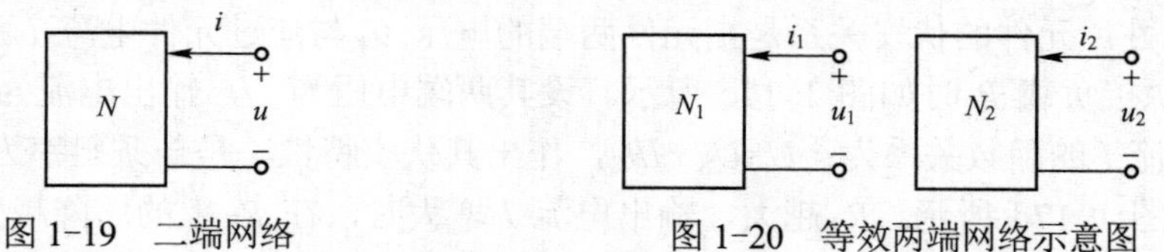

图 1-19　二端网络　　图 1-20　等效两端网络示意图

需要指出的是：等效网络是对外等效，对内不等效。即输出电压和输出电流（包括数值和参考方向）相等。对内一般是不相等的，即内部电路结构可以不同，但对外部电路的作用（影响）是完全相同的。

2）电压源与电流源等效互换。电压源与电流源之间可相互等效互换，如图 1-21 所示。其中，U_S=I_SR_S，电源内阻 R_S 相同，电压源电压参考方向与电流源电流参考方向的关系为：若电压源 A 端为正极性，则电流源电流参考方向指向 A 端。电压源电压参考方向正极性端即电流源电流参考方向电流流出端。

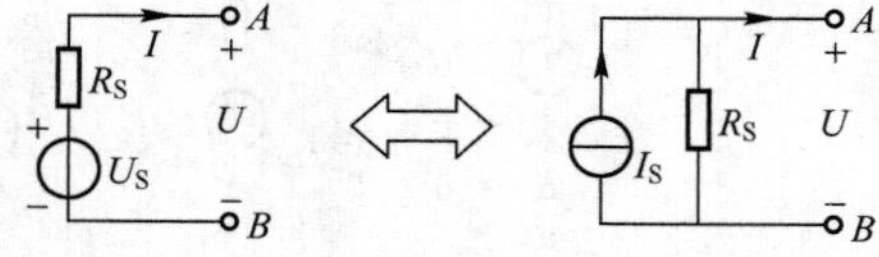

图 1-21　电压源与电流源等效互换

【例 1-9】 已知电流源电路如图 1-22a、c 所示，试将其等效变换为电压源。

解： 图 2-22a、c 电流源电路分别等效为图 1-22b、d 所示电压源电路。其中：

图 1-22a 电路：U_S=I_SR_S=(3×2)V=6V，电流从 2Ω 的 A 端流向 B 端，因此电压源极性 A 端为正，B 端为负。

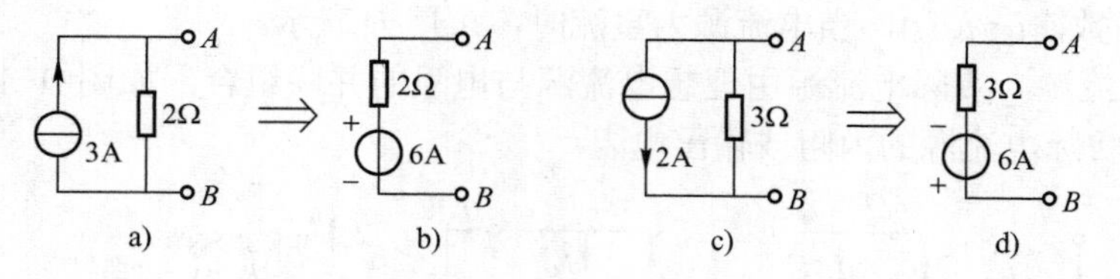

图 1-22　例 1-9 电路

图 1-22c 电路：U_S=I_SR_S=(2×3)V=6V，电流从 3Ω 的 B 端流向 A 端，因此电压源极性 B 端为正，A 端为负。

【例 1-10】 已知电压源电路如图 1-23a、c 所示，试将其等效变换为电流源。

解： 图 1-23a、c 电压源电路分别等效为图 1-23b、d 所示电流源电路。其中：

图 1-23a 电路：$I_S=\dfrac{U_S}{R_S}=\dfrac{10}{5}$A=2A，电流从 10V 电压源正极性端流出，指向 A 端，因此，电流源 I_S 的参考方向也指向 A 端。

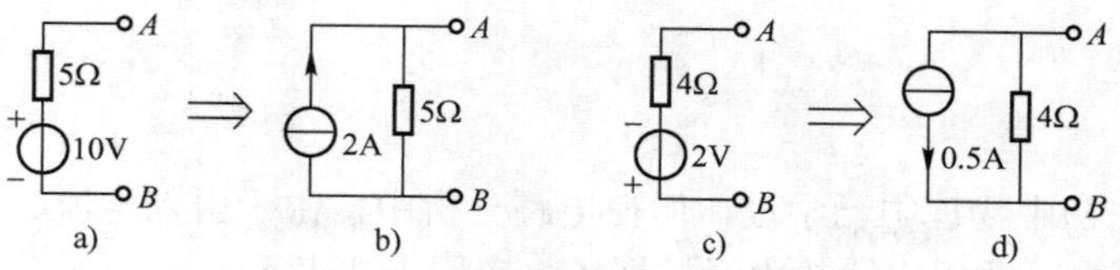

图 1-23　例 1-10 电路

图 1-23c 电路：$I_S=\dfrac{U_S}{R_S}=\dfrac{2}{4}$ A=0.5A。电流从 2V 电压源正极性端流出，指向 B 端，因此，电流源 I_S 的参考方向也指向 B 端。

4．受控源

前面介绍的电源都是独立电源，它们的电压或电流是一个定值或一个有固定规律的时间函数。此外，还有另一类电源，其电压或电流受电路中另一部分电压或电流的控制，称为受控源。

受控源按控制量是电压还是电流，被控量是电压源还是电流源，可分为四种。

1）电压控制电压源：控制量为 u_1，控制系数为电压放大倍数 μ，被控量为 μu_1。

2）电压控制电流源：控制量为 u_1，控制系数为转移电导 g，被控量为 gu_1。

3）电流控制电压源：控制量为 i_1，控制系数为转移电阻 r，被控量为 ri_1。

4）电流控制电流源：控制量为 i_1，控制系数为电流放大系数 β，被控量为 βi_1。

其电路分别如图 1-24a、b、c、d 所示。

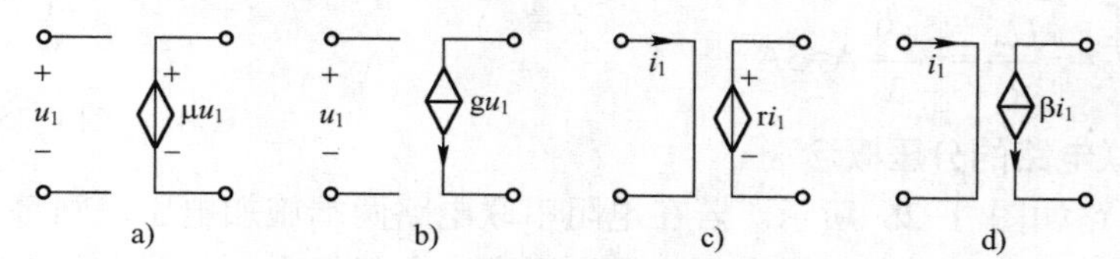

图 1-24　四种受控源电路

a) VCVS　b) VCCS　c) CCVS　d) CCCS

需要注意的是，受控源不但大小受控制量控制，而且电压极性或电流方向也受控制量控制。受控源的应用主要在电子技术（例如晶体管放大电路）和互感线圈。

【复习思考题】

1.4　电阻元件有什么特点？

1.5　什么叫线性电阻和非线性电阻？

1.6　电导与电阻有什么关系？电导的单位是什么？

1.7　写出电容元件和电感元件两端电压与流过电流的微分关系式和积分关系式，其中“+”“−”号如何取法？与电阻相比有什么区别？

1.8　定性画出实际电压源的伏安特性，电压源内电阻对伏安特性有什么影响？

1.9　定性画出实际电流源的伏安特性，电流源内电阻对伏安特性有什么影响？

1.4　电路基本定律

电路基本定律有欧姆定律和基尔霍夫定律。

1.4.1 欧姆定律

1．欧姆定律

欧姆定律早在初中物理中已学过，但在电路分析中，由于引入电流、电压的参考方向和负电流、负电压概念，欧姆定律的内涵扩展了，应用下式表示：

$$u = \pm iR \tag{1-26}$$

正、负号取法：当 u 与 i 的参考方向相同时取正号；相反时取负号。当电流、电压均为直流时，可用下式表示：

$$U = \pm IR \tag{1-26a}$$

【例 1-11】 已知电路如图 1-25 所示，R_1=5Ω，R_2=10Ω，I_1=2A，I_2=3A，试求电压 U_1、U_2 值；若 I_1=−2A，I_2=−3A，试再求电压 U_1、U_2 值。

解：图 1-25a 电路中，I_1 与 U_1 参考方向相同，因此：$U_1=+I_1R_1=2\times5\text{V}=10\text{V}$

若 I_1=−2A 时，只需用负值代入：$U_1=+I_1R_1=(-2)\times5\text{V}=-10\text{V}$

图 1-25b 电路中，I_2 与 U_2 参考方反相同，因此：$U_2=-I_2R_2=-3\times10\text{V}=-30\text{V}$

若 I_2=−3A，则 $U_2=-I_2R_2=-(-3)\times10\text{V}=30\text{V}$

【例 1-12】 已知电路同上例，U_1=4V，U_2=−9V，试求 I_1、I_2。

解：图 1-25a：$I_1=\dfrac{U_1}{R_1}=\dfrac{4}{2}\text{A}=2\text{A}$

图 1-25b：$I_2=-\dfrac{U_2}{R_2}=-\dfrac{-9}{3}\text{A}=3\text{A}$

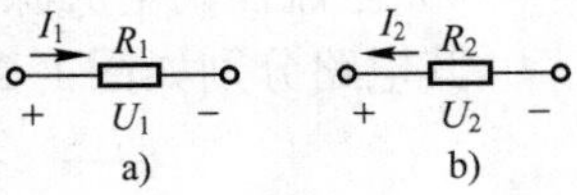

图 1-25 例 1-11 电路

2．电阻串联电路的分压概念

电阻串联电路如图 1-26 所示。若在电阻串联电路两端施加电压，则每个串联电阻上的电压按电阻大小进行分配。电阻值大，分得电压大；电阻值小，分得电压小。按比例线性分配电压，称为分压。即：

$$U_1=\frac{R_1U}{R},\ U_2=\frac{R_2U}{R},\ \cdots,\ U_n=\frac{R_nU}{R} \tag{1-27}$$

$$U_1:U_2:\cdots:U_n=R_1:R_2:\cdots:R_n \tag{1-27a}$$

上式中，R_1、R_2、…、R_n 为各串联电阻，R 为串联电路总电阻，U_1、U_2、…、U_n 为各个串联电阻两端的分电压，U 为串联电路总电压。

需说明的是，应用式（1-27）计算每个电阻上电压时，也有正负号取值问题，当 U_1、U_2、…、U_n 与总电压 U 的电压参考方向相同时取正号，相反时取负号。

【例 1-13】 已知电阻串联电路如图 1-27 所示，R_1=60Ω，R_2=40Ω，U=10V，试求电路等效电阻 R 和 U_1、U_2 值。

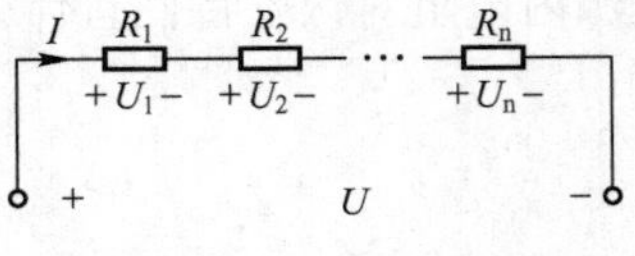

图 1-26 电阻串联电路

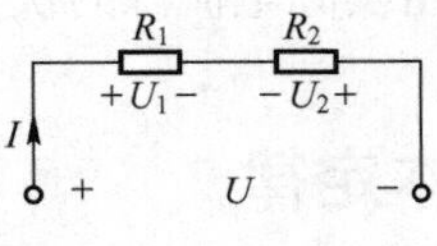

图 1-27 例 1-13 电路

解：$R=R_1+R_2=(60+40)\Omega=100\Omega$

求 U_1、U_2 值可有两种方法。一种方法是先求出电流 I，再求出分电压 U_1、U_2；另一种方法是直接利用分压公式求出电压 U_1、U_2。我们要求用后一种方法，在本书后续内容和后续课程中，熟练应用分压公式将会带来很大方便。

$$U_1=\frac{R_1U}{R_1+R_2}=\frac{60\times10}{60+40}\text{V}=6\text{V}$$

$$U_2=\frac{-R_2U}{R_1+R_2}=\frac{-40\times10}{60+40}\text{V}=-4\text{V}$$

计算 U_2 时，取负号的原因是 U_2 与 U 的参考方向相反。

【例 1-14】 已知电路同上例，$R_1=160\Omega$，$R_2=40\Omega$，$U_1=16\text{V}$，试求 U、U_2 值。

解：$U=\dfrac{U_1(R_1+R_2)}{R_1}=\dfrac{16(160+40)}{160}\text{V}=20\text{V}$

$$U_2=\frac{-R_2U}{R_1+R_2}=\frac{-40\times20}{160+40}\text{V}=-4\text{V}$$

3．电阻并联电路的分流概念

电阻并联电路如图 1-28 所示。若流入电阻并联电路的总电流为 I，则每个并联电阻中的电流按电导大小进行分配，电导大（电阻值小），分得电流多；电导小（电阻值大），分得电流少。即按电阻大小反比例分配，称为分流。

$$I_1=\frac{G_1I}{G},\ I_2=\frac{G_2I}{G},\ \cdots,\ I_n=\frac{G_nI}{G} \tag{1-28}$$

$$I_1:I_2:\cdots:I_n=G_1:G_2:\cdots:G_n \tag{1-28a}$$

上式中，G 为电阻并联电路总电导（总电阻值的倒数），G_1、G_2、…、G_n 为各并联电导（各电阻值的倒数），I_1、I_2、…、I_n 为各并联电导支路中的分电流，I 为并联电路总电流。

需要说明的是，应用式（1-28）计算分流时，也有正负号取值问题，当 I_1、I_2、…、I_n 与总电流 I 的参考方向相同（顺向）时取正号，相反（逆向）时取负号。

两个电阻并联时，有：

$$I_1=\frac{R_2I}{R_1+R_2},\ I_2=\frac{R_1I}{R_1+R_2} \tag{1-29}$$

【例 1-15】 已知电阻并联电路如图 1-29 所示，$R_1=30\Omega$，$R_2=60\Omega$，$I=3\text{A}$，试求电路等效电阻 R 和 I_1、I_2 值。

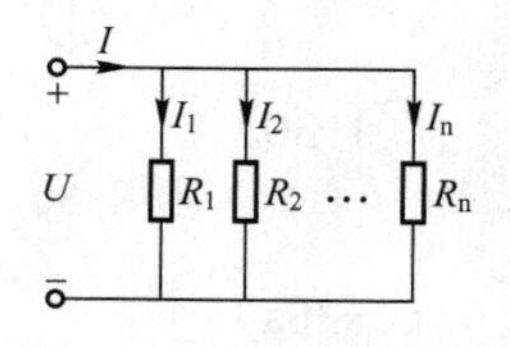

图 1-28　电阻并联电路

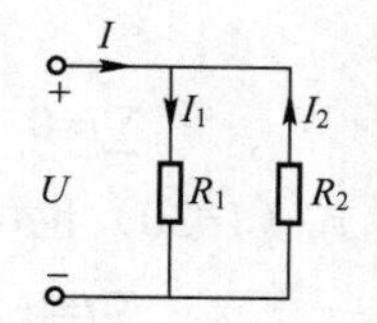

图 1-29　例 1-15 电路

解：$R=\dfrac{R_1R_2}{R_1+R_2}=\dfrac{30\times60}{30+60}\Omega=20\Omega$

求 I_1、I_2 值可有两种方法：一种方法是先求出总电阻 R 和端电压 U，然后再应用欧姆定律求每个电阻中的电流；另一种方法是直接利用分流公式（1-27）求出电流 I_1、I_2。我们要求：求两个电阻并联时的分电流，应用后一种方法。在本书后续内容和后续课程中，熟练应用分流公式将会带来很大方便。

$$I_1=\frac{R_2 I}{R_1+R_2}=\frac{60\times 3}{30+60}\text{A}=2\text{A}$$

$$I_2=\frac{-R_1 I}{R_1+R_2}=\frac{-30\times 3}{30+60}\text{A}=-1\text{A}$$

计算 I_2 时，取负号的原因是 I_2 与 I 的参考方向相反（逆向）。

【例 1-16】 电路同上例，已知 $R_1=6\Omega$，$R_2=4\Omega$，$I_1=1.44\text{A}$，试求 I、I_2 值。

解：$I=\dfrac{I_1(R_1+R_2)}{R_2}=\dfrac{1.44(6+4)}{4}\text{A}=3.6\text{A}$

$$I_2=\frac{-R_1 I}{R_1+R_2}=\frac{-6\times 3.6}{6+4}\text{A}=-2.16\text{A}$$

1.4.2 基尔霍夫定律

基尔霍夫定律包括基尔霍夫电流定律（Kirchhoff's Current Law，KCL）和基尔霍夫电压定律（Kirchhoff's Voltage Law，KVL）。在叙述 KCL 和 KVL 之前先介绍电路中几个名称概念。

1）支路：电路中具有两个端钮（称为二端元件）且通过同一电流的每个分支（至少包含一个元件），称为支路。如图 1-30 所示，*acb*、*ab*、*adb* 均为支路。其中 *acb*、*adb* 支路中有电源称为含源支路，*ab* 支路中无电源称为无源支路。

2）节点：三条或三条以上支路的连接点，称为节点。如图 1-30 所示，*a*、*b* 均为节点。

3）回路和网孔：电路中任一闭合路径，称为回路。如图 1-30 所示，*abca*、*adba*、*adbca* 均为回路。其中 *abca* 和 *adba* 又称为网孔，内部不含有支路的回路称为网孔。

需要说明的是，有些教材将每一个二端元件定义为支路，将每一个二端元件之间的连接点定义为节点，主要是为了便于计算机分析线性电路，本书不予采用。

4）网络：一般把包含较多元件的电路称为网络。实际上，网络就是电路。在本书中，两个名词可以通用。

1. 基尔霍夫电流定律

在任一时刻，任一节点上，所有支路电流的代数和恒为零。

即：

$$\sum i=0 \tag{1-30}$$

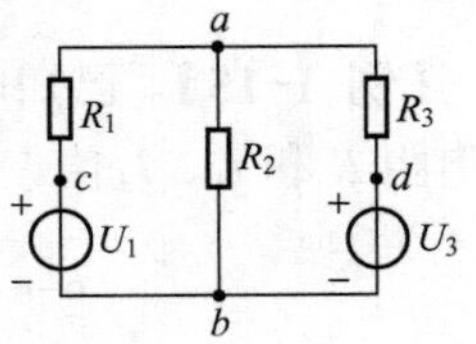

图 1-30 支路、节点和回路

在直流电路中式（1-30）也可写作：

$$\sum I=0 \tag{1-30a}$$

例如，在图 1-31 中，若设电流流进节点 *a* 为正，流出节点 *a* 为负，则有：$\sum I=I_1+I_4+I_5-I_2-I_3=0$。若全部移项至等式右边，则$\sum I=-I_1-I_4-I_5+I_2+I_3=0$，此时，变为电流流进节点 *a* 为负，流出节点 *a* 为正。即式（1-30）中电流正、负号的取法取决于节点电流的参考方向。若该节点电流参考方向为流进节点，则流进节点电流取正号，流出节点电流取负号；若该节点电流参考方向为流出节点，则流出节点电流取正号，流进节点电流取负号。

若将$\sum I$中流进流出节点的电流分置等号两边，则有：

$$\sum I_{入}=\sum I_{出} \tag{1-30b}$$

上式表示，在任一时刻，流入一个节点的电流之和等于流出该节点的电流之和。

从基尔霍夫电流定律可以得出两个推论。

推论 1：任一时刻，穿过任一假设闭合面的电流代数和恒为零。

如图 1-32a 所示，虚线框内为假设闭合面，该假设闭合面可视作一个大节点，则：$I_1+I_2-I_3=0$。即 KCL 可推广应用于任一假设闭合面。

推论 2：若两个电网络之间只有一根导线连接，则该连接导线中电流为 0。

如图 1-32b 所示，网络 I 与网络 II 之间只有一根导线连接，设网络 I 流进网络 II 的电流为 I，但无网络 II 流进网络 I 的电流，根据 KCL，则 I=0。

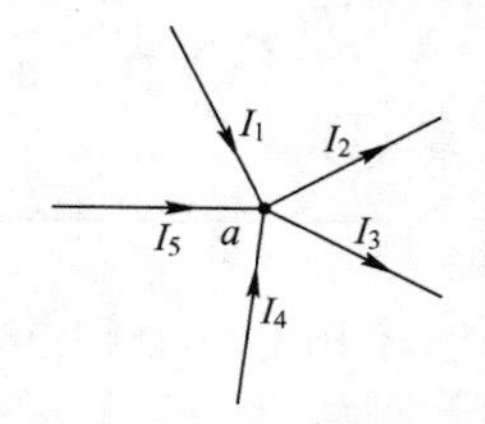

图 1-31　KCL 示意图

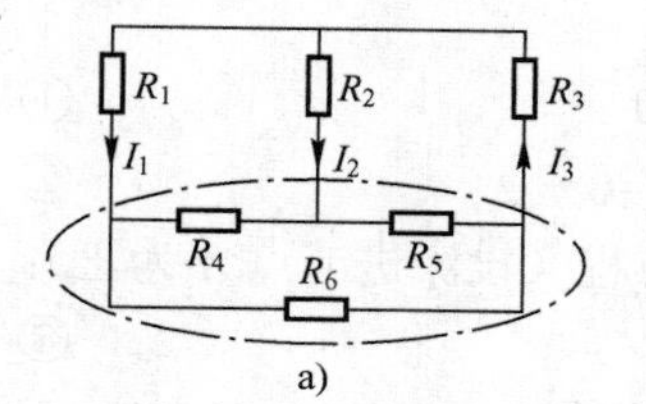

图 1-32　KCL 推论示意图

2. 基尔霍夫电压定律

在任一时刻，沿任一回路，所有支路电压的代数和恒等于零。即：

$$\sum u=0 \tag{1-31}$$

在直流电路中，式（1-31）也可写作：

$$\sum U=0 \tag{1-31a}$$

如图 1-33 所示电路，按绕行方向（即电压参考方向），根据 KVL 可得：

$$\sum U= U_{AB}+ U_{BC}+ U_{CD}+ U_{DE}+ U_{EF}+ U_{FA}$$
$$= -I_1R_1-U_{S1}+I_2R_2-I_3R_3+U_{S2}+I_4R_4=0$$

式中每一段电压为：$U_{AB}=-I_1R_1$，$U_{BC}=-U_{S1}$，$U_{CD}=I_2R_2$，$U_{DE}=-I_3R_3$，$U_{EF}=U_{S2}$，$U_{FA}=I_4R_4$。其正、负号按下述方法确定：与绕行方向相同，取正号；与绕行方向相反，取负号。

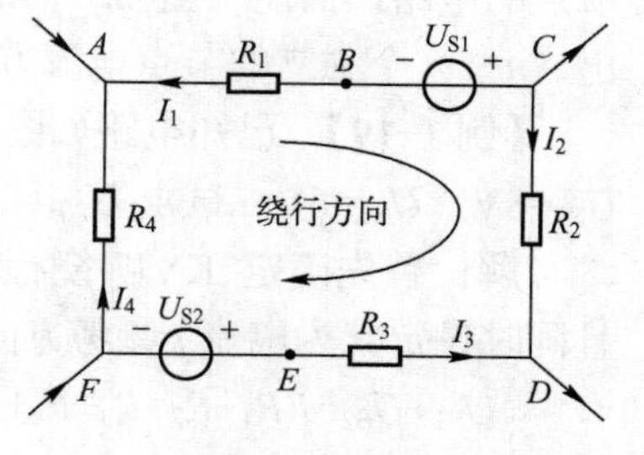

图 1-33　KVL 示意图

移项得：$U_{S1}-U_{S2}=-I_1R_1+I_2R_2-I_3R_3+I_4R_4$

写成一般形式：

$$\sum U_S=\sum IR \tag{1-31b}$$

式（1-31b）是 KVL 的另一种表达形式。其含义为：在任一时刻，沿任一回路，所有电压源的电压代数和等于该回路其他元件电压降的代数和。实际上是将式（1-31a）中的电压分成两部分：一部分为电压源电压的代数和，另一部分为其他元件电压降的代数和，并将这两部分电压分写在等式两边。但需注意的是，应用式（1-31b）时，电压源电压正负号与元件电压降正负号的确定方法不同。电压源电压，与绕行方向相同，取负号；与绕行方向相反，取正号。其原因是移项后，改变了它原来的正负号。

【例 1-17】 已知电路如图 1-33 所示，R_1=5Ω，R_2=3Ω，R_3=4Ω，R_4=2Ω，U_{S1}=−3V，U_{S2}=4V，I_1=−3A，I_2=4A，I_3=5A，试求 I_4。

解：根据 KVL 可得：

$$\sum U= U_{AB}+ U_{BC}+ U_{CD}+ U_{DE}+ U_{EF}+ U_{FA} = -I_1R_1-U_{S1}+I_2R_2-I_3R_3+U_{S2}+I_4R_4=0$$

进一步求解，并代入数据，可得：

$$I_4=\frac{I_1R_1+U_{S1}-I_2R_2+I_3R_3-U_{S2}}{R_4}=\frac{(-3)\times5+(-3)-4\times3+5\times4-4}{2}\text{A}=-7\text{A}$$

【例 1-18】 已知电路如图 1-34 所示，R_1=10Ω，R_2=5Ω，R_3=5Ω，U_{S1}=13V，U_{S3}=6V，试求支路电流 I_1、I_2、I_3。

解：设定两回路 I 和回路 II 绕行方向如图 1-34 所示，列出 KVL 方程。

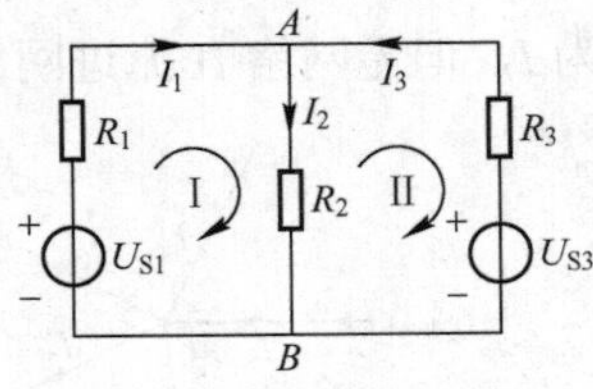

图 1-34 例 1-18 电路

回路 I：$I_1R_1+I_2R_2-U_{S1}=0$ ①

回路 II：$-I_2R_2-I_3R_3+U_{S3}=0$ ②

对节点 A，列出 KCL 方程（设流进节点 A 为正）：

$I_1-I_2+I_3=0$ ③

联立求解①、②、③方程得：I_1=0.8A，I_2=1A，I_3=0.2A

上例中，以支路电流 I_1、I_2、I_3 为未知数，列出 KCL、KVL 方程的求解方法，称为支路电流法。支路电流法是求解电路的基本方法。

需要说明的是：根据 KCL，上例还可列出节点 B 的 KCL 方程：$-I_1+I_2-I_3=0$，但该方程与方程③关联，可由方程③移项而得，不是独立方程。同时，根据 KVL，还可列出由元件 U_{S1}、R_1、R_3、U_{S3} 组成的回路的 KVL 方程：$I_1R_1-I_3R_3+U_{S3}-U_{S1}=0$，但该方程与方程①、②关联，可由方程①、②相加而得，不是独立于①、②的方程。因此，对于具有 m 条支路、n 个节点的电路，只能列出[$m-$（$n-1$）]个独立 KVL 方程。对于具有 n 个节点的电路，只能列出（$n-1$）个独立的节点电流方程。

【例 1-19】 已知电路如图 1-35 所示，$R_1= R_3= R_4= R_6$=2Ω，$R_2= R_5= R_7$=1Ω，U_{S1}=12 V，U_{S2}=8V，U_{S3}=6V，试求 U_{AB}、U_{AC}。

解：首先确定 KVL 绕行方向，设如图中顺时针虚线方向，且同时设定其为电流 I 参考方向。则可列出 KVL 方程：

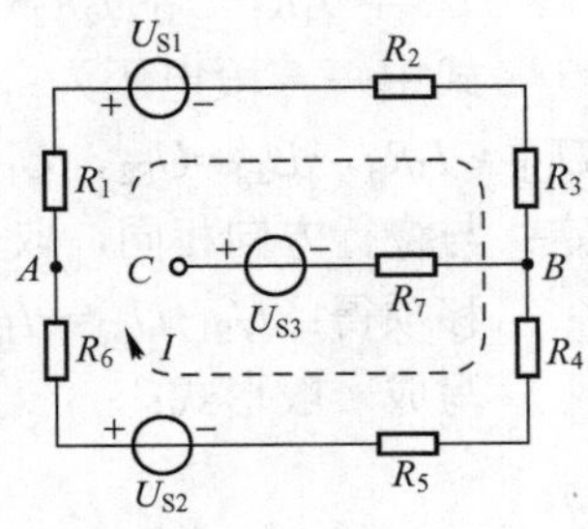

图 1-35 例 1-19 电路

$-U_{S1}+U_{S2}=I(R_1+R_2+R_3+R_4+R_5+R_6)$

$$I=\frac{-U_{S1}+U_{S2}}{R_1+R_2+R_3+R_4+R_5+R_6}=\frac{-12+8}{2+1+2+2+1+2}\text{A}=-0.4\text{A}$$

则：$U_{AB}= I(R_1+R_2+R_3)+U_{S1}$=[(−0.4)×(2+1+2) +12]V=10V

另解：$U_{AB}=-I(R_6+R_5+R_4)+U_{S2}$=[−(−0.4)×(2+1+2) +8]V=10V

由于 C 端开路，BC 支路中电流 I_{BC} 为 0，因此：

$U_{AC}=U_{AB}+ U_{BC}=U_{AB}-U_{S3}$=(10−6)V=4V。

从上例中还可得出基尔霍夫电压定律的两个推论。

推论 1：两点间电压是定值，与计算时所沿路径无关。例如图 1-35 中，计算 U_{AB} 可按 $R_1 \to U_{S1} \to R_2 \to R_3$ 路径，也可按 $R_6 \to U_{S2} \to R_5 \to R_4$ 路径，均等于 10V。

推论 2：KVL 可推广应用于任一不闭合电路。即任一时刻，电路中任意两点间电压等于由起点至终点沿某一路径各支路电压的代数和。例如图 1-35 中不闭合回路 ABC，$U_{AC}=U_{AB}+U_{BC}=IR_1+U_{S1}+IR_2+IR_3+I_{BC}R_7-U_{S3}$。

【复习思考题】

1.10　用欧姆定律计算电流、电压时，正、负号如何确定？

1.11　KCL 有哪两个推论？

1.12　$\Sigma U=0$ 和 $\Sigma U_S=\Sigma IR$ 中电压源 U_S 的正、负号取法有何不同？

1.5　电路基本分析方法

电路分析方法很多，其中最常用和最重要的是叠加定理和戴维南定理。

1.5.1　叠加定理

叠加定理是线性电路的一个重要定理，是分析线性电路的基础和重要方法。叠加定理文字表述：有多个独立电源共同作用的线性电路，任一支路电流（或电压）等于每个电源单独作用时在该支路产生的电流（或电压）的代数和（叠加）。

现以图 1-36 为例加以说明。图 1-36a 电路中，有两个电源 U_S 和 I_S 共同作用，支路电流 I_1 和 I_2 可分别由电压源 U_S 单独作用时产生的 I_1'、I_2'（如图 1-36b 所示）和由电流源 I_S 单独作用时产生的 I_1''、I_2''（如图 1-36c 所示）叠加而成，即 $I_1=I_1'+I_1''$，$I_2=I_2'+I_2''$。

需要说明的是：1）叠加定理只能用来计算线性电路中的电流和电压，不适用于非线性电路或计算线性电路功率。

2）所谓一个电源单独作用，其他电源不作用是指不作用的电源置零，即电压源短路（如图 1-36c 所示），电流源开路（如图 1-36b 所示）。

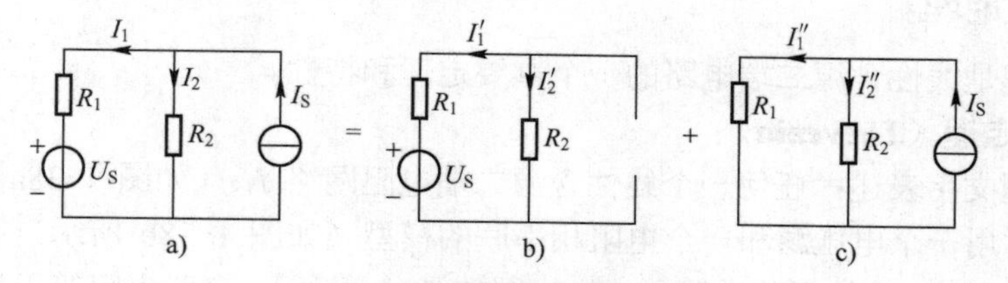

图 1-36　叠加定理示意图

3）求电流（或电压）代数和（叠加）时，一个电源单独作用时的电流（或电压）参考方向与多个电源共同作用时的电流（或电压）参考方向相同时取“+”号，相反时取“−”号。

4）应用叠加定理时，为便于求解，宜画出叠加定理求解电路，且电路格式、元件位置以不变为宜，如图 1-36b、c 所示。而且一个电源单独作用时的电流（或电压）参考方向宜与多个电源共同作用时的电流（或电压）参考方向一致，此时求代数和（叠加）时，均取“+”号，不易出错。

【例 1-20】　已知电路如图 1-36a 所示，$R_1=200\Omega$，$R_2=100\Omega$，$U_S=24V$，$I_S=1.5A$，试求

支路电流 I_1 和 I_2。

解：画出叠加定理求解电路如图 1-36b、c 所示。

对于图 1-36b 电路，有：$-I_1'=I_2'=\dfrac{U_S}{R_1+R_2}=\dfrac{24}{200+100}$A=0.08A

对于图 1-36c 电路，有：$I_1''=\dfrac{I_S R_2}{R_1+R_2}=\dfrac{1.5\times100}{200+100}$A=0.5A

$I_2''=\dfrac{I_S R_1}{R_1+R_2}=\dfrac{1.5\times200}{200+100}$A=1A

因此，$I_1=I_1'+I_1''$=(0.5−0.08)A=0.42A，$I_2=I_2'+I_2''$=(0.08+1)A=1.08A。

【例 1-21】 已知电路如图 1-37a 所示，$R_1=20\Omega$，$R_2=R_4=10\Omega$，$R_3=30\Omega$，$U_S=20V$，$I_S=3A$，试用叠加定理求电阻 R_4 两端电压 U。

解：画出叠加定理求解电路如图 1-37b、c 所示。

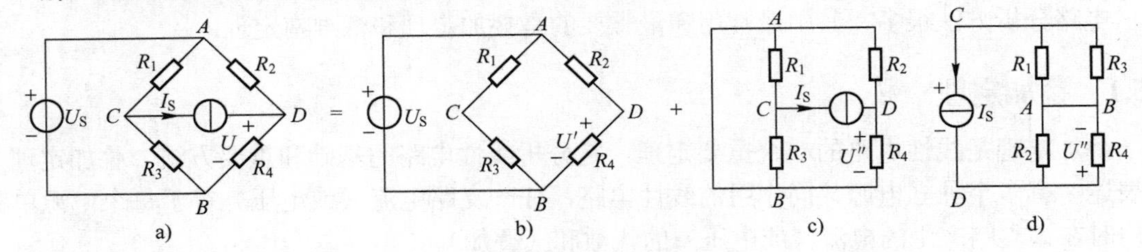

图 1-37 例 1-21 电路

$$U'=\frac{U_S R_4}{R_2+R_4}=\frac{20\times10}{10+10}\text{V}=10\text{V}$$

求解 U''时，若看不清图 1-37c 电路，可将其改画为图 1-37d 形式的电路。

$$U''=I_S(R_2//R_4)=3\times(10//10)\text{V}=15\text{V}$$

$$U=U'+U''=(10+15)\text{V}=25\text{V}$$

1.5.2 戴维南定理

戴维南定理是线性含源二端电路的一个重要定理和特性。

1. 戴维南定理（Thevenin）

戴维南定理文字表述：任何一个线性含源二端电阻网络 N_S（如图 1-38a 所示），对外电路来讲，都可以用一个电压源和一个电阻相串联的模型（如图 1-38b 所示）等效替代。电压源的电压等于该网络 N_S 的开路电压 u_{OC}（如图 1-38c 所示）；串联电阻等于该网络内所有独立电源置零（独立电压源短路，独立电流源开路）后所得无源二端网络的等效电阻（或称为入端电阻、输出电阻）R_O（如图 1-38d 所示）。

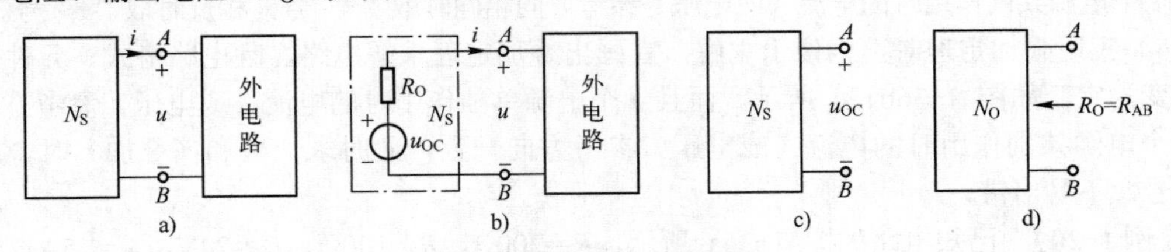

图 1-38 戴维南定理示意图

按戴维南定理求出的等效电路称为戴维南等效电路。为便于叙述，后续内容均以直流为例。

【例 1-22】 已知电路如图 1-39a 所示，R_1=3Ω，R_2 =6Ω，U_1=12V，试求 AB 端戴维南等效电路。

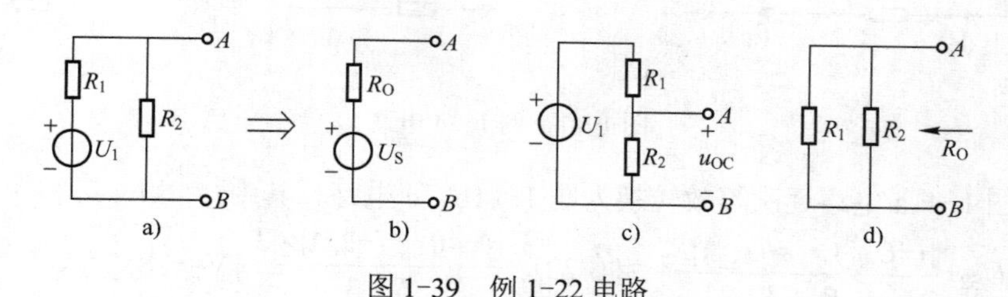

图 1-39 例 1-22 电路

解： 所求戴维南等效电路如图 1-39b 所示。

U_{OC} 即电阻 R_2 上分压得到的电压，如图 1-39c 所示，$U_S=U_{OC}=\dfrac{U_1R_2}{R_1+R_2}=\dfrac{12\times 6}{3+6}$V=8V

求 R_O 时，U_1 短路，如图 1-39d 所示，$R_O=R_1//R_2$=3//6Ω=2Ω

【例 1-23】 已知电路如图 1-40a 所示，R_1=6Ω，R_2=3Ω，U_{S1}=3V，U_{S2}=6V，试求 AB 端戴维南等效电路。

解： 所求戴维南等效电路如图 1-40b 所示。

求 U_{OC} 电路如图 1-40c 所示。$U_{OC}=U_{R2}+U_2$，而 U_{R2} 可看作（U_1-U_2）的电压在电阻 R_2 上的分压，即 $U_{R2}=\dfrac{(U_1-U_2)R_2}{R_1+R_2}$。因此：

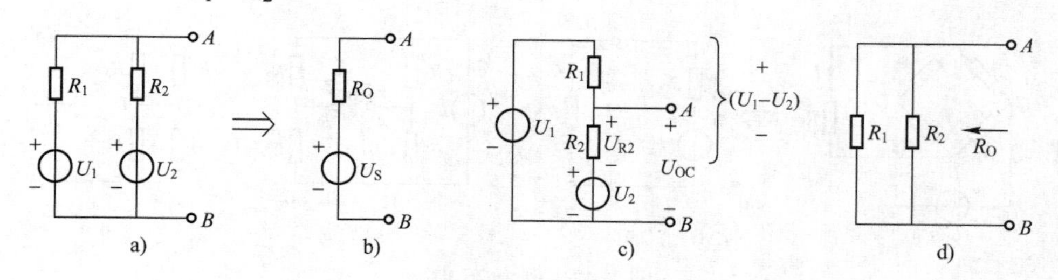

图 1-40 例 1-23 电路

$$U_S=U_{OC}=\frac{(U_1-U_2)R_2}{R_1+R_2}+U_2 \tag{1-32}$$

$$=\left[\frac{(3-6)\times 3}{6+3}+6\right]\text{V=5V}$$

R_O 的求法与上例相同，$R_O=R_1//R_2$=3//6Ω=2Ω

例 1-22 和例 1-23 形式的电路在电路分析中经常出现，以后可作为模块，在理解的基础上可熟记并直接应用其结论。

【例 1-24】 已知电路如图 1-41a 所示，$R_1=R_6$=6Ω，$R_2=R_3$=3Ω，$R_4=R_5$=10Ω，U_{S1}=40V，U_{S2}=22V，U_{S3}=26V，U_{S4}=20V，试求流过电阻 R_6 中的电流 I。

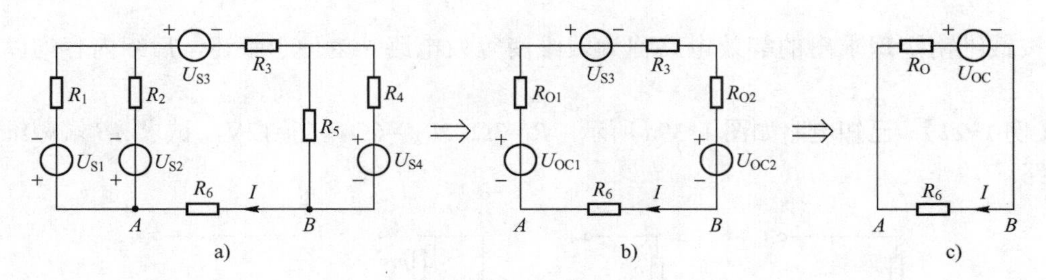

图 1-41 例 1-24 电路

解：将图 1-41a 电路逐次等效转换为图 1-41b、c 电路。其中：

$$U_{OC1}=-U_{S2}+\frac{[(-U_{S1})-(-U_{S2})]R_2}{R_1+R_2}=\{(-22)+\frac{[(-40)-(-22)]\times 3}{6+3}\}\text{V}=-28\text{V}$$

$R_{O1}=R_1//R_2=6//3\Omega=2\Omega$

$$U_{OC2}=\frac{U_{S4}R_5}{R_4+R_5}=\frac{20\times 10}{10+10}\text{V}=10\text{V}$$

$R_{O2}=R_4//R_5=10//10\Omega=5\Omega$

$U_{OC}=-U_{OC1}+U_{S3}+U_{OC2}=[-(-28)+26+10]\text{V}=64\text{V}$

$R_O=R_{O1}+R_3+R_{O2}=(2+3+5)\ \Omega=10\Omega$

$$I=-\frac{U_{OC}}{R_O+R_6}=-\frac{64}{10+6}\text{A}=-4\text{A}$$

【例 1-25】 已知电路如图 1-42a 所示，$R_1=1\Omega$，$R_2=2\Omega$，$R_3=3\Omega$，$R_4=4\Omega$，$R_L=5\Omega$，$U_S=6\text{V}$，试用戴维南定理求电阻 R_L 中的电流 I。

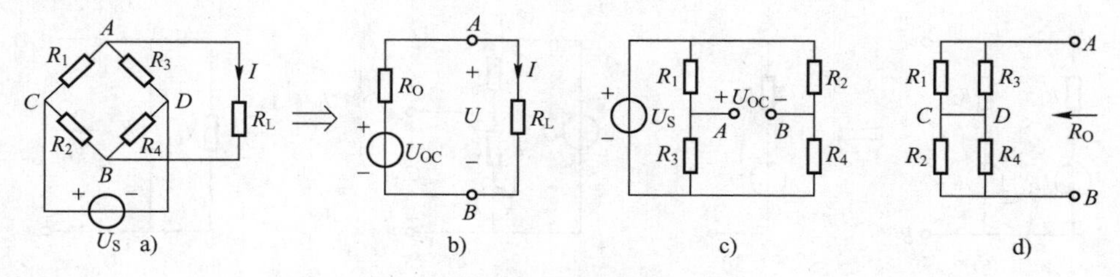

图 1-42 例 1-25 电路

解：先求出图 1-42a 电路 AB 端的戴维南等效电路，如图 1-42b 所示，则 I 不难求出。求 U_{OC} 时，按戴维南定理，将 AB 端外电路开路，并改画电路如图 1-42c 所示。

$$U_{OC}=U_{AB}=U_A-U_B=\frac{U_S R_3}{R_1+R_3}-\frac{U_S R_4}{R_2+R_4}=U_S\left(\frac{R_3}{R_1+R_3}-\frac{R_4}{R_2+R_4}\right)$$

$$=6\times\left(\frac{3}{1+3}-\frac{4}{2+4}\right)\text{V}=0.5\text{V}$$

求 R_O 时，按戴维南定理，将 U_S 短路，并改画电路如图 1-42d 所示。

$$R_O=(R_1//R_3)+(R_2//R_4)=[(1//3)+(2//4)]\Omega=2.08\Omega$$

因此，$I=\dfrac{U_{OC}}{R_O+R_L}=\dfrac{0.5}{2.08+5}\text{A}=0.0706\text{A}$

2．戴维南等效电路参数的测定

戴维南等效电路的一个突出优点，是其参数便于测定。不需要了解其内部电路结构和参数，便可测定戴维南等效电路参数。

1）测定 U_{OC}。测定 U_{OC} 电路如图 1-43a 所示，用电压表测量 AB 端开路电压即为 U_{OC}。

需要注意的是，用于测量的电压表表头内阻 R_V 会影响测量准确度，R_V 越大，测量准确度越高，一般宜用电子式数字电压表。

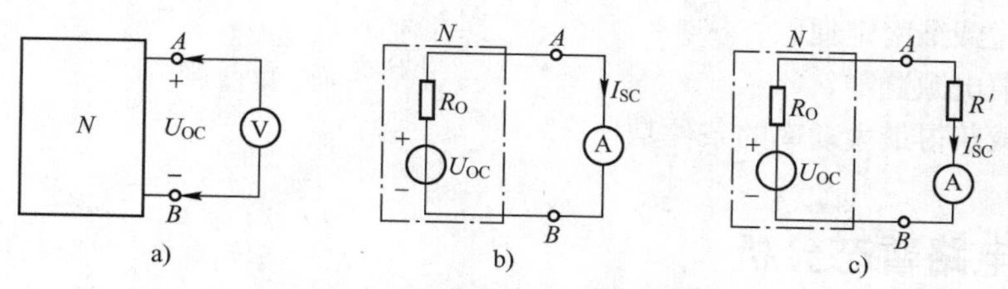

图 1-43　戴维南等效电路参数测定

2）测定戴维南等效电阻 R_O。测定戴维南等效电阻 R，电路如图 1-43b 所示。用电流表直接测量 AB 端短路电流 I_{SC}，则 $R_O=\dfrac{U_{OC}}{I_{SC}}$。若 I_{SC} 过大或某些被测电路不宜短路（以防损坏），则可按图 1-43c 所示电路，串入已知电阻 R'后再测电流 I'_{SC}。此时 $R_O=\dfrac{U_{OC}}{I'_{SC}}-R'$。

需要注意的是，用于测量的电流表表头内阻 R_A 会影响测量准确度，但一般电流表内阻很小，可忽略不计。在估计 R_O 较小或要求精度较高时，可将测量值减去 R_A。

3．最大功率传输

在电子电路中，常需要分析负载在什么条件下获得最大功率。电子电路虽较为复杂，但其输出端一般引出两个端钮，可以看作为一个有源二端网络，可应用戴维南定理解决这一问题。

分析最大功率传输问题的电路可按图 1-44，虚线框内为有源二端网络，R_L 为其负载。若 $R_L\to0$，则 $U\to0$，$P_L\to0$；若 $R_L\to\infty$，则 $I\to0$，$P_L\to0$。因此，必然存在某个 R_L 数值，其功率为最大值。

负载 R_L 上的功率：$P_L=I^2R_L=\left(\dfrac{U_{OC}}{R_O+R_L}\right)^2R_L$，求导得：

$\dfrac{dP_L}{dR_L}=\dfrac{U_{OC}^2}{(R_O+R_L)^2}(R_O-R_L)=0$，解得：

$$R_L=R_O \tag{1-33}$$

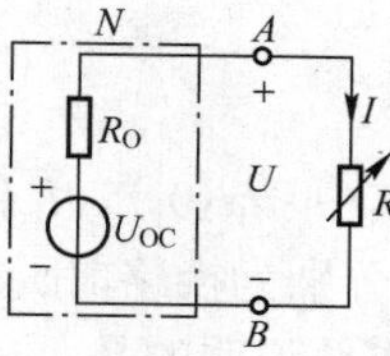

图 1-44　最大功率传输示意图

上式表明，当负载电阻等于电路的戴维南等效电阻时，负载能获得最大功率，这种状态称为负载与信号源阻抗匹配。将式（1-33）回代得：

$$P_{Lmax}=\frac{U_{OC}^2}{4R_L} \tag{1-34}$$

【例 1-26】　已知某电路为有源二端线性电阻网络，未知其内部电路结构，测得其开路电压 U_{OC}=12V，短路电流 I_{SC}=0.3A。试求其戴维南等效电路，并求其能输出最大功率的条件和数值。

解：画出所求戴维南等效电路，如图 1-44 所示。其中，$R_O=\dfrac{U_{OC}}{I_{SC}}=\dfrac{12}{0.3}\Omega=40\Omega$

输出最大功率时，应接负载 $R_L=R_O=40\Omega$，最大功率 $P_{Lmax}=\dfrac{U_{OC}^2}{4R_L}=\dfrac{12^2}{4\times40}W=0.9W$

【复习思考题】

1.13　叙述叠加定理及应用注意事项。

1.14　叙述戴维南定理。

1.15　何谓电源置零？

1.16　负载获得最大功率的条件是什么？

1.6　线性电路暂态分析

电路从一种稳定状态（稳态）变化到另一种稳定状态的中间过程称为电路过渡过程或暂态过程，简称暂态。

过渡过程在自然界普遍存在，例如车辆的起动和制动，需要有个过程，最后达到稳速或停止运行。在电路中，电容、电感的充、放电也存在上述物理现象。

引起电路过渡过程的原因。

1）外因：电路换路。例如电路的接通或断开、电源的变化、电路参数的变化、电路结构的改变等。

2）内因：电路中含有储能元件。储能元件即电容 C 和电感 L，纯电阻电路不存在过渡过程。

1.6.1　换路定律

换路定律是描述电路换路的瞬间，储能元件电压或电流的变化规律。

1．换路定律数学表达式

$$u_C(0_+)=u_C(0_-) \tag{1-35}$$

$$i_L(0_+)=i_L(0_-) \tag{1-36}$$

其中 $u_C(0_+)$、$i_L(0_+)$ 分别为换路后瞬间零时刻电容两端电压和电感中的电流；$u_C(0_-)$、$i_L(0_-)$ 分别为换路前瞬间零时刻电容两端电压和电感中的电流。

需要说明的是，(0_+)、(0_-) 均为 0。从数学意义上说，(0_-) 是在时间坐标 0 时刻负向无限趋近于 0；(0_+)是在时间坐标 0 时刻正向无限趋近于 0。

2．换路定律文字表述

式（1-35）的文字表述：在换路瞬间，电容两端电压不能跃变。

式（1-36）的文字表述：在换路瞬间，电感中电流不能跃变。

3．产生换路定律结论的原因和条件

产生换路定律结论的原因是激励电源的功率不可能为∞。电容储能为 $W_C(t)=\dfrac{1}{2}Cu_C^2(t)$，电感储能为 $W_L(t)=\dfrac{1}{2}Li_L^2(t)$。在激励电源功率为有限值前提下，换路时电容储能和电感储能不能跃变，电容两端电压 $u_C(t)$ 和电感中电流 $i_L(t)$ 必定为时间 t 的连续函数，即 $u_C(t)$ 和 $i_L(t)$ 不能跃变。

因此，产生换路定律结论的原因也是条件：激励电源的功率不可能为∞。实际上，这个条件总是满足的。

4．换路定律推论

1）从式（1-35）中可以推出：若电路换路前，电容两端电压为 0[未储能，即 $u_C(0_-)=0$]，则换路瞬间，电容相当于短路[即 $u_C(0_+)=u_C(0_-)=0$]。

需要说明的是，在 1.3.2 节中，我们曾得出"电容对直流相当于开路"，这两种表述有矛盾吗？答曰：没有矛盾。"电容对直流相当于开路"是指电路达到稳态后，此时电容已充放电完毕；而"电容两端电压为 0，换路瞬间相当于短路"是在暂态过程初始瞬间，即仅在 (0_+) 时刻相当于短路，而且条件是电容未储能。

2）从式（1-36）中可以推出：若电路换路前，电感中电流为 0[未储能，即 $i_L(0_-)=0$]，则换路瞬间，电感相当于开路[即 $i_L(0_+)=i_L(0_-)=0$]。

需要说明的是，在 1.3.3 节中，我们曾得出"电感对直流相当于短路"是指电路达到稳态后；而上述推论是指暂态初始瞬间，即仅在 (0_+) 时刻相当于开路，而且条件是电感未储能。

需要特别注意的是，除 $u_C(0_+)=u_C(0_-)$、$i_L(0_+)=i_L(0_-)$ 外，电路中其余电流电压参数均不存在 $f(0_+)=f(0_-)$。

5．电压电流初始值计算

求解电路暂态过程的钥匙是换路定律，而应用换路定律的关键是求出 $u_C(0_-)$ 和 $i_L(0_-)$。

$u_C(0_-)$ 和 $i_L(0_-)$ 是电路换路前 u_C 和 i_L 的数值，此时电路保持原始稳定状态（稳态），可按照和应用欧姆定律、KCL、KVL 和其他已经学过的电路定律或解题方法求解。

【例 1-27】 已知电路如图 1-45a 所示，$R_1=10\Omega$，$R_2=20\Omega$，$U_S=10V$，且换路前电路已达稳态，试求：1）$t=0$ 时刻，S 开关从位置 1 合到位置 2，求 $u_C(0_+)$、$i_C(0_+)$。2）设 S 开关换路前合在位置 2，且已达到稳态。$t=0$ 时刻，S 开关从位置 2 合到位置 1，再求 $u_C(0_+)$、$i_C(0_+)$。

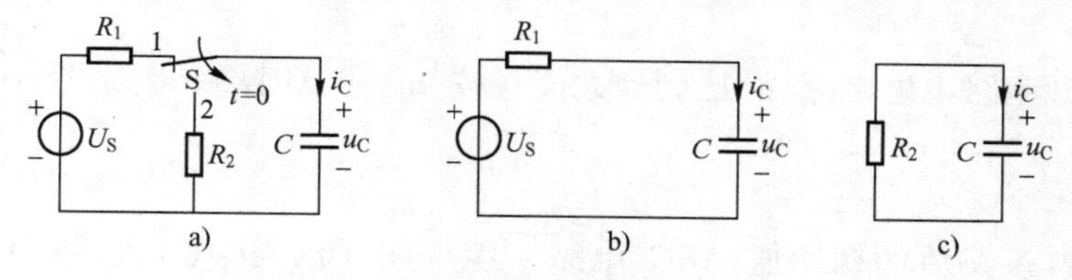

图 1-45　例 1-27 电路

解：1）换路前，S 在位置 1 且已达到稳态时，电容已充电完毕，如图 1-45b 所示，此时电容充电电流 $i_C(0_-)=0$。

$$u_C(0_-)=U_S-i_C(0_-)R_1=U_S=10V$$

换路后，如图 1-45c 所示，按换路定律：$u_C(0_+)=u_C(0_-)=U_S=10V$

$$i_C(0_+)=-\frac{u_C(0_+)}{R_2}=-\frac{U_S}{R_2}=-\frac{10}{20}A=-0.5A$$

2）换路前，S 在位置 2 上且已达到稳态时，电容已放电完毕，如图 1-45c 所示，此时 $i_C(0_-)=0$，$u_C(0_-)=0$。

换路后，如图 1-45b 所示，按换路定律：$u_C(0_+)=u_C(0_-)=0$，电容相当于短路。

$$i_C(0_+)=\frac{U_S-u_C(0_+)}{R_1}=\frac{10-0}{10}\text{A=1A}$$

【例 1-28】 已知电路如图 1-46a 所示，R_1=10Ω，R_2=20Ω，U_S=10V，且换路前，电路已达稳态，试求：1）t=0 时刻，S 开关从位置 1 合到位置 2，求 $i_L(0_+)$和 $u_L(0_+)$。

2）设 S 开关换路前合在位置 2，且以达到稳态。t=0 时刻，S 开关从位置 2 合到位置 1，再求 $i_L(0_+)$和 $u_L(0_+)$。

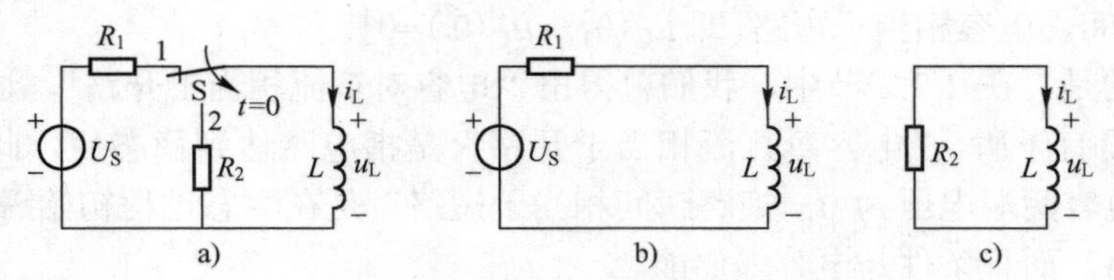

图 1-46　例 1-28 电路

解：1）换路前，如图 1-46b 所示，电感已充电完毕，达到稳态，对直流相当于短路，$u_L(0_-)$=0。

$$i_L(0_-)=\frac{U_S}{R_1}=\frac{10}{10}\text{A=1A}$$

换路后，如图 1-46c 所示，按换路定律：$i_L(0_+)=i_L(0_-)$=1A

$$u_L(0_+)=-i_L(0_+)R_2=-1\times20\text{V}=-20\text{V}$$

2）换路前，如图 1-46a 所示，电感已放电完毕，$i_L(0_-)$=0，$u_L(0_-)$=0。换路后，如图 1-46b 所示，$i_L(0_+)=i_L(0_-)$=0，电感相当于开路。

$$u_L(0_+)=-i_L(0_+)R_1+U_S=(-0\times10+10)\text{V}=10\text{V}$$

从上述两例中，可以得出，电路达到稳态后，电压电流初始值计算有如下规律：

① 无论有源无源，恒有：i_C=0（电容对直流相当于开路），u_L=0（电感对直流相当于短路）。

② RC 有源电路电容电压 u_C 充至最大值（按 i_C =0 计算）。例如图 1-45b 电路中，$u_C=U_S$。

③ RL 有源电路电感电流 i_L 达到最大值（按 u_L =0 计算）。例如图 1-46b 电路中，$i_L=\frac{U_S}{R_1}$。

另外，求解换路后的初始值：RC 电路，应从 $u_C(0_+)=u_C(0_-)$入手；RL 电路，应从 $i_L(0_+)=i_L(0_-)$入手。

【例 1-29】 已知电路分别如图 1-47a、b 所示，电路已达稳态。t=0 时，S 开关断开。试求 $u_C(0_+)$和 $i_L(0_+)$表达式。

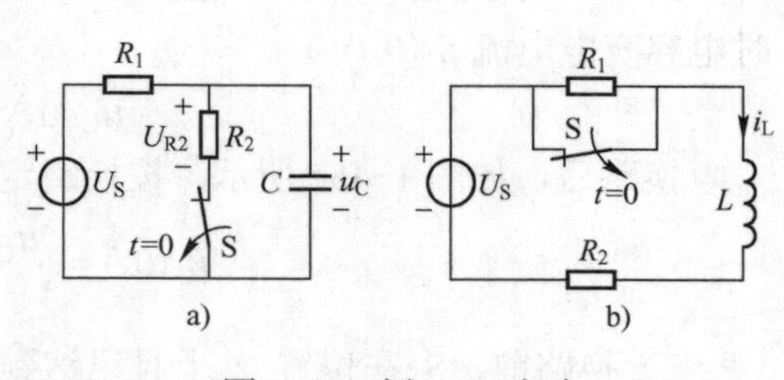

图 1-47　例 1-29 电路

解：图 1-47a 电路：$u_C(0_-)=U_{R2}(0_-)=\frac{U_SR_2}{R_1+R_2}$

$$u_C(0_+)=u_C(0_-)=\frac{U_SR_2}{R_1+R_2}$$

图 1-47b 电路：$i_L(0_-)=\frac{U_S}{R_2}$

$$i_L(0_+)=i_L(0_-)=\frac{U_S}{R_2}$$

1.6.2 一阶电路暂态响应（三要素法）

只含有一个动态元件（即储能元件 L 或 C）的电路可用一阶微分方程描述和求解，这种电路称为一阶电路。

据理论分析和数学推导，一阶电路的暂态响应只要求得初始值[用 $f(0_+)$表示]、新的稳态值[用 $f(\infty)$表示]和电路换路后的时间常数 τ，就可以直接写出其全响应表达式，称为一阶电路三要素法。三要素法的一般形式：

$$f(t)=\underbrace{f(\infty)}_{\text{稳态分量}}+\underbrace{[f(0_+)-f(\infty)]\mathrm{e}^{-\frac{t}{\tau}}}_{\text{暂态分量}}=\underbrace{f(0_+)\mathrm{e}^{-\frac{t}{\tau}}}_{\text{零输入响应}}+\underbrace{f(\infty)(1-\mathrm{e}^{-\frac{t}{\tau}})}_{\text{零状态响应}} \tag{1-37}$$

1．初始值 $f(0_+)$

求解 $f(0_+)$应充分利用换路定律，并从换路定律入手。RC 电路，先求 $u_C(0_-)$，后求 $u_C(0_+)=u_C(0_-)$；RL 电路，先求 $i_L(0_-)$，后求 $i_L(0_+)=i_L(0_-)$。若采用其他方法，虽然也可求解，但易出错，且相对麻烦。

2．稳态值 $f(\infty)$

电路达到稳态后，充电电路，电容电压和电感电流已达最大值；放电电路，电容电压和电感电流已达最小值。电容相当于开路，电感相当于短路，然后按前几节中直流电路的分析方法求解 $f(\infty)$。

3．时间常数 τ

时间常数 τ 反映了电路过渡过程的快慢，即储能元件充、放电速度的快慢。放电电路，τ 表示储能元件储能量从初始值 $f(0_+)$按指数曲线放电下降到$\{f(\infty)+0.368[f(0_+)-f(\infty)]\}$时所需的时间；充电电路，$\tau$ 表示储能元件储能量从初始值 $f(0_+)$按指数曲线充电上升到$\{f(0_+)+0.632[f(\infty)-f(0_+)]\}$时所需的时间，如图 1-48 所示。$\tau$ 越小，放电时下降速率越快；充电时上升速率越快。表 1-2 为时间常数 τ 整数倍时充、放电值。从理论上讲，过渡过程要到 $t\to\infty$ 时结束。但实际上经过 $3\tau\sim5\tau$，就可以认为过渡过程基本上结束了。

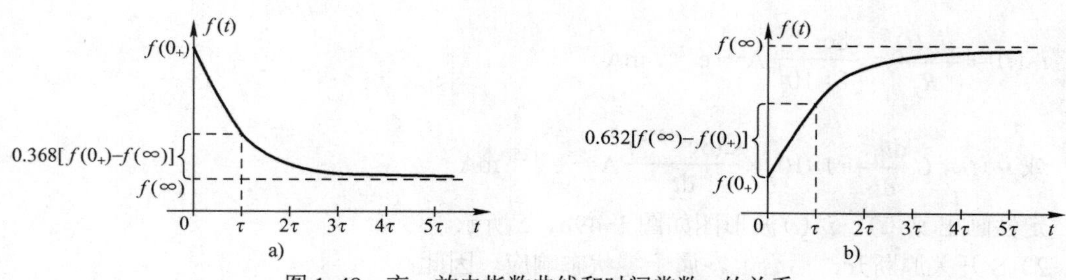

图 1-48　充、放电指数曲线和时间常数 τ 的关系

a) 放电　b) 充电

表 1-2　时间常数 τ 整数倍时的充、放电值

充、放电时间	0	1τ	2τ	3τ	4τ	5τ	…	∞
充电 $f(t)$	$f(0_+)$	$f(0_+)+0.632[f(\infty)-f(0_+)]$	$f(0_+)+0.865[f(\infty)-f(0_+)]$	$f(0_+)+0.950[f(\infty)-f(0_+)]$	$f(0_+)+0.982[f(\infty)-f(0_+)]$	$f(0_+)+0.993[f(\infty)-f(0_+)]$	…	$f(\infty)$
放电 $f(t)$	$f(0_+)$	$f(\infty)+0.368[f(0_+)-f(\infty)]$	$f(\infty)+0.135[f(0_+)-f(\infty)]$	$f(\infty)+0.050[f(0_+)-f(\infty)]$	$f(\infty)+0.018[f(0_+)-f(\infty)]$	$f(\infty)+0.007[f(0_+)-f(\infty)]$	…	$f(\infty)$

τ 值计算方法：RC 电路，$\tau=RC$；RL 电路，$\tau=\dfrac{L}{R}$。R 以欧姆为单位代入，C 以法拉为单位代入，L 以亨利为单位代入，按上述两式计算后 τ 的量纲为秒。关键是如何理解和求解上述表达式中的“R”。该“R”应理解为换路后从动态元件（C 或 L）两端看进去的戴维南电路等效电阻。

4. 零输入响应

一阶电路暂态响应中有两种特殊情况，一种是电路断开电源，不再输入新的能量，依靠储能元件原有储能产生过渡过程，称为零输入响应。这种电路一定是储能元件放电电路，最终放电放光，储能为 0，即 $f(\infty)=0$。此时，式（1-37）可写为：

$$f(t)=f(0_+)\,\mathrm{e}^{-\frac{t}{\tau}} \tag{1-37a}$$

5. 零状态响应

一阶电路暂态响应中另一种特殊情况是电路储能元件初始储能为零，即 $f(0_+)=0$。接通电源后，储能元件由零开始充电，最终充至最大值，称为零状态响应。此时，式（1-37）可写为：

$$f(t)=f(\infty)\,(1-\mathrm{e}^{-\frac{t}{\tau}}) \tag{1-37b}$$

【例 1-30】 已知电路如图 1-49a 所示，$R_1=4\text{k}\Omega$，$R_2=8\text{k}\Omega$，$U_S=12\text{V}$，$C=1\mu\text{F}$，电路已达稳态。1）$t=0$ 时，S 开关断开，试求 $u_C(t)$、$i_C(t)$，并定性画出其波形。2）若 S 开关原断开，且电路已处于稳态。$t=0$ 时合上，试再求图中 $u_C(t)$、$i_C(t)$ 和波形。

解：1）S 开关原合上，后断开，属于零输入响应。因此：

$$u_C(0_+)=u_C(0_-)=\frac{U_SR_2}{R_1+R_2}=\frac{12\times8}{4+8}\text{V}=8\text{V}，\tau=R_2C=8\times10^3\times1\times10^{-6}\text{s}=0.008\text{s}$$

$$u_C(t)=u_C(0_+)\,\mathrm{e}^{-\frac{t}{\tau}}=8\,\mathrm{e}^{-\frac{t}{0.008}}\text{V}=8\,\mathrm{e}^{-125t}\text{V}$$

$$i_C(t)=-\frac{u_C(t)}{R_2}=-\frac{8\mathrm{e}^{-125t}}{8\times10^3}\text{A}=-\mathrm{e}^{-125t}\text{mA}$$

或 $i_C(t)=C\dfrac{\mathrm{d}u_C}{\mathrm{d}t}=1\times10^{-6}\times\dfrac{\mathrm{d}(8\mathrm{e}^{-125t})}{\mathrm{d}t}\text{A}=-\mathrm{e}^{-125t}\text{mA}$

定性画出 $u_C(t)$、$i_C(t)$ 波形图如图 1-49b、c 所示。

2）S 开关原断开，后合上，属于零状态响应。因此：

$$u_C(\infty)=\frac{U_SR_2}{R_1+R_2}=\frac{12\times8}{4+8}\text{V}=8\text{V}，\tau=(R_1//R_2)\,C=(8//4)\times10^3\times1\times10^{-6}\text{s}=0.00267\text{s}$$

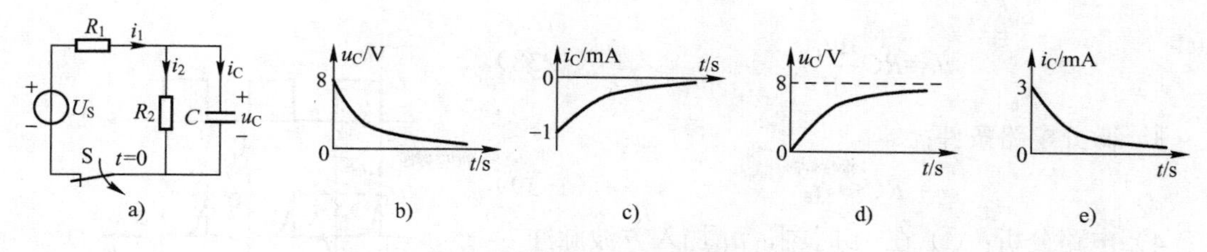

图 1-49　例 1-30 电路和波形

$$u_C(t)=u_C(\infty)(1-e^{-\frac{t}{\tau}})=8(1-e^{-\frac{t}{0.00267}})V=8(1-e^{-375t})V$$

$$i_C(t)=i_1(t)-i_2(t)=\frac{U_S-u_C(t)}{R_1}-\frac{u_C(t)}{R_2}=[\frac{12-8(1-e^{-375t})}{4\times10^3}-\frac{8(1-e^{-375t})}{8\times10^3}]A=3e^{-375t}mA$$

或：$i_C(t)=C\frac{du_C}{dt}=1\times10^{-6}\times\frac{d[8(1-e^{-375t})]}{dt}A=3e^{-375t}mA$

定性画出 $u_C(t)$、$i_C(t)$ 波形图如图 1-49d、e 所示。

【例 1-31】 已知电路如图 1-50a 所示，R_1=15Ω，R_2=R_3=10Ω，U_S=10V，L=16mH，电路已达稳态。t=0 时，S 开关闭合。试用三要素法求 $i_L(t)$，并画出波形图。

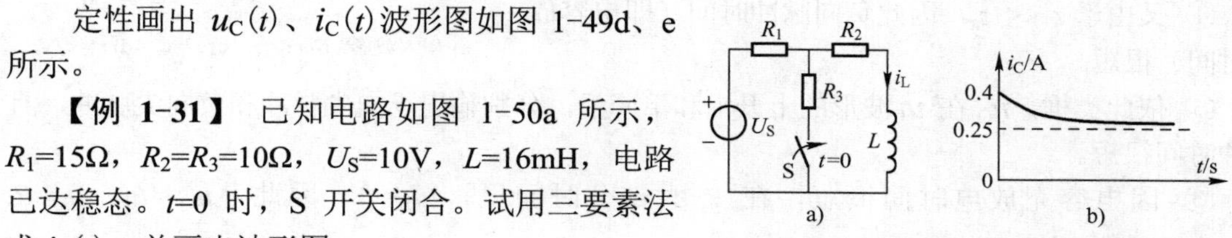

图 1-50　例 1-31 电路和波形

解：$i_L(0_+)=i_L(0_-)=\frac{U_S}{R_1+R_2}=\frac{10}{10+15}A=0.4A$

$$i_L(\infty)=\frac{U_S}{R_1+(R_2//R_3)}\times\frac{R_3}{R_2+R_3}=\frac{10}{15+(10//10)}\times\frac{10}{10+10}A=0.25A$$

$$\tau=\frac{L}{(R_1//R_3)+R_2}=\frac{16}{[(15//10)+10]\times10^3}s=0.001s$$

$$i_L=i_L(\infty)+[i_L(0_+)-i_L(\infty)]e^{-\frac{t}{\tau}}=[0.25+(0.4-0.25)e^{-1000t}]A=[0.25+0.15e^{-1000t}]A$$

画出 i_L 波形图如图 1-50b 所示。

1.6.3　微分电路和积分电路

输出输入电压之间构成微分关系或积分关系的电路称为微分电路或积分电路。微分电路和积分电路在电子技术中有着较为广泛的应用。

1．微分电路

1）电路形式和输入输出电压波形。

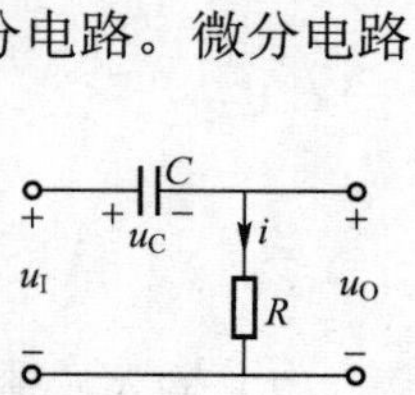

微分电路如图 1-51 所示，RC 串联电路，从电阻端输出。u_I 为输入电压，u_O 为输出电压，其波形分别如图 1-51a、b 所示，其中 τ_a 是输入电压方波脉冲的宽度，U_a 为输入电压方波脉冲的幅度。

图 1-51　微分电路

2）输入输出电压关系：

$$u_O = RC\frac{du_I}{dt} \tag{1-38}$$

3）微分电路条件：

$$\tau = RC << \tau_a \tag{1-39}$$

4）电路分析：① 在 0_+时刻，u_I 加入方波脉冲，如图 1-52a 所示，$u_C(0_+)= u_C(0_-)=0$，$u_O(0_+)=-u_C(0_+)+u_I(0_+)=u_I(0_+)=U_a$。

② 经过 3τ～5τ，电容充电基本完成，$u_C=u_I=U_a$，$u_O=0$。由于 $\tau <<\tau_a$，因此图 1-52b 中 u_O 的正向尖脉冲时间（即电容充电时间）很短。

③ 至 τ_a 时刻，$u_I(\tau_{a+})=0$，$u_C(\tau_{a+})=u_C(\tau_{a-})=U_a$，$u_O(\tau_{a+})=-u_C(\tau_{a+})+u_I(\tau_{a+})=-u_C(\tau_{a+})=-U_a$，在图 1-52b 中出现负向尖脉冲。

④ 又由于 $\tau << \tau_a$，因此负向脉冲时间（即电容放电时间）很短。

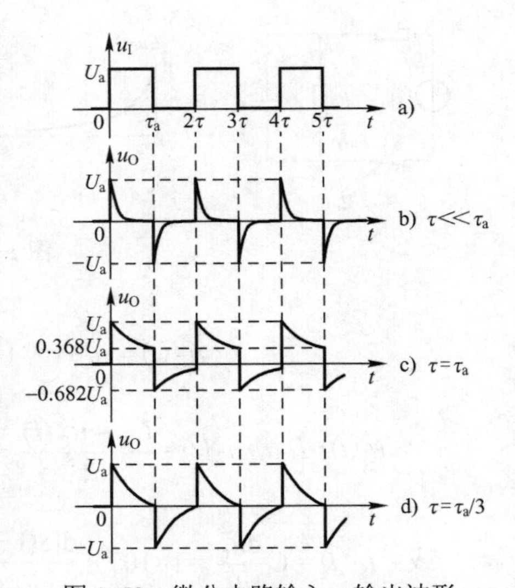

图 1-52　微分电路输入、输出波形

a) 输入波形　b) $\tau << \tau_a$　c) $\tau = \tau_a$　d) $\tau = \tau_a/3$

⑤ 依此类推，u_O 在 u_I 波形的上升沿和下降沿，分别输出正向尖脉冲和负向尖脉冲，且脉冲时间很短。

⑥ 因电容充放电时间很短，在 τ_a 大部分时间里，$u_O\approx0$，因此，$u_C\approx u_I$，$u_O=Ri=RC\frac{du_C}{dt}\approx RC\frac{du_I}{dt}$，输出电压与输入电压构成微分关系。

需要说明的是，微分电路的必要条件是 $\tau << \tau_a$，若不满足该条件，则输入输出电压间将不满足微分关系，图 1-52c、d 分别为 $\tau = \tau_a$ 和 $\tau = \tau_a/3$ 时的 u_O 波形。

2．积分电路

1）电路形式和输入、输出波形。

积分电路如图 1-53a 所示，与微分电路结构不同的是 R 与 C 相互交换了位置。其输入、输出波形分别如图 1-53b、c 所示。

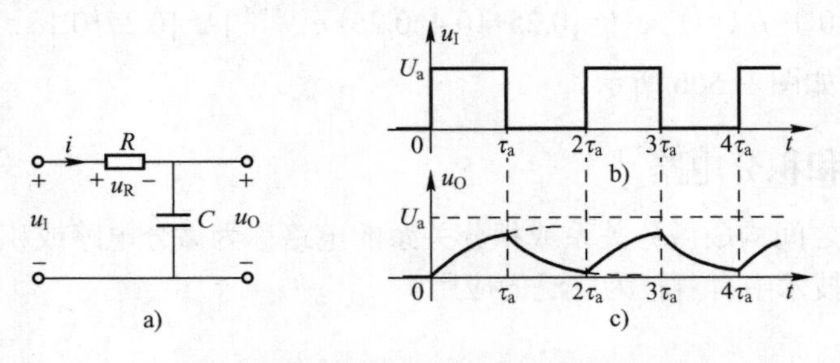

图 1-53　积分电路和输入、输出波形

2）输入、输出电压关系：

$$u_O = \frac{1}{RC}\int u_I dt \tag{1-40}$$

3）积分电路条件：

$$\tau = RC >> \tau_a \tag{1-41}$$

4）电路分析：① 在0～τ_a时段里，$u_I=U_a$，电容充电，u_C按指数规律上升。

② 由于$\tau >> \tau_a$，电容上电压尚未充足，方波脉冲已经结束，$u_I=0$，电容转入放电，u_C再按指数规律下降。

③ 又由于$\tau >> \tau_a$，电容上电压尚未放光，又出现方波脉冲，$u_I=U_a$，电容再次转入充电。

④ 以此类推，u_O输出近似三角波。

⑤ 由于$\tau >> \tau_a$，电容上充电和放电均很小，$u_R >> u_C$，因此：

$$u_R \approx u_I,\ u_O = u_C = \frac{1}{C}\int i\mathrm{d}t = \frac{1}{C}\int \frac{u_R}{R}\mathrm{d}t \approx \frac{1}{C}\int \frac{u_I}{R}\mathrm{d}t = \frac{1}{RC}\int u_I \mathrm{d}t$$

上式表明，输出电压与输入电压构成积分关系。

需要说明的是，图 1-53c 所示积分电路输出三角波电压 u_O 的幅度很小，且为指数曲线，线性度很差，实用价值不大。在电子电路里，积分电路与有源放大器件组合，构成有源积分电路，三角波（或锯齿波）幅度很大，且线性度很好，带负载能力增强，在显示屏电子扫描电路中得到广泛应用。

【复习思考题】

1.17　引起电路过渡过程的原因是什么？

1.18　什么叫换路定律？产生换路定律结论的原因和条件是什么？

1.19　“电容对直流相当于开路”与“储能为零的电容在换路瞬间相当于短路”有否矛盾？

1.20　如何理解“电感对直流相当于短路”与“储能为零的电感在换路瞬间相当于开路”？

1.21　时间常数τ的含义是什么？

1.22　为什么说过渡过程经过3τ～5τ就可以认为基本上结束？

1.23　如何求解时间常数τ？表达式中的R应如何理解？

1.24　画出微分电路及其输入、输出电压波形，写出输入、输出电压关系式，指出其条件。

1.25　画出积分电路及其输入、输出电压波形，写出输入、输出电压关系式，指出其条件。

1.7　习题

1.7.1　选择题

1.1　图 1-54 所示电流波形中（多选），属于直流电流的有________；属于交流电流的有________。

1.2　下列有关电位与电压的说法，错误的是______。（ A. 某点电位是该点到零电位参考点之间的电压；　B. 两点间电压即两点间电位差，与零电位参考点无关；　C. 电位就是电压；　D. 电位与电压的单位相同）

1.3　下列有关电功率的说法，错误（多选）的是______。（ A. $p > 0$ 时为吸收功率；

B. $ui>0$ 时为吸收功率； C. $p<0$ 时为发出功率； D. $ui<0$ 时为发出功率）

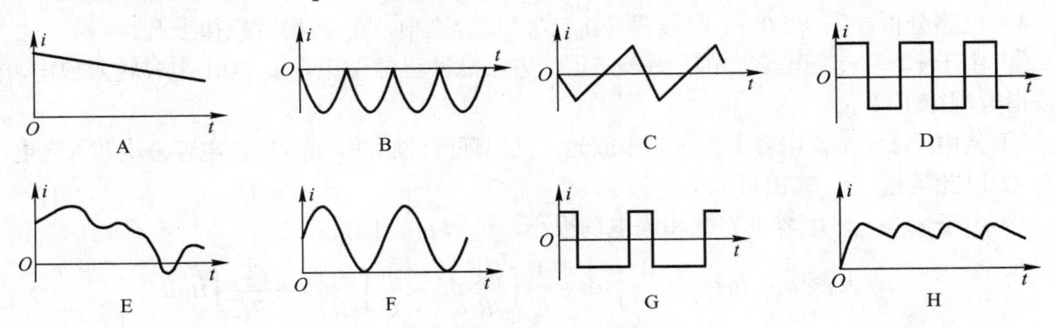

图 1-54　习题 1.1 中电流波形分类

1.4　下列有关发出功率和吸收功率的说法，错误（多选）的是________。（A. 电源总是发出功率的； B. 电阻总是吸收功率的； C. 元件电压电流参考方向相同时发出功率；D. 元件电压电流参考方向相反时吸收功率；E. 元件电压电流实际方向相同时发出功率；F. 元件电压电流实际方向相反时发出功率； G. 元件电压电流实际方向相反时吸收功率；H. 元件电压电流实际方向相同时吸收功率）

1.5　下列有关电容中电流大小的说法，正确的是______。（A. 电容两端电压越高，电容中电流就越大；B. 电容两端电压变化量越大，电容中电流就越大；C. 电容两端电压变化率越大，电容中电流就越大；D. 电容器极板存储的电荷越多，电容中电流就越大）

1.6　下列有关电感两端电压大小的说法，正确的是______。（A. 电感电流越大，电感两端电压越大；B. 电感电流变化率越大，电感两端电压越大；C. 电感储能越大，电感两端电压越大；D. 电感线圈匝数越多，电感两端电压越大）

1.7　理想电压源输出电压______；输出电流______。实际电压源输出电压______；输出电流______。（A. 恒定不变； B. 取决于外电路； C. 取决于内电阻与负载电阻之比； D. 不定）理想电流源输出电压_______；输出电流_______。实际电流源输出电压______；输出电流______。（A. 恒定不变；B. 取决于外电路；C. 取决于内电阻与负载电阻之比；D. 不定）

1.8　当内电阻______时，实际电压源伏安特性与理想电压源相同；当内电阻______时，实际电压源伏安特性斜率较大。当内电阻______时，实际电流源伏安特性与理想电流源相同；当内电阻______时，实际电流源伏安特性随输出电压增大而减小较快。（A. $R_s=0$； B. $R_s\to\infty$； C. R_s 较大； D. R_s 较小）

1.9　对于具有 m 条支路、n 个节点的电路，只能列出______个独立 KVL 方程。（A. $m-n$；B. $m+n$； C. $m-n+1$； D. $m+n-1$）

1.10　对于具有 n 个节点的电路，只能列出_________个独立的节点电流方程。（A. n；B. $n+1$；C. $n-1$； D. $2n$）

1.11　下列电路基本物理量中，不可以用叠加定理来计算的是_________。（A. 电流；B. 电压； C. 电功率； D. 以上都可以）

1.12　下列有关描述戴维南定理的说法中，错误（多选）的是________。（A. 任何一个二端网络都可以用一个电压源和一个电阻相串联的模型等效替代； B. 电压源的总电压等于该网络内所有电压源的代数和； C. 戴维南等效电阻等于该网络内所有电阻串并联的总电

阻； D. 任何一个线性含源二端电阻网络都可以用戴维南电路等效替代）

1.13 下列有关电路存在过渡过程的说法，正确的是______。（A．所有电路换路时都存在过渡过程；B．只有含有电容元件的电路换路时存在过渡过程；C．只有含有电感元件的电路换路时存在过渡过程；D．只有含有电阻元件的电路换路时存在过渡过程；E．只有含有储能元件的电路换路时存在过渡过程）

1.14 下列有关换路定律的说法，正确（多选）的是______。（A．在换路瞬间，电容元件两端电压不能跃变；B．在换路瞬间，电容元件中电流不能跃变；C．在换路瞬间，电感元件中电流不能跃变；D．在换路瞬间，电感元件两端电压不能跃变；E．在换路瞬间，电路元件两端电压不能跃变；F．在换路瞬间，电路元件中电流不能跃变）

1.15 下列有关电容与直流电流电压关系的说法，正确（多选）的是______。（A．电容对直流相当于开路；B．电路达到稳态后，电容对直流相当于开路；C．在过渡过程中，电容对直流相当于开路；D．在换路瞬间，电容对直流相当于短路；E．$u_C(0_-)=0$，在换路瞬间，电容对直流相当于短路；F．在过渡过程中，电容对直流相当于短路）

1.16 下列有关电感与直流电流电压关系的说法，正确（多选）的是______。（A．电感对直流相当于短路；B．电路达到稳态后，电感对直流相当于短路；C．在过渡过程中，电感对直流相当于短路；D．在换路瞬间，电感对直流相当于开路；E．$i_L(0_-)=0$，在换路瞬间，电感对直流相当于开路；F．在过渡过程中，电感对直流相当于开路）

1.17 下列有关电路存在过渡过程时间的说法，正确（多选）的是______。（A．过渡过程经过 1ms，可认为基本上结束；B．过渡过程经过 1s，可认为基本上结束；C．过渡过程经过时间 τ，可认为基本上结束；D．过渡过程经过时间 $3\tau \sim 5\tau$，可认为基本上结束；E．从理论上讲，过渡过程是一个无穷过程）

1.18 已知电路如图 1-55 所示，当 S 合上时，下列说法中，______是正确的。（A．白炽灯 H_1、H_2 同时亮，并且这种状态维持下去；B．H_1 先亮，H_2 后亮，接着这种状态维持不变；C．H_2 先亮，H_1 后亮，接着这种状态维持不变；D．H_1 先亮，H_2 后亮，接着 H_1 又熄灭，而 H_2 维持状态不变）

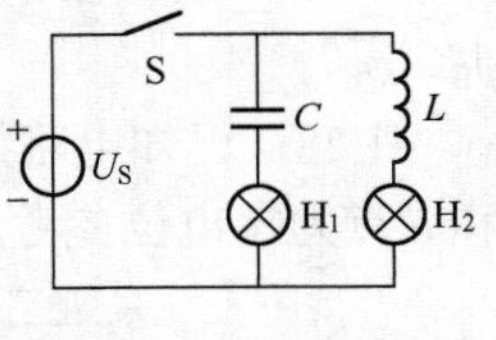

图 1-55 习题 1.18 电路

1.19 下列有关时间常数 τ 的说法，正确（多选）的是______。（A．放电电路，τ 表示储能元件储能量从初始值 $f(0_+)$ 按指数曲线放电下降到$\{f(\infty)+0.368[f(0_+)-f(\infty)]\}$时所需的时间；B．放电电路，$\tau$ 表示储能元件储能量从初始值 $f(0_+)$ 按指数曲线放电下降到$\{f(\infty)+0.632[f(0_+)-f(\infty)]\}$时所需的时间；C．充电电路，$\tau$ 表示储能元件储能量从初始值 $f(0_+)$ 按指数曲线充电上升到$\{f(0_+)+0.368[f(\infty)-f(0_+)]\}$时所需的时间；D．充电电路，$\tau$ 表示储能元件储能量从初始值 $f(0_+)$ 按指数曲线充电上升到$\{f(0_+)+0.632[f(\infty)-f(0_+)]\}$时所需的时间；E．$\tau$ 越小，放电时下降速率越快；充电时上升速率越快；E．τ 越小，放电时下降速率越慢；充电时上升速率越慢）

1.20 下列有关计算时间常数 τ 的方法，正确（多选）的是______。（A．RC 电路，$\tau=RC$；B．RC 电路，$\tau=\dfrac{C}{R}$；C．RC 电路，$\tau=\dfrac{R}{C}$；D．RL 电路，$\tau=LC$；E．RL 电路，$\tau=\dfrac{L}{R}$；F．RL 电路，$\tau=\dfrac{R}{L}$）

1.21 计算时间常数 τ 的表达式中，R 应理解为______。（A．电路戴维南等效电阻；

B．换路前电路戴维南等效电阻；C．换路后电路戴维南等效电阻；D．换路前从动态元件两端看进去的电路戴维南等效电阻；E．换路后从动态元件两端看进去的戴维南电路等效电阻；F．电路中各电阻串并联后的等效电阻）

1.22　RC 串联电路施加宽度为 τ_a 的方波脉冲，满足微分电路条件的是_____；满足积分电路条件的是_____。（A．电阻端输出，$\tau \ll \tau_a$；B．电容端输出，$\tau \ll \tau_a$；C．电阻端输出，$\tau_a \ll \tau$；D．电容端输出，$\tau_a \ll \tau$）

1.7.2　分析计算题

1.23　已知下列电流参考方向和电流值，试指出电流实际方向。

1）I_{AB}=3A；　2）I_{AB}=−3A；　3）I_{BA}=3A；　4）I_{BA}=−3A。

1.24　已知电路如图 1-56 所示，U_1=5V，U_2=−3V，试求 U_{ab}、U_{ba}、U_{cd}、U_{dc}。

1.25　已知电路如图 1-57 所示，以 C 为参考点时，φ_A=10V，φ_B=5V，φ_D=−3V，试求 U_{AB}、U_{BC}、U_{BD}、U_{CD}。

1.26　已知电路如图 1-58 所示，U_{S1}=10V，U_{S2}=5V，R_1=100Ω，R_2=1400Ω，求电位 φ_A、φ_B、φ_C 及 U_{AB}。

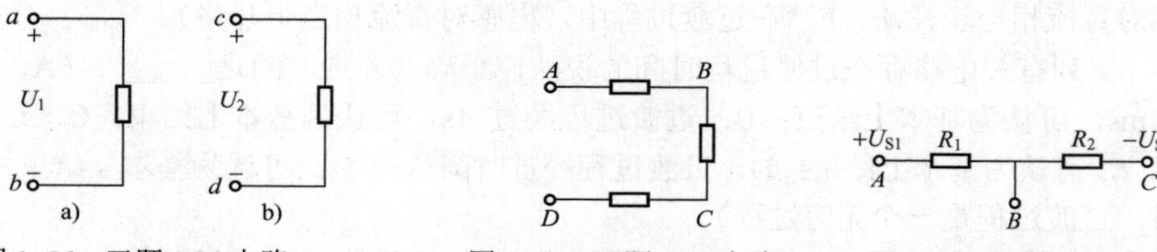

图 1-56　习题 1.24 电路　　图 1-57　习题 1.25 电路　　图 1-58　习题 1.26 电路

1.27　已知电路如图 1-59 所示，$R_1=R_2$=2Ω，$R_3=R_4$=1Ω，U_{S1}=5V，U_{S2}=10V，试求 φ_A、φ_B、φ_C。

1.28　已知电路如图 1-60 所示，R_1～R_6 均为 1Ω，U_{S1}=3V，U_{S2}=2V，试求分别以 d 点和 e 点为零电位参考点时 φ_a、φ_b 和 φ_c。

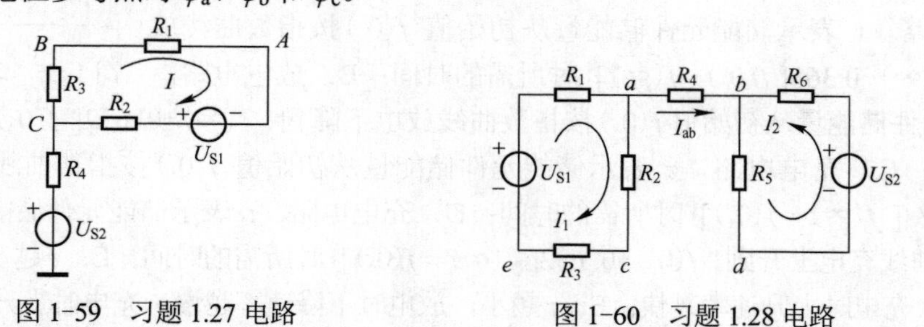

图 1-59　习题 1.27 电路　　图 1-60　习题 1.28 电路

1.29　已知电路如图 1-61 所示，按给定电压电流方向，求元件功率，并指出元件发出或吸收功率？

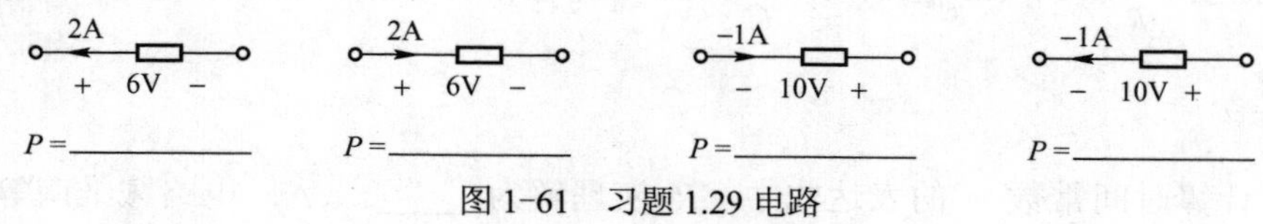

图 1-61　习题 1.29 电路

1.30　已知图 1-62 所示电路和元件功率，试求未知电压电流。

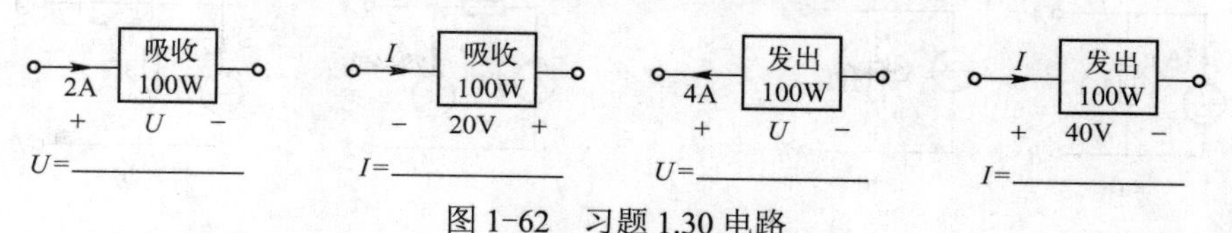

图 1-62　习题 1.30 电路

1.31　已知电路如图 1-63 所示，试求 *ab* 端等效电阻。

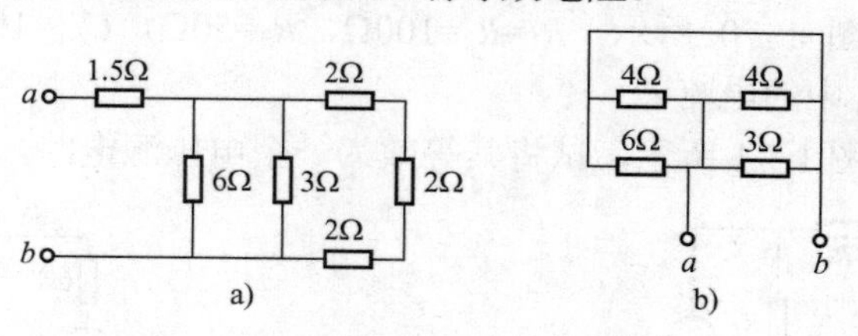

图 1-63　习题 1.31 电路

1.32　已知电阻电路如图 1-64 所示，试求各电路的 *ab* 端等效电阻。

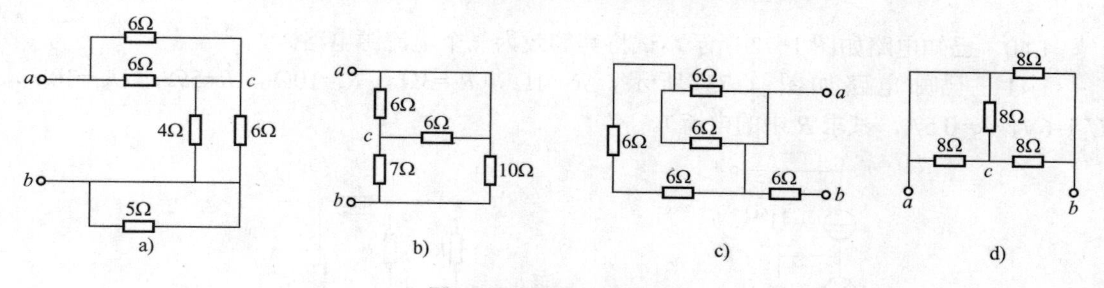

图 1-64　习题 1.32 电路

1.33　已知电阻混联电路如图 1-65 所示，R_1=3Ω，R_2= R_3= R_7=2Ω，R_4= R_5= R_6=4Ω，试求电路等效电阻 *R*。

1.34　已知电路如图 1-66 所示，C_1=C_4=6μF，C_2=C_3=2μF，试求 S 开关断开和闭合时 *ab* 间等效电容。

1.35　将图 1-67 所示电压源等效转换为电流源。

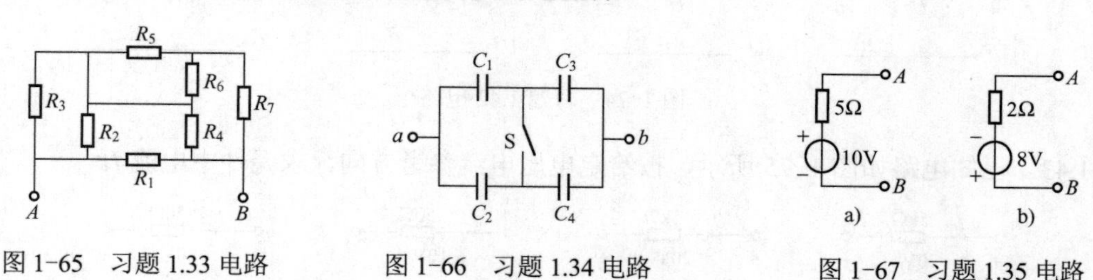

图 1-65　习题 1.33 电路　　图 1-66　习题 1.34 电路　　图 1-67　习题 1.35 电路

1.36　将图 1-68 所示电流源等效转换为电压源。

1.37　试应用电源等效变换化简图 1-69 所示电路。

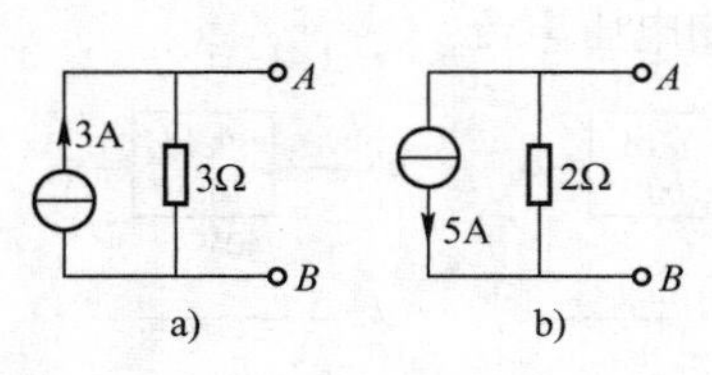

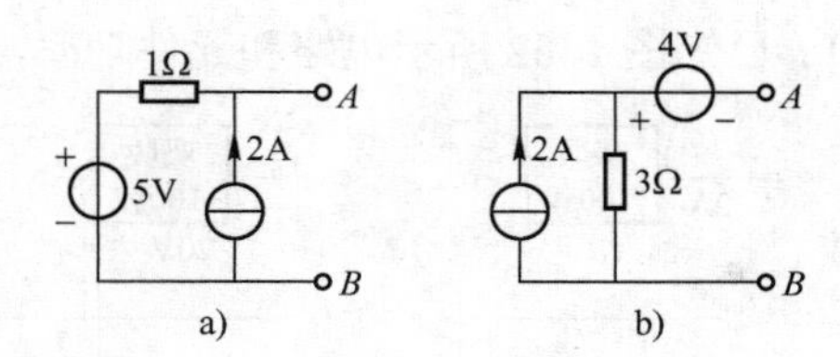

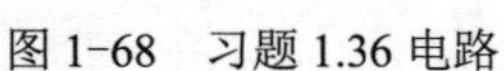

图 1-68　习题 1.36 电路　　　　图 1-69　习题 1.37 电路

1.38　已知电路如图 1-70 所示，$R_1=R_2=100\Omega$，$R_3=50\Omega$，$U_{S1}=100V$，$I_{S2}=0.5A$，试利用电源等效变换求电阻 R_3 中的电流 I。

1.39　已知电路如图 1-71 所示，试将其等效为一个电压源电路。

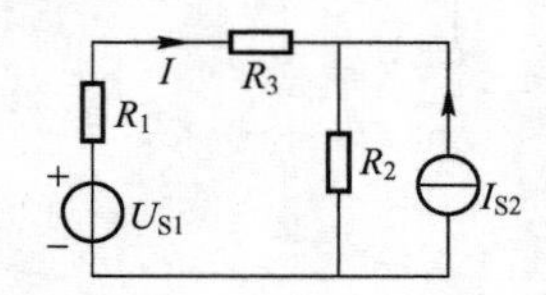

图 1-70　习题 1.38 电路

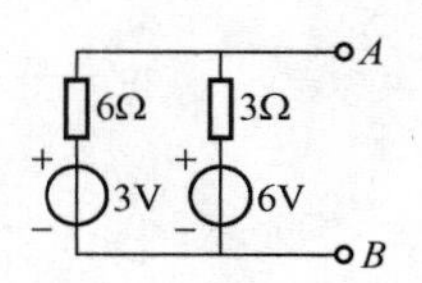

图 1-71　习题 1.39 电路

1.40　已知电路如图 1-72 所示，试将其等效为一个电流源电路。

1.41　已知电路如图 1-73 所示，$R_1=1\Omega$，$R_2=3\Omega$，$R_3=10\Omega$，$R=5\Omega$，$U_{S1}=10V$，$U_{S2}=6V$，$I_S=0.5A$，试求 R 中的电流 I。

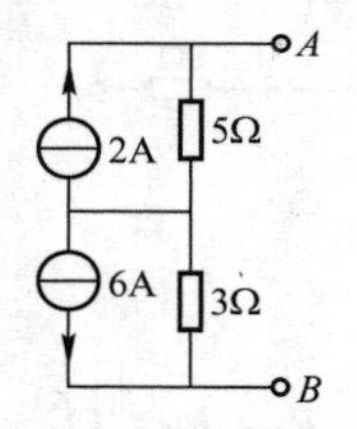

图 1-72　习题 1.40 电路

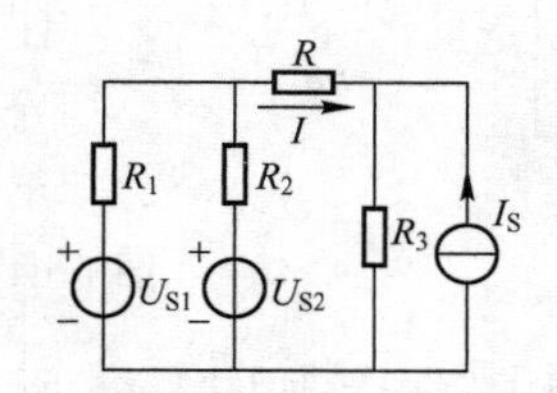

图 1-73　习题 1.41 电路

1.42　已知电路如图 1-74 所示，按给定电压电流参考方向，求元件二端电压 U。

0.5A → 10Ω，+ U −	0.5A ← 10Ω，+ U −	0.5A ← 10Ω，− U +	0.5A → 10Ω，− U +
U=________	U=________	U=________	U=________

图 1-74　习题 1.42 电路

1.43　已知电路如图 1-75 所示，按给定电压电流参考方向，求元件中电流 I。

I → 5kΩ，+ 20V −	I ← 5kΩ，+ 20V −	I → 50Ω，− 10V +	I ← 50Ω，− 10V +
I=________	I=________	I=________	I=________

图 1-75　习题 1.43 电路

1.44　试应用分压公式求图 1-76 所示电路未知电压。

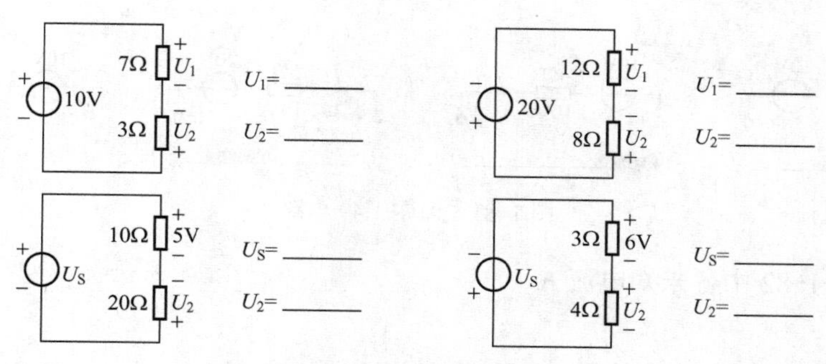

图 1-76　习题 1.44 电路

1.45　试应用分流公式求图 1-77 所示电路未知电流。

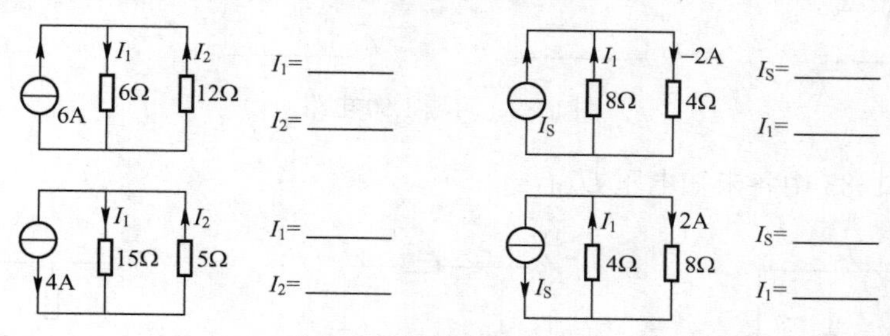

图 1-77　习题 1.45 电路

1.46　已知电路如图 1-78 所示。

图 1-78a 中，若 $R_1\to\infty$，则 U_1=______；

若 $R_2\to\infty$，则 U_1=______。

图 1-78b 中，若 $R_1\to\infty$，则 I_1=______；

若 $R_2\to\infty$，则 I_1=______。

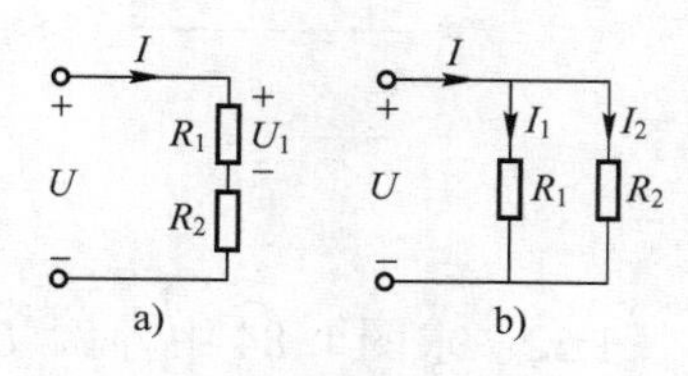

图 1-78　习题 1.46 电路

1.47　试求图 1-79 电路中的未知电流。

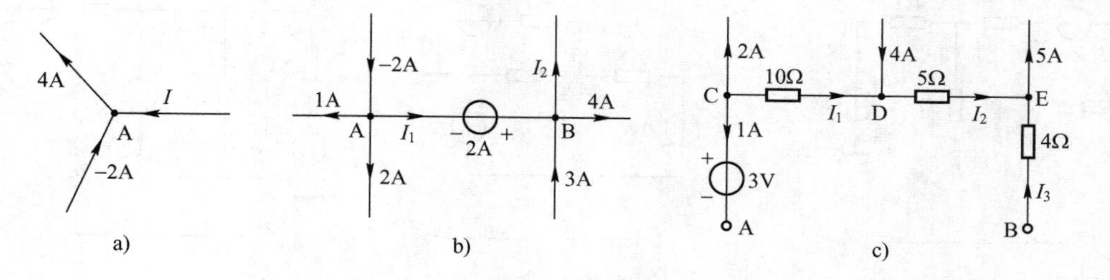

图 1-79　习题 1.47 电路

1.48　求图 1-80 中各未知电压 U_A。

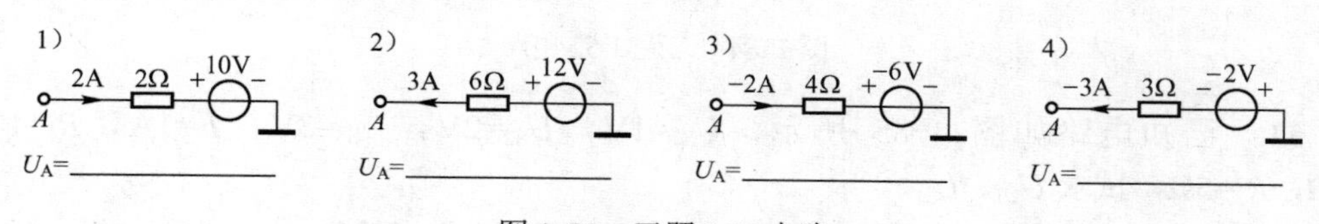

图 1-80　习题 1.48 电路

1.49　求图 1-81 中各未知电流 I。

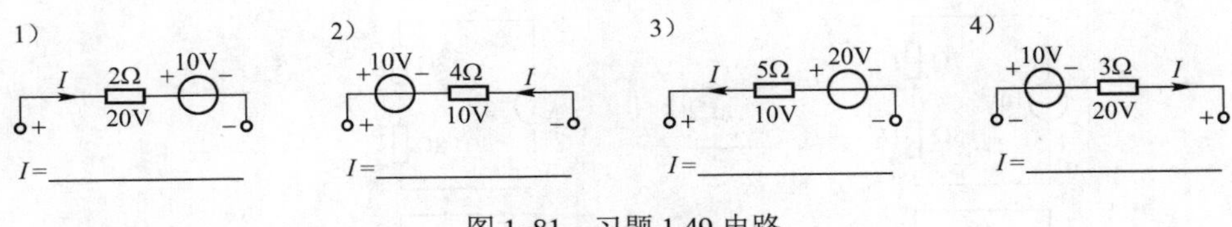

图 1-81　习题 1.49 电路

1.50　求图 1-82 中各未知电流 I。

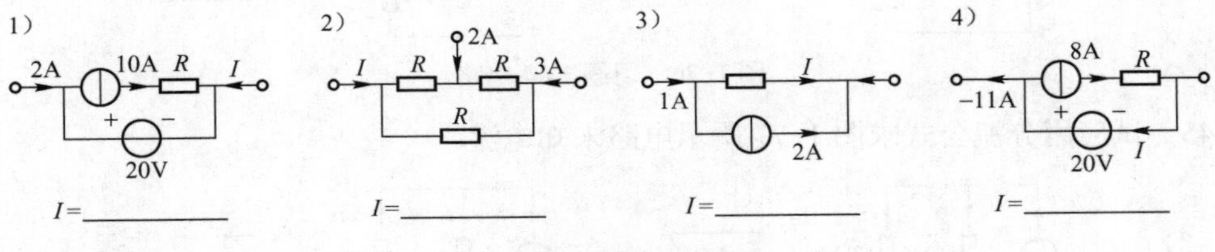

图 1-82　习题 1.50 电路

1.51　求图 1-83 中各未知电压 U_{AB}。

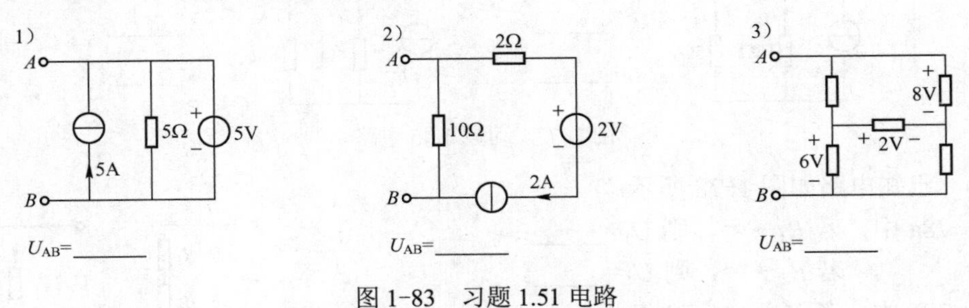

图 1-83　习题 1.51 电路

1.52　求图 1-84 中各 I、U_A、U_B 和 U_{AB}。

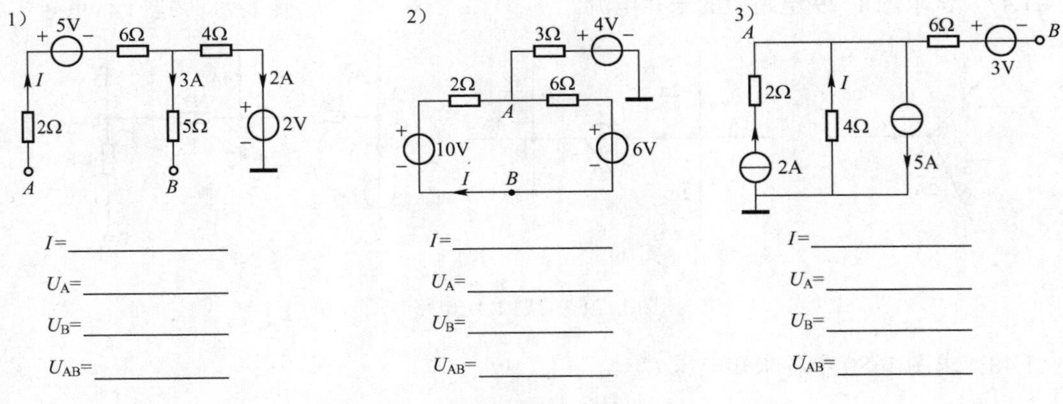

图 1-84　习题 1.52 电路

1.53　已知电路如图 1-85 所示，U_{S1}=1V，U_{S2}=2V，U_{S3}=3V，I_S=1A，R_1=10Ω，R_2=3Ω，R_3=5Ω，试求 U_{ab}、U_{Is}。

1.54　已知电路如图 1-86 所示，R_1=2kΩ，R_2=15kΩ，R_3=51kΩ，U_{S1}=15V，U_{S2}=6V，试求 S 开关断开和闭合后，A 点电位和电流 I_1、I_2。

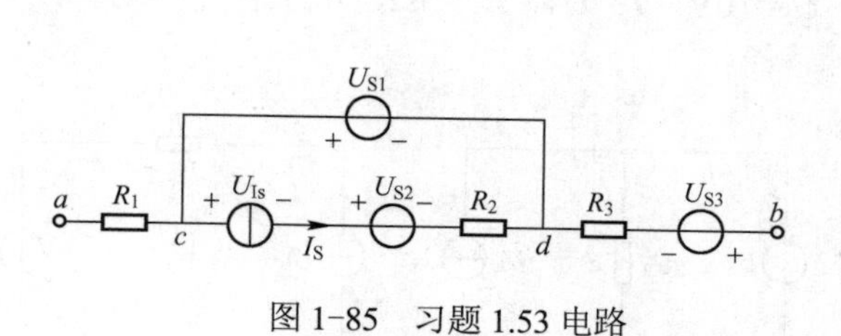

图 1-85　习题 1.53 电路

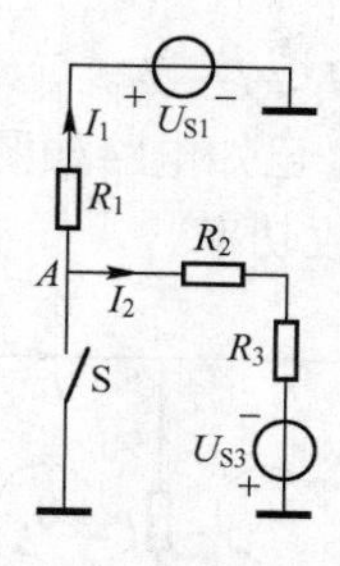

图 1-86　习题 1.54 电路

1.55　已知电路如图 1-87 所示，U_S=−10V，R_1=R_4=2Ω，R_2=R_3=3Ω，试求 U_A、U_B 和 U_{AB}。

1.56　已知电路如图 1-88 所示，U_{S1}=5V，U_{S2}=10V，R_1=R_3=1Ω，R_2=R_4=4Ω，试求 I 和 U_{AB}。

1.57　已知电路如图 1-89 所示，R_1=R_2=R_3=R_4=R_5=1Ω，U_{S1}=U_{S2}=5V，I_1=1A，I_2=3A，I_6=2A，I_7=−1A，试求 U_{AD}、U_{BC}。

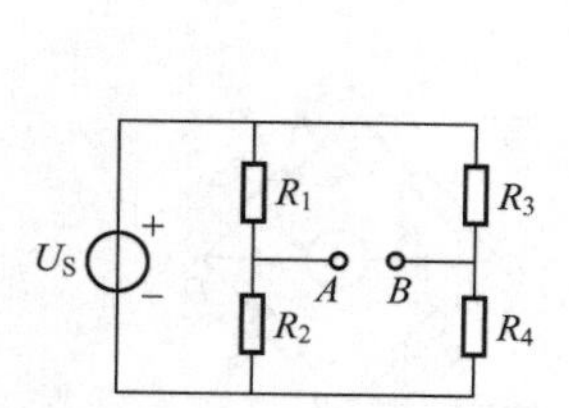

图 1-87　习题 1.55 电路

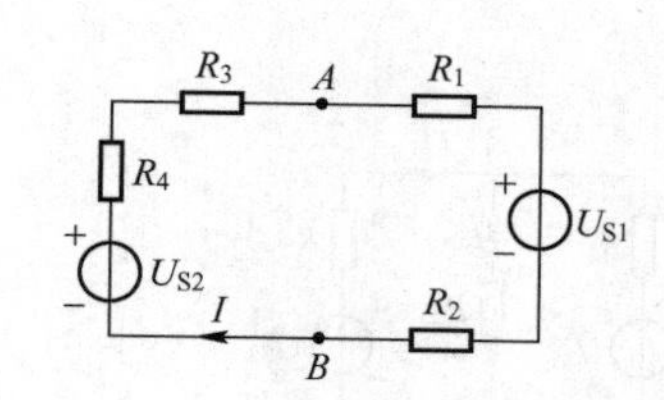

图 1-88　习题 1.56 电路

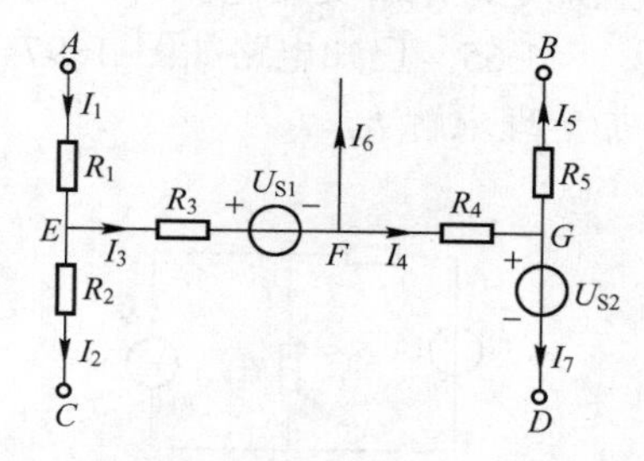

图 1-89　习题 1.57 电路

1.58　已知电路如图 1-90 所示，R_1=R_2=R_3=R_4=10Ω，U_{S1}=10V，U_{S2}=20V，U_{S3}=30V，试求 U_{ad}、U_{bc}、U_{ef}。

1.59　已知电路如图 1-91 所示，I_A=I_B=2A，R_1=1Ω，R_2=2Ω，R_3=3Ω，试求电流 I_1、I_2、I_3 和 I_C。

1.60　已知电路如图 1-92 所示，R_1=R_2= R_3= R_4= R_5=R_6=2Ω，I_{S1}=1A，U_{S2}=2V，U_{S3}=4V，U_{S4}=6V，U_{S5}=8V，U_{S6}=10V，试以 o 点为参考点，求 φ_a、φ_b、U_{ab}。

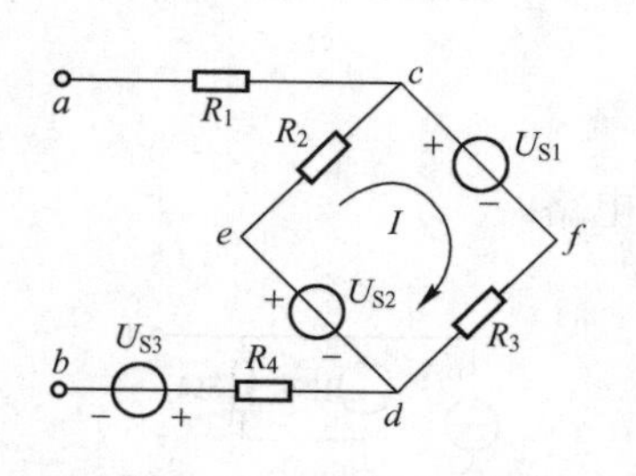

图 1-90　习题 1.58 电路

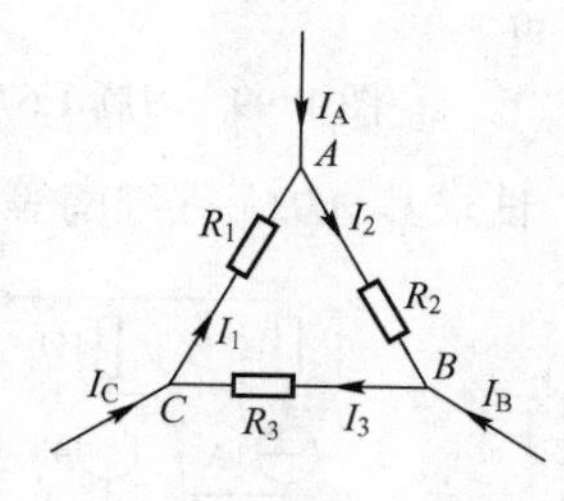

图 1-91　习题 1.59 电路

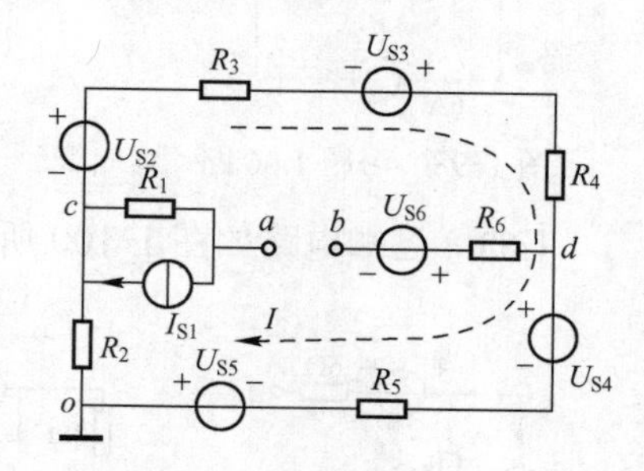

图 1-92　习题 1.60 电路

1.61　已知电路如图 1-93 所示，R_1=2Ω，R_2=6Ω，R_3=4Ω，U_{S1}=20 V，U_{S3}=26 V，试求

支路电流 I_1、I_2、I_3。

1.62　已知电路如图 1-94 所示，U_S=10V，I_S=1A，R =5Ω，试求各元件功率，并指出其发出或吸收功率。

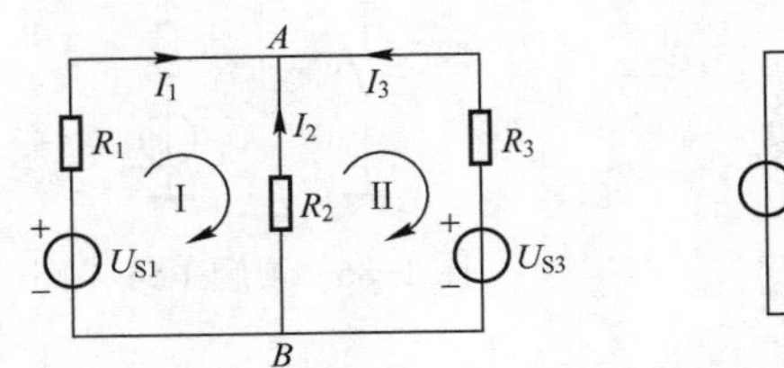

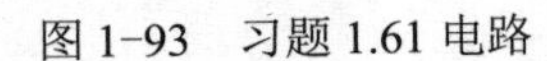
图 1-93　习题 1.61 电路

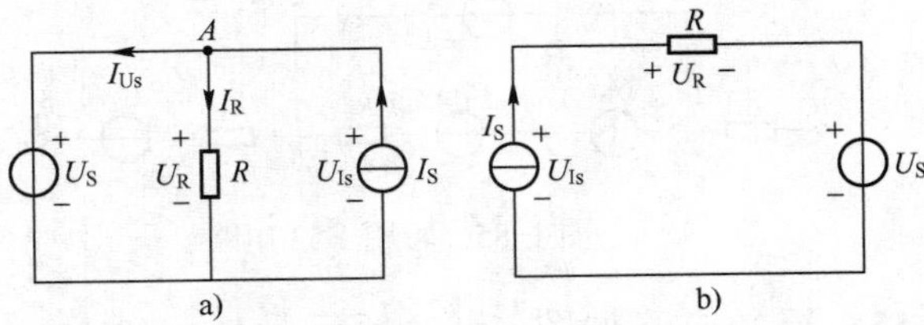

图 1-94　习题 1.62 电路

1.63　已知电路如图 1-95 所示，U_S=24V，R_1=200Ω，R_2=100Ω，I_S=1.5A，试用叠加定理求解电流 I。

1.64　已知电路如图 1-96 所示，R_1=10Ω、R_2=50Ω、R_3=40Ω、U_{S1}=28V、U_{S2}=5V，试用叠加定理求解支路电流 I_1、I_2 和 I_3。

1.65　已知电路如图 1-97 所示，U_S=10V，I_S=2A，R_1=5Ω，R_2=R_3=3Ω，R_4=2Ω，试用叠加定理求解 I_1，I_2。

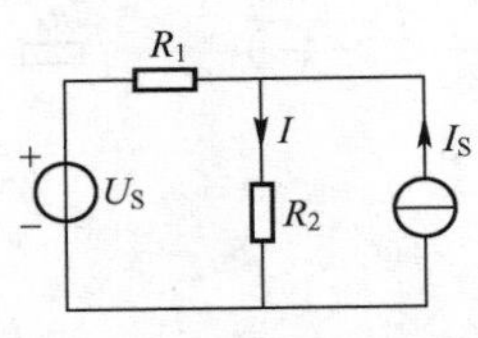

图 1-95　习题 1.63 电路

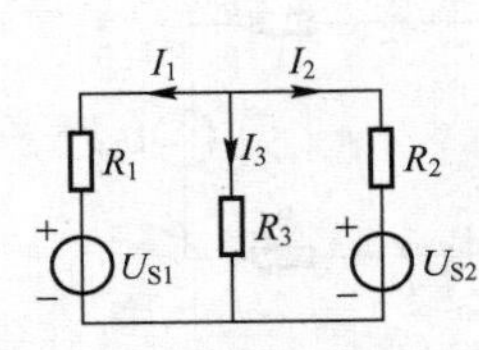

图 1-96　习题 1.64 电路

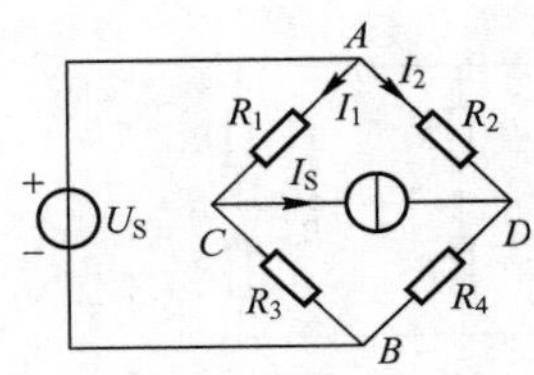

图 1-97　习题 1.65 路

1.66　已知电路如图 1-98 所示，试用叠加定理求解 6Ω 电阻中电流 I。

1.67　试求图 1-99 中各电路的 AB 端戴维南等效电路。

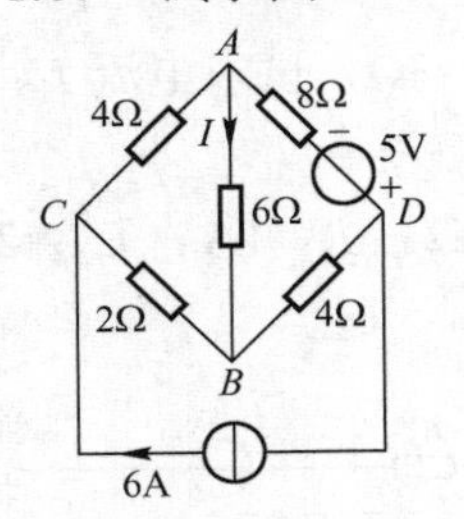

图 1-98　习题 1.66 路

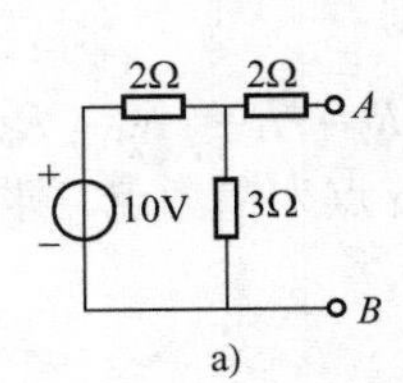

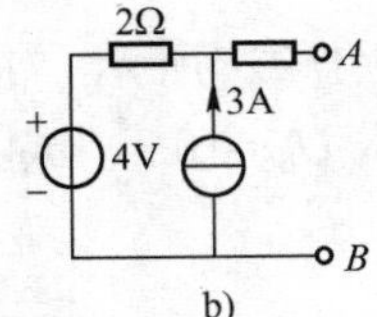

c)

图 1-99　习题 1.67 电路

1.68　已知电路如图 1-100 所示，试求其 AB 端戴维南等效电路。

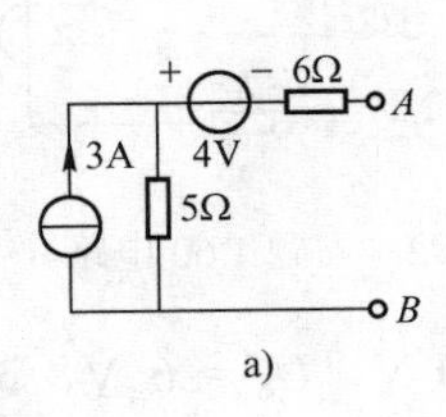

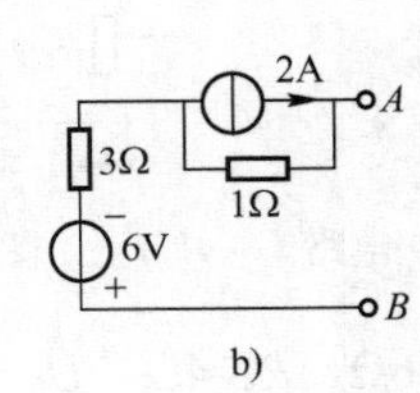

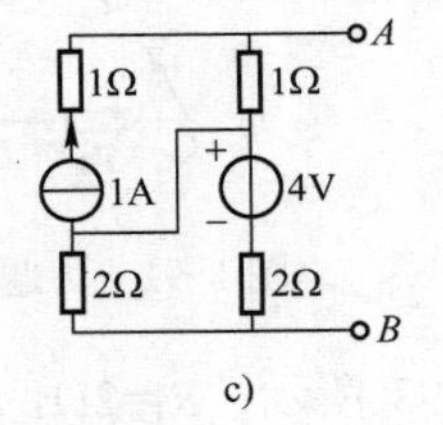

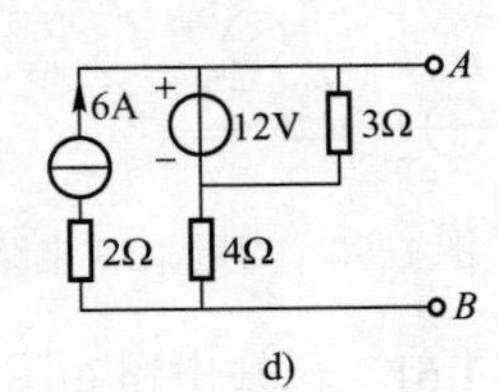

图 1-100　习题 1.68 电路

1.69　已知电路如图 1-101 所示，试求 ab 端戴维南等效电路。

1.70　已知电路如图 1-102 所示，U_S=8V，R_1=R_2=R_3=2Ω，R_4=1Ω，试用戴维南定理求解 R_4 中电流 I。

1.71　已知电路如图 1-103 所示，U_{S1}=24V，U_{S2}= −6V，R_1=12Ω，R_2=6Ω，R_3=4Ω，试用戴维南定理求电路中的电流 I。

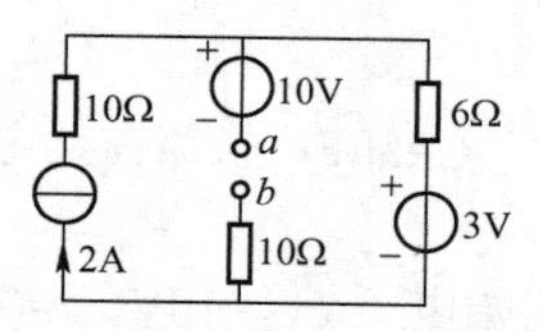

图 1-101　习题 1.69 电路

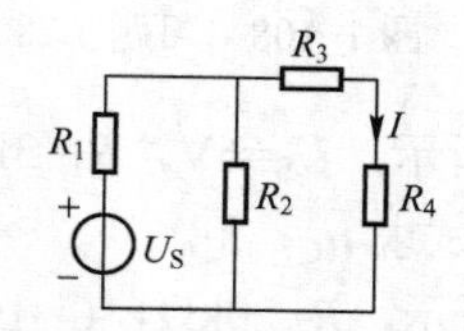

图 1-102　习题 1.70 电路

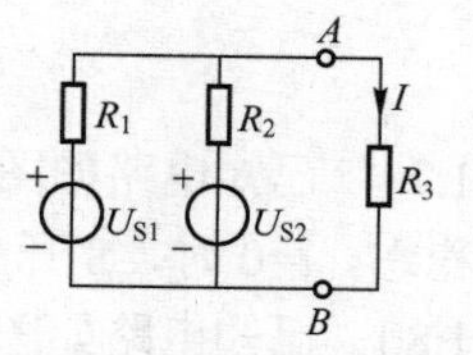

图 1-103　习题 1.71 电路

1.72　已知电路如图 1-104 所示，U_S=8V，I_S=2A，R_1=R_2=R_3=2Ω，试用戴维南定理求解 I_3。

1.73　已知电路如图 1-105 所示，U_S=48V，R_1=2Ω，R_2=R_4=3Ω，R_3=6Ω，R_L=5Ω，试用戴维南定理求解 I_O。

1.74　已知有源两端网络 N 的实验电路分别如图 1-106 所示，试求该网络 AB 端戴维南等效电路。

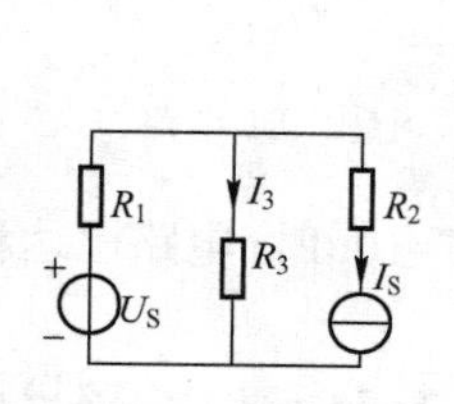

图 1-104　习题 1.72 电路

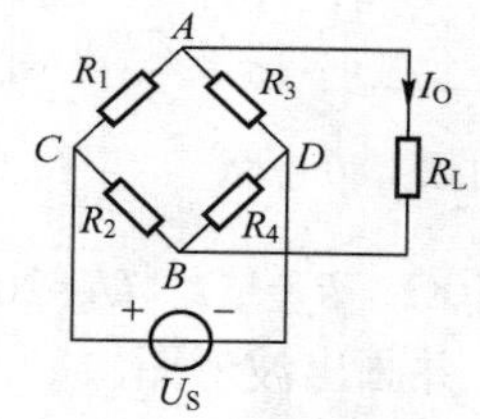

图 1-105　习题 1.73 电路

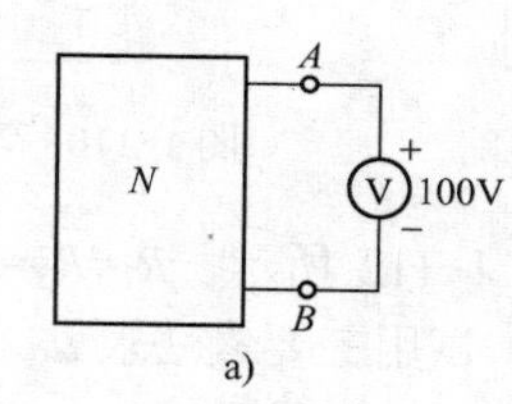

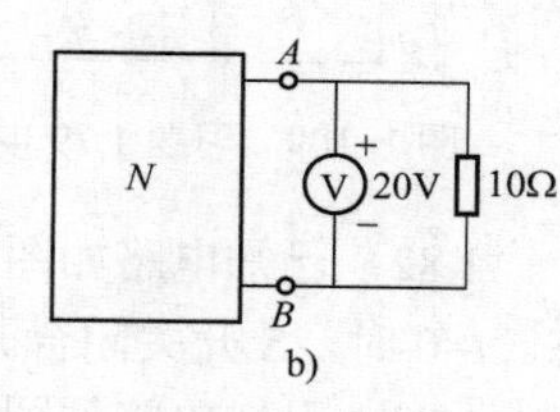

图 1-106　习题 1.74 电路

1.75　测得一含源二端网络的开路电压为 10V，短路电流为 0.1A，试画出其戴维南等效电路。

1.76　已知电路如图 1-107 所示，且电路已处于稳态。1）t=0 时，S 开关断开，试求图中各电路 $u_C(0_+)$、$i_L(0_+)$。2）若 S 开关原断开，且电路已处于稳态。t=0 时合上，试再求图中各电路 $u_C(0_+)$、$i_L(0_+)$。

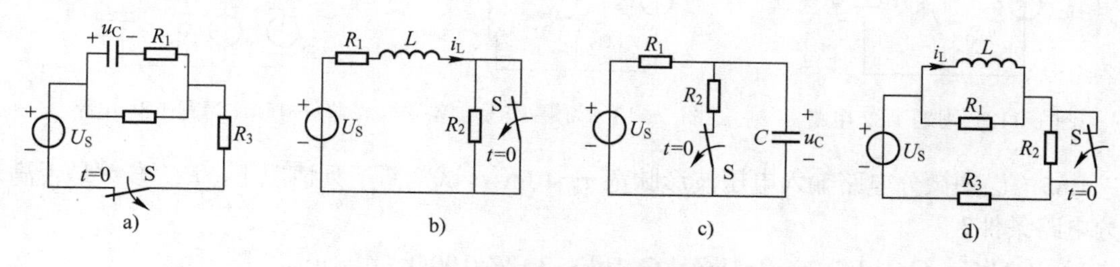

图 1-107　习题 1.76 电路

1.77　电路同上题，试分别求出上题 1）、2）中各电路 τ 和 $u_C(\infty)$、$i_L(\infty)$。

1.78　已知不同时间常数 τ 的 RC 放电和充电指数曲线如图 1-108a、b 所示，试比较 τ 的大小。

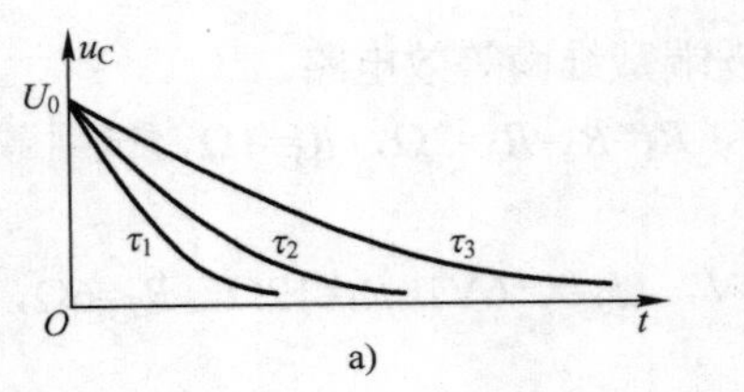

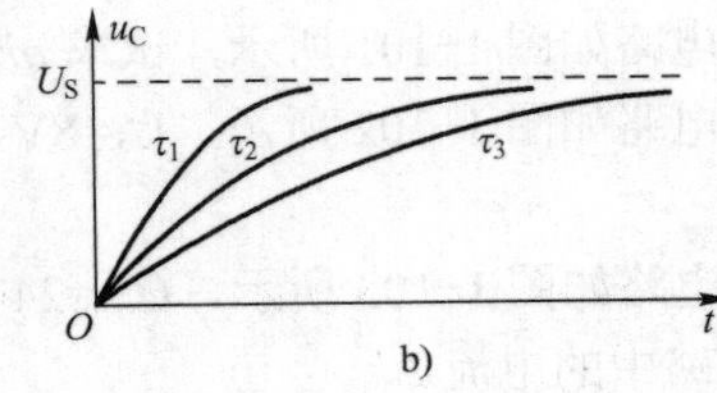

图 1-108　习题 1.78 波形

1.79　已知电路如图 1-109 所示，U_S=6V，R_1=3kΩ，R_2=2kΩ，C=5μF，换路前，电路已处于稳态。t=0 时，S 开关闭合，试求 u_C、i_C。

1.80　已知电路如图 1-110 所示，R=20kΩ，C=10μF，电容初始电压 U_{C0}=10V。t=0 时，S 开关合上。试求放电时最大电流和经过 0.2s 时，电容上电压。

1.81　已知电路如图 1-111 所示，R=50Ω，L=10H，U_S=100V，电感未储能。t=0 时，S 开关合上，试求 i_L、u_L、u_R，并画出其波形图。

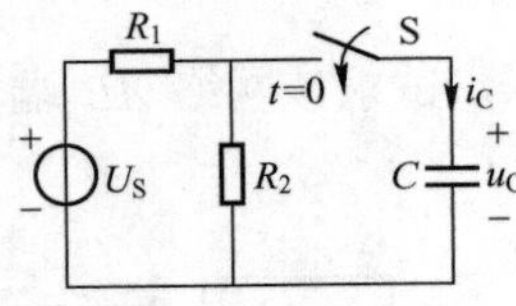

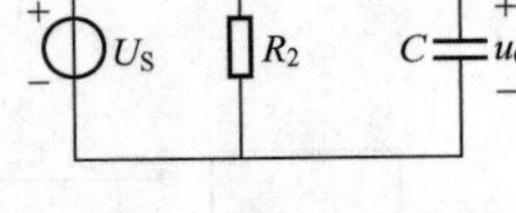

图 1-109　习题 1.79 电路

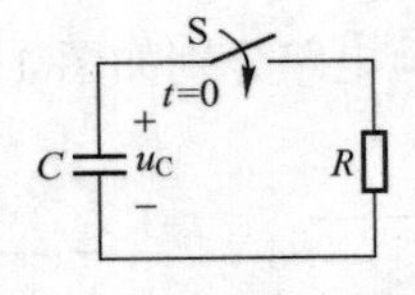

图 1-110　习题 1.80 电路

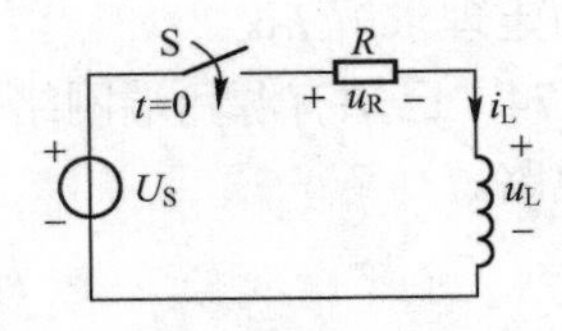

图 1-111　习题 1.81 电路

1.82　已知电路如图 1-112 所示，R_1=R_3=10Ω，R_2=5Ω，U_S=20V，C=10μF，电路已达稳态。t=0 时，S 开关闭合。试用三要素法求 u_C，并画出波形图。

1.83　已知电路如图 1-113 所示，R_1=15Ω，R_2=R_3=10Ω，U_S=10V，L=16mH，电路已达稳态。t=0 时，S 开关闭合。试用三要素法求 i_L，并画出波形图。

1.84　已知电路如图 1-114 所示，U_{S1}=20V，U_{S2}=40V，R=500Ω，C=5μF，S 开关在位置 1 时，电路已处于稳态。t=0 时，S 开关置于位置 2，试求 u_C、i_C，并画出 u_C 波形。

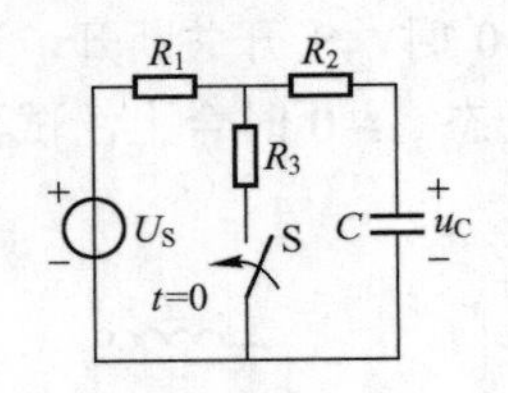

图 1-112　习题 1.82 电路

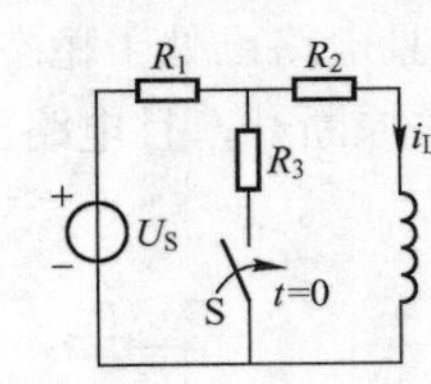

图 1-113　习题 1.83 电路

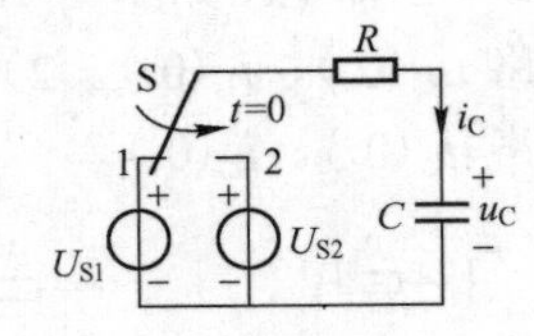

图 1-114　习题 1.84 电路

1.85　已知微分电路输入电压波形脉宽 τ_a=10ms，试判断下列情况下，RC 参数是否满足微分电路条件？

1）R=5kΩ，C=1μF；2）R=1kΩ，C=1μF；3）R=100Ω，C=1μF。

第 2 章 正弦交流电路

大小和方向均变化的电流称为交流电，而按正弦规律变化的交流电称为正弦交流电。我们平日使用的电能主要是正弦交流电，而发电厂发出的电能一般也是正弦交流电，因此，正弦交流电在理论和实践中均占有十分重要的地位。

2.1 正弦交流电路基本概念

2.1.1 正弦量三要素

正弦量有正弦交流电压和正弦交流电流，现以正弦交流电流为例分析。设某一正弦交流电流 i，流过一个二端元件，如图 2-1a 所示，箭头所指为其电流参考方向。由于正弦交流电流是正、负交变的，因此，若实际方向与参考方向一致，则电流为正值；若实际方向与参考方向相反，则电流为负值。其电流波形如图 2-1b 所示。该电流可用下式表示：

$$i(t)=I_m\sin(\omega t+\varphi) \tag{2-1}$$

$i(t)$是时间 t 的函数，将某一时刻 t 值代入 $i(t)$，就得到 $i(t)$的瞬时值，$i(t)$常用 i 表示。从式（2-1）中可看出，确定一个正弦量必须具备三个要素：幅值 I_m、角频率 ω 和初相位 φ。

1. 幅值 I_m 和有效值 I

幅值 I_m 也是正弦交流电流的最大值、振幅值。对于一个确定的正弦交流电流，其振幅值是固定的。因此用大写字母 I_m 表示，下标 m 表示幅值。

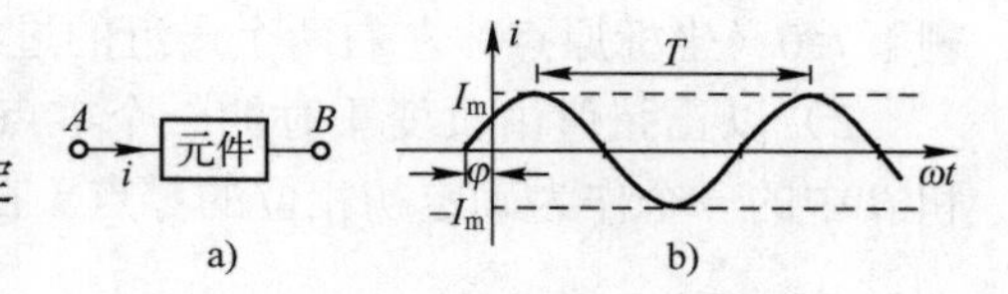

图 2-1 正弦交流电流

对于正弦交流电流，该要素也常用与 I_m 有恒定倍率关系的电流有效值 I 表示。

有效值是根据电流热效应确定的。其定义为：若交流电流 i 通过电阻 R 在一个周期内所产生的热量，与直流电流 I 在同一条件下所产生的热量相等，则这个直流电流 I 的数值称为交流电流 i 的有效值。$Q=I^2RT=\int_0^T i^2R\,\mathrm{d}t$，即：

$$I=\sqrt{\frac{1}{T}\int_0^T i^2\mathrm{d}t} \tag{2-2}$$

其中 T 为该正弦电流周期。对于正弦交流电流，设 $i=I_m\sin\omega t$，则有：

$$I=\sqrt{\frac{1}{T}\int_0^T (I_m\sin\omega t)^2\,\mathrm{d}t}=\frac{I_m}{\sqrt{2}}=0.707I_m \tag{2-3}$$

式（2-3）表明，对于正弦交流电流，其幅值与有效值之间有着固定的倍率关系，即：

$$I_m=\sqrt{2}I \tag{2-3a}$$

对于我国民用正弦交流电，220V 是该正弦交流电压有效值，$220\sqrt{2}\approx 311V$ 是其幅值，这两个数值应予记忆。但是，特别需要指出的是，幅值与有效值之间$\sqrt{2}$倍的关系仅适用于正弦交流电流电压（注：还有一种在电子技术中出现的全波整流电流电压也适用），除此外，其余交流电流电压幅值与有效值之间均无$\sqrt{2}$倍的关系，求有效值需按定义根据式（2-2）计算。

2. 角频率 ω、频率 f 和周期 T

角频率 ω 表示在单位时间内正弦量所经历的电角度。

$$\omega=\frac{\alpha}{t} \tag{2-4}$$

ω 的单位为弧度/秒，用符号 rad/s 表示。由于正弦量在一个周期内经历的电角度为 2π，因此有：

$$\omega=\frac{2\pi}{T}=2\pi f \tag{2-5}$$

其中 T 为正弦电流的周期，是周期性交变量循环一周所需的时间，如图 2-1b 所示。f 是频率，$f=1/T$，单位为赫[兹]，用 Hz 表示。我国电厂发出的正弦交流电频率，称为“工频”。f=50Hz，T=0.02s，$\omega=2\pi f=2\pi\times 50=100\pi$ rad/s≈314 rad/s。

3. 相位和初相位 φ

正弦量某一时刻的电角度称为相位角，简称为相位，相位是时间 t 的函数，用$(\omega t+\varphi)$表示。而相位表达式中的 φ 称为初相位，是 t=0 时刻的相位。相位和初相位均与计时起点有关，为此，作出如下规定：

1）初相位$|\varphi|\leqslant 180°$。正弦量为周期性函数，有无数个零点，这条规定使无数个零点只剩下 t=0（坐标原点）左右两个最近的过零点 A 和 B，如图 2-2b、c 所示。

2）以正弦值由负变正时的一个零点作为确定初相位的零点。这条规定选择两个零点 A 和 B 中的一个作为确定初相位的零点。在图 2-2b 中是 A，在图 2-2c 中是 B。

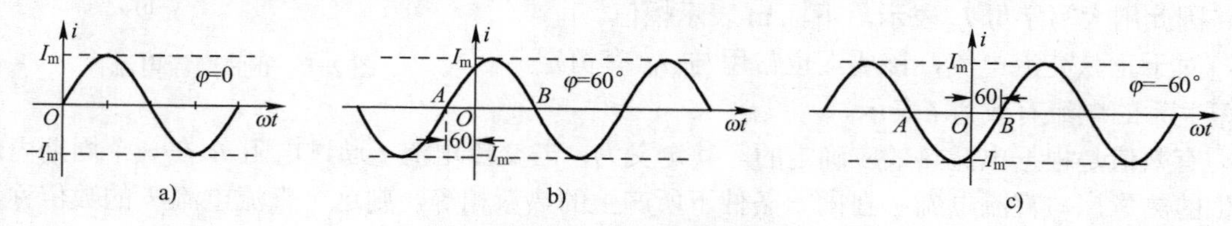

图 2-2　确定正弦量初相位示意图

需要说明的是，正弦量的初相位有正有负，正负取决于 t=0 的正弦值。若 t=0 时，正弦函数值为正，则 $\varphi>0$，如图 2-2b 所示，$i=I_m\sin(\omega t+60°)$；若 t=0 时，正弦函数值为负，则 $\varphi<0$，如图 2-2c 所示，$i=I_m\sin(\omega t-60°)$。

【例 2-1】 已知下列正弦量表达式，试求其幅值和初相。

1）$u=100\sin(\omega t+240°)$V；2）$i=-2\sin(\omega t-60°)$A。

解：1）U_m=100V；由于规定$|\varphi|\leqslant 180°$，240°显然不符合要求。按照三角函数中正负角度的概念，240°即−120°，如图 2-3 所示，因此，φ=−120°。

具体计算方法：可将 $\varphi\pm 360°$。φ 为负值时，$\varphi+360°$；φ 为正值时，$\varphi-360°$。

本题 φ=240°，因此，φ=240°-360°=-120°。

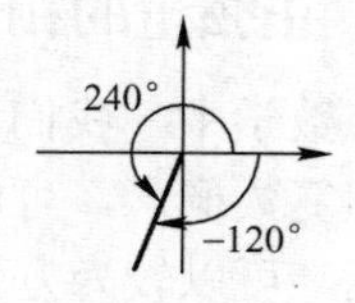

图 2-3　初相位角换算

2）I_m=2A，正弦量幅值定义为正弦量的振幅，振幅恒为正值。至于“-”号，表示反相，即实际初相位比 φ 角越前或滞后 180°。

具体计算方法：可将 $\varphi\pm180°$。φ 角为负值时，φ+180°；φ 角为正值时，φ-180°。

本题 φ=-60°，因此，φ=-60°+180°=120°。

【例 2-2】 正弦电压 $u_{ab}=311\sin\left(\omega t+\dfrac{\pi}{4}\right)$V，$f$=50Hz，试求：1）$t$=2s；2）$\omega t=\pi$ 时 u_{ab} 值及其电压实际方向。

解：f=50Hz，$\omega=2\pi f=2\pi\times50=100\pi$ rad/s

1）$u_{ab}=311\sin\left(\omega t+\dfrac{\pi}{4}\right)=311\sin\left(100\pi\times2+\dfrac{\pi}{4}\right)=311\sin\dfrac{\pi}{4}=220$V。

u_{ab} 为正值，表明 t=2s 时，其实际方向与参考方向一致，即 $a\to b$。

2）$u_{ab}=311\sin\left(\omega t+\dfrac{\pi}{4}\right)=311\sin\left(\pi+\dfrac{\pi}{4}\right)=-220$V。

u_{ab} 为负值，表明 $\omega t=\pi$ 时，其实际方向与参考方向相反，即 $b\to a$。

4. 同频率正弦量之间的相位差

两个同频率正弦量之间的相位之差，称为相位差。

设两个同频率正弦量 u 和 i，其表达式分别为 $u=U_m\sin(\omega t+\varphi_u)$、$i=I_m\sin(\omega t+\varphi_i)$，则 u 与 i 相位差：

$$\varphi=(\omega t+\varphi_u)-(\omega t+\varphi_i)=\varphi_u-\varphi_i \tag{2-6}$$

上式表明，两个同频率正弦量之间的相位差即为其初相位之差，与 ωt 无关。就像两个人在环形运动场内同向长跑，如果速度相等，那么他们之间的距离始终不变，等于他们之间的初始距离。但若他们的速度不相等，那么他们之间的距离就在不断变化。同理，两个不同频率正弦量之间的相位差也在不断变化，不是一个常数。因此，两个不同频率的正弦量一般不比较相位。

按式（2-6），两个同频率正弦量之间的相位差一般有以下几种情况。

1）越前：若 $\varphi=\varphi_u-\varphi_i>0$，则称 u 越前 i（或 i 滞后 u），如图 2-4a 所示。

2）滞后：若 $\varphi=\varphi_u-\varphi_i<0$，则称 u 滞后 i（或 i 越前 u），如图 2-4b 所示。

3）正交：若 $\varphi=\varphi_u-\varphi_i=\pm90°$，则称 u 与 i 正交，如图 2-4c 所示。

4）同相：若 $\varphi=\varphi_u-\varphi_i=0$，则称 u 与 i 同相，如图 2-4d 所示。

5）反相：若 $\varphi=\varphi_u-\varphi_i=\pm180°$，则称 u 与 i 反相，如图 2-4e 所示。

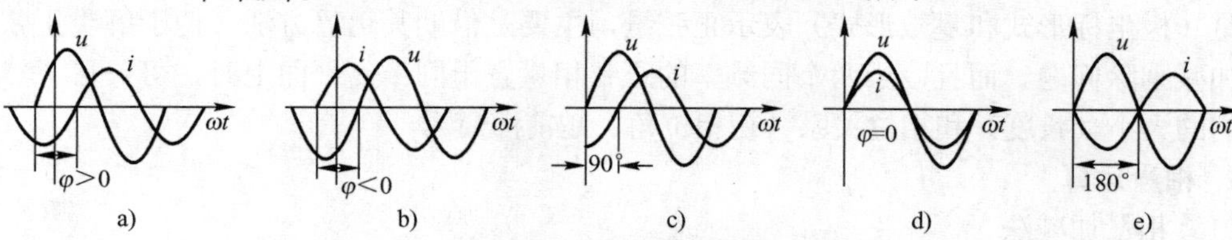

图 2-4　两个同频率正弦量之间的相位关系

a) u 越前 i　b) i 越前 u　c) 正交　d) 同相　e) 反相

2.1.2 正弦量的相量表示法

在数学中，我们已学过正弦量之间的加减乘除运算，但其方法较为烦琐。根据数学中极坐标和复数概念，可用相量和复数表示正弦量，再借助于计算器中极坐标与直角坐标直接转换功能，可以较为方便的解决正弦量之间的加减乘除问题。

1. 相量表达形式

以正弦电压为例，设其正弦表达式为：

$$u=\sqrt{2}\,U\sin(\omega t+\varphi) \tag{2-7}$$

用相量表示：$\dot{U}_{\mathrm{m}}=U_{\mathrm{m}}\underline{/\varphi}$ 或 $\dot{U}=U\underline{/\varphi}$。其中，$\dot{U}_{\mathrm{m}}$ 和 $\dot{U}$ 表示电压相量，加“·”以示与 U_{m} 和 U 的区别。该式中包含了正弦量三要素中的两个要数：幅值和初相位角。而另一个要素角频率，一般不需考虑，因为正弦量之间的运算一般只在同频率之间进行。

正弦量用相量图表示时如图 2-5 所示。正弦相量置于复平面上，+1 和+j 为复平面横轴和纵轴单位长度量，相量 $\dot{U}$ 的长度代表正弦量有效值 U（用 $\dot{U}_{\mathrm{m}}$ 表示时，代表幅值 U_{m}），其与横轴之间的夹角 φ 代表正弦量初相位角。

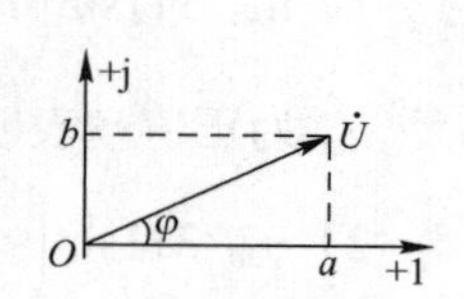

图 2-5 正弦量相量图

相量 $\dot{U}$ 的表达形式通常有两种：极坐标形式和直角坐标形式。

1）极坐标形式：

$$\dot{U}=U\underline{/\varphi} \tag{2-8}$$

2）直角坐标形式：

$$\dot{U}=a+\mathrm{j}b \tag{2-9}$$

其中，a、b 分别为 $\dot{U}$ 在复平面横轴和纵轴上的投影，其与有效值 U、初相位角 φ 之间的换算关系为：

$$a=U\cos\varphi \tag{2-9a}$$

$$b=U\sin\varphi \tag{2-9b}$$

$$U=\sqrt{a^2+b^2} \tag{2-9c}$$

$$\varphi=\arctan\frac{b}{a} \tag{2-9d}$$

需要说明的是，正弦量用相量表示，仅是表示而已。正弦量是时间 t 的函数，相量未表达出是时间 t 的函数，且也仅表示了正弦量三要素中的两个要素。而相量的直角坐标形式是一个复数，复数与正弦量是两个完全不同的数学概念，复数是一个数，不是时间 t 的函数。用相量（极坐标形式和复数形式）表示正弦量，主要是借助其运算方法，便于解决正弦量之间的加减乘除问题。而且，当两个同频率的正弦相量置于同一复平面上时，可一目了然地比较它们的大小（长度）和相位关系（初相位角、越前滞后）。

2. 相量运算

（1）相量加减法

相量加（减）法应将其化成直角坐标形式（即复数形式），实部加（减）实部、虚部加（减）虚部，然后再化成极坐标形式。

【例 2-3】 已知 $i_1=10\sqrt{2}\sin(\omega t+36.9°)$ A，$i_2=5\sqrt{2}\sin(\omega t-53.1°)$ A。试求：

1）$i_3=i_1+i_2$；2）$i_4=i_1-i_2$；3）画出 $\dot{I}_1$、$\dot{I}_2$、$\dot{I}_3$、$\dot{I}_4$ 相量图。

解：根据 i_1、i_2 写出其相量式：

$\dot{I}_1=10\angle 36.9°=8+\mathrm{j}6$ A，$\dot{I}_2=5\angle -53.1°=3-\mathrm{j}4$ A

1）$\dot{I}_3=\dot{I}_1+\dot{I}_2=[(8+\mathrm{j}6)+(3-\mathrm{j}4)]\mathrm{A}=(11+\mathrm{j}2)\mathrm{A}=11.2\angle 10.3°$ A

因此，$i_3=11.2\sqrt{2}\sin(\omega t+10.3°)$ A。

2）$\dot{I}_4=\dot{I}_1-\dot{I}_2=[(8+\mathrm{j}6)-(3-\mathrm{j}4)]\mathrm{A}=(5+\mathrm{j}10)\mathrm{A}=11.2\angle 63.4°$ A

因此，$i_4=11.2\sqrt{2}\sin(\omega t+63.4°)$A。

3）画出 $\dot{I}_1\sim\dot{I}_4$ 相量图如图 2-6 所示。其中 $\dot{I}_4$ 可认为 $\dot{I}_4=\dot{I}_1-\dot{I}_2=\dot{I}_1+(-\dot{I}_2)$，可先求出 $-\dot{I}_2$，然后再求 $\dot{I}_1+(-\dot{I}_2)$。

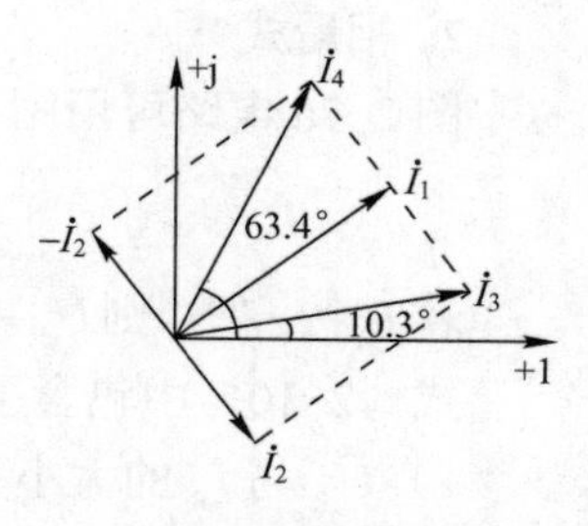

图 2-6 例 2-3 相量图

（2）相量乘除法

相量乘（除）法应将其化成极坐标形式，然后模相乘（除），幅角相加（减）。

【例 2-4】 已知相量 $\dot{A}=8-\mathrm{j}6$，$\dot{B}=6+\mathrm{j}8$，试求：$\dot{Y}_1=\dot{A}\dot{B}$ 和 $\dot{Y}_2=\dot{A}/\dot{B}$。

解：将相量 $\dot{A}$、$\dot{B}$ 直角坐标形式化成极坐标形式：

$\dot{A}=8-\mathrm{j}6=10\angle -36.9°$，$\dot{B}=6+\mathrm{j}8=10\angle 53.1°$

$\dot{Y}_1=\dot{A}\dot{B}=10\angle -36.9°\times 10\angle 53.1°=10\times 10\angle -36.9°+53.1°=100\angle 16.2°$

$$\dot{Y}_2=\frac{\dot{A}}{\dot{B}}=\frac{10\angle -36.9°}{10\angle 53.1°}=\frac{10}{10}\angle -36.9°-53.1°=1\angle -90°$$

需要说明的是，在相量中有四个单位相量：$1\angle 0°=1$、$1\angle 90°=+\mathrm{j}$、$1\angle 180°=1\angle -180°=-1$ 和 $1\angle -90°=-\mathrm{j}$。按照相量乘法规则，一个相量乘以 j 相当于将该量逆时针旋转 90°；乘以“-j”相当于将该量顺时针旋转 90°；乘以“-1”相当于将该量旋转+180°或-180°。另外，按正弦量初相位表达要求，相量极坐标形式中的幅角$|\varphi|\leqslant 180°$，若超出±180°，应等效化简。

【复习思考题】

2.1 什么叫角频率 ω？ω 的单位是什么？与频率 f、周期 T 有何关系？“工频”的频率、周期和角频率是多少？

2.2 比较两个正弦量之间的相位差时，什么叫越前、滞后、同相、正交和反相？

2.3 电流有效值是根据什么定义的？写出其表达式。正弦电流有效值与幅值之间有何关系？非正弦电流有效值与幅值之间是否也有此关系？

2.4 为什么要用相量表示正弦量？

2.2 正弦交流电路中的电阻、电感和电容

正弦交流电路中，电阻、电感和电容的伏安关系与直流电路中有所不同。

2.2.1 纯电阻正弦交流电路

1. 伏安关系

纯电阻正弦交流电路如图 2-7a 所示，取 u_R、i_R 关联参考方向，根据欧姆定律，有：$u_R=i_R R$。

若 $i_R=I_R\sqrt{2}\sin(\omega t+\varphi)$，则 $u_R=I_RR\sqrt{2}\sin(\omega t+\varphi)=U_R\sqrt{2}\sin(\omega t+\varphi)$，其中，$U_R=I_RR$。该式表明，在正弦交流电路中，电阻两端电压 u_R 与流过电阻的电流 i_R 是同频率同相位的正弦量，其波形图如图 2–8a 所示。

2. 相量式

图 2–7a 电路可用图 2–7b 相量电路表示，则有：

$$\dot{U}_R=\dot{I}_R R \tag{2–10}$$

若 $\dot{I}_R=I_R\angle\varphi$，则 $\dot{U}_R=RI_R\angle\varphi=U_R\angle\varphi$。

式（2–10）中包含了两个信息：

1）$\dot{U}_R$ 与 $\dot{I}_R$ 的大小关系：

$$U_R=RI_R \tag{2–10a}$$

2）$\dot{U}_R$ 与 $\dot{I}_R$ 的相位关系：同相。$\dot{U}_R$ 与 $\dot{I}_R$ 相量图如图 2–8b 所示。

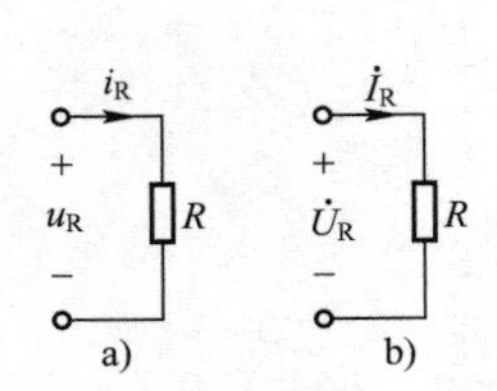

图 2–7　纯电阻正弦交流电路

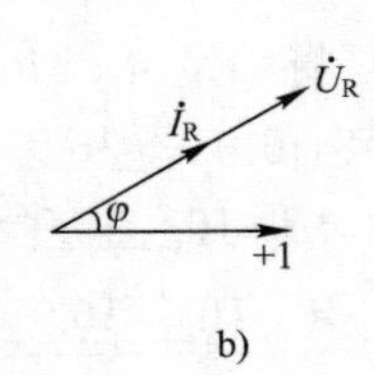

图 2–8　纯电阻正弦交流电路波形图和相量图

【例 2–5】 已知纯电阻电路如图 2–7 所示，$R=100\Omega$，$i_R=2\sqrt{2}\sin(\omega t+30^\circ)$ A，试求 u_R、$\dot{U}_R$，并画出 $\dot{U}_R$、$\dot{I}_R$ 相量图。

解： 根据 i_R 写出相量式 $\dot{I}_R$，$\dot{I}_R=2\angle 30^\circ$ A

则 $\dot{U}_R=R\dot{I}_R=100\times 2\angle 30^\circ$ V$=200\angle 30^\circ$ V

$u_R=200\sqrt{2}\sin(\omega t+30^\circ)$ V

画出相量图如图 2–8b 所示，其中 φ 角为 30°。

2.2.2 纯电感正弦交流电路

1. 伏安关系

纯电感正弦交流电路如图 2–9a 所示，取 u_L、i_L 关联参考方向，从 1.3.3 节中得出，电感元件两端电压 u_L 与流过电感中电流 i_L 之间的关系为：$u_L=L\dfrac{di_L}{dt}$。

若 $i_L=I_L\sqrt{2}\sin(\omega t+\varphi_i)$，则：$u_L=L\dfrac{di_L}{dt}=\omega LI_L\sqrt{2}\sin(\omega t+\varphi_i+90^\circ)=U_L\sqrt{2}\sin(\omega t+\varphi_u)$，其中 $U_L=\omega LI_L=X_LI_L$，$\varphi_u=\varphi_i+90^\circ$。该式表明，在正弦交流电感电路中，电感两端电压 u_L 与流过电感中电流 i_L 是同频率不同相位的正弦量，u_L 越前 i_L 90°，其波形图如图 2–9b 所示。

2. 感抗

感抗是电感对交流电流阻碍作用的一个物理量，用 X_L 表示，单位为Ω。

$$X_L=\omega L \tag{2–11}$$

上式表明，角频率 ω 越高，感抗越大。对于直流电流来讲，ω=0，感抗 X_L 也等于零。因此，电感对直流相当于短路。

3. 相量式和相量图

图 2-9a 电路可用图 2-10a 相量形式的电路表示，$\dot{U}_L$、$\dot{I}_L$ 仍取关联参考方向，则有：

$$\dot{U}_L = jX_L\dot{I}_L = j\omega L\dot{I}_L \tag{2-12}$$

式中，乘以 j 代表逆时针旋转 90°，若 $\dot{I}_L = I_L\angle\varphi_i$，则 $\dot{U}_L = jX_L\dot{I}_L = X_L I_L\angle\varphi_i+90° = U_L\angle\varphi_u$。

因此，式（2-12）包含了两个信息：

1）$\dot{U}_L$ 与 $\dot{I}_L$ 的大小关系：

$$U_L = X_L I_L \tag{2-12a}$$

2）$\dot{U}_L$ 与 $\dot{I}_L$ 的相位关系：

$$\varphi_u = \varphi_i + 90° \tag{2-12b}$$

即电压 $\dot{U}_L$ 越前电流 $\dot{I}_L$ 90°，$\dot{U}_L$ 与 $\dot{I}_L$ 的相位关系如图 2-10b 所示。

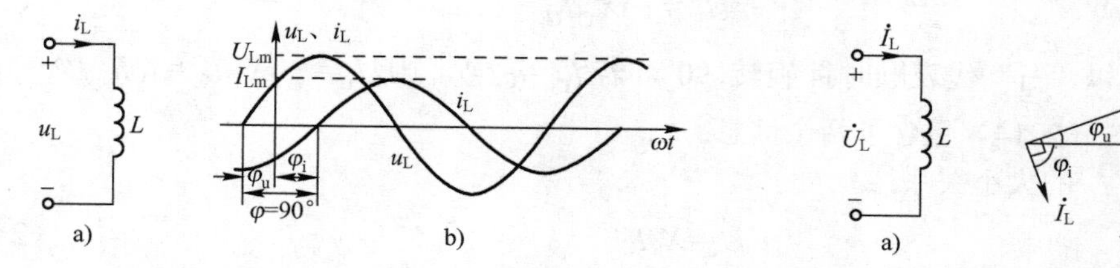

图 2-9　纯电感正弦交流电路和波形

图 2-10　纯电感相量电路和相量图

【例 2-6】　已知纯电感电路如图 2-9a 所示，L=2H，i_L=1.44sin(100t−60°)A，试求 X_L、u_L、$\dot{U}_L$，并画出 $\dot{U}_L$、$\dot{I}_L$ 相量图。

解： $X_L = \omega L$=100×2Ω=200Ω

根据 i_L 写出相量式 $\dot{I}_{Lm}$，$\dot{I}_{Lm}=1.44\angle -60°$A

$\dot{U}_{Lm} = jX_L\dot{I}_{Lm} = 200\times 1.44\angle -60°+90°$ V $=288\angle 30°$V

$$\dot{U}_L = \frac{\dot{U}_{Lm}}{\sqrt{2}} = \frac{288\angle 30°}{\sqrt{2}}\text{V} = 203.6\angle 30°\text{V}$$

说明： 相量既可用有效值形式表示，也可用幅值形式表示。但等式两边应统一，且幅值等于 $\sqrt{2}$ 倍有效值。

因此，u_L=288sin(100t+30°)V，或者 $u_L=203.6\sqrt{2}\sin(100t+30°)$V。

画出相量图如图 2-10b 所示，其中 φ_u=30°，φ_i=−60°，$\dot{U}_L$ 越前 $\dot{I}_L$ 90°。

2.2.3　纯电容正弦交流电路

1. 伏安关系

纯电容正弦交流电路和波形如图 2-11 所示，取 u_C、i_C 关联参考方向，从 1.3.2 节中得出，电容元件两端电压 u_C 与流过电容电流 i_C 之间的关系为：$i_C = C\dfrac{\mathrm{d}u_C}{\mathrm{d}t}$。

若 $u_C=U_C\sqrt{2}\sin(\omega t+\varphi_u)$，则 $i_C=C\dfrac{du_C}{dt}=\omega CU_C\sqrt{2}\sin(\omega t+\varphi_u+90°)=I_C\sqrt{2}\sin(\omega t+\varphi_i)$，其中 $I_C=\omega CU_C=\dfrac{U_C}{X_C}$，$\varphi_i=\varphi_u+90°$。该式表明，在正弦交流电容电路中，流过电容的电流与电容两端电压是同频率不同相位的正弦量，i_C 越前 u_C 90°，其波形图如图 2-11b 所示。

2. 容抗

容抗是电容对交流电流阻碍作用的一个物理量，用 X_C 表示，单位为Ω。

$$X_C=\frac{1}{\omega C} \tag{2-13}$$

上式表明，角频率 ω 越高，容抗越小。对于直流电流来讲，$\omega=0$，容抗 $X_C\to\infty$。因此，电容对直流相当于开路。

3. 相量式和相量图

图 2-11a 电路可用图 2-12a 相量形式的电路表示，$\dot{U}_C$、$\dot{I}_C$ 仍取关联参考方向，则有：

$$\dot{U}_C=-\mathrm{j}X_C\dot{I}_C \tag{2-14}$$

式中，乘以"-j"代表顺时针旋转 90°，若 $\dot{I}_C=I_C\angle\varphi_i$，则 $\dot{U}_C=-\mathrm{j}X_C\dot{I}_C=X_CI_C\angle\varphi_i-90°=U_C\angle\varphi_u$，因此，式（2-14）包含了两个信息：

1）$\dot{U}_C$ 与 $\dot{I}_C$ 的大小关系：

$$U_C=X_CI_C \tag{2-14a}$$

2）$\dot{U}_C$ 与 $\dot{I}_C$ 的相位关系：

$$\varphi_u=\varphi_i-90° \tag{2-14b}$$

即电压 $\dot{U}_C$ 滞后电流 $\dot{I}_C$ 90°，$\dot{U}_C$ 与 $\dot{I}_C$ 的相位关系如图 2-12b 所示。

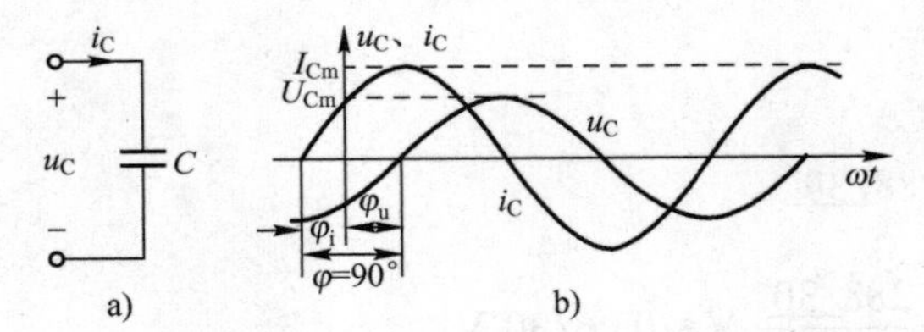

图 2-11　纯电容正弦交流电路和波形

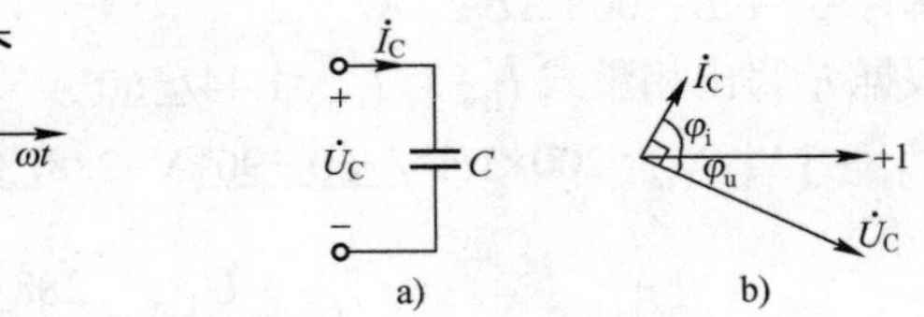

图 2-12　纯电容相量电路和相量

【例 2-7】　已知纯电容电路如图 2-11a 所示，$C=2\mu F$，$f=50Hz$，$u_C=10\sqrt{2}\sin(\omega t-30°)$ V，试求 X_C、i_C、$\dot{U}_C$，并画出 $\dot{U}_C$、$\dot{I}_C$ 相量图。

解：$X_C=\dfrac{1}{\omega C}=\dfrac{1}{2\pi fC}=\dfrac{1}{2\pi\times50\times2\times10^{-6}}\Omega=1592\Omega$

根据 u_C 写出相量式 $\dot{U}_C$，$\dot{U}_C=10\angle-30°$V

$$\dot{I}_C=\frac{\dot{U}_C}{-\mathrm{j}X_C}=\frac{10\angle-30°}{1592\angle-90°}\text{A}=6.28\angle60°\text{mA}$$

$$i_C=6.28\sqrt{2}\sin(\omega t+60°)\text{mA}$$

画出 $\dot{U}_C$、$\dot{I}_C$ 相量图如图 2-12b 所示，其中 $\varphi_i=60°$，$\varphi_u=-30°$，$\dot{U}_C$ 滞后 $\dot{I}_C$ 90°。

【复习思考题】

2.5 感抗、容抗与频率有何关系？

2.6 正弦交流电路中，电感、电容两端的电压与流过的电流之间的相位有什么关系？

2.3 相量法分析正弦交流电路

2.3.1 *RLC*串联正弦交流电路

RLC 串联正弦交流电路如图 2-13a 所示，若用相量形式表示，如图 2-13b 所示。

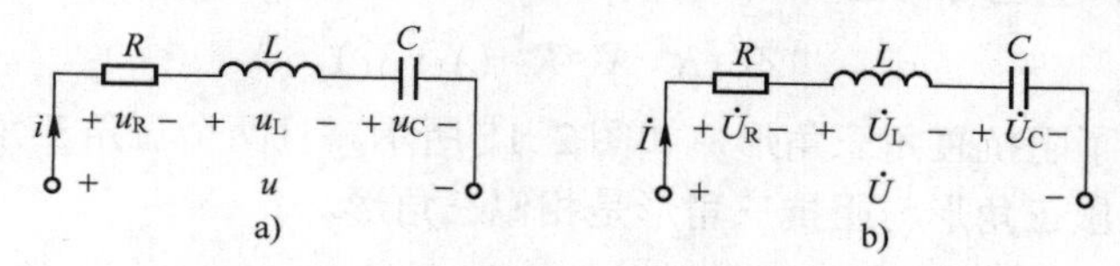

图 2-13 *RLC* 串联正弦交流电路

1. 伏安关系解析式

按图 2-13a，电压 u 与电流 i 取关联参考方向，则有：

$$u=u_R+u_L+u_C=Ri+L\frac{di}{dt}+\frac{1}{C}\int i dt \quad (2-15)$$

2. 相量式

若用相量表示，则有：

$$\dot{U}=\dot{U}_R+\dot{U}_L+\dot{U}_C=R\dot{I}+jX_L\dot{I}+(-jX_C)\dot{I}=[R+j(X_L-X_C)]\dot{I}=(R+jX)\dot{I}=Z\dot{I} \quad (2-16)$$

其中，X 称为电抗，$X=X_L-X_C$，$Z=R+jX$。式（2-16）与 1.4.1 节所述欧姆定律相比，形式相同，仅用 Z 替代 R，用电压相量 $\dot{U}$ 和电流相量 $\dot{I}$ 替代 u 和 i。因此，式（2-16）是欧姆定律的相量形式。

3. 复阻抗

Z 称为复阻抗，简称阻抗，单位为Ω。

$$Z=R+jX=R+j(X_L-X_C)=|Z|\underline{/\varphi} \quad (2-16a)$$

$|Z|$称为复阻抗模，简称阻抗模。

$$|Z|=\sqrt{R^2+X^2}=\sqrt{R^2+(X_L-X_C)^2} \quad (2-16b)$$

φ 称为阻抗角。

$$\varphi=\varphi_u-\varphi_i=\arctan\frac{X}{R}=\arctan\frac{X_L-X_C}{R} \quad (2-16c)$$

需要指出的是，复阻抗 Z 不是正弦相量，而是一个复数，因此 Z 上面无“·”。但可以写成极坐标形式和直角坐标形式，与电压相量和电流相量进行乘除运算。写成直角坐标形式时，其实部为电阻 R，虚部为电抗 X。

4. 相量图

RLC 串联正弦交流电路相量图根据 X_L 与 X_C 的大小可分为三种情况，即 $X_L>X_C$、$X_L<X_C$

和 $X_L=X_C$。

1）$X_L>X_C$，即 $X>0$，$\varphi>0$，此时电路呈电感性，简称呈感性，$U_L>U_C$，如图 2-14a 所示。

2）$X_L<X_C$，即 $X<0$，$\varphi<0$，此时电路呈电容性，简称呈容性，$U_L<U_C$，如图 2-14b 所示。

3）$X_L=X_C$，即 $X=0$，$\varphi=0$，此时电路呈电阻性，简称呈阻性，$U_L=U_C$，如图 2-14c 所示。

5. 电压三角形和阻抗三角形

从图 2-14 中可以看出，U_R、$|U_L-U_C|$和 U 组成了电压直角三角形的三条边。三者的大小关系符合勾股定理，即：

$$U^2=U_R{}^2+(U_L-U_C)^2 \tag{2-16d}$$

而从式（2-16b）中也可得出 R、X 与$|Z|$也符合勾股定理：

$$|Z|^2=R^2+X^2=R^2+(X_L-X_C)^2, \tag{2-16e}$$

R、X 与$|Z|$组成了阻抗直角三角形，如图 2-15 所示。且两个直角三角形的一个锐角均为阻抗角 φ。因此，电压三角形与阻抗三角形是相似三角形。

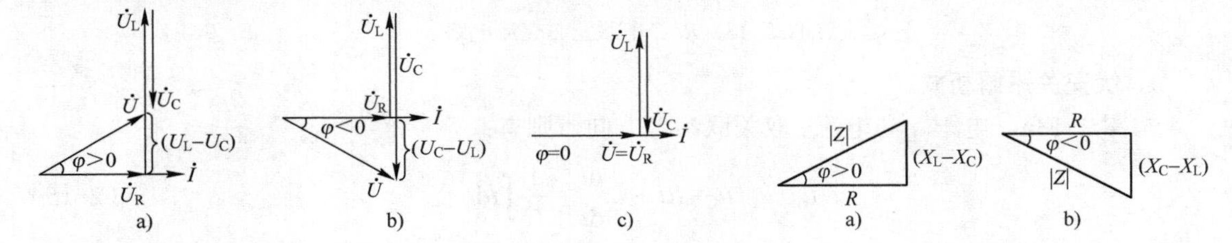

图 2-14　*RLC* 串联正弦交流电路三种情况相量图　　　　图 2-15　阻抗直角三角形

【例 2-8】 已知 *RLC* 串联电路如图 2-13 所示，$R=20\Omega$，$L=0.1\text{H}$，$C=80\mu\text{F}$，$f=50\text{Hz}$，$\dot{U}=110\angle 0^\circ\text{V}$，试求电流 $\dot{I}$、$\dot{U}_R$、$\dot{U}_L$ 和 $\dot{U}_C$，并画出相量图。

解： $X_L=2\pi fL=2\pi\times50\times0.1\Omega=31.4\Omega$

$$X_C=\frac{1}{2\pi fC}=\frac{1}{2\pi\times50\times80\times10^{-6}}\Omega=39.8\Omega$$

$$Z=R+\text{j}(X_L-X_C)=[20+\text{j}(31.4-39.8)]\Omega=(20-\text{j}8.4)\Omega=21.7\angle -22.8^\circ\Omega$$

$$\dot{I}=\frac{\dot{U}}{Z}=\frac{110\angle 0^\circ}{21.7\angle -22.8^\circ}\text{A}=5.07\angle 22.8^\circ\text{A}$$

$$\dot{U}_R=\dot{I}R=5.07\angle 22.8^\circ\times20\text{V}=101.4\angle 22.8^\circ\text{V}$$

$$\dot{U}_L=\text{j}X_L\dot{I}=5.07\angle 22.8^\circ\times31.4\angle 90^\circ\text{V}=159.2\angle 112.8^\circ\text{V}$$

$$\dot{U}_C=-\text{j}X_C\dot{I}=5.07\angle 22.8^\circ\times39.8\angle -90^\circ\text{V}=201.8\angle -67.2^\circ\text{V}$$

画出 $\dot{I}$、$\dot{U}_R$、$\dot{U}_L$、$\dot{U}_C$ 和 $\dot{U}$ 相量图如图 2-16 所示。

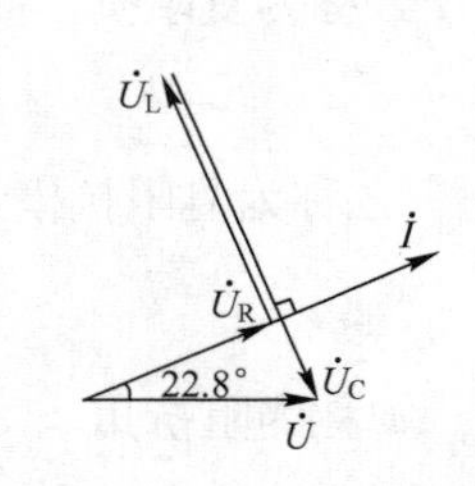

图 2-16　例 2-8 相量图

【例 2-9】 已知图 2-17a 电路中 V_1、V_2 和 V 表读数分别为 10V、30V 和 20V，试求 V_3 表读数。

解： 对于图 2-17a 电路，可定性画出 $\dot{I}$、$\dot{U}_R$、$\dot{U}_L$、$\dot{U}_C$ 和 $\dot{U}$ 相量图，如图 2-17b 所示。U_R、$|U_C-U_L|$与 U 构成电压三角形，已知 4 个电压中任意 3 个，均可利用勾股定理求解另一个电压。因此：

$$U_L-U_C=\pm\sqrt{U^2-U_R{}^2}=\pm\sqrt{20^2-10^2}\text{V}=\pm17.3\text{V}$$

解得 U_C 有两解：47.3V 或 12.7V。因此，V_3 表读数为 47.3V 或 12.7V。

需要说明的是，类似本题的电路，U_L、U_C 可能有两解，与 RLC 参数有关。但因电表读数为有效值，不能为负值。因此，若两解中有负值，则不合题意，应予以舍去。

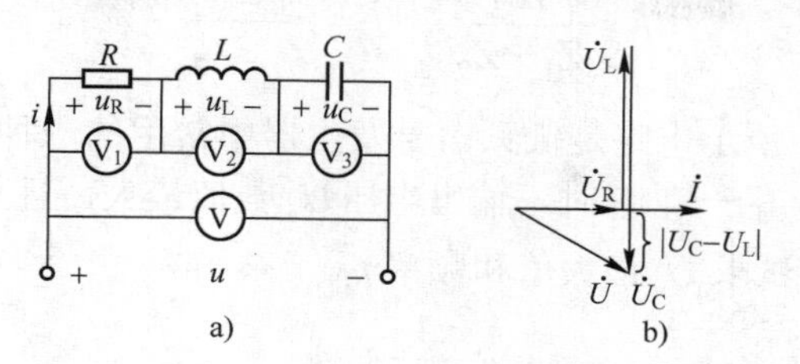

图 2-17　例 2-9 电路和相量图

2.3.2　复阻抗的串联和并联

正弦交流电路引入复阻抗和阻抗后，第 1 章中推出的电路定律和分析方法均能使用。但电流电压须用相量表示，复阻抗须用复数表示，按相量运算规则运算。

1. 复阻抗串联

几个复阻抗串联电路如图 2-18 所示，等效复阻抗等于各段复阻抗之和，总电压等于各段复阻抗上电压之和。

$$Z=Z_1+Z_2+\cdots+Z_n \tag{2-17}$$

$$\dot{U}=\dot{U}_1+\dot{U}_2+\cdots+\dot{U}_n \tag{2-18}$$

以两个复阻抗串联为例，则有：

$$Z=Z_1+Z_2 \tag{2-17a}$$

$$\dot{U}_1=\frac{\dot{U}Z_1}{Z_1+Z_2}，\dot{U}_2=\frac{\dot{U}Z_2}{Z_1+Z_2} \tag{2-18a}$$

2. 复阻抗并联

复阻抗并联电路如图 2-19 所示，等效复阻抗倒数等于每段复阻抗倒数之和，总电流等于每段复阻抗中电流之和。

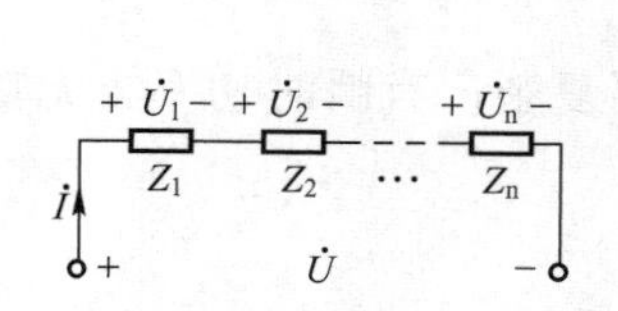

图 2-18　复阻抗串联电路

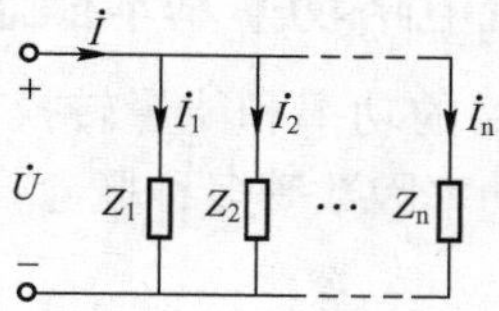

图 2-19　复阻抗并联电路

$$\frac{1}{Z}=\frac{1}{Z_1}+\frac{1}{Z_2}+\cdots+\frac{1}{Z_n} \tag{2-19}$$

$$\dot{I}=\dot{I}_1+\dot{I}_2+\cdots+\dot{I}_n \tag{2-20}$$

以两个复阻抗并联为例，则有：

$$Z=\frac{Z_1 Z_2}{Z_1+Z_2} \tag{2-19a}$$

$$\dot{I}_1=\frac{\dot{I}Z_2}{Z_1+Z_2}, \quad \dot{I}_2=\frac{\dot{I}Z_1}{Z_1+Z_2} \tag{2-20a}$$

【例 2-10】 图 2-20 所示电路是低频信号发生器中常用的一种电路，称为 R-C 选频网络。当输入电压 $\dot{U}_{\mathrm{i}}$ 频率为某一值 f_0 时，输出电压 $\dot{U}_{\mathrm{o}}$ 数值最大，且与输入电压 $\dot{U}_{\mathrm{i}}$ 同相。若已知电路参数 R、C 和 $\dot{U}_{\mathrm{i}}$，试求 U_{o} 最大值和频率 f_0。

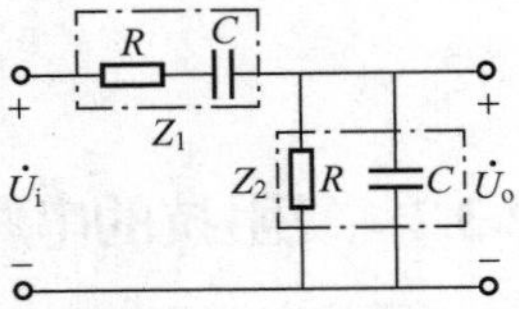

解：$Z_1=R+\dfrac{1}{\mathrm{j}\omega C}=\dfrac{1+\mathrm{j}\omega RC}{\mathrm{j}\omega C}$，$Z_2=\dfrac{R\dfrac{1}{\mathrm{j}\omega C}}{R+\dfrac{1}{\mathrm{j}\omega C}}=\dfrac{R}{1+\mathrm{j}\omega RC}$

$$\dot{U}_{\mathrm{o}}=\frac{\dot{U}_{\mathrm{i}}Z_2}{Z_1+Z_2}=\frac{\dfrac{\dot{U}_{\mathrm{i}}R}{1+\mathrm{j}\omega RC}}{\dfrac{1+\mathrm{j}\omega RC}{\mathrm{j}\omega C}+\dfrac{R}{1+\mathrm{j}\omega RC}}=\frac{\dot{U}_{\mathrm{i}}RC}{3RC-\mathrm{j}(\dfrac{1}{\omega}-\omega R^2C^2)}$$

图 2-20　例 2-10 电路

上式分母中虚部 $\left(\dfrac{1}{\omega}-\omega R^2C^2\right)=0$ 时，$\dot{U}_{\mathrm{o}}$ 与 $\dot{U}_{\mathrm{i}}$ 同相，且分母模值最小，即 U_{o} 最大。

从 $\left(\dfrac{1}{\omega}-\omega R^2C^2\right)=0$，解得：$\omega=\dfrac{1}{RC}$，$U_{\mathrm{o}}=\dfrac{U_{\mathrm{i}}}{3}$。

用 ω_0 表示此时 $\dot{U}_{\mathrm{i}}$ 频率：$\omega_0=\dfrac{1}{RC}$，$f_0=\dfrac{\omega_0}{2\pi}=\dfrac{1}{2\pi RC}$。

【复习思考题】

2.7　试述正弦交流电路感性、容性和阻性三种情况的特点。

2.8　第 1 章中推出的电路定律和分析方法在正弦交流电路中是否适用？

2.4　正弦交流电路功率

2.4.1　正弦交流电路功率基本概念

正弦交流电路的功率和能量转换比直流电路要复杂，有瞬时功率、无功功率、有功功率、视在功率和功率因数等多种概念。

1. 瞬时功率

设一个二端网络，其端口电压为 $u=\sqrt{2}\,U\sin\omega t$，端口电流为 $i=\sqrt{2}\,I\sin(\omega t-\varphi)$，其中 φ 为 u 与 i 相位差角，且 u、i 参考方向取关联参考方向，则该二端网络吸收功率为：

$$p=ui=\sqrt{2}\,U\sin\omega t\times\sqrt{2}\,I\sin(\omega t-\varphi)=UI\cos\varphi-UI\cos(2\omega t-\varphi) \tag{2-21}$$

上式表明，瞬时功率由两部分组成：一部分是恒定分量 $UI\cos\varphi$，也是瞬时功率的平均值；另一部分是二倍频的正弦量$[-UI\cos(2\omega t-\varphi)]$，如图 2-21 所示。当 u、i 同号(同为正或同为负)时，$p>0$，表明网络从电源吸收能量；当 u、i 异号时，$p<0$，表明网络向电源释放能

量。u 与 i 相位差 φ 越大，$p<0$ 部分时间越长，平均值 $UI\cos\varphi$ 值越小。当 $\varphi=90°$时，u 与 i 正交，网络为纯电抗电路，平均值 $UI\cos\varphi=0$。

瞬时功率实用意义不大。工程上更关心瞬时功率中的恒定分量 $UI\cos\varphi$。

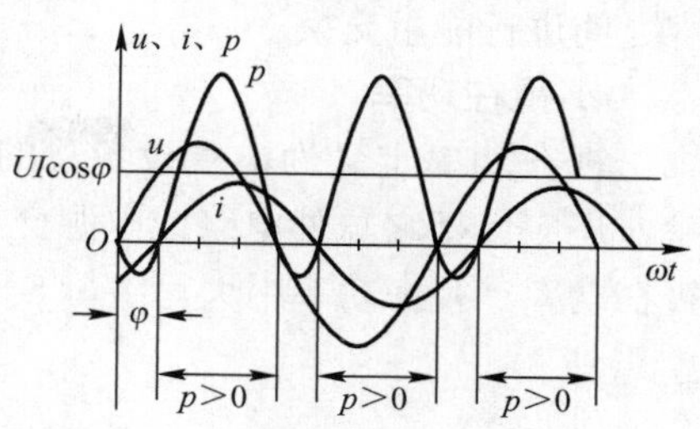

图 2-21　瞬时功率波形图

2. 有功功率

有功功率也称为平均功率，它是瞬时功率在一个周期内的平均值，即瞬时功率中的恒定分量，用大写字母 P 表示，单位为瓦[特]，用 W 表示。

$$P=\frac{1}{T}\int_0^T p\mathrm{d}t=UI\cos\varphi \tag{2-22}$$

需要注意的是，式（2-22）中的 U、I 是电路总电压 u 和总电流 i 的有效值 U 和 I，φ 角是总电压 u 与总电流 i 之间的相位差角，且 $\varphi=\varphi_u-\varphi_i$。若用于电路中某一元件，则有：

$$P_R=U_R I_R\cos0°=U_R I_R=\frac{U_R^2}{R}=I_R^2 R \tag{2-22a}$$

$$P_L=U_L I_L\cos90°=0 \tag{2-22b}$$

$$P_C=U_C I_C\cos(-90°)=0 \tag{2-22c}$$

对于纯电阻电路，u_R 与 i_R 同相，即 $\varphi=0$，$\cos\varphi=1$；对于纯电感电路，u_L 越前 i_L 90°，即 $\varphi=90°$，$\cos\varphi=0$；对于纯电容电路，u_C 滞后 i_C 90°，即 $\varphi=-90°$，$\cos\varphi=0$；即电感的有功功率 P_L 和电容的有功功率 P_C 恒为 0。

因此，计算一个二端网络的有功功率时，只需要计算该网络内所有电阻的有功功率之和，而与网络内储能元件无关（但 U、I 值与网络内储能元件还是有关的）。

3. 无功功率

无功功率定义为电路中储能元件与外电路之间能量交换的最大速率，用大写字母 Q 表示，单位为乏，用 var 表示。

$$Q=UI\sin\varphi \tag{2-23}$$

对于感性电路，$\varphi>0$，故 $Q>0$；对于容性电路，$\varphi<0$，故 $Q<0$。

需要注意的是，式（2-23）中的 U、I、φ 与式（2-22）相同。U、I 是电路总电压 u 和总电流 i 的有效值 U 和 I，φ 角是总电压 u 与总电流 i 之间的相位差角，且 $\varphi=\varphi_u-\varphi_i$（不能倒减，否则 Q 性质相反）。若用于电路中某一元件，则有：

$$Q_R=U_R I_R\sin0°=0 \tag{2-23a}$$

$$Q_L=U_L I_L\sin90°=U_L I_L=\frac{U_L^2}{X_L}=I_L^2 X_L \tag{2-23b}$$

$$Q_C=U_C I_C\sin(-90°)=-U_C I_C=-\frac{U_C^2}{X_C}=-I_C^2 X_C \tag{2-23c}$$

因此，计算一个二端网络的无功功率时，只需要计算网络内所有储能元件的无功功率之代数和，而与电阻无关（但 U、I 值与网络内电阻元件还是有关的）。$Q=Q_L+Q_C$，由于 Q_C 总是负值，因此，电网络除与外电路或电源交换能量外，还有一部分是在电网络内部的电感电容之间进行能量交换。

4. 视在功率

视在功率定义为电气设备总的功率容量。电气设备的视在功率不仅体现在它的有功功率，还应包括它与外电路或电源交换能量的无功功率。因此能表明电气设备功率总容量的是视在功率。视在功率用大写字母 S 表示，单位为伏安，用符号 VA 表示。

$$S=UI \tag{2-24}$$

由于 $P=UI\cos\varphi=S\cos\varphi$，$Q=UI\sin\varphi=S\sin\varphi$。因此，$P^2+Q^2=S^2$，即：

$$S=\sqrt{P^2+Q^2} \tag{2-24a}$$

上式表明，有功功率、无功功率和视在功率的大小关系符合勾股定理，组成功率直角三角形。该直角三角形的一个锐角为阻抗角 φ。因此，功率三角形与电压三角形、阻抗三角形是相似三角形。

【例 2-11】 已知某正弦交流电路，$\dot{U}=220\angle 30^\circ$V，$\dot{I}=5\angle -30^\circ$A，试求 Z、R、X、P、Q 和 S。

解： $Z=\dfrac{\dot{U}}{\dot{I}}=\dfrac{220\angle 30^\circ}{5\angle -30^\circ}\Omega=44\angle 60^\circ\Omega=22+\mathrm{j}38.1\Omega$

复阻抗 Z 实部为电阻，虚部为电抗。电抗若正，即为感抗。因此：$R=22\Omega$，$X_L=38.1\Omega$。

有功功率只需计算电阻上的有功功率：$P=I^2R=5^2\times 22\text{W}=550\text{W}$

无功功率只需计算电感上的无功功率：$Q=I^2X_L=5^2\times 38.1\text{var}=952.5\text{var}$

视在功率：$S=UI=5\times 220\text{VA}=1100\text{VA}$

2.4.2 提高功率因数

功率因数是电气设备一个十分重要的参数。

1. 功率因数定义

有功功率与视在功率的比值，称为功率因数，用 λ 表示。

$$\lambda=\cos\varphi=\frac{P}{S} \tag{2-25}$$

恒有 $\lambda\leqslant 1$。λ 越大，有功功率占视在功率的比例越大。

2. 为什么要提高功率因数？

提高功率因数有着很大的经济意义。主要理由如下：

1）减小电能在传输线路中的损耗，提高输电效率。

电能在传输线路中的损耗取决于传输线路中的电流（设线路阻抗为定值），在负载有功功率 P 和电压一定时，功率因数 $\cos\varphi$ 越大，传输线路中的电流 $I=\dfrac{P}{U\cos\varphi}$ 越小，消耗在传输线路中的损耗也就越小，输电效率越高。

2）可充分利用电源设备的功率容量。

电源设备（例如发电机、变压器等）的功率容量是按照其额定电压和额定电流设计的。其中一部分作为有功功率提供给用电设备消耗，另一部分作为无功功率，与用电设备中的储能元件进行能量交换。若用电设备功率因数低，则有功功率所占的比例低，电源设备的功率容量得不到充分利用。例如，一台容量（视在功率）为 1000kVA 的变压器（电源），若负载（用电设备）功率因数 $\cos\varphi$=1，则变压器能输出 1000kW 的有功功率；若负载功率因数 $\cos\varphi$=0.8，则变压器只能输出 800kW 的有功功率。

3. 提高功率因数的方法和原理

提高功率因数最简便的方法：在感性负载两端并联电容器。

在实际用电设备中，除阻性负载外，极少有容性负载，大量的负载为感性负载，例如电动机、带有变压器和电动机的用电器具（电冰箱、空调、电视机）等。因此，提高功率因数就是针对这些感性负载，减小整个电路的阻抗角 φ，即增大 $\cos\varphi$ 值。

设电路的感性负载等效为$(R+\mathrm{j}\omega L)$，其两端电压为$\dot{U}$，未加电容时流过的电流为$\dot{I}_1$，阻抗角为 φ_1，功率因数为 $\cos\varphi_1$，其电路和相量图如图 2-22 所示。

加电容后，电容中电流为$\dot{I}_{\mathrm{C}}$，电路总电流 $\dot{I}=\dot{I}_1+\dot{I}_{\mathrm{C}}$，画出其相量图如图 2-22b 所示。从相量图中看出，$\dot{I}$ 的长度比 $\dot{I}_1$ 的长度要小，即总电流 I 反而减小了，阻抗角从 φ_1 减小为 φ，即整个电路的功率因数 $\cos\varphi$ 提高了。

其原因是：感性负载在未并联电容器时，只能与电源交换能量；并联电容后，其中一部分改为与电容交换能量，直接与电源交换能量的电流反而减小了，即总电流减小了。

需要说明的是，并联电容提高功率因数，从 $\cos\varphi_1 \rightarrow \cos\varphi$ 有两解：其中一解如图 2-22b 所示，电路总负载仍为感性；另一解是进一步增大并联电容，使电路总负载为容性，但这样将大大增加成本，一般不用。

4. 并联电容计算方法

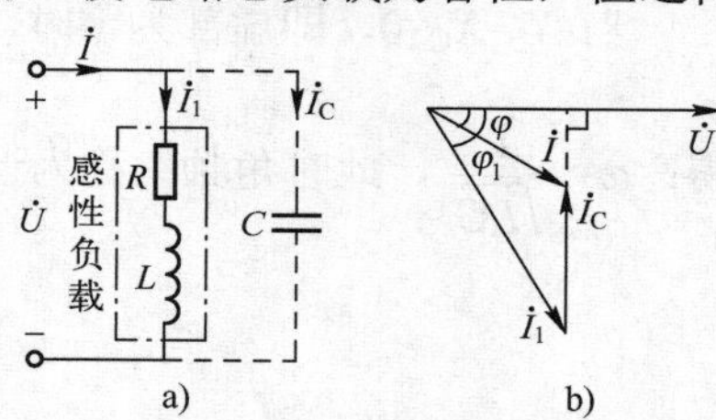

图 2-22　提高功率因素电路和相量图

并联电容前：$P=UI_1\cos\varphi_1$，$I_1=\dfrac{P}{U\cos\varphi_1}$

并联电容后：$P=UI\cos\varphi$，$I=\dfrac{P}{U\cos\varphi}$

从图 2-22b 中可得出：

$I_{\mathrm{C}}=I_1\sin\varphi_1-I\sin\varphi=\dfrac{P\sin\varphi_1}{U\cos\varphi_1}-\dfrac{P\sin\varphi}{U\cos\varphi}=\dfrac{P}{U}(\tan\varphi_1-\tan\varphi)$，而 $I_{\mathrm{C}}=\dfrac{U}{X_{\mathrm{C}}}=U\omega C$，代入解得：

$$C=\frac{P}{\omega U^2}(\tan\varphi_1-\tan\varphi) \tag{2-26}$$

【例 2-12】　已知某感性负载接在 50Hz、220V 电源上，吸收有功功率为 50kW，功率因数为 0.7，现要求将其功率因数提高至 0.9，试求并联电容 C 值和电路总电流。

解：$\cos\varphi_1$=0.7，φ_1=45.6°，$\tan\varphi_1$=1.02；$\cos\varphi$=0.9，φ=25.8°，$\tan\varphi$=0.484

$$C=\frac{P}{\omega U^2}(\tan\varphi_1-\tan\varphi)=\frac{50\times10^3}{2\pi\times50\times220^2}(1.02-0.484)\ \mathrm{F}=1763\mu\mathrm{F}$$

并联电容 C 前总电流：$I_1=\dfrac{P}{U\cos\varphi_1}=\dfrac{50\times10^3}{220\times0.7}\ \mathrm{A}=324.7\mathrm{A}$

并联电容 C 后总电流：$I=\dfrac{P}{U\cos\varphi}=\dfrac{50\times10^3}{220\times0.9}\ \mathrm{A}=252.5\mathrm{A}$

上述计算表明，并联电容后，总电流减小了，这将导致减少在传输线路中的功率损耗。

【复习思考题】

2.9　$P=UI\cos\varphi$ 中的 U、I、φ 各指电路中的哪个电压、电流、阻抗角？

2.10　什么叫无功功率？与有功功率有什么区别？什么叫视在功率？

2.11　为什么要提高功率因数？如何提高功率因数？

2.5　谐振电路

在 2.3 节中，曾提到 *RLC* 串联或并联电路，电压电流相位关系可能有三种情况，其中一种是电压电流相位相同，电路呈纯电阻性的状态，这种状态称为电路谐振。本节将进一步研究谐振电路及其特点。

2.5.1　串联谐振电路

串联谐振电路如图 2-23 所示，*RLC* 串联，外施电压 u_S，角频率 ω。

1. 谐振条件和谐振频率

图 2-23 所示串联电路的复阻抗：$Z=R+j(X_L-X_C)=R+j\left(\omega L-\dfrac{1}{\omega C}\right)$

当 $X_L-X_C=0$，即虚部为零时，u_S 与 i 同相。从 $\left(\omega L-\dfrac{1}{\omega C}\right)=0$，解得：$\omega=\dfrac{1}{\sqrt{LC}}$，此时角频率称为谐振角频率，用 ω_0 表示。

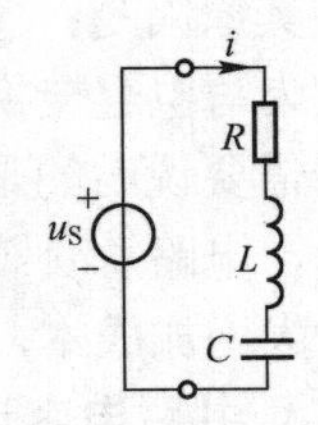

图 2-23　串联谐振电路

$$\omega_0=\frac{1}{\sqrt{LC}} \tag{2-27a}$$

$$f_0=\frac{1}{2\pi\sqrt{LC}} \tag{2-27b}$$

从式（2-27a）中看出，*RLC* 串联电路谐振角频率是由电路参数 L、C 决定的，与 R 及外施电压 u_S 无关。若 L、C 参数为定值，则 ω_0 是电路的固有参数或称为固有频率。若外施电压 u_S 的角频率不为 ω_0，电路不会发生谐振。只有当 u_S 角频率为 ω_0 时，电路才会发生谐振。

2. 串联谐振电路的主要特点

1）谐振时，阻抗最小，且为纯电阻。

RLC 串联电路谐振时，因 $X=X_L-X_C=0$，谐振阻抗 $Z_0=|Z|=\sqrt{R^2+(X_L-X_C)^2}=R$，为纯电阻。当 ω 偏离 ω_0 时，$X=X_L-X_C\neq0$，恒有 $|Z|>Z_0$，且不为纯电阻。

2）谐振时，电路中电流最大，且与外施电源电压同相。

谐振时，$\dot{I}_0=\dfrac{\dot{U}_S}{Z_0}$，$Z_0$ 为纯阻，因此 $\dot{I}_0$ 与 $\dot{U}_S$ 同相；又因 $Z_0=|Z|=R$ 最小，所以 I_0 最大。

3）谐振时，电感电压 $\dot{U}_L$ 与电容电压 $\dot{U}_C$ 大小相等，相位相反，且为外施电源电压的 Q 倍；电阻上的电压等于外施电源电压，且相位相同，即 $\dot{U}_{R0}=\dot{U}_S$。

$$U_{L0}=U_{C0}=QU_S \tag{2-28a}$$

$$\dot{U}_{L0}+\dot{U}_{C0}=0 \tag{2-28b}$$

$$\dot{U}_S=\dot{U}_{R0}+\dot{U}_{L0}+\dot{U}_{C0}=\dot{U}_{R0} \tag{2-28c}$$

式（2-28a）中的Q称为品质因数，定义为谐振特性阻抗$\omega_0 L\left(\text{或}\dfrac{1}{\omega_0 C}\right)$与电阻$R$的比值。

$$Q=\frac{\omega_0 L}{R}=\frac{1}{\omega_0 CR}=\frac{1}{R}\sqrt{\frac{L}{C}} \tag{2-29}$$

品质因数 Q 是由电路元件参数 R、L、C 决定的一个无量纲的物理量，是谐振电路的一个重要参数，其大小反映了谐振电路的性能。

当 $Q>>1$ 时，即有 $U_{L0}=U_{C0}>>U_S$。在电子工程中，可利用该特性使微弱的激励信号通过串联谐振，在电感或电容上产生比激励信号电压高 Q 倍的响应电压；而在电力工程中却往往有害，串联谐振引起的过电压会引起某些电气设备损坏。因此，串联谐振的应用应区别对待。

注意：不要将无功功率 Q 与品质因数 Q 混淆（均用 Q 表示）。

4）谐振时，电路总的无功功率为零。

串联谐振时，电感无功功率 $Q_{L0}=U_{L0}I_0$，电容无功功率 $Q_{C0}=-U_{C0}I_0$，电路总的无功功率 $Q=Q_{L0}+Q_{C0}=U_{L0}I_0-U_{C0}I_0=0$，即表明串联谐振时，电感与电容相互交换能量，并不与电源交换能量，电源仅提供电阻消耗的能量。

根据式（2-29），品质因素 $Q=\dfrac{\omega_0 L}{R}=\dfrac{I_0^2\omega_0 L}{I_0^2 R}=\dfrac{Q_{L0}}{P}$。因此，品质因素 Q 的另一物理意义是：品质因素 Q 值等于谐振时电感的无功功率（或电容无功功率）与电路有功功率的比值。

$$\text{品质因素}\ Q=\frac{\text{电感(或电容)无功功率}}{\text{有功功率}} \tag{2-30}$$

【例2-13】 调幅收音机输入回路可等效为 RLC 串联电路，R=0.5Ω，L=300μH，C 为可变电容，调幅收音机接收的中波信号频率范围为535～1605kHz，试求电容 C 的调节范围。

解：$f_0=\dfrac{1}{2\pi\sqrt{LC}}$，$C=\dfrac{1}{(2\pi f_0)^2 L}$

f_0=535kHz 时，$C=\dfrac{1}{(2\pi\times 535\times 10^3)^2\times 300\times 10^{-6}}\text{F}=295\text{pF}$

f_0=1605kHz 时，$C=\dfrac{1}{(2\pi\times 1605\times 10^3)^2\times 300\times 10^{-6}}\text{F}=32.7\text{pF}$

因此该可变电容调节范围为32.7～295pF。

2.5.2 电感线圈与电容并联谐振电路

电感线圈与电容并联谐振电路，如图 2-24 所示。一般情况下，电感线圈的直流电阻 R

很小，$\omega_0 L >> R$，即满足 $Q=\dfrac{\omega_0 L}{R}$ >>1。

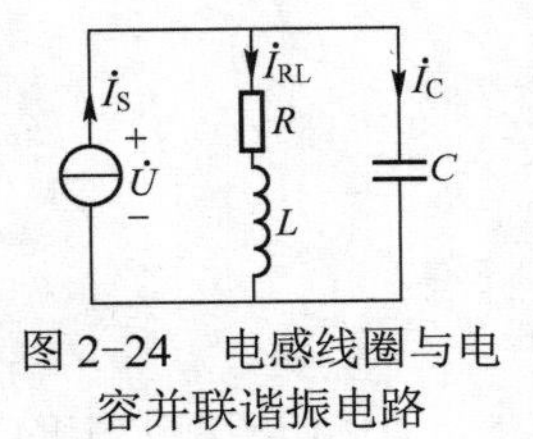

图 2-24　电感线圈与电容并联谐振电路

1. 谐振条件与谐振频率

图 2-24 所示电路的复阻抗：$Z=(R+j\omega L)//\dfrac{1}{j\omega C}$，复阻抗 Z 的倒数称为复导纳，用 Y 表示。

$$Y=\frac{1}{Z}=\frac{1}{R+j\omega L}+j\omega C=\frac{R}{R^2+\omega^2L^2}+j\left(\omega C-\frac{\omega L}{R^2+\omega^2L^2}\right)\tag{2-31}$$

谐振时，复导纳虚部应为零，即 $\omega_0 C-\dfrac{\omega_0 L}{R^2+\omega_0^2L^2}\approx\omega_0 C-\dfrac{1}{\omega_0 L}=0$，解得：

$$\omega_0\approx\frac{1}{\sqrt{LC}}\tag{2-32a}$$

$$f_0\approx\frac{1}{2\pi\sqrt{LC}}\tag{2-32b}$$

需要注意和说明的是，电感线圈与电容并联电路谐振是在电感线圈的直流电阻 R 很小条件下，即式（2-32a、b）是在 Q 值很大的前提下得出的。电感线圈与电容并联电路能否发生谐振还与电阻 R 有关，经理论分析，必须同时满足 $R<\sqrt{\dfrac{L}{C}}$，否则电路不能发生谐振。

2. 电感线圈与电容并联谐振电路的主要特点

1）谐振时，端电压与总电流同相，且电路阻抗为纯电阻。

2）在 Q >>1 条件下，谐振阻抗为最大值。若用恒流源激励，则电路端电压为最大值。这一特点在电子电路中被广泛应用于选频电路。

谐振时，式（2-31）中虚部为零，谐振阻抗 $Z_0=\dfrac{R^2+\omega^2L^2}{R}\approx\dfrac{\omega^2L^2}{R}=Q^2R=\dfrac{L}{RC}$。

3）谐振时，电感支路电流与电容支路电流近似相等并为总电流的 Q 倍。

对于图 2-24 电路，有：$\dot{I}_{C0}=j\omega_0 C\dot{U}=jQ\dot{I}_S$；$\dot{I}_{RL0}=\dfrac{\dot{U}}{R+j\omega_0 L}\approx\dfrac{\dot{U}}{j\omega_0 L}=-jQ\dot{I}_S$。可定性画出并联谐振相量图如图 2-25 所示。$\dot{I}_{C0}$ 与 $\dot{I}_{RL0}$ 大小近似相等，相位相反，且为外施电流 $\dot{I}_S$ 的 Q 倍。

4）若用电压源激励，谐振时，总电流最小。

由于谐振时，阻抗最大，因此总电流最小。虽然 I_{C0}、I_{RL0} 很大，但仅在电路内部流转（L 与 C 交换能量），并不由电源提供，电源仅提供电阻上消耗的电流有功分量。

【例 2-14】 某收音机中放电路为电感线圈与电容并联谐振电路，调谐于 465kHz，电容为 200pF，若回路品质因素 Q=100，试求线圈电感 L 值、损耗电阻 R 及谐振阻抗 Z_0。

解： 由于 Q=100>>1，因此 $f_0\approx\dfrac{1}{2\pi\sqrt{LC}}$

$$L=\frac{1}{(2\pi f_0)^2C}=\frac{1}{(2\pi\times465\times10^3)^2\times200\times10^{-12}}\text{H}=0.578\text{mH}$$

$$R=\frac{\omega_0 L}{Q}=\frac{2\pi\times465\times10^3\times0.578\times10^{-3}}{100}\Omega=17\Omega$$

$$Z_0=\frac{L}{RC}=Q^2R=100\times100\times17\Omega=170\text{k}\Omega$$

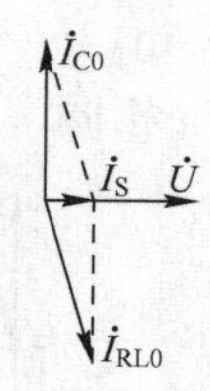

图 2-25　并联谐振相量图

【复习思考题】

2.12　串联谐振的条件是什么？有什么特点？

2.13　什么叫品质因素？品质因素 Q 与谐振电路的有功功率、无功功率有何关系？

2.14　电感线圈与电容并联电路谐振条件和谐振频率是什么？有什么特点？

2.15　电感线圈与电容并联谐振电路对线圈直流电阻有否要求？

2.6　非正弦周期性电流电路

交流信号除正弦波外，还有各种非正弦波；即使在直流信号中，除稳恒直流外，还有许多周期性脉动直流。而在非正弦波中，又可分为周期性波和非周期性波。例如图 2-26 中各种周期性非正弦波，这些周期性非正弦波一般均能按高等数学中傅里叶级数，展开为一系列不同频率的正弦波。

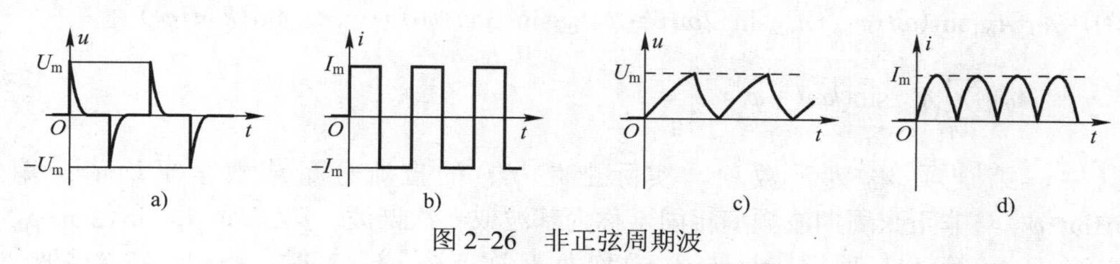

图 2-26　非正弦周期波

a) 微分脉冲　b) 矩形波　c) 锯齿波　b) 全波整流

1. 非正弦周期信号的产生

非正弦周期信号产生的原因通常有以下几种：

1）电源电压为非正弦。交流发电机发出的波形并不是纯正弦波，通常有一些畸变，这些畸变的非正弦波作用于线性电路，响应也一定是非正弦的。

2）几个不同频率的正弦波共同作用于线性电路，叠加后是一个非正弦波。本节之前分析的是同频率正弦电流电压，叠加后仍是同频率正弦电压、电流。但若是不同频率的电压、电流叠加，将是非正弦的电压、电流。例如有些电路的电源有两种成份，既有直流成份，又有正弦交流成份，叠加在一起就是非正弦的。

3）电路中存在非线性元件。本书之前分析的元件均为线性元件，包括线性电阻、线性电容、线性电感等。但实际电路中，有许多非线性元件，例如，电子电路中的半导体元件，用磁性物质作为介质的线圈电感、铁心变压器、PN 结电容等均为非线性元件。当正弦电压电流作用于这些非线性元件时，就会产生非线性的电压电流。

2. 非正弦周期信号的合成

为了理解非正弦周期波的合成，可先观察图 2-27。其中：图 2-27a 为 u_1+u_3，$u_1=U_{m1}\sin\omega t$，称为基波或一次谐波，$u_3=U_{m3}\sin3\omega t$，称为三次谐波。图 2-27b 仍为 u_1+u_3，

但 $u_3=U_{m3}\sin(3\omega t-180°)$，叠加后波形与图 2-27a 不同。图 2-27c 为 $u_1+u_3+u_5$，其中 u_1、u_3 与图 2-27a 相同，$u_5=U_{m5}\sin5\omega t$，称为五次谐波。

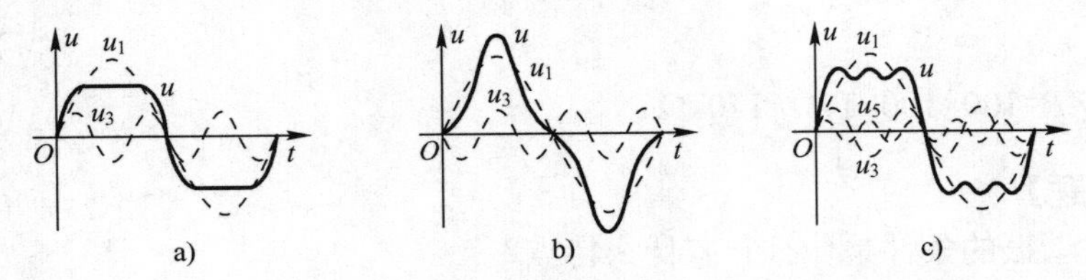

图 2-27　由基波和三次谐波合成的非正弦波

从图 2-27 中，我们可以得出以下结论：几个不同频率的正弦波叠加后，合成为一个非正弦周期波。

3. 非正弦周期波的分解

既然几个不同频率的正弦波能合成一个非正弦周期波。那么反过来，一个非正弦周期波也可分解为几个不同频率的正弦波。

在高等数学中已经证明：周期函数 $f(t)$，满足狄里赫利条件（指周期性函数在有限区间内，只有有限个第一类间断点和有限个极大值和极小值。电工技术中用到的非正弦周期电压、电流，一般都能满足狄里赫利条件），则该周期函数可展开为一个收敛的傅里叶级数。

$$f(t)=A_0+A_{m1}\sin(\omega t+\varphi_1)+A_{m2}\sin(2\omega t+\varphi_2)+A_{m3}\sin(3\omega t+\varphi_3)+\cdots+A_{mk}\sin(k\omega t+\varphi_k)$$

$$=A_0+\sum_{k=1}^{\infty}A_{mk}\sin(k\omega t+\varphi_k) \tag{2-33}$$

其中，第一项 A_0 为常数项，实际上是 $f(t)$ 的直流分量或数学平均值。第二项 $A_{m1}\sin(\omega t+\varphi_1)$ 与非正弦周期波频率相同，称为基波或一次谐波。第三项 $A_{m2}\sin(2\omega t+\varphi_2)$ 称为二次谐波；…；第 $k+1$ 项 $A_{mk}\sin(k\omega t+\varphi_k)$ 称为 k 次谐波。$k\geqslant2$ 时，统称为高次谐波。其中 k=1、3、5、…时，称为奇次谐波；k=2、4、6、…时，称为偶次谐波。$k\to\infty$，即展开项数有无数项。但 A_{mk} 逐渐变小，直至 $A_{mk}\to0$，因此该无穷级数又是收敛的。

$$A_{mk}\sin(k\omega t+\varphi_k)=A_{mk}\sin\varphi_k\cos k\omega t+A_{mk}\cos\varphi_k\sin k\omega t=a_k\cos k\omega t+b_k\sin k\omega t$$

其中，$a_k=A_{mk}\sin\varphi_k$，$b_k=A_{mk}\cos\varphi_k$，因此式（2-33）又可改写为：

$$f(t)=A_0+\sum_{k=1}^{\infty}(a_k\cos k\omega t+b_k\sin k\omega t) \tag{2-34}$$

根据高等数学傅里叶级数分析，式（2-34）中的 A_0、a_k、b_k 可按下式计算：

$$A_0=\frac{1}{T}\int_0^T f(t)\mathrm{d}t=\frac{1}{T}\int_{-\frac{T}{2}}^{\frac{T}{2}} f(t)\mathrm{d}t \tag{2-34a}$$

$$a_k=\frac{2}{T}\int_0^T f(t)\cos k\omega t\mathrm{d}t=\frac{1}{\pi}\int_0^{2\pi} f(t)\cos k\omega t\mathrm{d}\omega t=\frac{1}{\pi}\int_{-\pi}^{\pi} f(t)\cos k\omega t\mathrm{d}\omega t \tag{2-34b}$$

$$b_k=\frac{2}{T}\int_0^T f(t)\sin k\omega t\mathrm{d}t=\frac{1}{\pi}\int_0^{2\pi} f(t)\sin k\omega t\mathrm{d}\omega t=\frac{1}{\pi}\int_{-\pi}^{\pi} f(t)\sin k\omega t\mathrm{d}\omega t \tag{2-34c}$$

上式中，T 为该周期函数的周期。

几种常见的非正弦周期函数（电压电流信号）的傅里叶级数展开式如表 2-1 所示。

表 2-1　常用信号的傅里叶级数展开式

波　形	傅里叶级数（基波角频率 $\omega=\frac{2\pi}{T}$）	有效值	平均值
矩形波 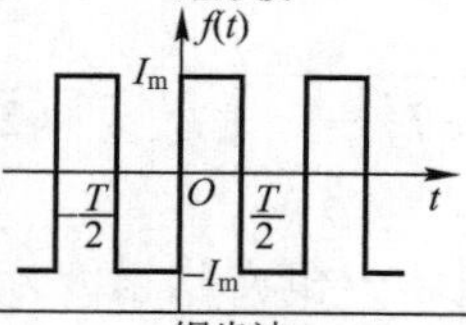	$f(t)=\frac{4I_m}{\pi}\left(\sin\omega t+\frac{1}{3}\sin3\omega t+\frac{1}{5}\sin5\omega t+\cdots+\frac{1}{k}\sin k\omega t+\cdots\right)$ $(k=1,3,5\cdots)$	I_m	I_m
锯齿波 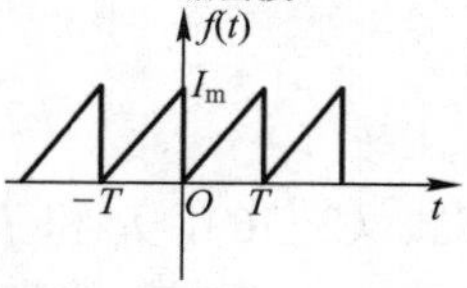	$f(t)=\frac{I_m}{2}-\frac{I_m}{\pi}\left(\sin\omega t+\frac{1}{2}\sin2\omega t+\frac{1}{3}\sin3\omega t+\cdots+\frac{1}{k}\sin k\omega t+\cdots\right)$ $(k=1,2,3,4\cdots)$	$\frac{I_m}{\sqrt{3}}$	$\frac{I_m}{2}$
半波整流波 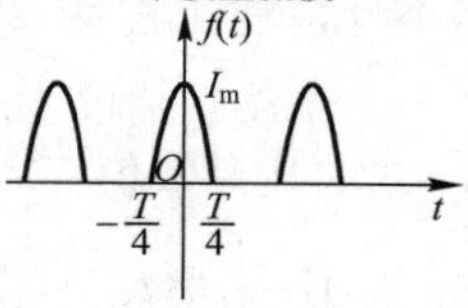	$f(t)=\frac{2I_m}{\pi}\left(\frac{1}{2}+\frac{\pi}{4}\cos\omega t+\frac{1}{3}\cos2\omega t-\frac{1}{15}\cos4\omega t+\cdots+\cdots-\frac{\cos\frac{k\pi}{2}}{k^2-1}\cos k\omega t+\cdots\right)$ $(k=2,4,6\cdots)$	$\frac{I_m}{2}$	$\frac{I_m}{\pi}$
全波整流波 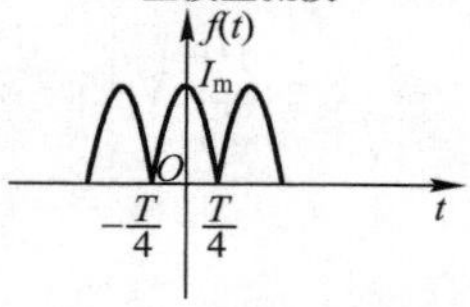	$f(t)=\frac{4I_m}{\pi}\left(\frac{1}{2}+\frac{1}{3}\cos2\omega t-\frac{1}{15}\cos4\omega t+\cdots-\frac{\cos\frac{k\pi}{2}}{k^2-1}\cos k\omega t+\cdots\right)$ $(k=2,4,6\cdots)$	$\frac{I_m}{\sqrt{2}}$	$\frac{2I_m}{\pi}$
三角波 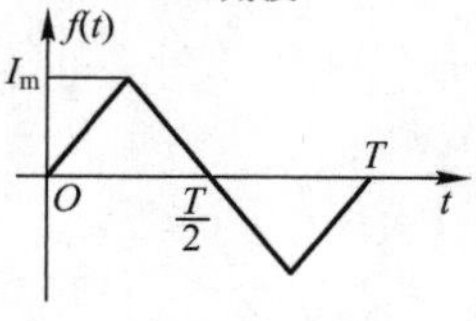	$f(t)=\frac{8I_m}{\pi^2}\left(\sin\omega t-\frac{1}{9}\sin3\omega t+\frac{1}{25}\sin5\omega t+\cdots+\frac{(-1)^{\frac{k-1}{2}}}{k^2}\sin k\omega t+\cdots\right)$ $(k=1,3,5\cdots)$	$\frac{I_m}{\sqrt{3}}$	$\frac{I_m}{2}$
梯形波 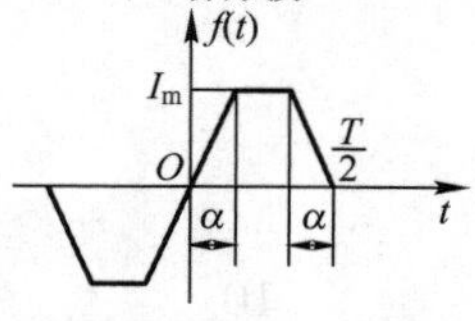	$f(t)=\frac{4I_m}{\alpha\pi}\left(\sin\alpha\sin\omega t+\frac{1}{9}\sin3\alpha\sin3\omega t+\frac{1}{25}\sin5\alpha\sin5\omega t+\cdots+\frac{1}{k^2}\sin k\alpha\sin k\omega t+\cdots\right)$ $(k=1,3,5\cdots)$	$\sqrt{1-\frac{4\alpha}{3\pi}}\,I_m$	$\left(1-\frac{\alpha}{\pi}\right)I_m$
矩形脉冲波 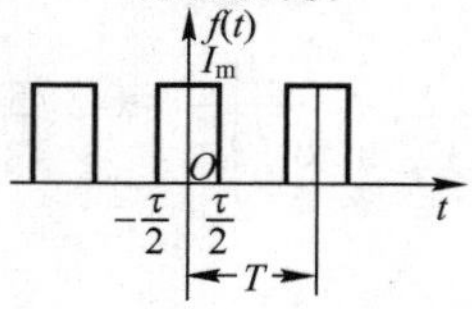	$f(t)=\frac{\tau I_m}{T}+\frac{2I_m}{\pi}\left(\sin\omega\frac{\tau}{2}\cos\omega t+\frac{\sin2\omega\frac{\tau}{2}}{2}\cos2\omega t+\cdots+\frac{\sin k\omega\frac{\tau}{2}}{k}\cos k\omega t+\cdots\right)$ $(k=1,2,3\cdots)$	$\sqrt{\frac{\tau}{T}}\,I_m$	$\frac{\tau}{T}I_m$

需要指出的是，函数的奇偶性与计时起点选择有关。同样是矩形波，由于计时起点不同，它的奇偶性也不同，其傅里叶级数也不同。因此，同一波形，适当选择计时起点，可使非正弦周期波的分解简化。

4. 非正弦周期电压电流的有效值和平均值

（1）有效值

根据式（2-2），非正弦周期电流的有效值为：

$$I=\sqrt{\frac{1}{T}\int_0^T i^2 \mathrm{d}t}=\sqrt{\frac{1}{T}\int_0^T\left[I_0+\sum_{k=1}^{\infty}I_{\mathrm{mk}}\sin(k\omega t+\varphi_{\mathrm{k}})\right]^2 \mathrm{d}t}=\sqrt{I_0^2+I_1^2+I_2^2+\cdots+I_{\mathrm{k}}^2} \tag{2-35}$$

其中 I_0、I_1、…和 I_{k} 分别为该非正弦周期电流的直流分量、基波、…和 k 次谐波分量的有效值。同理，非正弦周期电压的有效值为：

$$U=\sqrt{U_0^2+U_1^2+U_2^2+\cdots+U_{\mathrm{k}}^2} \tag{2-36}$$

需要说明的是，在计算非正弦周期电压电流时，按式（2-35）和式（2-36），I_{k} 和 U_{k} 有无穷多项。但根据傅氏级数展开式的特点，谐波频率越高，其振幅越小，相应有效值也越小。一般可根据计算精度需要取其振幅较大的前几项，剩余各项忽略不计，在工程计算中能满足精度要求。

【例 2-15】 已知锯齿波电压如图 2-28 所示，U_{m}=10V，T=0.01s，试求其有效值。

解： 从图 2-28 可知，该锯齿波在 0～T 时段内为线性函数，因此，$u(t)=\frac{U_{\mathrm{m}}}{T}t$。

$$U=\sqrt{\frac{1}{T}\int_0^T u^2 \mathrm{d}t}=\sqrt{\frac{1}{T}\int_0^T\left(\frac{U_{\mathrm{m}}}{T}t\right)^2 \mathrm{d}t}=\sqrt{\frac{U_{\mathrm{m}}^2}{T^3}\int_0^T t^2\mathrm{d}t}=\sqrt{\frac{U_{\mathrm{m}}^2}{T^3}\times\frac{T^3}{3}}=\frac{U_{\mathrm{m}}}{\sqrt{3}}=\frac{10}{\sqrt{3}}\ \mathrm{V}=5.77\mathrm{V}$$

从表 2-1 中查得锯齿波傅里叶展开式并代入已知数据得：

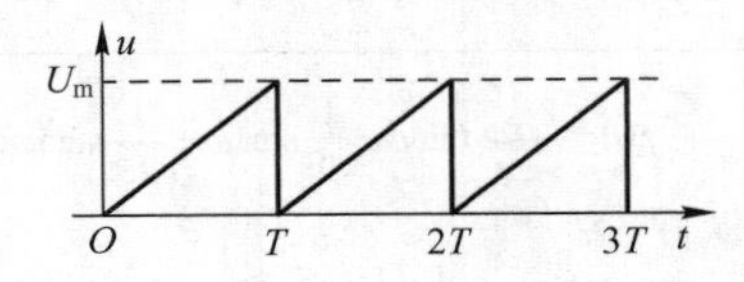

图 2-28 例 2-15 波形图

$$u(t)=U_{\mathrm{m}}\left[\frac{1}{2}-\frac{1}{\pi}\left(\sin\omega t+\frac{1}{2}\sin 2\omega t+\frac{1}{3}\sin 3\omega t+\cdots\right)\right]$$

$$=\frac{10}{2}-\frac{10}{\pi}\left(\sin\omega t+\frac{1}{2}\sin 2\omega t+\frac{1}{3}\sin 3\omega t+\cdots\right)$$

各次谐波有效值分别为：$U_0=\frac{10}{2}=5\mathrm{V}$；$U_1=\frac{10}{\sqrt{2}\pi}=2.25\mathrm{V}$；$U_2=\frac{10}{2\sqrt{2}\pi}=1.125\mathrm{V}$；

$U_3=\frac{10}{3\sqrt{2}\pi}=0.75\mathrm{V}$；$U_4=\frac{10}{4\sqrt{2}\pi}=0.5625\mathrm{V}$；$U_5=\frac{10}{5\sqrt{2}\pi}=0.45\mathrm{V}$；$U_6=\frac{10}{6\sqrt{2}\pi}=0.375\mathrm{V}$；

$U_7=\frac{10}{7\sqrt{2}\pi}=0.3215\mathrm{V}$；$U_8=\frac{10}{8\sqrt{2}\pi}=0.2813\mathrm{V}$；…。

若取至 4 次谐波，则：

$$U=\sqrt{U_0^2+U_1^2+U_2^2+U_3^2+U_4^2}=\sqrt{5^2+2.25^2+1.125^2+0.75^2+0.5625^2}\ \mathrm{V}=5.675\mathrm{V}$$

若取至 6 次谐波，则：

$U=\sqrt{U_0^2+U_1^2+U_2^2+U_3^2+U_4^2+U_5^2+U_6^2}$

$=\sqrt{5^2+2.25^2+1.125^2+0.75^2+0.5625^2+0.45^2+0.375^2}\ \text{V}=5.705\text{V}$

若取至 8 次谐波，则：

$U=\sqrt{U_0^2+U_1^2+U_2^2+U_3^2+U_4^2+U_5^2+U_6^2+U_7^2+U_8^2}$

$=\sqrt{5^2+2.25^2+1.125^2+0.75^2+0.5625^2+0.45^2+0.375^2+0.3215^2+0.2813^2}\ \text{V}=5.721\text{V}$

相比之下，按式（2-36）取若干项近似计算时有些误差。但谐波项数越多，误差越小。

（2）平均值

平均值的概念在数学和电工中是不一样的。数学中的平均值是正数、负数的平均值，即非正弦周期波傅里叶展开式中的常数项或直流分量。其定义为（以电流为例）：$\overline{I}=\dfrac{1}{T}\int_0^T i\mathrm{d}t$。凡是波形在一个周期内，正负面积相等的函数，其数学平均值为零。例如，正弦波、余弦波，表 2-1 中的矩形波、三角波、梯形波等。但是从电流热效应的角度看，无论电流为正、为负，流过耗能元件时，均要消耗一定电能，产生一定热量。本书所述平均值，即为按电流热效应定义的热效应平均值，简称平均值。

$$I_{\mathrm{av}}=\frac{1}{T}\int_0^T|i|\,\mathrm{d}t \tag{2-37}$$

上述非正弦周期电压电流有效值、平均值的计算公式是从理论上推出的，且需要先求出其傅里叶级数展开式，计算一般比较烦琐。实用中，常用仪表对非正弦电压电流进行测量。但是需要指出的是，不同类型的仪表，因其测量原理不同，测量结果也不相同。磁电系仪表的偏转角与电流成正比，只能测量直流。与整流器配合时，也可测量交流。此时其偏转角正比于电流平均值，即正比于$\dfrac{1}{T}\int_0^T|i|\,\mathrm{d}t$。电磁系和电动系仪表的偏转角正比于电流的平方，其测量结果是电流的有效值。因此，测量平均值时，应选用磁电系仪表（表头上有磁电系符号：“⋂”）；测量有效值时，应选用电磁系（表头符号：“⧘”）和电动系（表头符号：“⊖”）仪表。一般的万用表就属于磁电系仪表，与整流器配合（表头符号：“⋂”），也可测量正弦交流有效值（正弦交流有效值与平均值有固定倍率关系，刻度值作相应比例变换）。但若用于测量非正弦交流有效值，会引起较大误差。

【例 2-16】 试求图 2-29 所示锯齿波电压的平均值。

解： $U_{\mathrm{av}}=\dfrac{1}{T}\int_0^T u\mathrm{d}t=\dfrac{1}{T}\int_0^T\left(\dfrac{U_{\mathrm{m}}}{T}t\right)\mathrm{d}t=\dfrac{U_{\mathrm{m}}}{T^2}\int_0^T t\mathrm{d}t=\dfrac{U_{\mathrm{m}}}{T^2}\cdot\dfrac{T^2}{2}=\dfrac{U_{\mathrm{m}}}{2}$

实际上，对于一些简单的非正弦周期波，通过观察其波形规律，削峰填谷，即可方便简洁地得出其平均值。例如图 2-29 中，阴影部分互补，即可得出其平均值为$\dfrac{U_{\mathrm{m}}}{2}$。

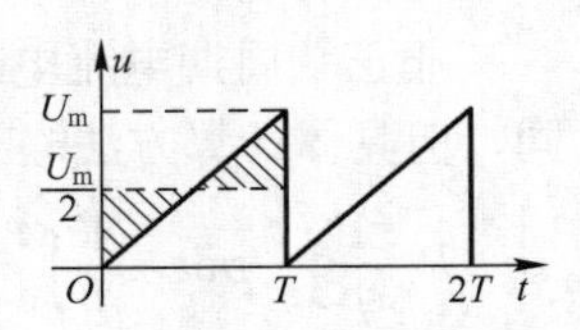

图 2-29　例 2-16 波形图

5. 非正弦周期电流电路的分析计算

由于非正弦周期电压电流可按傅里叶级数分解为直流分量和一系列不同频率的正弦分量，因此分解后，可分别按直流分析和正弦交流分析（相量法）计算各次谐波分量，然后按叠加定理求出总的电压电流。具体步骤和注意事项如下：

1）将已给定的非正弦周期电压电流分解为直流分量和各次谐波分量。一般可查表 2-1（若表 2-1 中没有，还可参阅有关技术资料），其项数可视计算精度需要选取。

2）分别计算直流分量和各次谐波分量单独作用时的稳态响应。

① 直流分量单独激励时，电感相当于短路，电容相当于开路。

② 谐波分量作用时，应根据其频率，先计算出感抗和容抗。$X_{Lk}=k\omega L$，$X_{Ck}=\dfrac{1}{k\omega C}$。特别需要提醒的是，各次谐波的频率不同，感抗、容抗也不同。

③ 各次谐波单独激励时，可用正弦相量法分别计算。需要指出的是，不同频率的激励和响应，因其感抗容抗不同，不能混在一起计算。

3）应用叠加定理叠加同一支路上直流分量和各次谐波单独激励时的电压电流响应。注意所谓叠加即仅用“+”号连接起来，而不是相量相加。相量相加只允许同频率相量相加，不同频率的相量相加是没有意义的。因此，叠加后的电压电流响应也是傅里叶级数形式。

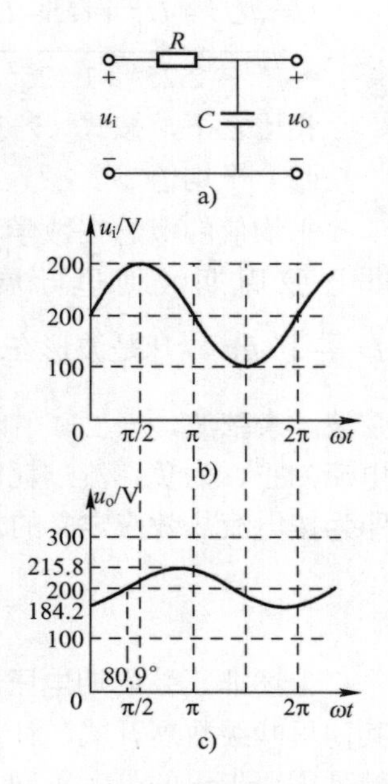

图 2-30　例 2-17 电路和波形

【例 2-17】 已知 RC 滤波电路和输入电压分别为如图 2-30a、b 所示，$R=200\Omega$，$C=50\mu F$，$u_i=200+100\sin\omega t$（V），$f=100Hz$，试求输出电压 u_o，并定性画出 u_o 波形。

解： 输入电压 u_i 有两种成份构成，直流成份 $u_{i0}=200V$ 和交流成份（一次谐波）$u_{i1}=100\sin\omega t$ V，电容对直流相当于开路，因此，输出电压 u_o 的直流成份 $u_{o0}=200V$。对一次谐波，电容容抗 $X_C=\dfrac{1}{2\pi fC}=\dfrac{1}{2\pi\times100\times50\mu}=32\Omega$

$$\dot{U}_{o1m}=\frac{\dot{U}_{i1m}(-jX_C)}{R-jX_C}=\frac{100\angle 0^\circ\times32\angle-90^\circ}{200-j32}=15.8\angle-80.9^\circ V$$

因此，$u_o=200+15.8\sin(\omega t-80.9^\circ)$ V

定性画出 u_o 波形图如图 2-30c 所示。

从图中看出，输入电压经 RC 滤波电路后，输出电压中的直流成份未变，而交流成份大大衰减了（幅值从 100V→15.8V），同时还有一定相移（滞后 80.9°）。

6. 非正弦周期电流电路的功率

（1）有功功率（平均功率）

非正弦周期电流电路的有功功率（或平均功率或简称功率）的定义也与正弦交流电路相同，但具体计算方法略有不同。

$$P=\frac{1}{T}\int_0^T p\mathrm{d}t=\frac{1}{T}\int_0^T ui\mathrm{d}t=\frac{1}{T}\int_0^T\left[I_0+\sum_{k=1}^{\infty}I_{mk}\sin(k\omega t+\varphi_{ik})\right]\times\left[U_0+\sum_{k=1}^{\infty}U_{mk}\sin(k\omega t+\varphi_{uk})\right]$$

$$=\frac{1}{T}\int_0^T\left[U_0I_0+\sum_{k=1}^{\infty}\frac{1}{2}U_{mk}I_{mk}\cos(\varphi_{uk}-\varphi_{ik})\right]\mathrm{d}t=\frac{1}{T}\int_0^T\left[U_0I_0+\sum_{k=1}^{\infty}U_kI_k\cos(\varphi_{uk}-\varphi_{ik})\right]\mathrm{d}t$$

$=U_0I_0+\sum_{k=1}^{\infty}U_kI_k\cos(\varphi_{uk}-\varphi_{ik})=P_0+\sum_{k=1}^{\infty}P_k$。即：

$$P=P_0+P_1+P_2+P_3+\cdots \tag{2-38}$$

上式表明，非正弦周期电流电路的平均功率等于各次谐波平均功率之和。

（2）无功功率

非正弦周期电流电路的无功功率等于各次谐波无功功率之和。

$$Q=Q_0+Q_1+Q_2+Q_3+\cdots \tag{2-39}$$

（3）视在功率

非正弦周期电流电路的视在功率等于该电路两端电压有效值与电流有效值乘积。

$$S=UI=\sqrt{U_0^2+U_1^2+U_2^2+\cdots}\times\sqrt{I_0^2+I_1^2+I_2^2+\cdots} \tag{2-40}$$

需要指出的是，非正弦周期电流电路的视在功率不等于各次谐波视在功率之和。即 $S\neq S_0+S_1+S_2+\cdots$。

（4）功率因数

非正弦周期电流电路的功率因数并不代表非正弦周期电压与电流间相位差的余弦，非正弦周期电压与电流间无法比较和衡量相位差（不同频率正弦量相位差不是常数，不能比较），非正弦周期电流电路的功率因数仅代表了非正弦周期电流电路有功功率与视在功率的比值。

$$\lambda=\frac{P}{S} \tag{2-41}$$

【例 2-18】 已知某二端网络两端电压和电流如下，试求其有功功率和功率因数。

$$u=[40+180\sin\omega t+60\sin(3\omega t+45^\circ)+20\sin(5\omega t+18^\circ)]\text{V}$$

$$i=[1.43\sin(\omega t+85.3^\circ)+6\sin(3\omega t+45^\circ)+0.78\sin(5\omega t-60^\circ)]\text{A}$$

解： 各次谐波有功功率：

$P_0=U_0I_0=40\times0=0$

$P_1=U_1I_1\cos\varphi_1=\frac{180}{\sqrt{2}}\times\frac{1.43}{\sqrt{2}}\times\cos(0-85.3^\circ)\text{ W}=10.6\text{W}$

$P_3=U_3I_3\cos\varphi_3=\frac{60}{\sqrt{2}}\times\frac{6}{\sqrt{2}}\times\cos(45^\circ-45^\circ)\text{ W}=180\text{W}$

$P_5=U_5I_5\cos\varphi_5=\frac{20}{\sqrt{2}}\times\frac{0.78}{\sqrt{2}}\times\cos(18^\circ+60^\circ)\text{ W}=1.62\text{W}$

有功功率：$P=P_0+P_1+P_3+P_5=(0+10.6+180+1.62)\text{ W}=192.22\text{W}$

电压有效值：$U=\sqrt{U_0^2+U_1^2+U_3^2+U_5^2}=\sqrt{40^2+\left(\frac{180}{\sqrt{2}}\right)^2+\left(\frac{60}{\sqrt{2}}\right)^2+\left(\frac{20}{\sqrt{2}}\right)^2}\text{ V}=141\text{V}$

电流有效值：$I=\sqrt{I_0^2+I_1^2+I_3^2+I_5^2}=\sqrt{\left(\frac{1.43}{\sqrt{2}}\right)^2+\left(\frac{6}{\sqrt{2}}\right)^2+\left(\frac{0.78}{\sqrt{2}}\right)^2}\text{ A}=4.4\text{A}$

视在功率：$S=UI=141\times4.4\text{VA}=620.4\text{VA}$

功率因数：$\lambda=\dfrac{P}{S}=\dfrac{192.22}{620.4}=0.310$

【复习思考题】

2.16　产生非正弦周期信号的原因通常有哪些？

2.17　数学平均值和热效应平均值有何区别？数学平均值与傅里叶级数中的常数项，直流分量有何区别？

2.18　磁电系、电磁系和电动系仪表的偏转角正比于什么因素？与测量值有何关系？

2.19　非正弦周期电流电路的功率因数与正弦交流电路的功率因数有何区别？

2.7　习题

2.7.1　选择题

2.1　图 2-31 所示 u 与 i 正弦波中，u 与 i 正交的是_____；u 与 i 同相的是_____；u 与 i 反相的是_____；u 滞后 i 的是_____；u 越前 i 的是_____；

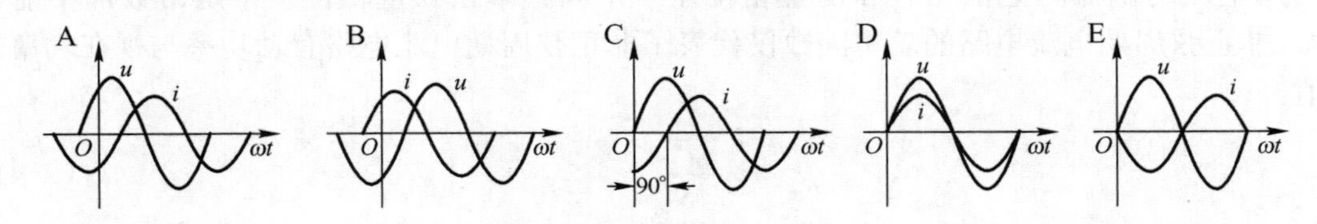

图 2-31　两个同频率正弦量之间的相位关系

2.2　有关电流有效值的表达式中，正确的是_____。（A. $I=\sqrt{\dfrac{1}{T}\int_0^T i\text{d}t}$；B. $I=\sqrt{\dfrac{1}{T}\int_0^T i^2\text{d}t}$；C. $I=\dfrac{1}{T}\sqrt{\int_0^T i^2\text{d}t}$；D. $I=\dfrac{1}{T}\int_0^T |i|\text{d}t$；E. $I=\dfrac{I_\text{m}}{\sqrt{2}}$；F. $I=\sqrt{2}\,I_\text{m}$）

2.3　两个同频率正弦电压 u_1 和 u_2，其有效值 U_1=40V，U_2=30V。(u_1+u_2)的有效值在_____情况下为 70V；在_____情况下为 10V；在_____情况下为 50V。（A. 同相；B. 反相；C. 正交；D. 不可能）

2.4　在_____情况下，电感对直流相当于短路；在______情况下，电感对直流相当于开路；在_____情况下，电容对直流相当于开路；在_____情况下，电容对直流相当于短路；（A. 电路达到稳态后；B. $u_\text{C}(0_-)=0$，换路瞬间；C. $i_\text{L}(0_-)=0$，换路瞬间；D.以上均不是）

2.5　下列有关感抗、容抗与频率关系的说法中，正确（多选）的是_____。（A. ω 越高，感抗越大；B. ω 越高，感抗越小；C. ω 越高，容抗越大；D. ω 越高，容抗越小；E. $\omega=0$，$X_\text{L}\to0$；F. $\omega=0$，$X_\text{L}\to\infty$；G. $\omega=0$，$X_\text{C}\to0$；H. $\omega=0$，$X_\text{C}\to\infty$）

2.6　复阻抗 Z 属于_____。（A. 正弦量；B. 相量；C. 复数；D. 实数）

2.7　已知 RLC 串联正弦交流电路如图 2-13 所示，下列有关电压表达式中，正确（多选）的是______。（A．$U=U_\text{R}+U_\text{L}+U_\text{C}$；B．$U=\sqrt{U_\text{R}^2+U_\text{L}^2-U_\text{C}^2}$；C．$U=\sqrt{U_\text{R}^2+(U_\text{L}-U_\text{C})^2}$；

D．$u=u_R+u_L+u_C$；E．$\dot{U}=\dot{U}_R+\dot{U}_L+\dot{U}_C$）

2.8　已知电路如图 2-13 所示，下列有关阻抗表达式中，正确（多选）的是_____。（A．$Z=R+X_L+X_C$；B．$|Z|=\sqrt{R^2+(X_L-X_C)^2}$；C．$|Z|=\sqrt{R^2+X_L{}^2-X_C{}^2}$；D．$Z=R+X_L-X_C$；E．$Z=R+\mathrm{j}(X_L-X_C)$）

2.9　已知电路如图 2-13 所示，下列有关阻抗角表达式中，正确（多选）的是_____。（A．$\varphi=\arctan\dfrac{X_L-X_C}{R}$；B．$\varphi=\arctan\dfrac{X_C-X_L}{R}$；C．$\varphi=\arctan\dfrac{R}{X_L-X_C}$；D．$\varphi=\arctan\dfrac{u_L-u_C}{u_R}$；E．$\varphi=\arctan\dfrac{\dot{U}_L-\dot{U}_C}{\dot{U}_R}$；F．$\varphi=\arctan\dfrac{U_L-U_C}{U_R}$）

2.10　已知电路如图 2-13 所示，下列有关相位差的说法中，正确（多选）的是_____。（A．$\dot{U}$一定越前$\dot{I}$；B．感性电路$\dot{U}$一定越前$\dot{I}$；C．$\dot{U}$一定滞后$\dot{I}$；D．容性电路$\dot{U}$一定滞后$\dot{I}$）

2.11　已知电路如图 2-13 所示，下列有关电路特性的说法中，正确（多选）的是_____。（A．若电路呈感性，则 $X_L>X_C$；B．若电路呈容性，则 $X_L<X_C$；C．若电路呈阻性，则 $X_L=X_C$；D．若 $L>C$，则电路呈感性；E．若 $L<C$，则电路呈容性；F．若 $L=C$，则电路呈阻性）

2.12　正弦交流电路两端电压 u 与流过电路电流 i 的相位关系（u 与 i 关联参考方向），纯电阻电路是_____；纯电感电路是_____；纯电容电路是_____；*RL* 串联电路是_____；*RC* 串联电路是_____；*RL* 并联电路是_____；*RC* 并联电路是_____；*RLC* 串联电路是_____；*RLC* 并联电路是_____；（A. u 越前 i 90°；B. u 滞后 i 90°；C. u 与 i 同相；D. u 与 i 反相；E. u 越前 i 0～90°；F. u 滞后 i 0～90°；G. 不定）

2.13　功率单位，有功功率为_____；无功功率为_____；视在功率为_____；功率因数为_____。（A．伏安；B．瓦特；C．焦耳；D．无单位；E．乏）

2.14　下列有关功率的说法中，不正确的是_____。（A．电路有功功率是该电路内所有电阻的有功功率之和；B．电路无功功率是该电路内所有储能元件的无功功率之代数和；C．视在功率等于有功功率与无功功率之和；D．电容的无功功率为负值）

2.15　电路功率因数提高后的结果为_____。（A．电路视在功率增大了；B．电路有功功率增大了；C．电路无功功率增大了；D．电路有功功率占视在功率的比例增大了）

2.16　提高功率因数的方法是在负载两端并联_____。（A．电阻；B．电感；C．电容；D．电源）

2.17　*RLC* 串联电路的谐振角频率是由_____决定的。（A. 外施电源角频率；B. *LC* 元件参数；C. 电阻 R；D. 电路结构）

2.18　下列各项中，不属于 *RLC* 串联谐振特点的是_____。（A. 阻抗最小；B. 电流最小；C. 电压谐振；D. 电路无功功率为零）

2.19　下列有关 *RLC* 串联谐振电路电压的各种说法中，错误（多选）的是_____。（A. $\dot{U}_L=\dot{U}_C$；B. $\dot{U}_L+\dot{U}_C=0$；C. $U_L=U_C$；D. $U_R=U$；E. $U_L=U$；F. $U_C=U$；G. $U_R=QU$；H. $U_L=QU$；I. $U_C=QU$）

2.20　下列有关 *RLC* 串联谐振电路中 R 较大时对电路性能影响的说法中，错误的是_____。（A. 品质因素 Q 值较小；B. 谐振阻抗 Z_0 较大；C. 谐振电流 I_0 较小；D. 谐振频率较高）

2.21　下列各项中，不属于电感线圈与电容并联电路谐振特点的是_____。（A. 阻抗最大； B. 总电流最大； C. 电流谐振； D. 电路无功功率为零）

2.22　为了增大谐振电路 Q 值，RLC 串联谐振电路要求电阻 R_____；电感线圈与电容并联谐振电路要求电阻 R_____。（A. 大； B. 小； C. 无关； D. 不定）

2.23　下列因素中，不属于产生非正弦周期信号原因的是______。（A. 电源电压为非正弦；B. 有几个不同频率的正弦波共同作用；C. 电路中存在 LC 谐振；D. 电路中存在非线性元件）

2.24　非正弦周期波傅里叶展开式中，第一项 A_0 不能称为______。（A. 常数项；B. 直流分量；C. 数学平均值；D. 热效应平均值）

2.25　有关非正弦周期波傅里叶展开式，下列说法中，错误的是______。（A. 展开项数有无数项；B. 幅值逐渐变小；C. 第一项为常数项；D. 级数收敛）

2.26　测量非正弦周期波，应正确使用仪表（可多选）：测量平均值时，应选用______；测量有效值时，应选用______。（A. 磁电系仪表； B. 电磁系仪表； C. 电动系仪表； D. 以上都可以）

2.7.2　分析计算题

2.27　已知 $i=5\sqrt{2}\sin(100t-30°)$A，试求：

I_m=____________；　ω=____________；　f=____________；　φ=____________。

2.28　已知 $u=220\sqrt{2}\sin(314t+60°)$V，试求：

U_m=____________；　ω=____________；　f=____________；　φ=____________。

2.29　已知正弦函数波形如图 2-32 所示，试求其初相位角。

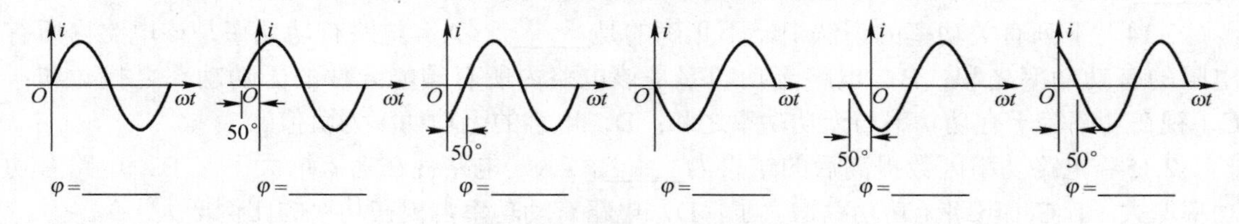

图 2-32　习题 2.29 波形图

2.30　已知 $i_{ab}=2\sqrt{2}\sin(100t+45°)$A，试写出 i_{ba} 表达式。

2.31　已知 $i_1=2\sin(314t+200°)$A，$i_2=2\sin(314t-200°)$A，试按$|\varphi|\leqslant 180°$，写出其规范表达式。

2.32　已知 $u=120\sin(314t-20°)$V，$i=2\sin(314t-60°)$A，试求其相位差角，并说明它们之间的相位关系。

2.33　有一个电容器，耐压为250V，问能否接在民用电压220V 的电源上？

2.34　已知 $i_1=10\sqrt{2}\sin(\omega t+40°)$ A，$i_2=5\sqrt{2}\sin(\omega t-50°)$ A。试求：

1）$i_3=i_1+i_2$；2）$i_4=i_1-i_2$；3）画出 $\dot{I}_1$、$\dot{I}_2$、$\dot{I}_3$、$\dot{I}_4$ 相量图。

2.35　已知相量 $\dot{A}=-8-\mathrm{j}6$，$\dot{B}=-6+\mathrm{j}8$，试求：$\dot{Y}_1=\dot{A}\dot{B}$ 和 $\dot{Y}_2=\dot{A}/\dot{B}$。

2.36　写出下列各正弦量的对应相量（极坐标和直角坐标）。

1）$i_1=8\sqrt{2}\sin(\omega t+60°)$A；　　　　2）$u_1=110\sqrt{2}\sin(\omega t-45°)$V。

2.37　写出下列各相量对应的正弦量（角频率均为 ω）。

1）$\dot{I}_1=(3-\mathrm{j}6)$A；　　　　2）$\dot{U}_1=220\angle-60°$V。

2.38　已知纯电阻电路，R=50Ω，电阻两端电压 $u_R=100\sqrt{2}\sin(314t+60°)$V，试求 I_R、I_{Rm} 和 i_R，并画出 $\dot{I}_R$、$\dot{U}_R$ 相量图。

2.39　已知 10Ω 电阻上通过的电流 $i=5\sin(314t+30°)$A，试求电阻两端电压有效值，写出电压 u 正弦表达式。

2.40　已知一线圈通过 50Hz 电流时，其感抗为 10Ω，试求电源频率为 10kHz 时其感抗为多少？

2.41　已知纯电感电路，$\dot{U}_L=10\angle36.9°$V，$\dot{I}_L=2\angle-53.1°$A，f=50Hz，试求 X_L 和 L。

2.42　已知纯电感电路，i_L 与 u_L 取关联参考方向，L=3H，$i_L=4\sin(120t-66°)$A，试求 X_L、u_L、$\dot{U}_L$，并画出 $\dot{U}_L$、$\dot{I}_L$ 相量图。

2.43　将一个 100μF 的电容先后接在 f=50Hz 和 f=500Hz，电压为 220V 的电源上，试分别计算上述两种情况下的容抗 X_L 及通过电容的电流有效值。

2.44　已知纯电容电路，i_C 与 u_C 取关联参考方向，C=2.2μF，f=50Hz，$u_C=8\sqrt{2}\sin(\omega t-35°)$ V，试求 X_C、i_C、$\dot{U}_C$，并画出 $\dot{U}_C$、$\dot{I}_C$ 相量图。

2.45　交流接触器线圈电阻 R=220Ω，电感 L=63H，试问：1）当接到 220V 正弦工频交流电源时，电流为多少？2）若错接到 220V 直流电源上，电流又为多少？

2.46　已知一线圈在 50Hz、50V 电路中电流为 1A；在 100Hz、50V 电路中电流为 0.8A，试求该线圈直流电阻 R 和电感 L。

2.47　某电感线圈，两端电压为 $u=220\sqrt{2}\sin(314t+30°)$V，电流为 $i=5\sqrt{2}\sin(314t-15°)$A，试求该线圈电阻 R 和电感 L。

2.48　已知荧光灯等效电路如图 2-33 所示，接在工频电 220V，测得灯管两端电压 U_1=100V，电流 I=0.4A，镇流器两端电压 U_2=190V，试求：灯管电阻 R_1、整流器电感 L 及其直流电阻 R_2、电路实际消耗功率和功率因数？

2.49　电风扇调速器是利用串联电感降压而调速，等效电路如图 2-34 所示。U=220V，f=50Hz，电风扇电动机等效电阻、电感：R_2=190Ω，X_{L2}=260Ω，若需将电风扇电压 U_2 降至 180V。求串联电感 L_X 值。

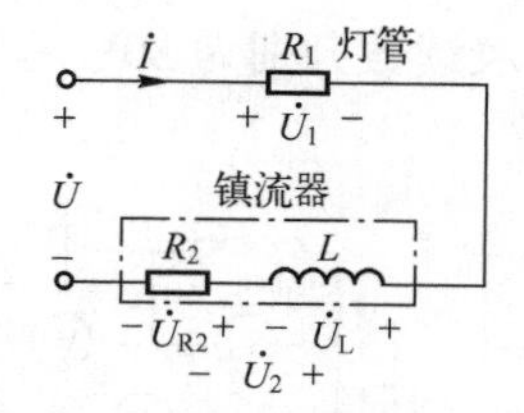

图 2-33　荧光灯等效电路

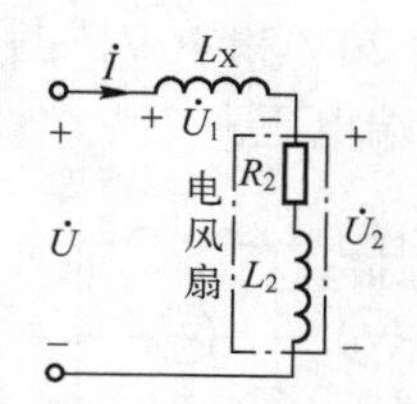

图 2-34　习题 2.49 电路

2.50　已知电阻 R_1=20Ω 与电感线圈串联，电路如图 2-35 所示，接电压 50V，频率 50Hz 的电源，测得电流为 1A，线圈两端电压 U_{LR}=40V，电阻 R_1 两端电压 U_{R1}=20V，试求

线圈的电感 L 和线圈直流电阻 R。

2.51 已知电路如图 2-36 所示，$u_i=220\sqrt{2}\sin 314t$，$X_C=10\Omega$，若要求 u_o 滞后 u_i 30°，试求电阻 R 值，并求 $\dot{U}_R$、$\dot{U}_o$、u_R、u_o，画出相量图。

2.52 已知 RC 串联电路如图 2-37 所示，$C=0.01\mu F$，$f=50Hz$，$U_i=10V$，欲使输出电压 $\dot{U}_o$ 越前输入电压 $\dot{U}_i$ 30°，试求 R 和 U_R。

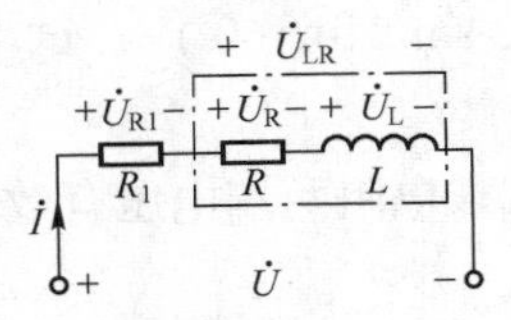

图 2-35 习题 2.50 电路

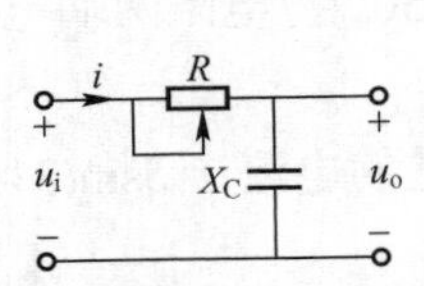

图 2-36 习题 2.51 电路

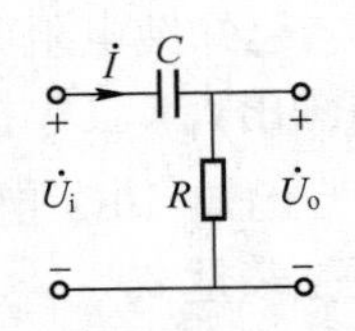

图 2-37 习题 2.52 电路

2.53 已知 $u(t)$、$i(t)$波形如图 2-38 所示，试求：

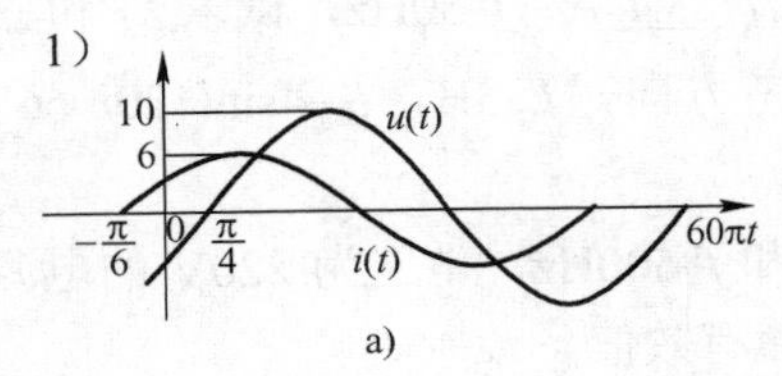

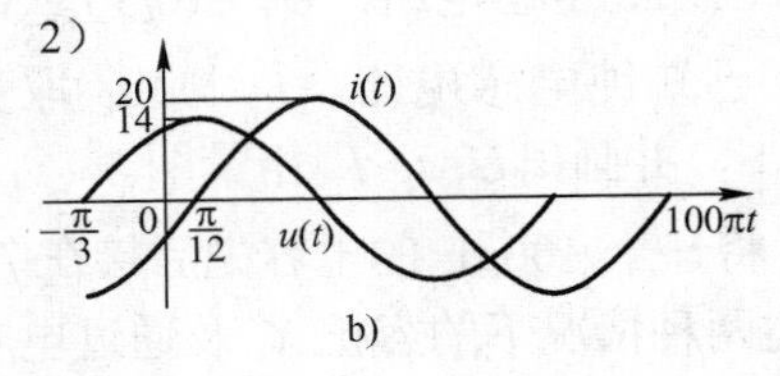

图 2-38 习题 2.53 波形图

1）f=________；T=________；φ_u=________；φ_i=________。

有效值：U=________；I=________。

正弦表达式：u=________________________；i=________________________。

电压电流相位关系：________；该网络呈________性。

网络复阻抗 Z=________；阻抗模：$|Z|$=________；阻抗角：φ=________。

复阻抗参数：R=________；L(或 C)=________。

2）f=________；T=________；φ_u=________；φ_i=________。

有效值：U=________；I=________。

正弦表达式：u=________________________；i=________________________。

电压电流相位关系：________；该网络呈________性。

网络复阻抗 Z=________；阻抗模：$|Z|$=________；阻抗角：φ=________。

复阻抗参数：R=________；L(或 C)=________。

2.54 已知测量电路，图 2-39a 中 V_1 和 V_2 表读数分别为 10V 和 20V；图 2-39b 中 V_2 和 V 表读数分别为 20V 和 40V，图 2-39c 中 V_1 和 V 表读数分别为 30V 和 20V，试求电路中未知读数电压表两端电压。

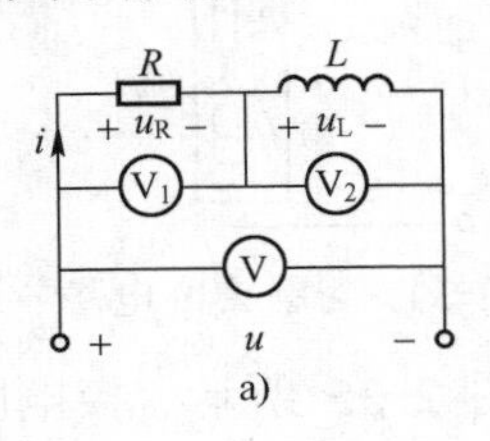

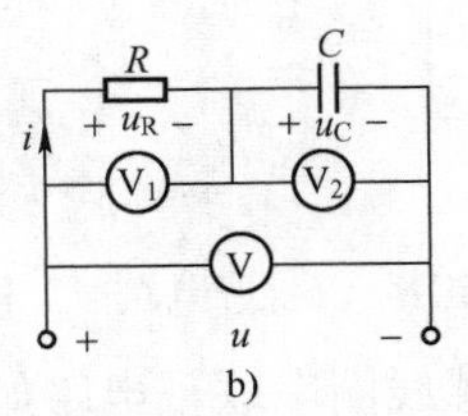

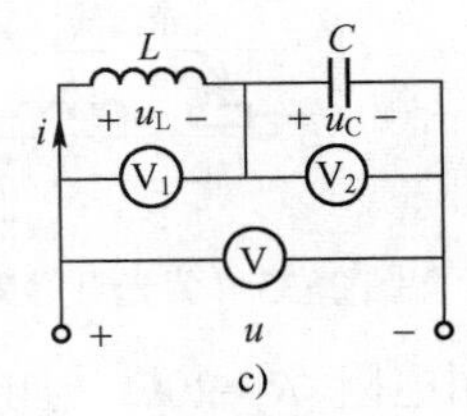

图 2-39 习题 2.54 电路

2.55　已知测量电路，图 2-40a 中 A_1 和 A_2 表读数分别为 20A 和 30A；图 2-40b 中 A_1 和 A 表读数分别为 10A 和 20A；图 2-40c 中 A 和 A_1 表读数为 5A 和 3A；试求电路中未知读数电流表中电流。

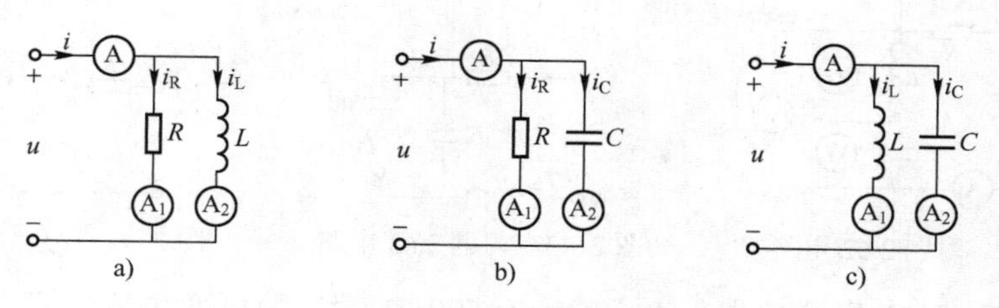

图 2-40　习题 2.55 电路

2.56　已知图 2-41a 电路中 V_1、V_2 和 V 表读数分别为 12V、28V 和 22V；图 2-41b 电路中 A_1、A_3 和 A 表读数分别为 2A、3A 和 4A，试分别求 V_3 和 A_2 表读数。

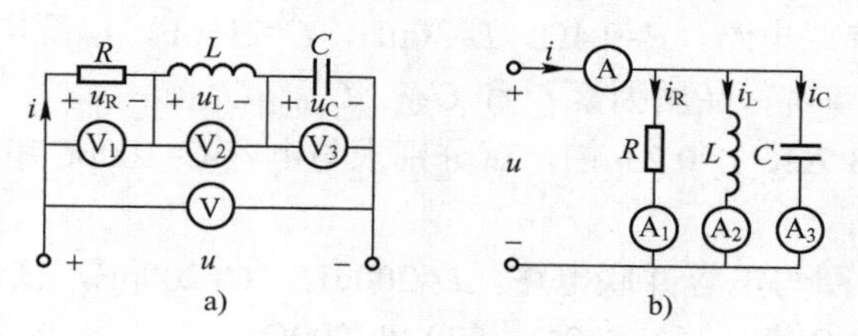

图 2-41　习题 2.56 电路

2.57　已知 RLC 串联电路如图 2-41a 所示，$u=100\sqrt{2}\sin(314t+30^\circ)$V，$R=30\Omega$，$L=382$mH，$C=40\mu$F，试求 Z、$\dot{I}$、$\dot{U}_R$、$\dot{U}_L$、$\dot{U}_C$，并画出相量图。

2.58　已知 RLC 串联电路如图 2-41a 所示，$R=20\Omega$，$L=0.1$H，$C=30\mu$F，试求频率 $f_1=50$Hz 和 $f_2=500$Hz 时电路复阻抗 Z_1 和 Z_2，并指出电路呈容性或感性？

2.59　已知某无源二端网络端口电压电流 u(t)、i(t)波形如图 2-38 所示，试填空：

1）有功功率：P=__________；　无功功率：Q=__________。

视在功率：S=__________；　功率因数：$\cos\varphi$ =__________。

2）有功功率：P=__________；　无功功率：Q=__________。

视在功率：S=__________；　功率因数：$\cos\varphi$ =__________。

2.60　已知电动机功率 $P=10$kW，$U=240$V，$\cos\varphi_1=0.6$，$f=50$Hz，若需将功率因数提高到 $\cos\varphi_2=0.9$，应在电动机两端并联多大电容器？

2.61　教学楼有功率为 40W，功率因数为 0.5 的荧光灯 100 只，电源为 220V、50Hz，若 100 只荧光灯全部开启，求此时电路总电流及总功率因数。若需将电路总功率因数提高到 0.9，需并联多大电容？

2.62　已知电路如图 2-42 所示，$R=10\Omega$，$L=10$mH，$C=100$pF，$U_S=1$V，试求电路发生谐振时的频率和各电表读数。

2.63　已知电路如图 2-43 所示，S 开关断开时，谐振频率为 f_0，求当 S 开关合上时的谐振频率 f_0'。

2.64　已知电路如图 2-44 所示，$L=0.3$mH，C 为可变电容，调节范围 12～285pF，求谐振频率范围。若要使低端谐振频率进一步降低至 530kHz，应如何处理？此时谐振频率范围为多少？

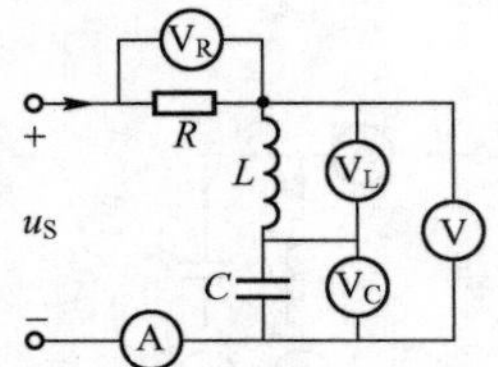

图 2-42　习题 2.62 电路

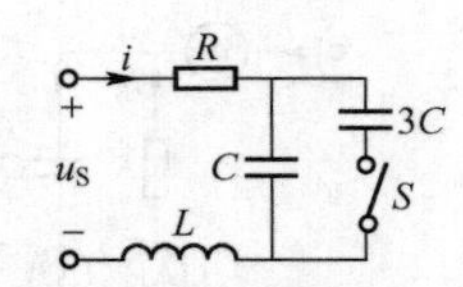

图 2-43　习题 2.63 电路

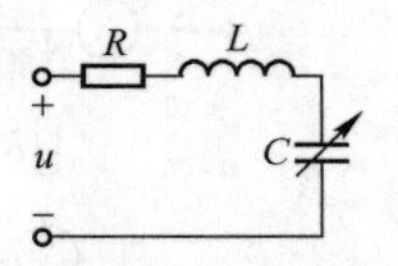

图 2-44　习题 2.64 电路

2.65　已知 RLC 串联电路，R=10Ω，L=500μH，C 为可变电容，调节范围为 12～290pF，若外施信号源频率为 700kHz，试求电容 C 调在何值时发生串联谐振？

2.66　调幅收音机输入回路可等效 RLC 串联谐振电路，已知 L=300μH，若需收听江苏一台 702kHz 和江苏二台 585kHz，试求对应电容 C 值。

2.67　已知 RLC 串联电路，R=9.4Ω，L=30μH，C=211pF，电源电压 U_S=100μV，若发生串联谐振，试求电源频率 f_0、品质因素 Q 和 U_{R0}、U_{L0}、U_{C0}。

2.68　某线圈 R=13.7Ω，L=0.25mH，试分别求与电容 C=100pF 串联和并联时的谐振频率和谐振阻抗。

2.69　已知电感线圈与电容并联电路，L=200μH，C=200pF，试计算电感线圈不同直流电阻情况下的品质因素 Q 值。（1）R=2Ω；（2）R=200Ω。

2.70　某收音机中放电路为电感线圈与电容并联谐振电路，调谐于 465kHz，电容为 200pF，回路品质因素 Q=100，试求线圈电感 L 值及损耗电阻 R。

2.71　一个全波整流电流波，振幅为 100mA，ω=314rad/s，试将其分解为傅里叶级数（精确到四次谐波）。并求其直流分量、基波和二次谐波。

2.72　已知三角电压波如图 2-45 所示，试将其分解为傅里叶级数，并求直流分量、基波、三次谐波和五次谐波。

2.73　已知矩形波电压如图 2-46 所示，U_m=10V，试将其分解为傅里叶级数。并求其直流分量、基波和二次谐波。

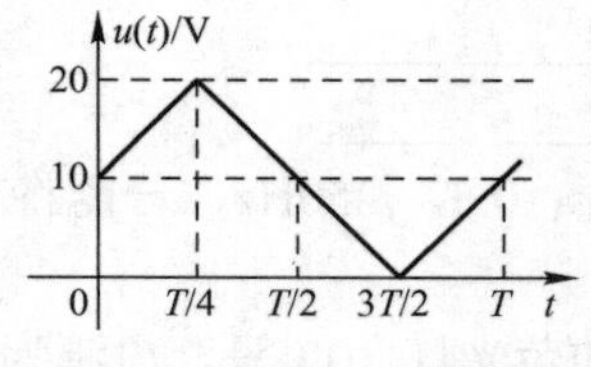

图 2-45　习题 2.72 波形图

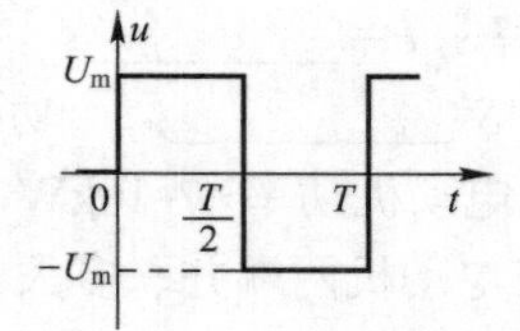

图 2-46　习题 2.73 波形图

2.74 试求图 2-47 所示非正弦周期电压的直流分量和平均值。

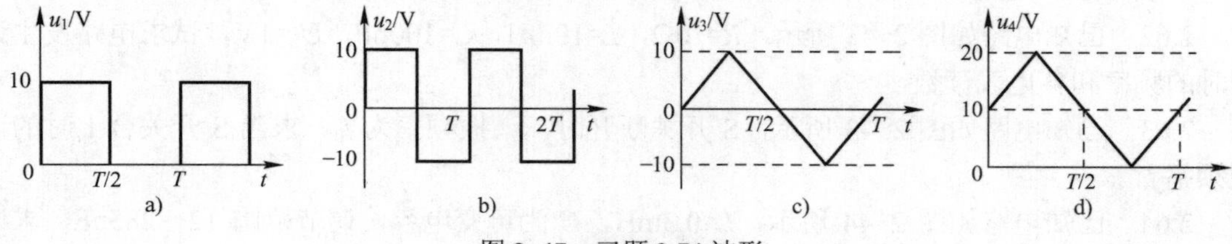

图 2-47　习题 2.74 波形

2.75　已知非正弦周期电压波如图 2-48 所示，试求其有效值和平均值。

2.76　已知电路如图 2-49 所示，R=1kΩ，C=50μF，i=1.5+sin6280t(mA)，试求端电压 u。

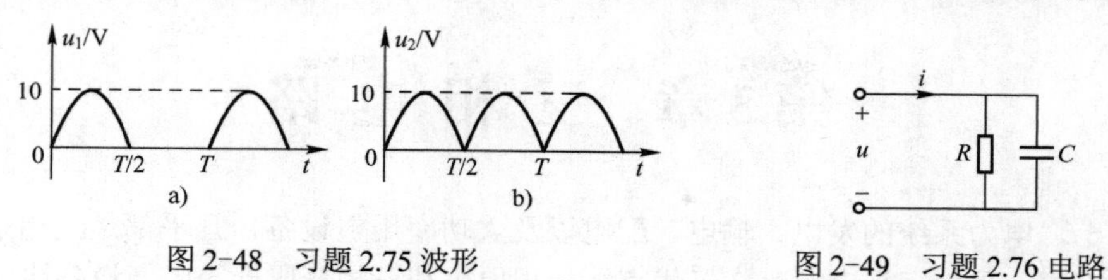

图 2-48　习题 2.75 波形　　　图 2-49　习题 2.76 电路

2.77　已知电路如图 2-50 所示，R=2kΩ，C=10μF，u_I=(2+sinωt) V，f =2kHz，试求输出电压 u_O。

2.78　已知电路如图 2-51 所示，R=100Ω，L=1H，u_i=20+100sinωt+70sin3ωtV，f=50Hz，试求输出电压 u_O。

图 2-50　习题 2.77 电路　　　图 2-51　习题 2.78 电路

2.79　流过电阻 5Ω 的电流为 i =(5+14.14 cos$t$+7.07cos2t)A，试计算电阻吸收的功率。

2.80　已知 RL 串联电路，外加电压 u=($100\sqrt{2}$ sin314t+$25\sqrt{2}$ sin628t+$10\sqrt{2}$ sin942t)V，R=20Ω，L=63.7mH，试求 i、I 和 P。

2.81　已知某二端网络流过的电流 i=[5+$2\sqrt{2}$ cos(ωt+30°)+$\sqrt{2}$ cos(3ωt+90°)]A，端电压 u=[50+20cosωt+$9.9\sqrt{2}$ cos(3ωt+14.65°)]V，试求：1）电压、电流有效值 U、I；2）电路吸收的平均功率；3）电路功率因数。

第3章 三相电路

实际上，电力系统的发电、输电、配电以及大功率用电设备，几乎都是三相系统，单相仅是其中一相。采用三相电源有许多优点，三相电机和三相变压器等电气设备比同等容量的单相电机和变压器造价低；三相电机运行平稳、启动和维护方便。对于三相电力传输系统，只需三根输电线，输送同等电功率，可大大节省线材费用。对于三相供电系统，接入单相负载，方便灵活。三相电路的分析计算与单相电路有许多相同之处，也有其特殊的性质和分析方法。

3.1 三相电路基本概念

3.1.1 对称三相电源概述

1. 对称三相电源组成

三相电源一般为对称三相电源，即由三个频率相同、振幅相同、相位各差 120°的电压源组成。

2. 表达式

三个对称电压源可用下式表示：

$$u_A=U_m\sin\omega t;\ u_B=U_m\sin(\omega t-120°);\ u_C=U_m\sin(\omega t+120°) \tag{3-1}$$

3. 波形

对称三相正弦交流电压波形如图 3-1 所示。

4. 相序

三相电源电压到达振幅值（或零值）的先后次序称为相序。三相电源的相序共分为两种：

1）顺相序（或称正相序）：A-B-C-A，如图 3-1 所示。

2）逆相序（或称负相序）：A-C-B-A。

工程上通用的相序为顺相序，今后，如不加以说明，均指顺相序。

5. 相量式和相量图

三相电源的三个电压均为正弦量，对称三相电压相量图如图 3-2 所示。

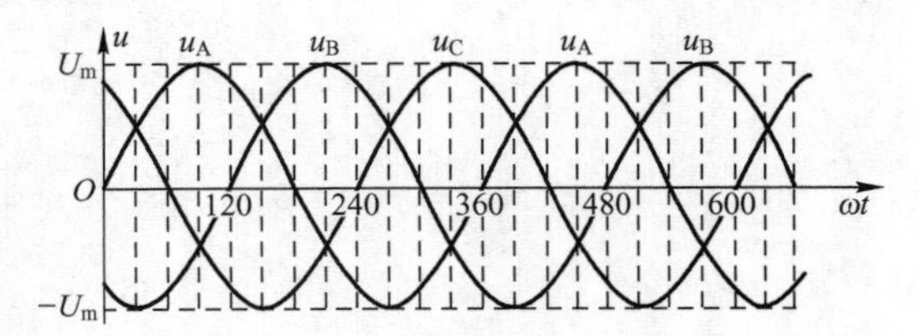

图 3-1 对称三相正弦交流电压波形

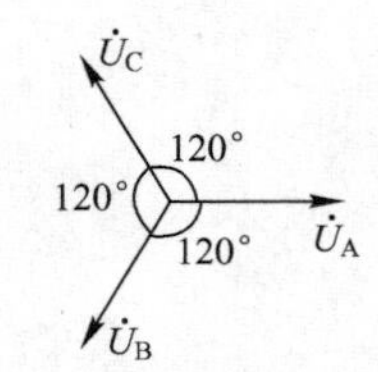

图 3-2 对称三相电压相量图

三相电源相量式表示：

$$\dot{U}_A=U\angle 0^\circ;\ \dot{U}_B=U\angle -120^\circ;\ \dot{U}_C=U\angle 120^\circ \tag{3-2}$$

按相量相加，有：

$$\dot{U}_A+\dot{U}_B+\dot{U}_C=U\angle 0^\circ+U\angle -120^\circ+U\angle 120^\circ=0 \tag{3-3}$$

上式表明，对称三相电源电压的代数和为零，这是三相电源的一个重要特性。

3.1.2 三相电源联结

三相电源由三相发电机产生。三相发电机有三个绕组，设分别为 AX、BY 和 CZ，其中 A、B 和 C 为正极性端，其联结方式有两种。

1. 星形联结

星形联结也称为Y联结，是将三个绕组的负极性端连在一起，称为中点（也称为零点），引出线称为中线；正极性端分别引出，称为端线或相线、火线，如图 3-3a 所示。

2. 三角形联结

三角形联结常用△联结表示，是将三个绕组首尾相接连在一起，正极性端引出端线，如图 3-3b 所示。但三相电源△联结时，不能引出中线。

需要指出的是，由于对称三相电源电压代数和为 0，因此，△联结正确时，三角形环路内无电流。但若联结错误，例如 C 相接反，则$\dot{U}_A+\dot{U}_B+(-\dot{U}_C)=-2\dot{U}_C\neq 0$，三角形环路内将产生极大电流，损坏电源设备。因此，三相电源△联结时，可在三角形闭合前，先测量待闭合二端电压。若为零，说明联结正确，可闭合联结；若不为零，则应仔细检查联结错误，排除故障后再闭合联结。

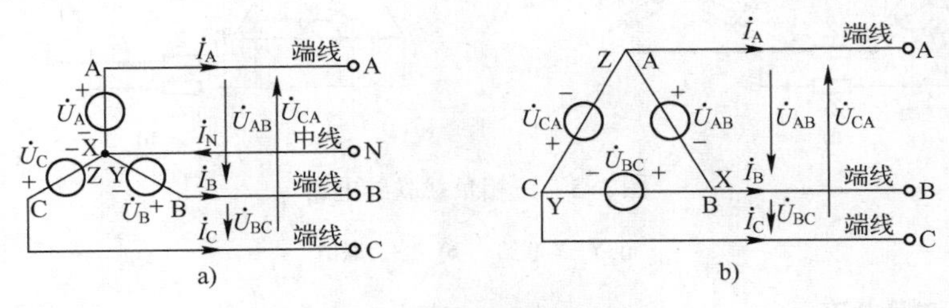

图 3-3 三相电源联结电路

a) Y联结 b) △联结

3. 线电压和相电压

图 3-3 所示电路中，每相绕组两端的电压称为相电压；引出端线与端线间的电压称为线电压。相电压有三个，一般用$\dot{U}_A$、$\dot{U}_B$和$\dot{U}_C$表示；线电压也有三个，一般用$\dot{U}_{AB}$、$\dot{U}_{BC}$和$\dot{U}_{CA}$表示。

（1）对称三相 Y 电源

在图 3-3a 所示电路中，因$\dot{U}_{AB}=\dot{U}_A-\dot{U}_B$，$\dot{U}_{BC}=\dot{U}_B-\dot{U}_C$，$\dot{U}_{CA}=\dot{U}_C-\dot{U}_A$，因此，有：

$$\dot{U}_{AB}=\sqrt{3}\dot{U}_A\angle 30^\circ;\ \dot{U}_{BC}=\sqrt{3}\dot{U}_B\angle 30^\circ;\ \dot{U}_{CA}=\sqrt{3}\dot{U}_C\angle 30^\circ \tag{3-4}$$

上式表明，对称三相Y电源联结电路，线电压有效值（通常用 U_l 表示），是相电压有效值（通常用 U_p 表示）的 $\sqrt{3}$ 倍。即：

$$U_l=\sqrt{3}\ U_p \text{（对称Y电源适用）} \tag{3-5}$$

而相位关系则是线电压 $\dot{U}_{AB}$、$\dot{U}_{BC}$ 和 $\dot{U}_{CA}$ 分别越前相电压 $\dot{U}_A$、$\dot{U}_B$ 和 $\dot{U}_C$ 30°，三相Y对称电源电压相量图如图 3-4 所示。

目前，我国低电压供电系统采用 380/220V 制，即相电压为 220V，线电压为 380V。

（2）对称三相△电源

在图 3-3b 所示电路中，可明显看出，三相电源△联结时，线电压就是相电压，即：

$$U_l=U_p \text{（△电源适用）} \tag{3-6}$$

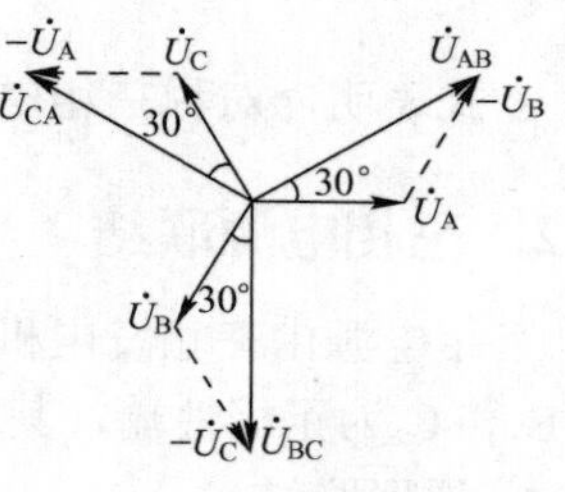

图 3-4　三相Y对称电源电压相量图

3.1.3　三相负载联结

在三相电路中，负载的联结通常也是三相的，如三相电动机。即使居民住房用电和工厂中单相用电设备，如照明、电风扇、电烙铁等，也是按一定规则组成三相负载。根据三相电源与三相负载联结方式分类，可分为Y-Y（如图 3-5a 所示）、Y-△、△-Y和△-△（如图 3-5b 所示）四种联结方式。而在Y-Y联结方式中，根据有无中线，又可分为三相四线制（如图 3-5a 所示）和三相三线制。根据三相负载是否相等，则可分为三相对称负载和三相不对称负载。

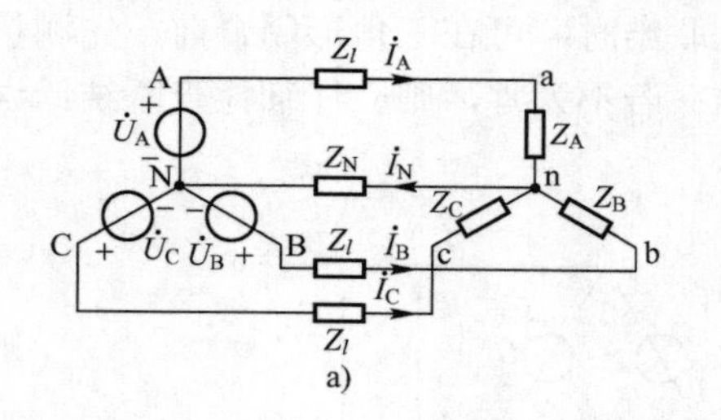

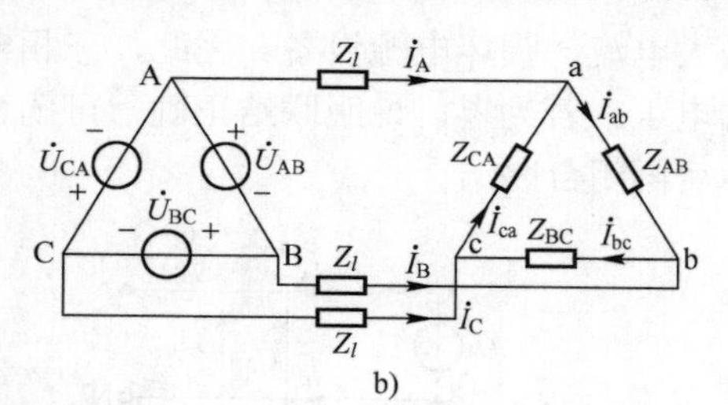

图 3-5　三相负载联结电路

a) Y-Y联结　b) △-△联结

1. 线电流和相电流

在图 3-5 所示电路中，端线中的电流称为线电流（有效值通常用 I_l 表示），每相负载中的电流称为相电流（有效值通常用 I_p 表示）。

1）负载Y联结。负载Y联结电路，如图 3-5a 所示。线电流有三个，一般用 $\dot{I}_A$、$\dot{I}_B$ 和 $\dot{I}_C$ 表示。从图中明显看出：线电流就是相电流，即：

$$I_l=I_p \text{（Y负载适用）} \tag{3-7}$$

对于三相Y对称负载电路，即负载阻抗 $Z_A=Z_B=Z_C=Z$，端线阻抗 $Z_{lA}=Z_{lB}=Z_{lC}=Z_l$ 时，线电流（或相电流）也是对称的，大小相等，即 $I_A=I_B=I_C=I_l=I_p$，但相位相互差 120°。

$$\dot{I}_A=\dot{I}_B\,\underline{/120^\circ};\quad \dot{I}_B=\dot{I}_C\,\underline{/120^\circ};\quad \dot{I}_C=\dot{I}_A\,\underline{/120^\circ} \text{（Y对称负载适用）} \tag{3-8}$$

2）负载△联结。

负载△联结电路，如图 3-5b 所示。线电流有三个：$\dot{I}_A$、$\dot{I}_B$ 和 $\dot{I}_C$，相电流也有三个：

$\dot{I}_{ab}$、$\dot{I}_{bc}$和$\dot{I}_{ca}$。根据 KCL，有：

$$\dot{I}_A=\dot{I}_{ab}-\dot{I}_{ca}\text{；}\ \dot{I}_B=\dot{I}_{bc}-\dot{I}_{ab}\text{；}\ \dot{I}_C=\dot{I}_{ca}-\dot{I}_{bc}\ \text{（△负载适用）} \tag{3-9}$$

对于三相△对称负载电路，即负载阻抗 $Z_{AB}=Z_{BC}=Z_{CA}=Z$，端线阻抗 $Z_{lA}=Z_{lB}=Z_{lC}=Z_l$ 时，线电流和相电流也是对称的。线电流是相电流的 $\sqrt{3}$ 倍，线电流滞后对应的相电流 30°。即：

$$\dot{I}_A=\sqrt{3}\ \dot{I}_{ab}\angle{-30^\circ}\text{；}\ \dot{I}_B=\sqrt{3}\ \dot{I}_{bc}\angle{-30^\circ}\text{；}\ \dot{I}_C=\sqrt{3}\ \dot{I}_{ca}\angle{-30^\circ}\ \text{（△对称负载适用）} \tag{3-10}$$

据此，画出三相△对称负载电流相量图如图 3-6 所示。

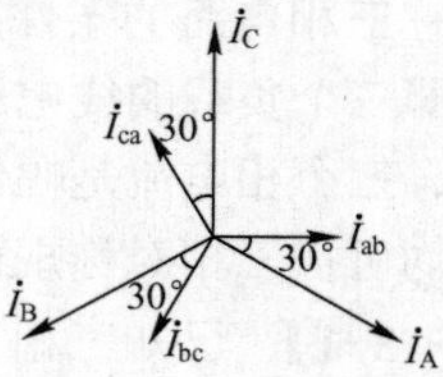

图 3-6　三相△对称负载电流相量图

2. 中线电流

三相Y负载联结时中线中的电流称为中线电流，用 $\dot{I}_N$ 表示。图 3-5a 电路中，根据 KCL，有：

$$\dot{I}_N=\dot{I}_A+\dot{I}_B+\dot{I}_C \tag{3-11}$$

根据理论分析可得：

$$\dot{U}_{nN}=\frac{\dfrac{\dot{U}_A}{Z_A+Z_l}+\dfrac{\dot{U}_B}{Z_B+Z_l}+\dfrac{\dot{U}_C}{Z_C+Z_l}}{\dfrac{1}{Z_A+Z_l}+\dfrac{1}{Z_B+Z_l}+\dfrac{1}{Z_C+Z_l}+\dfrac{1}{Z_N}} \tag{3-12}$$

若是三相Y对称负载，$Z_A=Z_B=Z_C=Z$，因 $\dot{U}_A+\dot{U}_B+\dot{U}_C=0$，则式（3-12）可写为：

$$\dot{U}_{nN}=\frac{\dfrac{\dot{U}_A+\dot{U}_B+\dot{U}_C}{Z+Z_l}}{\dfrac{3}{Z+Z_l}+\dfrac{1}{Z_N}}=0\text{，即}\ \dot{I}_N=\frac{\dot{U}_{nN}}{Z_N}=0\text{，因此：}$$

$$\dot{I}_N=\dot{I}_A+\dot{I}_B+\dot{I}_C=0\ \text{（Y对称负载适用）} \tag{3-12a}$$

若 $Z_A\neq Z_B\neq Z_C$ 或 $Z_{lA}\neq Z_{lB}\neq Z_{lC}$，则称为三相Y不对称负载，$\dot{U}_{nN}\neq 0$，因此：

$$\dot{I}_N=\dot{I}_A+\dot{I}_B+\dot{I}_C\neq 0\ \text{（Y不对称负载适用）} \tag{3-12b}$$

从上述Y对称负载中线电流分析看，由于 $\dot{U}_{nN}=0$，$\dot{I}_N=0$，中线阻抗 Z_N 大小对电路无影响，即：有无中线不影响电路正常运行。因此，对于Y对称负载电路，三相四线制与三相三线制效果相同，中线可以去除。但对于Y不对称负载电路，中线不能随意去除，其作用将在 3.2.2 节分析。

【复习思考题】

3.1　采用三相电源供电，有何优点？

3.2　什么叫相序？顺相序和逆相序的 A、B、C 相电压如何排列？

3.3　什么叫线电压、相电压？

3.4　对称三相电源，线电压与相电压有何关系？画出三相电源 Y 联结时线电压相电压相量图。

3.5　若需将对称三相电源△联结，如何判断电源联结是否正确？

3.6　什么叫线电流、相电流？线电流与相电流有何关系？画出三相对称负载△联结时线电流、相电流相量图。

3.7　什么情况下中线电流等于 0？

3.2　三相电路分析计算

3.2.1　对称三相电路分析计算

对称三相电路的条件是电源电压、端线阻抗、负载阻抗均对称。其特点：一是负载电压对称，即三个负载的线电压、相电压幅值相等、相位各差 120°；二是负载电流对称，即三个线电流、三个相电流是幅值相等、相位各差 120°的正弦电流。因此，三相只需计算一相，其余二相均可按三相对称规律写出。

【例 3-1】 已知三相Y对称负载电路如图 3-7a 所示，$Z=(6.4+\mathrm{j}4.8)\Omega$，$\dot{U}_A=220\angle 0°\text{V}$，试求负载电流$\dot{I}_A$、$\dot{I}_B$、$\dot{I}_C$和$\dot{I}_N$。并画出$\dot{I}_A$、$\dot{I}_B$、$\dot{I}_C$相量图。

解： 对称三相只需计算一相。其一相等效电路如图 3-7b 所示。

$$\dot{I}_A=\frac{\dot{U}_A}{Z}=\frac{220\angle 0°}{6.4+\mathrm{j}4.8}=\frac{220\angle 0°}{8\angle 36.9°}=27.5\angle -36.9°\text{A}$$

$$\dot{I}_B=\dot{I}_A\angle -120°=27.5\angle -156.9°\text{A}$$

$$\dot{I}_C=\dot{I}_A\angle 120°=27.5\angle 83.1°\text{A}$$

$$\dot{I}_N=0$$

画出$\dot{U}_A$、$\dot{U}_B$、$\dot{U}_C$和$\dot{I}_A$、$\dot{I}_B$、$\dot{I}_C$相量图如图 3-7c 所示。

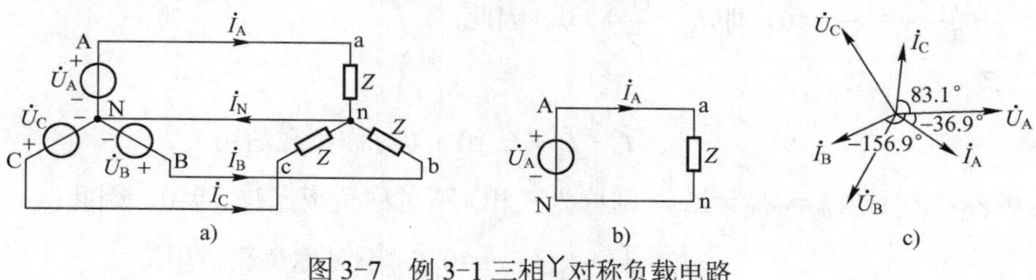

图 3-7　例 3-1 三相Y对称负载电路

【例 3-2】 已知三相△对称负载电路如图 3-8a 所示。电源电压$\dot{U}_A$和负载阻抗 Z 与例 3-1 相同，试求负载相电流$\dot{I}_{ab}$、$\dot{I}_{bc}$、$\dot{I}_{ca}$和线电流$\dot{I}_A$、$\dot{I}_B$、$\dot{I}_C$。

解： 对称三相只需计算一相，其一相等效电路如图 3-8b 所示。但负载相电压应为电源线电压。

$$\dot{U}_{AB}=\sqrt{3}\ \dot{U}_A\angle 30°=380\angle 30°\text{V}$$

$$\dot{I}_{ab}=\frac{\dot{U}_{AB}}{Z}=\frac{380\angle 30°}{6.4+\mathrm{j}4.8}=\frac{380\angle 30°}{8\angle 36.9°}=47.5\angle -6.9°\text{A}$$

$$\dot{I}_{bc}=\dot{I}_{ab}\angle -120°=47.5\angle -126.9°\text{A}$$

$$\dot{I}_{ca}=\dot{I}_{ab}\angle 120°=47.5\angle 113.1°\text{A}$$

$$\dot{I}_A=\sqrt{3}\ \dot{I}_{ab}\angle -30°=82.3\angle -36.9°\text{A}$$

$$\dot{I}_B=\dot{I}_A\angle -120°=82.3\angle -156.9°\text{A}$$

$$\dot{I}_C=\dot{I}_A\angle 120°=82.3\angle 83.1°\text{A}$$

画出$\dot{U}_{\mathrm{A}}$、$\dot{U}_{\mathrm{AB}}$、$\dot{I}_{\mathrm{ab}}$、$\dot{I}_{\mathrm{bc}}$、$\dot{I}_{\mathrm{ca}}$和$\dot{I}_{\mathrm{A}}$、$\dot{I}_{\mathrm{B}}$、$\dot{I}_{\mathrm{C}}$相量图如图 3-8c 所示。

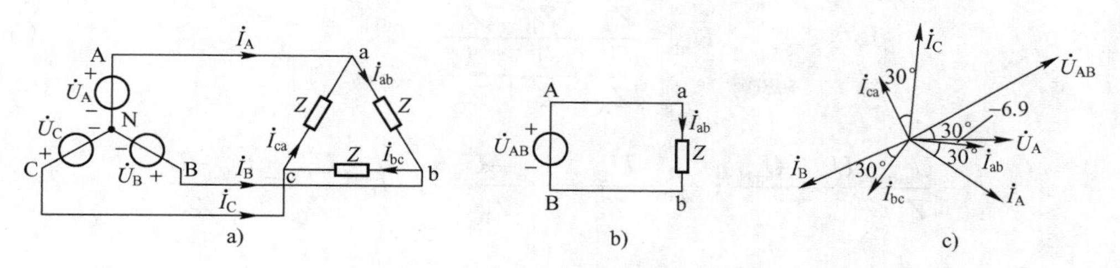

图 3-8　例 3-2 三相△对称负载电路

3.2.2　不对称三相电路分析计算

不对称三相电路是指电源电压、端线阻抗、负载阻抗中只要有一部分不对称的电路。在电力系统中，除了三相电动机外，常有许多单相负载组成三相负载，例如居民住房用电和工厂中的单相用电设备等，分别接在三个单相电路上，虽然尽可能将它们平均分配到各相上，但不可能完全对称平衡，而且这些单相负载不一定会同时运行。因此，这就形成了三相不对称负载。三相不对称负载不能像三相对称负载那样，按一相计算然后推出另二相。而是应按照分析复杂电路的方法求解。分析三相不对称负载可分为两种情况：有中线和无中线。

1. 有中线，且中线阻抗 $Z_{\mathrm{N}}\to 0$

三相不对称负载有中线，且 $Z_{\mathrm{N}}=0$，电路如图 3-9 所示。此时，加在每相负载上的相电压仍对称，相电流可分别计算。

$$\dot{I}_{\mathrm{A}}=\frac{\dot{U}_{\mathrm{A}}}{Z_{\mathrm{A}}}；\ \dot{I}_{\mathrm{B}}=\frac{\dot{U}_{\mathrm{B}}}{Z_{\mathrm{B}}}；\ \dot{I}_{\mathrm{C}}=\frac{\dot{U}_{\mathrm{C}}}{Z_{\mathrm{C}}} \tag{3-13}$$

【例 3-3】 已知三相不对称负载有中线电路如图 3-9 所示，$\dot{U}_{\mathrm{A}}=220\underline{/0^\circ}\mathrm{V}$，$Z_{\mathrm{A}}=10\Omega$，$Z_{\mathrm{B}}=40\Omega$，$Z_{\mathrm{C}}=20\Omega$，试求$\dot{I}_{\mathrm{A}}$、$\dot{I}_{\mathrm{B}}$、$\dot{I}_{\mathrm{C}}$和负载两端电压$\dot{U}_{\mathrm{An}}$、$\dot{U}_{\mathrm{Bn}}$、$\dot{U}_{\mathrm{Cn}}$。

解：由于 $Z_{\mathrm{N}}=0$，$\dot{U}_{\mathrm{nN}}=0$，因此，$\dot{U}_{\mathrm{An}}$、$\dot{U}_{\mathrm{Bn}}$、$\dot{U}_{\mathrm{Cn}}$仍对称，分别等于$\dot{U}_{\mathrm{A}}$、$\dot{U}_{\mathrm{B}}$、$\dot{U}_{\mathrm{C}}$。

$$\dot{I}_{\mathrm{A}}=\frac{\dot{U}_{\mathrm{A}}}{Z_{\mathrm{A}}}=\frac{220\underline{/0^\circ}}{10}=22\underline{/0^\circ}\mathrm{A}$$

$$\dot{I}_{\mathrm{B}}=\frac{\dot{U}_{\mathrm{B}}}{Z_{\mathrm{B}}}=\frac{220\underline{/-120^\circ}}{40}=5.5\underline{/-120^\circ}\mathrm{A}$$

$$\dot{I}_{\mathrm{C}}=\frac{\dot{U}_{\mathrm{C}}}{Z_{\mathrm{C}}}=\frac{220\underline{/120^\circ}}{20}=11\underline{/120^\circ}\mathrm{A}$$

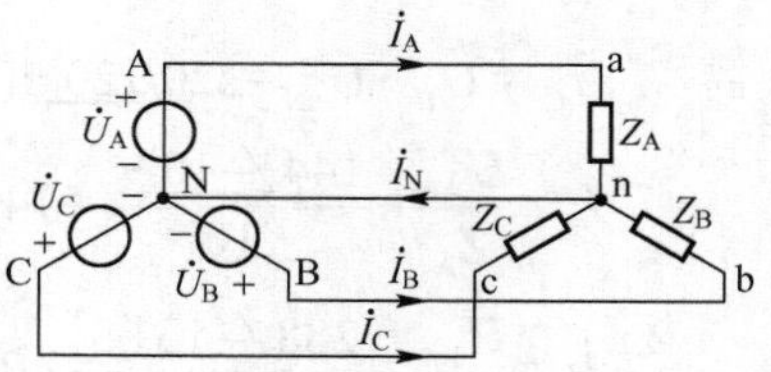

图 3-9　三相不对称负载有中线电路

需要说明的是，三相不对称负载有中线电路，若中线阻抗较大，不能忽略，也会引起各相负载电压不对称。

2. 无中线

三相不对称负载无中线电路如图 3-10a 所示（为简化分析，端线阻抗 Z_l 合并入每相负载阻抗内）。根据式 3-12 可得：

$$\dot{U}_{nN}=\frac{\dfrac{\dot{U}_A}{Z_A}+\dfrac{\dot{U}_B}{Z_B}+\dfrac{\dot{U}_C}{Z_C}}{\dfrac{1}{Z_A}+\dfrac{1}{Z_B}+\dfrac{1}{Z_C}} \tag{3-14}$$

$$\dot{I}_A=\frac{\dot{U}_{An}}{Z_A}=\frac{\dot{U}_A-\dot{U}_{nN}}{Z_A};\quad \dot{I}_B=\frac{\dot{U}_{Bn}}{Z_B}=\frac{\dot{U}_B-\dot{U}_{nN}}{Z_B};\quad \dot{I}_C=\frac{\dot{U}_{Cn}}{Z_C}=\frac{\dot{U}_C-\dot{U}_{nN}}{Z_C} \tag{3-15}$$

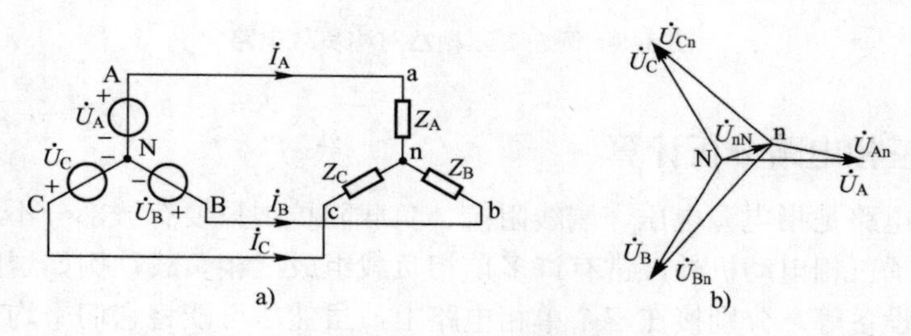

图 3-10　三相不对称负载无中线电路

【例 3-4】 已知三相不对称负载无中线电路如图 3-10a 所示，电路参数与例 3-3 相同。试再求 $\dot{I}_A$、$\dot{I}_B$、$\dot{I}_C$ 和负载两端电压 $\dot{U}_{An}$、$\dot{U}_{Bn}$、$\dot{U}_{Cn}$，并画出电压相量图。

解： $\dot{U}_{nN}=\dfrac{\dfrac{\dot{U}_A}{Z_A}+\dfrac{\dot{U}_B}{Z_B}+\dfrac{\dot{U}_C}{Z_C}}{\dfrac{1}{Z_A}+\dfrac{1}{Z_B}+\dfrac{1}{Z_C}}=\dfrac{\dfrac{220\angle 0^\circ}{10}+\dfrac{220\angle -120^\circ}{40}+\dfrac{220\angle 120^\circ}{20}}{\dfrac{1}{10}+\dfrac{1}{40}+\dfrac{1}{20}}$

$=\dfrac{22+5.5\angle -120^\circ+11\angle 120^\circ}{0.175}=\dfrac{13.75+\mathrm{j}4.77}{0.175}=83.14\angle 19.13^\circ=(78.55+\mathrm{j}27.25)\mathrm{V}$

$\dot{U}_{An}=\dot{U}_A-\dot{U}_{nN}=220\angle 0^\circ-(78.55+\mathrm{j}27.25)=141.45-\mathrm{j}27.25=144\angle -10.9^\circ\mathrm{V}$

$\dot{U}_{Bn}=\dot{U}_B-\dot{U}_{nN}=220\angle -120^\circ-(78.55+\mathrm{j}27.25)=-188.55-\mathrm{j}217.75=288\angle -131^\circ\mathrm{V}$

$\dot{U}_{Cn}=\dot{U}_C-\dot{U}_{nN}=220\angle 120^\circ-(78.55+\mathrm{j}27.25)=-188.55+\mathrm{j}163.25=249.4\angle 139^\circ\mathrm{V}$

$\dot{I}_A=\dfrac{\dot{U}_{An}}{Z_A}=\dfrac{144\angle -10.9^\circ}{10}=14.4\angle -10.9^\circ\mathrm{A}$

$\dot{I}_B=\dfrac{\dot{U}_{Bn}}{Z_B}=\dfrac{288\angle -131^\circ}{40}=7.2\angle -131^\circ\mathrm{A}$

$\dot{I}_C=\dfrac{\dot{U}_{Cn}}{Z_C}=\dfrac{249.4\angle 139^\circ}{20}=12.5\angle 139^\circ\mathrm{A}$

画出电压相量图如图 3-10b 所示。

从上例计算中看出，B 相和 C 相负载电压有效值分别达到 288V 和 249.4V，大大高于有中线时的相电压有效值 220V。由于三相负载不对称，$\dot{U}_{nN}\neq 0$，n 点与 N 点电位不同，加在负载二端的电压 $\dot{U}_{An}$、$\dot{U}_{Bn}$ 和 $\dot{U}_{Cn}$ 也不同。从图 3-10b 中看出，n 点与 N 点不重合，这一现象称为中性点移位。中性点移位越大，各相负载电压不对称程度越大。负载电压过高过低，轻者使其不能正常工作，重者将损坏负载设备。所以在三相负载不对称情况下，应采用三相四线制。即连接中线，并使 $Z_N\approx0$，则 $\dot{U}_{nN}\approx0$。这样各相负载虽因阻抗不同，但两端电压仍能保持均衡。在工程上，要求中线安装牢固，并且不能安装开关和熔断器。

【例 3-5】 已知相序指示仪原理电路如图 3-11 所示，R 为两只相同白炽灯，设 $R=\dfrac{1}{\omega C}$，试分析如何根据两个白炽灯亮度确定三相电源的相序。

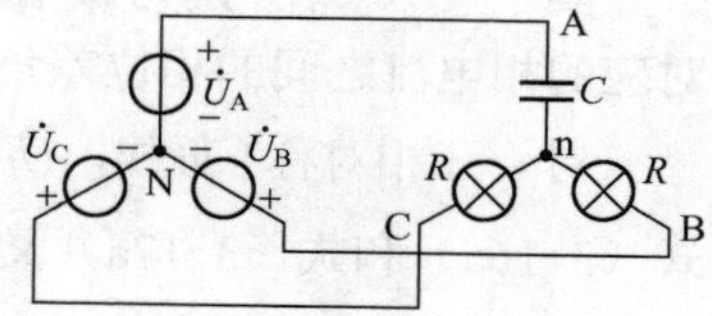

图 3-11 相序指示仪原理电路

解：设三相电源相电压有效值为 U_p，则：

$$\dot{U}_{nN}=\frac{j\omega C\dot{U}_A+\dot{U}_B/R+\dot{U}_C/R}{j\omega C+1/R+1/R}=\frac{j\dot{U}_A+\dot{U}_B+\dot{U}_C}{2+j1}=\frac{j\dot{U}_A-\dot{U}_A+\dot{U}_A+\dot{U}_B+\dot{U}_C}{2+j1}=\frac{(-1+j)\dot{U}_A}{2+j1}$$

$$=0.632U_p\underline{/108.4^\circ}$$

$$\dot{U}_{Bn}=\dot{U}_B-\dot{U}_{nN}=U_p\underline{/-120^\circ}-0.632U_p\underline{/108.4^\circ}\approx1.5U_p\underline{/-101.6^\circ}$$

$$\dot{U}_{Cn}=\dot{U}_C-\dot{U}_{nN}=U_p\underline{/120^\circ}-0.632U_p\underline{/108.4^\circ}\approx0.4U_p\underline{/138.4^\circ}$$

设接电容的那相为 A 相，则根据 U_{Bn} 和 U_{Cn} 的大小可判定相序。因 $U_{Bn}>U_{Cn}$，白炽灯较亮的那相为 B 相，较暗的那相为 C 相。

【复习思考题】

3.8 三相不对称负载电路有中线与无中线有何区别？

3.9 三相不对称负载电路对中线有什么要求？

3.3 三相电路功率

3.3.1 三相功率分析计算

1. 三相电路总功率

三相电路总的有功功率或总的无功功率等于每相有功功率或无功功率之和，即：

$$P=P_A+P_B+P_C \tag{3-16}$$

$$Q=Q_A+Q_B+Q_C \tag{3-17}$$

而每相有功功率或无功功率可按单相正弦交流电路功率的计算方法计算。

三相电路视在功率：

$$S=\sqrt{P^2+Q^2} \tag{3-18}$$

需要注意的是，$S\neq S_A+S_B+S_C$

三相电路功率因素：

$$\cos\varphi=\frac{P}{S} \tag{3-19}$$

2. 对称三相电路总功率

对于三相对称负载电路，有：$P_A=P_B=P_C$，$Q_A=Q_B=Q_C$，因此：

$$P=3P_A=3U_pI_p\cos\varphi_p \tag{3-16a}$$

$$Q=3Q_A=3U_pI_p\sin\varphi_p \tag{3-17a}$$

其中 U_p、I_p 分别为每相负载的相电压、相电流的有效值，而 φ_p 则是三相负载相电压与对应的相电流之间的相位差角。

对于三相对称Y负载，$U_l=\sqrt{3}U_p$，$I_l=I_p$；对于三相对称△负载，$U_l=U_p$，$I_l=\sqrt{3}I_p$。因此式（3-16a）和式（3-17a）又可改写为：

$$P=\sqrt{3}U_lI_l\cos\varphi_p \tag{3-16b}$$

$$Q=\sqrt{3}U_lI_l\sin\varphi_p \tag{3-17b}$$

需要注意的是应用式（3-16b）和式（3-17b）计算时，φ_p 仍为三相负载相电压与对应的相电流的相位差角，而不是线电压与线电流的相位差角。

$$S=\sqrt{P^2+Q^2}=3U_pI_p=\sqrt{3}U_lI_l \tag{3-20}$$

$$\cos\varphi=\frac{P}{S}=\frac{3U_pI_p\cos\varphi_p}{3U_pI_p}=\cos\varphi_p \tag{3-21}$$

上式表明，三相对称负载总的功率因素就是每相负载的功率因素。

【例 3-6】 已知某三相对称负载阻抗 $Z=(6+j8)\Omega$，线电压 $U_l=380\text{V}$，试求该三相对称负载分别作Y联结和△联结时的 P、Q、S、$\cos\varphi$。

解：因电路对称，电路总的功率因素即每相负载的功率因素。

$$\cos\varphi=\frac{R}{|Z|}=\frac{R}{\sqrt{R^2+X^2}}=\frac{6}{\sqrt{6^2+8^2}}=\frac{6}{10}=0.6$$

$$\sin\varphi=\sqrt{1-\cos^2\varphi}=0.8$$

（1）负载Y联结

$$I_p=\frac{U_P}{|Z|}=\frac{380/\sqrt{3}}{\sqrt{6^2+8^2}}\text{A}=21.94\text{A}$$

$$P_Y=3U_pI_p\cos\varphi=3\times\frac{380}{\sqrt{3}}\times21.94\times0.6\text{W}=8664\text{W}$$

$$Q_Y=3U_pI_p\sin\varphi=3\times\frac{380}{\sqrt{3}}\times21.94\times0.8\text{var}=11552\text{var}$$

$$S_Y=3U_pI_p=3\times\frac{380}{\sqrt{3}}\times21.94\text{VA}=14440\text{VA}$$

（2）负载△联结

$$U_p=U_l=380\text{V}$$

$$I_p=\frac{U_P}{|Z|}=\frac{U_l}{|Z|}=\frac{380}{10}\text{A}=38\text{A}$$

$$P_\Delta=3U_pI_p\cos\varphi=3\times380\times38\times0.6\text{W}=25992\text{W}$$

$$Q_\Delta=3U_pI_p\sin\varphi=3\times380\times38\times0.8\text{var}=34656\text{var}$$

$$S_\Delta=3U_pI_p=3\times380\times38\text{VA}=43320\text{VA}$$

从上例计算中得出，$P_\Delta=3P_Y$，表明三相对称负载作△联结时吸收的功率是Y联结时的3倍。

3. 对称三相电路瞬时功率

设对称三相电路 A 相负载瞬时电压 $u_A=\sqrt{2}U_p\sin\omega t$，则 $u_B=\sqrt{2}U_p\sin(\omega t-120°)$，$u_C=\sqrt{2}U_p\sin(\omega t+120°)$。设 A 相负载瞬时电流 $i_A=\sqrt{2}I_p\sin(\omega t-\varphi)$，则 $i_B=\sqrt{2}I_p\sin(\omega t-\varphi-120°)$，$i_C=\sqrt{2}I_p\sin(\omega t-\varphi+120°)$，三相瞬时功率：

$$\begin{aligned}
p&=p_A+p_B+p_C=u_Ai_A+u_Bi_B+u_Ci_C\\
&=2U_pI_p\sin\omega t\sin(\omega t-\varphi)+2U_pI_p\sin(\omega t-120°)\sin(\omega t-\varphi-120°)\\
&\quad+2U_pI_p\sin(\omega t+120°)\sin(\omega t-\varphi+120°)\\
&=[U_pI_p\cos\varphi-U_pI_p\cos(2\omega t-\varphi)]+[U_pI_p\cos\varphi-U_pI_p\cos(2\omega t-\varphi+120°)]\\
&\quad+[U_pI_p\cos\varphi-U_pI_p\cos(2\omega t-\varphi-120°)]\\
&=3U_pI_p\cos\varphi-U_pI_p[\cos(2\omega t-\varphi)+\cos(2\omega t-\varphi+120°)+\cos(2\omega t-\varphi-120°)]\\
&=3U_pI_p\cos\varphi=P
\end{aligned} \tag{3-22}$$

上式表明，对称三相电路瞬时功率等于平均功率，即不随时间变化而变化，若三相电路参数确定，则瞬时功率就是一个恒定值。对于作为三相负载的三相电动机来说，瞬时功率恒定就意味着电动机转动平稳，这是三相电路的重要优点之一。

3.3.2 三相功率测量

三相功率的测量通常借助于功率表。功率表内部有两个线圈，一个线圈与负载串联，用于测量电流；另一个线圈与负载并联，用于测量电压。接入电路时，要求两个线圈同名端一致。测量三相功率时，有一表法、二表法和三表法三种测量方法。

1. 一表法

一表法一般只能用于测量三相对称负载电路的功率，如图 3-12 所示。用功率表测量对称三相中的任一相功率。则三相功率：$P=3P_1$。

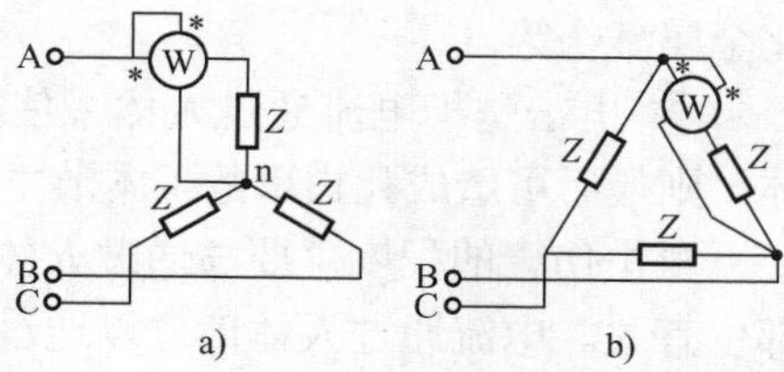

图 3-12　一表法测量三相对称负载功率电路

2. 二表法

二表法一般适用于测量三相三线制电路的功率，如图 3-13 所示。实际上，二表法是以三相中的一相为参考点，测量另二相相对于该相的线电压、线电流构成的功率。三相总功率等于两个功率表所测功率之代数和。即：$P=P_1+P_2$。

需要说明的是线电压线电流之间的相位差有可能大于 90°，此时功率表指针反偏，表明功率为负值，应将电压线圈反接后重新测量（功率表读数只能为正），但该功率表读数计入式时，应以负值代入。

需要指出的是，用二表法测量的单一只功率表的读数无实际意义，且二表法不适用于三相四线制电路。

3. 三表法

三表法一般适用于测量不对称负载电路的功率，如图 3-14 所示。用三个功率表分别测量每相负载功率，三相总功率等于三个功率表所测功率之和，$P=P_1+P_2+P_3$ 。

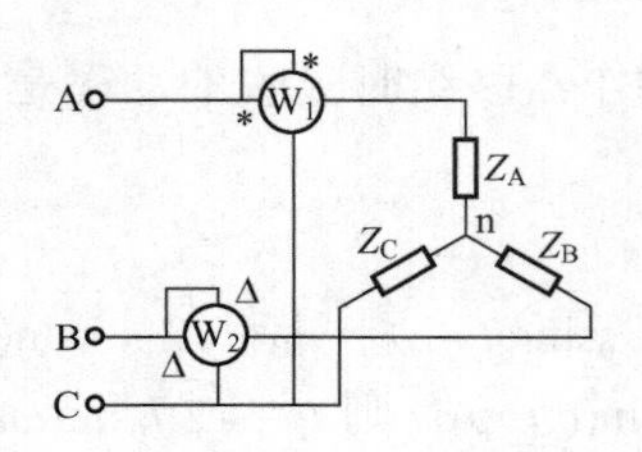

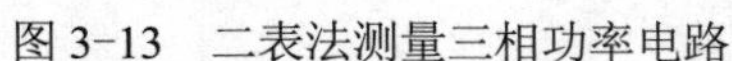
图 3-13　二表法测量三相功率电路

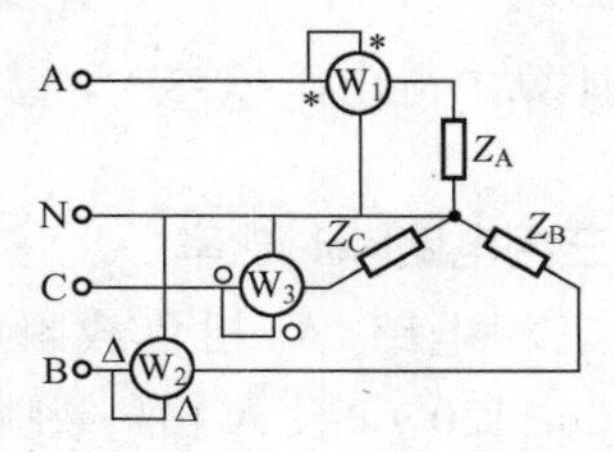

图 3-14　三表法测量三相不对称负载功率电路

【复习思考题】

3.10　如何理解 $P=3U_pI_p\cos\varphi$ 及 $P=\sqrt{3}\ U_lI_l\cos\varphi$ 中的 φ 角？

3.11　什么情况下电路总功率因素与每相负载功率因素相同？

3.12　对称三相电路瞬时功率为恒定值有何意义？

3.13　一表法、二表法、三表法测量三相功率各适用于哪种三相电路？

3.14　如何理解二表法测量三相功率？两个功率表中单独一只功率表读数有否意义？

3.15　为何三相电动机的电源可用三相三线制，而三相照明电源则必须用三相四线制？

3.4　安全用电

学习电工知识，不仅要掌握电路的基本理论和分析方法，而且要懂得如何安全用电。

1. 人体触电基本知识

1）人体触电：人体接触或接近带电体引起人体局部受伤或死亡的现象称为触电。

2）触电分类：触电一般可分为电伤和电击两类。

① 电伤是指由电流热效应、化学效应或机械效应对人体造成的伤害。如电弧灼伤、熔化金属溅伤等。

② 电击是指电流通过人体、使内部器官组织受到损伤。如果受害者不能迅速摆脱带电体，则最后可造成死亡事故。本节主要分析研究电击伤害。

电击伤害的程度主要与通过人体的电流大小、电流频率、持续时间以及电流通过人体的部位有关。电流通过人体部位以通过或接近心脏和脑部最为危险。因此，若人的两手或一手一脚同时分别接触二根相线或一根相线、一根中线时最危险。

3）人体电阻。

同等情况下，人体电阻越大，通过人体的电流越小，受伤害程度越轻。人体电阻约 10^3～$10^5\Omega$，主要与皮肤部位和状态有关。干燥时，人体电阻较大；皮肤潮湿、有汗或皮肤破损时，人体电阻可下降至几百欧姆。

4）安全电流。

人体通过工频电流 1mA 就会有麻木感觉；10mA 为摆脱电流；人体通过 30mA 及以上工频电流或 50mA 及以上直流电流，就有生命危险。国际电工委员会将 30 毫安秒作为实用的安全电流临界值。

根据国家标准，漏电保护器、家用电器均将10mA作为脱扣（断开电源）电流临界值。

安全电流也与电流频率有关，50～60Hz的工频电流危险性最大，高频电流危害相对较小。

5）安全电压。

安全电压有多种标准，供不同条件下使用的电气设备选用。一般来说，接触 36V 以下电压，通过人体电流不致超过50mA，所以36V 称为安全电压。在潮湿情况下，安全电压规定还要低一些，通常是24V或12V。机床照明用电为36V，船舶、汽车电源用24V或12V。

2. 接地和接零常识

（1）保护接地

保护接地适用于中性点不接地系统。以电机设备为例，图 3-15a 中，某电动机三相绕组中若有一相绝缘损坏，就会使电机外壳带电。人若接触电机外壳，流过人体的电流为 I_d，有可能构成危险。图 3-15b 中，电机外壳接地，这种接地称为保护接地。由于接地电阻 R_0 大大小于人体电阻 R_b，因此接地装置中的电流 I_0 极大地分流了接地电流 I_d，从而保证了人身安全。

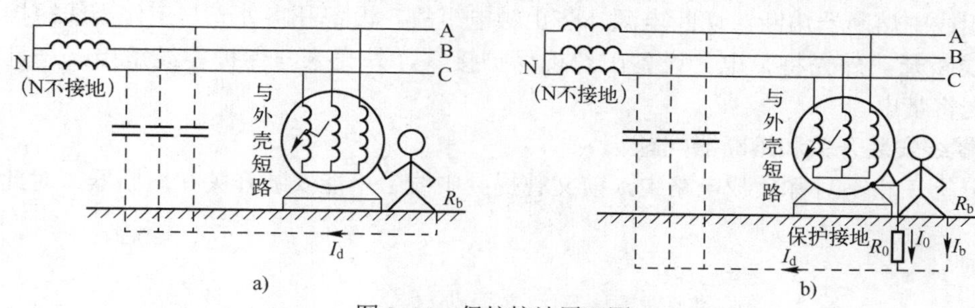

图 3-15　保护接地原理图

a) 无保护接地　b) 有保护接地

对于保护接地方式中的接地电阻 R_0，1000V 以下中性点不接地系统，一般要求 R_0 不大于 4Ω；1000V 以上系统，要求 R_0 更小。

保护接地也常用于单相系统中，图 3-16 为单相系统保护接地示意图。L 为三相中一相端线（火线），N 为中线，⊥为接地线。

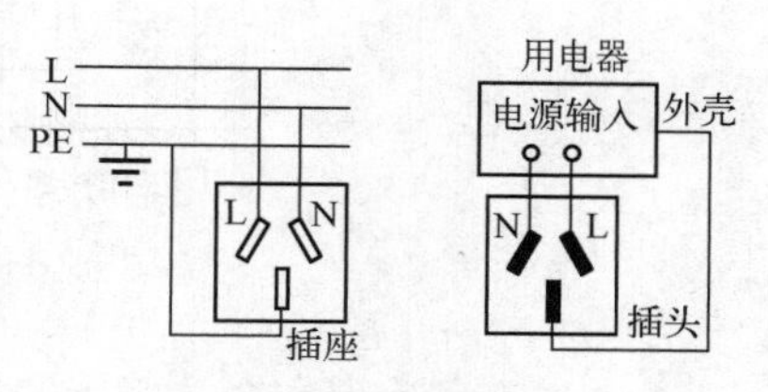

图 3-16　单相系统保护接地示意图

（2）保护接零

保护接零系统如图 3-17 所示，适用于中性点接地系统。

1）工作接地。

电力系统由于运行和安全的需要，常将中性点接地，这种接地称为工作接地。工作接地具有降低触电电压、故障时迅速切断电源和降低电气设备对地绝缘水平的作用。

2）保护接零。

保护接零是将电机设备外壳与中线短路，此时中线也称为零线。若电机设备三相绕组中的一相绕组与外壳短路，短路电流会超出正常电流许多倍，将引起线路上的过流保护装置迅速动作，从而

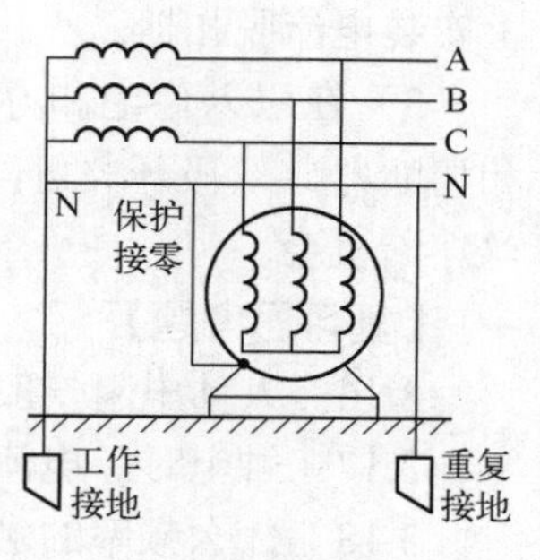

图 3-17　保护接零系统

断开电源，保障安全。

3）重复接地。

保护接零系统发生设备外壳与相线短路时，设备外壳对地电位取决于零线对地阻抗的大小，有可能仍高于安全电压。为了进一步提高保护接零的可靠性和安全性，在保护接零系统中常加入重复接地。重复接地的作用一是可降低设备相线碰壳时对地电位；二是增大短路电流，加速过流保护装置动作；三是防止零线意外断裂。

需要指出的是，保护接地和保护接零是两种不同的系统，不能搞错。绝不允许在同一供电系统中，两种方式混用，即一部分采用保护接地方式，另一部分采用保护接零方式。

4）单相系统保护接零。

三相四线制保护接零系统用于单相负载时，由于负载往往不对称，零线中电流不为零，因而零线对地电压不为零，距电源越远，电压越高，但一般在安全电压值以下，无危险性。为了确保设备外壳对地电压为零，专设保护零线，而原零线称为工作零线，单相系统保护接零如图 3-18 所示。其中设备Ⅰ连接正确，当绝缘损坏，外壳带电时，短路电流经保护零线，将相线中熔断器熔断，切断电源，防止触电事故。设备Ⅱ将外壳与工作零线短接，一旦工作零线断开，外壳将带电。设备Ⅲ忽视保护接零，外壳未与保护零线短接，一旦绝缘损坏，外壳将带电。

3. 零线安装开关和熔断器问题

在分析三相不对称负载电路中，前文曾提到中线上不能安装开关和熔断器，对此补充说明如下：

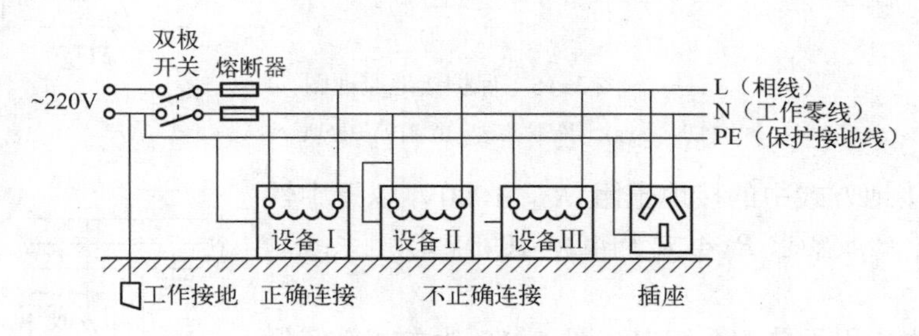

图 3-18　单相系统保护接零

1）为了确保安全，零干线必须连接牢固，不允许安装开关和熔断器。

2）对于分支零线，若采用自动开关，且过流时能同时断开相线和零线，则允许在零线上安装电流脱扣器。

3）在引入住宅和办公场所的单相线路中，一般允许在相线和零线上同时接装双极开关和熔断器。双极开关可同时接通或断开相线和零线；相线和零线均有熔断器可增加短路时熔丝熔断机会。

【复习思考题】

3.16　人体电阻一般为多少欧姆？与皮肤状态有何关系？

3.17　触电时，电流流过人体什么部位最危险？

3.18　什么频率的触电电流对人体危害最大？

3.19　触电电流达到多大就有生命危险？安全电流临界值是多少？

3.20　根据国家标准，漏电保护器、家用电器的脱扣电流临界值为多少？

3.21　什么叫保护接地？适用范围是什么？

3.22　什么叫工作接地、保护接零和重复接地？

3.23　保护接地和保护接零有什么区别？

3.24　如何正确认识中线不能安装开关和熔断器问题？

3.5　习题

3.5.1　选择题

3.1　下列说法中，属于三相电源优点（多选）的是________。（A. 同等容量的电动机和变压器设备造价低 ； B. 三相电动机运行平稳、启动和维护方便； C. 输送同等电功率的电力传输系统费用低； D. 三相供电系统接入单相负载方便灵活）

3.2　下列三相电源相序中（多选），顺相序的有______；逆相序的有______。（A. B–C–A–B；B. A–C–B–A； C. C–B–A–C； D. C–A–B–C）

3.3　下列有关三相电源线电压和相电压的说法中，正确（多选）的是______。（A. 对称三相电源Y联结时，线电压是相电压的$\sqrt{3}$倍； B. 对称三相电源△联结时，线电压是相电压的$\sqrt{3}$倍； C. 对称三相电源Y联结时，线电压等于相电压； D. 对称三相电源△联结时，线电压等于相电压）

3.4　为了检测三相电源三角形联结是否正确，可在三角形闭合前，先测量待闭合二端电压，若为______，说明联结正确，可闭合联结。（A. U ； B. $2U$； C. $3U$； D. 0）

3.5　下列有关三相负载线电流和相电流大小的说法中，正确（多选）的是______。（A. 对称三相负载Y联结时，线电流是相电流的$\sqrt{3}$倍； B. 不论三相负载Y或△联结，线电流都是相电流的$\sqrt{3}$倍； C. 对称三相负载△联结时，线电流是相电流的$\sqrt{3}$倍； D. 三相负载△联结时，线电流是相电流的$\sqrt{3}$倍；E. 三相负载Y联结时，线电流等于相电流；F. 对称三相负载△联结时，线电流等于相电流）

3.6　下列有关对称三相负载线电流与相电流相位差的说法中，正确的是______。（A. 对称Y，线电流越前对应的相电流 30°；B. 对称Y，相电流越前对应的线电流 30°； C. 对称△，线电流越前对应的相电流 30°； D. 对称△，相电流越前对应的线电流 30°）

3.7　若对称三相负载相电压以$\dot{U}_A$、$\dot{U}_B$和$\dot{U}_C$表示，线电压以$\dot{U}_{AB}$、$\dot{U}_{BC}$和$\dot{U}_{CA}$表示；线电流以$\dot{I}_A$、$\dot{I}_B$和$\dot{I}_C$表示，相电流以$\dot{I}_{ab}$、$\dot{I}_{bc}$和$\dot{I}_{ca}$表示。下列表达式中，正确（多选）的是__________。（A. $\dot{U}_A+\dot{U}_B+\dot{U}_C=0$； B. $\dot{U}_{AB}+\dot{U}_{BC}+\dot{U}_{CA}=0$； C. $\dot{I}_A+\dot{I}_B+\dot{I}_C=0$； D. $\dot{I}_{ab}+\dot{I}_{bc}+\dot{I}_{ca}=0$）

3.8　下列因素中（多选），对称三相电路的条件是__________；对称三相电路的特点是 __________。（A. 电源电压对称； B. 端线阻抗对称； C. 负载阻抗对称； D. 负载相电压对称； E. 线电流对称； F. 相电流对称）

3.9　三相四线不对称负载电路，对中线的要求（多选）是__________。（A. 安装牢固； B. 安装开关； C. 安装熔断器； D. $Z_N\to0$； E. $Z_N\to\infty$； F. 不安装开关；G. 不安

装熔断器）

3.10　已知三相供电线路如图 3-19 所示，每相白炽灯额定功率相同，且端线中均接有熔断器。若有中线时：A 相断开，则另两相白炽灯______；A 相短路，则另两相白炽灯______。若无中线时：A 相断开，则另两相白炽灯______；A 相短路，则另两相白炽灯______。（A. 正常发光；　B. 灯光变亮；　C. 灯光很亮，然后很快灯灭；　D. 突然亮了一下，随后恢复正常发光；E. 灯光变暗）

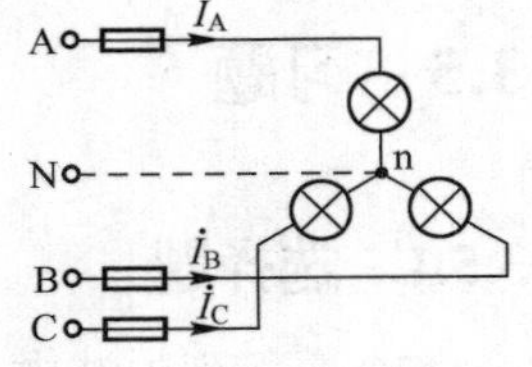

图 3-19　习题 3.10 电路

3.11　三相总功率不等于每相功率之和的是______。（A. 有功功率；　B. 无功功率；　C. 视在功率；　D. 瞬时功率）

3.12　计算对称三相电路功率的 φ 角应为______之间的相位角。（A. 负载线电压与负载线电流；B. 负载相电压与负载相电流；C. 负载线电压与负载相电压；　D. 负载线电流与负载相电流）

3.13　三相功率测量（多选或单选）：一表法可用于______；二表法可用于______；三表法可用于__________。（A. 三相对称负载电路；　B. 三相不对称负载电路；　C. 三相三线制电路；　D. 三相四线制电路）

3.14　我国国家标准，漏电保护器和家用电器的脱扣电流临界值为______mA 。（A. 5；　B. 10；　C. 30；　D. 50；　E. 100）

3.15　（多选或单选）适用于中性点不接地系统的是________ ；适用于中性点接地系统的是__________ 。（A. 保护接地；　B. 保护接零；　C. 工作接地；　D. 重复接地）

3.5.2　分析计算题

3.16　已知三相电源 B 相电压为 $u_B=220\sqrt{2}\sin(\omega t-100^\circ)$V，试求另两相电压正弦表达式，并画出相量图。若该三相电压源分别作Y和△联结时，试求线电压表达式。

3.17　三相发电机绕组每相电压为 6300V，试求该发电机绕组分别作Y和△联结时的线电压。

3.18　已知发电机与对称负载均为Y接法，发电机绕组相电压 U_p=1000V，负载 Z=(50+j25)Ω，试求：1）相电流；2）线电流；3）线电压；4）画出负载电压电流相量图。

3.19　已知三相对称负载电路，线电压为 380V，负载 Z=(30+j40)Ω，试求：1）负载作Y联结时的相电流和中线电流，并作相量图；2）若负载改为△联结，再求负载相电流和线电流。

3.20　已知三相对称负载△联结电路如图 3-20 所示，电源线电压 $\dot{U}_{AB}=380\angle 30^\circ$V，$Z$=(3+j4)Ω 。试求线电流和相电流，并画出电流相量图。

3.21　已知三相对称电路如图 3-21 所示，$\dot{U}_{AS}=380\angle 30^\circ$V，Z=(4+j3)Ω，试求负载相电流 $\dot{I}_A$、$\dot{I}_B$ 和 $\dot{I}_C$。

3.22　已知三相对称负载电路如图 3-22 所示，线电压为 380V，Y联结的对称负载 Z_1=(40+j30)Ω，△联结的对称负载 Z_2=(60+j80)Ω，试求线电流 $\dot{I}_A$、$\dot{I}_B$ 和 $\dot{I}_C$ 。

3.23　已知三相对称 Y 负载无中线电路，U_p=220V，Z=(6+j8)Ω，试求 A 相负载短路和开路时各相电流 $\dot{I}_A$、$\dot{I}_B$ 和 $\dot{I}_C$ 。

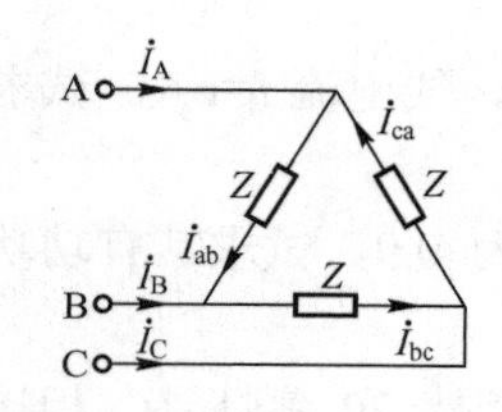

图 3-20 习题 3.20 电路

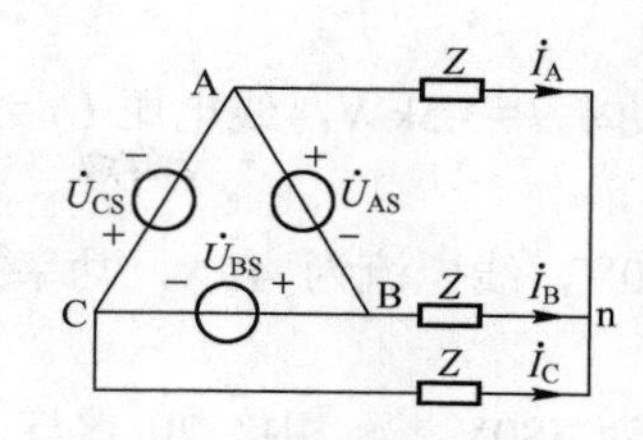

图 3-21 习题 3.21 电路

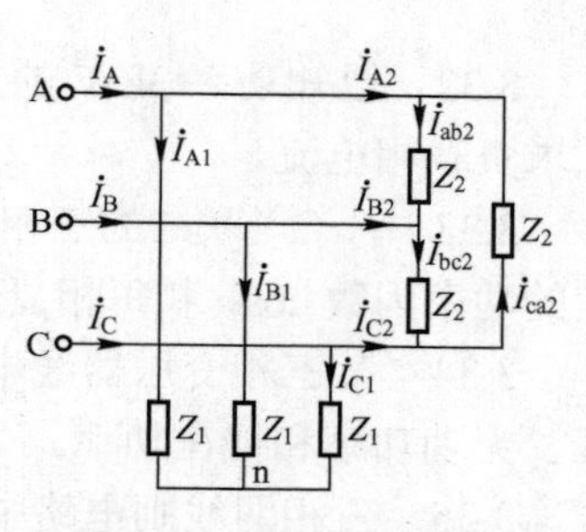

图 3-22 习题 3.22 电路

3.24 已知三相四线制电路如图 3-23 所示，负载为纯电阻，R_A=10Ω，R_B=5Ω，R_C=2Ω，负载相电压为 220V，中线阻抗 Z_N=0，试求：1）各相负载和中线电流，并画电流相量图；2）若中线断开，求负载相电压、相电流，并画电压相量图。

3.25 三相四线不对称纯电阻负载，R_A=5Ω，R_B=10Ω，R_C=20Ω，接到线电压 U_l =380V 电源上，求各相负载电流和中线电流，并画出电流相量图。

3.26 已知三相四线对称Y负载电路如图 3-24 所示，线电压 U_l =380V，Z=(8+j6)Ω。1）若 A 相负载开路；2）若 A 相负载与中线同时开路；试求 B 相、C 相负载电流和电压。

3.27 已知三相对称Y负载电路如图 3-24 所示，线电压 U_l =380V，Z=(17.32+j10)Ω，试求：1）有中线时 $\dot{I}_A$、$\dot{I}_B$、$\dot{I}_C$ 和 $\dot{I}_N$；2）无中线时，$\dot{I}_A$、$\dot{I}_B$ 和 $\dot{I}_C$；3）若 C 相负载改为 Z_C=20Ω，Z_A、Z_B 不变，有中线时，$\dot{I}_A$、$\dot{I}_B$、$\dot{I}_C$ 和 $\dot{I}_N$；4）Z_C=20Ω，Z_A、Z_B 不变，无中线时，$\dot{I}_A$、$\dot{I}_B$ 和 $\dot{I}_C$。

3.28 已知三相不对称负载△联结电路如图 3-25 所示，Z_{AB}=(150+j75)Ω，Z_{BC}=75Ω，Z_{CA}=(45+j45)Ω，U_l=380V，试求各相电流和线电流。

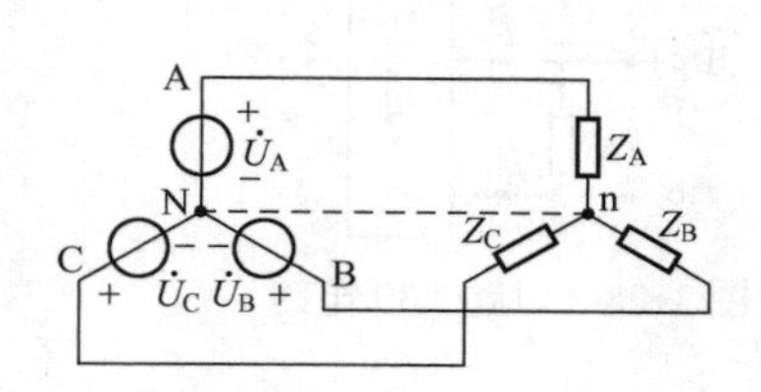

图 3-23 习题 3.24 电路

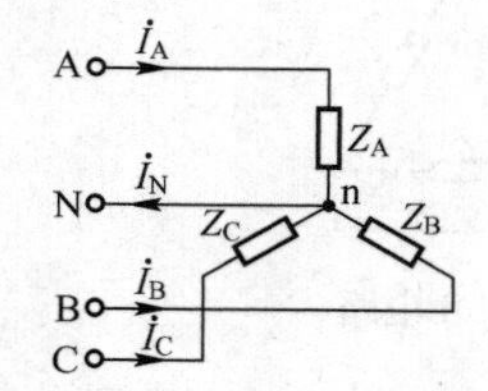

图 3-24 习题 3.26 电路

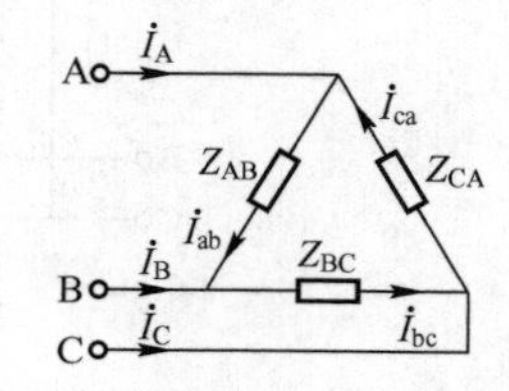

图 3-25 习题 3.28 电路

3.29 已知三相△联结电路，如图 3-25 所示，对称负载 Z_{AB}=Z_{BC}=Z_{CA}=Z=(17.32+j10)Ω，U_l=380V，试求各线电流和相电流。若 BC 相负载断开，再求各线电流和相电流。

3.30 已知三相对称负载△联结电路如图 3-26 所示，K_1、K_2 闭合时，三电流表读数均为 10A，若线电压保持不变，试求下列情况下各电流表读数。

1）K_1 断开，K_2 闭合。

2）K_1 闭合，K_2 断开。

3）K_1、K_2 均断开。

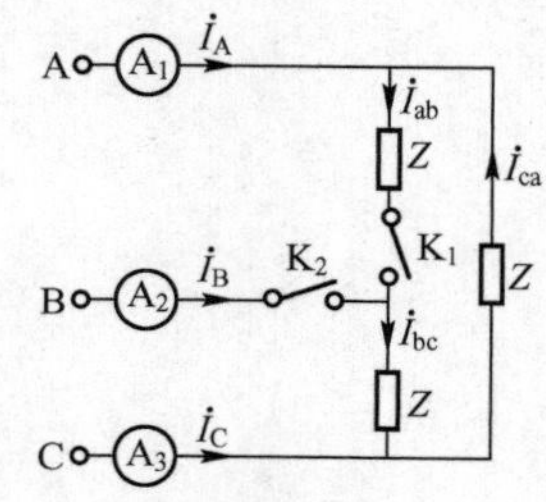

图 3-26 习题 3.30 电路

3.31 已知三相Y对称负载，Z=(8+j6)Ω，线电压为 380V，试求负载电流 $\dot{I}_A$、$\dot{I}_B$、$\dot{I}_C$ 和有功功率 P、无功功率 Q。

3.32　已知功率 3kW 的三相电动机绕组为Y联结，接在 U_l =380V 三相电源上，λ =0.8，试求负载相电流。

3.33　一台Y联结的三相电动机总功率 P=3.5kW，线电压 U_l =380V，线电流 I_l=6A，试求它的功率因数 $\cos\varphi$ 和每相复阻抗。

3.34　某三相变压器线电压为 6600V，线电流为 40A，功率因数为 0.9，试求其有功功率、无功功率和视在功率。

3.35　三相四线制电路中，线电压为 380V，A 相接 20 盏灯，B 相接 30 盏灯，C 相接 40 盏灯，白炽灯额定值均为 220V/100W，求电源供给总功率。若线电压降至 300V，再求电源供给总功率。

3.36　已知三相电动机，每相绕组 Z=(30+j20)Ω，接线电压 U_l =380V，试求在下列情况下电动机吸收功率和功率因数。1）Y联结；2）△联结。

3.37　已知某高压传输线路，线电压 22 万伏，输送功率 24 万千瓦，若输电线路每相电阻为 10Ω，试计算负载功率因数为 0.9 时线路上电压降及一天中输电线损耗电能。若负载功率因数降为 0.6，再求线路上电压降及一天中输电线损耗电能。

3.38　已知三相对称负载△联结电路，如图 3-27 所示，电源线电压 U_l =380V，Z=(20+j20)Ω，试求：

1）三相总有功功率。2）若用二表法测三相总功率，其中一表已接好，画出另一表接线图，并求二表读数和电路总功率。

3.39　已知三相对称感性负载电路如图 3-28 所示，U_l=380V，负载吸收功率 P_1=53kW，$\cos\varphi$=0.9，现在 BC 间接入消耗功率为 P_2=7kW 的电阻，试求 $\dot{I}_A$、$\dot{I}_B$ 和 $\dot{I}_C$。

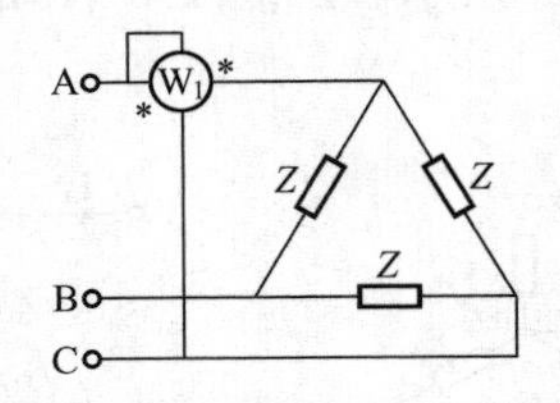

图 3-27　习题 3.38 电路

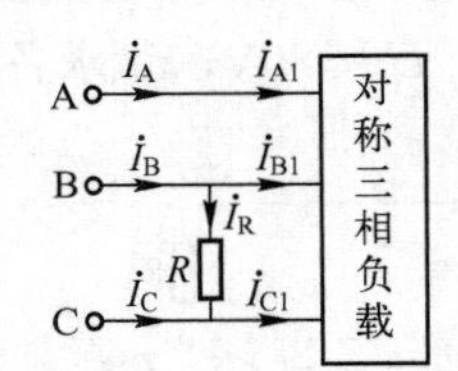

图 3-28　习题 3.39 电路

第 4 章　磁路和铁心变压器

电能产生磁，磁又能转变为电。电和磁相互作用、紧密联系，在许多实际应用中，不能孤立分析，例如变压器、电磁铁及电动机等。因此学习磁路及其特性，就显得很有必要。

4.1　磁路基本概念

4.1.1　磁场基本物理量

磁场的基本物理量主要有磁感应强度 B、磁通 Φ、磁导率 μ 和磁场强度 H 等。

1. 磁感应强度 B

磁感应强度 B 是表示磁场内某点磁场强弱和方向的物理量。它定义为磁场中某导线，其长度为 l，通过电流 I，（I 与磁场方向垂直），受到磁场力 F 时，则磁感应强度为：

$$B=\frac{F}{Il} \tag{4-1}$$

磁感应强度 B 的方向可根据电流流向用右手螺旋法则确定。即右手握拳，拇指伸直，若拇指方向为电流方向，则四指绕行方向为磁场方向，（适用于直线电流）。若四指方向为电流方向，则拇指方向为磁场方向，适用于螺旋管电流。

磁感应强度 B 的单位为特斯拉，用字母 T 表示。工程上常用单位为高斯，用字母 GS 表示。1 高斯＝10^{-4} 特斯拉。

2. 磁通 Φ

在磁场中，磁感应强度 B 与垂直磁场方向面积 S 的乘积，称为沿法线正方向穿过该面积的磁感应强度的磁通量，简称磁通。

对于均匀磁场，则有：

$$\Phi=BS \tag{4-2}$$

磁通 Φ 的单位为韦伯，简称韦，以 Wb 表示。工程上常用麦克斯韦作为磁通单位，以 Mx 表示，$1\text{Mx}=10^{-8}\text{Wb}$。

3. 磁导率 μ

磁场的特性不仅与产生它的电流及导体的形状有关，而且与磁场内磁介质的性质有关。磁导率 μ 即为描述磁介质磁性的物理量。μ 的单位为亨利/米，用 H/m 表示。

真空中的磁导率 $\mu_0=4\pi\times10^{-7}\text{H/m}$。任意一种磁介质 μ 与真空磁导率 μ_0 的比值称为相对磁导率 μ_r 。

$$\mu_r=\frac{\mu}{\mu_0} \tag{4-3}$$

自然界物质按其磁导率不同可分为三类：顺磁性物质、逆磁性物质和铁磁性物质。

1）顺磁性物质：μ_r稍大于 1，在 1.000003～1.00001 之间，例如铝、铬、铂和空气等。

2）逆磁性物质：μ_r稍小于 1，在 0.999995～0.99983 之间，例如氢、铜等。

顺磁性物质和逆磁性物质在工程计算时都可以取 $\mu_r=1$。

3）铁磁性物质：$\mu_r \gg 1$，可达几百甚至几千以上，而且不是一个常数，随磁感应强度 B 和温度而变。例如铁、钴、镍、硅钢、坡莫合金及铁氧体等。由于铁磁性物质具有高导磁性，因而被作为磁性材料广泛应用。

4. 磁场强度 H

磁场强度 H 也是表示磁场强弱和方向的一个物理量，单位为安培/米（A/m）。磁感应强度 B 与磁场强度 H 的关系：

$$B=\mu H \tag{4-4}$$

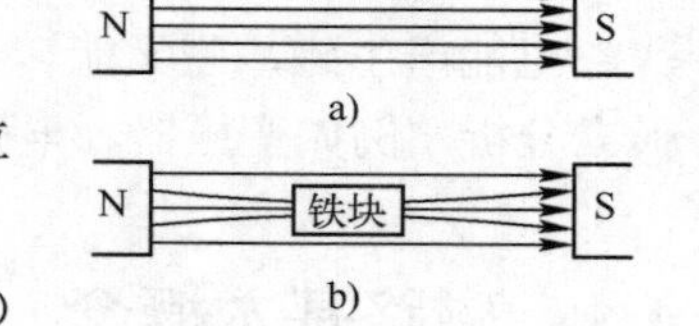

图 4-1　B 与 H 关系示意实验

两者之间的关系可用图 4-1 实验说明。图 4-1a 为未放入铁块的匀强磁场（可用铁屑显示磁感应线），图 4-1b 为放入铁块后的磁场。很明显，放入铁块后，绝大部分磁感应线聚集在铁块中通过，表明该处（铁块）中的磁感应强度 B 明显比原来增强了（磁感应线密度变密），而磁场强度 H 并未变化。

由于铁磁性物质 $\mu_r \gg 1$，即磁导率 $\mu \gg \mu_0$。当线圈绕在铁磁性物质上，并通有电流产生励磁磁场 H 时，根据式（4-4），将产生极高的磁感应强度 B。反过来，若要使线圈磁场达到一定的磁感应强度，则所需的励磁电流就可大大降低。因此，电气设备的线圈中，一般都用铁磁性材料作为基芯。

4.1.2　铁磁性物质

铁磁性物质与非铁磁性物质相比，在同等条件下，能产生极高的磁感应强度 B。那么它究竟有什么特性呢？

1. 铁磁性物质的磁化曲线

由于铁磁性物质的磁导率 μ 不是常数，而是随 H 而变化。因此，磁感应强度 B 与磁场强度 H 的关系曲线（称为磁化曲线）呈非线性关系，如图 4-2 所示。

铁磁性物质磁化曲线的主要特点是非线性和饱和性。起始段斜率较小；中间段斜率较大，且线性度较好；尔后 B 随 H 增大而增加缓慢并趋于饱和。由于铁磁性物质的 B 与 H 关系呈非线性，因此由铁磁性物质作为磁介质的线圈电感也不再是线性电感，即 $L=\Phi/i$ 中的 Φ 与 i 不成线性关系。

2. 铁磁性物质的磁滞回线

图 4-2 所示 B-H 曲线也称为起始磁化曲线，它是描述磁场强度 H 从 0 逐渐增大时磁感应强度 B 随之变化的规律。但若磁场强度 H 作交变时，即用铁磁性物质作磁介质的线圈在交流励磁电流作用下，磁场强度 H 随之交变时，磁感应强度 B 并不按照图 4-2 所示 B-H 曲线来回运行，而是按照图 4-3 所示图形运行。

1）当磁场强度 H 从 0 增至 H_m 时，磁感应强度 B 按照起始磁化曲线沿 Oc 运行。

2）当 H 从 H_m 逐渐减小至 0 时，B 并不沿 cO 曲线返回原点，而是沿 cd 运行。当 $H=0$ 时，$B=B_r \neq 0$，B_r 称为剩余磁感应强度，简称为剩磁。

3）只有当 H 反向增大至 $H=-H_c$，B 才等于 0。反向磁场强度 H_c 称为矫顽磁力。

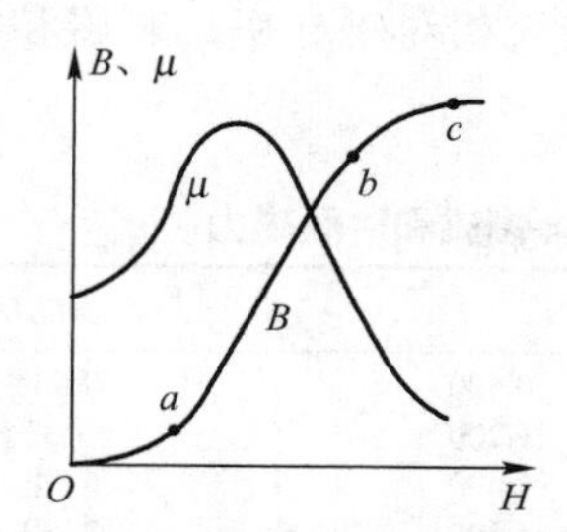

图 4-2　铁磁性物质 B-H 曲线

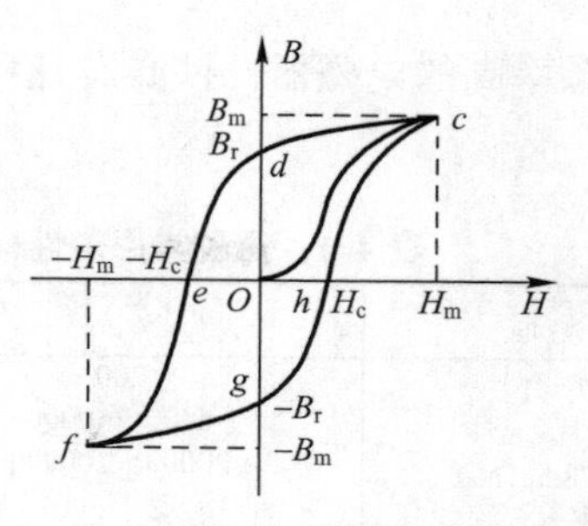

图 4-3　磁滞回线

4）当 H 继续反向增大，B 才出现负值。当 $H=-H_m$，$B=-B_m$。H 反向减小至零时，$B=-B_r$。

5）H 正向增大至 $H=H_c$ 时，B 才等于 0。

6）此后，当磁场强度 H 作交变时，磁感应强度 B 沿 $hcdefgh$ 回线反复运行。回线 $hcdefgh$ 称为磁滞回线。铁磁性物质的磁滞性可理解为磁感应强度 B 的变化滞后于磁场强度 H 的变化。

3. 铁磁性物质分类

铁磁性物质按磁滞回线的形状大致可分为两大类：硬磁材料和软磁材料。

（1）硬磁材料

硬磁材料的特点是磁滞回线较宽，回线面积较大，剩磁和矫顽磁力均较大，如图 4-4 所示。在外界励磁电流为零，即磁场强度为零时，仍能保持很强的剩磁，例如永久磁铁。

常见的硬磁材料有铁镍铝钴合金、钨钢、钴钢等。硬磁材料适宜于制作永久磁铁及含有永久磁铁的电气设备，例如磁电式仪表、扬声器及永磁发电机等。

近年来稀土永磁材料发展很快。例如，稀土钴等，其矫顽磁力很大。

（2）软磁材料

软磁材料的特点是磁滞回线较窄，回线面积较小，磁导率较高，剩磁较小。软磁材料又可分为低频软磁材料和高频软磁材料。

常见低频软磁材料如硅钢、坡莫合金等。电机和变压器中的铁心多为硅钢片。常见的高频软磁材料如铁氧体等，用于收音机中的磁棒和中周变压器的磁心。

图 4-5 为铸铁、铸钢、硅钢片和铁镍合金的磁化曲线，这几种铁磁性材料均属高饱和磁感应强度、高导磁率材料。从图中比较可得出，铸铁、铸钢一般，硅钢比较好，铁镍合金最好，价格上铸铁、铸钢稍廉，硅钢、铁镍合金较贵。一般来说，铸铁、铸钢适宜制作大功率电磁铁铁心，硅钢片适用于制作各种电动机、变压器等，铁镍合金用于制作小功率、性能要

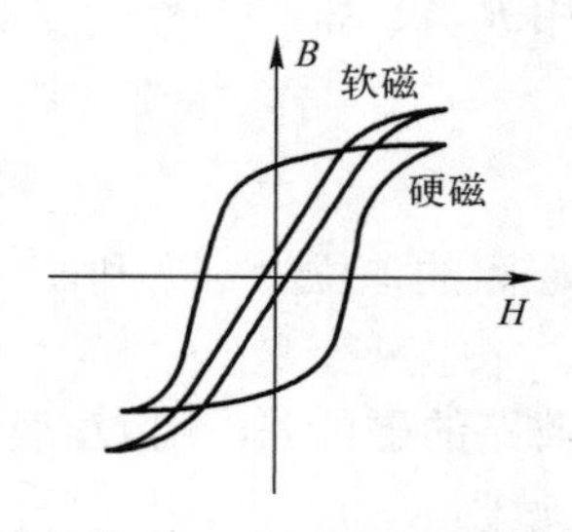

图 4-4　硬磁材料和软磁材料

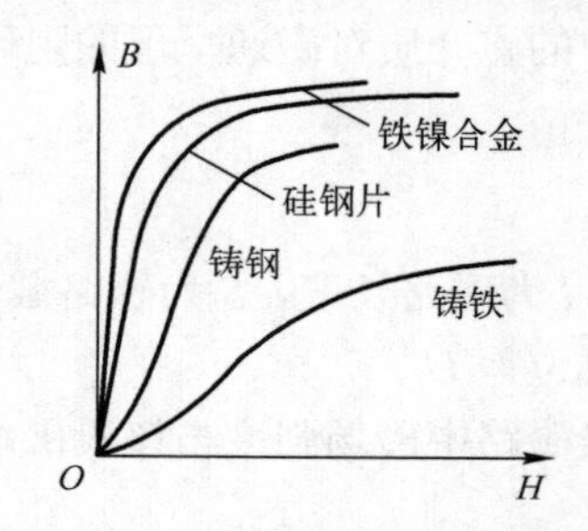

图 4-5　常用铁磁材料磁化曲线定性比较

求好、工作频率高的电磁器件铁心。几种常用磁性材料最大相对磁导率、剩磁和矫顽磁力如表 4-1 所示。

表 4-1　几种常用磁性材料最大相对磁导率、剩磁和矫顽磁力

材料名称	$\mu_{r\max}$	B_r/T	H_c/(A/m)
铸铁	200	0.475～0.500	880～1040
硅钢片	8000～10000	0.800～1.200	32～64
坡莫合金（78.5%N_i）	20000～200000	1.100～1.400	4～24
碳钢		0.800～1.100	2400～3200
铁镍铝钴合金		1.100～1.350	40000～52000
稀土钴		0.600～1.000	320000～690000
稀土钴铁硼		1.100～1.300	600000～900000

4.1.3　磁路及其基本定律

1. 磁路概述

（1）磁路

在铁心线圈中通以电流，就会在线圈周围产生较强的磁场，由于铁磁性物质的高磁导率，所产生的磁感应线基本上局限在铁心内，形成磁回路，如图 4-6a 所示。在非全闭合铁心中，铁心与铁心之间存有气隙，磁感应线穿越气隙，形成磁回路，如图 4-6b 所示。这种约束在铁心及其气隙所限定范围内的磁通路称为磁路。

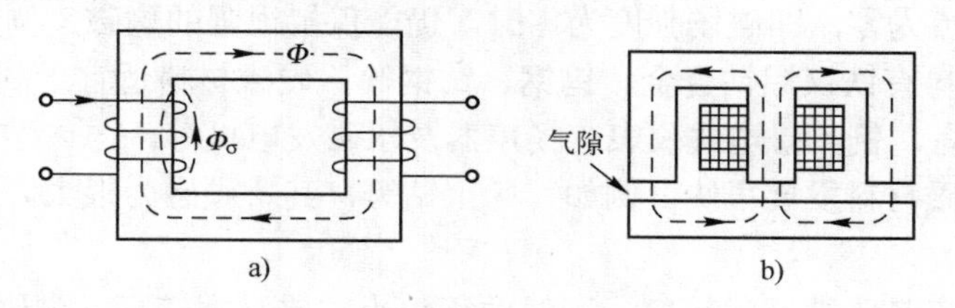

图 4-6　磁路示意图

（2）主磁通和漏磁通

约束在铁心内的磁通称为主磁通 Φ；还有一小部分其中一段或全段不经过铁心的磁通称为漏磁通 Φ_σ。一般来讲，漏磁通所占比例极小，在工程计算中，常可忽略不计。

（3）励磁电流

产生磁路中磁通的电流称为励磁电流。励磁电流可以是直流，也可以是交流。

（4）磁阻 R_m

磁路中的磁介质对磁通呈现的阻碍作用，称为磁阻。用 R_m 表示。

$$R_m=\frac{l}{\mu S} \tag{4-5}$$

式中，l 为磁路长度，S 为磁路截面积，μ 为磁导率。磁阻的单位为 1/亨利。

（5）磁位差 U_m

某一段磁路中磁场强度与该段磁路长度之积称为该段磁路的磁位差，用 U_m 表示。

$$U_m=Hl \tag{4-6}$$

需要指出的是，磁路中磁位差与某一具体磁路路径有关，这一点与电路中电位差不同，电路中两点间的电位差与路径无关。

磁位差的单位为安培。

（6）磁通势 F

磁通势（磁动势）类似于电路中的电动势。磁路中产生磁通的磁源通常是线圈中的电流，该电流与线圈匝数之积称为磁通势。

$$F=NI \tag{4-7}$$

磁通势的单位为安培。为与电流单位区别，磁通势的单位也常称为安匝。

磁通势 F 与磁位差 U_m 的单位都是安培，有什么区别？磁通势 F 与磁位差 U_m 的区别类似于电路中的电动势和电位差的关系。

2. 磁路欧姆定律

$$U_m=Hl=\frac{Bl}{\mu}=\frac{\Phi l}{S\mu}=\Phi R_m \tag{4-8}$$

上式表明，磁路中某一段磁路的磁位差等于该段磁路的磁阻与磁通的乘积。磁路欧姆定律与电路中的欧姆定律相似，它反映了磁路中磁通、磁压与磁阻之间的约束关系。

3. 磁通连续性原理和基尔霍夫磁通定律

磁通连续性原理的数学表达式为：

$$\oint_S B_n \mathrm{d}S=0 \tag{4-9}$$

上式表明，对于磁场中任一封闭曲面，进入封闭曲面的磁通等于穿出封闭曲面的磁通。若设磁通穿出为正，进入为负，该式也可用另一种形式表达：

$$\sum\Phi=0 \tag{4-10}$$

即任一封闭曲面穿出的净磁通等于零。这就是基尔霍夫磁通定律，该定律有点类似电路中基尔霍夫电流定律。

4. 安培环路定律和基尔霍夫磁位差定律

安培环路定律也称为全电流定律，描述磁场强度 H 与电流之间的关系，是磁场的一个基本规律。

$$\oint_l H\mathrm{d}l=\sum I \tag{4-11}$$

式中，$\oint_l H\mathrm{d}l$ 是磁场强度 H 沿任意闭合路径 l 的线积分，$\sum I$ 是穿过该闭合路径所围面的电流代数和，若电流方向与线积分绕行方向符合右手螺旋定则，则取正号；反之取负号。

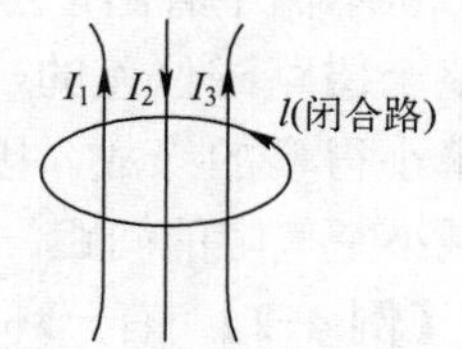

图 4-7　安培环路定律示意图

安培环路定律表明，磁场强度 H 沿任意闭合路径 l 的线积分等于穿过该闭合路径所围面的电流代数和。如图 4-7 所示，$\oint_l H\mathrm{d}l=\sum I=I_1-I_2+I_3$。其值仅与产生该磁场的传导电流 I_1、I_2、I_3 有关，而与该闭合路径所围面的磁介质的磁导率 μ 无关。由于磁路往往由多种材料组成，不同材料的磁导率不同，因而磁路中各段的磁场强度 H 也会有所不同。因此，$\oint_l H\mathrm{d}l$ 可由每段不同材质的磁路分段积分求和：$\oint_l H\mathrm{d}l=\oint_{l_1} H_1\mathrm{d}l+\oint_{l_2} H_2\mathrm{d}l+\cdots$

$+\oint_{l_n} H_n \mathrm{d}l = \sum Hl$。另外，$\sum I$ 通常也由通以同一电流的 N 匝线圈构成。因此，安培环路定律可演变为如下形式：

$$\sum Hl = \sum NI \tag{4-12}$$

上式称为基尔霍夫磁位差定律。式中 H 方向与闭合回线 l 方向一致时取正号，相反时取负号；电流 I 的方向与闭合回线的方向符合右手螺旋定则时，NI 前取正号，否则取负号。上式表明，磁路中沿任意闭合回路磁位差的代数和等于沿该回路磁通势的代数和。

【例 4-1】 已知磁路如图 4-8 所示，磁路铁心段中心线总长度 l_1=20cm，截面积 S=1cm^2，空气隙长度 l_0=0.2mm，铁心材料相对磁导率 μ_r=1000，线圈匝数 N=1000。若要求在磁路中产生 $\Phi=0.4\pi\times10^{-4}$Wb 的磁通量，试求：1）励磁电流 I；2）铁心段和气隙段磁阻；3）气隙两端的磁位差 U_{m0}。

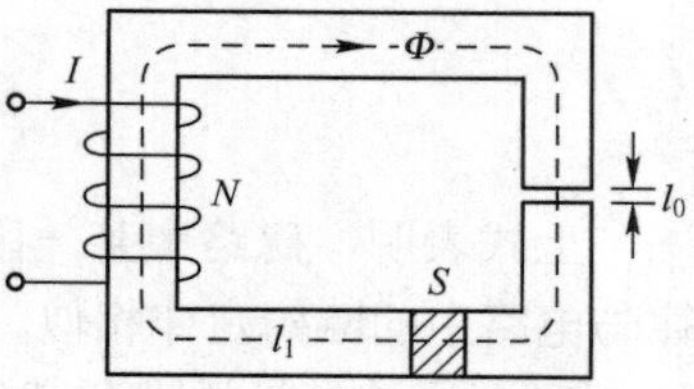

解：1）本题为无分支磁路，可分为铁心段和气隙段。在磁路中，若忽略漏磁通，铁心段和气隙段的磁通 Φ 是相同的。若磁路横截面积相同，则磁感应强度 B 也相同。因此：

$$B=\frac{\Phi}{S}=\frac{0.4\pi\times10^{-4}}{1\times10^{-4}}=0.4\pi\text{T}$$

图 4-8　例 4-1 磁路

气隙段磁场强度：$H_0=\dfrac{B}{\mu_0}=\dfrac{0.4\pi}{4\pi\times10^{-7}}=1\times10^6\ \text{A/m}$

铁心段磁场强度：$H_1=\dfrac{B}{\mu_r\mu_0}=\dfrac{0.4\pi}{1000\times4\pi\times10^{-7}}=1\times10^3\ \text{A/m}$

总磁通势：$F=\sum Hl=H_1l_1+H_0l_0=1\times10^3\times20\times10^{-2}+1\times10^6\times0.2\times10^{-3}=(200+200)\text{A}=400\text{A}$

励磁电流：$I=\dfrac{\sum Hl}{N}=\left(\dfrac{400}{1000}\right)\text{A}=0.4\text{A}$

2）铁心段磁阻：$R_{m1}=\dfrac{l_1}{\mu S}=\dfrac{l_1}{\mu_r\mu_0 S}=\dfrac{20\times10^{-2}}{1000\times4\pi\times10^{-7}\times10^{-4}}=\dfrac{5}{\pi}\times10^6\dfrac{1}{H}$。

气隙段磁阻：$R_{m0}=\dfrac{l_0}{\mu_0 S}=\dfrac{2\times10^{-4}}{4\pi\times10^{-7}\times10^{-4}}=\dfrac{5}{\pi}\times10^6\dfrac{1}{H}$

3）气隙两端的磁位差：$U_{m0}=\Phi R_{m0}=0.4\pi\times10^{-4}\times\dfrac{5}{\pi}\times10^6=200\text{A}$。

求气隙两端磁位差另解：$U_{m0}=H_0l_0=200\text{A}$

从本例中看出，虽然空气隙只有 0.2mm，但其磁位差 U_{m0} 却占整个磁路磁位差的一半，这是因为空气隙的磁导率比铁心的磁导率小得多的缘故。因此，为了减小铁心线圈的励磁电流，应尽量减小空气隙的间距。

【例 4-2】 有一环形铁心线圈，内径为 10cm，外径为 15cm，铁心材料为铸钢，B-H 曲线如图 4-9 所示。磁路中含有一空气隙，其长度为 0.2cm。设线圈中通有 1A 电流，若要得到 0.9T 的磁感应强度，试求线圈匝数。

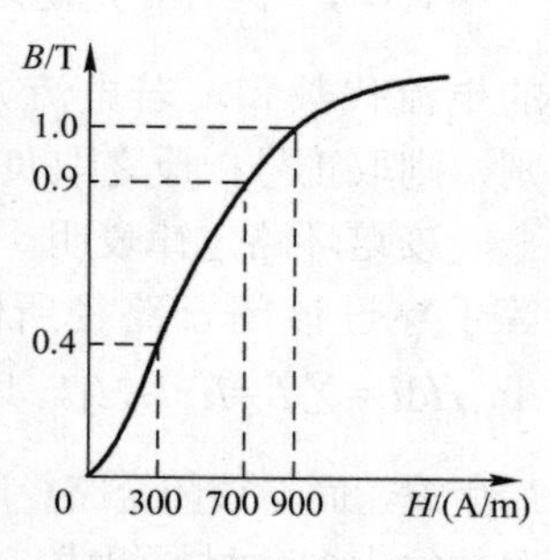

图 4-9　例 4-2 磁化曲线

解：磁路平均长度：$l=\left(\frac{d_1+d_2}{2}\right)\pi=\left(\frac{10+15}{2}\right)\pi=39.2\text{cm}$

从图 4-9 所示铸钢 B–H 曲线查得：铸钢材料 B=0.9T 时，H=700A/m。

总磁通势：$F=\sum Hl=H_1l_1+\frac{B}{\mu_0}l_0=700\times(39.2-0.2)+\frac{0.9}{4\pi\times10^{-7}}\times0.2=(273+1440)\text{A}=1713\text{A}$

线圈匝数：$N=\frac{F}{I}=\frac{1713}{1}=1713$ 匝

从本例中可得出，磁路中含有空气隙时，因其磁阻很大，磁通势大多用于空气隙上面。而要达到一定的磁通势，一是增大励磁电流 I；二是增加线圈匝数；三是选用高磁导率的铁心材料。

【复习思考题】

4.1　简述物质磁性分类概况

4.2　磁感应强度 B 与磁场强度 H 有何异同？

4.3　定性画出并简述铁磁性物质的磁滞回线。

4.4　软磁材料与硬磁材料有何区别？

4.5　简述下列名词：1）磁路。2）磁阻。3）磁位差。4）磁通势。5）磁路欧姆定律。6）基尔霍夫磁通定律。7）基尔霍夫磁位差定律。

4.2　交流铁心线圈

空心线圈属线性电感，线圈内加入铁磁性物质作介质后，成为铁心线圈。若铁心线圈的励磁电流为恒定直流，则在铁心中产生的主磁通也是恒定的，线圈中不会产生感应电势，其损耗仅为线圈直流电阻的热损耗（I^2R）。若铁心线圈的励磁电流是交变的，则在铁心中产生的主磁通也是交变的，线圈中会产生感应电势。本节分析交流铁心线圈的电磁特性。

4.2.1　电压、电流与磁通的关系

1. 磁通与电压的关系

若忽略铁心线圈漏磁通和直流电阻，则线圈两端电压与磁通的关系：$u=N\frac{\mathrm{d}\Phi}{\mathrm{d}t}$，若 $\Phi=\Phi_\mathrm{m}\sin\omega t$，则其两端电压亦为正弦函数。

$$u=N\frac{\mathrm{d}(\Phi_\mathrm{m}\sin\omega t)}{\mathrm{d}t}=N\omega\Phi_\mathrm{m}\cos\omega t=U_\mathrm{m}\sin(\omega t+90^\circ) \tag{4-13}$$

式中，$U_\mathrm{m}=N\omega\Phi_\mathrm{m}$，由此可得：

$$U=\frac{U_\mathrm{m}}{\sqrt{2}}=\frac{N\omega\Phi_\mathrm{m}}{\sqrt{2}}=\frac{2\pi fN\Phi_\mathrm{m}}{\sqrt{2}}=4.44fN\Phi_\mathrm{m} \tag{4-13a}$$

式（4-13）和（4-13a）表明：交流铁心线圈两端电压 u 与磁通 Φ 按同一规律（正弦）变化，电压相位越前磁通相位 90°，大小关系按式（4-13a）计算。

2. 磁通与电流的关系

分析磁通与电流的关系，可先分别分析磁通与磁感应强度 B 的关系和电流与磁场强度 H

的关系。$\Phi=\dfrac{B}{S}$，磁通 Φ 与磁感应强度 B 呈线性关系；$\sum Hl=\sum NI$，磁场强度 H 与电流呈线性关系；$B=\mu H$，磁感应强度 B 与磁场强度 H 的关系为非线性关系，如图 4-2 所示。因此，磁通 Φ 与电流 i 之间的关系也呈非线性关系，如图 4-10a 所示。若磁通 Φ 为正弦波，则电流 i 为钟乳形的非正弦波，如图 4-10b 所示。形成非线性的原因是 B-H 曲线的饱和性和磁滞性以及涡流，其中 B-H 曲线的饱和性是主要的，铁心磁感应强度 B 越饱和，产生的电流波形畸变越严重。

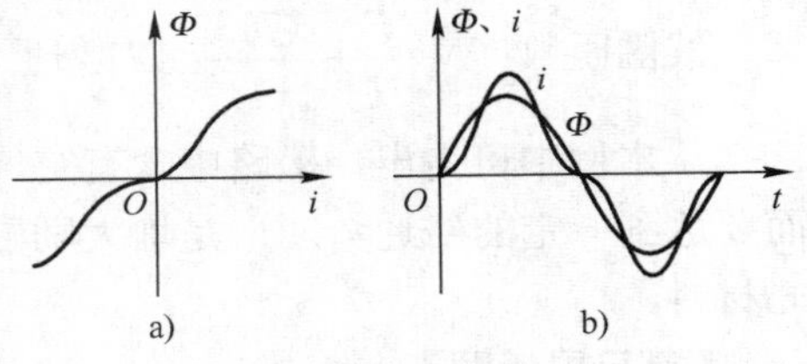

图 4-10　磁通与电流的关系

3. 铁心线圈中电压与电流的关系

从上述分析中，我们已知铁心线圈的电压与磁通为线性关系，而磁通与电流的关系为非线性关系。因此，若在铁心线圈二端施加正弦电压，则线圈中电流为畸变的非正弦波，其定性分析与图 4-10b 中 Φ 与 i 的关系相同。

【例 4-3】 欲绕制一个铁心线圈，已知电源电压 U=220V，f=50Hz，铁心有效截面积 S=27.5cm^2（去除硅钢片间隙）。1）若取 B_m=1.2T，求线圈匝数 N。2）若铁心磁路平均长度 l=60cm，求励磁电流（该铁心材料 B_m=1.2T 时对应 H_m=700A/m）。

解： 1）$N=\dfrac{U}{4.44fB_mS}=\dfrac{220}{4.44\times50\times1.2\times27.5\times10^{-4}}$=300 匝。

2）$I=\dfrac{F}{N}=\dfrac{Hl}{N}=\dfrac{\dfrac{H_m}{\sqrt{2}}l}{N}=\dfrac{700\times60\times10^{-2}}{300\sqrt{2}}$ A=0.99A。

4.2.2　交流铁心线圈功率损耗

铁心线圈若施加交变电压，将产生一定的功率损耗，包括铜损和铁损。

1. 铜损

铜损是指交变电流在线圈直流电阻上产生的损耗，与线圈的直流电阻和交变电流的大小有关。

2. 铁损

铁损是指在交变磁通作用下，在铁心中的能量损耗。铁损主要由两部分组成：磁滞损耗和涡流损耗。

（1）磁滞损耗

磁滞损耗是由于铁磁性物质磁滞特性而引起，与铁磁性物质磁滞回线面积成正比。磁滞回线面积越小，磁滞损耗越少。而磁滞回线的形状与磁感应强度最大值 B_m 有关。因此，若要减小磁滞损耗，应选择磁滞回线面积较小的磁性材料。

若从铁磁性物质内部磁畴结构来分析，磁滞损耗可理解为铁磁性物质在交变电压激励下，磁畴反复变化，类似于摩擦生热的能量损耗，因此磁滞损耗又与交变激励电压的频率成正比。

为了减小磁滞损耗，铁心线圈的铁心通常选用磁滞回线面积较小的铁磁性材料，例如硅钢、坡莫合金、铁氧体等。

（2）涡流损耗

交变磁通不仅能在线圈中产生感应电动势，而且也能在同样是导体的铁心中产生感应电动势和感应电流，感应电流在铁心中垂直于磁通方向的平面内一圈一圈回旋流动，称为涡流。涡流在具有一定电阻的铁心中流动，当然要消耗能量。

涡流损耗是涡流在铁心中流动产生的损耗，与感应电流（电压）的平方成正比。根据式（4-13a）可知，感应电流（电压）与交变磁通的频率 f 和磁感应强度的最大值 B_m 有关。因此，涡流损耗与 f 及 B_m 的平方成正比。

涡流的大小与铁心的电阻有关，严格讲是与垂直于磁通方向平面内的铁心电阻有关。

为了减小涡流损耗，在钢中适量加入绝缘材料二氧化硅，炼成硅钢，以增加其电阻率。并将其加工成片状，表面涂上绝缘层（清漆），以阻断涡流流动。将铁、锰、镁、锌、铜等金属氧化物粉末按一定比例混合压铸烧结成电阻率很高的铁氧体等。

需要说明的是，涡流损耗虽然有害，但也有变害为利的应用，例如利用涡流的中频炼钢炉和加热食品的电磁炉等。

4.2.3 交流铁心线圈等效电路

交流铁心线圈用途很广，如电机、变压器、电磁铁和电抗器等。因其电感为非线性，且电与磁相互影响，因此，交流铁心线圈的分析计算要比无铁心的电感电路复杂得多。

1. 等效电路

根据上两节分析，可以画出交流铁心线圈等效电路如图 4-11a 所示。其中：

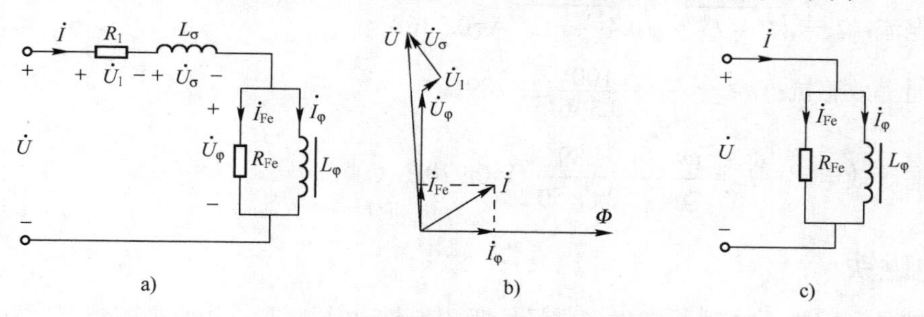

图 4-11 交流铁心线圈等效电路和相量图

1）R_1 为线圈直流电阻，对应于铜损 I^2R_1。

2）L_σ 和 L_φ 分别为对应于漏磁通和主磁通的电感，$L_\sigma \ll L_\varphi$。

3）R_{Fe} 表示铁损（包括磁滞损耗和涡流损耗）对应的电阻。

4）$\dot{I}_\varphi$ 是产生主磁通的磁化电流，$\dot{I}_{Fe}$ 为铁损电流，$\dot{I}_\varphi + \dot{I}_{Fe} = \dot{I}$。$\dot{I}$ 称为励磁电流（或称激磁电流），$\dot{I}_{Fe}$ 是 $\dot{I}$ 的有功分量，$\dot{I}_\varphi$ 是 $\dot{I}$ 的无功分量。

5）$\dot{U}_\sigma$ 和 $\dot{U}_\varphi$ 分别为对应于漏磁通和主磁通的电压。

2. 相量图

据此，可画出交流铁心线圈相量图，如图 4-11b 所示。

1）产生主磁通的磁化电流 $\dot{I}_\varphi$ 与主磁通 Φ 同相。

2）磁化电流 $\dot{I}_\varphi$ 与铁损电流 $\dot{I}_{Fe}$ 合成励磁电流 $\dot{I}$。

3）对应于主磁通的电压$\dot{U}_{\varphi}$越前产生主磁通的电流$\dot{I}_{\varphi}$（或主磁通 Φ）90°。

4）线圈直流电阻 R_1 对应的铜损电压$\dot{U}_1$与励磁电流$\dot{I}$同相，漏电感 L_{σ}对应的电压$\dot{U}_{\sigma}$越前$\dot{I}$ 90°。

5）交流铁心线圈两端的总电压$\dot{U}=\dot{U}_1+\dot{U}_{\sigma}+\dot{U}_{\varphi}$。

3. 简化的等效电路

由于线圈直流电阻 R_1 和漏电感 L_{σ} 一般很小，其对应的电压$\dot{U}_1$和$\dot{U}_{\sigma}$也很小（图 4-11b 中，为看清$\dot{U}$与$\dot{U}_1$、$\dot{U}_{\sigma}$、$\dot{U}_{\varphi}$的关系，画得偏大些），可忽略不计。因此，为简化分析，常用简化的交流铁心线圈等效电路如图 4-11c 替代。此时，$\dot{U}\approx\dot{U}_{\varphi}$。

【例 4-4】 已知一个 N=200 匝的铁心线圈接 U=100V、f=50Hz 的交流电源，测得 I=0.4A，损耗功率 P=20W。若不计线圈内阻和漏电感，试求：铁心中主磁通最大值 Φ_{m}，铁损等效电阻 R_{Fe}和主磁通等效电感 L_{φ}。

解：主磁通最大值：$\Phi_{\mathrm{m}}=\dfrac{U}{4.44fN}=\dfrac{100}{4.44\times50\times200}\mathrm{Wb}=0.00225\mathrm{Wb}$

不计线圈内阻和漏电感时，其损耗功率即为铁损。

铁损等效电阻：$R_{\mathrm{Fe}}=\dfrac{U^2}{P}=\dfrac{100^2}{20}\Omega=500\Omega$

铁损电流：$I_{\mathrm{Fe}}=\dfrac{U}{R_{\mathrm{Fe}}}=\dfrac{100}{500}\mathrm{A}=0.2\mathrm{A}$

磁化电流：$I_{\varphi}=\sqrt{I^2-I_{\mathrm{Fe}}^2}=\sqrt{0.4^2-0.2^2}\ \mathrm{A}=0.346\mathrm{A}$

主磁通等效感抗：$\omega L_{\varphi}=\dfrac{U}{I_{\varphi}}=\dfrac{100}{0.346}\Omega=289\Omega$

主磁通等效电感：$L_{\varphi}=\dfrac{\omega L_{\varphi}}{\omega}=\dfrac{289}{2\pi\times50}\mathrm{H}=0.920\mathrm{H}$

4.2.4 电磁铁

电磁铁是利用铁心线圈通电生成磁场，吸引衔铁动作，带动其他机械装置联动的一种电器。当电源断开时，磁场消失，衔铁复位。

1. 结构

电磁铁由励磁绕组、铁心和衔铁三部分组成，如图 4-12 所示。

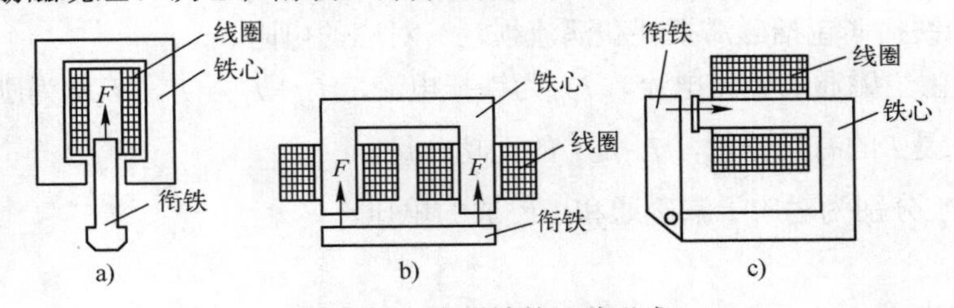

图 4-12 电磁铁的几种形式

2. 电磁吸力

电磁铁的主要参数是电磁吸力，其大小为：

$$F=\frac{\phi^2}{2\mu_0 S_0}=\frac{10^7}{8\pi}B_0{}^2 S_0 \tag{4-14}$$

式中，Φ 是磁路磁通，单位为韦伯；μ_0 是真空中的磁导率，$\mu_0=4\pi\times10^{-7}$H/m；S_0 是气隙截面积，单位为平方米；B_0 是气隙中磁感应强度，单位为特斯拉； F 的单位为牛顿。

3. 直流电磁铁

电磁铁按励磁电流种类不同可分为直流电磁铁和交流电磁铁。

直流电磁铁的励磁电流为直流，其大小取决于励磁线圈所加的直流电压（可为稳恒直流或脉动直流）和线圈直流电阻，因此磁动势 NI 的变化规律也与线圈所加直流电压相同。但随着衔铁的吸合，气隙变小，磁阻变小，气隙中的磁感应强度增大。因此，衔铁吸合后的电磁力要比吸合前大得多。由于直流电磁铁的励磁电流为直流，铁心中的铁损很小，因此铁心常用整块软钢制成。

4. 交流电磁铁

交流电磁铁的励磁电流为正弦交流，因此而产生的磁通也为正弦交变。设 $B_0=B_m\sin\omega t$，则其吸力：

$$F=\frac{10^7}{8\pi}S_0B_m{}^2\sin^2\omega t=\frac{10^7}{8\pi}S_0B_m{}^2\left(\frac{1-\cos2\omega t}{2}\right)=F_m\left(\frac{1-\cos2\omega t}{2}\right)=\frac{1}{2}F_m-\frac{1}{2}F_m\cos2\omega t \tag{4-15}$$

其中 $F_m=\frac{10^7}{8\pi}B_m{}^2S_0$，为最大吸力值。上式表明，交流电磁铁的吸力在零与最大值 F_m 之间脉动。因而衔铁将以两倍电源频率颤动，不但引起很大噪声，而且极易损坏吸合触点。为消除这一现象，可在磁极部分端面上套上一个分磁环（或称短路环），如图 4-13 所示。由于磁通交变时在分磁环中产生感应电流，因而 Φ_1、Φ_2 之间产生相位差，两部分磁极的吸力不会同时降为零，其合力也不会为零，从而消除了衔铁的颤动和噪声。

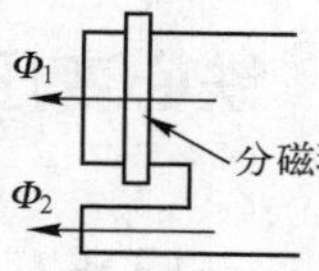

图 4-13 分磁环示意图

交流电磁铁为了减小铁损，铁心由硅钢片叠成。

交流电磁铁在吸合过程中，线圈中的电流（有效值）变化很大。原因是吸合过程中，随着气隙的减小，磁阻减小，线圈的电感量和感抗增大，因而电流逐渐减小。因此，若因某种机械故障，衔铁和机械可动部分被卡住，通电后衔铁吸合不上，励磁线圈中将长期维持较大电流，使线圈严重发热，甚至烧毁，使用时必须注意。

5. 电磁铁用途

电磁铁的应用十分广泛，是构成电磁开关、电磁阀门、继电器和接触器等由电流控制的自动控制元件的基本部件。

【例 4-5】 已知某交流电磁铁，气隙截面积 $S_0=4\text{cm}^2$，接工频交流电压 220V，要求在初始气隙 $l_0=1$cm 时最大吸力 $F_m=100$N，试求励磁线圈匝数和励磁电流有效值。若该电磁铁线圈直流电阻 $R=10\Omega$，误接直流电压 220V，试求励磁电流。

解：交流电磁铁最大吸力：$F_m=\frac{10^7}{8\pi}B_m{}^2S_0$

$$B_m=\sqrt{\frac{8\pi F_m}{10^7 S_0}}=\sqrt{\frac{8\pi\times100}{10^7\times4\times10^{-4}}}\text{T}=0.793\text{T}$$

$$N=\frac{U}{4.44fB_{\mathrm{m}}S_0}=\frac{220}{4.44\times50\times0.793\times4\times10^{-4}}=3124\ 匝$$

电磁铁的初始气隙一般较大，此时气隙磁阻很大，铁心与衔铁的磁阻可忽略不计，即铁心与衔铁耗费的磁通势可忽略不计，$\sum Hl\approx H_0l_0$。因此：

$$I\approx\frac{H_0l_0}{N}=\frac{H_{\mathrm{m}}l_0}{\sqrt{2}N}=\frac{B_{\mathrm{m}}l_0}{\sqrt{2}\mu_0N}=\frac{0.793\times1\times10^{-2}}{\sqrt{2}\times4\pi\times10^{-7}\times3124}\mathrm{A}=1.43\mathrm{A}$$

若该电磁铁误接直流电压 220V，则：

$$I=\frac{U}{R}=\frac{220}{10}\mathrm{A}=22\mathrm{A}$$

显然，按交流励磁设计的线圈不能承受 22A 的大电流。因此，交流电磁铁绝不能误接较高的直流电压，否则将烧毁励磁线圈。

【复习思考题】

4.6　简述交流铁心线圈中电压波形与电流波形的关系。

4.7　铁心线圈在交变电压激励下，有哪些损耗？

4.8　什么叫磁滞损耗？主要与哪些因素有关？

4.9　什么叫涡流损耗？主要与哪些因素有关？如何减小铁心线圈的涡流损耗？

4.10　直流电磁铁和交流电磁铁的电磁吸力与衔铁间隙有何关系？

4.11　交流电磁铁怎样消除衔铁的颤动和噪声？

4.12　交流电磁铁使用时有什么注意事项？

4.3　铁心变压器

4.3.1　互感及互感线圈同名端

1. 互感

（1）自感现象

一个线圈中的电流发生变化时，在其自身两端产生感应电压，这种现象称为自感现象，产生的感应电压称为自感电压。自感电压 u_{L} 与线圈中电流 i_{L} 的关系可用式（1-23）表示：$u_{\mathrm{L}}=\pm L\frac{\mathrm{d}i_{\mathrm{L}}}{\mathrm{d}t}$。其中 L 是线圈电感值，也称为自感系数。正弦交流激励并用相量表示时，则有：$\dot{U}_{\mathrm{L}}=\pm\mathrm{j}\omega L\dot{I}_{\mathrm{L}}$。

（2）互感现象

如果有两个线圈，一个线圈中电流变化在另一个线圈中也会产生感应电压，这种现象称为互感现象，产生的感应电压称为互感电压，其与另一个线圈中电流的关系为：

$$u_1=\pm M\frac{\mathrm{d}i_2}{\mathrm{d}t}；u_2=\pm M\frac{\mathrm{d}i_1}{\mathrm{d}t}\qquad(4\text{-}16)$$

其中，u_1、u_2 分别为两个线圈的互感电压，i_1、i_2 分别为两个线圈中的电流 i_1。M 称为互感系数，单位为亨利，用 H 表示，与自感系数 L 相同。两线圈间的互感系数 M 是线圈的固有参数，它取决于两线圈的匝数、几何尺寸、相对位置和线圈内的介质。当介质为铁磁性材料时，M将不是常数。

互感线圈以正弦交流激励并用相量表示时，则有：

$$\dot{U}_1=\pm \mathrm{j}\omega M\dot{I}_2;\quad \dot{U}_2=\pm \mathrm{j}\omega M\dot{I}_1 \tag{4-17}$$

需要说明的是，求自感电压时，i_L 与 u_L 均为线圈本身的电流电压，其方向便于直接比较。因此，正负号的取法可根据 i_L 与 u_L 参考方向是否一致确定。而求互感电压时，i_1 与 u_2、i_2 与 u_1 均属于两个线圈，其方向不便于直接比较。因此，正负号的取法须根据线圈互感磁链与施加电流是否符合右手螺旋关系确定。在实际应用中，一方面用右手螺旋法则判定较繁锁，有些互感线圈是密封的，无法判定其绕向；另一方面，在电路图中画出每个线圈的绕向和线圈间相对位置，也不现实。因此，为了表达互感线圈磁链与施感电流是否符合右手螺旋关系，常用同名端标志确定。

2. 互感线圈同名端

（1）定义

两个互感线圈中，实际极性始终一致的两个端点，称为同名端。

其特点是，电流若同时从两个互感线圈同名端流入，则两个电流所产生的磁通相互增强。

如图 4-14a 中，线圈 L_1 的电流 i_1 从 1 端流进，产生磁通 Φ_1；线圈 L_2 的电流 i_2 从 4 端流进，产生磁通 Φ_2。若 Φ_1 与 Φ_2 方向一致，则 L_1 的 1 端与 L_2 的 4 端为同名端。同名端用小黑点“•”标记（也可用*、○、△ 等标记），M 及左右两箭头表示 L_1 与 L_2 是互感线圈，如图 4-14b 所示。

同理，在图 4-14c 中，L_1 的 2 端和 L_2 的 4 端符合同名端要求，标记如图 4-14d 所示。

需要说明的是，图 4-14b 中，1、4 端为同名端，2、3 端也为同名端。因此，在标记同名端时，既可将“•”标在 1、4 端，也可将“•”标在 2、3 端，含义相同，效果相同。同理，图 4-14d 中，也可将 1、3 端标记为同名端。

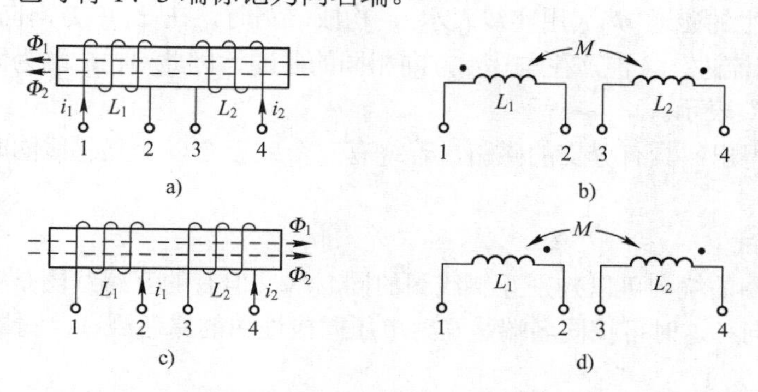

图 4-14　线圈同名端示意图

（2）判别方法

两个互感线圈同名端的判别可用右手螺旋法则判断。如图 4-14a 中，线圈 L_1 电流 i_1 从 1 端流进，按右手螺旋法则，右手抓拳握住线圈，大拇指伸直。四指方向为电流 i_1 方向，大拇指方向为电流 i_1 产生磁通 Φ_1 方向。而线圈 L_2 电流 i_2 从 4 端流进，按右手螺旋法则，四指方向为电流 i_2 方向，大拇指方向为电流 i_2 产生磁通 Φ_2 方向。Φ_1 与 Φ_2 的方向一致向左，相互增强，因此，1、4 端为同名端。

同理，在图 4-14c 中，电流 i_1 和 i_3 分别从 2 端和 4 端流进时，按右手螺旋法则，产生的磁通 Φ_1 和 Φ_2 方向一致向右，因此，2、4 端为同名端。

【例 4-6】 已知互感线圈如图 4-15 所示，试分别判断并标记同名端。

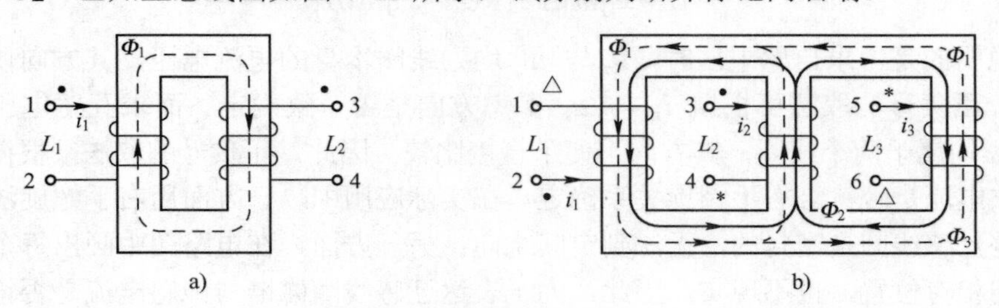

图 4-15 例 4-6 同名端判别

解：1）图 4-15a 中，设线圈 L_1 的电流 i_1 从 1 端流进，按右手螺旋法则，产生磁通 Φ_1，构成磁路时，Φ_1 的方向在 L_1 中方向向上，在 L_2 中方向向下，如图 4-15a 所示。而在线圈 L_2 中，欲产生与 Φ_1 方向相同的磁通，按右手螺旋法则，电流必须从 3 端流入。因此，1、3 端为同名端，用“•”表示。

2）图 4-15b 中，设线圈 L_1 的电流 i_1 从 2 端流进，按右手螺旋法则，产生磁通 Φ_1（用虚线表示），构成磁路时，在 L_1 中方向向下，在铁心中的另两个分支，即 L_2 和 L_3 中方向均向上。现假设 L_2 中电流 i_2 从 3 端流进，产生的磁通 Φ_2（用实线表示）与 Φ_1 方向相同，则 2、3 端为同名端，用“•”表示。再假设 L_3 中电流 i_3 从 5 端流进，产生的磁通 Φ_3 与 Φ_1 方向相同，则 2、5 端为同名端（实际标为 1、6 端），用“△”表示。

而 L_2 与 L_3 之间的是否因 2、3 端，2、5 端分别为同名端因而可认定为 3、5 端也为同名端呢？答案是否定的。L_2 与 L_3 之间的同名端应按右手螺旋法则，重新判定。设 L_2 中电流 i_2 从 3 端流进，产生的磁通 Φ_2（用实线表示），构成磁路时，在 L_3 中方向向下；则 L_3 中的电流 i_3 必须从 6 端流进，才能产生与 Φ_2 方向相同的磁通，因此 3、6 端为同名端（实际标为 4、5 端），用“*”表示。

从上例中可得出：具有分支的磁路，若绕有三个或三个以上互感线圈时，应每两个互感线圈间分别判断。

3. 同名端测试

根据互感线圈的绕向可以判别互感线圈的同名端，但有的互感线圈是密封的，无法看清楚其内部线圈绕向。这时可按同名端是互感电压同极性端的原理测试，测量的方法有两种：

（1）直流法

直流法测试如图 4-16a 所示，将其中一个线圈一端接直流电压源 U_s 和开关 S，另一个线圈二端接直流电表 G（电压表电流表均可），电表极性如图 4-16a 所示。设 S 开关原断开，接通瞬间，若电表指针正偏，则 1、3 端为同名端；若电表指针反偏，则 1、4 端为同名端。

（2）交流法

交流法测试如图 4-16b 所示，将其中一个线圈接交流电压，2、4 端短接，用万用表交流电压档测量 1、3 端电压。若 $U_{13}=U_1-U_2$，则 1、3 端为同名端；若 $U_{13}=U_1+U_2$，则 1、4 端为同名端。

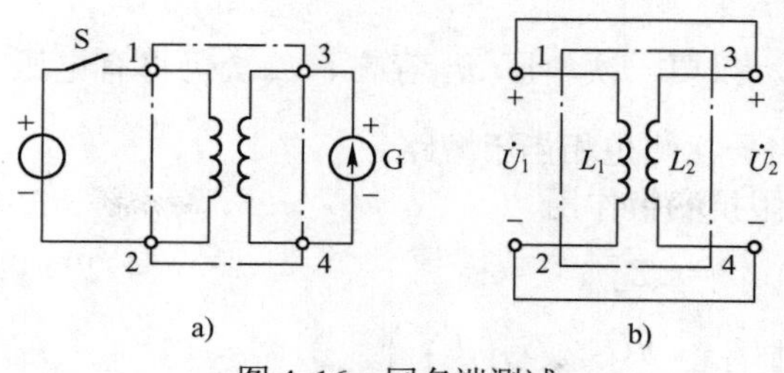

图 4-16　同名端测试

a) 直流法　b) 交流法

4.3.2　理想变压器

变压器是电工、电子技术中常用电气设备，是利用互感耦合实现从一个电路向另一个电路传输能量或信号的一种器件。

变压器通常由一次线圈（也常称初级线圈、原边线圈）和二次线圈（也常称次级线圈、副边线圈）组成，一次线圈与二次线圈为互感耦合线圈，如图 4-17 所示。

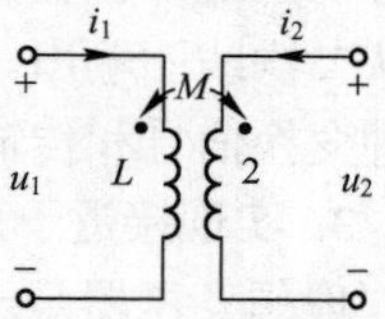

图 4-17　理想变压器电路

1. 理想变压器条件

理想变压器是变压器电路的理想模型，是为了便于分析计算变压器而抽象出来的，同时满足下述三个条件，即可认为是理想变压器。

1）无损耗。变压器一次和二次线圈绕组的直流电阻 R_1=0、R_2=0。

2）ωL_1、ωL_2 均为无穷大，且保持 $\sqrt{\dfrac{L_1}{L_2}}=\dfrac{N_1}{N_2}=n$ 为定值不变。其中 N_1、N_2 为一次和二次线圈匝数，n 为匝数比。

3）全耦合。即 $M\to\infty$。

2. 理想变压器特性

满足上述条件的理想变压器，有以下特点：

1）一、二次电压比等于一、二次线圈匝数比。

$$\frac{u_1}{u_2}=\frac{N_1}{N_2}=n \tag{4-18}$$

2）一、二次电流比等于一、二次线圈匝数的反比。

$$\frac{i_1}{i_2}=-\frac{N_2}{N_1}=-\frac{1}{n} \tag{4-19}$$

由于理想变压器一、二次绕组直流电阻为 0，无功率耗损，$p=p_1+p_2=0$，即 $u_1i_1+u_2i_2=0$。因此：$\dfrac{i_1}{i_2}=-\dfrac{u_2}{u_1}=-\dfrac{N_2}{N_1}=-\dfrac{1}{n}$

说明：① 式（4-19）中的负号与图 4-17 中 i_1、i_2 的参考方向以及互感耦合的同名端位置有关，若 i_1、i_2 参考方向或互感耦合同名端位置改变，式（4-19）中的正负号也应作相应改变。

② 当二次侧开路时，i_2=0，则 $i_1=-\dfrac{i_2}{n}=0$，即一次侧也相当于开路。但此时二次电压仍

存在，即 $u_2=\frac{u_1}{n}$ 仍成立。只要一次电压 u_1 存在，二次仍将有电压 u_2。当二次侧短路时，$u_2=0$，则 $u_1=nu_2=0$，此时一次侧也相当于短路。

3）理想变压器具有阻抗变换作用。

$$Z_i=n^2Z_L \tag{4-20}$$

如图 4-18 所示，$Z_i=\frac{\dot{U}_1}{\dot{I}_1}=\frac{n\dot{U}_2}{-\dot{I}_2/n}=n^2\left(\frac{\dot{U}_2}{-\dot{I}_2}\right)=n^2Z_L$

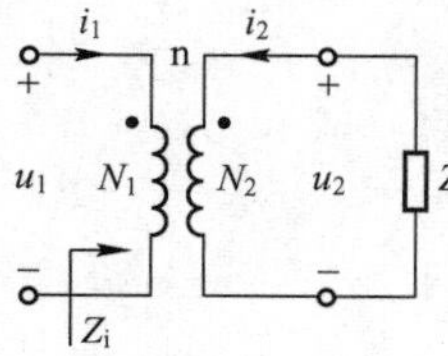

图 4-18 理想变压器阻抗变换

上式表明，理想变压器二次的负载阻抗 Z_L 折合到一次，将变换为 n^2Z_L。同理，若将一次阻抗 Z_1 折合到两次，将得到 Z_1/n^2 的阻抗。变压器的阻抗变换作用在电子技术中得到广泛应用，阻抗匹配后能获得最大功率传输。

从上述三个特点可得出：理想变压器既不耗能，又不储能。它将一次线圈输入的能量全部从二次线圈输出。在传输过程中，仅将电压和电流按变比作数值变换。理想变压器纯粹是一种变换信号和传输电能的元件。

3. 实现接近于理想变压器的措施

理想变压器是一种理想元件模型，实际上并不存在。但可采取措施，使实际变压器的性能尽量接近理想变压器。工程上一般可采取下列措施：

1）采用具有高磁导率的铁磁性材料作为线圈介质（芯子）。例如下节所述铁心变压器。

2）在保持一、二次匝数比不变情况下，尽量增大一次线圈匝数（即增大 L_1、L_2）。但该选项常受制于变压器体积、重量、绕组线径等因素。

3）采用紧耦合，使耦合系数 K 尽量接近于 1。例如，一、二次线圈同轴、间绕时 K 最大。

4）在可能条件下，提高输入信号频率。频率越高（ωL_1、ωL_2 越大），越易实现理想化。

4.3.3 实际变压器

实际变压器通常采用具有高磁导率的铁磁性材料（例如硅钢片）构成，涡流和磁滞损耗很小；全部磁通均闭合在铁心中，漏磁通很小；一般线圈绕组的直流电阻也很小，即通电时铜损很小。因此，大多数铁心变压器接近于理想变压器，可运用理想变压器三个特性进行分析。

1. 分类和基本结构概述

变压器按相数可分为单相和三相。前者多为小容量或特殊用途的变压器，后者多为较大容量的电力变压器。不同类型的变压器虽然在具体结构上有很大差异，但基本结构均相同，主要由铁心和绕组两部分组成。

变压器按结构形式可分为芯式和壳式。壳式变压器的铁轭包在绕组外面，如图 4-19a 所示；芯式变压器绕组包在铁心外面，如图 4-19b 所示。

变压器按冷却介质可分为干式和油浸。干式（空气冷却）变压器一般用于低电压，小容量或防火防暴场合；油浸（油冷却）变压器多为电力变压器，高压、大容量。

变压器的铁心（除高频变压器）常用表面涂有绝缘漆膜的薄硅钢片叠成，以减小涡流形成。小型电源变压器硅钢片形状常用的有 E 形、F 形和 C 形，如图 4-20 所示。硅钢片应尽量叠紧，尽量减小气隙和叠片间空隙，以减小磁阻和漏磁通，否则将增大变压器损耗。制作完成后还得浸漆和烘干，增加绕组间及与铁心的绝缘电阻。

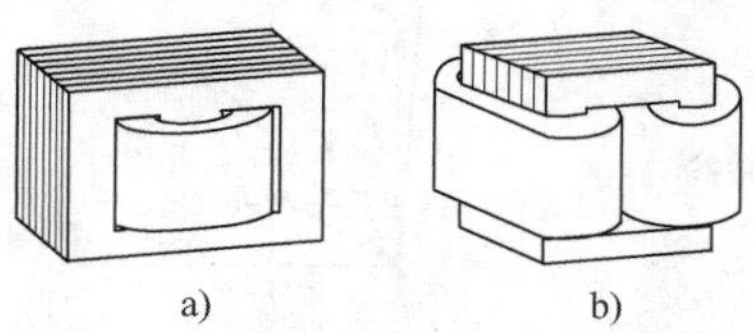

图 4-19　单相变压器铁心结构图

a) 壳式　b) 芯式

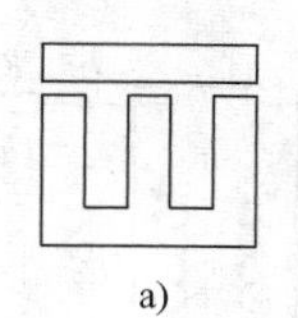
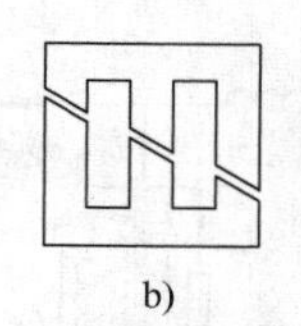
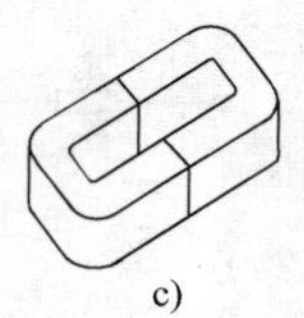

图 4-20　硅钢片形状

a) E 型　b) F 型　c) C 型

2. 变压器空载运行

变压器二次线圈开路，不接负载，称为空载运行，如图 4-21 所示。

一次线圈通过的电流称为空载电流，用 $\dot{I}_0$ 表示。由于二次线圈开路，$\dot{I}_2=0$，因此，铁心中的主磁通 Φ 由 $\dot{I}_0$ 流过 N_1 建立，$\dot{I}_0$ 也称为励磁电流。

$\dot{I}_0=\dot{I}_{Fe}+\dot{I}_\varphi$。其中，$\dot{I}_{Fe}$ 为铁损电流；$\dot{I}_\varphi$ 为磁化电流。空载运行的变压器相当于一个交流铁心线圈，其等效电路和相量图与图 4-11 相同。

因变压器的铁心一般为高导磁材料的硅钢片，紧密闭合，气隙很小（磁阻很小），因此建立主磁通 Φ 所需的励磁电流 $\dot{I}_0$ 很小。一般来说，选用高导磁率材料的硅钢片（B_m 大）；增大一次线圈匝数 N_1（磁通势 $F=NI$ 大）；增大铁心截面积 S（选用较大尺寸硅钢片或增大叠厚）；减小气隙和钢片间空隙等，能有效减小励磁电流 $\dot{I}_0$。$\dot{I}_0$ 越小，变压器损耗越小，效率越高，越接近于理想变压器特性。但考虑到性能价格比，一般取 $\dot{I}_0$ 有效值为一次线圈额定电流（长期连续工作的电流）的 2%～8%。

变压器空载运行时，$U_1=4.44fN_1\Phi_m$，$U_2=4.44fN_2\Phi_m$。因此，二次线圈两端仍有电压：

$$U_2=\frac{N_2}{N_1}U_1=\frac{U_1}{n} \tag{4-21}$$

3. 变压器有载运行

变压器二次线圈接负载 Z_L，称为有载运行，如图 4-22 所示。

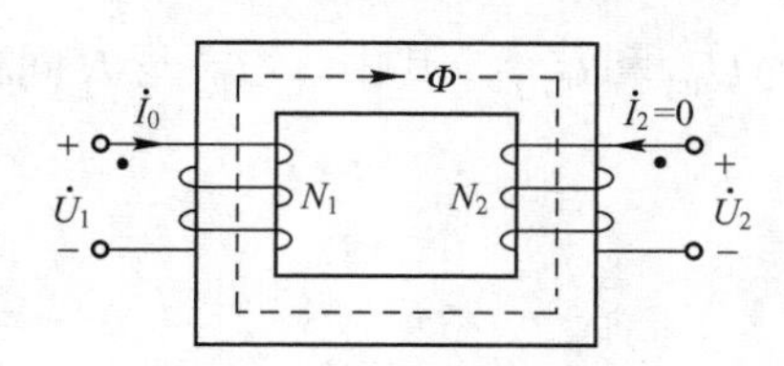

图 4-21　变压器空载运行

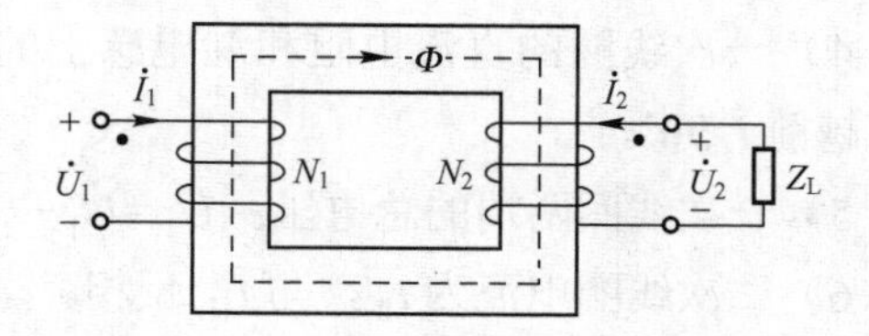

图 4-22　变压器有载运行

（1）等效电路

变压器有载运行等效电路如图 4-23a 所示。其中 R_1、R_2 和 $L_{\sigma1}$、$L_{\sigma2}$ 分别为一、二次线圈的直流电阻和漏电感；R_{Fe} 和 L_φ 分别为反映铁心损耗和铁心磁化的等效参数；$\dot{I}_0$ 为励磁电流。

由于 $\dot{I}_2\neq0$，因此，铁心中的磁通 Φ 是由 $\dot{I}_1N_1$、$\dot{I}_2N_2$ 共同产生的，且应与空载时一次线圈励磁电流 $\dot{I}_0N_1$ 产生的主磁通相等，即：

$$\dot{I}_0N_1=\dot{I}_1N_1+\dot{I}_2N_2 \tag{4-22}$$

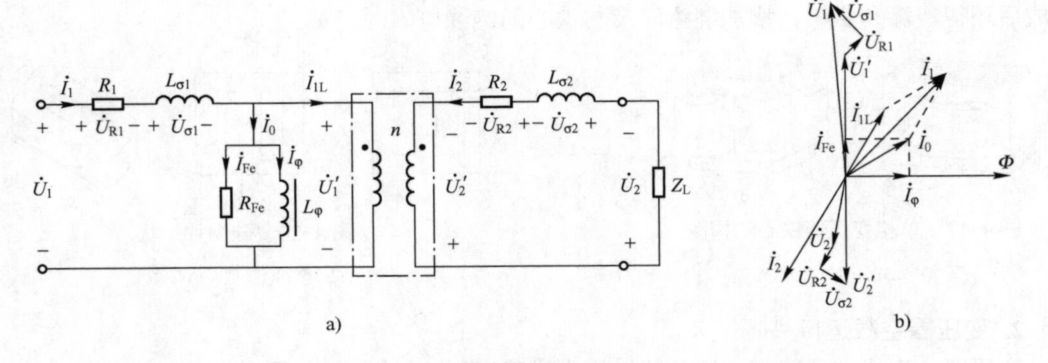

图 4-23　变压器有载运行等效电路和相量图

上式称为变压器磁势平衡方程式。由于励磁电流 $\dot{I}_0$ 很小，可忽略不计，则有：$\dot{I}_1 N_1+\dot{I}_2 N_2\approx 0$。即：

$$\dot{I}_1 N_1\approx -\dot{I}_2 N_2 \tag{4-23}$$

从式（4-22）可得出：$\dot{I}_1=\dot{I}_0-\dfrac{N_2}{N_1}\dot{I}_2=\dot{I}_0-\dfrac{\dot{I}_2}{n}=\dot{I}_0+\dot{I}_{1L}$，其中 $\dot{I}_{1L}=-\dfrac{\dot{I}_2}{n}$。表明一次线圈的电流由两部分组成，一部分是励磁电流 $\dot{I}_0$，用于建立主磁通；另一部分是负载分量 $\dot{I}_{1L}$，产生磁通势 $\dot{I}_{1L} N_1$，用于抵消二次线圈电流 $\dot{I}_2$ 产生的磁通势 $\dot{I}_2 N_2$，即 $\dot{I}_{1L} N_1=-\dot{I}_2 N_2$。

上述分析表明，二次线圈电流 I_2 增大时，一次线圈电流 I_1 也随着增大。

（2）相量图

变压器有载运行相量图如图 4-23b 所示。

1）励磁电流 $\dot{I}_0$ 由磁化电流 $\dot{I}_\varphi$ 与铁损电流 $\dot{I}_{Fe}$ 合成。其中，磁化电流 $\dot{I}_\varphi$ 与主磁通 Φ 同相。

2）一次线圈的电流由两部分组成：$\dot{I}_1=\dot{I}_0+\dot{I}_{1L}$。

3）对应于主磁通的电压 $\dot{U}_1'$ 越前产生主磁通的电流 $\dot{I}_\varphi$（或主磁通 Φ）90°。

4）一次线圈的直流电阻和漏电感上的电压分别为 $\dot{U}_{R1}$ 和 $\dot{U}_{\sigma1}$。其中，$\dot{U}_{R1}$ 与 $\dot{I}_1$ 同相，$\dot{U}_{\sigma1}$ 越前 $\dot{I}_1$ 90°。

5）一次线圈两端的总电压：$\dot{U}_1=\dot{U}_1'+\dot{U}_{R1}+\dot{U}_{\sigma1}$。

6）二次线圈电流为 $\dot{I}_2$，与 $\dot{I}_{1L}$ 反相。

7）二次线圈的直流电阻和漏电感上的电压分别为 $\dot{U}_{R2}$ 和 $\dot{U}_{\sigma2}$。其中，$\dot{U}_{R2}$ 与 $\dot{I}_2$ 同相，$\dot{U}_{\sigma2}$ 越前 $\dot{I}_2$ 90°。

8）负载电压为 $\dot{U}_2$，二次线圈两端的总电压：$\dot{U}_2'=\dot{U}_2+\dot{U}_{R2}+\dot{U}_{\sigma2}$。

4. 变压器额定参数

为保证变压器正常运行，变压器应运行在额定状态下。其额定参数主要有以下几个：

（1）额定电压 U_{1N} 和 U_{2N}

变压器的额定电压有一次额定电压 U_{1N} 和二次额定电压 U_{2N}。U_{1N} 是指加在一次绕组二端的工作电压（有效值）；U_{2N} 是指一次绕组加额定电压 U_{1N} 时二次绕组的空载电压。

三相变压器 U_{1N} 和 U_{2N} 均指线电压。

（2）额定电流 I_{1N} 和 I_{2N}

变压器的额定电流是指按规定工作方式（长时连续工作或短时工作或间歇工作）运行时，一次线圈和二次线圈允许通过的最大电流，主要取决于绕组导线线径的粗细和绝缘材料允许的温度。

三相变压器 I_{1N} 和 I_{2N} 均指线电流。

（3）额定容量 S_N

变压器额定容量定义为二次线圈额定电压 U_{2N} 与额定电流 I_{2N} 的乘积。因变压器大多接近于理想化条件，因此也可将 S_N 看作为一次线圈额定电压 U_{1N} 与额定电流 I_{1N} 的乘积。即：

$$S_N = U_{2N} I_{2N} \approx U_{1N} I_{1N} \tag{4-24}$$

【例 4-7】 已知某铁心变压器，一次额定电压 U_{1N}=220V。空载时，一次电流为 0.1A，二次电压为 44V；负载时，一次电流为 1.7A。试求负载电流和负载阻抗。

解： 空载时一次电流即为励磁电流 I_0=0.1A，二次电压即为二次额定电压 U_{2N}=44V。

变比：$n=\dfrac{U_{1N}}{U_{2N}}=\dfrac{220}{44}=5$

负载时：$I_1=I_0+\dfrac{I_2}{n}$

负载电流：$I_2=n(I_1-I_0)=5\times(1.7-0.1)\text{A}=8\text{A}$

负载阻抗：$|Z_L|=\dfrac{U_2}{I_2}=\dfrac{44}{8}\Omega=5.5\Omega$

【例 4-8】 有一机床照明灯变压器，S_N=50VA，U_{1N}=380V，U_{2N}=36V，因其绕组烧毁，需拆去重绕。已知铁心材料为硅钢片，B_m=1.1T，截面积为 22×41mm^2（扣除硅钢片片间间隙后有效面积按 0.9 折算），试计算一、二次线圈匝数及漆包线线径（电流密度取 J=2.5A/mm^2）。

解： 有效截面积：$S=22\times41\times10^{-2}\times0.9\text{cm}^2=8.1\text{cm}^2$

$$N_1=\frac{U_{1N}}{4.44fB_mS}=\frac{380}{4.44\times50\times1.1\times8.1\times10^{-4}}=1920\text{ 匝}$$

$$N_2=\frac{U_{2N}N_1}{U_{1N}}=\frac{36\times1920}{380}=182\text{ 匝}$$

考虑到负载因素，二次线圈绕组匝数常放宽 1.05 倍，取 N_2=190 匝。

一次线圈电流：$I_{1N}=\dfrac{S_N}{U_{1N}}=\dfrac{50}{380}\text{A}=0.132\text{A}$

二次线圈电流：$I_{2N}=\dfrac{S_N}{U_{2N}}=\dfrac{50}{36}\text{A}=1.39\text{A}$

$$J=\frac{I}{S}=\frac{I}{\dfrac{\pi d^2}{4}}=\frac{4I}{\pi d^2}，d=\sqrt{\frac{4I}{\pi J}}$$

一次线圈线径：$d_1=\sqrt{\dfrac{4I_{1N}}{\pi J}}=\sqrt{\dfrac{4\times0.132}{2.5\pi}}=0.259\text{mm}$（靠系列，取 0.27mm）

二次线圈线径：$d_2=\sqrt{\frac{4I_{2N}}{\pi J}}=\sqrt{\frac{4\times1.39}{2.5\pi}}=0.841\text{mm}$（靠系列，取 0.86mm）

5. 变压器的外特性

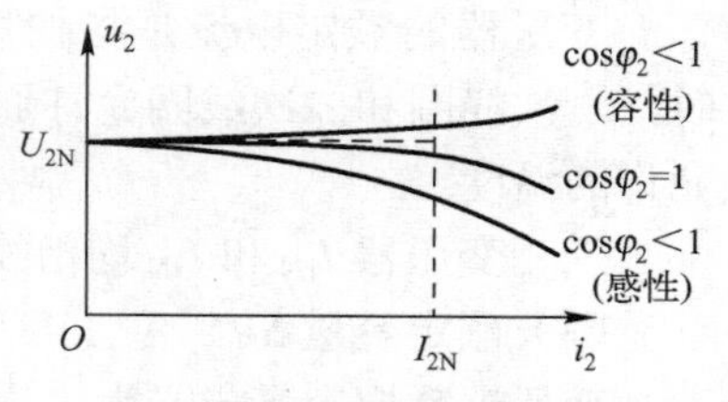

图 4-24　变压器外特性

变压器的外特性是指二次线圈 U_{2N} 与 I_{2N} 之间的函数关系。当一次电压 U_1 不变时，随着二次线圈电流 I_{2N} 的增大，一、二次线圈内阻抗上的电压降均增大，使二次线圈二端电压 U_2 下降，如图 4-24 所示。

需要说明的是，二次线圈负载的性质对变压器外特性影响很大，负载功率因素较低时，外特性较软。但若负载为容性负载，在一定范围内，外特性反而会有所上翘。

6. 变压器的效率

铁心变压器的功率损耗包括铁损和铜损。

铁损的大小主要与铁心内磁感应强度的最大值 B_m 有关，即与铁心材质、截面积和变压器制作工艺有关。铁心材料导磁性能越好；片间绝缘越好；间隙和气隙越小，铁损越小。

铜损的大小主要与一、二次线圈直流电阻和电流 I_1、I_2 有关。一、二次线圈线径越粗（直流电阻小）；一次线圈匝数 N_1 越多（但直流电阻会增大）、铁心截面积越大（励磁电流越小）；负载电流 I_2 越小（I_2 增大，I_1 随着增大），铜损越小。

变压器的效率即为输出功率与输入功率之比。

$$\eta=\frac{P_2}{P_1}=\frac{P_2}{P_2+\Delta P_{Fe}+\Delta P_{Cu}} \tag{4-25}$$

其中 ΔP_{Fe}、ΔP_{Cu} 分别为铁损和铜损。变压器制作完成后铁损基本不变，铜损随负载电流 I_2 增大而增大（与 I_2^2 成正比）。实验证明，当变压器的铜损与铁损相等时，变压器效率达到最大。一般来讲，变压器功率损耗很小，效率较高，通常在 80%以上，电力变压器可达 95%以上。

4.3.4　特殊变压器

变压器的种类很多，有用于输配电系统的电力变压器（三相），有用于电子线路直流电源的小功率整流变压器，有用于在电子线路中有效传输信号功率的阻抗变换变压器，有用于数字电路中改变脉冲电压幅度的脉冲变压器等，本节介绍改变电压的自耦变压器和测量高电压大电流的互感器。

1. 自耦变压器

自耦变压器如图 4-25 所示，其结构特点是只有一个绕组，二次绕组是一次绕组的一部分；二次绕组的匝数 N_2 可以通过触点滑动改变，因而输出电压可以调节。例如单相自耦变压器，输入电压为 220V，输出电压可在 0～250V 之间调节。与同容量的普通变压器相比，自耦变压器具有结构简单、节省材料、体积较小的优点。但由于一、二次共用一个绕组，没有隔离，在安全接线和使用时应特别注意：

1）一、二次绕组不可接错接线端子。

2）相线与中线不能接反。

3）调压时必须从零位起调，使用完毕，必须回归零位。

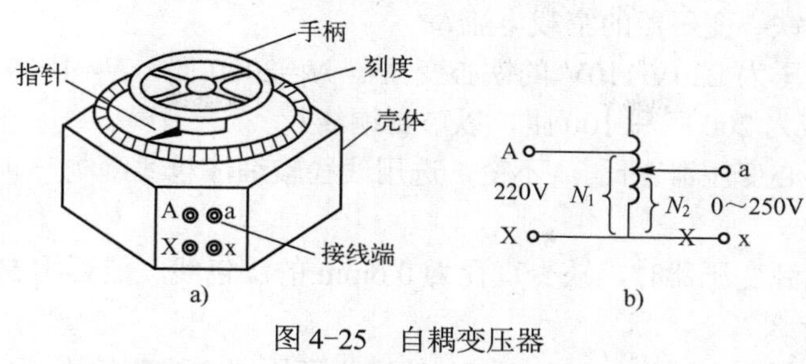

图 4-25　自耦变压器

a) 实物外形　b) 电原理图

2. 互感器

互感器按用途可分为电压互感器和电流互感器。

（1）电压互感器

电压互感器电原理图如图 4-26 所示，其特点是匝数比 $n=\dfrac{N_1}{N_2}$ 较大，将不便于直接测量的高电压变换为相应的低电压（量程通常为 100V）予以测量。由于低压端的测试电压表内阻较大，电压互感器相当于一个空载状态下的变压器。使用时，二次绕组不允许短路，且其中一端必须接地。

（2）电流互感器

电流互感器电路如图 4-27 所示，其特点是匝数比 $n=\dfrac{N_1}{N_2}$ 很小，一次绕组只有一匝或几匝。电流互感器通常为一个磁环，在磁环上绕制二次绕组，匝数很多，大电流导线通常穿过磁环，作为一次绕组。将不便于直接测量的大电流变换为相应的小电流（量程通常为 5A 或 1A），二次绕组需接低阻抗电流表。使用时，二次绕组不允许开路，且其中一端必须接地。

钳形电流表是一种变形的电流互感器，如图 4-28 所示，实际上是一个电流互感器与电流表的组合，其铁心可以张合。用于在不断开电路的情况下测量交流电路电流。

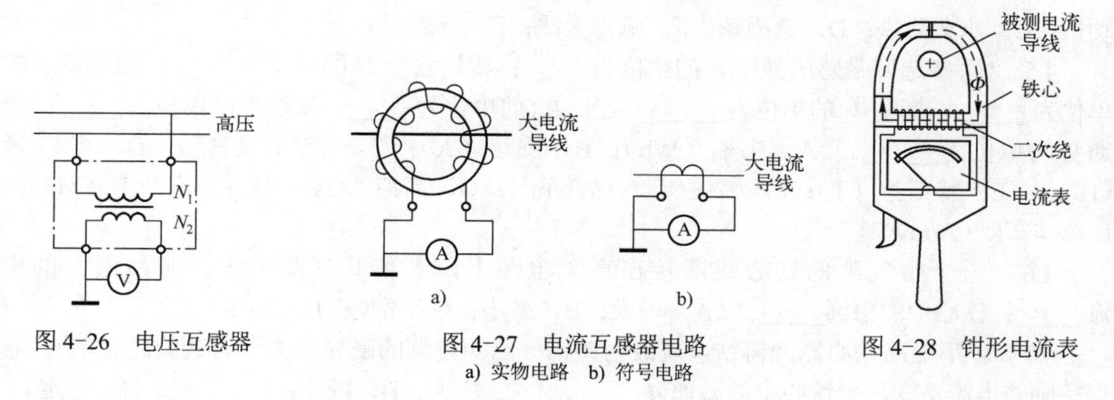

图 4-26　电压互感器

图 4-27　电流互感器电路

a) 实物电路　b) 符号电路

图 4-28　钳形电流表

【复习思考题】

4.13　什么叫同名端？为什么要引入同名端？

4.14　理想变压器的条件是什么？怎样才能使实际变压器接近理想变压器？

4.15　为什么铁心变压器接近于理想变压器？

4.16　如何减小铁心变压器的空载电流？

4.17　某额定电压为 220V/110V 的铁心变压器 N_1=2000 匝，N_2=1000 匝，能否将其一、二次线圈匝数分别减为 200 匝和 100 匝，以节省铜线？

4.18　若保持铁心变压器变比 n 不变，选用线径较细漆包线绕制一、二次线圈，会产生什么后果？

4.19　在绕制电源变压器时，缺少直径为 0.6mm 的漆包线，能否用 5 根直径为 0.12 mm 的漆包线替代？为什么？

4.20　若将一台额定电压为 220V/110V 的铁心变压器一次侧接直流电压 220V，将发生什么后果？若在二次侧接入交流 220V，又将发生什么后果？

4.21　自耦变压器使用时有什么注意事项？

4.22　电压互感器和电流互感器使用时各有什么注意事项？

4.4　习题

4.4.1　选择题

4.1　下列说法中正确（多选）的是_____。（A．铁磁性物质是顺磁性物质；B．铁磁性物质是逆磁性物质；C．顺磁性物质和逆磁性物质都是非铁磁性物质；D．顺磁性物质的相对磁导率 μ_r >>1；E．逆磁性物质的相对磁导率 μ_r <<1；F．铁磁性物质的相对磁导率 $\mu_r \approx 1$；G．铁磁性物质的相对磁导率 μ_r>>1）

4.2　下列材料中，不能用于制作永久磁铁（多选）的是_____。（A．硅钢；B．钨钢；C．钴钢；D．铁镍铝钴合金；E．坡莫合金）

4.3　下列特点中，不属于软磁材料特性的是_____。（A．磁滞回线面积大；B．磁导率相对较高；C．剩磁较小；D．矫顽磁力较小）

4.4　（多选）硬磁材料适于制作_____；软磁材料适于制作_____。（A．变压器；B．电动机；C．永久磁铁；D．电磁铁；E．磁性天线；F．扬声器）

4.5　（可多选）磁感应强度 B 的单位为_____；磁场强度 H 的单位为_____；磁导率 μ 的单位为_____；磁通 Φ 的单位为_____；磁阻 R_m 的单位为_____；磁位差的单位为_____；磁通势的单位为_____。（A．韦伯（Wb）；B．安培（A）；C．1/亨利（H^{-1}）；D．亨利/米（H/m）；E．特斯拉（T）；F．韦伯/米 ^{2}（Wb/m^2）；G．高斯（Gs）；H．麦克斯韦（Mx）；I．安培/米（A/m））

4.6　一个带气隙的铁心线圈接在直流电源上，若使其气隙增大，则线圈中的电流_____；铁心中的磁通_____。（A．增大；B．减小；C．不变；D．不定）

4.7　环形磁路铁心原为铸铁，现改为铸钢（已知铸钢的磁导率大于铸铁的磁导率），若保持励磁电流不变，则铁心中的磁通 Φ_____。（A．增大；B．减小；C．不变；D．不定）

4.8　若环形磁路励磁电流 I 增大一倍，则铁心中的磁通_____。（A．增加一倍；B．减小一倍；C．保持不变；D．增加但不成倍数）

4.9　已知某磁环线圈如图 4-29 所示，磁环磁导率为 μ，磁环平均半径为 R；绕有两个

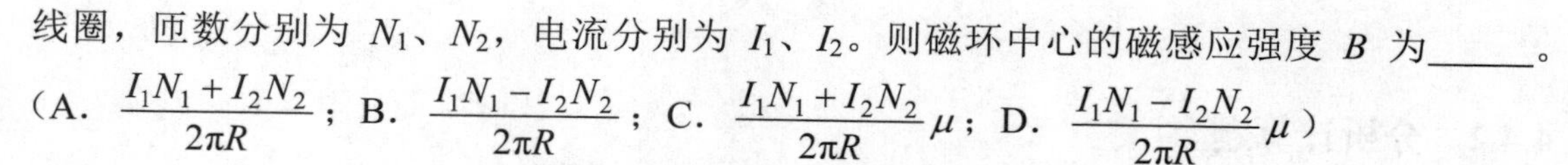

线圈，匝数分别为 N_1、N_2，电流分别为 I_1、I_2。则磁环中心的磁感应强度 B 为_____。（A. $\dfrac{I_1N_1+I_2N_2}{2\pi R}$；B. $\dfrac{I_1N_1-I_2N_2}{2\pi R}$；C. $\dfrac{I_1N_1+I_2N_2}{2\pi R}\mu$；D. $\dfrac{I_1N_1-I_2N_2}{2\pi R}\mu$）

4.10　有两个铁心线圈，铁心材料相同，线圈匝数相同，磁路平均长度相同，但横截面积 $S_1>S_2$。若欲使两铁心中磁通相等，则线圈中电流_____。（A. $I_1>I_2$；B. $I_1=I_2$；C. $I_1<I_2$；D. 不定）

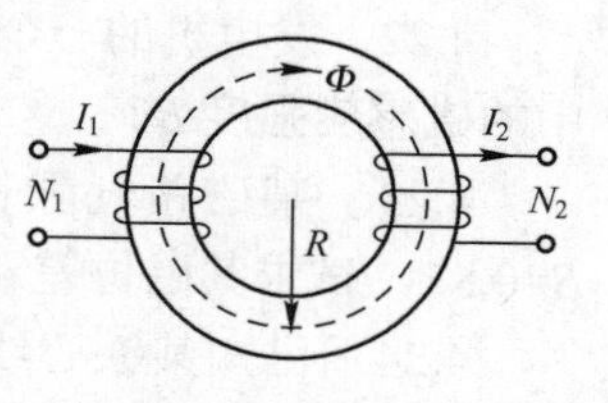

图 4-29　习题 4.9 磁路

4.11　有两个铁心线圈，铁心材料相同，线圈匝数相同，磁路平均长度相同，流过的电流相同。但横截面积 $S_1=2S_2$。则线圈中磁通 Φ_1=_____Φ_2；磁感应强度 B_1=_____B_2。（A. 0.25；B. 0.5；C. 1；D. 2；E. 4；F. 不定）

4.12　在交变磁通下，铁磁性材料的磁滞损耗与磁滞回线面积的关系为_____。（A. 成正比；B. 成反比；C. 无关；D. 不定）

4.13　某铁心线圈由正弦电压激励。若电压不变，当正弦电压频率增至 $2f$ 时，磁滞损耗变为原来的_____；涡流损耗变为原来的_____。若频率不变，正弦电压有效值减小至 $0.5U$ 时，磁滞损耗变为原来的_____，涡流损耗变为原来的_____。（A. 2 倍；B. 4 倍；C. 0.25 倍；D. 0.5 倍；E. 不变；F. 无法确定）

4.14　下列措施中，不能减小交流铁心线圈铁损的是_____。（A. 选用磁滞回线面积较小的铁磁性材料；B. 在钢中加入少量硅；C. 选用高斯值小的铁磁性材料；D. 加工成片状涂绝缘层后叠在一起）

4.15　有两个铁心线圈，铁心材料相同，线圈匝数相同，磁路平均长度相同，但横截面积 $S_2>S_1$。若流入直流电流相同时，则有_____。（A. $\Phi_1>\Phi_2$，$B_1>B_2$；B. $\Phi_1=\Phi_2$，$B_1>B_2$；C. $\Phi_1<\Phi_2$，$B_1=B_2$；D. $\Phi_1<\Phi_2$，$B_1<B_2$）若施加相同正弦电压时，则有______。（A. $\Phi_{1m}>\Phi_{2m}$，$B_{1m}>B_{2m}$；B. $\Phi_{1m}=\Phi_{m2}$，$B_{1m}<B_{m2}$；C. $\Phi_{1m}=\Phi_{2m}$，$B_{1m}=B_{2m}$；D. $\Phi_{1m}<\Phi_{2m}$，$B_{1m}<B_{2m}$）

4.16　在直流电磁铁中，若电源电压恒定不变，则励磁线圈中电流的大小取决于_____。（A. 励磁线圈直流电阻 R；B. 铁心中的磁通 Φ；C. 空气隙 δ；D. 电磁铁的吸力 F）

4.17　直流电磁铁在吸合过程中，吸力 F_____。（A. 增大；B. 减小；C. 不变；D. 不定）

4.18　在直流电磁铁中，若电源电压恒定不变，则电磁铁吸力大小取决于______。（A. 铁心中的磁场强度 H；B. 励磁线圈中电流 I；C. 铁心中的磁通势 F；D. 空气隙 δ）

4.19　把一个有气隙的交流电磁铁，接到电压有效值不变的正弦交流电源上，若减小气隙，则_____。（A. 励磁电流不变；B. 励磁电流增加；C. 励磁电流减小；D. 励磁电流无法确定）

4.20　有关变压器的下列说法中，_____是错误的。（A. 铁损基本不变；B. 铜损随负载电流 I_2 增大而增大；C. 励磁电流随负载电流 I_2 增大而增大；D. 一次线圈电流 I_1 随负载电流 I_2 增大而增大）

4.21　变压器额定容量 S_N 的定义为______。（A. $S_N=U_{1N}I_{1N}$；B. $S_N=U_{2N}I_{2N}$；C. $S_N=\dfrac{U_{1N}I_{1N}+U_{2N}I_{2N}}{2}$；D. $S_N=U_{1N}I_0$）

4.4.2　分析计算题

4.22　发电机的一个磁极中的磁通为1.15×10^{-2}Wb，磁极横截面积为96cm^2，试求该磁极中的磁感应强度B？

4.23　某磁路气隙长 2mm，截面积 S=30cm^2，试求其磁阻。若该气隙中磁感应强度B=0.8T，试求其磁位差。

4.24　已知某铁心线圈，匝数 N=500，磁路平均长度 l=50cm，要使铁心中的磁场强度H=2000A/m，试求该铁心线圈流入电流I。

4.25　已知某磁环线圈如图 4-29 所示，磁环平均半径为 R=10cm；绕有两个线圈，匝数分别为 N_1=1200，N_2=800，电流 I_1=2A。试求当线圈Ⅰ的 2 端分别与线圈Ⅱ的 3 端和 4 端连接时，磁环中的磁场强度H。

4.26　已知某铸钢无分支磁路，截面积 S=6cm^2，磁路中心线总长度 l_1=40.2cm，空气隙0.2cm，线圈匝数 N=1000 匝，铁心材料的 B–H 曲线如图 4-9 所示。若要求在磁路中产生$\Phi=6\times10^{-4}$Wb 的磁通量，试求：1）总磁通势和励磁电流；2）气隙磁阻和铸钢磁路磁阻；3）气隙两端的磁位差 U_{m0}；4）线圈电感。

4.27　已知某铁心线圈，匝数 N=1000，磁路平均长度为 60cm，其中含有 2mm 空气隙，若要使铁心中的磁感应强度为 1.0 特斯拉（设该铁心材料 B=1.0T 时，H=600A/m），试求该铁心线圈所需励磁电流。

4.28　已知某交流铁心线圈，电源电压为 100V，频率为 50Hz，欲保持铁心中最大磁通$\Phi_m=2.25\times10^{-3}$Wb，试求该铁心线圈匝数 N。若电源电压升至 220V，线圈匝数 N 不变，试求该铁心线圈铁心中最大磁通 Φ_m。

4.29　已知某交流铁心线圈，匝数 N=800 匝，接 U=220V、f=50Hz 的交流电源，测得I=0.5A，损耗功率 P=50W。线圈内阻和漏电感可忽略不计，试求：铁损等效电阻 R_{Fe} 和主磁通等效电感 L_φ，并画出其等效电路。

4.30　已知某交流铁心线圈，匝数 N=1000 匝，截面积 S=10cm^2，电源电压为220V/50Hz，试求该铁心线圈铁心中最大磁感应强度 B_m。

4.31　已知某交流铁心线圈，电源电压为 220V，频率为 50Hz，欲保持铁心中最大磁通$\Phi_m=5\times10^{-3}$Wb，试求该铁心线圈匝数 N。若电源电压改为 100V，线圈匝数 N 不变，试求该铁心线圈铁心中最大磁通 Φ_m。

4.32　已知某直流电磁铁，励磁线圈匝数 N=1000 匝，线圈直流电阻 R=8Ω，外施直流电压 U=120V，吸合后磁路中心线总长度 l=24cm，气隙截面积 S_0=8cm^2。试求该电磁铁最大吸力 F_m。若该电磁铁改为交流（f=50Hz）励磁，电压有效值 U=120V，试再求该电磁铁最大吸力 F_m。

4.33　某直流励磁的继电器磁路磁通为9×10^{-5}Wb，气隙截面积 S_0=1.44cm^2，试求其触点最大吸力 F_m。

4.34　已知某交流电磁铁，气隙截面积 S_0=6cm^2，接交流电压 220V，要求在气隙l_0=5mm 时最大吸力 F_m=120N，试求励磁线圈匝数和励磁电流有效值。

4.35　已知互感线圈如图 4-30 所示，试标出同名端。

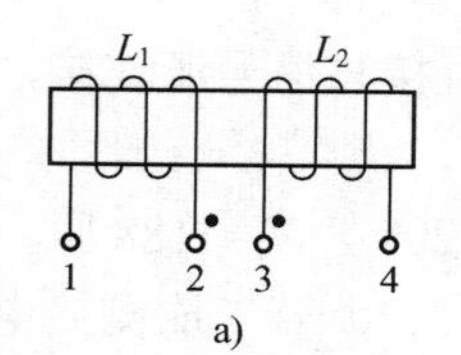

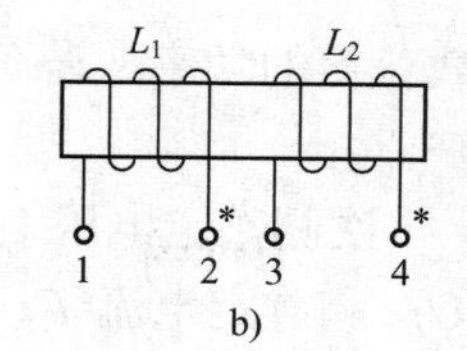

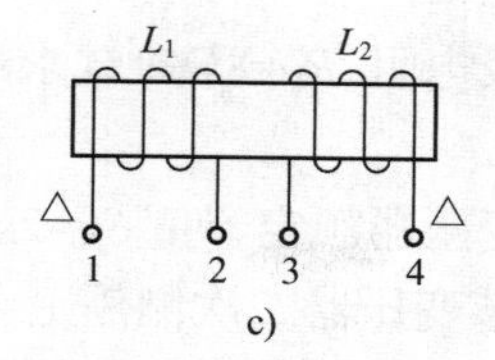

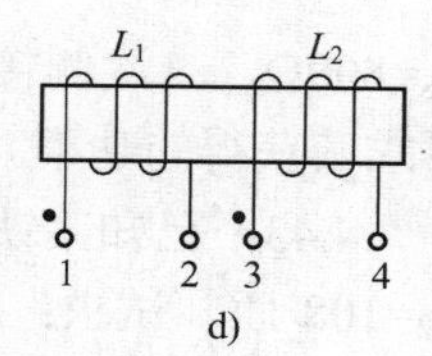

图 4-30　习题 4.35 互感线圈

4.36　已知互感线圈如图 4-31 所示，试标出同名端。

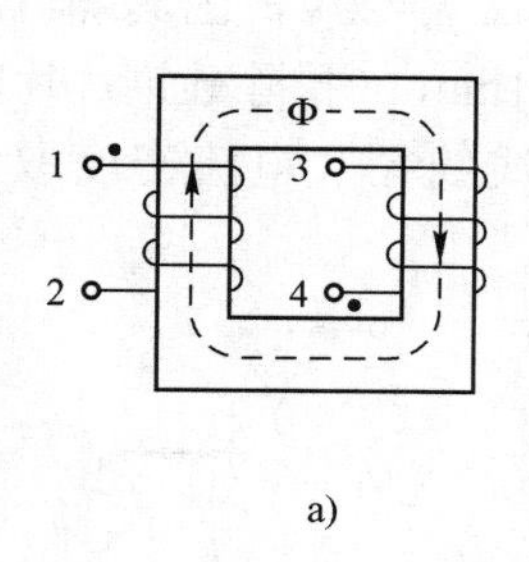

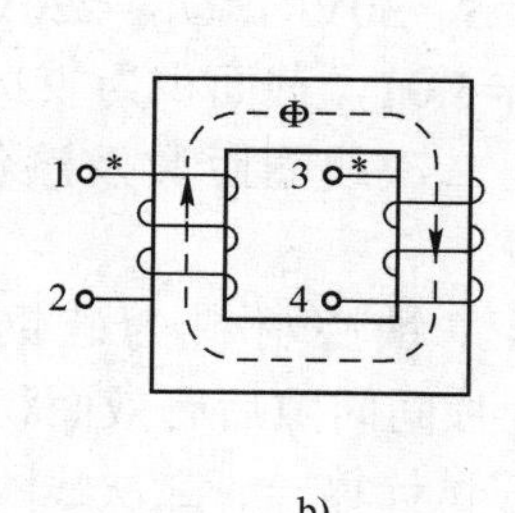

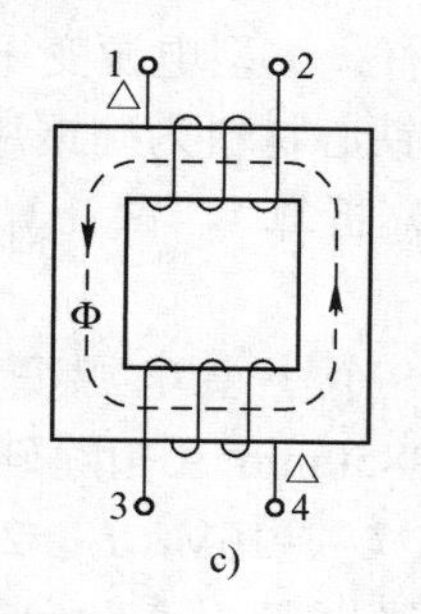

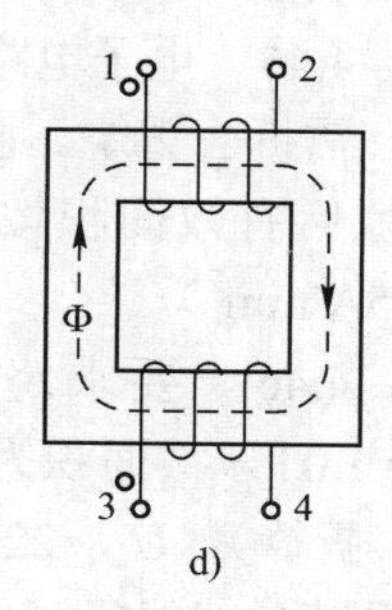

图 4-31　习题 4.36 电路

4.37　已知互感线圈如图 4-32 所示，试分别判断并标记同名端。

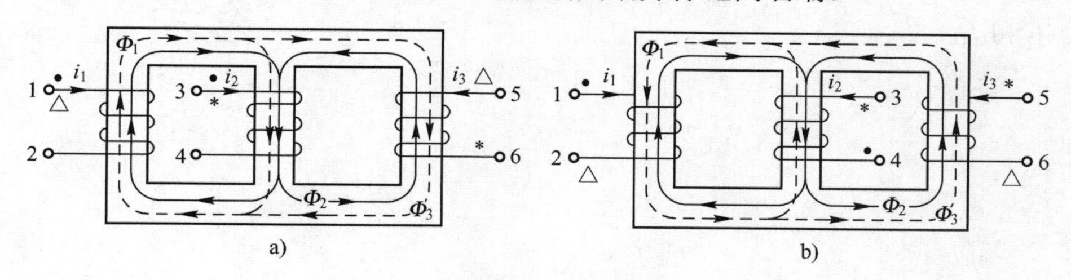

图 4-32　习题 4.37 电路

4.38　已知互感线圈 L_1、L_2 连接电路如图 4-33 所示，S 开关合上瞬间，电压表指针反偏，试标出 L_1、L_2 同名端。

4.39　已知电路如图 4-34 所示，开关闭合瞬间，Ⓥ表指针反偏，试标出同名端。

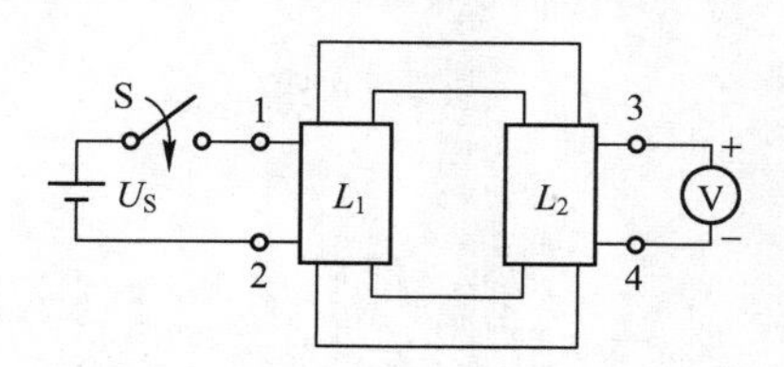

图 4-33　习题 4.38 自感线圈

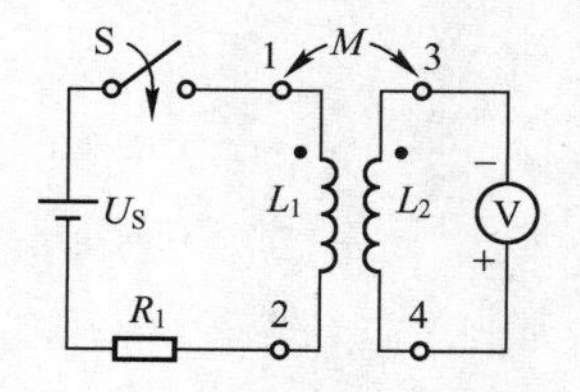

图 4-34　习题 4.39 电路

4.40　某铁心变压器一次额定电压为 3300V，二次额定电压为 220V，负载是一台 220V/22kW 的电炉，试求一次侧电流。

4.41　某铁心变压器一、二次绕组匝数分别为 2000 匝和 50 匝，一次绕组电流为 0.1A，负载电流 R_L=10Ω，试求一次绕组的电压和负载获得的功率。

4.42　已知某铁心变压器，变比 n=10，一次侧接交流信号源电压 U_S=120V，内阻

R_S=800Ω，二次侧接负载电阻 R_L=8Ω。试求：负载获得的功率。若负载直接与信号源连接，再求其获得的功率。

4.43　已知某铁心变压器额定容量 S_N=2kVA，一次侧额定电压 U_{1N}=220V，N_1=1188 匝，N_2=108 匝，试求：1）该变压器二次侧额定电压 U_{2N} 和额定电流 I_{1N}、I_{2N}；2）若二次侧接电阻性负载，消耗功率 800W，再求一、二次侧电流 I_1、I_2。

4.44　某机修车间单相行灯变压器，一次侧 U_{1N}=220V，I_{1N}=5A，二次侧 U_{2N}=36V，试求二次侧可接 36V/60W 的白炽灯多少盏？

4.45　电子电路中有一小型电源变压器，S_N=30VA，U_{1N}=220V，U_{2N}=20V，因其绕组烧毁，需拆去重绕。已知铁心材料为硅钢片 B_m=1.0T，截面积为 22×41mm^2（扣除硅钢片片间间隙后有效面积按 0.9 折算），试计算一、二次线圈匝数及漆包线线径（电流密度取 J=2.5A/mm^2）。

4.46　要求绕制一个小型电源变压器，铁心材料为硅钢片 B_m=1.0T，截面积为 28×50mm^2（扣除硅钢片片间间隙后有效面积按 0.9 折算），U_{1N}=220V，U_{2N}=16V，I_{2N}=2.2A。试计算一、二次线圈匝数及漆包线线径（电流密度取 J=2.5A/mm^2）。

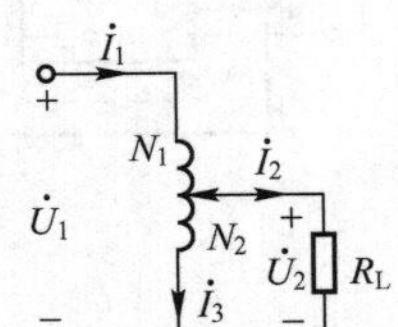

图 4-35　习题 4.47 电路

4.47　已知自耦变压器如图 4-35 所示，N_1=2000 匝，N_2=1500 匝，U_1=100V，R_L=100Ω，若不计损耗、漏感和空载励磁电流，试求电流 I_1、I_2 和 I_3。

第 5 章　电动机与控制电路

利用电磁感应原理实现电能与机械能相互转换的电气设备称为电机。其中，将电能转换为机械能的电机称为电动机；将机械能转换为电能的电机称为发电机。本章分析研究电动机及控制电器。

5.1　常用低压电器

用于接通和断开电路，或对电路进行控制、调节、切换、检测和保护的元器件称为电器。其中用于交流额定电压 1200V 和直流额定电压 1500V 以下的电器为低压电器。

低压电器按用途分一般可分为配电电器和控制电器。配电电器如开关、熔断器及断路器等；控制电器如按钮、接触器及继电器等。按动作方式分一般可分为手动电器和自动电器，手动电器由人工操作，如刀开关、按钮等；自动电器依靠自身参数变化或外来信号作用，如继电器、接触器等。

1. 开关

开关是用手动操作非频繁接通和切断电源的低压电器。根据结构，开关又可分为刀开关和组合开关。

（1）刀开关

刀开关的种类很多。按刀数可分为单刀、双刀和三刀；按刀的转换方式可分为单掷和双掷；按结构可分为开启式和封闭式。

开启式刀开关结构简单，价格低廉，但无灭弧装置，常用于照明电路电源开关和 5.5kW 以下电动机的起动和停止。图 5-1 分别为开启式刀开关外形、结构和电路符号。

封闭式负荷开关也称铁壳开关，其主要特点是：壳内有熔断器，能起到短路保护作用；有联锁装置，接通电源后，盒盖不能打开，且外壳可接地；有灭弧能力，操作机构中有速动弹簧，使开关快速接通或断开，与手柄操作速度无关，有利于迅速灭弧。因此，封闭式负荷开关比开启式安全。

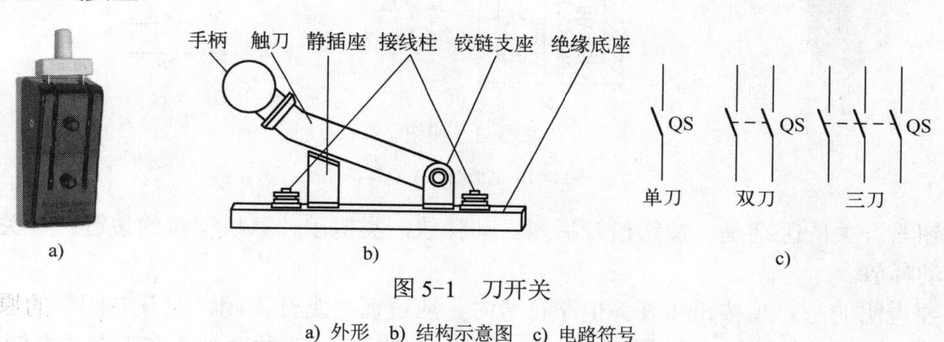

图 5-1　刀开关

a) 外形　b) 结构示意图　c) 电路符号

（2）组合开关

组合开关也称为转换开关，如图 5-2 所示。是一种转动式刀开关，由装在同一轴上的多极旋转开关叠装在相互绝缘的层面内。当手柄每转过一定角度（通常为 90°），就带动与转轴固定的动触头分别与对应的静触头接通或断开。组合开关体积小、接线方式多、使用方便，常用于换接电源；改变负载连接方式；控制小容量交、直流电动机正反转；Y-△起动、变速和换向等。

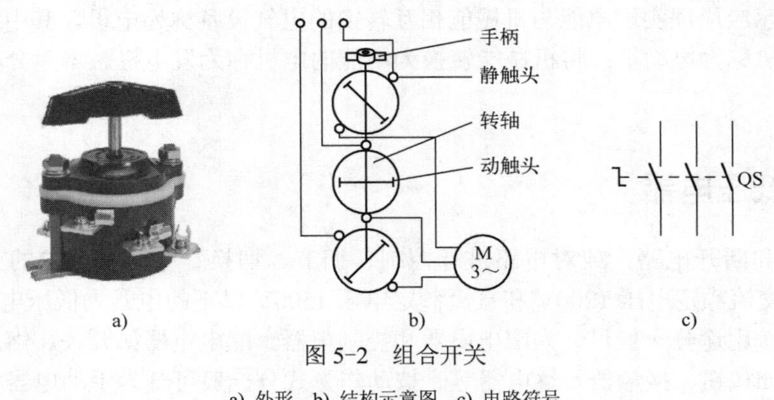

图 5-2　组合开关

a) 外形　b) 结构示意图　c) 电路符号

2. 主令电器

主令电器是一种能发出控制指令的电器。主要有按钮、行程开关、接近开关等。

（1）按钮

按钮是一种短时接通或断开小电流电路的手动电器。它不直接去控制主电路的通断，而是在控制电路中发出起动和停止等指令，去控制接触器、继电器等电器线圈电流的接通或断开，再由接触器、继电器去控制主电路的接通或断开。

按钮的外形、结构和电路符号如图 5-3 所示。按下后若松开，复位弹簧便将按钮复位。其控制触头分为常开和常闭两种，常开触头也称为动合触头，按钮按下时触头闭合。常闭触头也称为动断触头，按钮按下时触头断开。

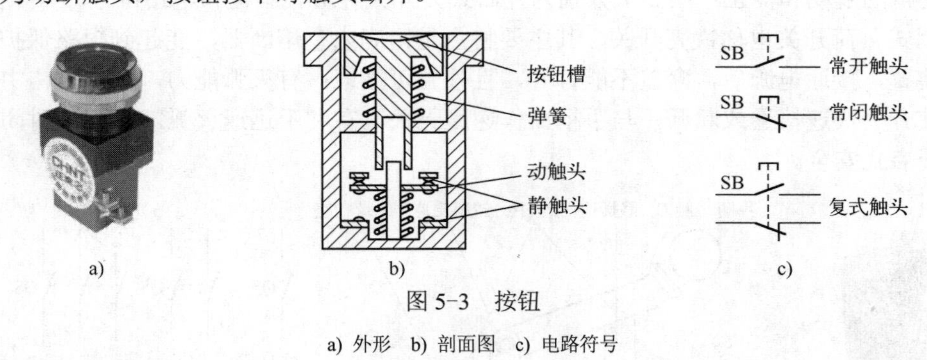

图 5-3　按钮

a) 外形　b) 剖面图　c) 电路符号

按钮与开关的区别是，按钮松开后能自动释放，类似于计算机键盘的按键；开关松开后不能自动释放。

需要说明的是，画按钮和开关电路符号时，应遵循“上开下闭，左开右闭”的原则，即常开（动合）触头的动触头在上方或左侧，常闭（动断）触头的动触头在下方或右侧。

（2）行程开关

行程开关与按钮的区别是，行程开关不用手动操作，而是利用机械部件行程运动，撞开行程开关的推杆或通过感应电路驱动触头动作。主要用于生产机械的自动控制和限位控制。用于限位控制时也称为限位开关，通过感应电路驱动触头动作的也称为接近开关。行程开关电路符号如图 5-4 所示。

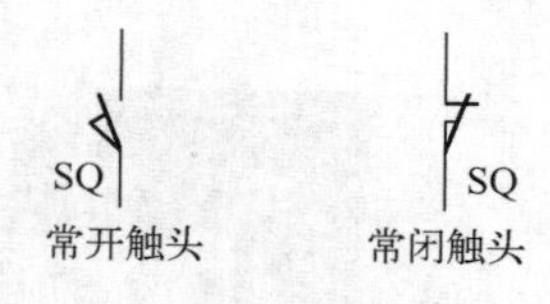

图 5-4　行程开关电路符号

3. 熔断器

熔断器主要用于短路保护和单台电气设备的过载保护。它与被保护电路串联，正常情况时相当于一根导线，当电流超过它的额定值时，熔体产生的热量使其本身熔断，从而切断电路。

常用的熔断器有插入式、螺旋式和封闭式熔断器，如图 5-5a、b、c 所示。其中螺旋式和封闭管式熔断器的熔管内的熔体周围装有石英砂，有助于灭弧。

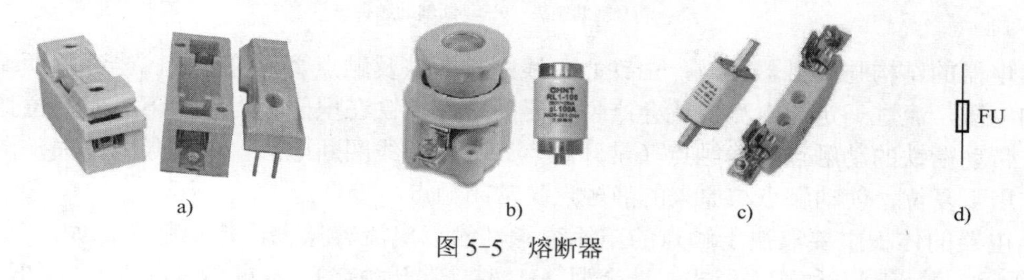

图 5-5　熔断器

a) 插入式　b) 螺旋式　c) 封闭式　d) 电路符号

熔断器分断能力取决于熔体材料。一般，小电流用铅、锡及其合金等低熔点金属；大电流用银、铜等较高熔点金属。使用和更换熔体时应根据被保护对象的过载特性选用相应分断能力（分断电流）的熔断器。

熔断器的缺点是熔断后需更换熔体，比较麻烦。近年来常用可手动恢复的断路器替代。

4. 交流接触器

接触器是用于远距离、大容量控制的控制电器，能频繁地接通或断开主电路。在电力拖动自动控制系统中广泛应用。接触器按其控制线圈电流种类可分为交流接触器和直流接触器，本书仅分析交流接触器。

交流接触器的外形、结构和电路符号如图 5-6 所示。交流接触器实际上是交流电磁铁，线圈通电后，衔铁吸合，带动触头动作。触头分为主触头和辅助触头，主触头可通过大电流，用于控制主回路；辅助触头允许通过的电流较小（一般为 5A），且分为动合辅助触头和动断辅助触头，用于自锁、互锁和控制辅助回路。

需要说明的是，接触器与刀开关类手动切换电器相比，可远距离操控（只需控制线圈通电或断电）；可短时频繁操作（需小于其允许操作频率）；还具有失电压保护功能（一般，吸合电压大于 85%线圈额定电压，释放电压不高于 70%线圈额定电压）。接触器与断路器相比，虽具有一定过载能力，但不能切断短路电流，不具备过载保护功能。

5. 继电器

继电器是一种根据某一输入变量来执行电路通断的控制电器，可远距离频繁通断控制。还可将控制信号传递、放大、翻转、分路隔离和记忆，达到一点多控、以小控大的目的。继电器广泛应用于电力保护、自动化、运动、遥控、测量和通信等装置中。

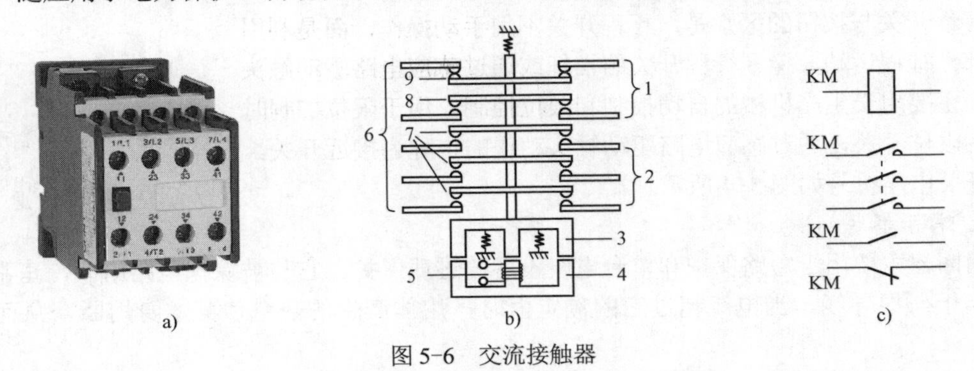

图 5-6　交流接触器

a) 外形　b) 结构示意图　c) 电路符号

1—辅助触头　2—主触头　3—衔铁　4—静铁心　5—控制线圈　6—静触头　7—动合主触头　8—动合辅助触头　9—动断辅助触头

继电器的结构与接触器相似，由铁心、线圈、衔铁及触点簧片等组成。当线圈两端加上一定的电压，流过一定的电流，就会产生电磁效应，衔铁在电磁吸力作用下克服复位弹簧的拉力，带动衔铁的动触点与静触点（常开触点）吸合。线圈断电后，电磁吸力消失，衔铁在弹簧作用下复位，使动触点与原来的静触点（常闭触点）吸合。

继电器的体积主要取决于触点的电流容量，触点电流容量大，体积就大，如图 5-7a、b、c 所示。触点有三种基本形式：动合型（H 型，常开触点）、动断型（D 型，常闭触点）和转换型（Z 型，复合触点），如图 5-7d 所示。

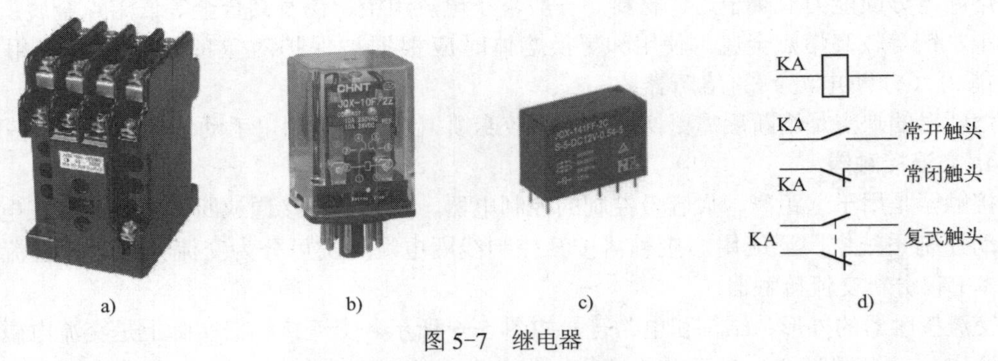

图 5-7　继电器

a) 大型　b) 中型　c) 小型　d) 电路符号

继电器与接触器相比，一是触点电流容量较小，没有灭弧装置；二是具有动作快、工作稳定、使用寿命长、体积小等优点。三是控制量不仅有电压或电流（直流和交流），还有时间、温度、速度、压力等。

1）中间继电器。实际上是一种电压继电器，用于远距离传送或转换控制信号的中间器件。输入是一个线圈的通电或断电电压信号，输出是多对触点的通断动作。输出触点的电流容量一般为 3～5A，比输入线圈的电流容量大得多。因此，中间继电器还具有放大信号和扩充控制信号数量的作用。

2）热继电器。是根据电流通过双金属片，使其受热弯曲而推动机构动作的一种电器。

主要用于电动机过载、断相或电流不平衡运行时的保护。由于热继电器的双金属片受热弯曲需要一个过程，因此热继电器无短路保护作用（短路时要求立即切断电路）。热继电器电路符号如图 5-8 所示。

3）温度继电器。是一种达到一定温度而动作的继电器，与热继电器有一定区别。热继电器是电流控制，温度继电器是温度控制。可充分挖掘电动机过载能力，保护其绕组不因温度过高而烧毁。其工作原理有的仍是双金属片，有的是半导体热敏电阻。

4）时间继电器。是一种延迟一定时间后再动作的继电器。延时动作有延时吸合和延时释放两种，延时原理有空气阻尼式、电磁式、电动式和电子式。空气阻尼式结构简单、价格便宜，但延时精度低；电磁式延时时间短（0.3～1.6s）、结构简单；电动式类似钟表，延时范围宽（0.4～72h），结构复杂，价格贵；电子式利用电子延时电路延时，精度高，体积小。

时间继电器电路符号如图 5-9 所示。需要说明的是，电路符号延时动作触头中，短弧开口方向是动触头延时动作的指向。

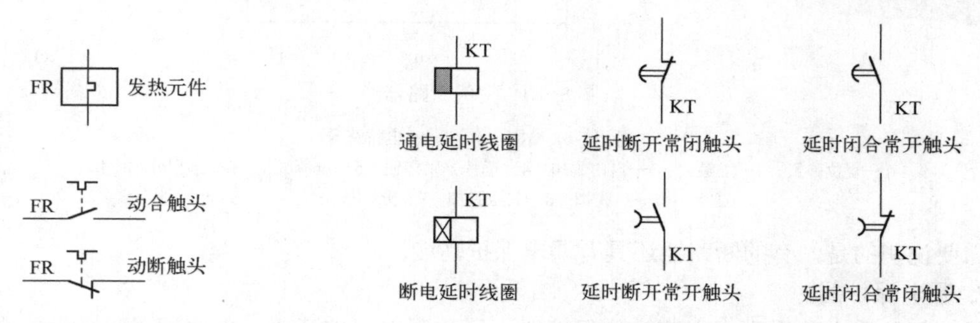

图 5-8　热继电器电路符号

图 5-9　时间继电器电路符号

5）速度继电器。是一种转速达到规定值而动作的继电器，常用于电动机反接制动控制电路，转速下降至 0 时动作，及时切断电源。

6）压力继电器。是根据气压或液压值动作的继电器，常用于液压控制系统。

7）固态继电器。是一种采用半导体元件组成的无触点开关，与传统继电器相比，它没有机械接触部件，不产生电磁噪声，具有速度快、抗干扰、抗冲击、耐振动、寿命长、重量轻、性能可靠、控制功率小和能与微处理器高度兼容等优点，缺点是接触点压降大、漏电流大、触点单一、使用温度范围窄、过载能力差。固态继电器近年来应用日趋广泛。

6. 空气断路器

空气断路器是一种具有过载、短路和欠电压保护的，能自动切断故障电路的电器，相当于刀开关、熔断器与过热、过电流、欠电压继电器的组合，用于在正常工作条件下不频繁接通和分断电路。具有动作值可调、分断能力高、操作方便、安全等优点，目前被广泛应用。与接触器相比，能切断短路电流，但操作频率较低。

断路器种类很多，构造各异，一般由触头系统、灭弧系统、保护装置及传动机构等几部分组成，其结构如图 5-10 所示。主触点是靠手动操作或电动合闸的，主触点闭合后，自由脱扣机构将主触点锁在合闸位置上。过电流脱扣器的线圈和热脱扣器的热元件与主电路串联，当电路发生短路或严重过载时，过电流脱扣器的衔铁吸合，使自由脱扣机构动作，主触点断开主电路；当电路过载时，热脱扣器的热元件发热使双金属片向上弯曲，推动自由脱扣机构动作。欠电压脱扣器的线圈和电源并联，中间串联一个常闭触头，当电路欠电压或分励按钮按下时，欠电压脱扣器的衔铁释放，也使自由脱扣机构动作。有的断路器还可远距离分励，正常工作时，其线圈是断电的，在需要距离控制时，按下远程分励按钮，使线圈通电，衔铁带动自由脱扣机构动作，主触点断开。

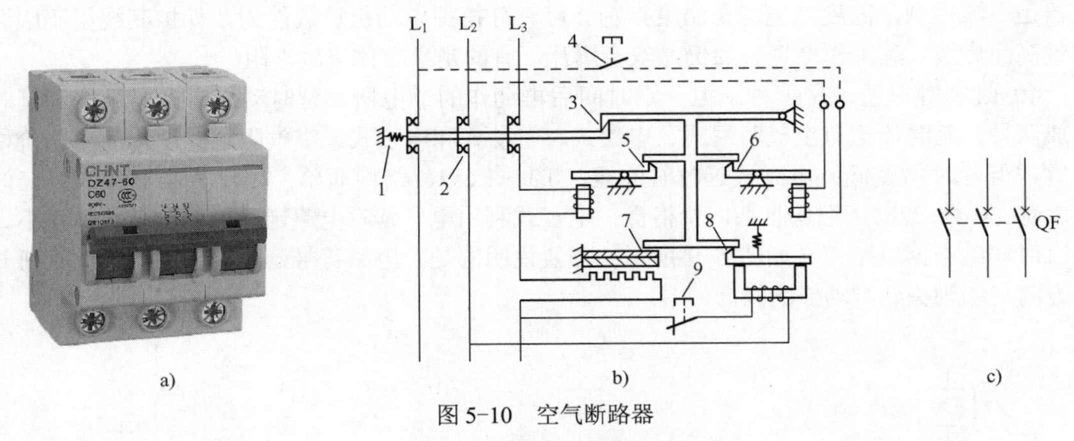

图 5-10　空气断路器

a) 外形　b) 结构示意图　c) 电路符号

1—复位弹簧　2—主触头　3—自由脱扣　4—远程分励按钮　5—过流脱扣　6—远程分励脱扣　7—热脱扣　8—欠压脱扣　9—分励按钮

需要说明的是，有的断路器还具有漏电保护功能。

7. 漏电保护器

漏电保护器也称为剩余电流动作保护器，又称漏电保护开关，主要用于设备发生漏电故障或人身触电事故进行保护。

根据 KCL，电器设备正常工作时，流进设备的电流等于流出设备的电流，即相线中的电流 I_l 与中线中的电流 I_N 之代数和等于零，$I_0=I_l+I_N=0$，I_0 称为剩余电流。如果 I_0 不为零，说明存在漏电流，I_0 即为漏电流。正常运行时系统剩余电流几乎为零，故它的动作整定值可以整定得很小（一般为 mA 级）；当系统发生人身触电事故或设备漏电故障时，出现较大的剩余电流。漏电保护器就是通过检测和处理这个剩余电流后可靠地动作，切断电源。

漏电保护器主要由检测元件、中间环节、执行机构和试验装置等部分组成。其外形和工作原理分别如图 5-11a、b 所示。检测元件是一个零序电流互感器，被保护的相线、中线穿过环形铁心，构成互感器一次线圈，缠绕在环形铁心上的绕组构成互感器二次线圈。若没有漏电发生，则流过相线、中线电流的代数和等于零，互感器二次线圈上不产生相应的感应电动势；若发生漏电，则相线、中线电流的代数和不等于零，互感器二次线圈上就产生感应电动势。中间环节通常包括放大器和比较器，将互感器二次线圈上的感应电动势放大，并与漏电电流动作整定值（例如 10mA）比较，小于整定值则不动作，大于整定值则驱动执行机构动作。执行机构是一个电流脱扣器，可切断主电路电源。试验装置可人为地给出一个漏电流，用于定期检查漏电保护器能否正常、可靠动作。三相漏电保护器检测剩余电流的工作原理如图 5-11c 所示，其余部分与单相漏电保护器相同。

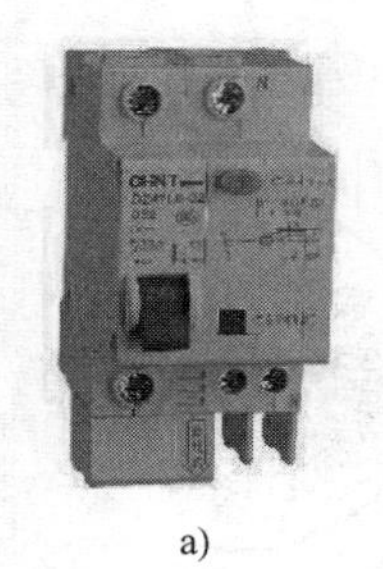

a)

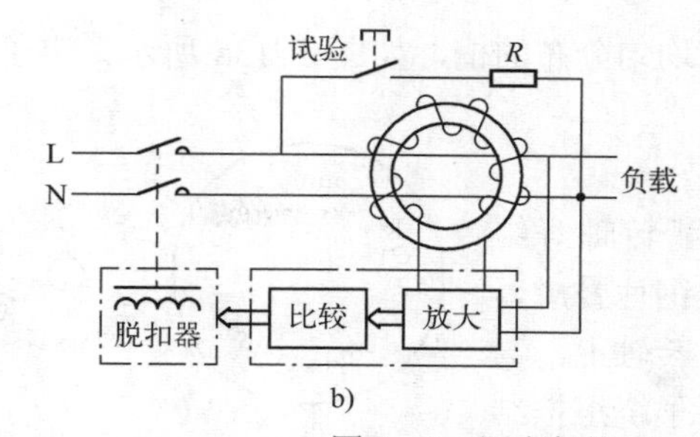

b)

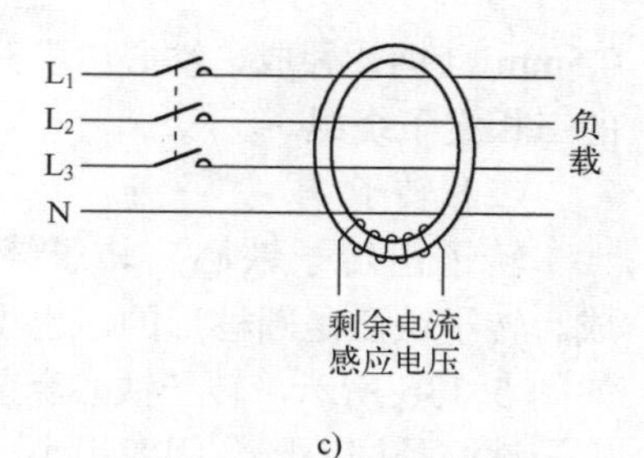

c)

图 5-11　漏电保护器

a) 外形　b) 工作原理示意图　c) 三相漏电保护器剩余电流检测

【复习思考题】

5.1　按钮与刀开关控制主电路的通断有什么区别？

5.2　有人用铜丝代替瓷插式熔断器中的熔丝，是否妥当？为什么？

5.3　接触器与刀开关相比，控制主电路通断有什么区别？

5.4　接触器的主触头与辅助触头有什么区别？

5.5　继电器与接触器有什么主要区别？

5.6　热继电器与熔断器均能实现过载保护，有什么区别？

5.7　熔断器与断路器有什么区别？

5.2　三相异步电动机

现代各种机械设备多数用电动机来驱动。按驱动电力性质不同，电动机可分为交流电动机和直流电动机；交流电动机中又可分为异步电动机和同步电动机；异步电动机中又可分为三相异步电动机和单相异步电动机。其中，三相异步电动机在工业生产上应用最为广泛。

5.2.1　三相异步电动机概述

1. 结构

三相异步电动机由两个基本部分组成：定子和转子。定子和转子均为交流铁心线圈，定子固定不动，转子可以旋转。其基本结构如图 5-12 所示。

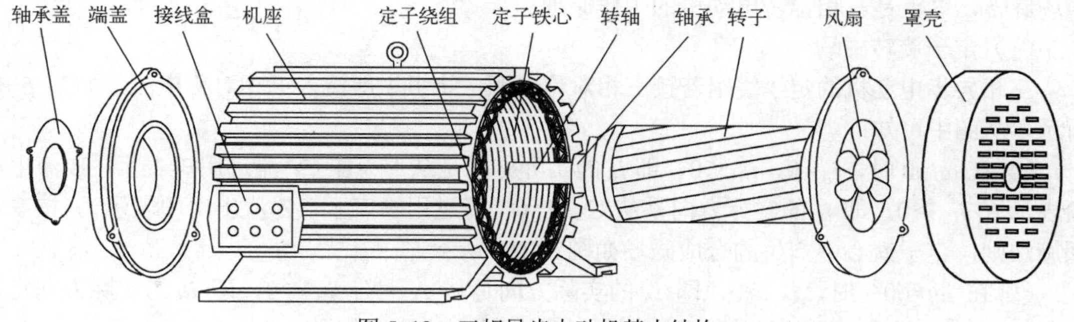

图 5-12　三相异步电动机基本结构

（1）定子

定子由机座、定子铁心和定子绕组等组成。机座一般由铸铁或铸钢制成；定子铁心由

0.5mm 硅钢片叠成，铁心内腔开有均匀分布的槽，如图 5-13a 所示；定子铁心槽内嵌有对称的三相定子绕组。

（2）转子

转子由转子铁心、转子绕组和转轴等组成。转子铁心是圆柱形的，也由硅钢片叠成，如图 5-13b 所示，转子铁心套装在转轴上，与定子铁心是同心圆，间距很小。转子绕组按结构可分为绕线型和笼型。

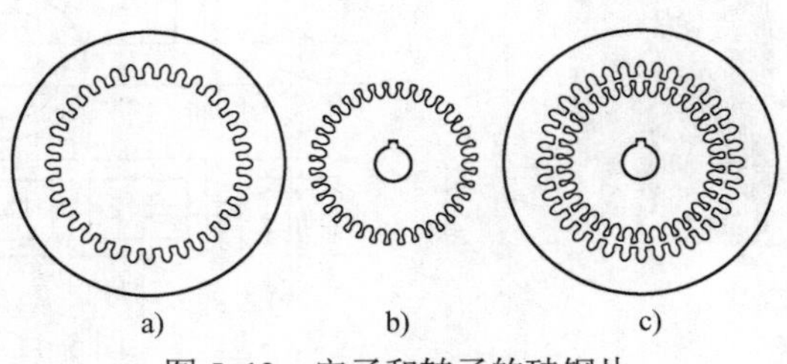

图 5-13　定子和转子的硅钢片

a) 定子硅钢片　b) 转子硅钢片　c) 定子和转子硅钢片

① 绕线型转子绕组嵌在转子铁心槽内，也是对称的三相定子绕组，其 3 个引出端分别接在与转轴绝缘的集电环上，通过电刷与外部链接。然后，即可接在一起，形成三相Y型绕组；也可串接电阻，用于改善电动机起动和调速性能。

② 笼型转子绕组外形像一个圆柱形笼，如图 5-14 所示。转子铁心的槽中放铜导条，两端用端环短接；或者采用铸铝转子，即将导条、端环和端环上的散热风叶一起用铝整体铸出。笼型异步电动机的特点是结构简单、价廉，缺点是起动电流大。深槽式笼型和双笼型异步电动机可改善起动电流大的缺点。笼型转子广泛应用于中小型三相异步电动机。

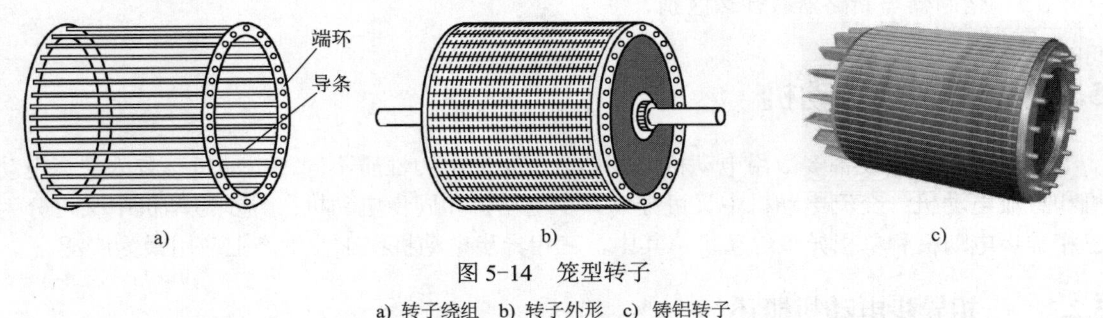

图 5-14　笼型转子

a) 转子绕组　b) 转子外形　c) 铸铝转子

2. 工作原理

三相异步电动机的定子绕组流入三相对称电流，产生旋转磁场；该旋转磁场切割转子导体，产生感应电流；载流转子导体在磁场中受力，产生电磁转矩，从而使转子跟随定子旋转磁场旋转，这就是三相异步电动机的工作原理。

（1）定子旋转磁场

三相异步电动机的定子绕组若接三相对称电源，绕组中即流入三相对称电流，如图 5-15 所示，从图中可知：

① 在 ωt=0 时，i_A=0，i_B＜0，即 i_B 的实际方向是从 Y→B（Y 流进用⊕表示，B 流出用⊙表示）；i_C＞0，即 i_C 的实际方向是从 C→Z（C 流进用⊕表示，Z 流出用⊙表示）。按右手螺旋法则，定子铁心中产生的合成磁场如图 5-16a 所示。

② 在 ωt=60° 时，i_A＞0，即 i_A 的实际方向是从 A→X；i_B＜0，即 i_B 的实际方向是从 Y→B；i_C=0。按右手螺旋法则，定子铁心中产生的合成磁场如图 5-16b 所示。

③ 在 ωt=90° 时，i_A＞0，即 i_A 的实际方向是从 A→X；i_B＜0，即 i_B 的实际方向是从 Y→B；i_C＜0，即 i_C 的实际方向是从 Z→C。按右手螺旋法则，定子铁心中产生的合成磁场

如图 5-16c 所示。

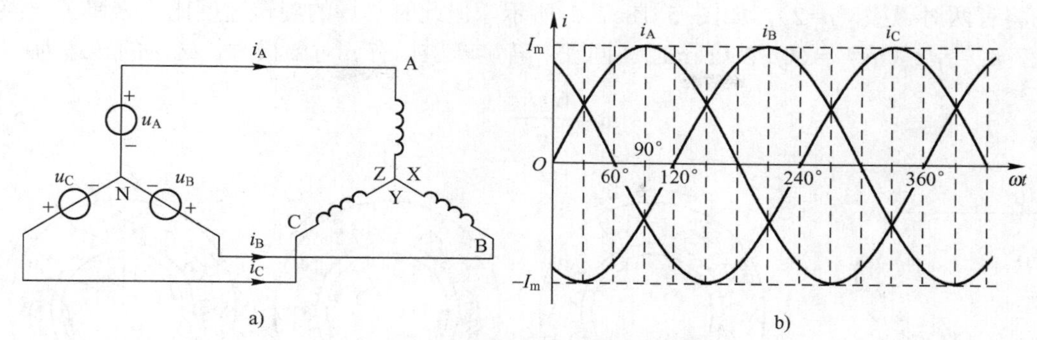

图 5-15　三相异步电动机对称电流

a) 定子电路　b) 电流波形

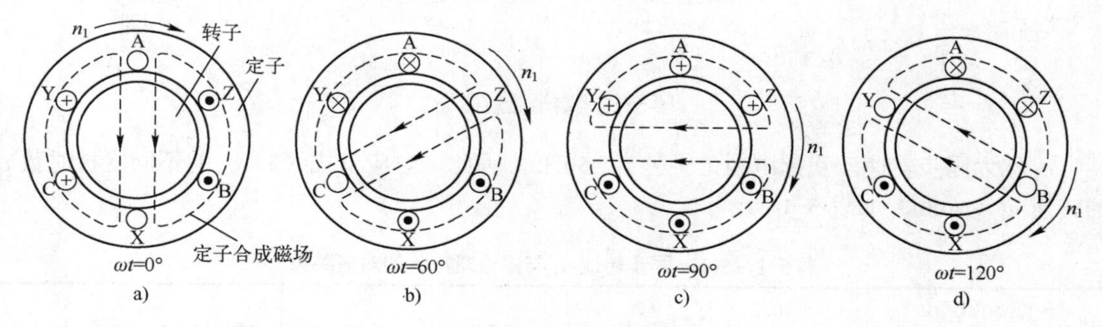

图 5-16　定子旋转磁场

④ 在 ωt=120° 时，$i_A>0$，即 i_A 的实际方向是从 A→X；i_B =0；$i_C<0$，即 i_C 的实际方向是从 Z→C。按右手螺旋法则，定子铁心中产生的合成磁场如图 5-16d 所示。

从上述分析中可以看出，随着定子绕组中通入三相对称电流，定子铁心中的合成磁场在顺时针旋转。若输入三相电源为逆相序，则不难得出其合成磁场为逆时针旋转。

（2）转子转动原理

三相定子绕组中通入三相对称电流时，产生定子旋转磁场，三相正序时磁场顺时针旋转，与静止的转子之间有着相对运动。这种相对运动也可看作为磁场静止，转子以转速 n_1 逆时针旋转。转子线圈逆时针切割定子磁场磁力线而产生感应电流，按右手定则，转子线圈中的电流流向如图 5-17a 所示。

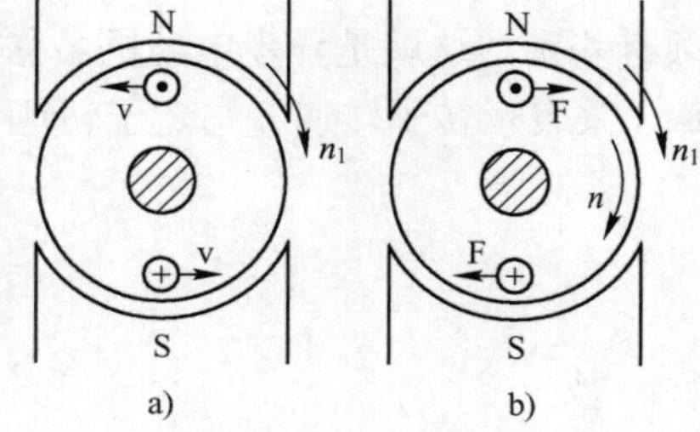

图 5-17　转子转动示意图

载流转子线圈在磁场中将受到电磁力，其方向可按左手定则确定，如图 5-17b 所示。上下两根对应的载流导条受力相反，对转轴形成电磁转矩 T，使转子跟随定子旋转磁场作顺时针旋转。

3. 旋转磁场的转速

上述分析的三相异步电动机，每相绕组只有一个线圈，产生的磁场只有一对磁极（p=1），设定子三相电源频率为 f_1，其磁场转速与 f_1 相同，即 $n_1=60f_1$（r/min）。若将每相绕组改为由两个线圈串联，如图 5-18a 所示。并分别放置如图 5-18b 所示位置，则产生的旋转磁场将有两对磁极（p=2），如图 5-18c、d 所示。但此时磁场的旋转速度比原来慢了一半。因此，$n_1 = f_1/2$（r/s）= $60f_1/2$（r/min）。同理，若旋转磁场有 p 对磁极时，磁场的转速为：

$$n_1=\frac{60f_1}{p} \tag{5-1}$$

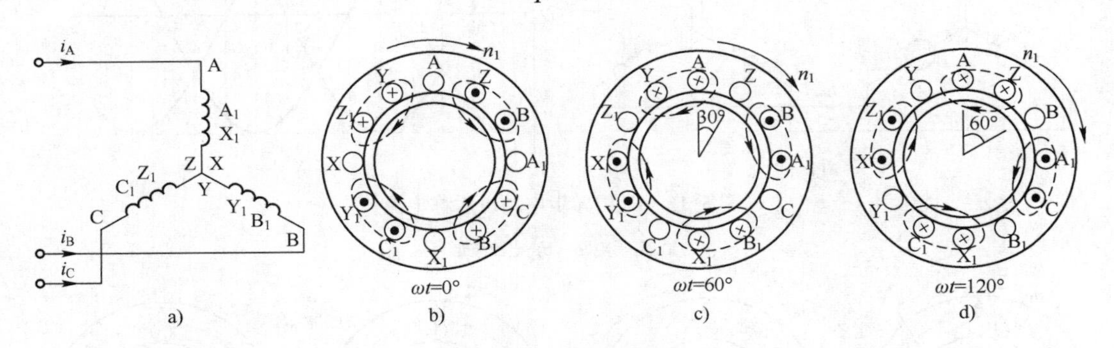

图 5-18　定子旋转磁场

n_1 称为同步转速。我国电力工频为 f_1 =50Hz，因此，对应于式（5-1）的不同磁极对数 p 的转速 n_1（r/min）如表 5-1 所示。

表 5-1　50Hz 同步转速 n_1 与磁极对数 p 的对应关系

磁极对数 p	1	2	3	4	5	6
同步转速 n_1/（r/min）	3000	1500	1000	750	600	500

4. 转差率

三相异步电动机的转子能够跟随定子旋转磁场转动的原因是转子绕组与定子旋转磁场之间有相对运动，即转子转速 n 不等于并恒小于定子旋转磁场转速 n_1。若 n 与 n_1 两者相等，则转子绕组与定子旋转磁场之间就无相对运动，载流转子绕组就不再切割定子旋转磁场的磁力线，就不会产生感应电势、感应电流和电磁转矩。因此，转子转速 n 与定子磁场转速 n_1 必须有差别。这就是异步电动机名称的由来，而旋转磁场转速 n_1 常称为同步转速。我们用转差率 s 来表示转子转速 n 与定子转速 n_1 相差的程度。

$$s=\frac{n_1-n}{n_1} \tag{5-2}$$

或
$$n=(1-s)n_1=(1-s)\frac{60f_1}{p} \tag{5-2a}$$

转差率是异步电动机的一个重要参数。电动机起动时，n=0，s=1；电动机空载运行时，转差率很小，s=0，$n\rightarrow n_1$；在额定负载下运行时，s 约 0.01～0.09 之间。

【例 5-1】 已知某三相异步电动机接工频三相电压，额定转速 n_N =980 r/min，试求该电动机的定子磁场极数和额定负载时的转差率 s_N。

解：由于异步电动机的额定转速均接近并略小于同步转速，查表 5-1 可知，其同步转速应为 n_1=1000 r/min，磁极数 p=3，因此：

$$s_N=\frac{n_1-n_N}{n_1}=\frac{1000-80}{1000}=0.02$$

5.2.2　三相异步电动机的电磁转矩和机械特性

1. 电磁转矩

电动机的作用是把电能转换为机械能，它输送给生产机械的是电磁转矩 T（简称转矩）和转速。了解电动机的转矩的大小受哪些因素影响，可更好地使用电动机。

三相异步异步电动机的电磁转矩 T 是由旋转磁场的每极磁通 Φ 与转子电流 I_2 相互作用而产生的，因此，电磁转矩 T 正比于磁通 Φ_m，且与电磁功率 P 成正比。又因转子电路呈感性，转子电流 I_2 比转子电动势滞后 φ_2 角，电磁转矩 T 还正比于转子电流 I_2 的有功分量 $I_2\cos\varphi_2$。因此，电磁转矩表达式如下：

$$T=K_T\Phi_m I_2\cos\varphi_2 \tag{5-3}$$

上式中，K_T 是与电动机结构有关的常数。直接利用式（5-3）计算转矩很不方便，利用电动机的电路模型可导出电磁转矩的另一个表达式：

$$T=K\frac{sR_2U_1^2}{R_2^2+(sX_{20})^2} \tag{5-4}$$

上式中，K 仍为一个常数，R_2 为转子每相绕组的直流电阻，X_{20} 为 $n=0$，$s=1$ 时的一相绕组感抗（此时转子感抗最大，起动后的感抗 $X_2=sX_{20}$），U_1 为加在定子绕组上的相电压，s 为转差率。式（5-4）更为明确地表明了电动机电磁转矩与电源电压、转差率（或转速）等外部条件及电路参数 R_2、X_{20} 之间的关系。

其中，三相异步电动机的电磁转矩 T 与转差率 s 的关系称为异步电动机的转矩特性。定性画出 $T=f(s)$曲线，如图 5-19 所示。从转矩特性可看出，$s=0$，$n=n_1$ 时，$T=0$。此时属于理想空载运行状态。随着 s 增大，T 也逐渐增大。但达到最大转矩 T_m 后，s 继续增大时，T 反而减小。最大转矩 T_m 也称为临界转矩，对应的 s_m 称为临界转差率。

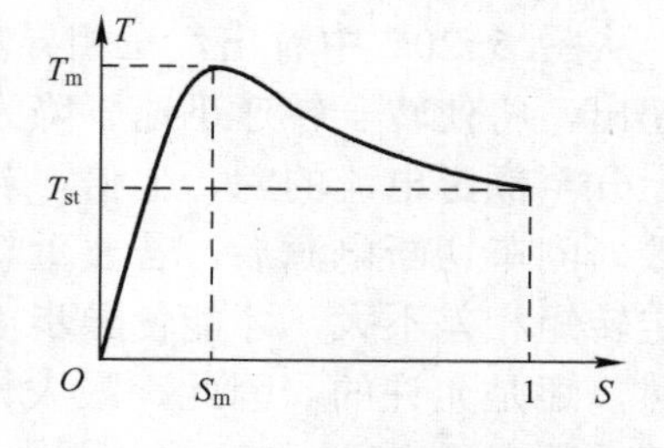

图 5-19　三相异步电动机转矩特性

2. 机械特性

从式（5-2）、式（5-2a）中可知，三相异步异步电动机的转速 n 与转差率 s 有着相应关系，因而电磁转矩与转差率的关系也可用与转速 n 的关系 $T=f(n)$表示，且更直观和广泛应用。$T=f(n)$ 称为异步电动机的机械特性，它定义为在电源电压 U_1 和转子电阻 R_2 一定时的转矩与转速的关系，如图 5-20a 所示。

实际上，只要将图 5-19 所示的转矩特性顺时针旋转 90°，即可得出异步电动机的机械特性 $n=f(T)$。从图 5-19 和图 5-20a 中，我们注意到有三个转矩值：

（1）额定转矩 T_N

三相异步电动机在额定电压下，带动额定负载，输出额定功率，按额定转速运行时的转矩称为额定转矩 T_N。经理论分析，T_N 可用下式计算：

$$T_N=9550\frac{P_N}{n_N} \tag{5-5}$$

上式中，P_N 的单位为 kW，n_N 的单位为 r/min，则 T_N 的单位为 N·m（牛顿·米）。

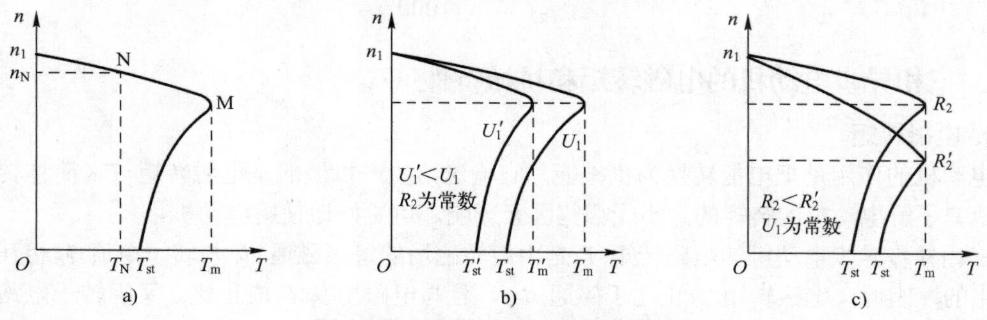

图 5-20　三相异步电动机机械特性

a) 机械特性　b) 不同电源电压的机械特性比较　c) 不同转子电阻的机械特性比较

【例 5-2】 有两台功率相同的三相异步电动机，P_N =7.5kW，U_N=380V。一台额定转速为 n_{N1}=1450 r/min，另一台额定转速为 n_{N2}=962 r/min，试分别求其额定转矩 T_N。

解： $T_{N1}=9550\dfrac{P_N}{n_N}=\dfrac{9550\times 7.5}{1450}\text{N·m}=49.4\text{ N·m}$

$$T_{N2}=9550\frac{P_N}{n_N}=\frac{9550\times 7.5}{962}\text{N·m}=74.5\text{ N·m}$$

上例和式（5-5）表明，额定功率相同的三相异步电动机，额定转矩与额定转速成反比。再根据式（5-1）可得出，额定转矩与电动机磁极对数 p 成正比。因此，转速越低或磁极对数越多，额定转矩越大。

（2）最大转矩 T_m

在图 5-19 和图 5-20a 中，我们看到三相异步电动机的转矩有一个最大值 T_m，经理论分析，T_m 与 U_1^2 成正比（如图 5-20b 所示），与转子电阻 R_2 无关（如图 5-20c 所示）。

从图 5-20a 中看出，三相异步电动机运行时，最大负载转矩不能超过最大转矩。一旦超出，将使转子转速迅速下降为零，发生所谓“闷车”现象。闷车后，电动机的电流马上升至额定电流的六、七倍。若不及时切断电源，电动机定子绕组将严重过热，甚至烧毁。闷车切断电源后，若要重新起动，必须卸去过重负载或排除故障，使负载转矩与额定转矩相差不大，才能使异步电动机正常运行。若过载时间较短，电动机不至于立即过热，还是允许的。因此，最大转矩 T_m 也表明了异步电动机短时过载能力，常用过载转矩系数表示：

$$\lambda_m=\frac{T_m}{T_N} \tag{5-6}$$

一般，三相异步电动机的过载转矩系数 λ_m 为 1.8～2.2。选用电动机时，必须考虑可能出现的最大负载转矩，使其小于最大转矩 T_m。

（3）起动转矩 T_{st}

三相异步电动机起动（n =0，s =1）时的转矩称为起动转矩，用 T_{st} 表示。起动时，要求 T_{st} 大于负载转矩 T_L，此时电动机的工作点就会沿着图 5-20a 所示机械特性的底部上升，电磁转矩增大，转速也随之增大；并很快越过最大转矩 T_m；然后，随着转速 n 的增大，转矩 T

又逐渐减小；直到电动机转矩与负载转矩相等时，电动机才以某一转速稳定运行。

若起动转矩 T_{st} 小于负载转矩，则电动机无法起动，形成“堵转”现象。此时电动机将维持很大的起动电流，造成电动机绕组过热，时间一长甚至烧毁电动机。为此，若发生“堵转”现象，应立即切断电源，减轻负载转矩或排除故障后再起动。

用 $s=1$ 代入式（5-4）得：

$$T_{st}=K\frac{R_2U_1^2}{R_2^2+X_{20}^2} \tag{5-4a}$$

上式表明，起动转矩 T_{st} 与 $U_1{}^2$ 成正比，与转子电阻 R_2 也有关。从图 5-20b、c 中也可看出：U_1 增大，T_{st} 增大；R_2 增大，T_{st} 增大。

电动机的起动能力常用起动转矩系数 λ_{st} 表示：

$$\lambda_{st}=\frac{T_{st}}{T_N} \tag{5-7}$$

一般，笼型三相异步异步电动机的起动转矩系数 λ_{st} 在 1.0～2.2 之间。

【例 5-3】 Y2-180L-6 型三相异步电动机的主要技术数据为：P_N=15kW，I_N=30.7A，η_N=89%，$\cos\varphi$=0.81，n_N=970 r/min，I_{st}/I_N=7.0，λ_{st}=2.0，λ_m=2.1，试求其 s_N、T_N、I_{st}、T_{st} 和 T_m。

解：三相异步电动机的额定转速 n_N 接近而略小于同步转速 n_1，根据表 5-1 可知，同步转速 n_1=1000 r/min，因此：

额定转差率：$s_N=\dfrac{n_1-n_N}{n_1}=\dfrac{1000-970}{1000}=0.03$

额定转矩：$T_N=9550\dfrac{P_N}{n_N}=\dfrac{9550\times15}{970}\text{N·m}=147.68\text{ N·m}$

起动电流：$I_{st}=7I_N=7.0\times30.7\text{A}=214.9\text{A}$

起动转矩：$T_{st}=\lambda_{st}T_N=2.0\times147.68\text{N·m}=295.36\text{ N·m}$

最大转矩：$T_m=\lambda_m T_N=2.1\times147.68\text{N·m}=310.03\text{ N·m}$

5.2.3 三相异步电动机的起动、调速和制动

三相异步电动机的运行主要有起动、调速和制动等几个需要分析研究的问题。

1. 起动

电动机接通电源后，由静止到稳定转动的过程称为起动。起动问题主要从两个方面考虑，一是要有足够大的起动转矩 T_{st}，达到一定的起动转矩系数 λ_{st}，防止“堵转”；二是起动电流不能过大，不能影响其他电气设备的正常运行。因此，既要把起动电流限制在一定数值内；又要考虑限制起动电流后，电动机仍有足够大的起动转矩，能顺利起动。异步电动机的起动通常有以下几种方法：

（1）直接起动

直接起动时，由于 $n=0$，$s=1$，旋转磁场与静止转子之间有着很大的相对转速，磁通切割转子绕组的速度很快。因此，转子绕组中感应电动势和感应电流都很大。与变压器工作原理相同，转子绕组中电流很大，定子绕组中电流也必定很大。一般中小型鼠笼式三相异步电动机的起动电流倍数 $K_I=I_{st}/I_N=5\sim7$。例如 Y132M-4 型电动机的起动电流倍数 $K_I=7$，额定

电流 I_N=15.4A，则起动电流 I_{st}=15.4×7=107.8A。

过大的起动电流在短时间内会造成供电线路电压降落，影响邻近负载的正常工作。例如，对邻近电动机，电压降落会影响其转速和转矩，甚至使其最大转矩小于负载转矩而出现停转。

起动电流虽然很大，但起动过程很短。一经起动，转速很快升高，电流很快回落，仅零点几秒至几秒。从发热角度考虑对电动机影响不大。但若频繁起动，热量积累，则可使电动机过热而出现问题。

对于电动机起动电流过大问题，电力管理部门有一定规定。用户单位若有独立电力变压器，频繁起动的电动机容量应小于独立电力变压器容量的 20%；非频繁起动的电动机容量应小于独立电力变压器容量的 30%。用户单位无独立电力变压器（与照明电共用），电动机在直接起动时所产生的电压降不应超过 5%。一般，起动电流倍数 K_I 应满足下述经验公式。

$$K_I=\frac{I_{st}}{I_N}\leqslant\frac{1}{4}\left[3+\frac{\text{电网容量（kVA）}}{\text{电动机容量（kW）}}\right] \tag{5-8}$$

直接起动就是将额定电压直接加在定子绕组上。这种方法简单方便，起动速度快；缺点是起动电流大。但只要电网和邻近负载允许，应尽量采用直接起动。直接起动一般用于小容量电动机。

图 5-21 为三相异步电动机单向直接起动控制线路。其中：

图 5-21a 为单向起动主回路。L_1、L_2、L_3 接三相电源，QS 为隔离电源刀开关，按下 QS，接通三相电源；FU_1 为熔断器，用于主回路过电流保护；KM 为接触器主触头，若从 L_{11} 引出的控制回路使 KM 闭合，这可使三相异步电动机 M 得电起动运行；FR_1 为热继电器，用于过载热保护。

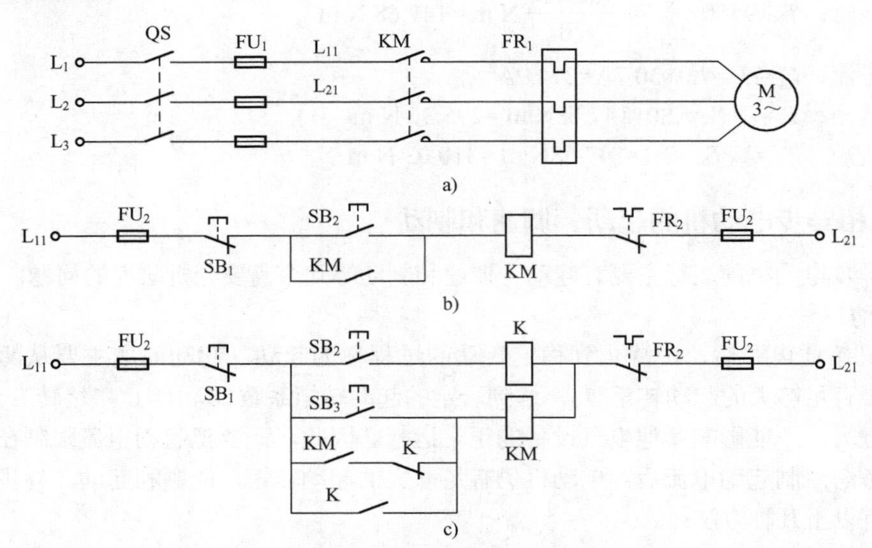

图 5-21　三相异步电动机单向直接起动控制线路

a) 单向起动主回路　b) 连续运行控制回路　c) 点动或连续运行控制回路

图 5-21b 为电动机连续运行时的控制回路。一般可从主回路 L_{11} 接出，FU_2 为熔断器，用于控制回路过电流保护。SB_2 为电动机启动运行按钮，按下 SB_2，与其串联的接触器 KM 得电，主回路中 KM 的常开主触头闭合，电动机 M 得电起动运行。同时，与 SB_2 并联的

KM 常开辅助触头闭合，起到自锁作用。此时即使释放 SB_2，接触器 KM 仍能继续保持通电，维持动作状态，从而达到电动机连续运行的目的。SB_1 为电动机停止运行按钮，按下 SB_1，接触器 KM 失电，主回路中 KM 的常开主触头复位，电动机 M 断电停止运行。FR_2 为用于控制回路过载热保护的热继电器。

图 5-21c 为电动机点动或连续运行的控制回路。SB_3 为电动机连续运行按钮，按下 SB_3，KM 得电，其常开辅助触头闭合自锁，致使常开主触头保持闭合，电动机 M 连续得电运行。SB_2 为电动机点动运行按钮，按下 SB_2，中间继电器 K 得电，其常开辅助触点闭合，致使接触器 KM 得电，主回路中 KM 常开主触头闭合，电动机 M 得电运行。释放 SB_2，中间继电器 K 与接触器 KM 先后失电，主回路中 KM 的常开主触头复位，电动机 M 断电停止运行。电动机随 SB_2 接通或断开作点动运行，其余部分工作原理同图 5-21b。

（2）降压起动

降压起动能减小起动电流，但同时也使起动转矩减小。这种方法适用于轻载或空载情况下，起动后转速升高至一定数值后，再使电源电压恢复到额定电压，并加上全部负载。常用的降压起动有以下二种方法：

1）Y-△换接起动。

Y-△换接起动接线图如图 5-22 所示，起动时将定子绕组接成Y，待转速上升至接近额定转速时，再将定子绕组接成△。这样，起动时的定子绕组电压只有 $U_N/\sqrt{3}$，相应的起动电流只有直接起动时的 1/3，起动转矩也减小为直接起动时的 1/3。因此，这种方法适用于正常运行时定子绕组接成△且在轻载或空载时起动的电动机。

Y-△换接起动设备体积小、成本低、寿命长、动作可靠。目前，4～100kW 的异步电动机都已设计为定子绕组 380V△联结。因此，该起动方法得到了广泛应用。

2）自耦降压起动。

自耦降压起动接线图如图 5-23 所示。利用三相自耦变压器降低加在定子绕组上的电压，自耦变压器可备有多个抽头，例如，QJ2 和 QJ3 自耦变压器，抽头比（1/k）分别为 73%、64%、55%和 80%、60%、40%，能得到不同的输出电压，起动电流和起动转矩均减小为直接起动时的 $1/k^2$，可根据对起动电流和起动转矩不同要求选用。起动时开关 QS_2 置于起动位置，转速上升至接近额定值时，将 QS_2 合于运行位置，切除自耦变压器。

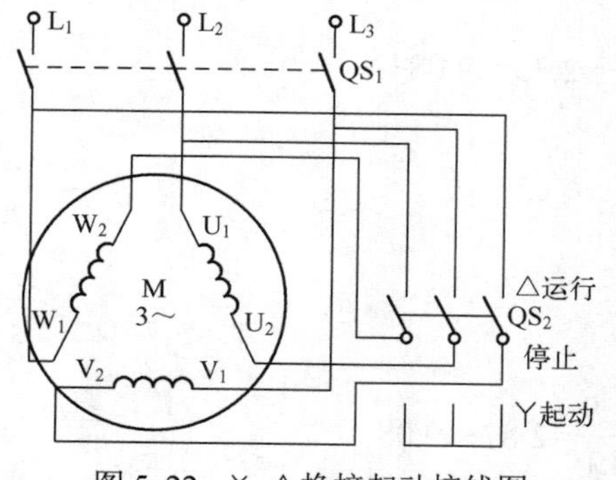

图 5-22　Y-△换接起动接线图

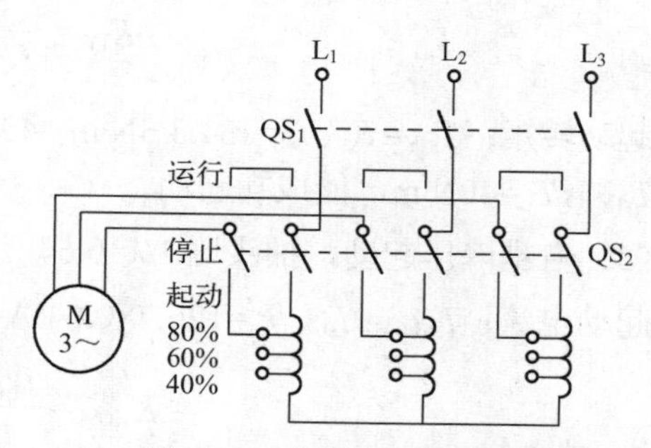

图 5-23　自耦降压起动接线图

自耦降压起动的优点是可根据需要选择起动电源电压；缺点是设备笨重、价高。这种方法适用于容量较大或不能用Y-△换接起动的电动机。

（3）转子串电阻起动

转子串电阻起动接线图如图 5-24 所示。这种方法仅适用于绕线型异步电动机，不能用于笼型。转子绕组串入适当电阻后，不但减小了起动电流，而且提高了起动转矩（参阅式 5-4a 和图 5-20c）。因此，该方法常用于要求起动转矩较大的生产机械上。例如卷扬机、锻压机、起重机及转炉等。

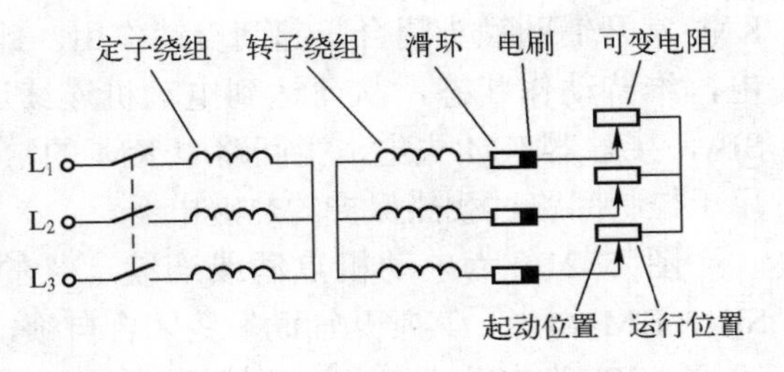

图 5-24　转子串电阻起动接线图

【例 5-4】 已知某三相异步电动机的主要技术数据为：P_N=9kW，U_N=380V，η_N=90%，$\cos\varphi$=0.84，n_N=1440 r/min，λ_{st}=2.2，T_L=40N·m，起动电流倍数 K_I=7.0，电网容量为 300 kVA。试求在下列情况下的起动电流和起动转矩，并判断能否成功起动。1）直接起动；2）Y-△换接起动；3）自耦降压起动，抽头比 1/k=0.64；4）自耦降压起动，抽头比 $1/k$=0.55。

解：输入功率：$P_I=\dfrac{P_N}{\eta_N}=\dfrac{9000}{0.9}$ W=10000W

额定电流：$I_N=\dfrac{P_I}{\sqrt{3}U_N\cos\varphi}=\dfrac{10000}{\sqrt{3}\times380\times0.84}$ A=18.1A

起动电流：$I_{st}=7I_N=7\times18.1$A=126.7A

额定转矩：$T_N=9550\dfrac{P_N}{n_N}=\dfrac{9550\times9}{1440}$ N·m =59.7N·m

（1）直接起动

起动转矩：$T_{st}=\lambda_{st}T_N=2.2\times59.7$ =131.3N·m＞T_L=40N·m

$$\frac{1}{4}\left[3+\frac{\text{电网容量（kVA）}}{\text{电动机容量（kW）}}\right]=\frac{1}{4}\left[3+\frac{300}{9}\right]=9.08>K_I=7$$

该三相异步电动机可直接起动。

（2）Y-△换接起动

起动电流：$I_{stY}=I_{st\triangle}/3$=126.7/3A=42.2A

$$K_{IY}=\frac{I_{stY}}{I_N}=\frac{42.2}{18.1}=2.33<9.08$$

起动转矩：$T_{stY}=T_{st\triangle}/3$=131.3/3N·m =43.8N·m

$T_{stY}>T_L$=40N·m，能成功起动。

（3）自耦降压起动，抽头比 $1/k$=0.64

起动电流：$I_{st0.64}=I_{st\triangle}/k^2=126.7\times0.64^2$A=51.9A

$$K_{I0.64}=\frac{I_{st0.64}}{I_N}=\frac{51.9}{18.1}=2.87<9.08$$

起动转矩：$T_{st0.64}=T_{st\triangle}/k^2=131.3\times0.64^2$N·m =53.8N·m

$T_{st0.64}>T_L$=40N·m，能成功起动。

（4）自耦降压起动，抽头比 $1/k$=0.55

起动电流：$I_{st0.55}= I_{st\triangle}/k^2=126.7\times0.55^2\text{A}=38.3\text{A}$

$$K_{I0.55}=\frac{I_{st0.55}}{I_N}=\frac{38.3}{18.1}=2.12<9.08$$

起动转矩：$T_{st0.55}= T_{st\triangle}/k^2=131.3\times0.55^2\text{N·m}=39.7\text{ N·m}$

显然，$T_{st0.55}<T_L$=40N·m，不能成功起动。

2．调速

三相异步电动机调速是指在负载不变时得到不同的转速，以满足生产过程的需要。调速的方法有两大类：机械调速和电气调速，本节分析的是电气调速。电气调速可根据式 5-2a：$n=(1-s)\,60f_1/p$。因此，调速有三种途径：改变电源频率 f_1 或磁极数 p 或转差率 s。

（1）变频调速

变频调速是改变三相异步电动机的电源频率从而改变电动机转速，可获得平滑的无级调速。

根据公式 U=4.44$f\,N\Phi_m$，若仅改变 f，电压 U 保持不变，则电动机磁路中的磁通 Φ_m 也将发生改变，电动机运行性能也将发生改变。因此，在变频的同时，电源电压应根据负载不同而不同，以使磁通 Φ_m 维持不变。而使磁通 Φ_m 维持不变，须使电压 U 与频率 f 的比值维持不变。三相笼型异步电动机变频调速时的机械特性如图 5-25 所示。

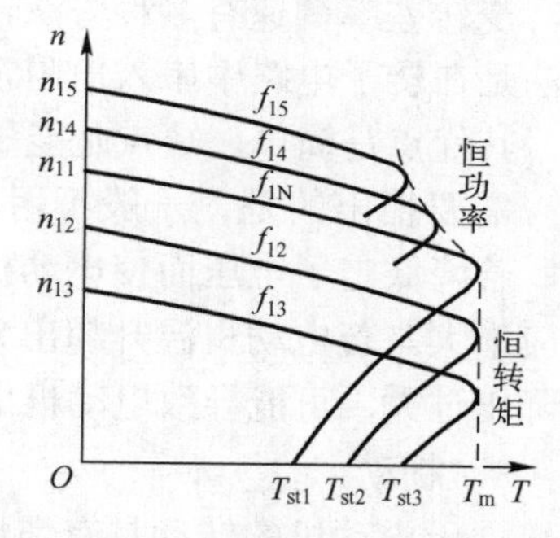

图 5-25　三相笼型异步电动机变频调速机械特性

在基频 f_{1N} 以下调速时，保持 U_1/f_{1N}=常数，属于恒转矩调速。f_1 减小，机械特性下移，转速 n 减小，T_m 不变。

在基频 f_{1N} 以上调速时，因电压不允许超过额定电压 U_N，磁通 Φ_m 将下降，根据式 5-3，转矩也随之下降，但输出功率近似不变，属于恒功率调速。即 f_1 增大，机械特性上移。

变频调速方式一般可分为间接变压变频（交-直-交变压变频）和直接变压变频（交-交变压变频），如图 5-26 所示。

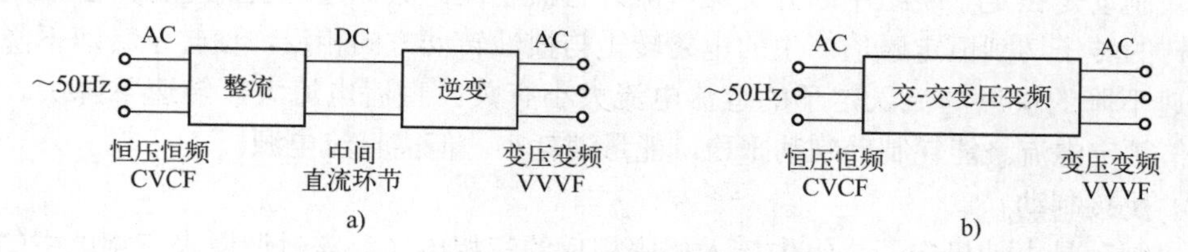

图 5-26　变频调速分类框图

a) 间接变压变频　b) 直接变压变频

1）交-直-交变压变频。

间接变压变频是先将 50Hz 交流电通过整流环节变换为直流，再通过逆变环节变频。其中整流环节又可分为可控整流和不可控整流。可控整流采用晶闸管可控整流，调压和变频分别在整流和逆变两个环节中完成。这种方式结构简单、控制方便。但输出电压较低时电网端功率因素较低，输出谐波较大。不可控整流采用功率二极管整流，电网端功率因素接近于1；调压和变频由脉宽调制（PWM）逆变器同时完成。这种方式输出谐波小，开关元件少，效率高，调控方便。随着全控型高频大功率电力电子器件和单片机控制技术的发展，PWM变频调速技术已相当成熟，并得到广泛应用。

2）交-交变压变频。

交-交变频电路不通过中间直流环节，而把工频交流电直接变换成不同频率的交流电。交-交变频电路由两组反并联的晶闸管可逆整流器组成，效率较高，且可方便地可逆运行。但功率因素低，主电路晶闸管元件数多，控制电路复杂，且最大变频范围在电网频率 1/2 以下，一般只适用于低速大功率电动机调速。

（2）变极调速

变极调速是改变定子绕组的接法，从而改变磁极对数，得到不同转速。在电动机制造时，把每相绕组分为几部分，如图 5-18 所示。通过不同接线组合，可得到不同的磁极对数和对应的转速。从表 5-1 可知，变极调速是有级的。

（3）变转差率调速

变转差率调速有多种方法，如改变定子电源电压、改变定子和转子电阻等，其中常用的方法是在转子电路中串入电阻，可同时用于绕线型异步电动机的起动和调速，如图 5-24 所示。其优点是简单，缺点是能量损耗大。

需要指出的是，一般不用降低电源电压来改变转差率调速。电动机在某一负载下运行时，若降低定子电压而使电动机转速降低，则转差率增大，引起转子电流增大，定子电流也相应增大。若电动机温升超出允许值，轻则降低电动机使用寿命，重则烧毁电动机。而且，若降压过大，可能导致电动机最大转矩 T_m 小于负载转矩，造成“堵转”事故。

3．制动

由于电动机的转动具有惯性，因此电动机切断电源后，不会马上停下来。若要求快速停车，就需要对三相异步电动机进行制动控制。制动可分为机械制动和电气制动，本节仅分析电气制动。电气制动有下列方法：

（1）能耗制动

能耗制动是在定子绕组中断开交流，流入直流电流。其原理是直流电流产生恒定磁场，惯性旋转的转子切割恒定磁场产生的电磁转矩与惯性转动方向相反，使转子转速下降，直至零。转速下降的快慢与流入定子的直流电流大小有关。直流电流大，转速下降快。一般为0.5～1 倍额定电流。能耗制动制动平稳，能量消耗小，但需直流电源。

（2）反接制动

反接制动是电动机定子绕组中接入相序相反的三相电（只需对调原来三相电中的任意二相），使原来的定子旋转磁场反向旋转，从而起到制动作用。当转速下降接近于零时再利用某种控制电器自动切断电源，否则，电动机会反转。由于反接制动时，反向旋转磁场与转子间的相对转速（n_1+n）很大，因而电流较大，制动时可在定子电路（笼型）或转子电路（绕线型）中串入限流电阻。反接制动线路简单，制动速度快，但能量消耗大。

图 5-27 为三相异步电动机反接制动控制线路。其中：

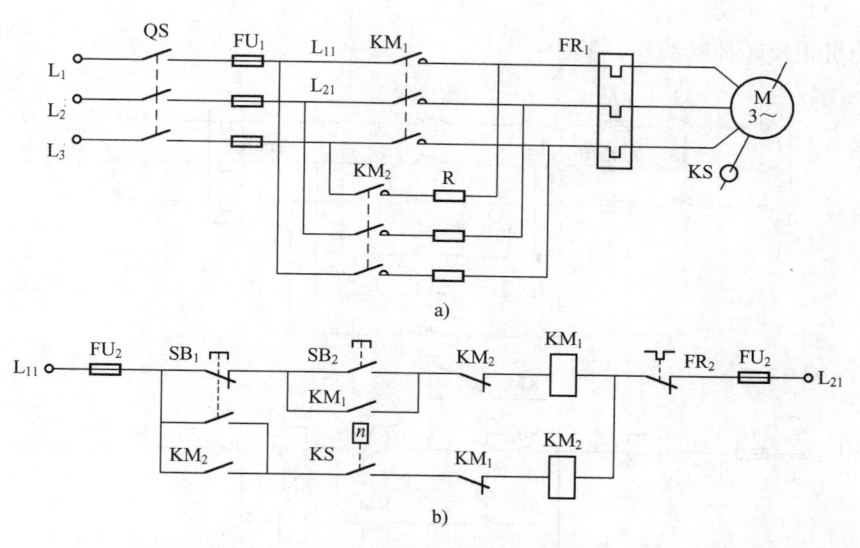

图 5-27　三相异步电动机反接制动控制线路

a) 反接制动主回路　b) 反接制动控制回路

图 5-27a 为反接制动主回路。L_1、L_2、L_3 接三相电源，QS 为隔离电源刀开关，按下 QS，接通三相电源；FU_1 为熔断器，用于主回路过电流保护；KM_1 为顺相序控制接触器主触头，闭合时电动机正转；KM_2 为逆相序控制接触器主触头，闭合时电动机反转；KS 为速度继电器，电动机达到一定转速（一般，动作转速为 120r/min，复位转速在 100r/min 以下）时动作；R 为限流电阻（反接制动时，反向旋转磁场与转子间相对转速很大会引起电流很大）；FR_1 为热继电器，用于过载热保护。

图 5-27b 为反接制动控制回路。一般可从主回路 L_{11} 和 L_{21} 接出，FU_2 为熔断器，用于控制回路过电流保护，FR_2 为用于控制回路过载热保护的热继电器。电动机启动时，按下运行按钮 SB_2，接触器 KM_1 通电并自锁，主回路中 KM_1 的常开主触头闭合，电动机 M 起动并保持运行。同时，速度继电器 KS 动作，其常开触点闭合，为反接制动做好准备。制动时，按下停止按钮 SB_1，KM_1 断电，KM_2 通电并自锁，电动机接入逆相序电源，由于此时电动机惯性转速尚高，速度继电器 KS 常开触点仍处于闭合状态，逆相序电源使电动机惯性正转速迅速下降，至正转速接近于 0 时，速度继电器 KS 常开触点复位，接触器 KM_2 断电，主回路中 KM_2 的常开主触头断开，电动机逆相序电源断开，反接制动结束。

（3）回馈制动

回馈制动发生在转速 n 大于同步转速 n_1 时（例如起重机快速下放重物、变极调速减速过程等），旋转磁场切割转子导体的相对方向相反，电磁转矩也相反，电动机处于发电机运行状态，转子转动的机械能转变为电能并回馈到电网中。因此，这种制动方式也称为发电反馈制动。

4．正反转控制

从 5.2.1 节分析定子旋转磁场（参阅图 5-16）可得出，若定子绕组中接入相序相反的三相交流电（只需对调原来三相交流电中的任意二相），就可以使电动机反转。图 5-28 即为三相异步电动机正反转控制线路。其中：

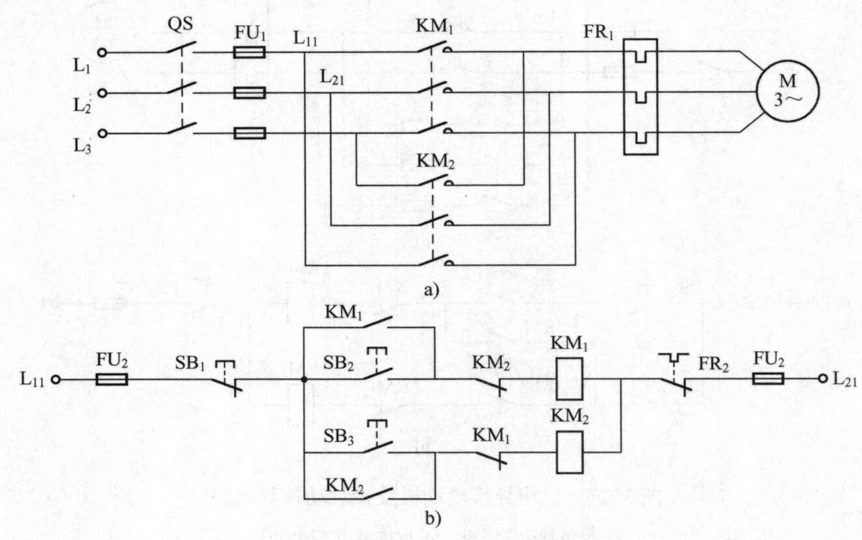

图 5-28　三相异步电动机正反转控制线路

a) 主回路　b) 控制回路

图 5-28a 为正反转主回路。与图 5-27a 相比，少了速度继电器 KS 和限流电阻 R，其余相同。

图 5-28b 为正反转控制回路。一般可从主回路 L_{11} 和 L_{21} 接出，FU_2 为熔断器，用于控制回路过电流保护，FR_2 为用于控制回路过载热保护的热继电器。电动机需要正转时，按下按钮 SB_2，接触器 KM_1 通电并自锁，主回路中 KM_1 的常开主触头闭合，电动机 M 正转运行。需要反转时，应先按下停止按钮 SB_1，待电动机停转后，再按下 SB_3，接触器 KM_2 通电并自锁，主回路中 KM_2 的常开主触头闭合，电动机 M 反转运行。KM_1 和 KM_2 的常闭触头用于互锁，即按下其中一个按钮后，另一个就不起作用。必须按下停止按钮 SB_1，且应待电动机基本停转（否则因无限流电阻 R，启动电流会很大）后，才能进行反向操作。

5.2.4　三相异步电动机的铭牌

电动机铭牌数据是电动机在额定条件下安全高效运行的依据。以图 5-29 中电动机铭牌为例分析说明铭牌中各项数据的含义。

1．型号

任何产品均有型号，电动机型号是电动机类型、规格的代号。国产异步电动机的铭牌数据由汉语拼音字母和阿拉伯数字组成。例如图 5-29 中的型号 Y132M-4，其含义如下。

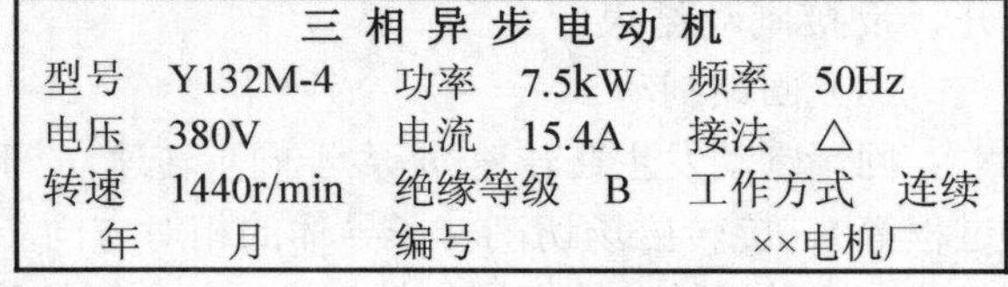

三 相 异 步 电 动 机					
型号	Y132M-4	功率	7.5kW	频率	50Hz
电压	380V	电流	15.4A	接法	△
转速	1440r/min	绝缘等级	B	工作方式	连续
年	月	编号			××电机厂

图 5-29　三相异步电动机铭牌

- Y：异步电动机(YR 为绕线型，YZ 为笼型)
- 132：机座中心高（mm）
- M：机座长度代号（S-短机座；M-中机座；L-长机座）

● 4：磁极数

国产三相异步电动机的主要产品名称代号及其汉字含义参阅表 5-2。

表 5-2　异步电动机产品名称代号及其汉字含义

名称代号	新代号	汉字含义	老代号
异步电动机	Y	异步	J,TO
绕线式异步电动机	YR	异，绕线	JR,JRO
起重、冶金用异步电动机	YZ	异，起重	JZ
防爆型异步电动机	YB	异，爆	JB,JBS
高起动转矩异步电动机	YQ	异，高起动	JQ,JQO

2．接法

接法是指三相异步电动机在额定电压下三相定子绕组的联结方法。通常是 3kW 以下，Y 联结；4kW 以上，△联结。三相定子绕组 $L_{11}L_{12}$、$L_{21}L_{22}$、$L_{31}L_{32}$ 的 6 个引出端Y和△的联结方法如图 5-30 所示。

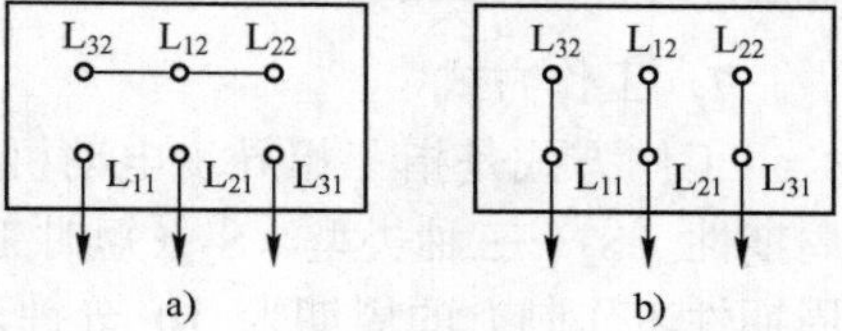

图 5-30　三相异步电动机联结方式

a) Y联结　b) △联结

3．额定电压 U_N 和额定电流 I_N

额定电压 U_N 是指三相异步电动机在额定运行时加在定子绕组上的线电压值。实际运行时，一般规定电动机所加电压不应高于或低于额定值的 5%。需要说明的是，高于电压额定值带来的不良后果比较容易理解，低于电压额定值同样会带来不良后果。如电压值低时，引起转速下降，电流增加。在满载或接近满载情况下，电流增加会超过额定值，使绕组过热。而且，在低于电压额定值下运行时，与电压平方成正比的最大转矩也会显著降低。若小于负载转矩，起动时会出现“堵转”；原来正常运行的会形成“闷车”，都会出现问题。

额定电流 I_N 是指三相异步电动机在额定运行时加在定子绕组上的线电流值。三相异步电动机的定子绕组的运行电流与运行状态有关。空载时，转子电流近似为零，定子电流几乎全为建立旋转磁场的励磁电流。负载时，转子电流和定子电流都相应增大。

4．额定功率 P_N、功率因素 $\cos\varphi$ 和效率 η_N

额定功率 P_N 是指三相异步电动机在额定运行时转轴上输出的机械功率值。

额定功率因素 $\cos\varphi$ 是指三相异步电动机在额定运行状态下定子绕组相电压与相电流之间相位差的余弦。三相异步电动机的功率因素较低，在额定负载时约 0.7～0.9；而在轻载和空载时更低，空载时只有 0.2～0.3。因此，必须正确选择电动机的功率容量，防止“大马拉小车”。

额定效率 η_N 是指额定运行时额定功率与输入电功率之比。额定功率与输入功率的差值即为电动机本身的损耗功率，包括铜损、铁损和机械损耗。例如，图 5-29 中 Y132M-4 电动机的额定功率为 7.5kW，若已知其额定功率因素为 0.85，则：

输入电功率：$P_I=\sqrt{3}\,U_lI_l\cos\varphi=\sqrt{3}\times380\times15.4\times0.85\text{W}=8.6\text{kW}$

额定效率：$\eta_N=\dfrac{P_N}{P_I}=\dfrac{7.5}{8.6}=87\%$

笼型异步电动机的额定效率一般为72%～93%。

5．额定转速 n_N

额定转速 n_N 是指三相异步电动机在额定功率输出时转子每分钟转数。由于三相异步电动机的额定转速 n_N 略小于同步转速 n_1，而同步转速取决于定子磁极数（参阅表 5-1）。因此，三相异步电动机的转速按照磁极数可分为几个等级。其中最常用的是 4 极电动机（n_1=1500r/min）。要求转速较低时，综合考虑效率、功率因素和性能价格比，可另配减速器实现。

6．绝缘等级和极限温度

绝缘等级是根据电动机绕组所用绝缘材料在使用时允许的极限温度来分级的。不同等级的绝缘材料的极限温度如表 5-3 所示。

表 5-3　绝缘材料极限温度分类等级

绝缘等级	Y	A	E	B	F	H	C
极限温度/℃	90	105	120	130	155	180	＞180

7．工作方式

工作方式是指三相异步电动机运行时间的方式。可分为连续（S_1）、短时（S_2）和断续周期性（S_3）三种类型。S_2（短时工作制）又可分为 10、30、60 和 90 分钟四种，S_3（断续周期性工作制）的周期为 10 分钟，由一个额定负载时间和一个停止时间组成，二者比例可分为15%、25%、40%和60%四种。

【复习思考题】

5.8　简述三相异步电动机工作原理。

5.9　三相异步电动机的转向取决于什么？

5.10　什么叫同步转速和异步转速？

5.11　为什么异步转速恒小于同步转速？

5.12　什么叫“堵转”？有何危害？若发生“堵转”现象，应如何解决？

5.13　什么叫“闷车”？与“堵转”有何异同？若发生“闷车”现象，应如何解决？

5.14　三相异步电动机起动主要考虑什么问题？

5.15　怎样使三相异步电动机反转？

5.16　若三相异步电动机实际施加的电源电压低于额定电压，可能会产生什么后果？

5.3　单相异步电动机

单相异步电动机由单相电源供电，具有结构简单、成本低廉、噪声小、运行可靠和维护方便等优点。因此，广泛应用于家用电器、医疗器械和工农业单相供电的电动机设备，例如电风扇、洗衣机、电冰箱及空调等电器设备所用的电动机。但与同容量的三相异步电动机比较，单相异步电动机体积较大，运行性能较差。

1．工作原理

单相异步电动机也有定子和转子。定子一般有 1～2 个绕组；转子一般为笼型。定子绕组通入单相交流电后，产生一个交变脉动磁场。该交变脉动磁场可分解为两个幅值相等、转向相反的旋转磁场。转子静止时，在转子中产生的感应电势和电流大小相等、方向相反。由此而产生的电磁转矩也是大小相等、方向相反，相互抵消，合成转矩为零。若转子是向某一方向旋转的，则由于转子与两个相反方向旋转磁场的相对转速不同，所产生的感应电势、感应电流和电磁转矩也不同，其合成转矩不为零，如图 5-31 所示。其中 T_+为正电磁转矩，T_-为负电磁转矩，T 为合成电磁转矩。

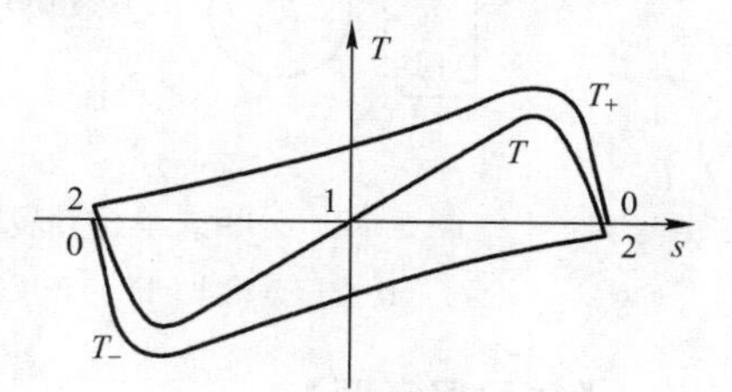

图 5-31　单相异步电动机转矩

综上所述，单相异步电动机定子绕组通电后，可以得出以下结论：

① 转子静止时，单相异步电动机无起动转矩。

② 转子一经起动，就能沿着原转向转动，并加速至同步转速 n_1。

因此，单相异步电动机与三相异步电动机的主要区别就在于：三相异步电动机能自行起动，而单相异步电动机不能自行起动。问题就归结为如何让单相异步电动机获得初始起动转矩。具体的方法有两种：分相式起动和罩极式起动。

2．分相式单相异步电动机

分相式单相异步电动机有两个绕组：一个主绕组（或称工作绕组），一个辅助绕组（或称起动绕组），两个绕组在空间相隔 90°。若使两个绕组通入具有一定相位差的同频率单相正弦交流电，就能产生一个旋转磁场，使单相异步电动机自行起动。

由于绕组线圈为感性电路，欲使两个绕组电流产生一定相位差，可在其中一个绕组（起动绕组）串入电阻或电容。因此，分相式单相异步电动机有电阻分相式和电容分相式两种。

（1）电阻分相式

电阻分相式单相异步电动机是在辅助绕组中串入电阻，如图 5-32a 所示。使该绕组中电流相位越前主绕组中电流相位。由于主、辅绕组均呈感性，因此两相电流相位差不可能很大，产生的起动转矩较小，起动电流较大。须待电动机转速增至 70%～80%额定转速时将辅助绕组断开。在家用空调、电冰箱中，电阻采用具有正温度系数热敏电阻 PTC 元件。起动时，PTC 元件因温度低而呈现低阻抗，起动电流较大；随后 PTC 元件因流过较大电流而发热，温度升高至某一定值后，阻值急增，电流大大下降；最后达到温度与电流的平衡，对辅助电路来讲，相当于开路。

（2）电容分相式

电容分相式单相异步电动机是在辅助绕组中串入电容，使该绕组中电流相位越前主绕组中电流相位，越前相位差比电阻分相式大。因此，起动转矩也较大。图 5-32b 所示电路为可正反转的电容分相式单相异步电动机，其主绕组和辅助绕组由 S 开关决定，未串入电容时为主绕组，串入电容时为辅助绕组。若 S 开关接 1 时是正转，则接 2 时是反转。

3．罩极式单相异步电动机

罩极式单相异步电动机的磁极面上开有一个凹槽，如图 5-33 所示。其中较小极面部分（约占 1/3）套上一个短路环，短路环相当于一个副绕组。因此，在两部分磁极面内产生的磁通 Φ_1、Φ_2 相位不同，由于短路环中感应电流阻碍穿过短路环磁通的变化，Φ_1 越前 Φ_2。因而产生移动磁场和起动转矩，转动方向为未罩部分向被罩部分旋转。罩极式单相异步电动机结构简单、工作可靠、维修方便，但起动转矩较小，常用于轻载起动的小功率单相异步电动机。

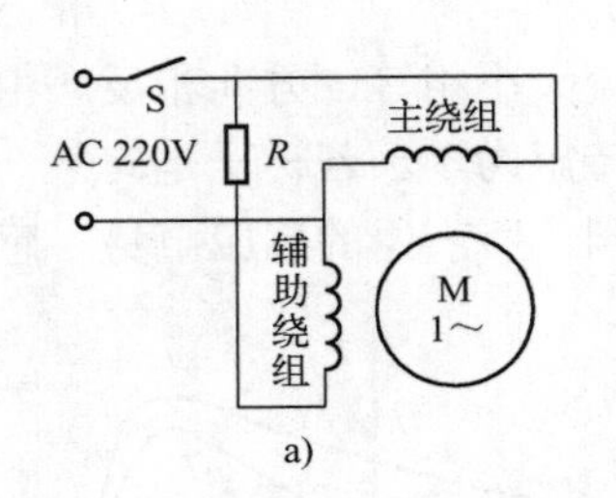

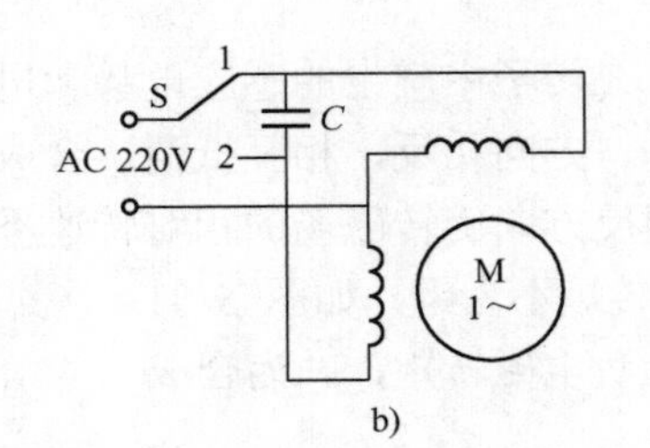

图 5-32　分相式单相异步电动机接线图

a) 电阻分相式　b) 可正反转电容分相式

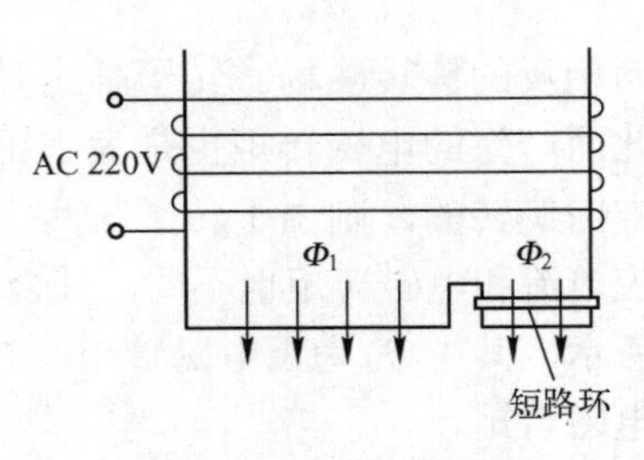

图 5-33　罩极式磁极

【复习思考题】

5.17　单相异步电动机为什么不能自行起动？什么条件下才能自行起动？

5.18　如何让单相异步电动机获得初始起动转矩？

5.19　试述分相式单相异步电动机的自行起动原理。

5.20　分相式单相异步电动机，电阻分相式与电容分相式相比，哪一种起动转矩较大？为什么？

5.21　试述罩极式单相异步电动机的自行起动原理。

5.4　直流电动机

在对于只能应用直流电源（例如干电池）或对调速要求较高的生产机械（例如龙门刨床、镗床、轧钢机等）或需要较大起动转矩的生产机械（例如起重机、电力牵引设备等），往往采用直流电动机。

1. 工作原理

直流电动机主要由定子、转子（电枢）和换向器组成，其中换向器是直流电动机与交流电动机的关键区别，能将电枢（转子）线圈中的直流电流变换为交流电流，即换向。直流电动机工作原理示意图如图 5-34 所示，直流电源通过两个固定的电刷 A 和 B，分别与两片弧形换向片紧密接触。图 5-34a 中，换向片 1 与电刷 A 接触，电流流向为 AabcdB；图 5-34b 中，换向片 2 与电刷 A 接触，电流流向为 AdcbaB。根据左手定则可知，线段 ab 和 cd 在图示定子磁场中所受力为逆时针方向旋转。

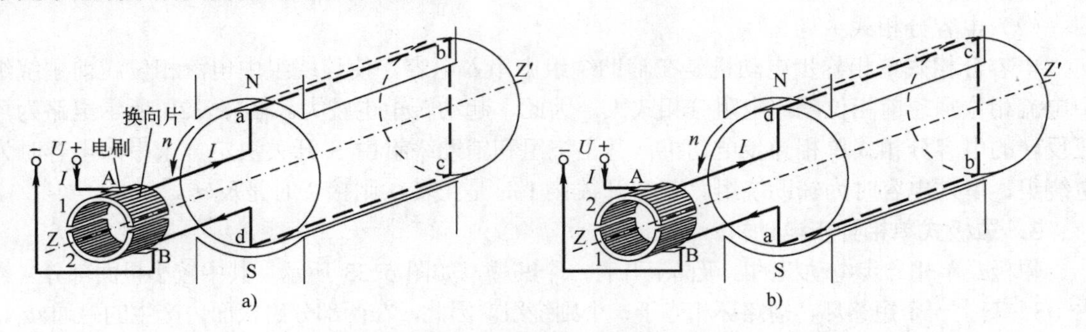

图 5-34　直流电动机工作原理示意图

a) 电流流向：AabcdB　b) 电流流向：AdcbaB

需要说明的是，直流电动机具有可逆性。若撤除电枢的直流电源，改接电气负载，并用某种方式驱动转子旋转，则该电动机就转换为直流发电机。

2．励磁方式及其特性

直流电动机的定子磁场由铁心和励磁绕组产生，其性能与它的励磁方式有密切关系。按励磁电流供给方式不同，可分为自励和他励两大类，自励又可分为并励、串励和复励三种，如图 5-35 所示。

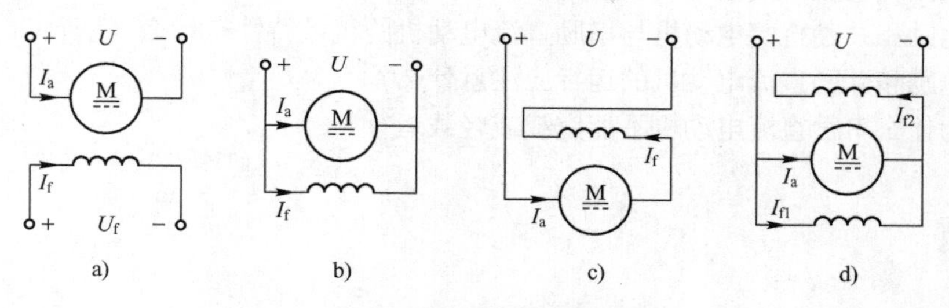

图 5-35　直流电动机励磁方式

a) 他励　b) 并励　c) 串励　d) 复励

（1）他励或并励直流电动机

他励或并励直流电动机电枢（转子）绕组和励磁绕组电压都为一定值，不因负载而变，且电枢绕组的直流电阻很小。因此，他励或并励直流电动机具有硬机械特性，如图 5-36a 所示。从空载到满载，转速降低范围仅为额定转速 n_N 的 5%～10%。他励或并励直流电动机的应用很广，凡要求转速近似不变的生产机械均可采用。

需要注意的是，他励或并励直流电动机运转时，切不可断开励磁绕组。否则励磁电流为零，磁极上仅有微弱剩磁，反电动势很小，直流电动机的电流和转速都将急剧增大，超过安全限额，发生“飞车”现象。一般要求有失磁保护，当直流电动机磁场消失时，能自动跳闸，切断电源，停止运转。

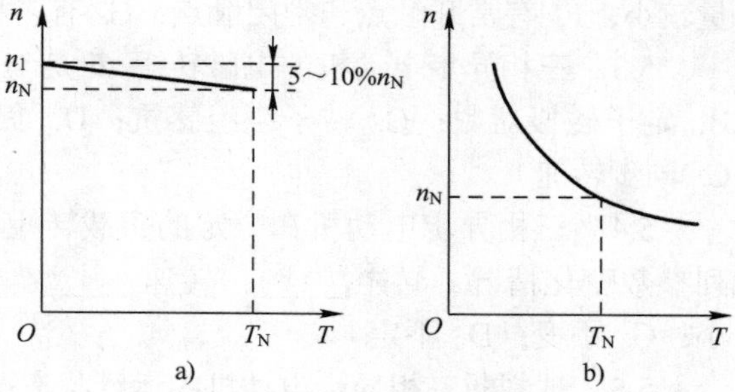

图 5-36　直流电动机机械特性

a) 他励或并励　b) 串励

（2）串励直流电动机

串励直流电动机因励磁绕组与电枢电路串联，其负载增大时，励磁电流和磁通也随之增大，而转速却随着励磁电流和磁通增大两个因素的影响而急剧下降。因此，串励直流电动机具有较软的机械特性，如图 5-36b 所示。这种特性特别适用于起重、提升和运输等设备，具有较大的过载能力。当负载减轻时，转速自动升高；负载增大时，转速自动降低。

需要注意的是，串励直流电动机不能空载或轻载运行。空载或轻载时转速很高，往往会超过直流电动机机械强度的允许限度，损坏直流电动机。为此，串励直流电动机与生产机械不允许采用皮带传动，以免皮带断裂或脱落造成空载运行，发生“飞车”危险。

（3）复励直流电动机

复励直流电动机的励磁电路如图 5-35d 所示。其机械特性介于并励与串励之间，因而兼有两者的特点。一方面有较大的过载能力、起动转矩和较软的机械特性；另一方面空载或轻载时，能限制转速，不至过高。

（4）永磁直流电动机

小容量直流电动机的励磁常采用永久磁铁，一般由干电池驱动的直流电动机均为永磁直流电动机。

【复习思考题】

5.22　直流电动机与交流电动机的关键区别是什么？

5.23　他励和并励直流电动机与串励直流电动机的机械特性有什么区别？

5.24　他励和并励直流电动机的运行应注意什么？

5.25　为什么串励直流电动机不能空载或轻载运行？

5.5　习题

5.5.1　选择题

5.1　下列低压电器中（单选或多选），能用于短路保护的是_____；能用于过载保护的是_____；能用于漏电保护的是______。（A. 刀开关；B. 熔断器；C. 断路器；D. 接触器；E. 热继电器；F. 一般继电器；G. 漏电保护器）

5.2　下列特性中（多选），属于接触器的是_____；属于继电器的是_____。（A. 可远距离操控；B. 可短时频繁操作；C. 有灭弧装置；D. 分为主触头和辅助触头；E. 触点电流容量较小；F. 有常开触点和常闭触点；G. 有多种控制量）

5.3　三相异步电动机的电磁转矩 T 是与下列参数（多选）_____有关。（A. 电源电压；B. 定子磁极对数；C. 转子绕组感抗；D. 负载转矩；E. 转子绕组直流电阻；F. 转差率；G. 同步转速）

5.4　三相异步电动机在一定的负载转矩下运行时，若电源电压降低，试判断电动机下列参数变化情况。转矩_____；转速_____；转差率______；电流_____。（A. 增加；B. 减小；C. 不变；D. 不定）

5.5　试判断三相异步电动机的运行状态：_____时，转差率 $s \to 0$；_____时，转差率 $0 < s < 1$；__A__时，转差率 $s=1$。（A. 起动；B. 负载运行；C. 空载运行 5；D. 停止）

5.6　三相异步电动机最大电磁转矩发生在转差率 $s=$_____时。（A. 0；B. 临界转差率 s_m；C. 0.5；D. 1）

5.7　设三相异步电动机定子电源电压为 U_1，则其起动转矩 T_{st} 与______成正比。（A. U_1；B. U_1^2；C. $\sqrt{U_1}$；D. 与 U_1 无关）

5.8　三相异步电动机起动时，对负载转矩 T_L 的最低要求是_____。（A. $T_L \leqslant T_N$；B. $T_L \leqslant T_{st}$；C. $T_L \leqslant T_m$；D. $T_L < T_m$）

5.9　电力管理部门对有独立电力变压器的电动机直接起动的最低要求：频繁起动应_____；非频繁起动应_____。（A. 无限制；B. 小于独立电力变压器容量的 10%；C. 小于独立电力变压器容量的 20%；D. 小于独立电力变压器容量的 30%）。对无独立电力变压器的电动机直接起动时所产生的电压降不应超过_____。（A. 3%；B. 5%；C. 8%；D. 10%）

5.10　下列特点中（多选），属于Y-△换接起动的是______；属于自耦降压起动的是______。（A. 设备体积小；B. 设备笨重；C. 成本低；D. 价高；E. 寿命长；F. 动作可靠）

5.11　下列调速方法中（多选），可实现无级调速的是______；有级调速的是______。（A. 变频调速；B. 变极调速；C. 变转差率调速；D. 转子串电阻调速；E. 降压调速）

5.12　下列制动方法中（可多选），需要直流电源的是______；能量消耗大的是______；能量消耗小的是______；制动速度快的是______；适用于起重机快速下放重物的是______；能将转子转动机械能转变为电能的是______；制动线路简单的是______。（A. 能耗制动；B. 反接制动；C. 回馈制动）

5.13　三相异步电动机的额定功率 P_{N} 是指______。（A. 输入电功率；B. 输出机械功率值；C. 输出电功率）额定电压 U_{N} 是指______。（A. 定子绕组上的线电压；B. 定子绕组上的相电压；C. 转子绕组上的相电压）额定电流 I_{N} 是指______。（A. 定子绕组上的线电流；B. 定子绕组上的相电流；C. 转子绕组上的相电流）额定功率因素 $\cos\varphi$ 的 φ 角是指______。（A. 定子绕组上的线电压与线电流之间的相位差角；B. 定子绕组上的相电压与相电流之间的相位差角；C. 转子绕组上的相电压与相电流之间的相位差角；D. 定子绕组上的相电压与转子绕组上的相电流之间的相位差角；E. 定子绕组上的线电压与转子绕组上的相电流之间的相位差角）

5.14　下列单相异步电动机分类中，起动转矩最大的是______；起动转矩为 0 的是______；便于正反转切换的是______；起动电流较大的是______。（A. 定子绕组不分相；B. 电阻分相式；C. 电容分相式；D. 罩极式）

5.15　不同励磁方式的直流电动机（可单选或多选），不能空载或轻载运行的是______；运转时不可断开励磁绕组的是______；生产机械不允许采用皮带传动的是______。（A. 并励；B. 串励；C. 复励；D. 永磁）

5.5.2　分析计算题

5.16　已知一台四极三相异步电动机转子的额定转速为 1430 r/min，求该电动机的额定转差率。

5.17　已知一台三相异步电动机的同步转速 n_1 =1000 r/min，额定转差率 s_{N} =0.03，求该电动机额定运行时的转速。

5.18　试根据下列几台三相异步电动机的额定转速，判断它的同步转速和磁极对数，并计算其转差率。1）960r/min；2）1460r/min；3）720r/min；4）2900 r/min。

5.19　一台三相六极异步电动机，接 50Hz 三相电压，试求该电动机的同步转速。若满载时转子转速为 950 r/min，空载时转子转速为 997 r/min，试求额定转差率 s_{N} 和空载转差率 s_0。

5.20　已知某三相异步电动机，额定功率 P_{N}=1000kW，额定转速 n_{N}=955 r/min，试求其额定转矩 T_{N}。

5.21　已知某三相异步电动机，额定功率 P_{N} =500kW，额定转速 n_{N} =955 r/min，过载系数 λ 为 2.0，试求其最大负载转矩不能超过多少？

5.22　已知 Y123S-4 型三相异步电动机的额定技术数据为：P_{N} =5.5kW，U_{N}=380V，

f=50Hz，η_N=85.5%，cosφ=0.84，n_N=1440 r/min，I_{st}/I_N=7，λ_m=2.2，λ_{st}=2.2，试求其额定转差率 s_N、额定电流 I_N、额定转矩 T_N、起动电流 I_{st}、起动转矩 T_{st} 和最大转矩 T_m。

5.23　已知某三相异步电动机的主要技术数据为：P_N=15kW，U_N=380V，η_N=88%，cosφ=0.86，n_N=980 r/min，起动电流倍数 K_I=6.0，λ_{st}=2.1，T_L=100N·m，电网容量为 500 kVA。试求在下列情况下的起动电流和起动转矩，并判断能否成功起动。1）直接起动；2）Y-△换接起动；3）自耦降压起动，抽头比 1/k=0.64；4）自耦降压起动，抽头比 1/k=0.55。

5.24　画出三相异步电动机单向直接起动控制线路，并分析其控制过程。

5.25　已知 Y2-280S-4 型三相异步电动机的额定技术数据为：P_N=75kW，U_N=380V，f=50Hz，定子绕组为△联结，备有 QJ3 自耦变压器（抽头比 1/k 分别为 80%、60%、40%），n_N=1480 r/min，I_N=140A，η_N=92.7%，cosφ=0.88，起动电流倍数 K_I=7.0，λ_{st}=1.9，λ_m=2.2，T_L=360N·m，电网容量为 1000 kVA，请选择适当的起动方法。

5.26　画出三相异步电动机反接制动控制线路，并分析其控制过程。

5.27　某三相异步电动机，额定电压为 380V，输入功率为 4kW，线电流为 10A，输出功率为 3.2 kW，试求其功率因数和效率是多少？

5.28　某三相异步电动机，P_N=5.5kW，U_N=380V，η_N=85%，cosφ=0.86，若起动电流 I_{st}=78A，试求起动电流倍数 K_I 是多少？

5.29　某三相异步电动机，P_N=10kW，U_N=380V，I_N=21A，cosφ=0.86，试求其效率是多少？

5.30　已知 Y160M-6 型三相异步电动机的额定技术数据为：P_N=7.5kW，U_N=380V，f=50Hz，η_N=86%，cosφ=0.78，n_N=970 r/min，K_I==6.5，λ_m=2.0，λ_{st}=2.0，试求其额定转差率 s_N、额定电流 I_N、额定转矩 T_N、起动电流 I_{st}、起动转矩 T_{st} 和最大转矩 T_m。

第 6 章　常用半导体元件及其特性

当今世界电子技术飞速发展，电子产品琳琅满目，特别是集成电路、电视、电子计算机及电子通信产品的发展，几乎改变了世界和人们的生活。然而组成这些电子产品的基础是半导体材料和半导体元件，常用的半导体元件有二极管、晶体管和场效应晶体管等。

自然界的一切物质按其导电特性（电阻率）大致可分为导体、绝缘体和半导体三类。半导体之所以成为近代电子工业最重要的材料，并不在于其导电能力的强弱，主要是由于其独特的导电特性：

1）掺杂特性。纯净的半导体掺入微量杂质后，电阻率变化很大。例如在纯硅中掺入百万分之一的硼后，电阻率约从 $2\times10^{3}\Omega\cdot m$ 变化为 $4\times10^{-3}\Omega\cdot m$，变化数量级达到 10^{6} 之多。这种特性是半导体所特有的。在金属或绝缘体中即使加入较多杂质，对电阻率的影响也不大。例如，在纯铜中加入锌，变成黄铜，电阻率变化在同一数量级。

2）热敏和光敏特性。半导体在受热和光照后导电能力明显增强。而金属和绝缘体在受热时，电阻率变化不大；受光照时，电阻率几乎无变化。

人们正是利用了半导体的掺杂特性，制成了各种半导体器件。利用了半导体热敏和光敏特性，制成了半导体热敏元件和光敏元件。

6.1　普通二极管

6.1.1　PN 结

半导体材料本身并无什么神奇特性，但是在组成 PN 结后，才演绎出多姿多彩的特性和功能。PN 结是半导体元件的基础。

1．N 型半导体和 P 型半导体

纯净的半导体材料称为本征半导体，具有晶体结构，最外层电子组成共价键，游离于共价键之外的自由电子和空穴仅是极少数。自由电子和空穴统称为载流子（运载电荷的粒子），自由电子带负电荷，空穴带正电荷，但自由电子数与空穴数数量相同，因此，半导体整体对外仍呈电中性。

本征半导体掺入杂质后称为掺杂半导体，根据其掺入杂质元素的化学价可分为 N 型半导体和 P 型半导体。

N 型半导体是 4 价元素（例如硅）掺入微量 5 价元素（例如磷）后形成的。在 N 型半导体中，自由电子数>>空穴数，自由电子数为多数载流子。

P 型半导体是 4 价元素掺入微量 3 价元素（例如硼）后形成的，在 P 型半导体中，空穴数>>自由电子数，空穴为多数载流子。

2．PN 结及其单向导电特性

在半导体中掺入杂质的目的，并不是为了提高其导电能力，而是为了形成 P 型半导体和 N 型半导体。而 P 型半导体和 N 型半导体本身也无任何神奇之处，但当 P 型半导体和 N 型半导体合在一起时，形成 PN 结。PN 结外加电压时，显示出其基本特性——单向导电性。

1）加正向电压——导通。

P 区接电源正极，N 区接电源负极，称为加正向电压或正向偏置（简称为正偏），如图 6-1a 所示。由于外电场方向与 PN 结内电场方向相反，打破了原来 PN 结内部载流子运动的平衡。从而使得耗尽层变窄，内电场被削弱，多数载流子的扩散运动增强，形成较大的扩散电流 I，PN 结呈导通状态。外电场越强，扩散电流越大。

2）加反向电压——截止。

P 区接电源负极，N 区接电源正极，称为加反向电压或反向偏置（简称为反偏），如图 6-1b 所示。由于外电场方向与内电场方向一致，同样打破了原来 PN 结内部载流子运动的平衡。使耗尽层变宽，内电场增强，两区中的多数载流子很难越过耗尽层，因此无扩散电流通过，PN 结呈截止状态。

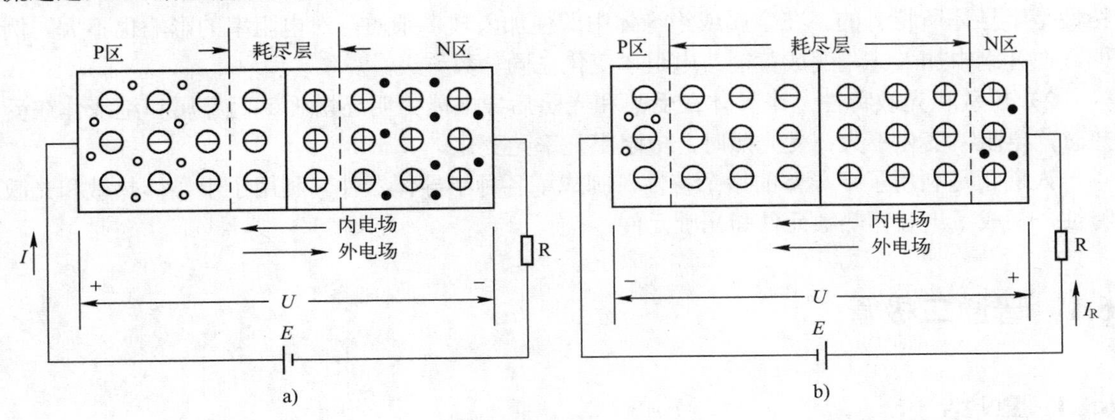

图 6-1　外加电压时的 PN 结

a) 正偏　b) 反偏

需要说明的是，在反偏状态下，少数载流子在内外电场的共同作用下，形成很小的反向电流 I_R。反向电流的大小取决于温度（包括光照），而与外加电压基本无关（外加电压过大，超过 PN 结承受限额，另当别论）。在一定温度下，反向电流基本不变，因此也称为反向饱和电流。另外，由于硅和锗原子结构的差异，锗材料 PN 结的反向电流一般远大于硅材料 PN 结的反向电流。

6.1.2　二极管

将 PN 结加上相应的电极引线和管壳，就形成了二极管。P 端引出的电极称为阳极（正极），N 端引出的电极称为阴极（负极）。

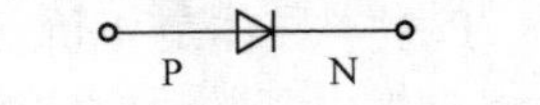

普通二极管的符号如图 6-2 所示。

阳极（正极）　阴极（负极）

P　N

图 6-2　普通二极管符号

二极管按制作材料，可分为硅二极管和锗二极管。按 PN 结结面大小分，可分为点接触和面接触。点接触 PN 结结面积小，结电容小，高频特性好，但不能通过较大电流。面接触 PN 结结面积大，结电容大，工作频率低，但能通过较大电流。按用途分，可分为普通管、整流管、稳压管和开关管等。

1．二极管的伏安特性

伏安特性即元件两端电压 u（单位为伏特）与流过元件的电流 i（单位为安培）之间的函数关系。二极管的伏安特性如图 6-3 所示。可分为正向和反向两大部分：

（1）正向特性

二极管正向特性又可分为两段：

1）死区段。对应于图 6-3 中 OA 段，此时二极管虽然加正向电压，但外加电压小于 PN 结内电场电压，因此二极管仍处于截止状态。死区电压又称为门坎电压或开启电压，用 U_{th} 表示，硅材料 $U_{th}\approx0.5V$，锗材料 $U_{th}\approx0.2V$。

2）导通段。对应于图 6-3 中 AB 段，此时外加电压大于二极管内电场电压，二极管处于导通状态。导通电压用 U_{on} 表示，实际上是二极管导通时的正向压降，硅材料 U_{on}=0.6～0.7V，锗材料 U_{on}=0.2～0.3V。

（2）反向特性

二极管反向特性也可分为两段：

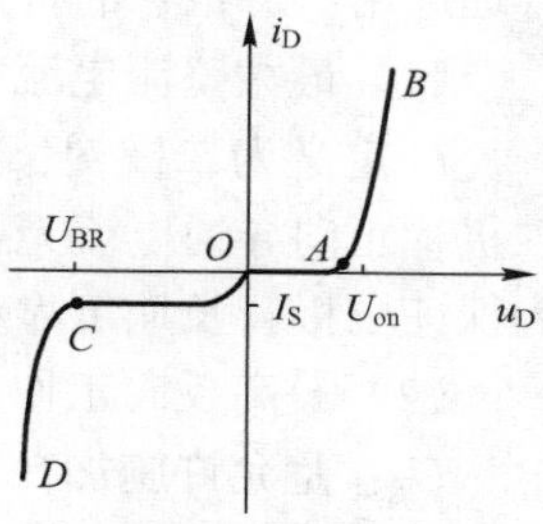

图 6-3　PN 结伏安特性

1）饱和段。对应于图 6-3 中 OC 段，此时二极管处于反偏截止状态，仅有少量反向电流，用 I_S 表示。因反向电流主要取决于温度而与外加电压基本无关，因此 OC 段与横轴基本平行，呈饱和特性，即反向电流基本上不随外加反向电压增大而增大。

2）击穿段。对应于图 6-3 中 CD 段，此时由于外加反向电压超出 PN 结能承受的最高电压 U_{BR}，反向电流急剧增大。

2．硅二极管与锗二极管伏安特性的区别

图 6-4 是在同一坐标轴上定性画出的硅二极管和锗二极管的伏安特性。从图中看出，两种二极管的伏安特性相似，主要区别是：

1）硅二极管导通正向压降比锗二极管大：$U_{on(硅)}\approx0.6$～0.7V；$U_{on(锗)}\approx0.2$～0.3V。

2）硅二极管的反向饱和电流 I_S 比锗二极管小得多。一般来讲，小功率硅二极管 I_S 小于 0.1μA，可忽略不计；小功率锗二极管 I_S 为几十μA 至几百μA。I_S 的大小体现了二极管单向导电特性的好坏，即质量的优劣。

3）一般，硅二极管的反向击穿电压 U_{BR} 比锗二极管大。

因此，硅二极管以其比锗二极管优越的特性得到了更广泛的应用。目前，除需要正向低压降的场合用锗管外，几乎是硅管的一统天下。

3．温度对二极管伏安特性的影响

温度对二极管伏安特性有较大的影响。图 6-5 为同一个二极管在不同温度下的伏安特性，从图中看出：

1）温度升高后，二极管死区电压 U_{th} 和导通正向压降 U_{on} 下降（正向特性左移）。在室温附近，温度每升高 1℃，U_{on} 约减小 2～2.5mV。

2）温度升高后，二极管反向饱和电流 I_S 大大增大（反向特性下移）。温度每升高 10℃，反向饱和电流约增大一倍。这是因为反向饱和电流是少数载流子形成的电流，而少数载流子属本征激发，其数量主要与温度有关。

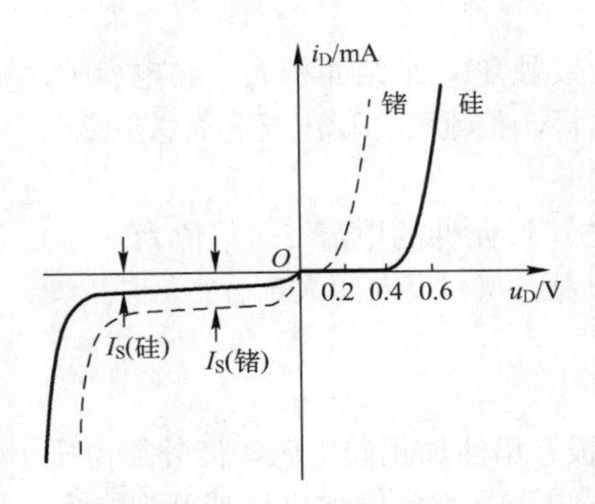

图 6-4 硅二极管与锗二极管伏安特性

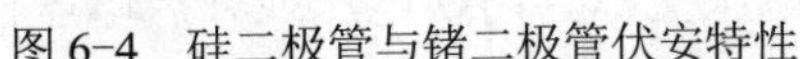

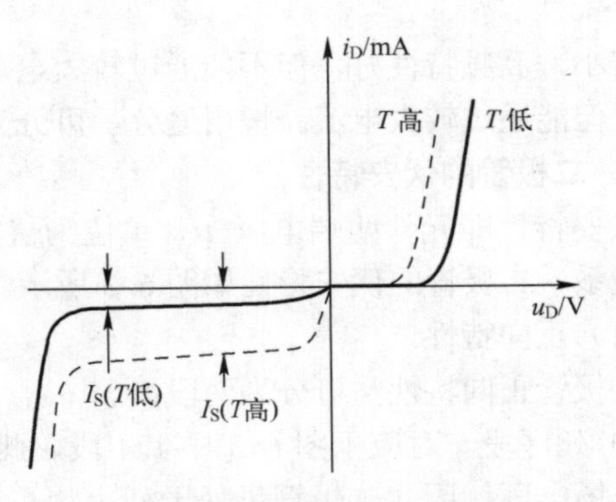

图 6-5 温度对伏安特性的影响

4. 二极管的主要特性参数

二极管的特性除用伏安特性描述外，还可用参数来表述。应用时，可依据这些特性参数合理选用。二极管的特性参数主要有下列几项。

（1）最大整流电流 I_F

I_F 定义为二极管长期运行允许通过的最大正向平均电流。从二极管正向伏安特性看出，二极管正向导通电流无上限，只要不超过二极管 PN 结最大允许功耗，二极管不会损坏。但为保证二极管长期可靠运行，I_F 为其上限值。

（2）最高反向工作电压 U_{RM}

U_{RM} 是允许施加在二极管两端的最大反向电压。为保证二极管可靠工作，通常规定 U_{RM} 为反向击穿电压 U_{BR} 的一半。

（3）反向电流 I_R 和反向饱和电流 I_S

I_R 是二极管在一定温度下反向偏置时的反向电流，因反向电流主要取决于温度而与外加电压基本无关，因此 $I_R \approx I_S$。

（4）最高工作频率 f_M

f_M 是保证二极管具有单向导电特性的最高交流信号频率。F_M 主要取决于二极管 PN 结结电容的大小，点接触二极管，f_M 高；面接触二极管，f_M 低。

以上二极管参数，I_F 和 U_{RM} 是极限参数，应用时不能超过，可根据需要选用。I_R 是性能质量参数，越小越好。f_M 也属于极限参数，但只有在高频电路中才予以考虑。

几种常用二极管特性参数如表 6-1 所示。

表 6-1 几种常用二极管特性参数

参数 / 型号	最大整流电流/mA	最高反向工作电压/V	反向饱和电流/μA	最高工作频率/MHz
2AP9	5	15	≤250	100
1N4001	1000	100	≤0. 1	3
1N4007	1000	1000	≤0. 1	3
1N5401	3000	100	≤10	3
1N4148	450	60	≤0. 1	250

5. 理想二极管

为便于分析二极管电路，常将二极管等效为理想化的电路模型，主要有以下两种：

（1）理想二极管模型

该模型将二极管看作一个开关，加正向电压导通（正向压降为零），加反向电压截止，理想二极管的伏安特性如图 6-6a 所示。

（2）恒压降模型

该模型将二极管看作理想二极管与一个恒压源 U_{on} 的串联组合。U_{on} 即二极管导通电压。这种模型的二极管也相当于一个开关，正向电压大于 U_{on} 时导通，正向电压小于 U_{on} 或加反向电压时截止。其伏安特性如图 6-6b 所示。

【例 6-1】 已知电路如图 6-7 所示，VD 为硅二极管，R_L=1kΩ，当 1）U_{DD}=2V；2）U_{DD}=10V 时，试分别按理想二极管和恒压降（U_{on}=0.6V）模型求解 I_O 和 U_O。

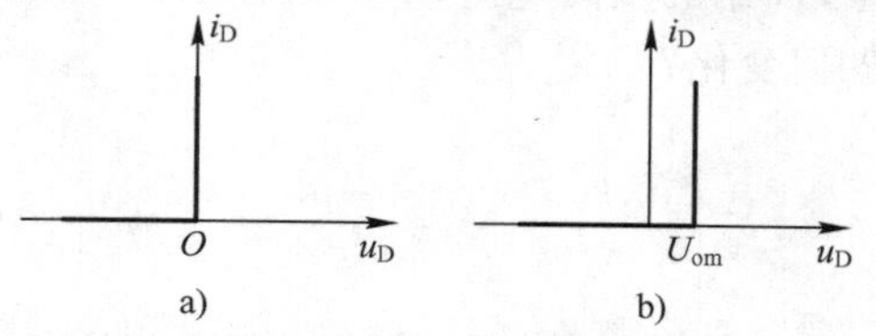

图 6-6 理想二极管的伏安特性

a) 理想二极管模型 b) 恒压降模型

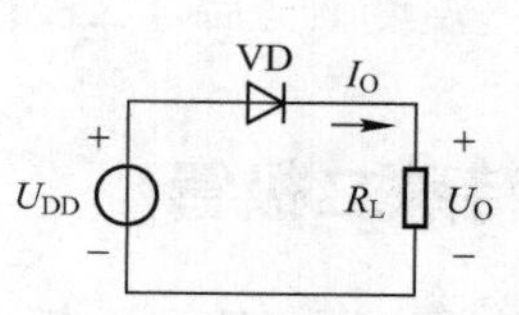

图 6-7 例 6-1 电路

解：1）U_{DD}=2V 时，有：

① 理想二极管模型：$U_O=U_{DD}$=2V；$I_O=\dfrac{U_{DD}}{R_L}=\dfrac{2V}{1k}$=2mA。

② 恒压降模型：$U_O=V_{DD}-U_{on}$=(2−0.6)V=1.4V；$I_O=\dfrac{U_{DD}-U_{on}}{R_L}=\dfrac{(2-0.6)V}{1k\Omega}$=1.4mA。

2）U_{DD}=10V 时，有：

① 理想二极管模型：$U_O=U_{DD}$=10V；$I_O=\dfrac{U_{DD}}{R_L}=\dfrac{10V}{1k\Omega}$=10mA。

② 恒压降模型：$U_O=U_{DD}-U_{on}$=(10−0.6)V=9.4V；$I_O=\dfrac{U_{DD}-U_{on}}{R_L}=\dfrac{(10-0.6)V}{1k\Omega}$=9.4mA。

从上例看出，当 $U_{DD} >> U_{on}$ 时，两种模型计算结果的相对误差不大，在工程计算上允许存在，因此电路中二极管正向压降一般可忽略不计。当 U_{DD} 与 U_{on} 数值相近时，分析计算应考虑二极管正向压降。

【例 6-2】 电路如图 6-8 所示，VD_1～VD_3 为理想二极管，试判断 VD_1～VD_3 通断状态，并求解 U_F。

解：从电路结构初看，三个二极管均处于正偏状态，但一旦 VD_2 导通，因 VD_2 为理想二极管，导通时两端电压为 0，相当于短路，U_F= −6V。VD_1、VD_3 即处于反偏状态，截止。因此：

VD_2 导通，VD_1、VD_3 截止，U_F= −6V。

本题说明，二极管导通后，具有钳位作用。

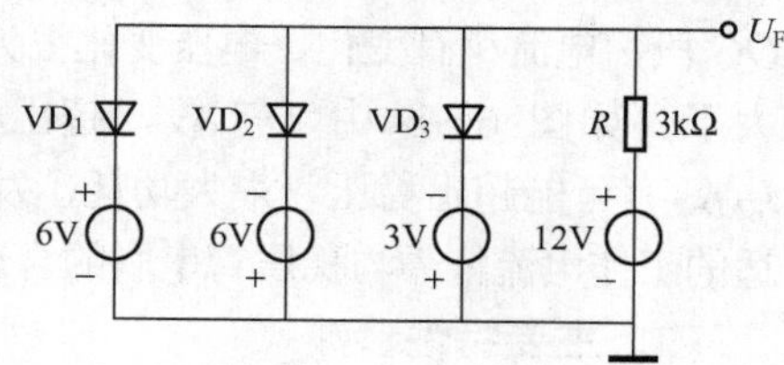

图 6-8 例 6-2 电路

6.1.3 二极管的检测与选用

1. 二极管检测

参阅 12.6.1 节。

2．二极管的选用

二极管在电子电路中的应用很广泛，一般可作整流、信号耦合、钳位及电平移动等，将在后续章节中叙述。应用时，应根据电路需要，如最大电流、最高反向电压、信号工作频率、工作环境、温度等，选择特性参数符合要求的二极管。

另外，除普通二极管外，还有若干特殊的二极管具有特殊功能，应用于特殊要求的场合。

【复习思考题】

6.1　什么叫 PN 结？PN 结有什么特性？

6.2　为什么 PN 结反向电流取决于温度而与外加电压基本无关？

6.3　为什么锗 PN 结的反向电流远大于硅 PN 结的反向电流？

6.4　温度上升后，二极管伏安特性曲线如何变化？

6.2　特殊二极管

除普通二极管外，还有一些特殊二极管，具有特殊功能，如稳压二极管、发光二极管和光敏二极管等。

6.2.1　稳压二极管

稳压二极管是一种特殊的面接触硅二极管，由于其在电路中在一定条件下能起到稳定电压的作用，故称为稳压管，图 6-9a 为其在电路中的符号。

1．伏安特性

稳压管的伏安特性与普通二极管的伏安特性相似，如图 6-9b 所示，其与普通二极管伏安特性的区别在于反向击穿特性很陡，反向击穿时，电流虽然在很大范围内变化，但稳压管两端的电压变化却很小。

2．稳压工作条件

稳压管稳压工作时工作在伏安特性反向击穿段，因此其工作条件为：

① 电压极性反偏。

② 有合适的工作电流。

有合适的工作电流表示电流既不能太小，又不能太大，如图 6-9b 中 *CD* 段。若电流小了，工作在图 6-9b 中 *OC* 段，电流稍有变化，电压变化很大，不能稳压。若电流大了，如图 6-9b 中 *DF* 段，超出稳压管最大稳定电流 I_{ZM}，有可能超出稳压管最大功耗，发生热击穿而损坏。合适的工作电流依靠与稳压管串联的合适电阻加以调节。

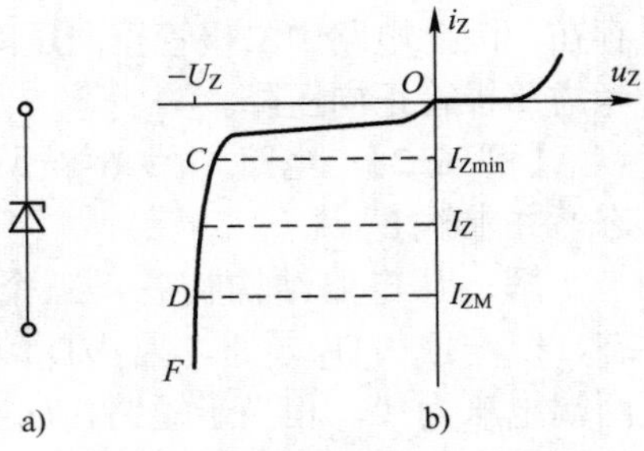

图 6-9　稳压二极管符号及伏安特性

a) 符号　b) 伏安特性

3．主要特性参数

1）稳定电压 U_Z。

稳压管流过规定电流时两端的反向电压值，即稳压管的反向击穿值或稳压值。

2）稳定电流 I_Z。

稳压管处于稳压工作时的电流参考值。如图 1-13b 中，$I_{Zmin}<I_Z<I_{ZM}$，应用稳压管时，应使其电流工作在 I_Z 附近。

3）最大耗散功率 P_{ZM} 和最大工作电流 I_{ZM}。

P_{ZM} 和 I_{ZM} 是保证稳压管不被热击穿的极限参数，两个参数通常给出一个，另一个可由 $P_{ZM}=I_{ZM}\times U_Z$ 计算而得。

4）动态电阻 r_Z。

$r_Z=du_Z/di_Z$，r_Z 是稳压管的质量参数，表明其伏安特性反向击穿部分的陡峭程度，r_Z 越小，稳压管稳压特性越好。

5）电压温度系数 α_Z。

α_Z 是稳压管稳定电压 U_Z 随温度变化的特性，定义为当稳压管电流为 I_Z 时，温度每改变 1℃，稳定电压 U_Z 变化的百分比。一般 U_Z 低于 6V 的稳压管 α_Z 为负值，U_Z 高于 6V 的稳压管 α_Z 为正值，U_Z 在 6V 附近的稳压管 α_Z 最小。

6.2.2 发光二极管

发光二极管即 LED（Light Emitting Diode），是一种能把电能直接转换成光能的固体器件，由砷化镓、磷化镓及氮化镓等半导体化合物制成。不同材料制作的发光二极管正向导通时能发出不同的颜色：红、绿、黄、蓝等；正向压降大多在 1.5～2V 之间；工作电流为几 mA～几十 mA，亮度随电流增大而增强，典型工作电流 10mA；反向击穿电压一般大于 5V，为保证器件稳定工作，应使其工作在 5V 以下；外形尺寸品种繁多，以 ϕ3mm 和 ϕ5mm 为多；亮度有超亮、高亮、普亮之分（指通过相同电流显示亮度不同）。图 6-10a 为其电路符号，图 6-10b 为其应用电路，其中 U_S 可以是直流或交流；R 为限流电阻，用于控制流过 LED 的电流。LED 管既可单独使用，又可组成 7 段 LED 数字显示器和其他矩阵式显示器件。随着 LED 新材料和制作技术的发展，发光二极管的应用越来越广泛。

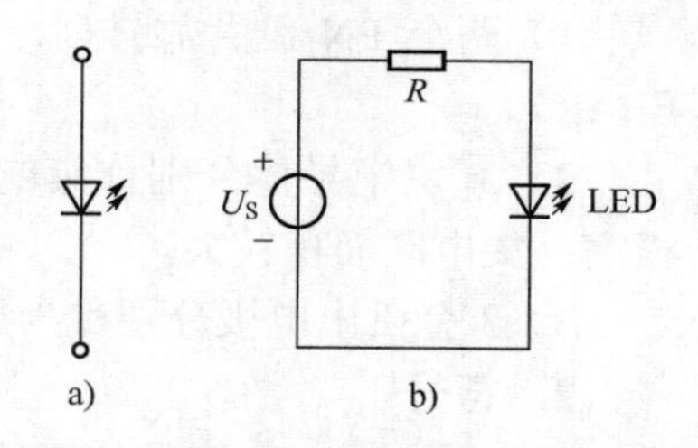

图 6-10 发光二极管符号及电路

a) 符号 b) 应用电路

6.2.3 光敏二极管

光敏二极管的符号和伏安特性如图 6-11 所示，从其伏安特性中看出，光敏二极管无光照时，反向电流（称为暗电流）很微小，一般为 0.1μA 左右；有光照时反向电流（称为光电流）随光照度增加而增大，但光电流最大约几十μA。光敏二极管主要用于光的测量，也可用作光电池，如图 6-11c 所示。加电源应用时，光敏二极管应反偏，如图 6-11d 所示。光敏二极管与其他器件组合，还可用于制作光敏晶体管和光耦合器。

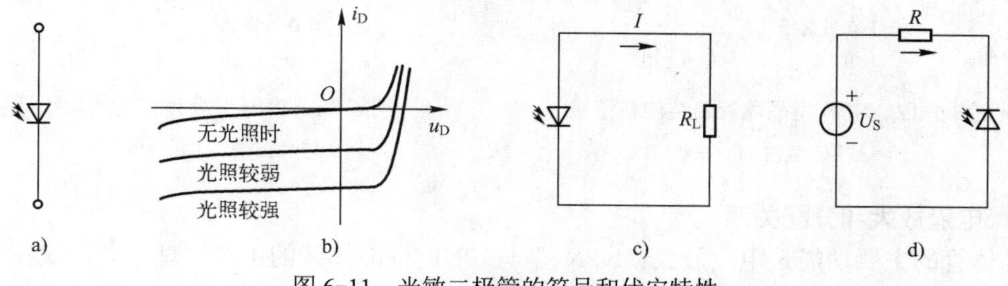

图 6-11 光敏二极管的符号和伏安特性

a) 符号 b) 伏安特性 c) 用作光电池 d) 加电源应用

【复习思考题】

6.5　为什么稳压管处于稳压工作状态时必须有合适的工作电流？

6.6　稳定电压值为多少伏的稳压管电压温度系数 α_Z 趋近于 0？为什么？

6.7　发光二极管正向压降和典型工作电流是多少？

6.8　光敏二极管的反向电流与光照有何关系？光敏二极管有何用途？

6.3　双极型晶体管

晶体三极管一般可以分为单极型晶体管和双极型晶体管（Bipolar Junction Transistor，BJT），双极型晶体管习惯简称为晶体管，是最重要的一种半导体器体，自 1948 年问世以来，促使电子技术飞速发展，因此研究晶体管更显得重要。单极型晶体管即场效应晶体管，将在 6.4 节中介绍。

6.3.1　晶体管概述

1. 基本结构

晶体管基本结构有 NPN 型和 PNP 型，如图 6-12a 和图 6-13a 所示。

1）两个 PN 结背靠排列，一个称为集电结（或称为 CB 结）；一个称为发射结（或称为 EB 结）。

2）3 块半导体分别称集电区、基区和发射区。其特点是：基区很薄；发射区掺杂浓度很高；集电区面积较大。

3）3 个引出电极分别称为集电极 C、基极 B 和发射极 E。

2. 符号

NPN 型和 PNP 型晶体管的符号分别如图 6-12b 和图 6-13b 所示，发射极的箭头既表示 NPN 型与 PNP 型晶体管的区别，又代表发射结正偏时发射极电流的参考方向和实际方向。

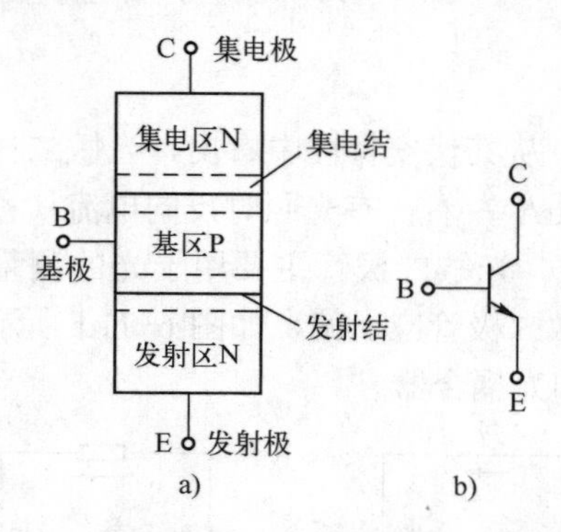

图 6-12　NPN 型晶体管的结构和符号

a) 结构示意图　b) 符号

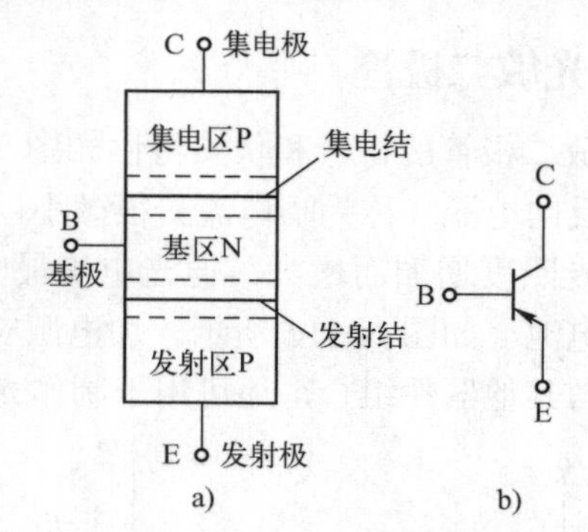

图 6-13　PNP 型晶体管的结构和符号

a) 结构示意图　b) 符号

3. 电流放大和分配关系

晶体管的主要功能是电流放大。NPN 型与 PNP 型晶体管的工作原理相同，仅在使用时电源极性的联接不同而已。现以 NPN 型晶体管为例分析其电流放大原理。晶体管处于放大工作状态时，发射结必须正偏，集电结必须反偏（发射极与基极之间的 PN 结加正向电压，集电极与基极之间的 PN 结加反向电压），如图 6-14 所示。

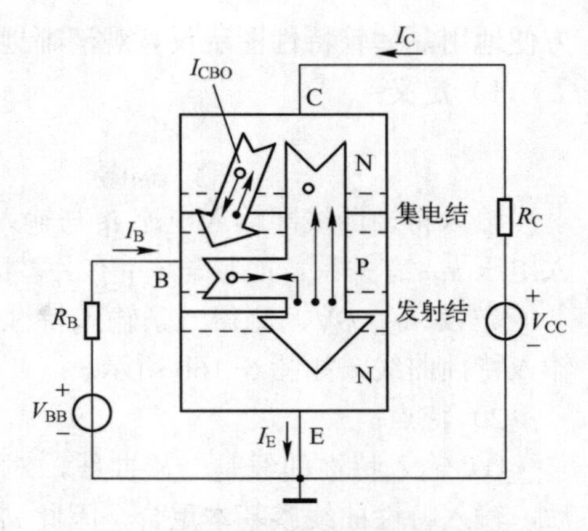

图 6-14　NPN 型晶体管中载流子运动及各电极电流

晶体管内部载流子的传输过程比较复杂，作为使用者更关心其外部电流分配关系。经理论推导和实验证明，晶体管三个电极外部电流有如下关系：

$$I_E=I_C+I_B \tag{6-1}$$

$$I_C=\beta I_B+(1+\beta)I_{CBO}\approx\beta I_B \tag{6-2}$$

上述两式中，I_{CBO} 称为集-基反向饱和电流，一般很小，是晶体管的有害成分。β 称为电流放大系数，晶体管制成以后，在一定条件下，β 可以看作为一个常数。即集电极电流 I_C 与基极电流 I_B 之间有一定的比例关系，比例系数就是 β。因此，可以利用控制小电流 I_B 达到控制大电流 I_C 的目的，或者可理解为将小电流 I_B 放大 β 倍变成大电流 I_C，这就是晶体管的电流放大功能，也是晶体管最重要的特性。

6.3.2　晶体管的特性曲线

要正确地运用晶体管，不仅要知道晶体管内部载流子的运动规律，更要知道内部载流子运动的外部表现，即晶体管的输入、输出特性曲线。它反映了晶体管的运行性能，是分析放大电路的重要依据，今后在分析晶体管电路时，一般不再分析内部载流子的运动情况，而是直接从晶体管特性曲线出发来分析电路工作状况。

1．晶体管电路的三种基本组态

晶体管有三个电极，当组成放大电路时，以一个电极作为信号输入端，一个电极作为信号输出端，另一个电极作为输入、输出的公共端。因此可构成三种基本组态，即三种不同的连接方式，分别称为共发射极电路、共基极电路和共集电极电路，如图 6-15 所示。

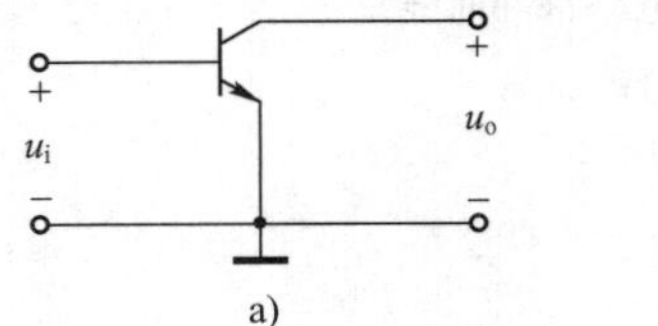

a)

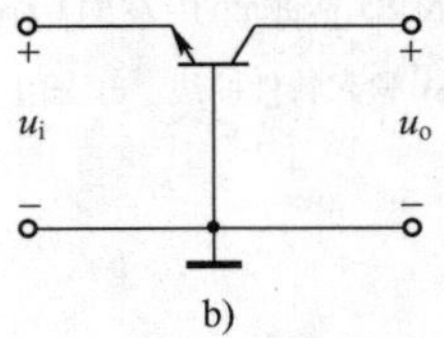

b)

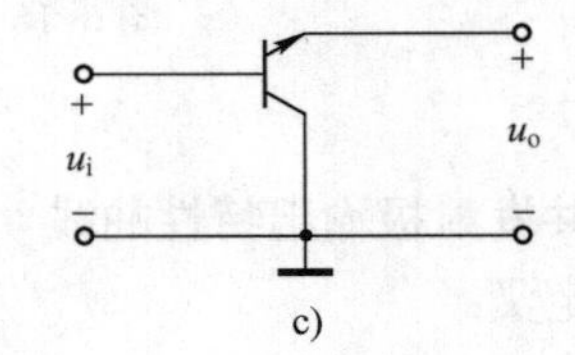

c)

图 6-15　晶体管三种基本组态电路

a) 共射极　b) 共基极　c) 共集电极

三种不同的连接方式（或称组态）具有不同的特点，各有各的用途，我们将分别予以分析。其中以共发射极电路应用最广，作为重点研究。

需要指出的是，三种接法，无论哪一种，要起到放大作用，都必须满足发射结正偏，集电结反偏的外部条件，否则将失去放大功能。

2．共发射极输入特性曲线

晶体管的输入、输出特性曲线可以通过图 6-16a 实验电路一点点测量和画出来，也可以方便地用晶体管特性图示仪直观清晰地测量显示出来。

1）定义：

$$i_{\mathrm{B}} = f(u_{\mathrm{BE}})\big|_{u_{\mathrm{CE}}=\text{常数}} \tag{6-3}$$

输入特性曲线即输入电流 i_B 与输入电压 u_{BE} 之间的函数关系。由于输入电流 i_B 不仅与输入电压 u_{BE} 有关系，而且与 u_{CE} 有关。因此，先固定 u_{CE}，看 i_B 如何随 u_{BE} 变化而变化。

先设 u_{CE}=0V，测得一条输入特性曲线；再设 u_{CE}=1V、2V、5V、…，可分别测得一条输入特性曲线。如图 6-16b 所示。

2）特点：

① 输入特性曲线是一族曲线，对应于每一 u_{CE}，就有一条输入特性曲线。当 $u_{CE}\geqslant$1V 后，输入特性曲线族基本重合，因此 u_{CE}=1V 的那一条可以作为代表。

② 输入特性曲线与二极管正向伏安特性曲线相似。特性曲线上也有一段死区，只有在 u_{BE} 大于死区电压时，晶体管才能产生 i_B。硅管的死区电压约 0.5V，锗管约 0.1V。

③ 在正常工作情况下，即放大工作状态时，硅管的 u_{BE} 约为 0.6～0.7V，锗管约为 0.2～0.3V。

需要说明的是，若晶体管为 PNP 型时，输入特性曲线极性相反。即若坐标轴正向取 $-i_B$ 及 $-u_{BE}$，则特性曲线与 NPN 型一致。

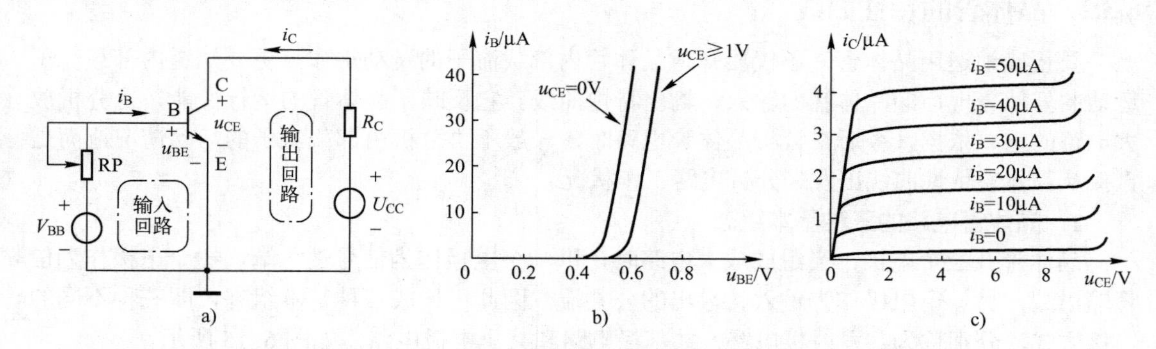

图 6-16　NPN 型晶体管共发射极电路特性曲线

a) 电路　b) 输入特性曲线　c) 输出特性曲线

3. 共发射极输出特性曲线

1）定义：

$$i_{\mathrm{C}} = f(u_{\mathrm{CE}})\Big|_{i_{\mathrm{B}}=\text{常数}} \tag{6-4}$$

输出特性曲线即输出电流 i_C 与输出电压 u_{CE} 之间的函数关系，由于输出电流 i_C 不仅与输出电压 u_{CE} 有关，而且与输入电流 i_B 有关。因此，先固定 i_B，看 i_C 如何随 u_{CE} 变化而变化。

先取 i_B=0，测得一条输出特性曲线；再取 i_B=10μA、20μA、…，可分别测得一条输出特性曲线，如图 6-16c 所示。

2）特点：

① 输出特性曲线是一族曲线，对应于每一 i_B 都有一条输出特性曲线。

② 当 u_{CE}＞1V 后，曲线比较平坦，即 i_C 不随 u_{CE} 增大而增大，这就是晶体管的恒流特性。这是晶体管除电流放大作用外的另一个重要的特性。

③ 当 i_B 增加时，曲线上移，表明对于同一 u_{CE}，i_C 随 i_B 增大而增大，这就是晶体管的电流放大作用。

4．晶体管共射电路工作状态

晶体管的工作状态可分为放大、截止和饱和。在晶体管共发射极输出特性曲线上，可以划分晶体管的三个工作区域：放大区、饱和区和截止区。除了工作区域外，还有一个击穿区（不能安全工作），如图 6-17 所示。

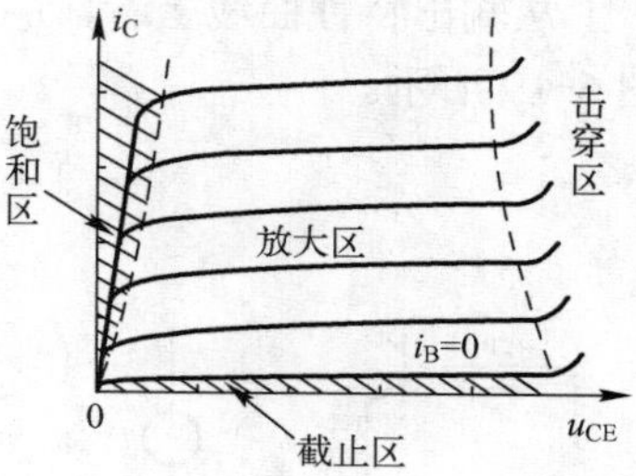

图 6-17　晶体管 3 个工作区域

（1）放大区

条件：发射结正偏，集电结反偏。

特点：$i_C=\beta i_B$，i_C 与 i_B 成正比关系。

（2）截止区

条件：发射结反偏，集电结反偏。

特点：$i_B=0$，$i_C=I_{CEO}\approx 0$

截止区对应于图 6-17 中 $i_B=0$ 那条输出特性曲线与横轴之间的部分。

（3）饱和区

条件：发射结正偏，集电结正偏。

特点：i_C 与 i_B 不成比例。即 i_B 增大，i_C 很少增大或不再增大，达到饱和，失去放大作用。

饱和区对应于图 6-17 中输出特性曲线几乎垂直上升部分与纵轴之间的区域（深饱和）以及输出特性曲线趋于平坦前弯曲部分区域（浅饱和）。

（4）击穿区

击穿区不是晶体管的工作区域。当 u_{CE} 大于一定数值后，输出特性曲线开始上翘，若 u_{CE} 进一步增大，晶体管将击穿损坏。将每一条输出特性曲线开始上翘的拐点连成一线，右边部分即为击穿区，如图 6-17 所示。

6.3.3　晶体管的主要参数

晶体管的特性除用输入、输出特性曲线表示外，还可用一些参数来说明，这些参数也是设计电路、选用晶体管的依据。

（1）电流放大系数 β

$$\beta=\mathrm{d}i_C\ /\ \mathrm{d}i_B\approx\Delta i_C\ /\Delta i_B \tag{6-5}$$

从输出特性曲线上看，β 相当于两条输出特性曲线间的纵向距离（ΔI_C）与所对应的基极电流（ΔI_B）之比。所以，在同一测试条件下，输出特性曲线越密，β 越小。

（2）集-基反向饱和电流 I_{CBO} 和集-射反向饱和电流 I_{CEO}

晶体管极间反向电流有 I_{CBO} 和 I_{CEO}，是表征晶体管质量的重要参数。

I_{CBO} 表示发射极开路时，从 C→B 的反向电流，如图 6-18a 所示。E 开路时，晶体管相当于一个二极管，因此，I_{CBO} 相当于 E 开路时，集电结的反向电流。

I_{CEO} 也称为穿透电流，表示基极开路时，从 C→E 的反向电流，如图 6-18b 所示。

I_{CEO} 与 I_{CBO} 的关系：

$$I_{CEO}=(1+\bar{\beta})I_{CBO} \tag{6-6}$$

从输出特性曲线上看，I_{CEO} 相当于 $i_B=0$ 的那条输出特性曲线与横轴所夹的纵向距离，如图 6-19 所示。

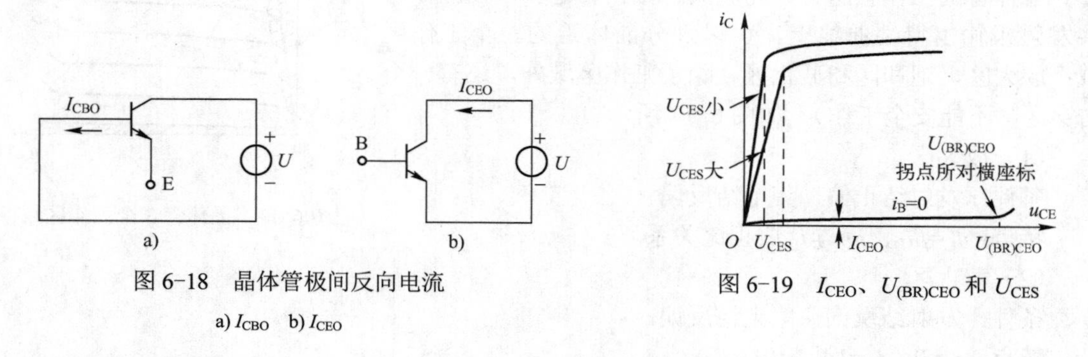

图 6-18　晶体管极间反向电流

a) I_{CBO}　b) I_{CEO}

图 6-19　I_{CEO}、$U_{(BR)CEO}$ 和 U_{CES}

I_{CBO} 受温度影响大，即温度升高，I_{CBO} 急剧增大。在室温下，小功率锗管约几μA～几百μA，小功率硅管在 0.1μA 以下，所以硅管的 I_{CBO} 比锗管小得多，即硅管的热稳定性比锗管好。I_{CBO} 越小越好。

（3）集电极最大允许电流 I_{CM}

集电极电流 I_C 超过一定值时，晶体管的 β 值要下降。当 β 值下降到正常值的 2/3 时的集电极电流，称为集电极最大允许电流 I_{CM}。

I_C 超出 I_{CM} 并不一定会使晶体管损坏，只是 β 降低。限制集电极电流 I_C 的，还有集电极最大允许耗散功率 P_{CM}。

（4）集电极最大允许耗散功率 P_{CM}

集电极电流流过集电结时，将消耗一定的功率，使结温升高，甚至损坏。使晶体管性能变坏或损坏的功率称为集电极最大允许耗散功率 P_{CM}。

晶体管功耗 $p_C=i_C\times u_{CE}=i_C\times(u_{CB}+u_{BE})\approx i_C\times u_{CB}$，其中 u_{BE}（硅 0.6～0.7V）相对于 u_{CB}，可忽略不计，因此，晶体管功耗可以认为就是集电结功耗。

集电极电流不仅受到 I_{CM} 的限制，太大了，β 要下降；而且受到 P_{CM} 的限制，若超过 P_{CM}，晶体管要损坏。

晶体管 P_{CM} 曲线如图 6-20 所示，晶体管的工作点应选在 P_{CM} 曲线的左下方，并留有余地。

P_{CM} 值与温度有关，温度越高，P_{CM} 值越小，曲线将向左下方移动。晶体管的功能作用受到温度的限制，锗管上限温度约 90℃，硅管上限温度约 150℃，对于大功率管，为了提高 P_{CM} 值，常采用加散热装置的办法。

（5）集-射极反向击穿电压 $U_{(BR)CEO}$

$U_{(BR)CEO}$ 是基极开路时，加在集电极与发射极之间的最大允许电压，超过 $U_{(BR)CEO}$ 时，I_C 将大幅度上升，晶体管将被击穿。

$U_{(BR)CEO}$对应于 i_B=0 那条输出特性曲线向上翘起拐点的横坐标，如图 6-19 所示。

根据晶体管三个极限参数，可确定晶体管安全工作区域，即由 I_{CM}、P_{CM}、$U_{(BR)CEO}$ 与两坐标轴包围的区域，如图 6-21 所示。

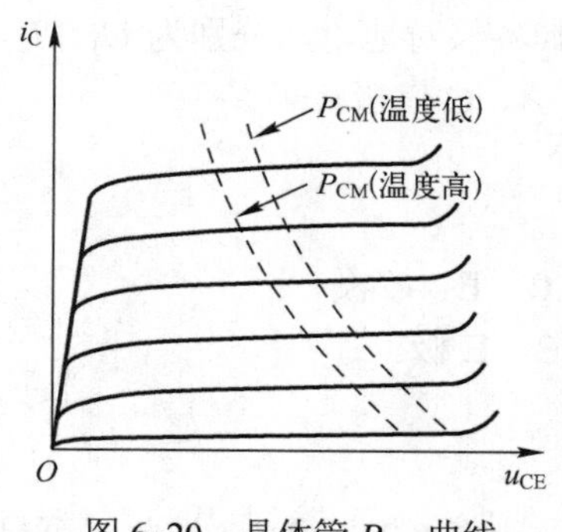

图 6-20　晶体管 P_{CM} 曲线

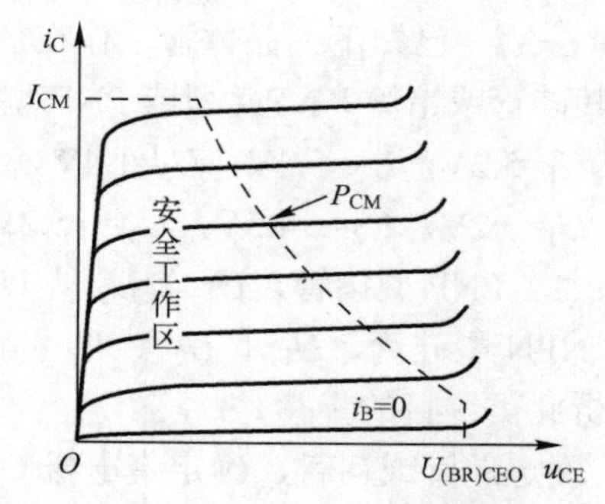

图 6-21　晶体管安全工作区

（6）饱和压降 U_{CES}

U_{CES} 是晶体管处于饱和工作状态时，CE 之间的电压降。U_{CES} 越小越好。U_{CES} 小，工作在饱和状态时功耗小，管子不易发热，开关性能好。一般小功率硅管 U_{CES}<0.1V，大功率硅管 U_{CES} 较大。

从输出特性曲线上看，曲线上升部分斜率较大者 U_{CES} 较小；斜率较小者 U_{CES} 较大，如图 6-19 所示。

（7）特征频率 f_T

由于晶体管极间电容的影响，当信号频率升高时，晶体管放大功能将下降。信号频率升高时，β 下降到 1 时的频率称为特征频率 f_T。

晶体管的参数大致可以分成两大类：一类是性能质量参数，如 β、I_{CBO}、I_{CEO}、f_T、U_{CES} 等，反映了晶体管的性能与质量。另一类是极限参数，如 I_{CM}、P_{CM}、$U_{(BR)CEO}$ 等，反映了在使用时不能超过的条件。表 6-2 为几种常用小功率晶体管特性参数。

表 6-2　几种常用小功率晶体管特性参数

参数 型号	极性	I_{CM} /mA	P_{CM} /mW	$U_{(BR)CEO}$ /V	β	I_{CBO} /μA	f_T /MHz
3DG6	NPN(硅)	20	100	≥30	20～200	≤0.1	≥100
3AG1	PNP(锗)	10	50	≥10	≥20	≤100	≥20
3AX31A	PNP(锗)	125	125	≥12	40～100	≤100	≥8kHz
9012	PNP(硅)	500	625	≥20	64～202	≤0.1	≥3
9013	NPN(硅)	500	625	≥20	64～202	≤0.1	≥3
9014	NPN(硅)	100	450	≥45	60～1000	≤0.05	≥150
9015	PNP(硅)	100	450	≥45	60～1000	≤0.05	≥150
9018	NPN(硅)	100	300	≥12	40～200	≤0.05	≥700
C8550	PNP(硅)	1500	1000	≥25	85～300		≥100
C8050	NPN(硅)	1500	1000	≥25	85～300		≥100
2N5401	PNP(硅)	600	625	≥160	80～250		≥100
2N5551	NPN(硅)	600	625	≥160	80～250		≥100

6.3.4 晶体管的检测和选用

1．晶体管检测

参阅 12.6.2 节。

【例 6-3】 已知下列晶体管工作在放大区，并测得其各极对地电压分别为 U_1、U_2、U_3，试判断其硅管或锗管？NPN 型或 PNP 型？并确定其 E、B、C 三极。

1）U_1=5.2V，U_2=5.4V，U_3=1.4V。

2）U_1= −2V，U_2= −4.5V，U_3= −5.2V。

解：1）PNP 型锗管，U_1 、U_2 、U_3 引脚分别对应 B、E、C 极。

2）NPN 型硅管，U_1 、U_2 、U_3 引脚分别对应 C、B、E 极。

分析此类题目的步骤是：

① 确定硅管或锗管，确定集电极 C。

晶体管工作在放大区时 U_{BE}：硅管约 0.6～0.7V，锗管约 0.2～0.3V。据此，可寻找电压差值为该两个数据的引脚。若为 0.6～0.7V，则该管为硅管；若为 0.2～0.3V，则该管为锗管，且该两引脚为 B 极或 E 极，另一引脚为 C 极。

题 1）中 U_1 U_2、题 2）中 U_2 U_3 符合此条件，因此可确定：题 1）为锗管，U_3 引脚对应 C 极；题 2）为硅管，U_1 引脚对应 C 极。

② 确定 NPN 型或 PNP 型。

此时虽已知道该两引脚为 B 极或 E 极，但还不能区分。可将 C 极电压与 BE 引脚电压比较高低。若 C 极电压高，则为 NPN 型；若 C 极电压低，则为 PNP 型。因为晶体管工作在放大区时，满足 CB 结反偏条件，NPN 型 C 极电压高于 BE 极；PNP 型 C 极电压低于 BE 极。

题 1）中 U_3 低于 U_1 U_2，为 PNP 型；题 2）中 U_1 高于 U_2U_3，为 NPN 型。

③ 区分 B 极和 E 极。

确定 NPN 型或 PNP 型后，可进一步区分 B 极和 E 极。晶体管工作在放大区时，NPN 型各极电压高低排列次序为 $U_C>U_B>U_E$；PNP 型各极电压高低排列次序为 $U_C<U_B<U_E$。

因此，题 1）中 U_1 为 B 极，U_2 为 E 极；题 2）中 U_2 为 B 极，U_3 为 E 极。

【例 6-4】 已测得电路中几个晶体管对地电压值如图 6-22 所示，已知这些晶体管中有好有坏，试判断其好坏。若好，则指出其工作状态（放大、截止、饱和）；若坏，则指出损坏类型（击穿、开路）。

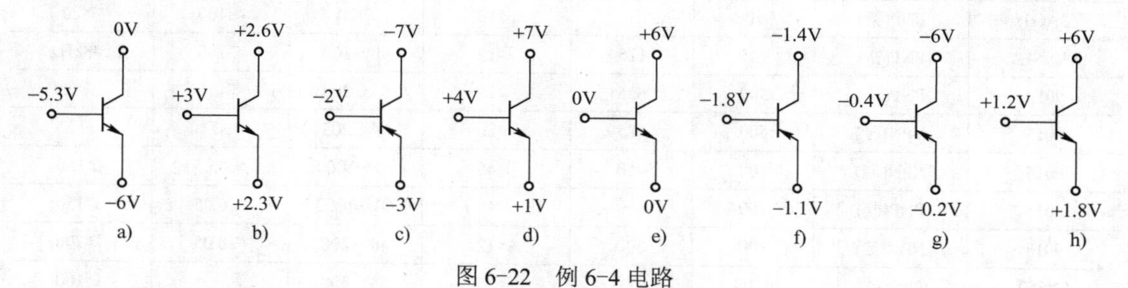

图 6-22 例 6-4 电路

解：a）放大；b）饱和；c）截止；d）损坏，BE 间开路；e）BE 间击穿损坏或外部短路；或晶体管好，处于截止状态；f）饱和；g）放大；h）截止。

分析此类题目的判据和步骤是：

① 判发射结是否正常正偏。

凡满足 NPN 硅管 U_{BE}=0.6～0.7V，PNP 硅管 U_{BE}=−0.7～−0.6V；NPN 锗管 U_{BE}=0.2～0.3V，PNP 锗管 U_{BE}=−0.3～−0.2V 条件者，晶体管一般处于放大或饱和状态。不满足上述条件的晶体管处于截止状态，或已损坏。a)、b)、f)、g）满足条件；c)、d)、e)、h）不满足条件。

② 区分放大或饱和。

区分放大或饱和的条件是集电结偏置状态，集电结正偏，饱和，此时 U_{CE} 很小，b)、f）满足条件；集电结反偏，放大，此时 U_{CE} 较大，a)、g）满足条件。但若 NPN 管 $U_C<U_E$，PNP 管 $U_C>U_E$，则电路工作不正常，一般有故障。若 $U_C=U_{CC}$（电路中有集电极电阻 R_C），说明无集电极电流，C 极内部开路。

③ 若发射结反偏，或 U_{BE} 小于①中数据，则晶体管处于截止状态或损坏。c)、e)、h）属于这一情况。

④ 若满足发射结正偏，但 U_{BE} 过大，也属不正常情况，如 d)。

2．晶体管选用

选用晶体管应根据电路需要，一般应考虑下列因素：工作频率、集电极电流、耗散功率、反向击穿电压、电流放大系数、热稳定性和饱和压降等，这些因素中，有的又相互制约，应抓住主要矛盾，兼顾次要因素，选择性能价格比高的晶体管。

（1）尽量选用硅管

目前，锗晶体管因其热稳定性差而很少应用，只有在需低电压导通的场合才予以选用。

（2）不要超越极限参数

晶体管的极限参数 I_{CM}、P_{CM}、$U_{(BR)CEO}$，选用时不能超限，且应留有余地。功耗较大时，还应考虑加装散热板。

（3）可用大 β 管

长期以来，许多教材书上都有“β 大引起工作不稳定”的说法，这在 30 年或更早以前，基本上是正确的，这是因为当时主要使用锗晶体管，锗管的热稳定性较差，β 大的锗管热稳定性更差。但随着电子技术的发展，现代电子技术普遍采用硅晶体管，而硅管的 $I_{CBO}\to 0$，热稳定性很好，最高可工作在 150℃，一般小功率晶体管 β 值均大于 100，有的晶体管的 β 值在 400～600，在集成电路内部甚至植入超 β 管（$\beta>1000$），“β 大引起工作不稳定”的说法已成为历史，必须破除这种陈旧观点。在本书后续章节中，我们看到 β 大将带来许多优点。

（4）电路信号频率高时应选用高频管

高低频管 f_T 的分界线约在 3MHz 左右，一般情况下，若应用于低频状态，可不考虑晶体管的 f_T，只有在高频电路中，才选用高频管。选管时，应使 f_T 为工作频率的 3～10 倍。原则上讲，高频管可以代替低频管，但高频管的功率一般都比较小，动态范围窄，选用时应注意功率条件。

【复习思考题】

6.9　晶体管电流 I_E、I_B、I_C 之间有什么关系？

6.10　晶体管共射输入特性曲线有几条？有否死区？

6.11　晶体管共射输出特性曲线有几条？

6.12　如何从晶体管共射输出特性曲线上划分放大、截止和饱和三个工作区域？

6.13　晶体管安全工作区由哪几条边界围成？

6.14　晶体管参数中，哪些是极限参数？哪些是性能参数？哪些是质量参数？

6.4 场效应晶体管

场效应晶体管（Field Effect Transistor，FET）也称为单极型晶体管，6.3 节所述的晶体管是双极型晶体管。所谓单极双极是指半导体中参与导电的载流子种类是一种还是两种，场效应晶体管只有一种载流子（多数载流子）参与导电，称为单极型晶体管；晶体管有两种载流子（多数载流子和少数载流子）参与导电，称为双极型晶体管。场效应晶体管和晶体管都是晶体三极管，也都是半导体元件。但习惯上晶体管是指双极型晶体管。

1．分类

从结构上可分为结型和 MOS 型（绝缘栅型）；从半导体导电沟道类型上可分为 P 沟道和 N 沟道；从有无原始导电沟道上可分为耗尽型和增强型。因此场效应晶体管可分为 N 沟道结型、P 沟道结型、耗尽型 NMOS、耗尽型 PMOS、增强型 NMOS 和增强型 PMOS 等 6 种。

2．工作原理

场效应晶体管内部结构根据其分类不同而不同，其具体工作原理与内部结构有关，但都是利用电场效应原理，用输入电压开启、夹断或改变导电沟道宽窄，从而控制输出电流的大小。因此，场效应晶体管属电压控制元件（晶体管属电流控制元件）。场效应晶体管的 3 个电极分别称为漏极 D、栅极 G 和源极 S（MOS 型场效应晶体管还引出一个衬底电极 B），其作用相当于晶体管的集电极 C、基极 B 和发射极 E。

3．场效应晶体管与晶体管性能比较

场效应晶体管与晶体管比较，主要区别如下：

1）场效应晶体管的输入电阻大大高于晶体管。晶体管的输入电阻为 r_{be}，约 10^2～$10^4\Omega$；结型场效应晶体管输入电阻约 $10^7\Omega$；MOS 场效应晶体管输入端 G 极与源极 S 之间有一层二氧化硅，两者是绝缘的（因此 MOS 场效应晶体管也称为绝缘栅型场效应晶体管），输入电阻可高达 $10^{15}\Omega$。

2）场效应晶体管热稳定性比晶体管好。由于场效应晶体管只有一种载流子即多数载流子参与导电，无少数载流子参与导电，因此场效应晶体管热稳定性好，噪声小，抗辐射能力强，且具有零温度系数工作点。

3）场效应晶体管制造工艺简单，成本低，便于大规模集成。现代电子计算机和超大规模集成电路就是以场效应晶体管为基本元件构成和发展起来的。

4）场效应晶体管是电压控制元件，用栅源电压 u_{GS} 控制输出电流 i_D（相当于晶体管用 i_B 控制 i_C）。反映场效应晶体管放大控制能力的是低频垮导 g_m（相当于晶体管的 β）。

5）由于场效应晶体管的漏极和源极结构对称，因此漏、源极可互换使用。但有的 MOS 管已将源极与衬底连在一起，则不能互换使用。

【复习思考题】

6.15　什么叫单极型晶体管和双极型晶体管？

6.16　叙述场效应晶体管 3 个电极，分别相当于晶体管哪个电极？

6.17　与晶体管相比，场效应晶体管有哪些主要特点？

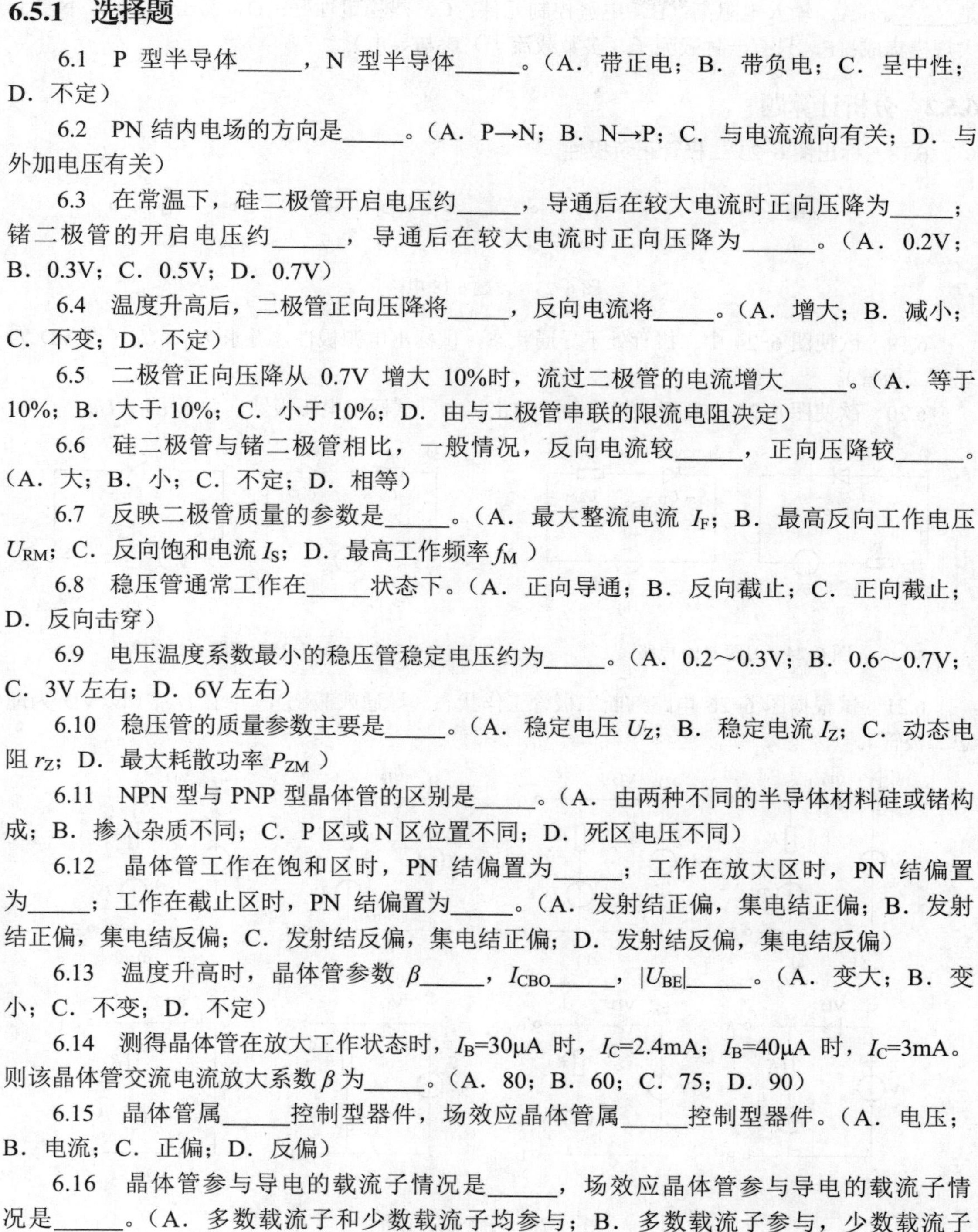

6.5 习题

6.5.1 选择题

6.1 P 型半导体_____，N 型半导体_____。（A．带正电；B．带负电；C．呈中性；D．不定）

6.2 PN 结内电场的方向是_____。（A．P→N；B．N→P；C．与电流流向有关；D．与外加电压有关）

6.3 在常温下，硅二极管开启电压约_____，导通后在较大电流时正向压降为_____；锗二极管的开启电压约_____，导通后在较大电流时正向压降为_____。（A．0.2V；B．0.3V；C．0.5V；D．0.7V）

6.4 温度升高后，二极管正向压降将_____，反向电流将_____。（A．增大；B．减小；C．不变；D．不定）

6.5 二极管正向压降从 0.7V 增大 10%时，流过二极管的电流增大_____。（A．等于 10%；B．大于 10%；C．小于 10%；D．由与二极管串联的限流电阻决定）

6.6 硅二极管与锗二极管相比，一般情况，反向电流较_____，正向压降较_____。（A．大；B．小；C．不定；D．相等）

6.7 反映二极管质量的参数是_____。（A．最大整流电流 I_F；B．最高反向工作电压 U_{RM}；C．反向饱和电流 I_S；D．最高工作频率 f_M）

6.8 稳压管通常工作在_____状态下。（A．正向导通；B．反向截止；C．正向截止；D．反向击穿）

6.9 电压温度系数最小的稳压管稳定电压约为_____。（A．0.2～0.3V；B．0.6～0.7V；C．3V 左右；D．6V 左右）

6.10 稳压管的质量参数主要是_____。（A．稳定电压 U_Z；B．稳定电流 I_Z；C．动态电阻 r_Z；D．最大耗散功率 P_{ZM}）

6.11 NPN 型与 PNP 型晶体管的区别是_____。（A．由两种不同的半导体材料硅或锗构成；B．掺入杂质不同；C．P 区或 N 区位置不同；D．死区电压不同）

6.12 晶体管工作在饱和区时，PN 结偏置为_____；工作在放大区时，PN 结偏置为_____；工作在截止区时，PN 结偏置为_____。（A．发射结正偏，集电结正偏；B．发射结正偏，集电结反偏；C．发射结反偏，集电结正偏；D．发射结反偏，集电结反偏）

6.13 温度升高时，晶体管参数 β_____，I_{CBO}_____，$|U_{BE}|$_____。（A．变大；B．变小；C．不变；D．不定）

6.14 测得晶体管在放大工作状态时，I_B=30μA 时，I_C=2.4mA；I_B=40μA 时，I_C=3mA。则该晶体管交流电流放大系数 β 为_____。（A．80；B．60；C．75；D．90）

6.15 晶体管属_____控制型器件，场效应晶体管属_____控制型器件。（A．电压；B．电流；C．正偏；D．反偏）

6.16 晶体管参与导电的载流子情况是_____，场效应晶体管参与导电的载流子情况是_____。（A．多数载流子和少数载流子均参与；B．多数载流子参与，少数载流子

不参与；C．多数载流子不参与，少数载流子参与；D．两种载流子均不参与，是离子参与导电）

6.17 场效应晶体管与晶体管比较，下列特点中，属于场效应晶体管（多选）的是_____。（A．输入电阻高；B．电流控制元件；C．热稳定性好；D．易击穿；E．不便于大规模集成；F．只有一种载流子（多数载流子）参与导电）

6.5.2 分析计算题

6.18 标出图 6-23 二极管正负极性。

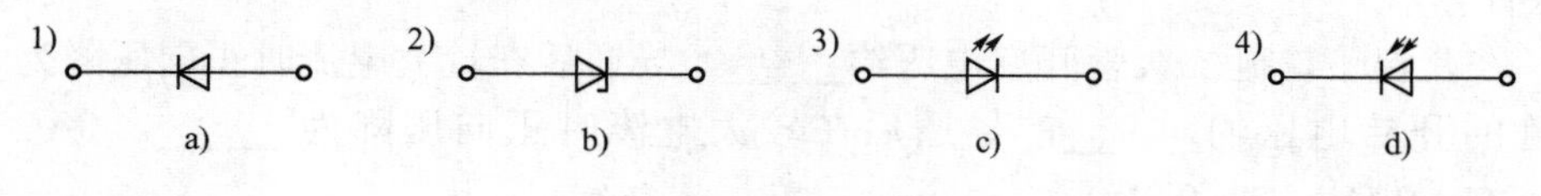

图 6-23 习题 6.18 电路

6.19 欲使图 6-24 中二极管处于导通状态，试标出电源极性，并求 U_D、U_R（设 VD 为理想二极管）。

6.20 欲使图 6-25 中理想二极管处于截止状态，试标出电源极性，并求 U_D、U_R。

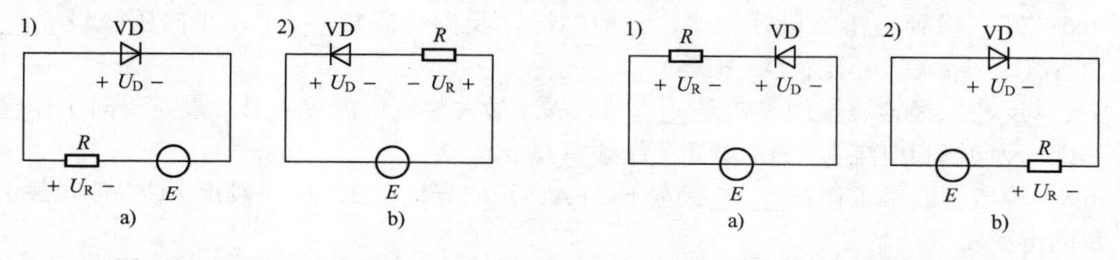

图 6-24 习题 6.19 电路　　　图 6-25 习题 6.20 电路

6.21 试根据图 6-26 电路判断二极管工作状态（导通或截止），并求 U_{AB}（设 VD 为理想二极管）。

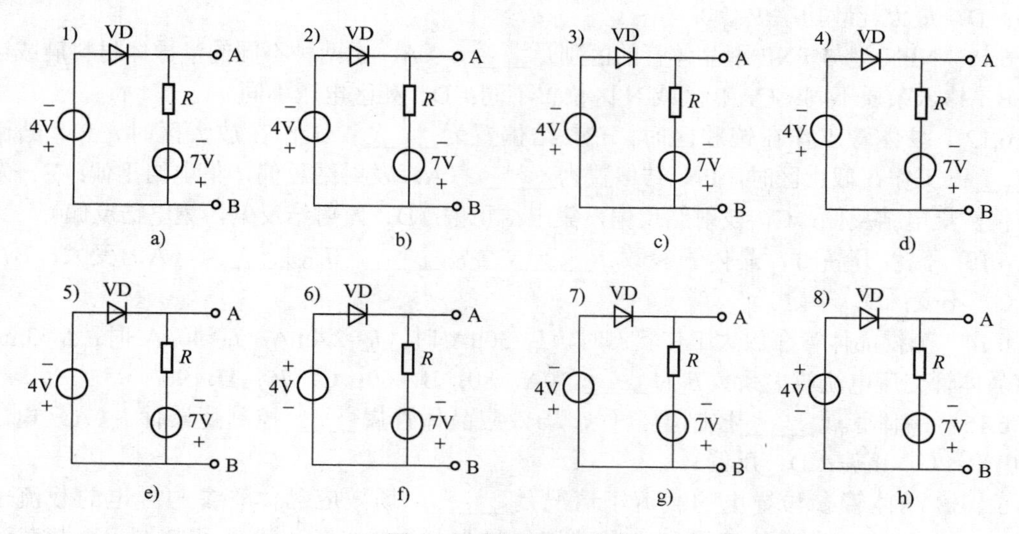

图 6-26 习题 6.21 电路

6.22　试根据图 6-27 电路判断二极管工作状态（导通或截止），并求 U_{AB}（设 VD_1、VD_2 均为理想二极管）。

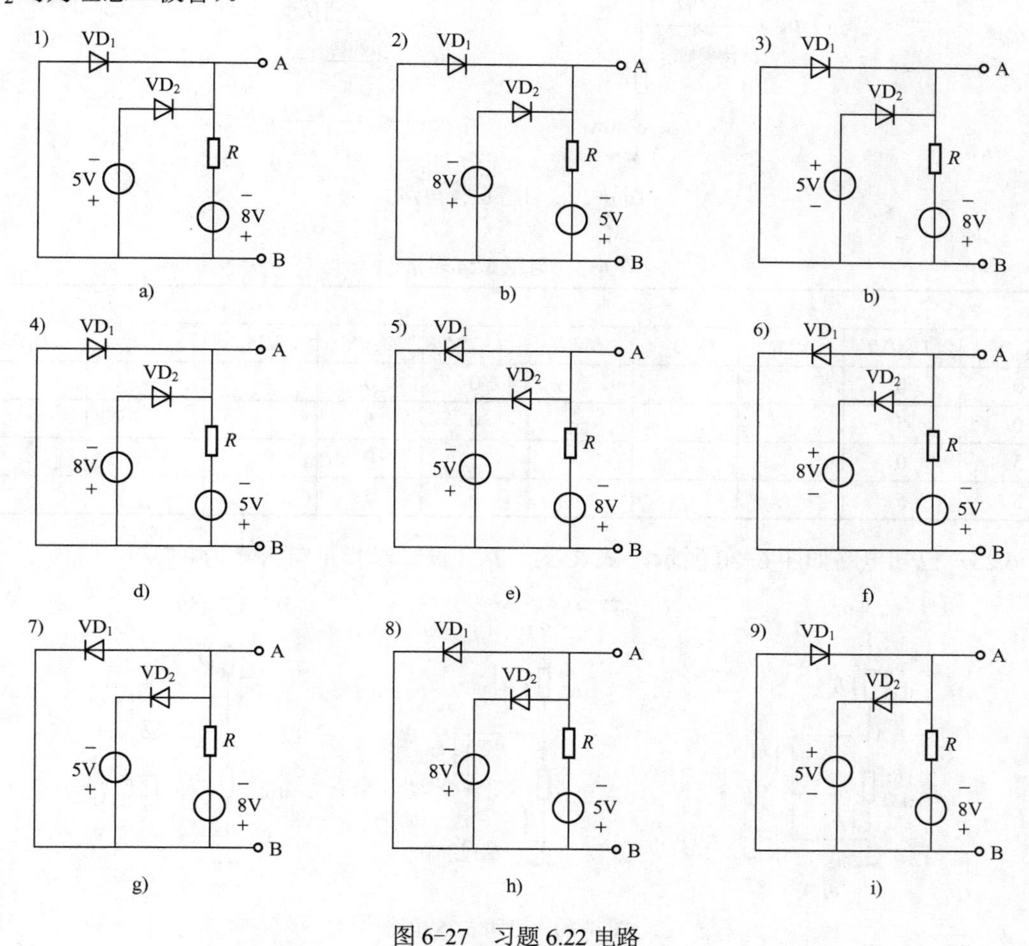

图 6-27　习题 6.22 电路

6.23　试根据图 6-28 电路判断二极管工作状态（导通或截止），并求 U_{AB}（设图中二极管均为理想二极管）。

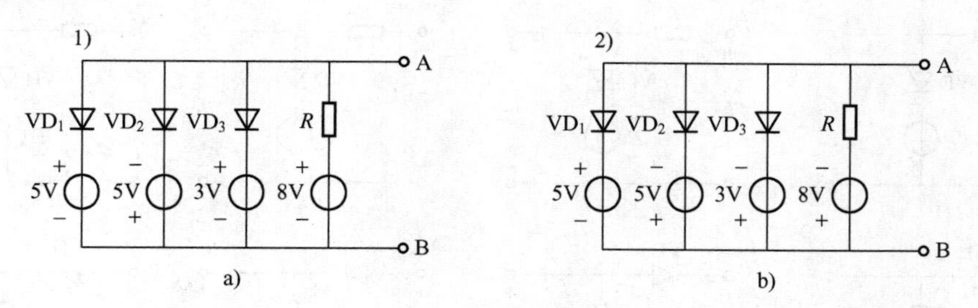

图 6-28　习题 6.23 电路

6.24　已知二极管电路如图 6-29 所示，U_{S1}、U_{S2} 数值如表 6-3 所示，试判断其通断状态，并求 U_F，将结果填入表中（设二极管为理想二极管）。

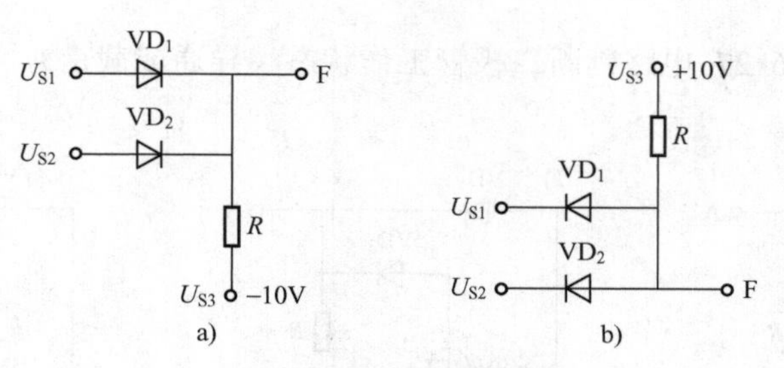

图 6-29　习题 6.24 电路

表 6-3　习题 6.24 表格

图 6-36 a					图 6-36 b				
U_{S1}/V	U_{S2}/V	VD_1	VD_2	U_F/V	U_{S1}/V	U_{S2}/V	VD_1	VD_2	U_F/V
0	0				0	0			
0	5				0	5			
5	0				5	0			
5	5				5	5			

6.25　已知电路如图 6-30 所示，试求 U_A、I_D（设二极管正向压降为 0.7V）。

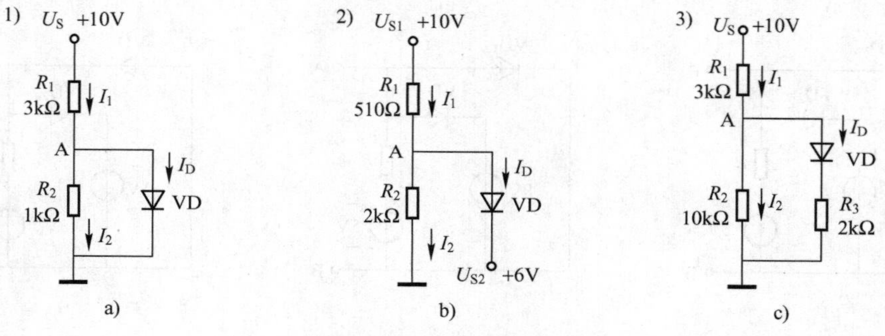

图 6-30　习题 6.25 电路

6.26　已知电路如图 6-31 所示，u_i=10sinωt (V)，u_i 波形如图 6-32 中虚线所示，E=5V，试沿虚线画出 u_o 波形。

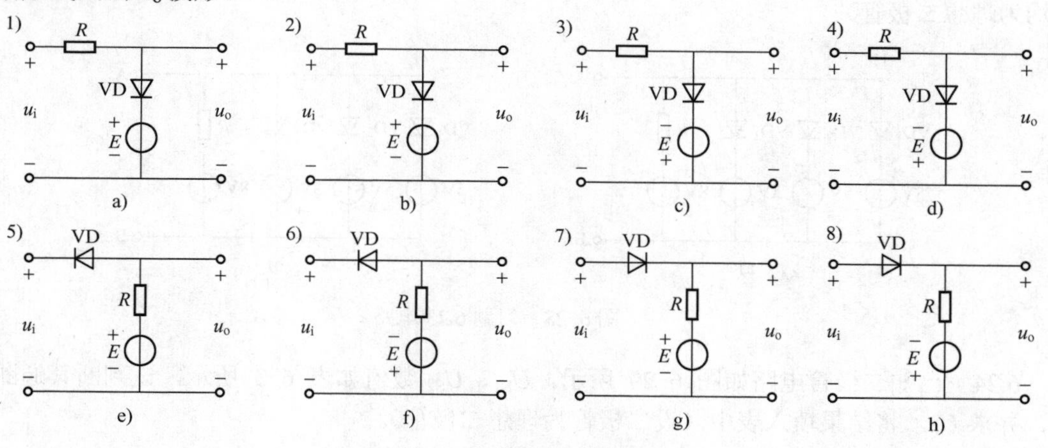

图 6-31　习题 6.26 电路

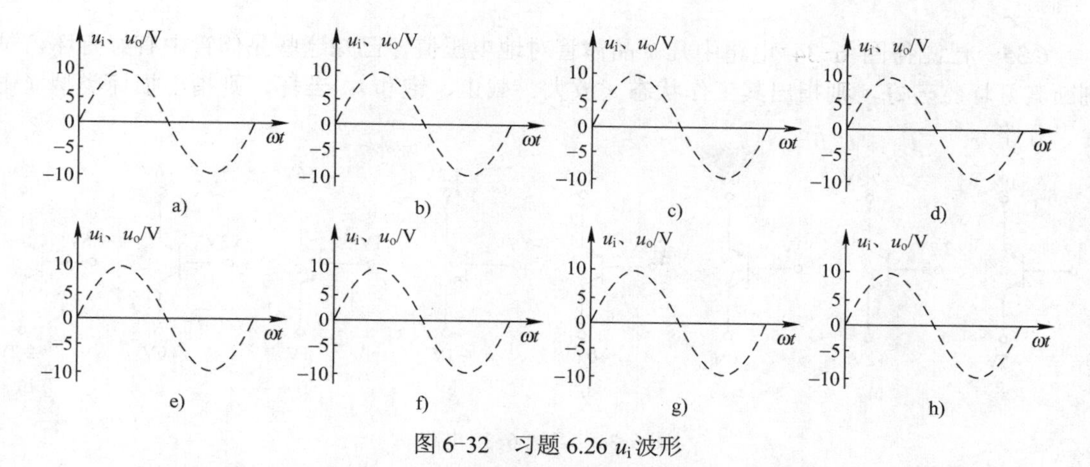

图 6-32　习题 6.26 u_i 波形

6.27　已知某二极管 I_S 在 25℃时为 10μA，求当温度上升至 65℃时，反向电流是多少？

6.28　已知某二极管 25℃正向导通时的管压降为 0.65V，试求温度升高至 65℃且其他条件相同时，管压降是多少？

6.29　已知某二极管 27℃ 正向导通时的管压降为 0.7V，试求温度变化至 50℃和 0℃时管压降是多少？（设其他条件相同，二极管温度每升高 1℃，U_{on} 约减小 2.5mV）

6.30　有两个晶体管 V_1 和 V_2，已知其参数 β_1=250，I_{CEO1}=200μA；β_2=50，I_{CEO2}=10μA。选择哪一个晶体管更合适？

6.31　测得工作在放大状态下的晶体管两个电极电流如图 6-33 所示，试求另一个电极电流，并标出电流实际方向；判断 C、B、E 电极及 NPN 或 PNP 型；估算 β 值。

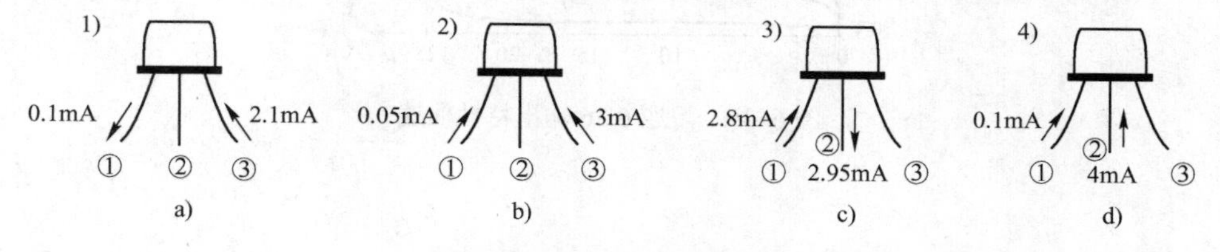

图 6-33　习题 6.31 电路

6.32　已知晶体管处于放大工作状态，β=80，I_{CBO}=1μA，I_B=150μA，求 I_C 及 I_E。

6.33　已知某晶体管，温度每升高 1℃，β 增加 1%。25℃时 β=80，求该晶体管 50℃时 β 值。

6.34　已测得晶体管各极对地电压值为 U_1、U_2、U_3 如表 6-4 所示，且已知其工作在放大区，试判断其硅管或锗管，NPN 型或 PNP 型？并确定其 E、B、C 三极。

表 6-4　习题 6.34 表格

晶体管编号	V_1 管			V_2 管			V_3 管			V_4 管		
晶体管电极编号	1	2	3	1	2	3	1	2	3	1	2	3
对地电位/V	3.2	3.9	9.8	6.0	13.5	13.7	−2.3	−5	−1.6	−3.6	−1.7	−4.2
电极名称												
硅管或锗管												
NPN 或 PNP												

6.35　已测得图 6-34 电路中几个晶体管对地电压值，已知这些晶体管中有好有坏，试判断其好坏。若好，则指出其工作状态（放大、截止、饱和）；若坏，则指出损坏类型（击穿、开路）。

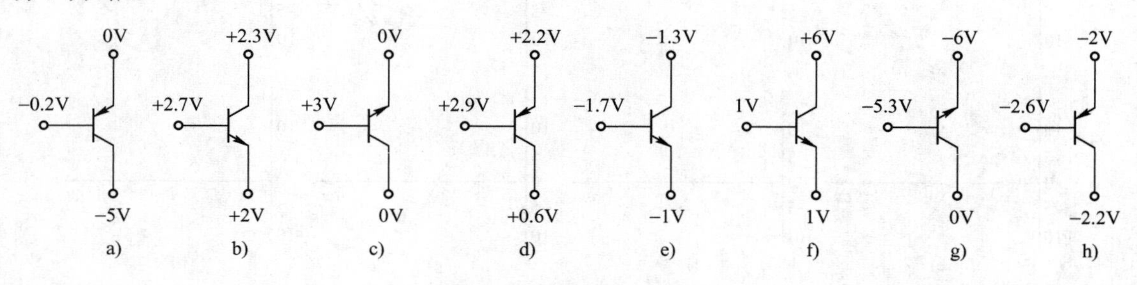

图 6-34　习题 6-35 电路

6.36　已知晶体管输出特性曲线如图 6-35 所示，试根据该特性曲线大致求出该晶体管的 β、I_{CEO}、$U_{(BR)CEO}$。

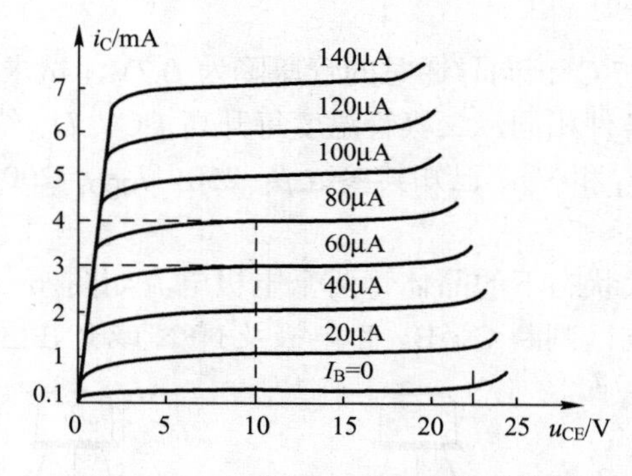

图 6-35　习题 6.36 输出特性曲线

第 7 章　放大电路基础

放大电路是电子线路最基本的组成部分，应用十分广泛，掌握放大电路的基本原理和分析方法是学习电子技术的基础。

7.1　共射基本放大电路

7.1.1　共射基本放大电路概述

晶体管放大电路有三种组态：共射、共集和共基，其中共射电路为最基本的放大电路。

1. 电路组成和各元件作用

共射基本放大电路如图 7-1a 所示。其中：

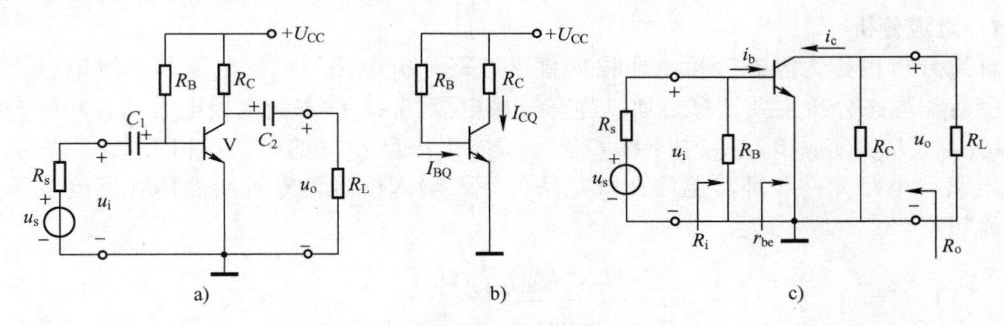

图 7-1　共射基本放大电路

a) 电路　b) 直流通路　c) 交流通路

u_s：电压信号源，提供输入信号。

R_s：电压信号源内阻。

R_L：交流负载电阻。

V：晶体管，放大元件。

R_B：基极电阻，提供静态基极电流，使晶体管有合适的静态工作点。

R_C：集电极电阻，提供集电极电流通路，是晶体管直流负载电阻，将晶体管放大的集电极电流信号转换为电压信号。

C_1：输入端耦合电容，隔直通交，耦合输入信号中的交流成分，隔断信号源中的直流成分。

C_2：输出端耦合电容，隔直通交，耦合输出信号中的交流成分，隔断输出信号中的直流成分。

U_{CC}：直流电源，提供晶体管静态偏置，即发射结正偏，集电结反偏，同时作为电流放大的能源。

2．直流通路和交流通路

放大电路的一个重要特点是交直流并存，这也是电子技术初学者感觉不易接受的难点，因此有必要弄清共射基本放大电路的直流通路和交流通路。

（1）直流通路

由于电容对直流来说，其容抗→∞，相当于开路。因此，画直流通路时只需将电容开路。共射基本放大电路直流通路如图 7-1b 所示。

（2）交流通路

在电子线路中，一般可认为耦合电容、旁路电容对交流信号的容抗足够小，忽略不计，视作短路。直流电源可看作是一个直流理想电压源，只有直流成分，不含交流成分，即交流电压成分为 0。在交流通路中，交流电压为 0，相当于交流接地。因此，画交流通路的方法是将电容短路，将直流电源接地。图 7-1c 为共射基本放大电路的交流通路。

7.1.2　共射基本放大电路的分析

前述，放大电路是交直流并存，而交流和直流又有各自不同的特点。因此，分析放大电路也需要分别进行直流分析和交流分析。

1．直流分析

直流分析也称为静态分析，即根据直流通路分析电路的直流电流和直流电压。从计算角度看，静态分析主要计算三项：静态基极电流 I_{BQ}、静态集电极电流 I_{CQ} 和静态集射电压 U_{CEQ}。I_{BQ}、I_{CQ} 和 U_{CEQ} 中下标 Q 表示静态工作点 Q 处的 I_B、I_C 和 U_{CE}。静态工作点是指电路、电路元件和环境温度在既定条件下，输入信号为零时的晶体管直流电压和直流电流状态。

$$I_{BQ}=\frac{U_{CC}-U_{BEQ}}{R_B}\approx\frac{U_{CC}}{R_B} \tag{7-1}$$

$$I_{CQ}=\beta I_{BQ}+I_{CEO}\approx\beta I_{BQ} \tag{7-2}$$

$$U_{CEQ}=U_{CC}-I_{CQ}R_C \tag{7-3}$$

对硅晶体管来说，U_{BEQ}=0.6～0.7V，若 $U_{BEQ}<<U_{CC}$，一般可忽略不计。另外，硅晶体管 I_{CBO}、I_{CEO} 很小，也可忽略不计。

2．交流分析

交流分析也称为动态分析，即根据交流通路分析电路的交流电流和交流电压。由于晶体管是一个非线性元件，因此不能用线性电路的分析方法精确计算其电压电流值，一般用图解法和微变等效电路法。图解法是根据晶体管的输入输出特性曲线，求解晶体管放大电路的电压电流值。可以全面反映晶体管的工作情况，比较直观，既能作静态分析，又能作动态分析，尤其是能分析非线性失真的情况。但图解法不够精确（一般不易得到比较精确的晶体管输入输出特性曲线），比较麻烦，因而限制了它的应用。微变等效电路法是用晶体管 h 参数等效电路等效替代晶体管。“微”是指小信号，“变”是指交流。在“微变”条件下，晶体管静态工作点 Q 处的一小段特性曲线可近似看作是线性的，然后利用线性电路的分析方法对电路近似估算。

（1）晶体管 h 参数等效电路

晶体管 h 参数共有 4 项：输出端交流短路时输入电阻 h_{ie}（r_{be}）、输出端交流短路时电流放大系数 h_{fe}（β）、输入端交流开路时输出电导 h_{oe}（$1/r_{ce}$）和输入端交流开路时电压传输系数 h_{re}（μ_r）。其中输入电阻 r_{be} 可按下式计算：

$$r_{be}\ r_{be}=r_{bb'}+(1+\beta)\frac{26\text{mV}}{I_{EQ}(\text{mA})}\Omega \tag{7-4}$$

上式中，$r_{bb'}$ 为晶体管基区体电阻，对于小功率晶体管，$r_{bb'}$ 约 200Ω；26mV 是温度电压当量，在室温（300K）时的数值；I_{EQ} 是晶体管发射极静态电流（单位：mA，一般可以 I_{CQ} 代入，因 $I_{CQ}\approx I_{EQ}$）。

4 项 h 参数中，输出电导 h_{oe}（$1/r_{ce}$）和电压传输系数 h_{re}（μ_r）对电路作用相对较小，近似估算时，可忽略不计。输入电阻 r_{be} 和电流放大系数 β 最为常用，可组成简化的晶体管 h 参数等效电路，如图 7-2a 所示。

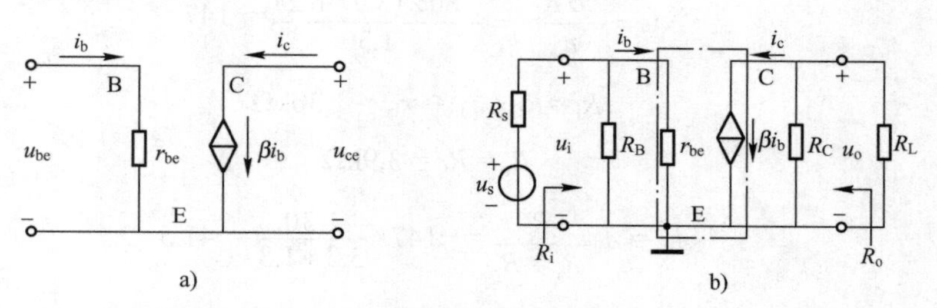

图 7-2　h 参数微变等效电路

a) 晶体管等效电路　b) 放大电路等效电路

（2）共射基本放大电路的微变等效电路分析法

将图 7-2a 所示晶体管 h 参数等效电路代入图 7-1c 交流通路，可得出图 7-2b 共射基本放大电路的简化微变等效电路。并可得出：

1）电压放大倍数：

$$A_u=\frac{u_o}{u_i}=\frac{-I_c R_L'}{I_b r_{be}}=\frac{-\beta I_b R_L'}{I_b r_{be}}=\frac{-\beta R_L'}{r_{be}} \tag{7-5}$$

其中 R_L' 为共射基本放大电路输出端等效负载，$R_L'=R_C /\!/ R_L$。

2）输入电阻：

$$R_i=R_B /\!/ r_{be}\approx r_{be} \tag{7-6}$$

一般情况下，$r_{be}<<R_B$，并联时 R_B 可忽略不计。

3）输出电阻：

$$R_o=r_{ce} /\!/ R_C\approx R_C \tag{7-7}$$

根据戴维南定理，求解 R_o 时，u_s 应短路；u_s 短路后，$i_b=0$；$i_b=0$ 后，$\beta i_b=0$，相当于开路。因此 $R_o=r_{ce} /\!/ R_C$，其中 r_{ce} 为晶体管输出电阻（图中未画出，$r_{ce}=1/h_{oe}$），一般 $r_{ce}>>R_C$，所以，$R_o\approx R_C$。

【例 7-1】 已知共射基本放大电路如图 7-1a 所示，$\beta=80$，$U_{BEQ}=0.7$V，$r_{bb'}=200\Omega$，

R_B=470kΩ，R_C=3.9kΩ，R_L=6.2kΩ，R_s=3.3kΩ，$u_s=20\sin\omega t$(mV)，U_{CC}=12V，试求：

1）I_{BQ}、U_{CQ}、U_{CEQ}。

2）画微变等效电路。

3）A_u、A_{us}、R_i、R_o、u_o。

解：1）$I_{BQ}=\dfrac{U_{CC}-U_{BEQ}}{R_B}=\dfrac{(12-0.7)\text{V}}{470\text{k}\Omega}=24.0\mu\text{A}$。

$$I_{CQ}=\beta I_{BQ}=(80\times24)\text{V}=1.92\text{A}$$

$$U_{CEQ}=U_{CC}-I_{CQ}R_C=(12-1.92\times3.9)\text{V}=4.51\text{V}$$

2）画微变等效电路如图 7-2b 所示。

3）$r_{be}=r_{bb'}+(1+\beta)\dfrac{26\text{mV}}{I_{EQ}(\text{mA})}=200\Omega+(1+80)\dfrac{26}{1.92}\Omega=1.30\text{k}\Omega$。

$$A_u=\frac{-\beta R_L'}{r_{be}}=-\frac{80\times(3.9//6.2)}{1.30}=-147$$

$$R_i=R_B//r_{be}\approx r_{be}=1.30\text{k}\Omega$$

$$R_o=R_C=3.9\text{k}\Omega$$

$$A_{us}=A_u\frac{R_i}{R_s+R_i}=-147\times\frac{1.30}{3.3+1.3}=-41.5$$

$$u_o=A_{us}u_i=-41.5\times20\sin\omega t=-830\sin\omega t(\text{mV})$$

3．共射基本放大电路电压、电流波形

根据上述对共射基本放大电路的分析，可得出共射基本放大电路中的电压、电流量均包含两种成分，即直流分量和交流分量，如图 7-3 所示。

设 u_i 是加在放大电路输入端的输入电压，电压幅度很小，电容隔直后，可认为不含直流成分。

u_{BE} 是加在晶体管基极和发射极间的电压，包含两种成份：直流成分 U_{BEQ} 和叠加在其上的交流信号 u_i。$u_{BE}=U_{BEQ}+u_i$，其中 U_{BEQ} 约为 0.6～0.7V（硅）或 0.2～0.3V（锗）。

i_B 是由于晶体管 u_{BE} 作用下产生的基极电流，包含两种成份：直流成分 I_{BQ} 和叠加在其上的交流信号 i_b。$i_B=I_{BQ}+i_b=I_{BQ}+\sqrt{2}\,I_b\sin\omega t$。

i_C 是晶体管电流放大作用产生的集电极电流，包含两种成份：直流成分 I_{CQ} 和叠加在其上的交流信号 i_c。其中 I_{CQ} 是 I_{BQ} 的 β 倍，i_c 是 i_b 的 β 倍，直流和交流分别被放大了 β 倍，$i_C=I_{CQ}+i_c=I_{CQ}+\sqrt{2}\,I_c\sin\omega t$。

u_{CE} 是晶体管集电极与发射极间的电压，也包含两种成

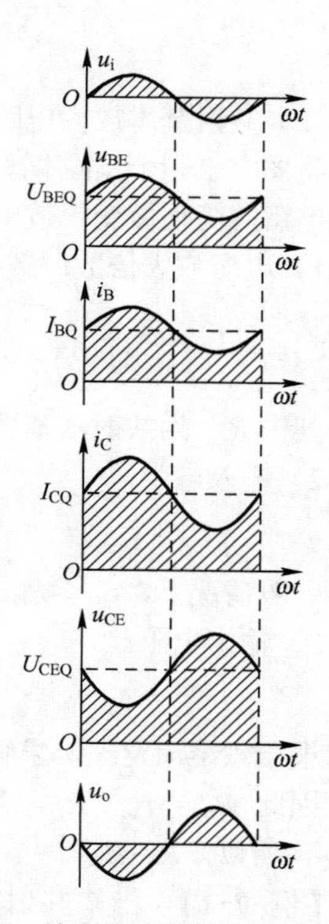

图 7-3　放大电路中的电压电流波形

份：直流成分 U_{CEQ} 和叠加在其上的交流信号 u_{ce}。其中直流成分 $U_{CEQ}=U_{CC}-I_{CQ}R_C$，交流成分 $u_{ce}=-i_c R_L'$，负号代表 u_{ce} 与 i_c 反相。$u_{CE}=U_{CEQ}+u_{ce}=U_{CEQ}-\sqrt{2}\,U_{ce}\sin\omega t$。

u_o 是 u_{CE} 隔断直流成分后剩余的交流信号，$u_o=u_{ce}$。很明显，输出电压 u_o 与输入电压 u_i 相比，被有效放大了；u_o 的相位与 u_i 相反。

4. 非线性失真

由于晶体管为非线性元件，严格来讲，经晶体管放大的信号肯定存在非线性失真。问题是这种非线性失真是否在技术指标允许范围内。本节要讨论的问题是非线性失真的两种极端情况：截止失真和饱和失真。

（1）截止失真

放大电路中的晶体管有部分时间工作在截止区而引起的失真，称为截止失真。截止失真的波形如图 7-4 所示。

引起截止失真的主要原因是 I_{BQ} 过小，Q 点在截止区或靠近截止区；另外，若输入信号过大，信号负半周时，有可能使工作点 Q 进入截止区，产生截止失真。

改善的方法是增大 I_B。根据式（7-1），$I_B=\dfrac{U_{CC}-U_{BEQ}}{R_B}$，增大 I_B 有三条途径：

1）增大 U_{CC}，而 U_{CC} 一般不能随意增大。

2）减小 U_{BE}，U_{BE}=0.6～0.7（硅管），是晶体管固有参数，不能减小。

3）减小 R_B，是一个好方法。

同时，为了避免截止失真，还应使输入电压最大值 $U_{im}<U_{BEQ}$，即 $I_{bm}<I_{BQ}$、$I_{cm}<I_{CQ}$。

（2）饱和失真

放大电路中的晶体管有部分时间工作在饱和区而引起的失真，称为饱和失真。饱和失真的波形如图 7-4 所示。

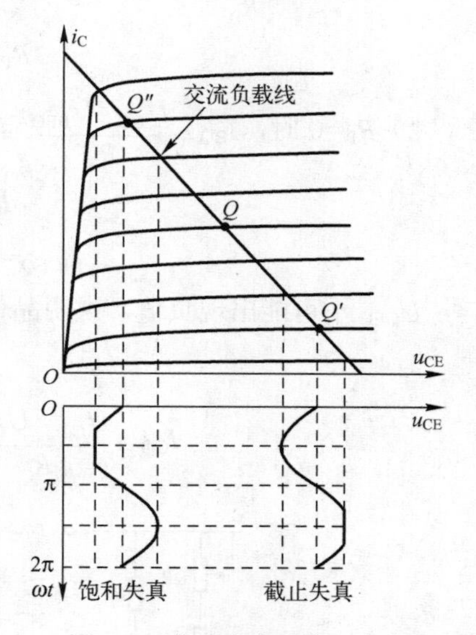

图 7-4　截止失真和饱和失真

引起饱和失真的主要原因是 Q 点在饱和区或靠近饱和区，即 U_{CEQ} 过小；另外若输入信号过大，信号正半周时，有可能使工作点 Q 进入饱和区，产生饱和失真。因此，为了避免饱和失真，应增大 U_{CEQ}，使 $U_{CEQ}>U_{cem}+U_{CES}$。

根据式（7-3），$U_{CE}=U_{CC}-I_{CQ}R_C$，增大 U_{CE} 有三条途径：可增大 U_{CC}，减小 I_{CQ} 或减小 R_C。而 $I_{CQ}=\beta I_{BQ}$，减小 I_{CQ}，可减小 β 或减小 I_{BQ}；而减小 I_{BQ}，又可增大 R_B。因此，欲改善饱和失真，可增大 U_{CC}，减小 R_C，减小 β，增大 R_B，都能获得一定效果，其中增大 R_B 是最好的方法。

（3）静态工作点的设置

综上所述，为了避免产生截止失真和饱和失真，取得放大电路最大输出动态范围，静态工作点 Q 应设置在交流负载线的中点，但设置静态工作点不是完全从上述两个因素出发，还应考虑电路增益、输入电阻、功耗、效率及噪声等，例如工作点低，噪声小；静态发射极电流 I_{EQ} 小，晶体管输入电阻 r_{be} 大，放大电路增益低；静态集电极电流小，晶体管功耗小，放大电路效率高。一般来说，当输入信号较小时，静态工作点可设置低一些；输入信号较大时，适当抬高工作点。

（4）静态工作点的调节

影响放大电路静态工作点的电路参数很多，但并不是每一个电路参数适宜用来调节放大电路的静态工作点。一般来说，在调节静态工作点的同时，不希望改变电路的其他性能指标，如电压增益、输入电阻、电源电压等。

改变 R_C，将改变放大电路的电压增益和输出电阻；改变 β，需换晶体管。只有改变 R_B 最为方便有效，且对电路的其他性能指标基本无影响。如图 7-5 所示，R_B 一般可分成两部分，$R_B=R_B'+R_P$，以免调节 RP 至 0 时晶体管电流过大损坏。

【例 7-2】 共射基本放大电路如图 7-5 所示，$U_{CC}=6V$，$U_{BEQ}=0.6V$，$U_{CES}=0.1V$，$\beta=60$，$R_B'=100k\Omega$，$R_C=2k\Omega$，$R_L=2.7k\Omega$。试求：

1）要使 $u_i=0$ 时，$U_{CE}=2.2V$，应调节 RP 为多少？

2）若 R_{RP} 调至 0，会出现什么情况？如何防止晶体管进入饱和区？

3）若输入电压 u_i 为正弦波，用示波器观察到输出电压 u_o 的波形如图 7-6a 所示，试判断属何种失真？如何调整？

解： 1）$u_i=0$ 时，即为静态分析，$U_{CEQ}=U_{CE}=2.2V$。

因 $U_{CEQ}=U_{CC}-I_{CQ}R_C$，故 $I_{CQ}=\dfrac{U_{CC}-U_{CEQ}}{R_C}=\left(\dfrac{6-2.2}{2}\right)mA=1.9mA$

因 $I_{BQ}=\dfrac{U_{CC}-U_{BEQ}}{R_B}$，故 $R_B=\dfrac{U_{CC}-U_{BEQ}}{I_B}=\dfrac{U_{CC}-U_{BEQ}}{I_C/\beta}=\dfrac{6-0.6}{1.9/60}k\Omega=171k\Omega$

$$R_P=R_B-R_B'=(171-100)k\Omega=71k\Omega$$

2）$R_P=0$ 时，$I_{BQ}=\dfrac{U_{CC}-U_{BEQ}}{R_B'}=\dfrac{6-0.6}{100k}mA=54\mu A$。

$$I_{CQ}=\beta I_{BQ}=60\times54\mu A=3.24mA$$

$$U_{CEQ}=U_{CC}-I_{CQ}R_C=(6-3.24\times2)V=-0.48V$$

U_{CEQ} 不可能出现负值，说明晶体管已进入饱和状态，实际情况是：

$$U_{CEQ}=U_{CES}=0.1V$$

$$I_{CQ}=\frac{U_{CC}-U_{CEQ}}{R_C}=\frac{U_{CC}-U_{CES}}{R_C}=\left(\frac{6-0.1}{2}\right)mA=2.95mA$$

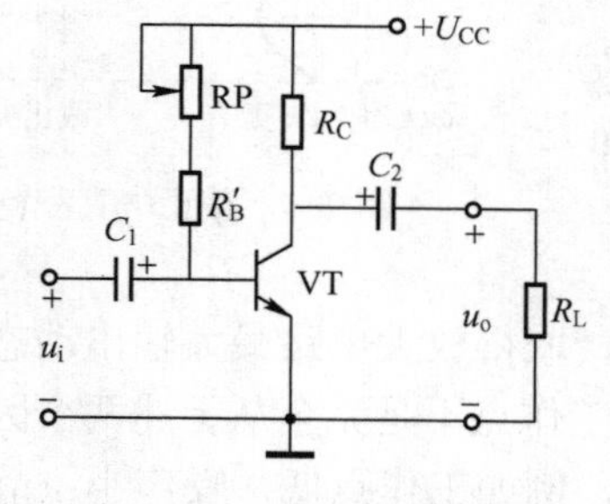

图 7-5　静态工作点调节

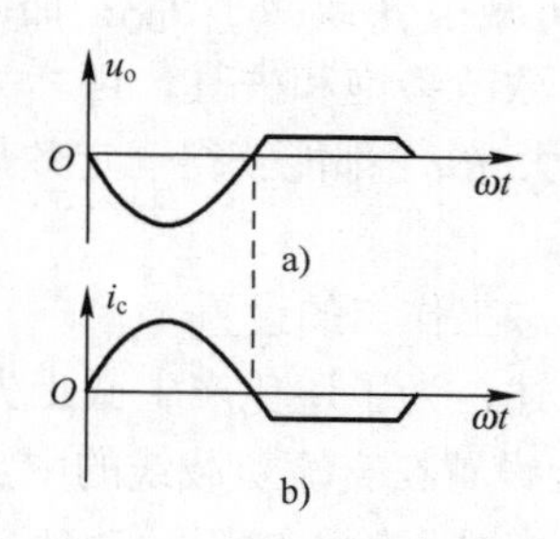

图 7-6　例 7-2 失真波形

I_{BQ}仍为 54μA，此时，I_{CQ}与I_{BQ}已不成比例。为防止 RP 误调至 0，晶体管进入饱和区，应改变与之串联的 R_B' 值。晶体管在临界线性放大区时，$I_{BQ}=I_{CQ}/\beta=2.95/60=49.2\mu A$，则：

$$R_B=\frac{U_{CC}-U_{BEQ}}{I_{BQ}}=\frac{6-0.6}{49.2\mu}\Omega=110k\Omega$$

因此，应取 R_B'>110kΩ，可避免 RP 误调至 0 时，晶体管进入饱和区。

需要指出的是，晶体管进入饱和区是一个渐进过程，没有清晰的分界点，上述估算仅为电路设计提供参考参数。

3）因输出电压 u_o 与输入电压反相（包括与 i_b、i_c 反相），根据 u_o 波形可画出 i_c 波形，如图 7-6b 所示，i_c 为负值时失真属截止失真（i_c 为正值时失真属饱和失真）。调整的方法是增大 I_{BQ}，即减小 RP，直至输出波形 u_o 趋于正弦。

7.1.3 静态工作点稳定电路

1．温度对晶体管参数的影响

半导体元件，包括晶体管，对温度极其敏感，温度变化，其参数也发生变化。晶体管对温度的敏感主要反映在参数 I_{CBO}、β 和 U_{BE} 上：

1）温度每升高 10℃，I_{CBO} 就增加一倍。

2）温度每升高 1℃，β 相对增大 0.5%～1%。

3）温度每升高 1℃，$|U_{BE}|$减小 2～2.5mV。

小功率硅晶体管的 I_{CBO} 很小，随温度的变化可忽略不计，β 和 U_{BE} 为主要影响因素；锗晶体管 I_{CBO} 为主要影响因素。

2．温度对放大电路静态工作点的影响

上述受温度影响的晶体管参数最终均反映在对晶体管放大电路静态工作点的影响。晶体管集电极电流 $I_C=\beta I_B+(1+\beta)I_{CBO}$，温度升高时，$\beta$ 增大，I_{CBO} 增大，均使 I_C 增大。而温度升高使$|U_{BE}|$下降，同样促使 I_C 增大，如图 7-7 所示，虚线所示为温度升高后的晶体管输入特性曲线，显然，若晶体管基极发射极之间所加电压 U_{BEQ} 相同，温度较高时，产生的基极电流 I_{BQ}' 比温度较低时产生的基极电流 I_{BQ} 要大。I_B 增大，最终也引起 I_C 增大。因此，温度升高，使晶体管三项参数变化，最终结果均使 I_C 增大。

I_C 增大后，将引起集电结功耗增大，使晶体管温度进一步升高，工作不稳定，甚至引起恶性循环，最终导致晶体管热击穿而损坏。

因此，静态工作点的稳定（即 I_{CQ} 的稳定）成为放大电路稳定工作的重要问题。

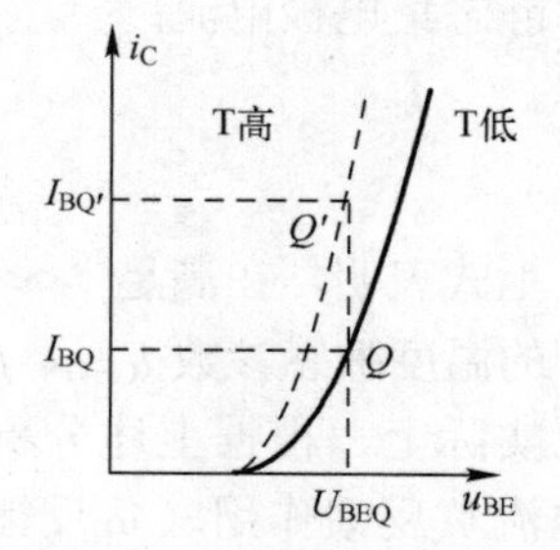

图 7-7　晶体管 U_{BE} 变化对 I_B 的影响

3．静态工作点稳定电路

静态工作点稳定电路主要有分压式偏置电路和电压负反馈偏置电路。

（1）分压式偏置电路

分压式偏置电路如图 7-8a 所示。与共射基本放大电路相比，基极电压有 R_{B1}、R_{B2} 分

压；发射极串入射极电阻 R_E。其稳定静态工作点（即稳定 I_C）的过程：

$$\text{温度 } T\uparrow \rightarrow I_{CQ}\uparrow \rightarrow U_{EQ}\uparrow \xrightarrow{(U_{BQ}\text{不变})} U_{BEQ}\downarrow \rightarrow I_{BQ}\downarrow \rightarrow I_{CQ}\downarrow$$

若某种原因（例温度上升）使 I_C 增大，则 U_E 上升（$U_{EQ}=I_{CQ}R_E$）。由于 $R_{B1}R_{B2}$ 分压，U_B 基本固定，加在晶体管基极与射极间电压 U_{BE} 减小（$U_{BEQ}=U_{BQ}-U_{EQ}$），致使 I_C 减小，从而起到稳定静态工作点的作用。

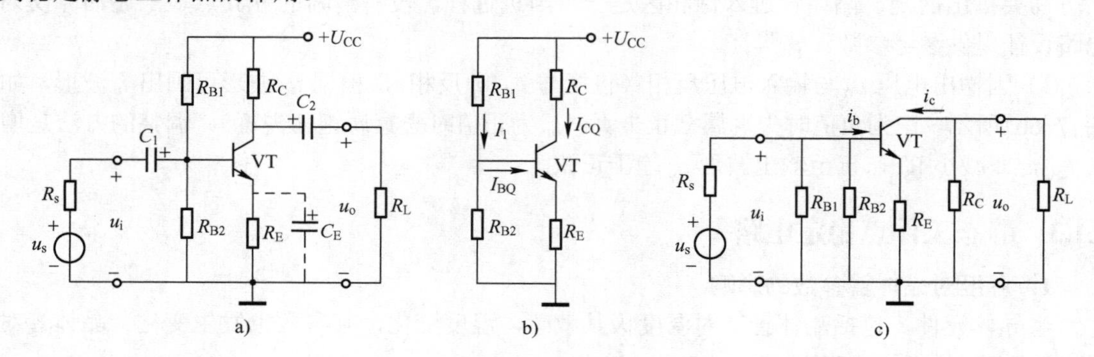

图 7-8　分压式偏置电路

a) 电路　b) 直流通路　c) 交流通路

1）静态分析。

分压式偏置电路的直流通路如图 7-8b 所示，在满足 $I_1>>I_{BQ}$ 的条件下，晶体管基极电压 U_{BQ} 可认为由 R_{B1}、R_{B2} 分压而得，因此：

静态基极电压：

$$U_{BQ}=\frac{U_{CC}R_{B2}}{R_{B1}+R_{B2}} \tag{7-8}$$

静态基极电流：

$$I_{BQ}=\frac{U_{BQ}-U_{BEQ}}{(1+\beta)R_E} \tag{7-9}$$

静态集电极电流：

$$I_C=\beta I_B=\frac{\beta(U_{BQ}-U_{BEQ})}{(1+\beta)R_E}\approx\frac{U_{BQ}}{R_E}=\frac{U_{CC}R_{B2}}{R_E(R_{B1}+R_{B2})} \tag{7-10}$$

上式表明，在满足 $I_1>>I_{BQ}$ 和 $U_{BQ}>>U_{BEQ}$ 的条件下，分压式偏置电路的集电极电流与晶体管的温度敏感参数 I_{CBO}、β、U_{BE} 基本无关。

实际上，根据上述分析，分压式偏置电路稳定静态工作点的关键是 R_E 足够大。R_E 具有电流负反馈作用（负反馈概念参阅 7.3 节），R_E 越大，电流负反馈作用越强，I_C 稳定性越好。

2）动态分析。

分压式偏置电路的交流通路如图 7-8c 所示，因此：

电压放大倍数：

$$A_u = \frac{U_o}{U_i} = \frac{-\beta I_b R_L'}{I_b r_{be} + (1+\beta) I_b R_E} = \frac{-\beta R_L'}{r_{be} + (1+\beta) R_E} \tag{7-11}$$

电路输入电阻：

$$R_i = R_{B1} // R_{B2} // [r_{be} + (1+\beta) R_E] \tag{7-12}$$

电路输出电阻：

$$R_o = R_C \tag{7-13}$$

比较式（7-11）与式（7-5）可得出，图 7-8a 电路虽能稳定静态工作点，但电压放大倍数 A_u 大大降低，原因是 R_E 对交直流电流均具有负反馈作用，对直流电流的负反馈作用是稳定 I_{CQ}，即稳定电路的静态工作点；对交流电流的负反馈作用是降低电压放大倍数 A_u。为使分压式偏置电路既能稳定静态工作点，又不降低电压放大倍数，通常在 R_E 两端并联一个较大的电容 C_E（20～100μF），称为发射极旁路电容，如图 7-8a 中虚线所示。电容对直流相当于开路，并联大电容不影响稳定静态工作点；大电容对交流相当于短路，R_E 与大电容并联后的复阻抗→0。因此对动态分析无影响，不降低电压放大倍数。此时，电压放大倍数与式（7-5）相同，输入电阻与与式（7-6）相同。

【例 7-3】 分压式偏置电路如图 7-8a 所示，已知 U_{CC}=24V，β=50，$r_{bb'}$=300Ω，U_{BEQ}=0.6V，U_s=1mV，R_s=1kΩ，R_{B1}=82kΩ，R_{B2}=39kΩ，R_C=10kΩ，R_E=7.7kΩ，R_L=9.1kΩ，C_1=C_2=10μF。试求：1）静态工作点；2）r_{be}、R_i、R_o、A_u、A_{us}、U_o；3）若在 R_E 两端并联电容 C_E=47μF，试再求上述两项。

解： 1）$U_{BQ} = \frac{U_{CC} R_{B2}}{R_{B1} + R_{B2}} = \frac{24 \times 39}{82 + 39}\text{V} = 7.74\text{V}$。

$$I_{BQ} = \frac{U_{BQ} - U_{BEQ}}{(1+\beta) R_E} = \frac{7.74 - 0.6}{(1+50) \times 7.7 \times 10^3}\text{A} = 18.2\mu\text{A}$$

$$I_{CQ} = \beta I_{BQ} = 50 \times 18.2\mu\text{A} = 0.910\text{mA}$$

$$U_{CEQ} = U_{CC} - I_{CQ}(R_C + R_E) = [24 - 0.910 \times (10 + 7.7)]\text{V} = 7.89\text{V}$$

2）$r_{be} = r_{bb'} + (1+\beta)\frac{26\text{mV}}{I_{EQ}(\text{mA})} = [300 + (1+50)\frac{26}{0.91}]\ \Omega = 1.76\text{k}\Omega$。

$$R_i = R_{B1} // R_{B2} // [r_{be} + (1+\beta) R_E] = 82 // 39 // [1.76 + (1+50) \times 7.7]\ \text{k}\Omega = 24.8\text{k}\Omega$$

$$R_o = R_C = 10\text{k}\Omega$$

$$A_u = \frac{-\beta R_L'}{r_{be} + (1+\beta) R_E} = \frac{-50 \times (10 // 9.1)}{1.76 + (1+50) \times 7.7} = -0.604$$

$$A_{us} = \frac{A_u R_i}{R_s + R_i} = \frac{-0.604 \times 24.8}{1 + 24.8} = -0.581$$

$$u_o = A_{us} u_i = -0.581 \times 1\ \text{mV} = -0.581\text{mV}$$

3）并联电容 C_E 后，静态工作点不受影响，与 1）相同。动态响应：

$$R_i = R_{B1} // R_{B2} // r_{be} = 82 // 39 // 1.76\ \text{k}\Omega = 1.65\text{k}\Omega$$

$$R_o = R_C = 10\text{k}\Omega$$

$$A_u = \frac{-\beta R_L'}{r_{be}} = \frac{-50 \times (10 // 9.1)}{1.76} = -135.4$$

$$A_{us} = \frac{A_u R_i}{R_s + R_i} = \frac{-135.4 \times 1.65}{1 + 1.65} = -84.3$$

$$u_o = A_{us} u_i = -84.3 \times 1\ \text{mV} = -84.3\text{mV}$$

（2）电压负反馈偏置电路

电压负反馈偏置电路如图 7-9 所示，也能稳定静态工作点，其工作原理是：

$$\text{温度}\ T\uparrow \rightarrow I_C\uparrow \rightarrow I_{RC}\uparrow \rightarrow U_C\downarrow \rightarrow I_B\downarrow \rightarrow I_C\downarrow$$

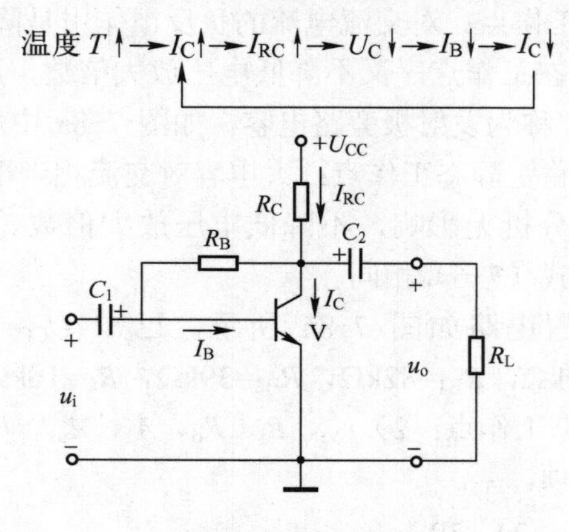

图 7-9　电压负反馈电路

【复习思考题】

7.1　画出共射基本放大电路，并叙述电路中各元件的作用。

7.2　什么叫放大电路的直流通路和交流通路？如何画出？

7.3　设共射基本放大电路输入信号为正弦波，$u_i=\sqrt{2}\,U_i\sin\omega t$，试定性画出 u_{BE}、i_B、i_C、u_{CE}、u_o 的波形。并写出其表达式，叙述其组成成分。

7.4　晶体管放大电路中的电流电压既有直流，又有交流，还有交直流并存，在书写形式上如何区分？

7.5　什么叫截止失真和饱和失真？其原因是什么？

7.6　调节共射基本放大电路的静态工作点，为什么以调节 R_B 最为方便有效？

7.7　叙述温度对晶体管参数 I_{CBO}、β、U_{BE} 的影响。对晶体管放大电路的影响最终体现在什么地方？

7.8　分压式偏置电路稳定静态工作点最关键的元件是什么？

7.9　为什么要在 R_E 两端并联大电容？

7.2　共集电极电路和共基极电路

除共发射极电路外，晶体管放大电路的另两种组态是共集电极电路和共基极电路。

7.2.1　共集电极电路

共集电极电路也称为射极输出器、射极跟随器或电压跟随器，如图 7-10a 所示。初学者初看共集电极电路往往对电路输入输出的公共端是集电极感到不可理解，在 7.1.1 中曾提到接电源 U_{CC} 相当于交流接地，画出其交流通路如图 7-10b 所示，电路输入输出的公共端是集电极 C。

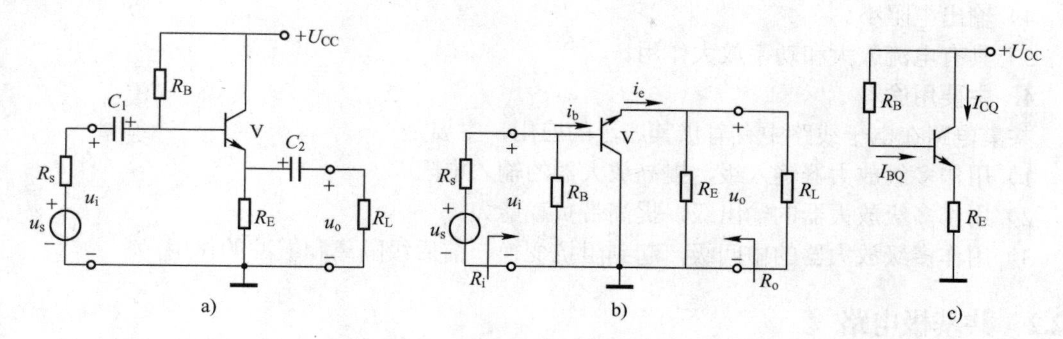

图 7-10　共集电极电路

a) 共集电路　b) 交流通路　c) 直流通路

1．静态分析

画出共集电极电路的直流通路如图 7-10c 所示，可求得其静态工作点：

静态基极电流：

$$I_{BQ}=\frac{U_{CC}-U_{BEQ}}{R_B+(1+\beta)R_E} \tag{7-14}$$

静态集电极电流：

$$I_{CQ}=\beta I_{BQ} \tag{7-15}$$

静态集射电压：

$$U_{CEQ}=U_{CC}-I_{EQ}R_E\approx U_{CC}-I_{CQ}R_E \tag{7-16}$$

2．动态分析

根据图 7-10b 所示共集电极电路的交流通路，可得：

电压放大倍数：

$$A_u=\frac{U_o}{U_i}=\frac{(1+\beta)I_bR_L'}{I_br_{be}+(1+\beta)I_bR_L'}=\frac{(1+\beta)R_L'}{r_{be}+(1+\beta)R_L'} \tag{7-17}$$

上式表明，共集电路电压放大倍数小于 1，接近于 1；无负号表示输入输出电压同相。

电路输入电阻：

$$R_i=R_B//[r_{be}+(1+\beta)\,R_L'] \tag{7-18}$$

其中，$R_L'=R_E//R_L$。

电路输出电阻：

$$R_o=R_E//\frac{r_{be}+R_s//R_B}{1+\beta} \tag{7-19}$$

上式表明共集电极电路输出电阻很小，一般只有十几到几十欧左右。

3．主要特点

1）电压放大倍数小于 1，接近于 1。

2）输入输出电压同相。

3）输入电阻大。

4）输出电阻小。

5）具有电流放大和功率放大作用。

4．主要用途

共集电路在电子线路中有着极其广泛的应用，主要是：

1）用作多级放大器输入级，提高放大器的输入电阻。

2）用作多级放大器的输出级，提高带负载能力。

3）用作多级放大器的中间级，起到阻抗变换、前后级隔离和缓冲的作用。

7.2.2 共基极电路

共基极电路如图 7-11a 所示，电路主要特征是基极有足够大的电容 C_B 接地，可认为对交流信号相当于短路，在图 7-11c 交流通路中，基极是电路输入输出的公共端。

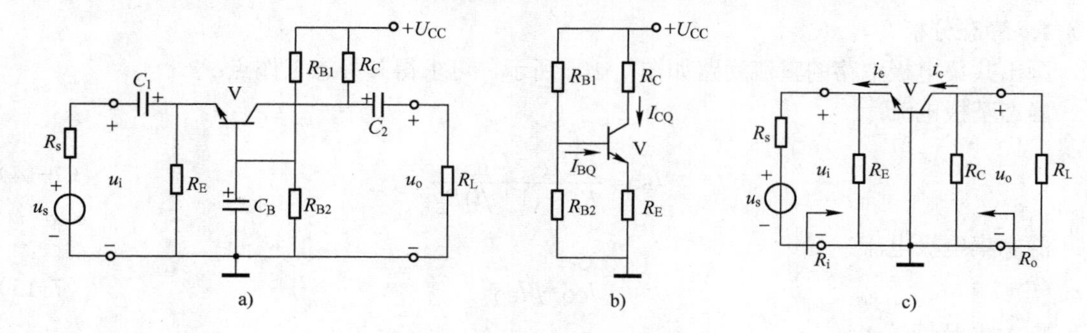

图 7-11 共基极电路

a) 电路 b) 直流通路 c) 交流通路

1．静态分析

画出共基极电路的直流通路如图 7-11b 所示，求解静态工作点方法与共射分压偏置电路相同。

静态基极电压：

$$U_{BQ}=\frac{U_{CC}R_{B2}}{R_{B1}+R_{B2}} \tag{7-20}$$

静态基极电流：

$$I_{BQ}=\frac{U_{BQ}-U_{BEQ}}{(1+\beta)R_E} \tag{7-21}$$

静态集电极电流：

$$I_{CQ}=\beta I_{BQ} \tag{7-22}$$

静态集射电压：

$$U_{CEQ}=U_{CC}-I_{CQ}(R_C+R_E) \tag{7-23}$$

2．动态分析

根据图 7-11c 所示共基极电路的交流通路，可得：

电压放大倍数：

$$A_u=\frac{U_o}{U_i}=\frac{-\beta I_b R_L'}{-I_b r_{be}}=\frac{\beta R_L'}{r_{be}} \tag{7-24}$$

电流放大倍数：

$$A_i=\frac{I_o}{I_i}\approx\frac{-I_c}{-I_e}=\alpha \tag{7-25}$$

α 为晶体管共基极电流放大系数，$\alpha=\dfrac{\beta}{1+\beta}$。因此，共基电路电流放大倍数小于 1，接近于 1。

电路输入电阻：

$$R_i=R_E // \frac{r_{be}}{1+\beta}\approx\frac{r_{be}}{1+\beta} \tag{7-26}$$

电路输出电阻：

$$R_o=R_C \tag{7-27}$$

3．主要特点

1）电流放大倍数小于 1，接近于 1。

2）输入、输出电压同相。

3）输入电阻小。

4）输出电阻大。

5）具有电压放大和功率放大作用。

4．主要用途

1）共基极电路高频特性好，广泛应用于高频及宽带放大电路中。

2）因共基极电路输入电阻小，输出电阻大，常用于阻抗变换电路。

5．放大电路三种基本组态比较

共射、共集、共基三种基本组态放大电路的特性比较见表 7-1。

表 7-1　三种基本组态放大电路的特性比较

	共射电路	共集电路	共基电路
电路图	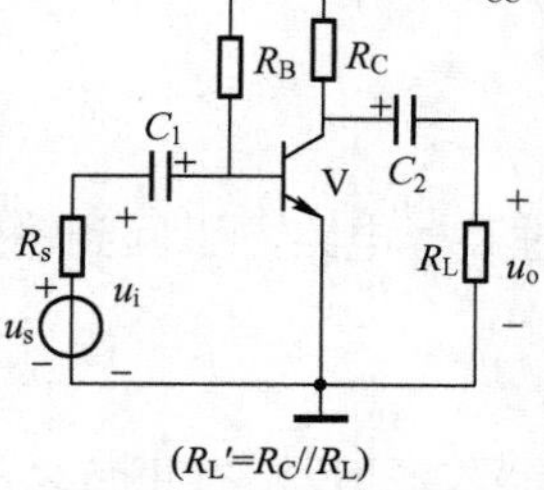 $+U_{CC}$, R_B, R_C, C_1, C_2, V, R_s, u_s, u_i, R_L, u_o $(R_L'=R_C//R_L)$	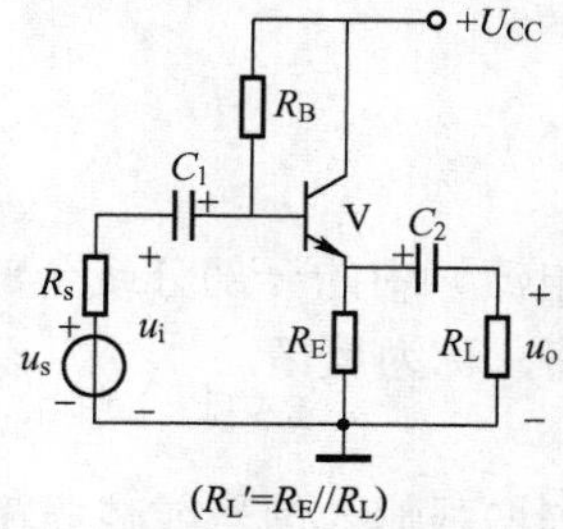 $+U_{CC}$, R_B, C_1, C_2, V, R_E, R_s, u_s, u_i, R_L, u_o $(R_L'=R_E//R_L)$	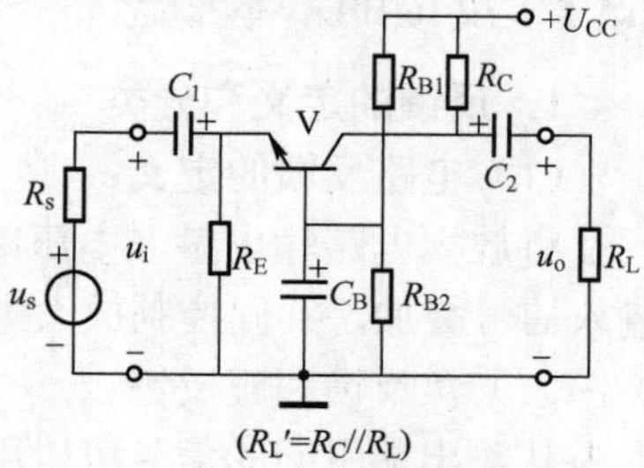 $+U_{CC}$, R_{B1}, R_C, C_1, C_2, V, R_s, u_s, u_i, R_E, C_B, R_{B2}, u_o, R_L $(R_L'=R_C//R_L)$

（续）

	共射电路	共集电路	共基电路
微变等效电路	i_b i_c R_s u_s u_i R_B r_{be} βi_b R_C u_o R_L R_i R_o	i_b R_s u_s u_i R_B r_{be} βi_b R_E u_o R_L R_i R_o	i_i i_e i_c i_o i_b βi_b R_s u_s u_i R_E r_{be} R_C u_o R_L R_i R_o
静态工作点	$I_B=\dfrac{U_{CC}-U_{BE}}{R_B}$ $I_C=\beta I_B$ $U_{CE}=U_{CC}-I_C R_C$	$I_B=\dfrac{U_{CC}-U_{BE}}{R_B+(1+\beta)R_E}$ $I_C=\beta I_B$ $U_{CE}=U_{CC}-I_C R_E$	$I_B=\dfrac{U_B-U_{BE}}{(1+\beta)R_E}$，$(U_B=\dfrac{R_{B2}U_{CC}}{R_{B1}+R_{B2}})$ $I_C=\beta I_B$ $U_{CE}=U_{CC}-I_C(R_C+R_E)$
R_i	$R_B//r_{be}$ (中)	$R_B//[r_{be}+(1+\beta)R_L']$ (高)	$R_E//\dfrac{r_{be}}{1+\beta}$ (低)
R_o	R_C (高)	$R_E//\dfrac{r_{be}+R_s//R_B}{1+\beta}$ (低)	R_C (高)
A_i	β (大)	$1+\beta$ (大)	$\alpha\approx1$ (小)
A_u	$-\dfrac{\beta R_L'}{r_{be}}$ (高)	$\dfrac{(1+\beta)R_L'}{r_{be}+(1+\beta)R_L'}\approx1$ (低)	$\dfrac{\beta R_L'}{r_{be}}$ (高)
A_p	高	稍低	中
相位	u_o与u_i反相	u_o与u_i同相	u_o与u_i同相
高频特性	差	好	好
用途	低频放大和多级放大电路的中间级	多级放大电路的输入级、输出级和中间缓冲级	高频电路、宽频带电路和恒流源电路

【复习思考题】

7.10　共集电路有什么主要特点和主要用途？

7.11　共基电路有什么主要特点和主要用途？

7.3　放大电路中的负反馈

负反馈在自然科学和社会科学各领域普遍存在。例如吃饭，吃到一定程度，就会有饱的感觉，这个饱的感觉即为负反馈信号，叫你不要再吃了。又如某种产品生产过多，市场出现滞销，价格下跌，这个负反馈信号，必然抑制该产品的生产；如果产品生产少了，市场脱销，价格上涨，这个负反馈信号又促使该产品增加产量。同样，在电子电路中，负反馈也得到了广泛的应用。

7.3.1　反馈的基本概念

1．反馈的定义和分类

（1）电路反馈的定义

将放大电路输出量（电压或电流）中的一部分或全部通过某一电路，引回到输入端，与输入信号叠加，共同控制放大电路，称为反馈。

（2）负反馈和正反馈

从输出端引回的信号可以用来增强输入信号或减弱输入信号，即反馈有正负之分。

若引回的反馈信号削弱输入信号而使放大电路的放大倍数降低，这种反馈称为负反馈；若引回的反馈信号增强输入信号而使放大电路的放大倍数提高，这种反馈称为正反馈。

（3）直流反馈和交流反馈

若反馈信号属直流量（直流电压或直流电流），则称为直流反馈；若反馈信号属交流量，则称为交流反馈。

在 7.1.1 节中我们得出，放大电路中的电压电流通常同时含有直流成分和交流成分，复合后仍为交流量，本节主要研究分析这种含有直流成分和交流成分的交流负反馈。

（4）电压反馈和电流反馈

若反馈信号属电压量，则称为电压反馈；若反馈信号属电流量，则称为电流反馈。

（5）串联反馈和并联反馈

若反馈信号与输入信号的叠加方式为串联，则称为串联反馈；若叠加方式为并联，则称为并联反馈。

（6）放大电路中负反馈的四种组合类型

根据上述电压反馈和电流反馈、串联反馈和并联反馈，放大电路中的负反馈可有 4 种组合类型，即：电压串联负反馈、电压并联负反馈、电流串联负反馈和电流并联负反馈。

2．单级基本负反馈电路

在单级负反馈电路中，有几种常见的基本负反馈电路。

（1）单级电流串联负反馈

如图 7-12a 所示，单级共射放大电路在发射极串接电阻，且电阻两端未并联旁路电容，输出信号从集电极输出，属电流串联负反馈电路。

在图 7-12b 中，R_E 分为两部分，R_{E1} 和 R_{E2}，其中 R_{E1} 两端未并联旁路电容，对交流直流均具有负反馈作用；R_{E2} 两端并联旁路电容 C_E，对交流无负反馈作用，对直流仍具有负反馈作用。直流负反馈能稳定直流信号，即稳定静态工作点。

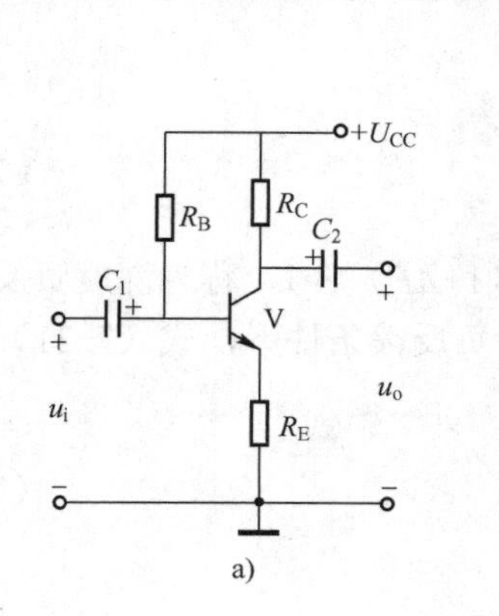

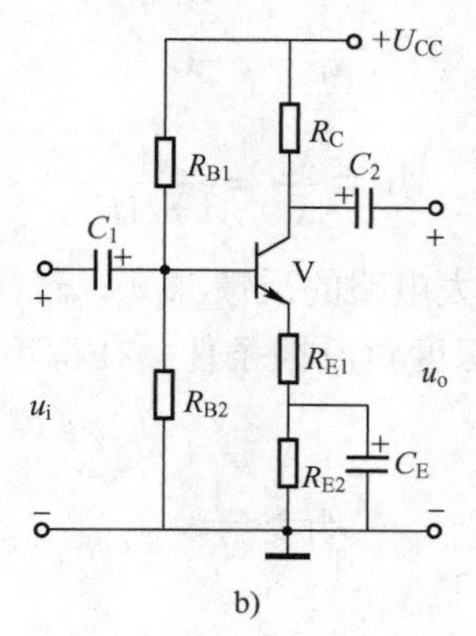

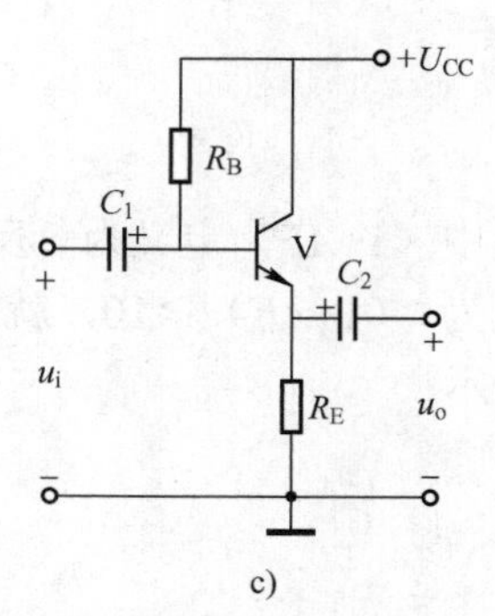

图 7-12　常见基本负反馈电路

（2）单级电压串联负反馈

如图 7-12c 所示，单级共集放大电路，在发射极串接电阻，输出信号从发射极输出，属电压串联负反馈电路。

比较图 7-12a 与图 7-12c，其区别在于输出端。发射极（源极）串接电阻均为串联负反馈，从集电极输出时为电流串联负反馈，从发射极输出时为电压串联负反馈。

（3）单级电压并联负反馈

如图 7-13 所示，单级共射放大电路，在集电极与基极间并联电阻（包括电抗元件），均属电压并联负反馈电路。

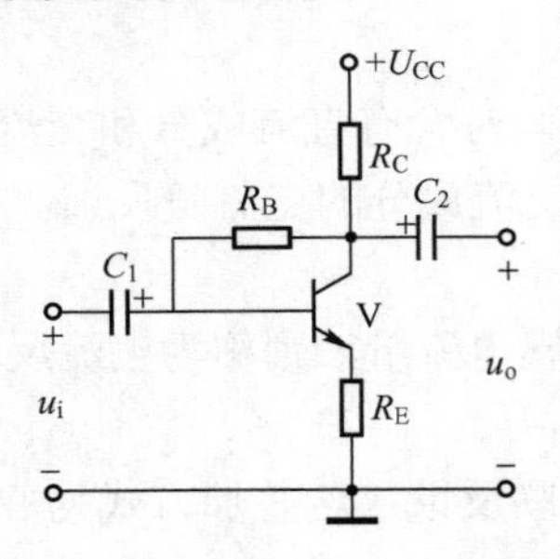

图 7-13　单级电压并联负反馈电路

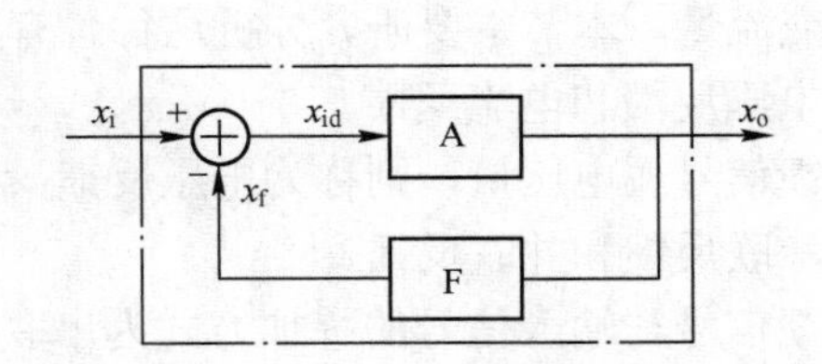

图 7-14　负反馈放大器框图

3．负反馈放大电路的方框图

负反馈放大电路可用图 7-14 框图表示。虚线方框为负反馈放大电路，其中方框 A 为基本放大电路，方框 F 为反馈网络，符号⊕表示叠加环节，x_i 为输入信号，x_{id} 为基本放大电路的净输入信号，x_o 为负反馈放大电路输出信号，x_f 为反馈网络输出信号，“+”“-”表示瞬时极性。设输入信号频率为中频，A 为负反馈放大电路开环放大倍数（基本放大电路的放大倍数，也称为开环增益），F 为反馈网络的反馈系数，A_f 为负反馈放大电路的闭环放大倍数（也称为闭环增益）。

从图 7-14 可得出：

$$A = x_o / x_{id} \tag{7-28}$$

$$F = x_f / x_o \tag{7-29}$$

$$x_{id} = x_i - x_f \tag{7-30}$$

$$A_f = \frac{x_o}{x_i} = \frac{A}{1+AF} \tag{7-31}$$

其中（1+AF）定义为负反馈放大电路的反馈深度。若（1+AF）>>1，称为深度负反馈。一般认为，（1+AF）≥10，就满足深度负反馈条件。在深度负反馈条件下，式（7-31）可用下式表示：

$$A_f \approx \frac{1}{F} \tag{7-32}$$

7.3.2　负反馈对放大电路性能的影响

负反馈虽然使放大电路增益下降，却从多方面改善了放大电路的性能。如提高电路增益的稳定性，减小非线性失真，扩展通频带，改变电路的输入输出电阻等。

1．提高电路增益稳定性

电子产品在批量生产时，由于元器件参数的分散性，例如晶体管 β 不同、电阻电容值的误差等，会带来同一电路增益的较大差异，引起产品性能的较大差异。如收音机、电视机灵敏度高低。另外，由于负载、环境、温度、电源电压的变化以及电路元器件老化等也会引起电路增益产生较大变化。当放大电路引入负反馈后，提高了电路增益稳定性（注意：是提高稳定性，而不是提高增益，增益是下降的）。

对式（7-31）求微分，可得：

$$\frac{dA_f}{A_f}=\frac{1}{1+AF}\frac{dA}{A} \tag{7-33}$$

其中，dA_f/A_f为闭环增益相对变化率，dA/A为开环增益相对变化率。上式表明，引入负反馈后，由电路参数变化或分散性引起的增益相对变化率，下降到开环时的 1/（1+AF），即负反馈放大电路的增益稳定性，比未加负反馈时基本放大电路的增益稳定性，提高了（1+AF）倍。

负反馈对放大电路增益稳定性的影响与负反馈类型有关，电压负反馈能稳定输出电压；电流负反馈能稳定输出电流；直流负反馈能稳定静态工作点；交流负反馈能稳定交流放大倍数。

【例 7-4】 已知某负反馈放大电路开环增益 $A=10^4$，反馈系数 $F=0.05$，试求：

1）反馈深度；2）闭环增益 A_f；3）若开环增益 A 变化 10%，闭环增益 A_f变化多少？

解：1）反馈深度：$1+AF=1+10^4\times0.05=501$。

2）闭环增益 $A_f=\dfrac{A}{1+AF}=\dfrac{10^4}{501}=19.96$。

因（1+AF）=501，满足深度负反馈条件，按式（7-32），$A_f\approx 1/F=20$，与按式（7-31）计算相比，误差极小。

3）$\dfrac{dA_f}{A_f}=\dfrac{1}{1+AF}\dfrac{dA}{A}=\dfrac{1}{501}\times10\%=0.02\%$。

可见加负反馈后闭环增益相对变化大大缩小。

2．减小非线性失真

由于放大电路通常由半导体非线性元件组成，因此严格来讲，总存在不同程度的非线性失真，当输入信号为单一频率正弦波时，输出信号已不是单一频率的正弦波了。引入负反馈后，可减小电路的非线性失真，其原理可用图 7-15 说明。

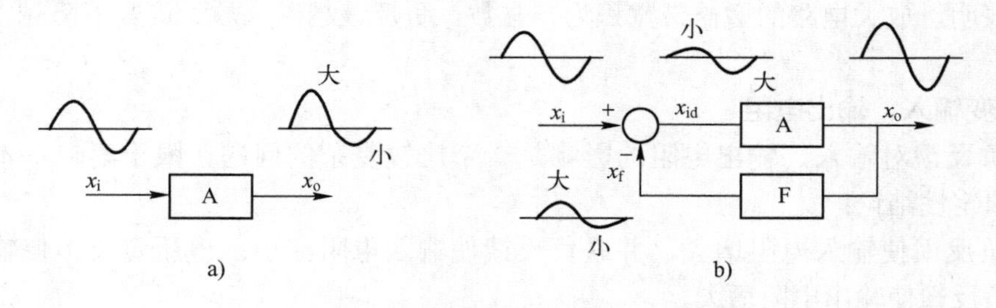

图 7-15　负反馈减小非线性失真

a) 无反馈时信号波形　b) 引入负反馈时信号波形

设输入信号 x_i 为正弦波，输出信号 x_o。无反馈时，产生非线性失真，设 x_o 波形为正半周幅度大，负半周幅度小，如图 7-15a 所示。引入负反馈后，由于反馈信号类似于非线性失

真的输出信号 x_o，与输入信号叠加后，使得净输入信号 x_{id} 产生相反的失真，正半周幅度小，负半周幅度大，正好在一定程度上补偿了基本放大电路的非线性失真，使输出信号 x_o 接近于正弦波，如图 7-15b 所示。反馈深度越大，非线性失真改善越好。可以证明，加负反馈后电路的非线性失真减小为未加反馈时的 $\frac{1}{1+AF}$。

需要指出的是，负反馈只能减小放大电路内部引起的非线性失真，且只能减小不能消除。对于输入信号原有的失真，负反馈无能为力。

3．扩展通频带

负反馈电路的反馈信号基本上正比于输出信号，在高频段和低频段时，由于基本放大电路放大倍数下降，其反馈信号也相应减弱，因此，与中频段信号相比，对净输入信号的削弱作用相应减小。即负反馈电路对中频段信号反馈较强，闭环增益下降较多；对高频段和低频段信号反馈较弱，闭环增益下降较少，从而扩展了电路的通频带，如图 7-16 所示。

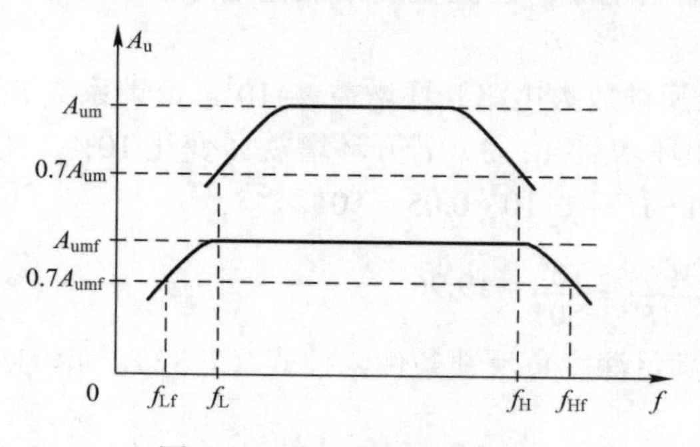

图 7-16　负反馈扩展通频带

由于放大电路通频带宽度主要取决于上限频率 f_H，所以 $BW \approx f_H$。可以证明，加负反馈后电路通频带 BW_f 与未加负反馈时电路通频带 BW 之间的关系为：

$$BW_f = (1+AF)\,BW \tag{7-34}$$

上式也可表示为：

$$A_f \cdot BW_f = A \cdot BW \tag{7-35}$$

上式表明，放大电路的增益带宽积为一常数。负反馈越深，放大倍数下降越多，通频带越宽。

4．改变输入、输出电阻

分析负反馈对输入、输出电阻的影响是一个比较复杂的问题，限于篇幅，本书不予详述，只给出定性结论：

串联负反馈使输入电阻增大，并联负反馈使输入电阻减小；电压负反馈使输出电阻减小，电流负反馈使输出电阻增大。

5．负反馈放大电路的稳定

负反馈放大电路性能的改善，与反馈深度（1+AF）有关，（1+ AF）越大，反馈越深，性能改善越大。但是，反馈深度过大时，有可能产生自激振荡。负反馈放大电路中的自激振荡是有害的，将使电路无法处于放大工作状态。

自激振荡的定义是放大电路无外加输入信号时，输出端仍有一定频率和幅度的信号输出。产生自激振荡的原因是电路形成正反馈，其条件可用下式表示：

$$\dot{A}\dot{F}=-1 \tag{7-36}$$

上式又可分解为自激振荡的幅值条件和相位条件。

幅值条件：

$$|\dot{A}\dot{F}|=1 \tag{7-37}$$

相位条件：

$$\varphi_A+\varphi_F=\pm(2n+1)\pi \quad (n=0，1，2，\cdots) \tag{7-38}$$

根据自激振荡频率的高低可分为高频自激振荡和低频自激振荡。消除高频自激的方法是破坏其自激振荡的条件，在基本放大电路中插入相位补偿网络。消除由直流电源内阻引起低频自激的方法，一是采用低内阻稳压电路；二是在电源接入处加入 RC 去耦电路。消除由地线电阻引起低频自激的方法是合理接地，通常采用一点接地的方法。

【复习思考题】

7.12　试述电路反馈的定义。如何区分放大电路的正反馈和负反馈？

7.13　放大电路负反馈有哪几种组合类型？

7.14　写出负反馈电路闭环增益 A_f 的一般表达式。满足深度负反馈的条件是什么？有什么特点？

7.15　引入负反馈对放大电路增益和增益稳定性各有什么影响？

7.16　简述负反馈对放大电路性能的影响。

7.17　什么叫自激振荡？产生自激振荡的根本原因是什么？

7.4　互补对称功率放大电路

多级放大电路的末级通常要驱动一定负载，如音频电路驱动扬声器，因此要求最后一级放大电路输出足够大的功率，并满足尽可能小的失真和高效率等条件，这种放大电路称为功率放大电路。

功率放大电路按功放管的工作状态主要可分为甲类和乙类。工作在甲类状态时，功放管静态工作点设置在负载线的中央，静态功耗很大，效率很低。工作在乙类状态时，功放管静态工作点设置在截止区，静态功耗为 0，效率提高了，但输出信号只有一半，失真严重。若将两个工作在乙类状态的功放管在正负半周期轮流工作，然后将两个半波拼接，失真严重的问题就明显解决了。但由于晶体管存在导通死区，在两个功放管交替工作的瞬间，还会产生短时截止失真，这种失真称为交越失真，如图 7-17 所示。解决交越失真的办法是给功放管设置一定静态偏流，一般取 I_{CQ}=2～4mA 为宜。但这种静态偏置绝不是甲类状态中的偏置，Q 点应设置在靠近截止区的边缘，工作状态既不是甲类，又不是乙类，称为甲乙类工作状态，因其偏向乙类，因此分析时仍用乙类状态的分析方法，这种电路称为互补对称功放电路。

互补对称功放电路由两个类型不同的 NPN 型和 PNP 型的功放管（互补）组成，要求该两个功放管参数一致（对称），互补对称功率放大原理电路如图 7-18 所示。

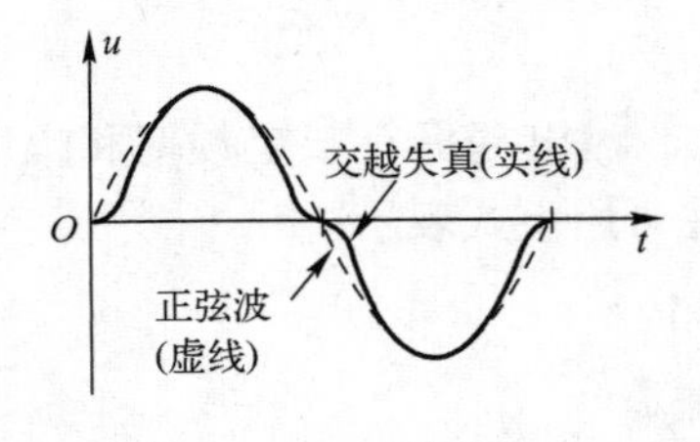

图 7-17　交越失真

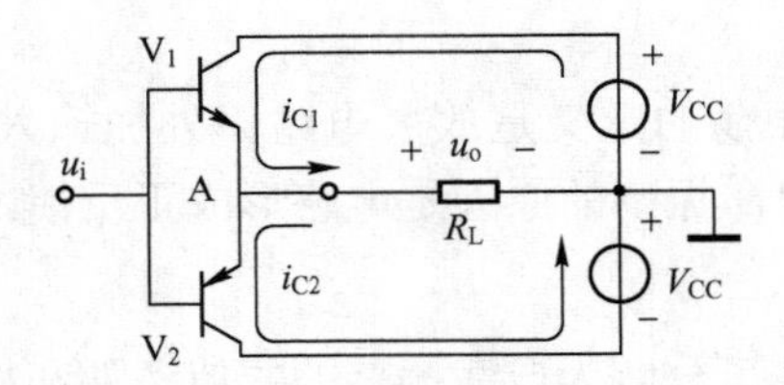

图 7-18　互补对称功放原理电路

1．工作原理

由于电路对称，静态时，U_A=0。

设输入信号为正弦波，当输入信号正半周时，V_1 导通，V_2 截止；输入信号负半周时，V_2 导通，V_1 截止，V_1、V_2 各自工作在乙类状态，两管轮流导通工作。在负载 R_L 上流过一个完整的正弦波电流信号。

互补对称功放电路属共集电极组态（射极输出器），其主要特点是输出电阻小。输出电阻小的好处是带负载能力强，能输出大电流。而且，功放电路的负载电阻一般很小，例如扬声器，通常为低阻抗，4Ω、8Ω、16Ω 等，互补对称功放电路输出电阻小与功放电路负载电阻小阻抗匹配，能达到最大功率传输。

2．性能指标

限于篇幅，互补对称功放电路的分析计算不予展开，仅给出在理想条件下的最大输出功率、最大效率和功放管单管最大管耗，以便在选择功放管时参考。

1）最大输出功率：

$$P_{om}=\frac{U_{CC}^{\ 2}}{2R_L} \tag{7-39}$$

2）最大效率：

$$\eta_m=\frac{\pi}{4}\approx 78.5\% \tag{7-40}$$

3）功放管最大管耗：

$$P_{V1m}=\frac{2}{\pi^2}P_{om}\approx 0.2P_{om} \tag{7-41}$$

因此，功放管选择。

① P_{CM}：根据式（7-41），每个功放管的 $P_{CM}>0.2P_{om}$。

② $U_{(BR)CEO}$：由于互补对称功放电路二管轮流工作，一管导通时，另一管承受的最大电压为 $2U_{CC}$，因此要求每个功放管 $U_{(BR)CEO}>2U_{CC}$。

③ I_{CM}：每个功放管的最大电流为 $I_{cm}=\dfrac{U_{CC}}{R_L}$，因此要求 $I_{CM}>\dfrac{U_{CC}}{R_L}$。

上述 P_{CM}、$U_{(BR)CEO}$、I_{CM} 值均为最小值，实际选择时，应留有一定余量。

【例 7-5】 已知互补对称功放电路如图 7-18 所示，U_{CC}= 12V，R_L=8Ω，试求：

1）该功放电路最大输出功率 P_{om} 及此时电源提供的功率 P_E 和管耗 P_{V1}。

2）说明该功放电路对功放管的极限参数要求。

解：1）$P_{om}=\frac{U_{CC}{}^2}{2R_L}=\frac{12^2}{2\times 8}$ W=9W。

$$P_E=\frac{2}{\pi}\bullet\frac{U_{CC}{}^2}{R_L}=\frac{2}{3.14}\times\frac{12^2}{8}\text{ W}=11.5\text{W}$$

$$P_{V1}=(P_E-P_{om})/2=(11.5-9)/2\text{W}=1.25\text{W}$$

2）选择功放管时，要求：

$$U_{(BR)CEO}>2U_{CC}=24\text{V}$$

$$P_{CM}>0.2P_{om}=(0.2\times 9)\text{W}=1.8\text{W}$$

$$I_{CM}>\frac{U_{CC}}{R_L}=\left(\frac{12}{8}\right)\text{A}=1.5\text{A}$$

3．OTL 电路

OTL（Output Transformer Less）电路是单电源无输出变压器互补对称功放电路，图 7-19 为其基本电路。

（1）电路分析

1）V_1、V_2 构成互补对称功放电路。V_1、V_2 类型必须互补，即一个是 NPN 型，另一个是 PNP 型。

2）V_3 为推动管（或称激励管），由于功放电路输出电流很大，一般需要提供较大的激励信号，V_3 的主要作用就在于此，R_2 为 V_3 管直流负载电阻。

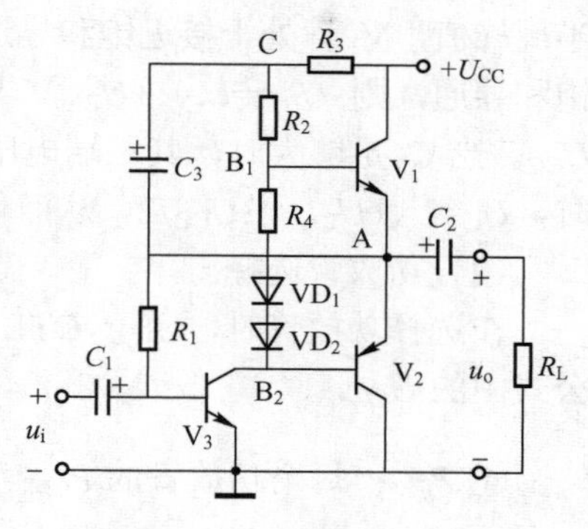

图 7-19　OTL 功放电路

3）R_4、VD_1、VD_2 提供 V_1、V_2 静态偏置，其中 VD_1、VD_2 的主要作用有以下三点：

① 提供 V_1、V_2 静态偏压。VD_1、VD_2 选用与 V_1、V_2 同一半导体材料的二极管，其正向导通电压 $2U_{on}$ 正好提供 V_1、V_2 管导通所需 $2U_{BE}$，从而消除交越失真。

② 交流信号耦合，减小不对称失真。为 V_1、V_2 提供 $2U_{BE}$ 也可用电阻，其成本更低，但是交流信号通过电阻时被衰减了，耦合到 V_1、V_2 管基极的信号就不一致，V_2 大 V_1 小，功放输出时会出现不对称失真。二极管 VD_1、VD_2 交流电阻很小，通过 VD_1、VD_2 耦合，可使 V_1、V_2 基极信号大小基本一致，减小输出端不对称失真。

③ 具有温度补偿作用，稳定静态工作点。VD_1、VD_2 与 V_1、V_2 发射结属同一半导体材料 PN 结，具有相同的温度特性，正好用于补偿晶体管 U_{BE} 随温度变化的特性，从而稳定 V_1、V_2 的静态工作点。

R_4 一般很小，约 100Ω 左右，用于微调 V_1、V_2 管静态电流。

4）R_1 为电压并联负反馈电阻，为 V_3 管提供静态偏置，同时可调节中点电压 $U_A=U_{CC}/2$。若 $R_1\uparrow\rightarrow I_{B3}\downarrow\rightarrow I_{C3}\downarrow\rightarrow U_{R2}\downarrow\rightarrow U_{B1}\uparrow\rightarrow U_A\uparrow$；若 $R_1\downarrow$，其调节过程相反，使 $U_A\downarrow$。

5）输出电容 C_2 的作用有二：

① 输出信号耦合隔直。OTL 功放电路常带动扬声器，扬声器的主要结构是一个电感线圈，线径较细，直流电阻很小，不允许通过直流电流（扬声器通过直流电流将引起磁钢退磁），电容 C_2 可隔断直流电流。

② 起到 $U_{CC}/2$ 等效电源的作用。信号正半周，V_1 导通，C_2 充电，由于 C_2 足够大，其两端电压 $U_{CC}/2$ 可认为基本不变；信号负半周，V_1 截止，电源直流通路被切断，V_2 管电流由电容 C_2 提供，实际上是利用电容的储能作用，由 C_2 充当 $U_{CC}/2$ 等效电源，如图 7-20 所示。互补对称功放电路应有两组电源$+U_{CC}$和$-U_{CC}$，而单电源 OTL 电路只有一组电源，电容 C_2 起到了另一组电源的作用，相当于双电源状态。

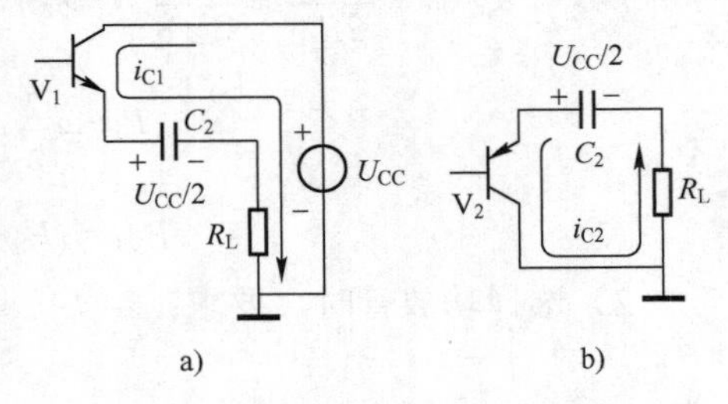

图 7-20　输出电容 C_2 作用

a) 信号正半周　b) 信号负半周

需要指出的是，输出电容 C_2 容量应足够大，C_2 大，一则频率响应特性好（低频丰富）；二则可维持其两端电压 $U_{CC}/2$ 基本不变。一般取时间常数 R_LC_2 比信号最低频率的周期大 3～5 倍，即 $C_2 \geqslant (3\sim5)\dfrac{1}{2\pi R_L f_L}$，其中 f_L 为功放电路输出信号的下限频率。

6）自举电路 R_3C_3。在理想状态下。OTL 电路输出电压的最大幅度为 $U_{CC}/2$，在信号正半周峰值，V_1 管处于接近饱和导通状态，$U_A \to U_{CC}$（C_2 两端电压为 $U_{CC}/2$），但若要 V_1 接近饱和导通，则 $U_{B1}=U_{CC}+U_{BE}$，显然是不可能的。但由 R_3C_3 组成的自举电路能使 U_{B1} 高于 U_{CC}。当 C_3 足够大时，其二端电压可认为维持 $U_{CC}/2$ 基本不变，即 $U_{CA}=U_{CC}/2$，当 $U_A \to U_{CC}$ 时，$U_C=U_A+U_{CA}\approx 3U_{CC}/2$，从而使 V_1 管在信号正峰值时有足够的驱动能力。

（2）功放管选择

在选择功放管时，由于 OTL 是单电源互补对称功放电路，因此应用 $U_{CC}/2$ 代入原选择公式中的 U_{CC}。

① P_{CM}：每个功放管的 $P_{CM}>0.2P_{om}=0.2\times\dfrac{(U_{CC}/2)^2}{2R_L}=\dfrac{0.025U_{CC}{}^2}{R_L}$

② $U_{(BR)CEO}$：由于互补对称功放电路两管轮流工作，一管导通时，另一管承受的最大电压为 V_{CC}，因此要求每个功放管 $U_{(BR)CEO}>U_{CC}$。

③ I_{CM}：每个功放管的最大电流为 $I_{cm}=\dfrac{U_{CC}}{2R_L}$，因此要求 $I_{CM}>\dfrac{U_{CC}}{2R_L}$。

上述 P_{CM}、$U_{(BR)CEO}$、I_{CM} 值均为最小值，实际选择时，应留有一定余量。

（3）调试方法

图 7-19 电路调试主要调功放管电流和中点电压 U_A。

调节 R_4 可调功放管电流，调节 R_1 可调中点电压 U_A，但两者互有牵连，即调功放管电流时会影响中点电压，调中点电压时会改变功放管电流，反复调节 2～3 次，可满足要求。

4．OCL 电路

OCL（Output Capacitor Less）电路是双电源无输出电容互补对称电路，如图 7-21 所示。OCL 电路与 OTL 电路的主要区别除无输出电容外，必须要有双电源，以保证输出端静态电位为 0。

图 7-21 电路中，由 V_4、R_1、R_2 组成恒压源，提供 V_1、V_2 静态偏置。$U_{CE4}=I_{R1}R_1+U_{BE4}\approx\dfrac{U_{BE4}}{R_2}\times R_1+U_{BE4}=U_{BE4}\left(1+\dfrac{R_1}{R_2}\right)$，表明 U_{CE4} 仅与 R_1、R_2 有关，若 R_1、R_2 固定不变，则 U_{CE4}

恒定不变，具有恒压源特性。恒压源的特点是内阻很小（使 V_1、V_2 两管基极的电压信号对称相同），而又能使两端电压恒定（提供功放管静态偏压，稳定静态工作点）。这种恒压源提供静态偏置的作用与图 7-19 中的二极管 VD_1、VD_2 作用相同，在集成电路中广泛应用。

5．集成功放电路

随着电子技术的发展，用分列元件组成功放电路在现代电子产品中已基本淘汰，集成功放电路已成为主流应用状态，而且进一步发展到集成功放电路仅是大规模集成功能电路的一部分。

集成功放电路种类很多，在理解分列元件 OCL、OTL 电路的基础上，不难掌握集成功放电路的工作原理和应用。限于篇幅，本书不予展开。

6．CMOS 电路

在电子技术书籍和资料中，常出现的英文 CMOS 缩写。什么叫 CMOS？CMOS 电路由两个不同类型的 MOS 管构成互补对称电路，一个为 PMOS，一个为 NMOS，如图 7-22 所示，两个 MOS 管中只能有一个导通，另一个必须截止，互为负载，CMOS 具有优良的电气性能，在集成电路和计算机电路中得到了极其广泛的应用。

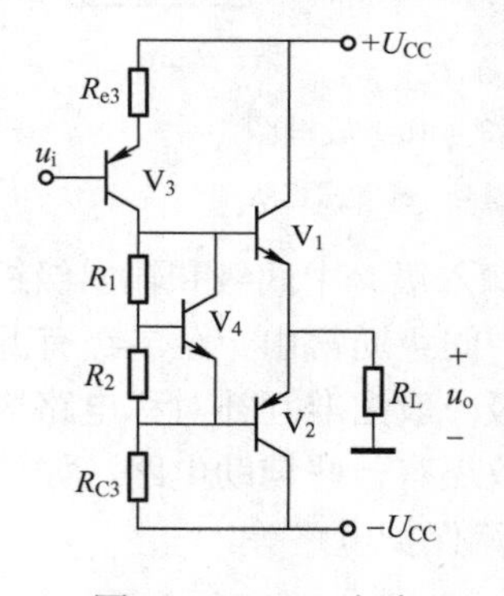

图 7-21　OCL 电路

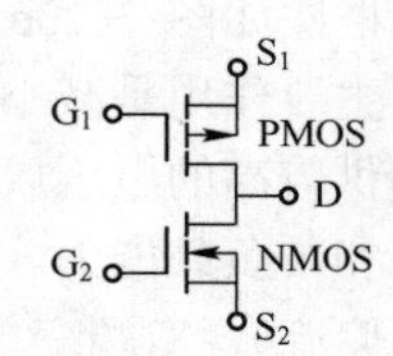

图 7-22　CMOS 电路

【复习思考题】

7.18　什么是功放电路的甲类、乙类工作状态？有何优、缺点？

7.19　什么叫互补对称功放电路？简述其工作原理。

7.20　图 7-19 电路中 VD_1、VD_2 有什么作用？

7.21　OTL 电路中输出电容如何起到 $U_{CC}/2$ 等效电源的作用？该电容大小对电路性能有何影响？

7.22　什么叫自举电路？有什么作用？

7.23　功放电路中的恒压源有什么作用？

7.24　OCL 电路与 OTL 电路有什么区别？为什么 OCL 电路中点电压必须为 0？

7.5　集成运算放大电路

由电阻、电容、电感、二极管以及晶体管等在结构上彼此独立的元器件组成的电路称为分立元件电路。集成电路是将上述元器件组成的电路集中制作在一小块硅基片上，封装在一个管壳内，构成一个特定功能的电子电路。集成电路具有体积小、重量轻、耗电省、成本低、可靠性高和电性能优良等突出优点，因而得到了极其广泛的应用，反过来又大大促进了电子技术的飞跃发展，而集成运算放大器是应用最早和最广的集成电路。

7.5.1 集成运放基本概念

1．集成运放组成框图

集成运算放大器简称集成运放，符号如图 7-23a 所示。u_N、u_P 分别为其反相输入端和同相输入端，用“-”和“+”标识；u_O 为输出端；U_{CC}、$-U_{CC}$ 为其正负电源加入端，为简化电路画面，通常不画。框图内“▷”表示信号传输方向，“∞”表示为集成运放理想化。老的教材和技术资料中集成运放常用图 7-23b 表示。

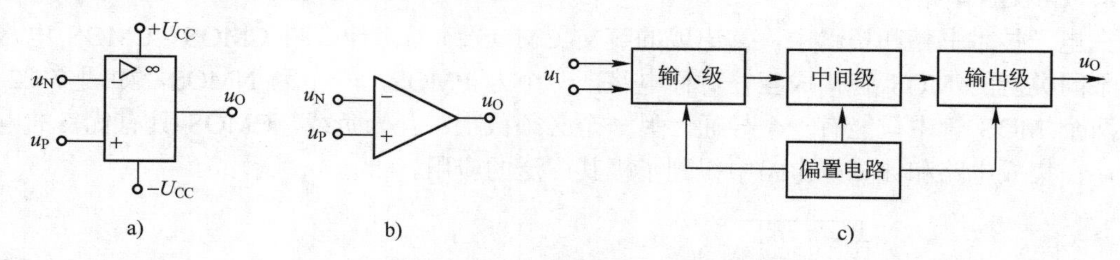

图 7-23 集成运放电路符号和组成框图

a) 电路符号 b) 集成运放旧符号 c) 组成框图

集成运放组成框图如图 7-23c 所示，主要有输入级、中间级和输出级组成。输入级由差动放大电路构成，主要作用是减小运放的零漂；中间级通常由一至二级有源负载放大电路构成，主要作用是提供较高的电压放大倍数；输出级一般由准互补对称电路构成，主要作用是提高运放输出功率和带负载能力。此外，集成运放还有一些辅助电路，如偏置电路（为各级放大电路提供静态偏流），双端变单端电路和过电流保护电路等。

2．集成运放中的信号

集成运放是一个采用直接耦合方式的多级放大电路，直接耦合方式的最大缺点是零点漂移问题，而解决零漂问题的办法就是在输入级采用差动放大电路。差动放大电路有两种输入信号：差模输入信号和共模输入信号。差模输入信号是大小相等、极性相反的输入信号，用 u_{id} 表示；共模输入信号是大小相等、极性相同的输入信号，用 u_{ic} 表示。

对集成运放来说，有用的或需要放大的信号是差模信号；无用的或需要抑制的信号为共模信号。为何共模信号是集成运放有害无用、需要抑制的信号呢？因为造成零点漂移的因素主要是由温度变化和电源电压波动引起，而温度变化和电源电压波动因素对集成运放中差动电路的两个放大管的影响是相同的，大小相等、极性相同，因而属于共模信号性质。

3．集成运放主要参数

集成运放的参数很多，这里介绍几种主要参数。

（1）开环差模电压增益 A_{od}

A_{od} 是指集成运放未加负反馈时的差模电压放大倍数，A_{od} 越大越好，一般 A_{od} 为 100～140dB（100000 倍～10000000 倍）。

（2）共模抑制比 K_{CMR}

$K_{CMR}=\left|\frac{A_{ud}}{A_{uc}}\right|$，$K_{CMR}$ 定义为差模增益与共模增益之比，主要表明抑制零漂的能力，K_{CMR}

越大越好，一般 K_{CMR} 为 80～100dB。

（3）差模输入电阻 R_{id}

R_{id} 是指开环时集成运放差模输入电阻，R_{id} 越大越好，一般为几十 kΩ～几 MΩ。

（4）输出电阻 R_o

R_o 指开环时集成运放输出电阻，R_o 越小越好，一般为几十 Ω～几百 Ω。

（5）输入失调电压 U_{IO}

U_{IO} 是集成运放输出电压为 0 时，加在两个输入端的补偿电压，U_{IO} 越小越好，一般小于 1mV。

几种常用集成运放主要技术指标参阅表 7-2。其中 LM324 在低端产品和要求不高的场合得到了广泛的应用。

表 7-2　常用集成运放技术指标

型号	电源电压/V	失调电压/mV	失调电压温漂 μV/℃	偏置电流/nA	开环增益/dB	共模抑制比/dB	输入电阻/MΩ	静态电流/mA	转换速率 V/μs	增益带宽/MHz	主要特点
μA741	±22	1	10	80	106	70	1	1.4	0.5	1	通用
μA747	±22	2	10	80	106	90		3.4	0.5		通用
LM356	±5～±22	3	5	0.03	106	100	1000	5	12	5	高阻抗
LM324	±1.5～±16	2	7	45	100	70		1.5	0.05	0.1	四通用单电源
OP07A	±1.5～±22	0.03	0.3	1.2	110	126	80	2.5	0.3	0.6	高精度
OP27	±22	0.01	0.2	10	110	126		3	2.8	8	高精度
TL084	±18	3	10	0.005	200					3	4JFET
AD522			6				1000		10	2	仪用

4．理想化集成运放

集成运放是一个高放大倍数的直流放大电路，各种不同型号的集成运放性能差别较大，为了便于分析集成运放电路，将集成运放理想化为一个电路模型。

1）理想化集成运放参数的主要要求：

① 开环电压增益 $A_{od}\to\infty$。

② 共模抑制比 $K_{CMR}\to\infty$，即无零漂，各种失调电压失调电流为 0。

③ 差模输入电阻 $R_{id}\to\infty$。

④ 输出电阻 $R_o\to 0$。

除上述四项主要参数外，还要求开环带宽→∞，转换速率→∞，输入偏置电流→0，无干扰和噪声等。

2）理想化集成运放的特点：

① 虚短。

图 7-23a 中，$u_{Od}=A_{od}\,u_{Id}=A_{od}\,(u_P-u_N)$，$u_P-u_N=\dfrac{u_{Od}}{A_{od}}$，当输出电压 u_{Od} 为有限值，且 A_{od} 很大时，$\dfrac{u_{Od}}{A_{od}}\to 0$，即：

$$u_P = u_N \tag{7-42}$$

u_P 和 u_N 为集成运放同相输入端和反相输入端的对地电压，其数值相等，相当于短路，但又不是真正的短路，因此称为“虚短”。

需要指出的是，上述结论是在集成运放工作在线性放大状态时推出的。因此，若集成运放不工作在线性放大状态，上述结论不成立。

② 虚断。

由于集成运放差模输入电阻 $R_{id}\to\infty$，则集成运放的输入电流 i_I 必定趋近于 0，即：

$$i_I=0 \tag{7-43}$$

$i_I=0$，相当于集成运放的两个输入端开路，但不是真正的开路，若真正开路，还有什么信号输入可言？因此称为“虚断”。

虚断结论，不论集成运放是否工作在线性放大状态，均能成立。

7.5.2 集成运放基本输入电路

集成运放有两个输入端，其信号基本输入方式可分为三种：反相输入、同相输入和差动输入。

1. 反相输入

反相输入电路如图 7-24 所示，由于同相输入端接地，且同相输入端无输入电流（虚断），$u_P=0$。反相输入端电压 $u_N=u_P=0$（虚短），因此：$i_1=\frac{u_I-u_N}{R_1}=\frac{u_I}{R_1}$，$i_F=\frac{u_N-u_O}{R_f}=\frac{-u_O}{R_f}$

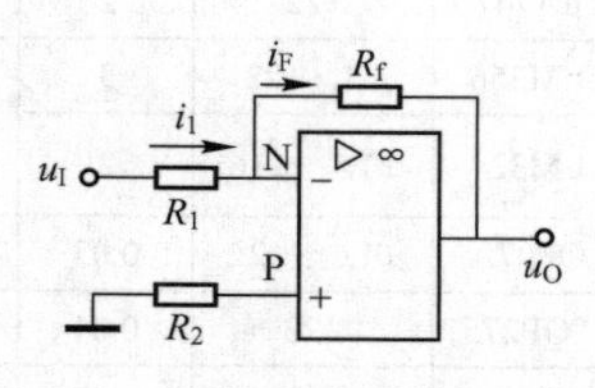

图 7-24　反相输入电路

又由于反相输入端无输入电流（虚断），根据 KCL，$i_1=i_F$。因此，$\frac{u_I}{R_1}=\frac{-u_O}{R_f}$，即：

$$A_u=\frac{u_O}{u_I}=-\frac{R_f}{R_1} \tag{7-44}$$

上式表明，反相输入时，集成运放闭环电压增益取决于 R_f 与 R_1 比值，需要说明的是：

1）反相输入时，同相输入端接地，$u_N=u_P=0$，反相输入端对地电位为 0，相当于接地，但不是真正接地，称为“虚地”。

2）同相输入端通过电阻 R_2 接地，主要是为了减小集成运放输入偏置电流在反相和同相输入端等效电阻上产生不平衡压降而引起运算误差。对于双极型集成运放，一般要求，$\sum R_P=\sum R_N$，即两个输入端的等效电阻相等。此处要求：$R_2=R_1//R_f$。在输入偏置电流很小且要求不高情况下，R_2 可去除，同相输入端直接接地，对运算影响一般可忽略不计。

3）式（7-44）似乎表明，集成运放的电压增益与集成运放本身无关。但是必须明确，式（7-44）结论是在理想化集成运放的前提下推出的。因此式（7-44）能否成立，与集成运放特性是否符合理想化参数要求有关。

4）图 7-24 电路所加的负反馈属电压并联负反馈。负反馈信号从输出端取出，反馈到集成运放反相输入端差动输入管的基极，属电压并联负反馈。

根据理想化运放和电压负反馈的特点，反相输入电路的输入电阻（不是集成运放的输入电阻）：

$$R_i = R_1 \tag{7-45}$$

输出电阻：

$$R_o \to 0 \tag{7-46}$$

2．同相输入

同相输入电路如图 7-25a 所示，由于同相输入端无输入电流（虚断），因此 $u_P = u_I$，又由于理想化集成运放虚短特性，$u_N = u_P = u_I$，因此：

$i_1 = -\dfrac{u_N}{R_1} = -\dfrac{u_I}{R_1}$，$i_F = \dfrac{u_N - u_O}{R_f} = \dfrac{u_I - u_O}{R_f}$，且 $i_F = i_1$，即：$-\dfrac{u_I}{R_1} = \dfrac{u_I - u_O}{R_f}$，整理得：

$$A_u = \frac{u_O}{u_I} = 1 + \frac{R_f}{R_1} \tag{7-47}$$

上式表明，同相输入时，集成运放闭环电压增益为（$1+\dfrac{R_f}{R_1}$），大于或等于 1，且为正值（同相）。

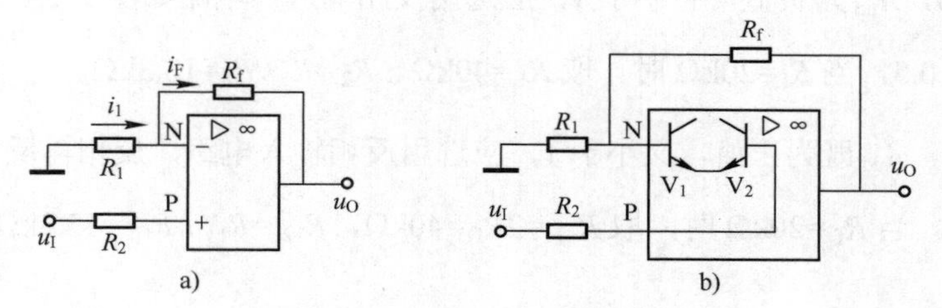

图 7-25　同相输入电路

a) 同相输入电路　b) 负反馈示意电路

与反相输入时相同，要求 $R_2 = R_1 // R_f$，但 R_2 与集成运放运算结果基本无关。

同相输入电路属电压串联负反馈，其负反馈示意电路如图 7-25b 所示，负反馈信号反馈至差动管 V_1 的基极，再通过射极耦合加到差动输入管 V_2 的发射极，因此属电压串联负反馈。

输入电阻：

$$R_i \to \infty \tag{7-48}$$

输出电阻：

$$R_o \to 0 \tag{7-49}$$

需要指出的是，同相输入方式存在共模输入电压，要求集成运放有较高的共模最大输入电压和共模抑制比。

3．差动输入

差动输入电路如图 7-26 所示，输入信号 u_{I1}、u_{I2} 分别从反相和同相输入端输入，根据集成运放"虚断""虚短"特性，可得：

$i_1 = \dfrac{u_{I1} - u_N}{R_1}$，$i_F = \dfrac{u_N - u_O}{R_f}$，$i_1 = i_F$，$u_N = u_P = \dfrac{u_{I2} R_3}{R_2 + R_3}$，整理得：

$$u_O = \left(1 + \frac{R_f}{R_1}\right) \frac{R_3}{R_2 + R_3} u_{I2} - \frac{R_f}{R_1} u_{I1} \tag{7-50}$$

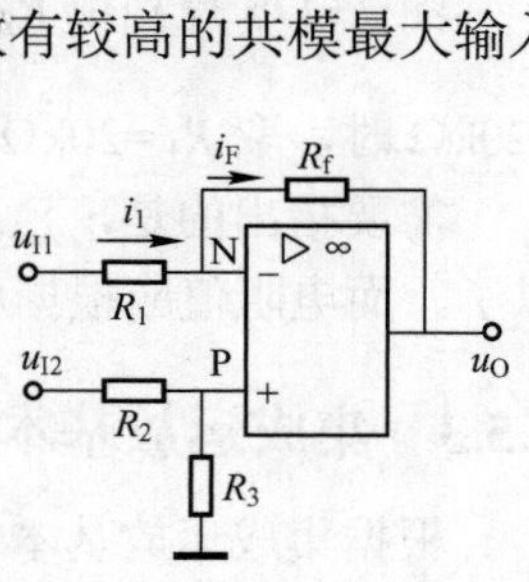

图 7-26　差动输入电路

上式表明，差动输入集成运放电路的输出电压由两部分叠加组成，一部分为同相输入端输入电压（u_{I2}经R_2、R_3分压）作用，增益为（$1+\frac{R_f}{R_1}$）（与同相输入增益相同）；另一部分为反相输入端输入电压作用，增益为$-\frac{R_f}{R_1}$（与反相输入增益相同）。

【例 7-6】 试按下列电压增益要求设计由集成运放组成的放大电路。（设R_f=20kΩ）

1）A_{ud}=2；2）A_{ud}=−2；3）A_{ud}=−0.5；4）A_{ud}=0.5。

解： 1）A_{ud}=2，既为正值，又大于 1，应选用同相输入，电路如图 7-25a 所示。

$A_{ud}=1+\frac{R_f}{R_1}=2$，当$R_f$=20kΩ时，取$R_1$=20kΩ，$R_2=R_1//R_f$=10kΩ。

2）A_{ud} = −2，A_{ud}为负值，应选用反相输入，电路如图 7-24 所示。

$A_{ud}=-\frac{R_f}{R_1}=-2$，当$R_f$=20kΩ时，取$R_1$=10kΩ，$R_2=R_1//R_f$=6.67kΩ。

3）A_{ud}=−0.5，A_{ud}为负值，且小于 1，应选用反相输入，电路如图 7-24 所示。

$A_{ud}=-\frac{R_f}{R_1}=-0.5$，当$R_f$=20kΩ时，取$R_1$=40kΩ，$R_2=R_1//R_f$=13.3kΩ。

4）A_{ud} =0.5，A_{ud}既为正值，又小于 1，应选用反相输入电路，反相再反相获得正极性，如图 7-27a 所示。当R_f =20kΩ时，取R_{11} =2R_{f1}=40kΩ，$R_{12}=R_{11}//R_{f1}$ =13.3kΩ，$u_{O1}=-\frac{R_{f1}}{R_{11}}u_I=-\frac{20}{40}u_I=-0.5u_I$；$R_{21}=R_{f2}$=20kΩ，$R_{22}=R_{21}//R_{f2}$=10kΩ，$u_O=-u_{O1}=0.5u_I$。

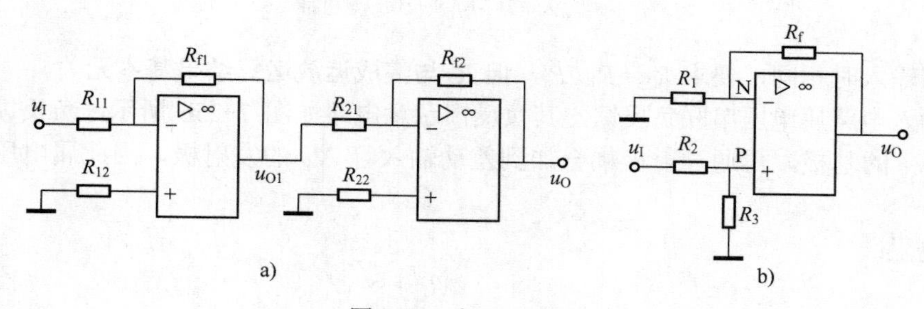

图 7-27　例 7-6 电路

图 7-27b 是利用R_2、R_3分压，减小净输入电压u_P值，$A_{ud}=\left(1+\frac{R_f}{R_1}\right)\frac{R_3}{R_2+R_3}=0.5$，当$R_f$=20kΩ时，取$R_1$=20kΩ，$R_3$=10kΩ，则$R_2$=30kΩ。

需要指出的是，$\sum R_P=\sum R_N$，并不需要严格要求，一般只需相对平衡（阻值接近）就可以了，而电阻值应根据电阻标称值系列取用。

7.5.3　集成运放基本运算电路

根据集成运放基本输入电路，可组成许多基本运算功能电路。

1．比例运算

比例运算可分为反相比例运算和同相比例运算，图 7-24 和图 7-25a 可分别达到目的，例 7-6 已给出这方面的解答，需要注意的是：

1）反相输入能反相，比例系数可大于 1、等于 1 或小于 1。

2）同相输入能同相，比例系数只能大于 1 或等于 1，若要小于 1，可采用例 7-6（4）方法。

3）相位要求有出入时，可再加一级集成运放反相。

4）比例电阻的选取，从理论上讲，比例运算取决于 R_f 与 R_1 的比值，且无条件限制。但实际上考虑到集成运放电路的输入电阻、反馈电压等因素，R_F 与 R_1 并不宜任取，其阻值既不宜过小（如小于 1kΩ），又不宜过大（如大于 1MΩ），一般在几 kΩ～几百 kΩ 之间为宜。

2．电压跟随器

利用同相输入电路可构成电压跟随器。同相输入时，$A_{ud}=1+\dfrac{R_f}{R_1}$，若 $R_f=0$ 或 $R_1\to\infty$（开路），则 $A_{ud}=1$。图 7-28 为几种电压跟随器电路，其中图 7-28c 简便有效。需要指出的是，电压跟随器与分列元件组成的射极跟随器（射极输出器）、源极输出器相比，电压跟随特性更好（后两种电路不能真正跟随），$u_O=u_I$。对一些负载能力差的信号，用集成运放电压跟随器隔离，电气特性大为改善（集成运放输入电阻大，对信号源几乎无影响）。

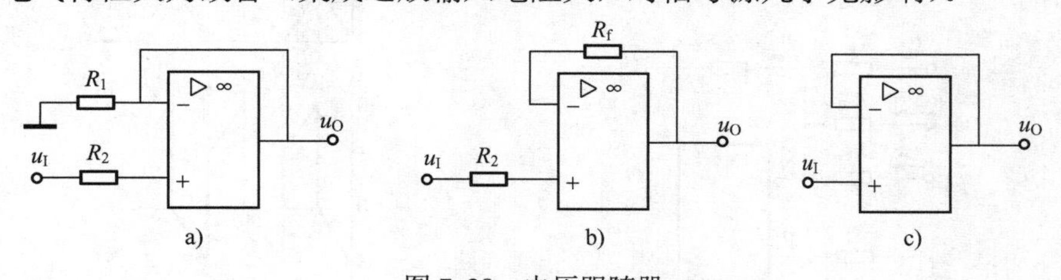

图 7-28　电压跟随器

a) $R_f=0$　b) $R_1=\infty$　c) $R_f=0$，$R_1=\infty$

3．加法运算

加法运算可分为反相加法和同相加法运算。

（1）反相加法

反相加法运算如图 7-29 所示，$u_N=u_P=0$，反相输入端为虚地，因此：

$i_{11}=\dfrac{u_{I1}}{R_{11}}$，$i_{12}=\dfrac{u_{I2}}{R_{12}}$，$i_{13}=\dfrac{u_{I3}}{R_{13}}$，$i_F=\dfrac{-u_O}{R_f}$，$i_{11}+i_{13}+i_{13}=i_F$，即 $\dfrac{u_{I1}}{R_{11}}+\dfrac{u_{I2}}{R_{12}}+\dfrac{u_{I3}}{R_{13}}=\dfrac{-u_O}{R_f}$，整理得：

$$u_O=-\left(\frac{R_f}{R_{11}}u_{I1}+\frac{R_f}{R_{12}}u_{I2}+\frac{R_f}{R_{13}}u_{I3}\right) \tag{7-51}$$

上式表明，图 7-29 电路能将多个输入信号 u_{I1}、u_{I2}、u_{I3} 按一定比例相加并反相后输出。反相加法典型应用，例如彩色电视机中的色彩，就是由三基色红、绿、蓝按一定比例相加后得到。

（2）同相加法

同相加法调节困难，几个输入信号之间相互影响，无法操作，且存在共模电压，因此在实际电路中很少应用。若要同相，可在反相加法后再反相。

4．减法运算

图 7-26 电路，若取 $R_2=R_1$，$R_3=R_f$，可实现比例减法：

$$u_O = \frac{R_f}{R_1}(u_{I2}-u_{I1}) \qquad (7\text{-}52)$$

若取 $R_1=R_2=R_3=R_f$，可实现减法运算：

$$u_O = u_{I2}-u_{I1} \qquad (7\text{-}53)$$

【例 7-7】 电路如图 7-26 所示，$R_1=R_2=R_3=R_f=51\text{k}\Omega$，$u_{I1}$、$u_{I2}$ 波形如图 7-30a、b 所示，试画出输出电压 $u_O(t)$波形。

解： 图 7-26 电路，当 $R_1=R_2=R_3=R_f$ 时，电路构成减法器。

$$u_O=u_{I2}-u_{I1}=u_{I2}+(-u_{I1})。$$

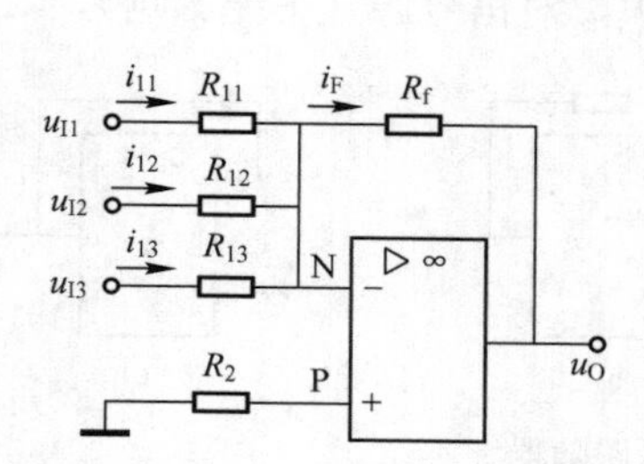

图 7-29 反相加法电路

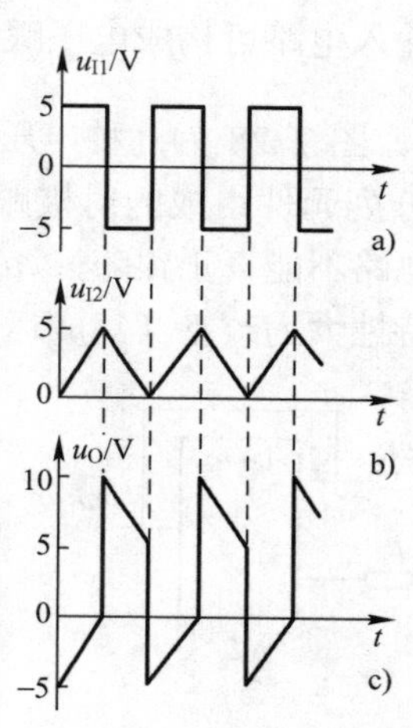

图 7-30 例 7-7 波形

a) u_{I1} b) u_{I2} c) u_O

画出 $u_O(t)$波形如图 7-30c 所示。解题步骤：

① 先画出$-u_{I1}$ 波形（将 u_{I1} 反相）。

② 再将 u_{I2} 与（$-u_{I1}$）相加。

5. 积分运算

积分运算电路如图 7-31 所示，同相输入端接地，反相输入端虚地，$u_N=0$，因此：

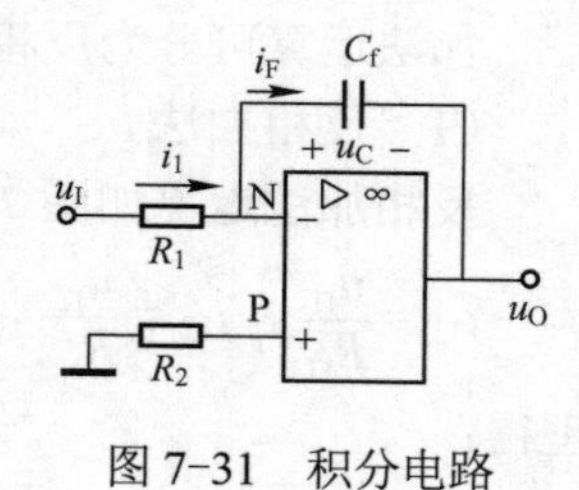

图 7-31 积分电路

$u_O=-u_C$，$i_1=\dfrac{u_I}{R_1}$，$i_C=C_f\dfrac{du_C}{dt}$，$i_1=i_C$，整理得：

$$u_O=-\frac{1}{R_1C_f}\int u_I\text{d}t \qquad (7\text{-}54)$$

上式表明，输出电压 u_O 与输入电压 u_I 成积分关系。考虑到初始条件时，$u_O(t)$表达式可写为定积分形式：

$$u_O(t)=u_O(t_0)-\frac{1}{R_1C_f}\int_{t_0}^{t}u_I(t)\text{d}t \qquad (7\text{-}54\text{a})$$

【例 7-8】 已知电路如图 7-31 所示，$R_1=R_2=10\text{k}\Omega$，$C_f=10\text{nF}$，$u_C(0-)=0$，$u_I(t)$波形如图 7-32a 所示，试求输出电压 $u_O(t)$，并画出 $u_O(t)$波形。

解：由于 $u_I(t)$为方波，属分段函数，在一定区间内为直流（常数），因此：

$$u_O(t)=u_O(t_0)-\frac{1}{R_1C_f}\int_{t_0}^{t}u_I(t)\mathrm{d}t=u_O(t_0)-\frac{1}{10\times10^3\times10\times10^{-9}}u_I(t)(t-t_0)$$

$$=u_O(t_0)-10000u_I(t)(t-t_0)$$

上式表明，在一定区间内，$u_O(t)$为 t 的一次函数，即为一条直线。只需求解其中两点，即可确定该直线。因此，分段（区间）求解如下：

$$u_O(0)=u_C(0_-)=0$$

$$u_O(0.1\text{ms})=u_O(0)-10000\times5\times(0.1-0)\times10^{-3}=-5\text{V}$$

$$u_O(0.3\text{ms})=u_O(0.1\text{ms})-10000\times(-5)\times(0.3-0.1)\times10^{-3}=5\text{V}$$

$$u_O(0.5\text{ms})=u_O(0.3\text{ms})-10000\times5\times(0.5-0.3)\times10^{-3}=-5\text{V}$$

依次类推，画出 $u_O(t)$波形为三角波，如图 7-32b 所示。

同理，若 $u_I(t)$为图 7-33a 所示矩形波，则可导出 $u_O(t)$为锯齿波，如图 7-33b 所示。由集成运放电路组成的积分电路称为有源积分电路，与 1.6.3 节所述无源积分电路，有什么区别呢？两者都能将矩形波转换为锯齿波。但无源 RC 积分电路输出的锯齿波如图 7-33c 所示，线性度差、幅度小、带负载能力差，不如集成运放电路组成的有源积分电路输出的锯齿波线性度好、幅度大、带负载能力强。锯齿波主要用于电视机、示波器扫描电压，锯齿波线性度好，图形失真小。

除此以外，集成运放还可实现微分运算、指数运算、对数运算、乘法运算和除法运算等，需要指出的是上述各种运算，包括加、减、积分、微分、指数和对数运算均为模拟运算，与计算器中的运算（数字运算）相比，性质完全不同。

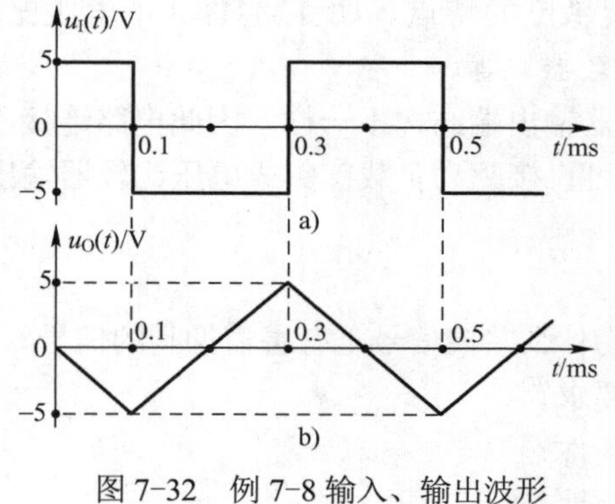

图 7-32　例 7-8 输入、输出波形

a) 输入波形　b) 输出波形

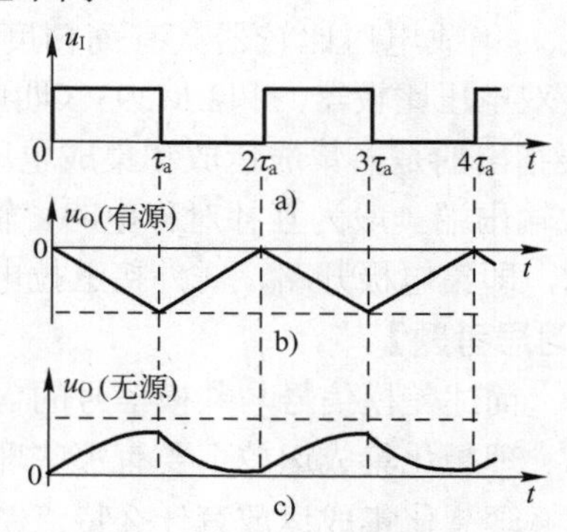

图 7-33　有源积分和无源积分波形

a) u_I　b) 有源积分　c) 无源积分

7.5.4　电压比较器

集成运放除用作线性放大，还常用于电压比较。放大应用时，工作在负反馈状态。既能放大直流信号（变化缓慢的信号），又能放大交流信号。用于电压比较时，工作在开环或正反馈状态，由于集成运放放大倍数很高，又未加负反馈，因此一般不能稳定工作在线性区，而主要工作在非线性区。此时“虚短”和“虚地”等概念一般不再适用，但“虚断”概念仍能成立，在非线性应用中，输入端电流仍趋于 0。

1．电压比较器的工作原理

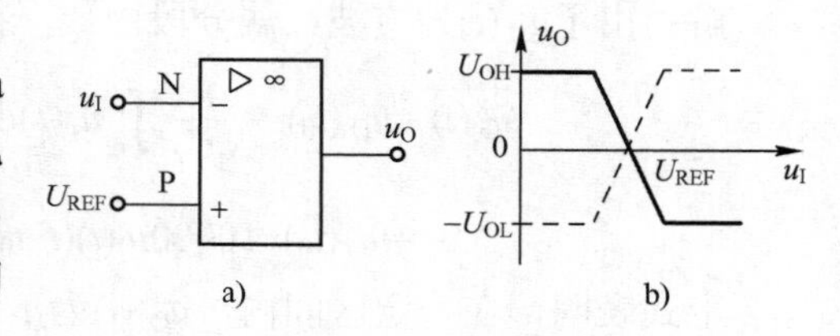

图 7-34　电压比较器及其传输特性

a) 电压比较器电路　b) 传输特性

由集成运放构成的电压比较器电路如图 7-34a 所示。电压比较器是将集成运放两个输入端的电压进行比较，根据比较结果（大于或小于），输出高电平或低电平。常用于信号检测、自动控制和波形转换等电路中。

若输入信号 u_I 由反相输入端输入，基准电压 U_{REF} 由同相输入端输入，不加负反馈，则：

$$U_O = A_{od}(u_P - u_N) = A_{od}(U_{REF} - u_I) = \begin{cases} +U_{OH}，当 U_{REF} > u_I 时 \\ -U_{OL}，当 u_I > U_{REF} 时 \end{cases} \tag{7-55a}$$

由于 A_{od} 很大，u_I 与 U_{REF} 之间稍有微小差值，均能使开环状态的集成运放输出电压达到正饱和（最大正输出电压 U_{OH}）或负饱和（最大负输出电压 U_{OL}），其传输特性如图 7-34b 中实线所示。

若输入信号 u_I 由同相输入端输入，基准电压 U_{REF} 由反相输入端输入，不加负反馈，则：

$$U_O = A_{od}(u_P - u_N) = A_{od}(u_I - U_{REF}) = \begin{cases} +U_{OH}，当 u_I > U_{REF} 时 \\ -U_{OL}，当 U_{REF} > u_I 时 \end{cases} \tag{7-55b}$$

其传输特性如图 7-34b 中虚线所示。

电压比较器输出电平发生跳变的输入电压称为门限电压或阈值电压，用 U_{TH} 表示，上述电路中 $U_{TH}=U_{REF}$。若 $U_{TH}=U_{REF}=0$，则上述电压比较器可构成过零比较器。

2．集成电压比较器

由集成运放组成的电压比较器，其传输特性中的线性一般不陡峭，在要求较高的场合，尚不理想。集成电压比较器具有高精度和高灵敏度的特点。如 LM311（单电压比较器）、LM339（双电压比较器）和 LM393（四电压比较器）等。

需要指出的是，集成运放和集成电压比较器输出端结构不一样，因此电路连接不相同。集成运放输出端一般为互补对称电路，输出端可直接驱动负载；集成电压比较器输出端一般为 OC 门，即集电极开路，需外接上拉电阻。

【复习思考题】

7.25　简述差模信号与共模信号的含义。为什么共模信号是有害需抑制的信号？

7.26　理想化集成运放主要有那些理想化要求？

7.27　理想化集成运放有什么特点？有否条件？

7.28　什么叫“虚地”？什么情况下产生虚地？

7.29　如何理解集成运放反相和同相输入时输入输出电压关系仅与外接电阻 R_1R_f 有关？

7.30　集成运放反相和同相输入放大器分别属于什么反馈？为什么？

7.31　集成运放输入端电阻和负反馈电阻的取值范围有否限制？

7.32　集成运放电压跟随器与分列元件组成的射极跟随器和源极输出器相比有什么不同？

7.33　集成运放构成的有源积分电路与 RC 无源积分电路有何区别？

7.34　集成运放的加减运算电路与计算器的加减运算有何不同？

7.35　集成运放工作在非线性状态时，虚短、虚断、虚地概念是否成立？

7.36　为什么电压比较器的输出电压总是$+U_{OH}$或$-U_{OL}$？

7.6　习题

7.6.1　选择题

7.1　已知共射基本放大电路处于放大工作状态下，电路中集电极电阻 R_C 的作用（多选）是______。（A．放大电流；B．调节 I_{BQ}；C．调节 I_{CQ}；D．将放大后的电流信号转换为电压信号；E．防止交流信号对地短路）

7.2　共射基本放大电路中直流电源 U_{CC} 的作用（多选）是______。（A．放大电流；B．调节 I_{BQ}；C．调节 I_{CQ}；D．作为晶体管电流放大的能源；E．提供晶体管静态偏置）

7.3　共射基本放大电路有输入信号且处于放大状态时，基极电流是______。（A．直流电流；B．交流电流；C．交直流电流并存；D．不定）。基极电流应用______表示。（A．I_B；B．I_b；C．i_B；D．i_b；E．都可以）

7.4　画共射基本放大电路交流通路时，耦合电容应______；（A．短路；B．开路；C．不变；D．接地）。直流电源应______。（A．短路；B．开路；C．不变；D．接地）

7.5　已知共射基本放大电路，R_B=470kΩ，R_C=2kΩ，β=50，输出端开路（$R_L\to\infty$）。并已知 U_{BE}=0.7V，r_{be}=1.6kΩ，I_C=1mA，U_{CE}=7V，则其电压增益正确的计算方法应为______。（A．$A_u=\dfrac{U_o}{U_i}=\dfrac{U_{CE}}{U_{BE}}=\dfrac{7}{0.7}=10$；B．$A_u=\dfrac{U_o}{U_i}=-\dfrac{I_CR_C}{I_bR_i}=-\dfrac{\beta R_C}{R_B//r_{be}}=\dfrac{-50\times2}{470//1.6}=-62.7$；C．$A_u=\dfrac{U_o}{U_i}=-\dfrac{I_CR_C}{U_{BE}}=\dfrac{-1\times2}{0.7}=-2.86$；D．$A_u=\dfrac{U_o}{U_i}=-\dfrac{\beta R_C}{r_{be}}=\dfrac{-50\times2}{1.6}=-62.5$）

7.6　共射基本放大电路，当 R_B 增大，则$|A_u|$ ______，R_i ______，R_o ______；若 R_C 增大，则$|A_u|$ ______，R_i ______，R_o ______；若 R_L 增大，则$|A_u|$ ______，R_i ______，R_o ______；若 β 增大，则$|A_u|$ ______，R_i ______，R_o ______。（A．增大；B．减小；C．不变或基本不变；D．不定）

7.7　共射基本放大电路，若电路原来未发生非线性失真，更换一个 β 比原来大的晶体管后，出现失真，则该失真应是______；若电路原来有非线性失真，但减小 R_B 后，失真消失了，则原来的失真应为______。（A．截止失真；B．饱和失真；C．频率失真；D．交越失真）

7.8　PNP 管共射放大电路，输入电压是较小的正弦波，输出电压发生饱和失真，则其 i_b 波形将产生______；i_c 波形将产生______；u_o 波形将产生______。（A．上半波削波；B．下半波削波；C．双向削波；D．不削波）

7.9　已知共射基本放大电路如图 7-5a 所示，输入电压为正弦波，试选择一个合适的答案填空。

1）若发现电路出现饱和失真，为消除失真，可______。（A．减小 RP；B．减小 R_C；C．减小 V_{CC}；D．增大 β）

2）若用直流电压表测得 $U_{CE}\approx U_{CC}$，有可能是因为______；若测得 $U_{CE}\approx0$，有可能是因为______。（A．R_B'开路；B．R_B'短路；C．R_L 开路；D．R_L 短路）

3）若在输出不失真条件下，减小 RP，则输出电压将______。（A．减小；B．不变；C．增大；D．不定）

4）将 RP 调至输出电压最大且刚好不失真，若保持 RP 不变，并增大输入电压，则输出

电压波形将_____。（A．顶部失真；B．底部失真；C．顶部和底部均失真；D．不失真）

7.10　晶体管对温度敏感的参数中，______是温度升高，数值下降的。（A．I_{CBO}；B．I_{CEO}；C．β；D．$|U_{BE}|$）

7.11　温度敏感参数中，对硅晶体管与锗晶体管影响的主要因素（可多选）是不同的。硅晶体管是_____，锗晶体管是_____。（A．I_{CBO}；B．I_{CEO}；C．β；D．$|U_{BE}|$）

7.12　共射基本放大电路，温度升高时，I_{BQ} ______，I_{CQ} ______，U_{BEQ} ______，U_{CEQ} ______。（A．增大；B．减小；C．不变或基本不变；D．变化不定）

7.13　分压式偏置电路稳定静态工作点的关键是______。（A．晶体管 β 足够大；B．R_{B1}、R_{B2}足够大；C．R_C足够大；D．R_E足够大）

7.14　有关三种组态放大电路放大作用的正确说法是_____。（A．都有电压放大作用；B．都有电流放大作用；C．都有功率放大作用；D．只有共射电路有功率放大作用）

7.15　既能放大电压，又能放大电流的是_____组态电路；只能放大电压，不能放大电流的是______组态电路；不能放大电压，只能放大电流的是______组态电路。（A．共射；B．共基；C．共集；D．不定）

7.16　单级放大电路，输入电压为正弦波，观察输出电压波形。若电路为共射电路，则 u_o 与 u_i 相位_____；若电路为共基电路，则 u_o 与 u_i 相位_____；若电路为共集电路，则 u_o 与 u_i 相位_____。（A．同相；B．反相；C．正交；D．不定）

7.17　为了使高阻信号源（或高阻输出的放大电路）与低阻负载能很好配合，可以在信号源（或放大器）与负载之间接入______。（A．共射电路；B．共集电路；C．共基电路；D．以上3种电路都可以）

7.18　在输入量不变情况下，若引入反馈后，_____，则说明引入的反馈是负反馈；若引入反馈后，______，则说明引入的反馈是正反馈。（A．输入电阻增大；B．输出电阻增大；C．放大倍数提高；D．放大倍数降低）

7.19　构成反馈通路的元器件是_____。（A．只能是电阻元件；B．只能是晶体管或集成运放等有源器件；C．只能是无源器件；D．可以是无源器件，也可以是有源器件）

7.20　下列负反馈改善放大电路性能的条款中，_____是错误的。（A．提高电路增益；B．减小非线性失真；C．扩展通频带；D．改变电路的输入输出电阻）

7.21　为了稳定静态工作点，应引入_____；为了稳定放大倍数，应引入_____；为了提高增益，应适当引入_____；为了抑制温漂，应引入______；为了改变输入、输出电阻，应引入_____；为了展宽频带，应引入_____。（A．直流负反馈；B．交流负反馈；C．交流正反馈；D．直流正反馈）

7.22　希望放大电路输出电流稳定，应引入_____；希望带负载能力强，应引入_____；负载电阻较大，希望能得到有效的功率传输，应引入_____；欲减小电路从信号源索取的电流，在放大电路中应引入______。（A．电压负反馈；B．并联负反馈；C．电流负反馈；D．串联负反馈）

7.23　在负反馈电路中产生自激振荡的条件是_____。（A．附加相移 $\Delta\varphi=\pm 2n\pi$，$|\dot{A}\dot{F}|\geqslant 1$；B．附加相移 $\Delta\varphi=\pm 2(n+1)\pi$，$|\dot{A}\dot{F}|\geqslant 1$；C．附加相移 $\Delta\varphi=\pm(2n+1)\pi$，$|\dot{A}\dot{F}|<1$；D．附加相移 $\Delta\varphi=\pm 2n\pi$，$|\dot{A}\dot{F}|<1$）

7.24　乙类互补对称功放电路避免交越失真的措施是______。（A．选 P_{CM} 大的功放管；

B. 自举电路；C. 增大 U_{CC}；D. 使功放管工作在甲乙类状态）

7.25　有一 OTL 电路，电源电压 U_{CC}=16V，R_L=8Ω，在理想条件下，输出最大功率为_____。（A. 32W；B. 16W；C. 10W；D. 8W）

7.26　设计一个最大输出功率为 16W 的扩音机电路，负载为 8Ω 扬声器，在理想条件下，若用乙类互补对称功放电路，则应选 P_{CM} 至少大于_______的功放管（A. 8W；B. 4W；C. 3.2W；D. 1.6W）。若采用 OTL 电路，电源电压应选_____；若采用 OCL 电路，电源电压应选_____。（A. 32V；B. 20V；C. 16V；D. 8V）

7.27　OCL 功放电路，若最大输出功率为 1W，则选取功放管时，集电极最大耗散功率 P_{CM} 应大于_____。（A. 1W；B. 0.707W；C. 0.5W；D. 0.2W）

7.28　互补对称功放电路的最大效率是_____。（A. π / 4；B. π / 8；C. 50%；D. 90%）

7.29　OTL 功放电路中，不属于输出电容作用的是______。（A. 信号耦合；B. 隔直通交；C. 信号自举；D. U_{CC}/2 等效电源）

7.30　不属于 OCL 电路与 OTL 电路主要区别的是_____。（A. 功放管必须互补；B. 无输出电容；C. 要有双电源；D. 输出端静态电位为 0）

7.31　差模信号是_____的信号，共模信号是_____的信号。（A. 大小相等、极性相反；B. 大小不等、极性相反；C. 大小相等、极性相同；D. 大小不等、极性相同）

7.32　理想化集成运放参数的主要要求（多选）应为______。（A. A_{od}→0；B. A_{od}→∞；C. K_{CMR}→∞；D. K_{CMR}→0；E. R_{id}→0；F. R_{id}→∞；G. R_o→∞；H. R_o→0）

7.33　理想化集成运放的特点（多选）应为________。（A. 虚短；B. 虚断；C. 虚地；D. 虚节点；E. 虚回路）

7.34　集成运放的负反馈类型：反相输入电路属_____；同相输入电路属______。（A. 电压串联负反馈；B. 电压并联负反馈；C. 电流串联负反馈；D. 电流并联负反馈）

7.35　集成运放基本输入电路（可多选）中，存在共模输入电压的是_____。两个输入端中有一个是“虚地”的是______。（A. 反相输入；B. 同相输入；C. 差动输入；D. 以上都有）

7.36　已知反相加法电路，欲使输入电压 u_o 为三个输入电压的平均值，R_f 阻值应选为_____。（A. R_1；B. $2R_1$；C. $3R_1$；D. $R_1/3$）

7.37　集成运放反相比例运算时，反相输入端电压为_____；同相比例运算时，同相输入端电压为_____，反相输入端电压为_____。（A. 0；B. $\frac{R_f}{R_1}u_I$；C. u_I；D. $\frac{R_1}{R_2}u_I$）

7.38　单级运放电路，_____比例运算电路的比例系数大于 1；_____比例运算电路的比例运算系数小于 0。（A. 反相；B. 同相；C. A 和 B 都不可以；D. A 和 B 都可以）

7.39　由集成运放组成的电压比较器的工作状态主要是______。（A. 开环或正反馈状态；B. 深度负反馈状态；C. 放大状态；D. 线性工作状态）

7.40　由集成运放构成的电压比较器，若输入信号 u_I 由反相输入端输入，基准电压 U_{REF} 由同相输入端输入，不加负反馈，当 $U_{REF}>u_I$ 时，输出电压为_____。（A. $+U_{OH}$；B. $-U_{OL}$；C. U_{REF}；D. u_I）

7.6.2　分析计算题

7.41　画出图 7-35 电路的直流通路和交流通路。（设图中电容对交流信号的容抗均可忽略）

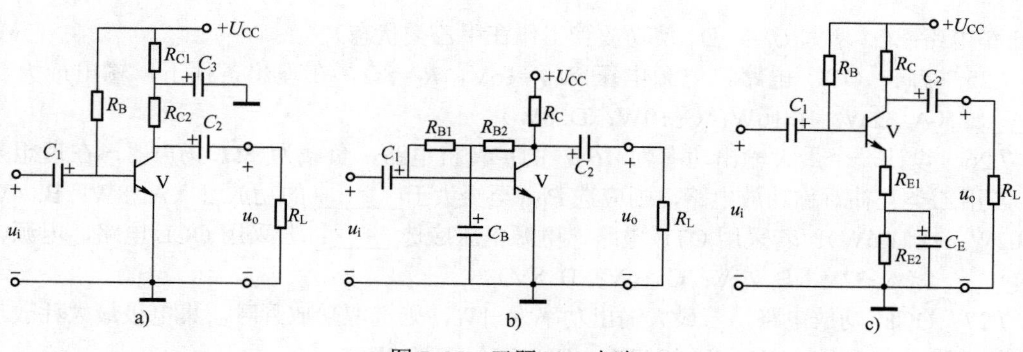

图 7-35　习题 7.41 电路

7.42　试判断图 7-36 电路是否可能具有电压放大作用？为什么？

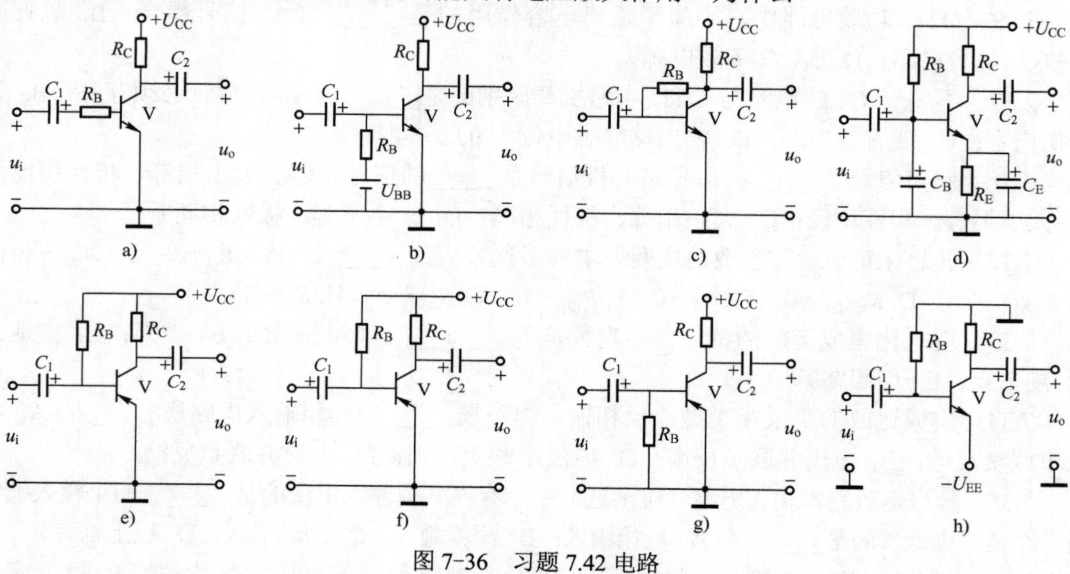

图 7-36　习题 7.42 电路

7.43　试分析图 7-37 电路故障情况，并求集电极电压 U_C，设电路中晶体管均为硅管，U_{on}=0.7V，U_{CES}=0.1V。

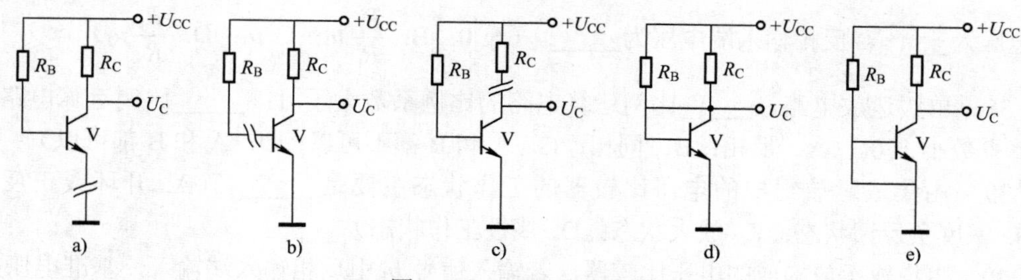

图 7-37　习题 7.43 电路

7.44　试画出由 PNP 型 BJT 组成的共射基本放大电路及其直流通路和交流通路，标出基极电流和集电极电流的参考方向，指出实际方向，并归纳其与由 NPN 型 BJT 组成的共射基本放大电路的区别。

7.45　已知图 7-38 电路，U_{CC}=3V，U_{BB}=3V，R_C=3kΩ，R_{B1}=56kΩ，R_{B2}=560kΩ，R_{B3}=

3kΩ，β=40，U_{BEQ}=0.7V，U_{CES}可忽略不计，试分析 S 开关分别接 1、2、3 端时电路工作状态，并估算I_C。

7.46　已知共射基本放大电路如图 7-1a 所示，U_{CC}=12V，R_B=240kΩ，R_C=3kΩ，U_{BEQ}=0.7V，β=40，R_L=3kΩ，$r_{bb'}$=200Ω，R_s=0.3kΩ，u_s=20sinωt(mV)，试求：

1）电路静态工作点。2）r_{be}、A_u、R_i、R_o、u_o。

7.47　已知共射基本放大电路如图 7-39 所示，U_{CC}=15V，R_C=5.1kΩ，R_B=300kΩ，R_P=1MΩ，β=100，U_{BEQ}=0.7V，U_{CES}=0.1V，试求：

1）若 RP 调至中点，求静态工作点。

2）若要使U_{CEQ}=7V，求 RP 值。

3）若要使I_{CQ}=1.5mA，求 RP 值。

4）若不小心，RP 调至 0，将出现什么情况？如何防止晶体管进入饱和区？

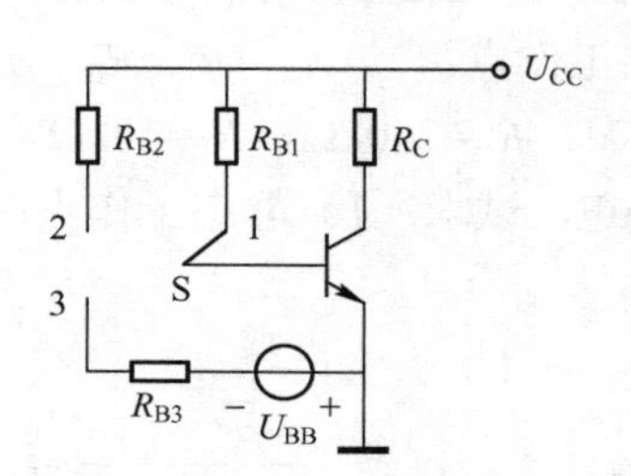

图 7-38　习题 7.45 电路

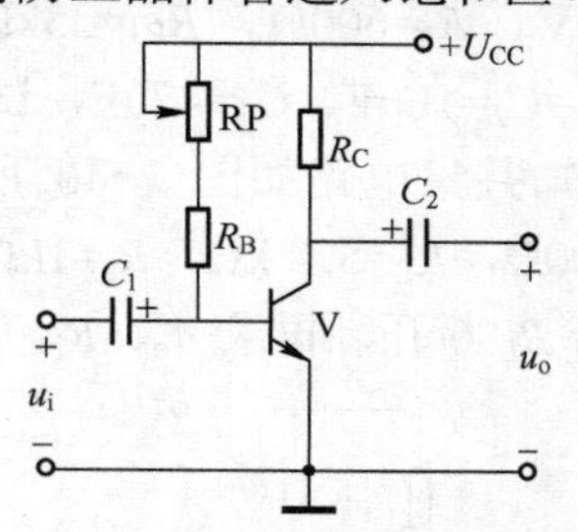

图 7-39　习题 7.47 电路

7.48　已知共射基本放大电路，用示波器观察到输出电压 u_o 波形如图 7-40 所示，试判断该波形属于何种失真（饱和或截止）？并说明应如何调整才能使 u_o 波形趋于正弦？（设输入波形 u_i 为正弦波）

7.49　已知共射基本放大电路，输入电压 u_i 为正弦波，波形如图 7-41 所示。由于电路参数选择不当，输出波形产生截止失真，试定性画出输出电压的失真波形，并指出如何调整可使输出波形避免明显失真。

7.50　已知共射基本放大电路，输入电压 u_i 波形如图 7-42 所示，原无明显失真。现按下列要求改变 R_B：1）减小 R_B；2）R_B；使输出波形产生失真，试定性画出失真的输出波形，并指出属何种失真？

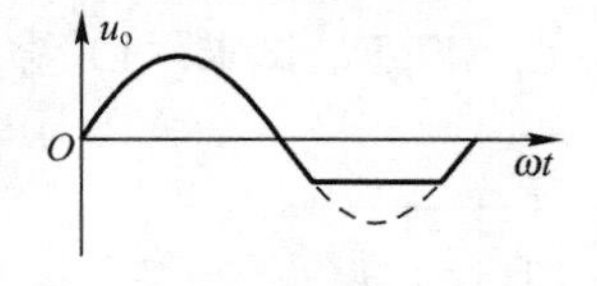

图 7-40　习题 7.48 波形

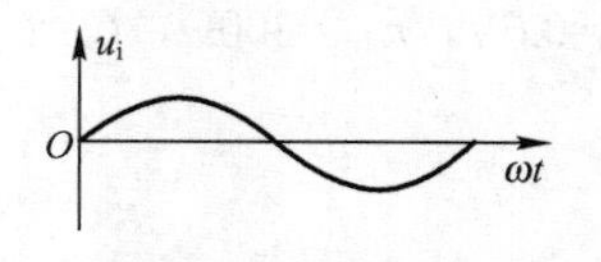

图 7-41　习题 7.49 波形

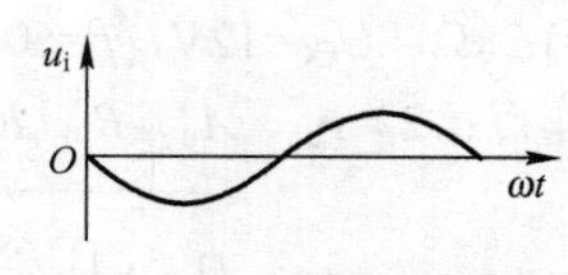

图 7-42　习题 7.50 波形

7.51　分压式偏置电路如图 7-43 所示，已知 U_{CC}=15V，β=100，$r_{bb'}$=200Ω，U_{BEQ}= 0.7V，R_{B1}=62kΩ，R_{B2}=20kΩ，R_C=3kΩ，R_E=1.5kΩ，R_L=5.6kΩ，C_1=C_2=10μF，C_E=47μF，试求：1）静态工作点；2）r_{be}、R_i、R_o、A_u；3）若 R_L 开路，再求 A_u；4）若 C_E 开路，再求 R_i、A_u。

7.52　已知共射电路如图 7-44 所示，参数同习题 7.46，发射极串接电阻 R_E，R_E=200Ω，试求：1）静态工作点；2）r_{be}、A_u、R_i、R_o；3）简述发射极串接电阻 R_E 后电路交直流性能的变化；4）若在 R_E 两端并接射极电容 C_E（C_E=47μF），试分析交直流性能的变化？

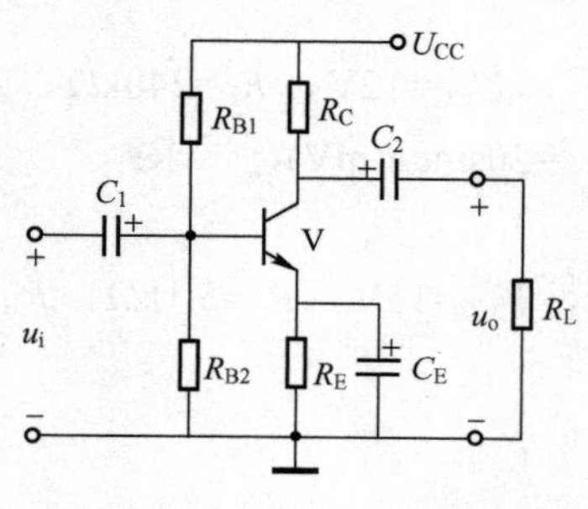

图 7-43　习题 7.51 电路

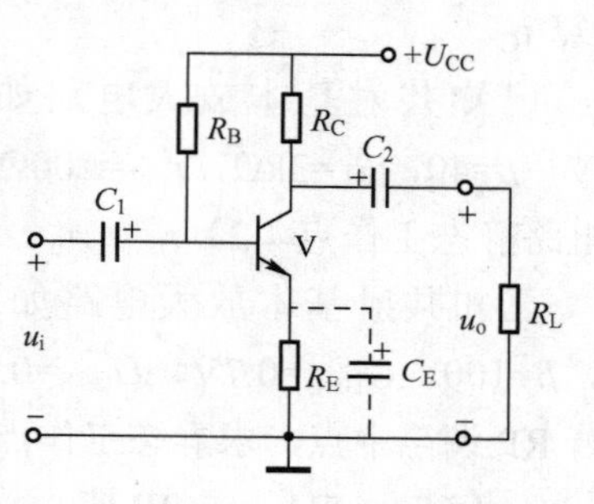

图 7-44　习题 7.52 电路

7.53　分压式偏置电路如图 7-45 所示，已知 U_{CC}=12V，β=50，$r_{bb'}$=100Ω，U_{BEQ}=0.7V，U_s=1mV，R_s=600Ω，R_{B1}=33kΩ，R_{B2}=10kΩ，R_C=3.3kΩ，R_{E1}=200Ω，R_{E2}=1.3kΩ，R_L=5.1kΩ，C_1=C_2=10μF，C_E=47μF，试求：1）静态工作点；2）r_{be}、R_i、R_o、A_u、A_{us}、U_o。

7.54　已知共集电路如图 7-46 所示，U_{CC}=15V，R_B=240kΩ，R_E=10kΩ，U_{BEQ}=0.6V，β=50，$r_{bb'}$=300Ω，R_L=5.1 kΩ，R_s=1kΩ，C_1=C_2=10μF，试求：1）静态工作点；2）r_{be}、A_u、R_i、R_o；3）若 R_L 断开，再求 A_u、R_i。

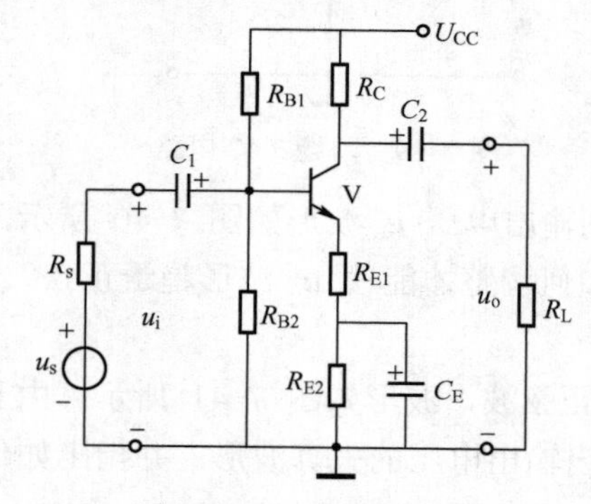

图 7-45　习题 7.53 电路

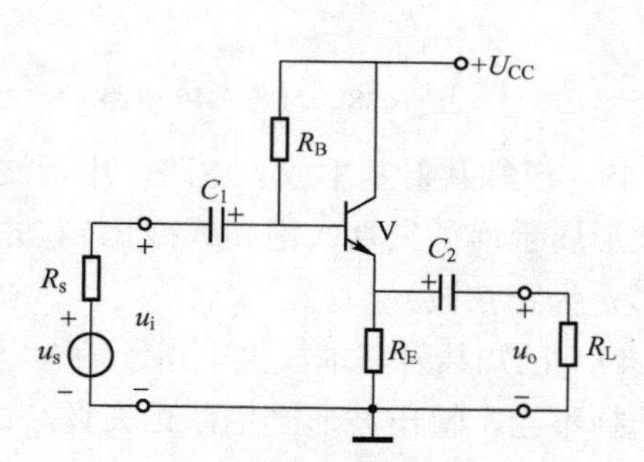

图 7-46　习题 7.54 电路

7.55　已知电路如图 7-47 所示，有两个输出端 u_{o1} 和 u_{o2}。试写出从两个输出端分别输出的电压增益表达式。若 R_C=R_E，试画出两个输出端输出的电压波形（设 u_i 为正弦波）。

7.56　已知共基极电路如图 7-48 所示，R_{B1}=47kΩ，R_{B2}=18kΩ，R_C=1.3kΩ，R_E=2.7kΩ，R_L=1.2kΩ，U_{CC}=12V，β=60，U_{BEQ}=0.6V，$r_{bb'}$=300Ω，C_1=C_2=10μF，C_B=47μF，试求：1）静态工作点；2）r_{be}、A_u、R_i、R_o。

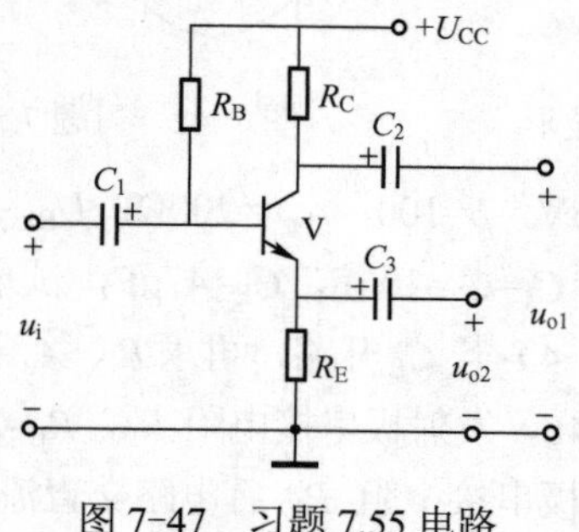

图 7-47　习题 7.55 电路

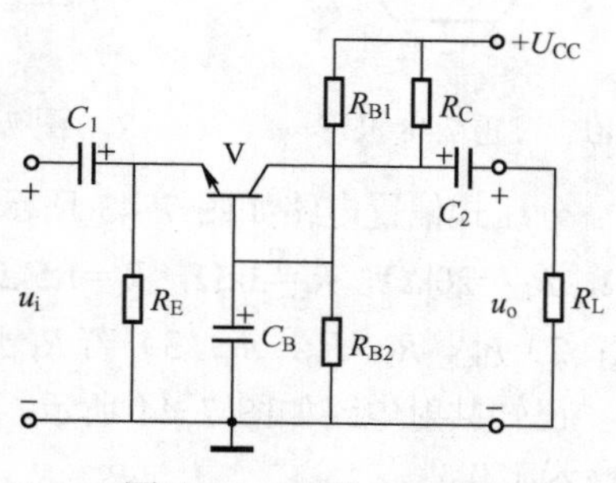

图 7-48　习题 7.56 电路

7.57　某负反馈放大电路 A_f=90，F=0.01，求基本放大器开环增益 A。

7.58　已知放大电路输入信号电压为 1mV，输出电压为 1V。加入负反馈后，为使输出电压仍保持 1V，加大输入信号至 10mV。试求该加入负反馈电路的反馈深度和反馈系数。

7.59　某基本放大电路输入有效值为 20mV 的正弦波信号时，输出有效值为 10V 的正弦信号，试求引入反馈系数为 0.01 的电压串联负反馈后输出正弦波电压的有效值。

7.60　已知某放大电路闭环增益 A_f=150，要求开环增益 A 的相对变化量为 10%时，其闭环增益相对变化量为 0.5%，试求该电路的开环增益 A 和反馈系数 F。

7.61　已知某电压串联负反馈放大电路开环电压增益 A_u=2000，电压反馈系数 F_u=0.95%，若因受温度影响使 A_u 的变化达到±10%时，求闭环电压增益 A_{uf} 的变化范围。

7.62　已知互补对称功放电路，U_{CC}=15V，R_L=16Ω，试求：1）输出最大功率 P_{om}、最大效率 η_m、最大单管管耗 P_{V1m}；2）说明选择该电路功放管时的参数。

7.63　已知 OTL 电路，R_L=4Ω，信号最低频率 f_L=30Hz，试求输出电容至少应取多大？

7.64　已知功放电路如图 7-49 所示，试回答下列问题：

1）电路名称；

2）U_A=？若需提高 U_A，调何元件最为合适？增大还是减小？

3）若需减小 V_1、V_2 电流，调何元件最为合适？增大还是减小？

4）VD_1、VD_2 的作用是什么？

5）C_2 的作用是什么？若最低信号频率 f_L=50Hz，C_2 至少应取多大？

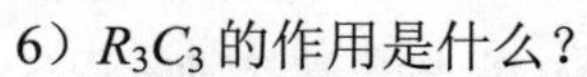

6）R_3C_3 的作用是什么？

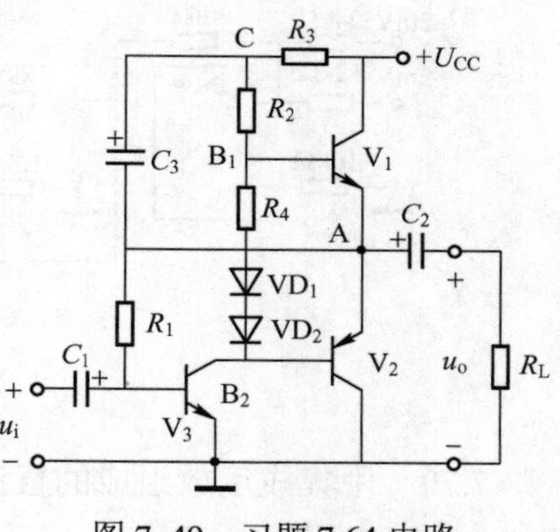

图 7-49　习题 7.64 电路

7.65　已知互补对称功放电路，U_{CC}=12V，R_L=8Ω，在理想情况下，试分别求 OCL 组态和 OTL 组态时最大输出功率、最大效率、功放管最大管耗和选管要求。

7.66　已知集成运放电路如图 7-50 所示，R_f=100kΩ，R_1=10kΩ，R_2=10kΩ，R_3=10kΩ，u_{I1}=0.1V，u_{I2}=0.2V，试求输出电压 u_O。

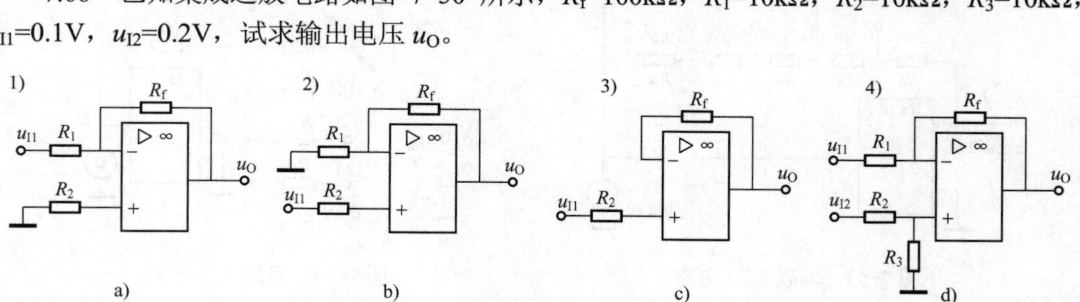

图 7-50　习题 7.66 电路

7.67　按下列输入、输出电压关系，画出集成运放电路，并标出电阻值（限用一个运放，R_f=20kΩ）。

1）$u_O= u_I$；2）$u_O=-u_I$；3）$u_O=2u_I$；4）$u_O=-2u_I$；5）$u_O=0.5u_I$；6）$u_O=-0.5u_I$。

7.68　已知集成运放电路如图 7-51 所示，试求输出电压 u_O。

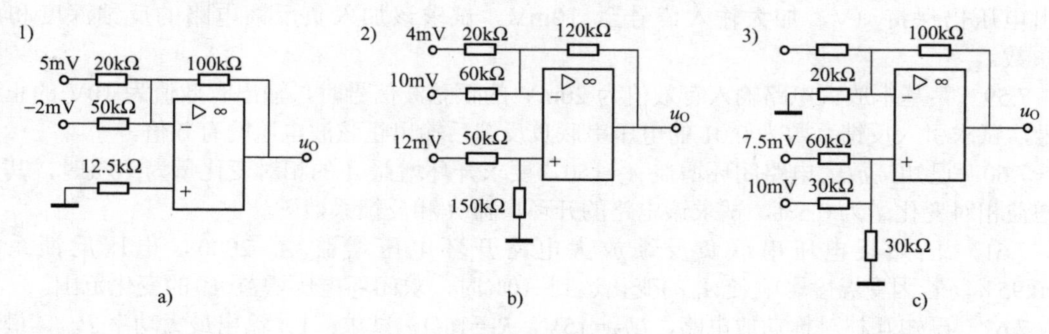

图 7-51　习题 7.68 电路

7.69　已知集成运放电路如图 7-52 所示，试分别求输出电压 u_{O1}、u_{O2} 和 u_O。

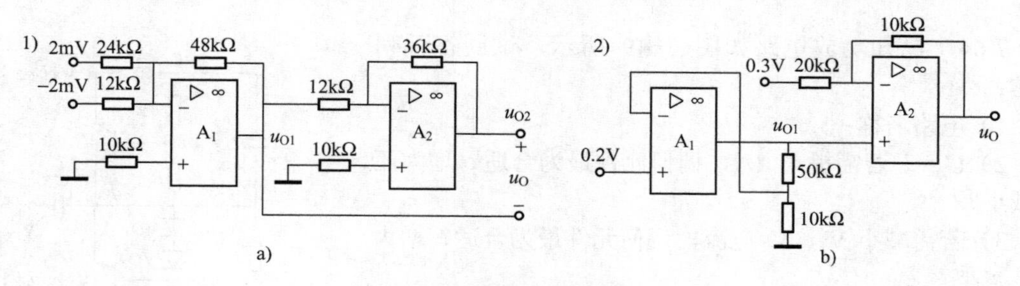

图 7-52　习题 7.69 电路

7.70　用集成运放组成的直流电流表如图 7-53 所示，输出端接满量程 5V 的电压表，试求 R_{f1}～R_{f5} 电阻值。

7.71　用集成运放组成的直流电压表如图 7-54 所示，R_f =1MΩ，输出端接满量程 5V 电压表，试求 R_{11}～R_{15} 电阻值。

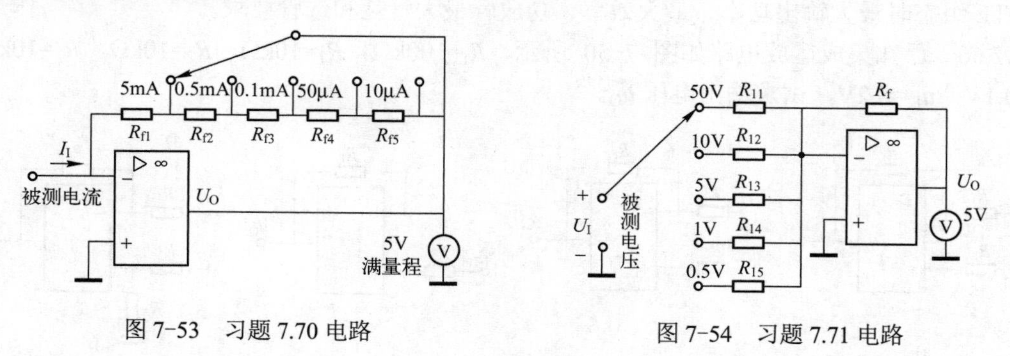

图 7-53　习题 7.70 电路　　　　图 7-54　习题 7.71 电路

7.72　已知集成运放电路如图 7-55 所示，且 $R_1=R_2=R_3=R_{f1}=R_{f2}$，试证明：$u_O=u_1-u_2$。

7.73　已知集成运放电路如图 7-56 所示，且 $R_1=R_3=R_4=R_6$，试求输出电压 u_O 与输入电压 u_I 关系式。

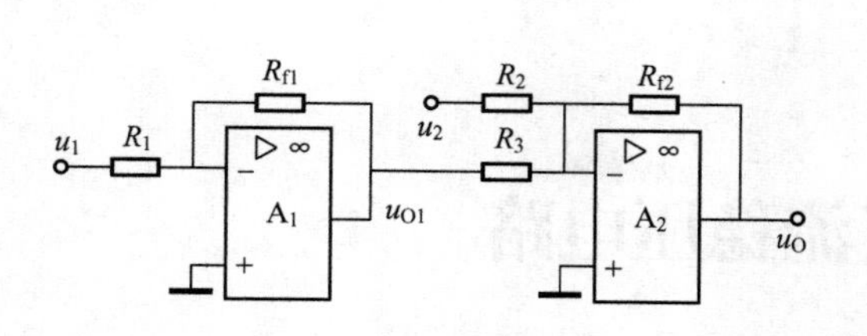

图 7-55　习题 7.72 电路

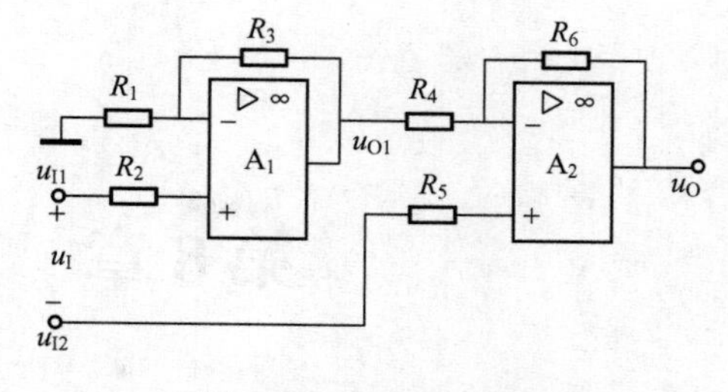

图 7-56　习题 7.73 电路

7.74　已知集成运放差动输入电路如图 7-57 所示，$R_1=R_2=R_3=R_f=33k\Omega$，$u_{I1}$、$u_{I2}$ 如图 7-57a、b 所示，试画出输出电压 $u_O(t)$波形。

7.75　已知集成运放电路和输入信号电压波形如图 7-58 所示，试画出输出信号电压波形。

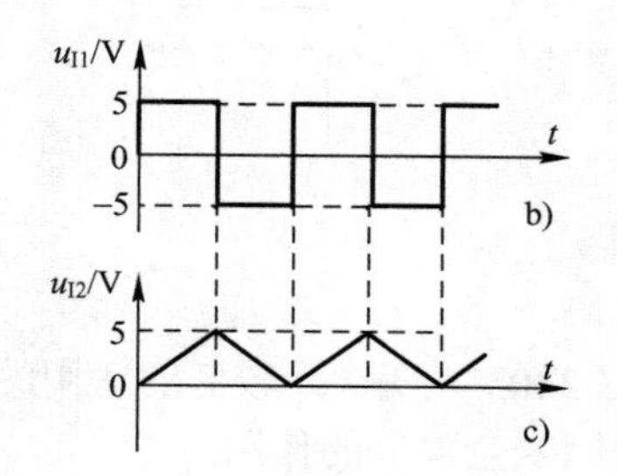

图 7-57　习题 7.74 输入波形

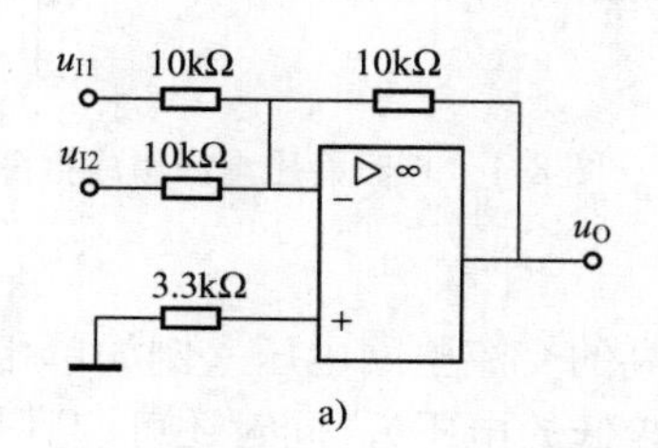

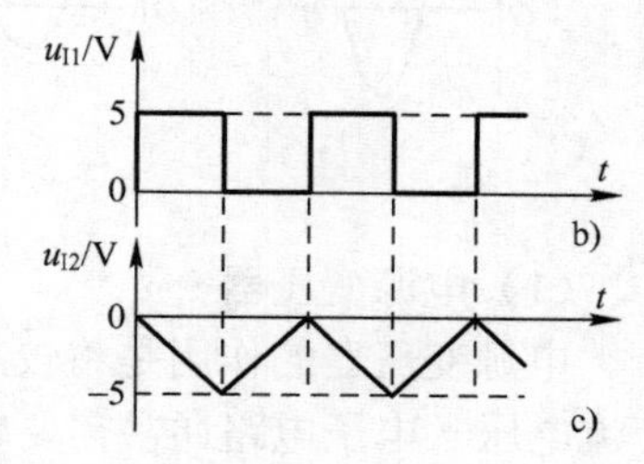

图 7-58　习题 7.75 电路及波形

7.76　已知积分运算电路如图 7-31 所示，输入电压 $u_I(t)$波形如图 7-59 所示，$u_C(0)=0$，$R_1=R_2=100k\Omega$，$C_f=0.5\mu F$，试画出输出电压 u_O 波形。

7.77　已知电压比较器电路如图 7-60 所示，集成运放直流电压 $U_{CC}=\pm15V$，$R_1=6.8k\Omega$，$R_{21}=20k\Omega$，$R_{22}=10k\Omega$，$R_3=360\Omega$，$R_L=8.2k\Omega$，稳压管 VS 稳定电压 $U_Z=5.3V$。输入电压 U_I 为一缓慢变化的直流信号，试求输出电压 U_O，并画出电压比较器的传输特性。若输入电压从同相输入端输入，反相输入端接基准电压，再求输出电压 U_O，并画出电压比较器的传输特性。

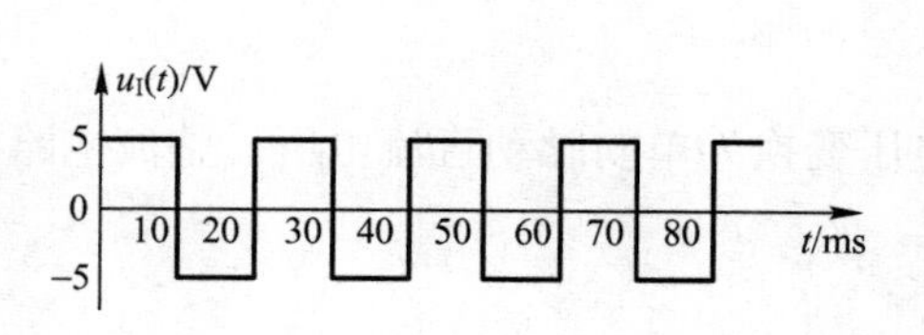

图 7-59　习题 7.76 输入输出波形

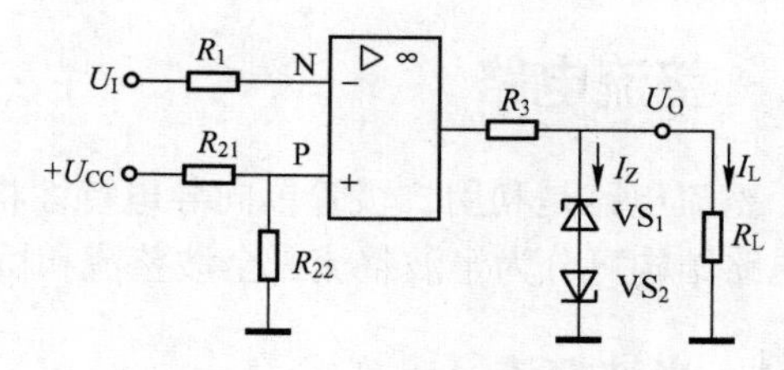

图 7-60　习题 7.77 电路

第 8 章　直流稳压电路

电子电路之所以能将输入信号放大，必须依靠电源提供能量，这个电源通常为直流稳压电源。图 8-1 为直流稳压电源组成框图及每一框图输入、输出电压波形。

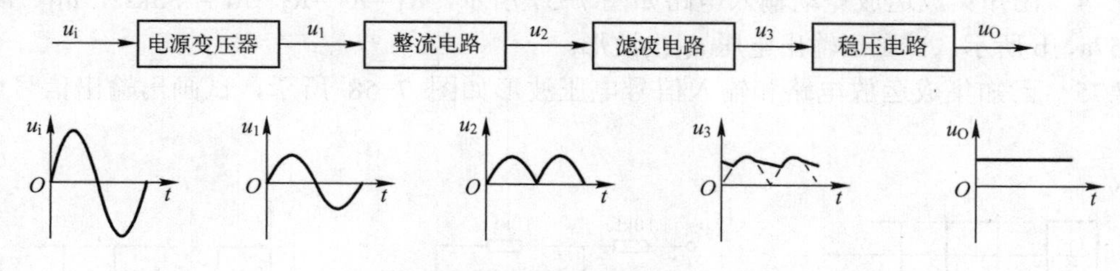

图 8-1　直流稳压电源组成框图

（1）电源变压器

电源变压器的作用是将较高的交流电网电压（例如单相 AC 220V）变换为较低的适用的交流电压（电子电路通常需要较低的电压），同时还可起到与电网安全隔离的作用。

（2）整流电路

整流电路的作用是将交流电压变换为单向脉动直流电压，这种电压含有很大的脉动成分（纹波），一般不适合电子电路应用。

（3）滤波电路

滤波电路的作用是将单向脉动电压变得稍稍平滑些，但仍含有不少脉动成分，还不能适应要求较高的电子电路。

（4）稳压电路

稳压电路的作用是将含有脉动成分的直流电压变换为稳恒直流电压。

8.1　整流电路

整流电路是利用二极管单向导电特性将交流电压变换为单向脉动直流电压。整流电路按其电路结构可分为半波整流、全波整流和桥式整流。

8.1.1　半波整流

1. 工作原理

半波整流电路如图 8-2a 所示，u_2 为变压器次级电压，VD 为半波整流二极管，u_O 为输出电压，R_L 为负载电阻。u_2 正半周，VD 正偏导通；u_2 负半周，VD 反偏截止。在负载 R_L 上得到一个半波单向脉动电压，如图 8-2b 所示。

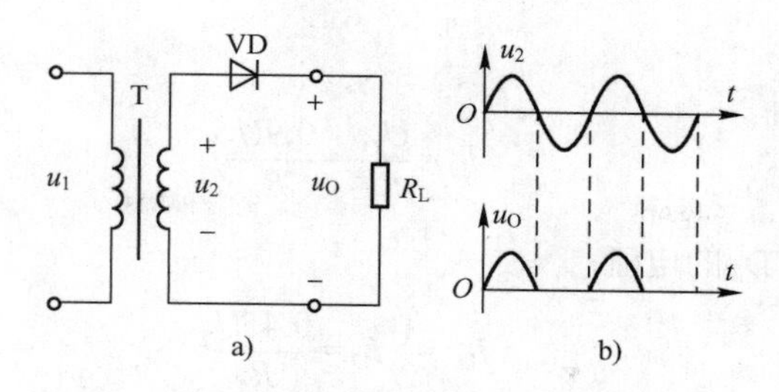

图 8-2　半波整流电路

a）电路　b）输入输出电压波形

2．电压电流计算

整流电路的输出电压因属于非正弦波，一般不以有效值表示，而以平均值表示。

$$U_O=\frac{1}{2\pi}\int_0^{\pi}U_{2m}\sin\omega t\mathrm{d}\omega t=\frac{\sqrt{2}}{\pi}U_2\approx 0.45U_2 \tag{8-1}$$

其中 U_2 为变压器次级电压 u_2 的有效值。

流过二极管 VD 和负载 R_L 电流平均值为：

$$I_O=\frac{U_O}{R_L}=\frac{0.45U_2}{R_L} \tag{8-2}$$

二极管二端所承受的最大反向电压：

$$U_{Drm}=\sqrt{2}U_2 \tag{8-3}$$

8.1.2　全波整流

1．工作原理

全波整流电路如图 8-3a 所示，变压器二次侧由两个匝数相同的绕组顺向串联组成，每个绕组电压为 u_2。u_2 正半周，VD_1 导通，VD_2 截止；u_2 负半周，VD_1 截止，VD_2 导通。负载 R_L 上由于正负半周均有电流流过，且方向相同。得到一个全波单向脉动电压，如图 8-3b 所示。

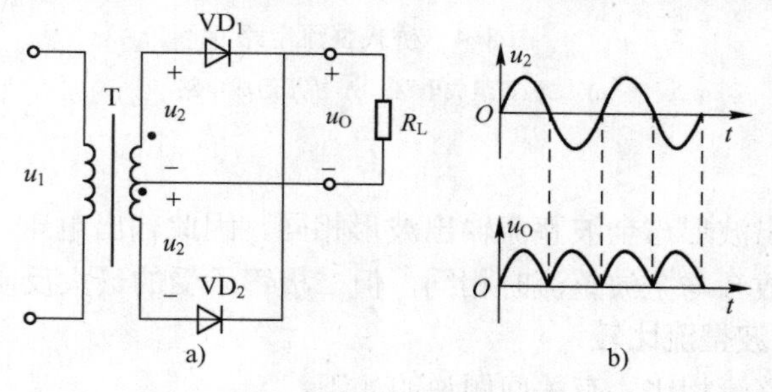

图 8-3　全波整流电路

a）电路　b）输入、输出电压波形

实际上，全波整流相当于两个半波整流电路。

2．电压电流计算

$$U_O=\frac{1}{\pi}\int_0^{\pi}U_{2m}\sin\omega t\mathrm{d}\omega t=\frac{2\sqrt{2}}{\pi}U_2\approx 0.9U_2 \tag{8-4}$$

流过负载 R_L 的电流：

$$I_O = \frac{U_O}{R_L} = \frac{0.9U_2}{R_L} \tag{8-5}$$

流过二极管 VD_1、VD_2 的电流：

$$I_D = \frac{1}{2} I_O = \frac{0.45U_2}{R_L} \tag{8-6}$$

二极管所承受的最大反向电压：

$$U_{Drm} = 2\sqrt{2}\, U_2 \tag{8-7}$$

8.1.3 桥式整流

1. 工作原理

桥式整流电路如图 8-4a 所示，有 4 个二极管 VD_1～VD_4 组成。u_2 正半周，VD_1、VD_3 导通，VD_2、VD_4 截止（电流实际流向如实线所示）；u_2 负半周，VD_2、VD_4 导通，VD_1、VD_3 截止（电流实际流向如虚线所示）。负载 R_L 上正负半周均有电流流过，且方向相同，得到一个与图 8-3b 相同波形的全波单极性脉动电压。

综上所述，桥式整流中 4 个二极管分成二组，轮流导通。在实际应用中，4 个整流二极管常封装在一起，称为桥堆，其电路表达形式如图 8-4b 所示。

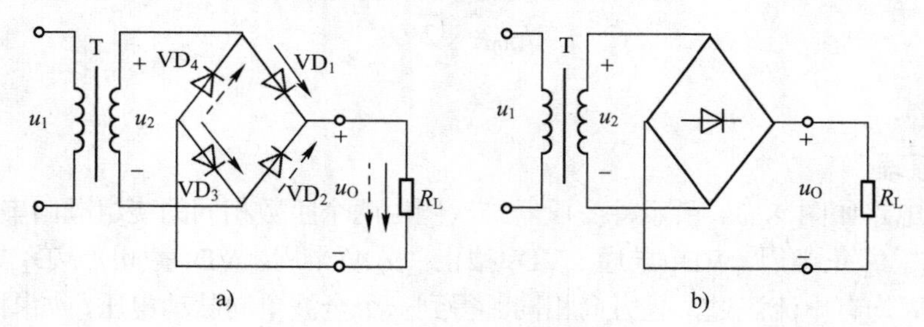

图 8-4　桥式整流电路

a) 二极管组成电路　b) 桥堆组成电路

2. 电压电流计算

由于桥式整流输出波形与全波整流输出波形相同，因此输出电压 U_O、负载电流 I_O、二极管电流 I_D、脉动系数 S 与全波整流时相同，但二极管承受的最大反向电压为 $\sqrt{2}\, U_2$。

3. 桥式整流与全波整流比较

桥式整流与全波整流相比，有关问题说明如下：

1）从输出波形角度看，桥式整流也属于全波整流，但习惯上，因其二极管组成桥式电路，称为桥式整流。

2）桥式整流多用了两个二极管，这在早期的电子线路中，因二极管价格原因，桥式整流不及全波整流应用广泛。现代电子技术中，二极管价格低廉，因此全波整流已很少见。

3）全波整流中用的变压器二次侧绕组需双线并绕，工艺复杂，且绕组利用率只有 50%（两个绕组轮流工作），这也是全波整流让位于桥式整流的重要原因。

【例 8-1】 已知桥式整流电路如图 8-4a 所示，分析下列情况下电路正负半周工作状态：1）VD_1 反接；2）VD_1 短路；3）VD_1 开路；4）VD_1、VD_2 均反接；5）VD_1、VD_2、VD_3 均反接；6）VD_1～VD_4 均反接。

解：1）VD_1 反接，u_2 正半周时，无输出电流，$u_O=0$；u_2 负半周时，u_2 短路，变压器初次级线圈均流过很大电流，轻则 VD_1、VD_2 和变压器温度大大上升，发烫；重则 VD_1、VD_2 击穿，变压器烧毁损坏（轻重主要取决于 u_2 的电压值和短路时间的长短）。

2）VD_1 短路，u_2 正半周时，正常工作；u_2 负半周时，同 VD_1 反接情况。

3）VD_1 开路，u_2 正半周时，无输出电流，$u_O=0$；u_2 负半周，正常工作。整个电路相当于半波整流，$u_O=0.45\,U_2$。

4）VD_1、VD_2 均反接，电路正负半周均截止，无输出电流，$u_O=0$。

5）VD_1、VD_2、VD_3 均反接，与情况（1）状态相似。

6）VD_1～VD_4 均反接，正负半周均能整流工作，输出电压极性相反。

【复习思考题】

8.1　画出直流稳压电源组成框图和输入输出电压波形，并叙述每一部分的功能。

8.2　若将半波整流电路中的二极管 VD 反接，会出现什么情况？画出输出电压波形。

8.3　全波整流电路，若需输出负电压，整流二极管应如何连接？

8.4　为什么全波整流不如桥式整流应用广泛？

8.2　滤波电路

整流电路虽然能将交流电压转换成为单向脉动电压（属直流电压），但对大多数电子电路，用作直流电源，尚不符合要求，因此必须滤去其脉动成分。非正弦周期电压电流一般是由直流成分（平均值）、基波和一系列高次谐波组成，利用电感电容对不同频率的交流信号呈现不同阻抗的特点，可以滤去大部分脉动成分。

1．电容滤波工作原理

图 8-5 为桥式整流电容滤波电路，图 8-6 为电容滤波 u_C（$u_C=u_O$）、i_D 波形。为便于叙述其工作原理，忽略其过渡过程。

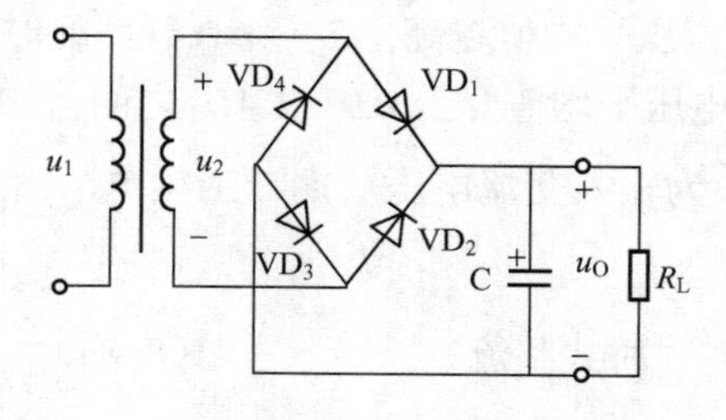

图 8-5　桥式整流电容滤波电路

1）设 $t=0$ 时，$u_C=0$，接通电源后，随着 u_2 增大，电容 C 开始充电。当 u_2 过峰值下降至 $u_2<u_C$ 时，电容 C 开始通过 R_L 放电，放电时间常数 $\tau_d=R_LC$，一般 τ_d 较大，u_C 放得较慢，因此还没等电容上电压放光，u_2 已上升到 $u_2=u_C$，对应于图 8-6a 中 ab 段。

2）当 $u_2>u_C$ 后，电容 C 又开始充电，充电时间常数 $\tau_c=(R_L\,//\,R_S)C\approx R_S\,C$，其中 R_S 为从

电容 C 两端向桥式整流电路看进去的戴维南等效电路的入端电阻，它包括整流二极管正向导通电阻和变压器副边线圈的直流电阻，一般 R_S 很小，因此电容 C 充电充得很快，对应于图 8-6a 中的 bc 段。

3）当电容电压上升至 $u_C=u_2$（此时 u_2 已开始下降）时，电容 C 再次进入放电周期如图 8-6a 中的 cd 段。

4）如此反复循环，得到图 8-6a 所示 u_C 波形。

5）电容 C 充电的时间也是整流二极管导通的时间，由于 C 充电时间很短，因此整流二极管导通的时间也很短。因横坐标 ωt 的单位是弧度，所以整流二极管导通时间称为导通角，用 θ 表示。根据能量守恒的概念，从变压器副边输出的电荷量应等于负载上输入的电荷量，而整流二极管导通角 θ 很小，因此整流二极管导通时的瞬时电流 i_D 比负载电流 I_L 大得多，如图 8-6b 所示。

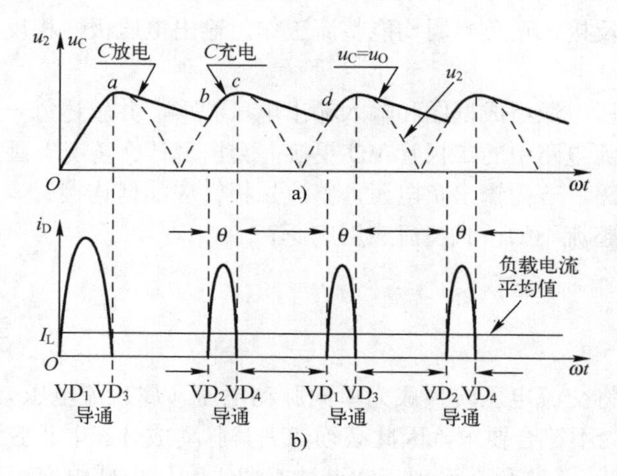

图 8-6 单相桥式整流电容滤波电路

a) u_2、u_O、u_C 波形 b) 二极管电流 i_D 的波形

2．电容滤波输出电压平均值

电容滤波输出电压平均值一般很难精确计算，主要取决于放电时间常数 τ_d，即 R_L 和 C 的大小。R_L、C 越大，输出电压平均值越高；$R_L\to\infty$（开路）时，$U_O=\sqrt{2}\,U_2$；$C\to0$ 时，桥式整流，$U_O=0.9U_2$；即输出电压平均值介于 0.9～$1.4U_2$ 之间，如图 8-7 所示。一般来说，满足 $R_LC\geqslant$（3～5）$\dfrac{T}{2}$ 时（T 为输入交流电压周期，工频电，T=20ms），可用下式估算：

$$U_O = 1.2\ U_2 \quad（桥式整流） \tag{8-8a}$$

$$U_O = 1.0\ U_2 \quad（半波整流） \tag{8-8b}$$

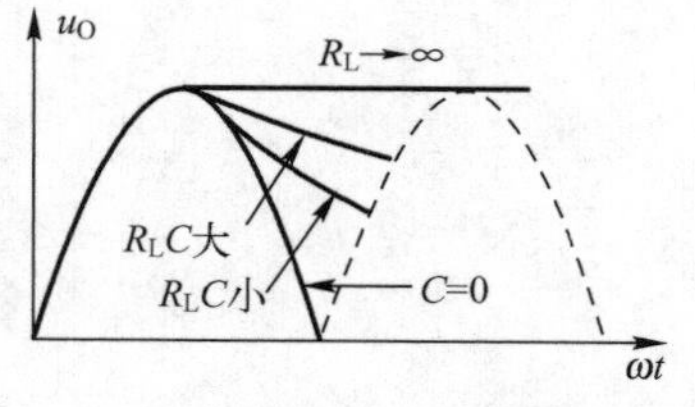

图 8-7 R_LC 对 u_O 的影响

3．电容滤波的特点

1）电路简单、轻便。

2）输出电压平均值升高（原因是电容储能）。

3）外特性较差（即输出电压平均值随负载电流增大而很快下降，带负载能力差）。

4）对整流二极管有很大的冲击电流，选管参数要求较高。整流二极管的冲击电流主要体现在以下两个方面：

① 若电容初始电压为0，开机瞬间，相当于短路，整流二极管会流过很大的电流。

② 由于整流二极管导通角较小，导通时电流很大。

故电容滤波适用于负载电流变化不大的场合。

【例 8-2】 已知电路如图 8-5 所示，U_2=12V，f=50Hz，R_L=100Ω，试求下列情况下输出电压平均值 u_O。

1）正常工作，并求滤波电容容量。

2）R_L 开路。

3）C 开路。

4）VD_2 开路。

5）VD_2、C 同时开路。

6）分别定性画出 1）、2）、3）、4）、5）题 u_O 波形。

解：1）正常工作：$U_{O1}=1.2U_2=(1.2\times12)\text{V}=14.4\text{V}$。

最小电容量：$C=(3\sim5)\dfrac{T}{2R_L}=(3\sim5)\dfrac{0.02}{2\times100}=300\sim500\mu\text{F}$

2）若 R_L 开路，$U_{O2}=\sqrt{2}\,U_2=(\sqrt{2}\times12)\text{V}=17.0\text{V}$。

3）若 C 开路，$U_{O3}=0.9U_2=0.9\times12\text{V}=10.8\text{V}$。

4）若 VD_2 开路，相当于半波整流，$U_{O4}=1.0U_2=12\text{V}$。

5）若 VD_2、C 同时开路，$U_{O5}=0.45U_2=5.4\text{V}$。

6）分别定性画出 1）、2）、3）、4）、5）题 u_O 波形如图 8-8 所示。

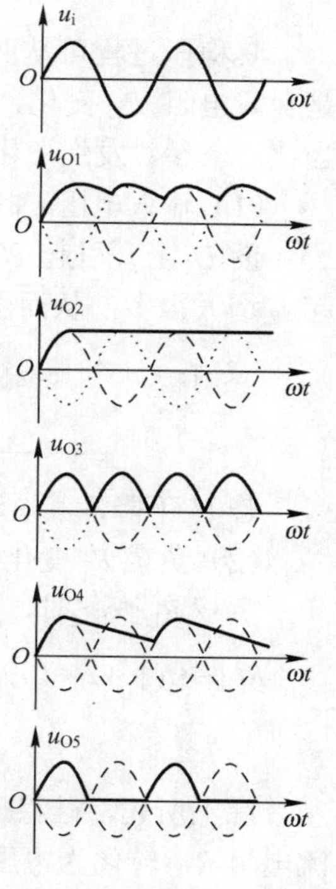

图 8-8 例 8-2 u_O 波形

4．电感滤波和复式滤波

（1）电感滤波

电感滤波是利用电感对脉动成分呈现较大感抗的原理来减少输出电压中的脉动成分。其主要特点是输出特性较平坦，整流二极管电流为连续波形。缺点是铁心质重体大价高，且易引起电磁干扰。适用于输出电流较大、负载变化较大的场合。

（2）复式滤波

电容滤波和电感滤波各有优缺点，复式滤波是将电阻电感电容组合，可进一步提高滤波效果。元件组合方式有 RC 滤波和 LC 滤波，结构型式有 π 型和 Γ 型。

【复习思考题】

8.5 电容滤波有什么主要特点？

8.6 电容滤波输出电压平均值与哪些因素有关？如何估算？有什么条件？

8.7 如何理解电容滤波中整流二极管的冲击电流？

8.8 电感滤波有什么主要特点？

8.3 硅稳压管稳压电路

1．电路和工作原理

硅稳压管组成的稳压电路如图 8-9 所示，其中 U_I 为输入电压，U_O 为输出电压，VS 为稳压管（处于反偏状态），R 为限流电阻（提供稳压管合适工作电流，使 $I_{Zmin}<I_Z<I_{ZM}$），R_L 为负载电阻。按图 8-9 电路，可列出 KVL 和 KCL 方程：

$$U_O=U_I-I_RR=U_Z$$

$$I_R=I_Z+I_L$$

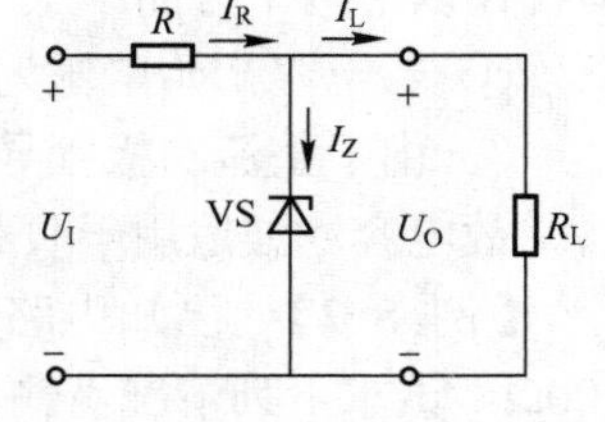

图 8-9　稳压管稳压电路

其稳压过程可从两个方面分析，一是输入电压 U_I 变化，二是负载电阻 R_L 变化，看电路能否起稳压作用。所谓稳压，就是当该两个参数发生变化时，仍能保持输出电压稳定。

（1）输入电压 U_I 变化

设 U_I 上升引起 U_O 上升，即 U_Z 变大，根据稳压管伏安特性可知，U_Z 稍有增大，就能引起 I_Z 增大很多，从而引起一系列负反馈过程而稳定输出电压 U_O，其过程如下：

$U_I\uparrow\to U_O\uparrow$（$U_Z\uparrow$）$\to I_Z\uparrow\to I_R\uparrow$（$I_R=I_Z+I_L$）$\to U_R\uparrow$（$U_R=I_RR$）$\to U_O\downarrow$（$U_O=U_I-I_RR$）

维持 U_O 基本不变

若 U_I 下降，其过程相反。

（2）负载 R_L 变化（输出电流 I_L 变化）

负载 R_L 变化时，稳压过程如下：

$R_L\downarrow\to I_L\uparrow$（$I_L=U_O/R_L$）$\to I_R\uparrow$（$I_R=I_Z+I_L$）$\to U_R\uparrow\to U_O\downarrow$（$U_Z\downarrow$）$\to I_Z\downarrow\to I_R\downarrow\to U_R\downarrow\to U_O\downarrow$

维持 U_O 基本不变

综上所述，硅稳压管组成的稳压电路中，稳压管是通过自身的电流调节作用，并通过限流电阻 R，转化为电压调节作用，从而达到稳定电压的目的。

2．元件选择

硅稳压管稳压电路的稳压性能主要取决于限流电阻 R 和稳压管动态电阻 r_Z。稳压管动态电阻 r_Z 越小，电流调节作用越明显；限流电阻 R 越大，电压调节作用越明显。但是限流电阻 R 大小受到其他参数（如输入电压 U_I、负载电流 I_L、稳压管电流 I_{Zmin} 和 I_{ZM}、电阻功耗、电路效率等）的限制，一般可按下式求取：

$$\frac{U_{Imax}-U_Z}{I_{ZM}+I_{Lmin}}<R<\frac{U_{Imin}-U_Z}{I_{Zmin}+I_{Lmax}} \tag{8-9}$$

3．适用场合

硅稳压管电流变化范围不大，即电流调节范围有限，因此，硅稳压管稳压电路适用于负载电流较小，且变化不大的场合。

【复习思考题】

8.9　稳压管稳压电路中，稳压管和限流电阻 R 各起什么作用？

8.4　线性串联型稳压电路

稳压管稳压电路在负载电流较小，且变化不大的场合，简单实用而被广泛应用，但在要求输出电流较大，负载电流变化较大，输出电压可调、稳压精度较高的场合，不太适用。线性串联型稳压电路能获得较好的稳压效果。

8.4.1 线性串联型稳压电路概述

1．基本电路

图 8-10a 为线性串联型稳压电路的基本电路，该电路可分为 4 个组成部分：基准、取样、比较放大和调整。

1）基准。由 R_3、VS 组成稳压管稳压电路，提供基准电压。

2）取样。由 R_1、R_2 组成输出电压分压取样电路。

3）比较放大。由 V_2、R_4 组成比较放大电路，将基准电压和取样电压比较并放大。

4）调整。V_1 为调整管，根据比较放大的信号控制和调整输出电压。

2．工作原理

稳压电路在某种原因下输出电压发生变化时能稳定输出电压，其控制过程如下：

$$U_O\uparrow\rightarrow U_{B2}\uparrow\left(U_{B2}=\frac{U_O R_2}{R_1+R_2}\right)\rightarrow U_{BE2}\uparrow\left(U_{BE2}=U_{B2}-U_Z\right)\rightarrow I_{C2}\uparrow\rightarrow U_{B1}\downarrow\left(U_{B1}=U_I-I_{C2}R_4\right)\rightarrow U_O\downarrow\left(U_O=U_{B1}-U_{BE1}\right)$$

线性串联型稳压电路是一个二级直流放大器，射极输出，从负反馈角度看，是一个电压串联负反馈电路。电压负反馈，能稳定输出电压。

3．输出电压

根据$\dfrac{U_O R_2}{R_1+R_2}=U_{B2}=U_{BE2}+U_Z\approx U_Z$，可得出：

$$U_O\approx\left(1+\frac{R_1}{R_2}\right)U_Z \tag{8-10}$$

为了使输出电压可调，可在 R_1、R_2 之间串入一个电位器。调节电位器，即调节了取样分压比，调节了输出电压，如图 8-10b 所示。

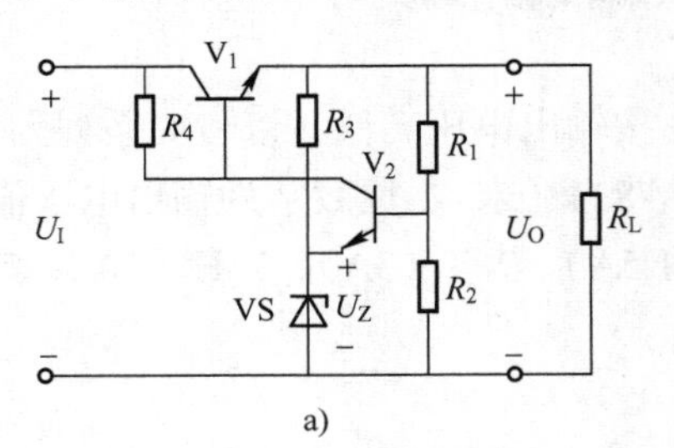

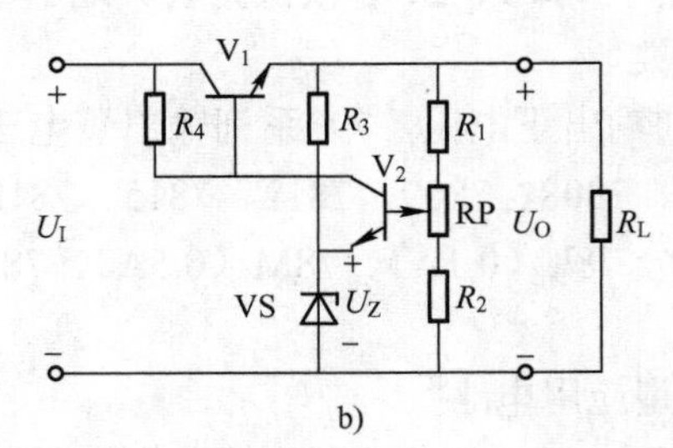

图 8-10 串联型稳压电路

a) 基本电路 b) 输出电压可调电路

4．性能分析

稳压电路的主要技术指标有稳压系数、输出电阻和温度系数，线性串联型稳压电路的性能主要与调整管、比较放大电路的增益以及基准电压的稳定有关。

（1）调整管 V_1

1）线性串联型稳压电路要求调整管工作在放大状态，β 越大，效果越好。因此，通常用复合管组成调整管。

2）线性串联型稳压电路的输出电流须全部流过调整管，即输出电流受制于调整管 I_{CM}。

3）因调整管工作在放大状态，且输出较大电流。因此，调整管功耗较大，即输出电流同时受制于调整管 P_{CM}。为减小调整管 P_{CM}，输入输出压差（U_I–U_O）不宜过大，一般视输出电流大小取2～5V，同时选饱和压降 U_{CES} 小的调整管。一般情况下，调整管应加装散热片。

（2）比较放大电路增益

据分析，线性串联型稳压电路的稳压系数，输出电阻均与比较放大电路增益 A_{u2} 有关。A_{u2} 越大，电路稳压性能越好。$A_{u2}=\dfrac{\beta_2 R_4}{R_1//R_2+r_{be2}+(1+\beta_2)r_Z}$，其中 r_Z 为稳压管动态电阻，从该式看出，欲增大 A_{u2}，主要从以下几点着手：

1）提高比较放大管 V_2 的 β 值。

2）增大 V_2 管集电极负载电阻 R_4，但 R_4 过大会减小 V_2 管的动态范围，因此改进电路中常用恒流源代替 R_4。

3）选用动态电阻 r_Z 较小的稳压管，基准电压 U_{REF} 的稳定对串联型稳压电路的性能有很大影响，稳压管的 r_Z 越小，稳压性能越好。

8.4.2 三端集成稳压电路

目前在电子设备中，采用分列元件组成线性串联型稳压电路，已较少见，普遍应用的是集成稳压电路。其中广泛应用的是输出电压固定的三端集成稳压器 78/79 系列和输出电压可调的三端集成稳压器 LM317/337。

1. 输出电压固定的集成稳压器 78/79 系列

78/79 系列集成稳压器内部具有过流、过热和安全工作区三种保护，稳压性能优良可靠，使用简单方便，价格低廉，体积小，国内外有许多生产厂商制造生产。图 8-11 为 78/79 系列集成稳压器 TO220 封装外形正视图。78 系列引脚 1、2、3 依次为输入端、公共端和输出端；79 系列引脚 1、2、3 依次为公共端、输入端和输出端。

（1）分类

78 系列输出正电压，79 系列输出负电压；按输出电压高低（以 78 系列为例）可分为 7805、7806、7808、7809、7812、7815、7818、7824（末 2 位数字为输出电压值）；按输出电流大小可分 78L（0.1A）、78M（0.5A）、78（1.5A）、78T（3A）、78H（5A）、78P（10A）系列。

（2）典型应用电路

图 8-12 为 78 系列集成稳压器典型应用电路（79 系列应用电路电解电容 C_3 及二极管 VD 应反接，输入电压必须为负极性），说明如下：

1）电容 C_1 用于输入端高频滤波，包括滤除电源中高频噪声和干扰脉冲。

2）电容 C_2、C_3 用于输出端滤波，改善负载的瞬态响应，并消除来自负载电路的高频噪声。需要指出的是多数教材和技术资料有关三端集成稳压器的电路中，没有大容量电容 C_3，这是不合理的。实验表明，如 78 系列（1.5A）输出电流大于 200mA 后，输出电压纹波明显增大。因此应根据负载电流的大小在输出端接大容量电解电容，一般取 100～1000μF，负载电流越大，电容容量应越大。

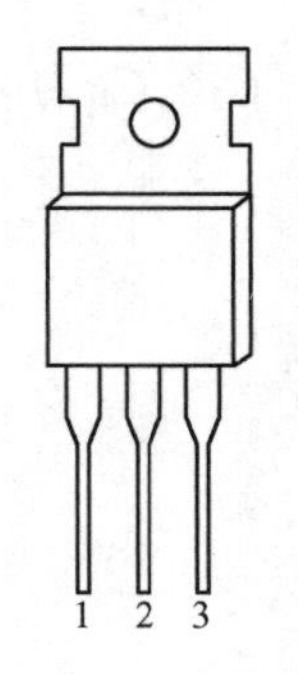

图 8-11　三端集成稳压器

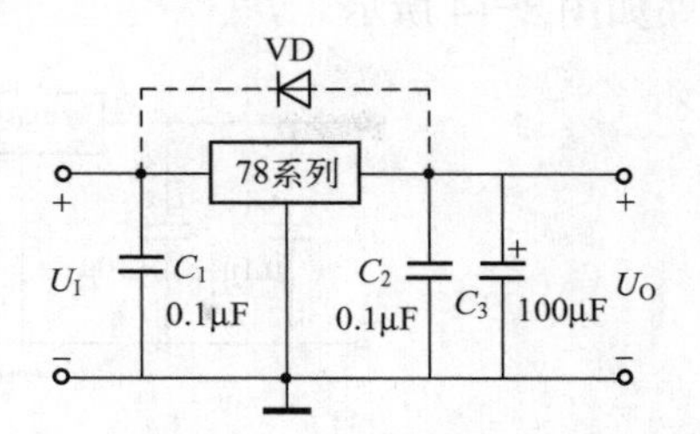

图 8-12　78 系列集成稳压器典型应用电路

3）负载电流较大时，集成稳压器应加装散热片，否则，集成稳压器将因温升过高而进入过热保护状态（输出限流）。

4）图 8-12 电路中二极管 VD 的作用是输入端短路时提供 C_3 放电通路，防止 C_3 两端电压击穿集成稳压器内调整管 be 结。但在集成稳压器输出电压不高的情况下，也可不接。注意稳压器浮地故障，当 78 系列集成稳压器公共端断开时，输入输出电压几乎同电位，将引起负载端高电压。78/79 系列三端集成稳压器内部有完善的保护电路，一般不会损坏。

5）78 系列集成稳压器输入电压不得高于 35V（7824 允许 40V），不得低于-0.8V；输入输出电压最小压差约 2V。

6）78/79 系列集成稳压器输出最大电流是在三种保护电路未作用时的极限参数，实际上，还未到输出最大电流极限值，三种保护电路已动作。增大输出电流并保持稳压的途径是加装大散热片和在输出端接大容量电容。

7）当需要输出正负两组电源时，可按图 8-13 连接。

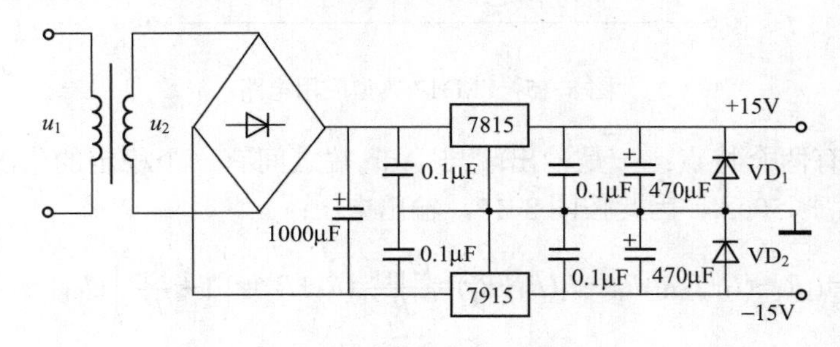

图 8-13　正负电源输出稳压电路

【例 8-3】 试设计一个输出电压电流 5V/0.5A 的稳压电路，并画出电路。

解： 1）选择集成稳压器芯片：输出电压电流 5V/0.5A，选 7805。

2）确定输入电压范围：集成稳压器输入电压既不能过高，又不能过低。输入电压过高，集成稳压器功耗大，容易进入过载热保护状态；输入电压过低，接近或小于最小压差 2V，输出电压纹波将增大，直至不能稳压。一般来说，取输入最小电压比输出电压高 2～3V，输入最大电压比输出电压高 5～9V。输出电流较小时取下限值，输出电流较大时取上限值。因此取输入电压范围为 8～12V。

3）选择输入、输出端电容，C_1、C_3 为 0.1μF（聚苯乙烯电容），C_2、C_4 为 470μF（铝电解电容）。电路如图 8-14 所示。

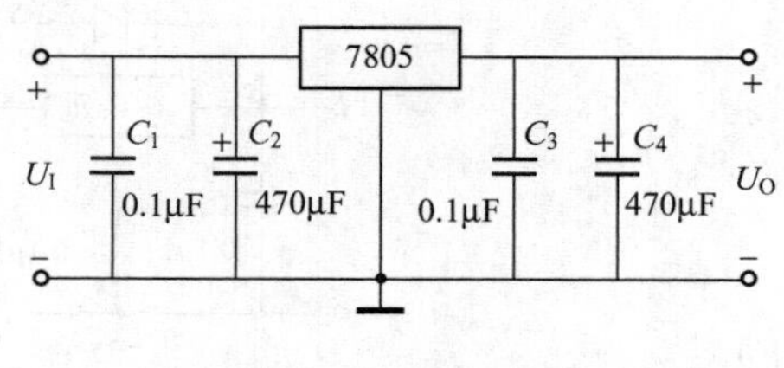

图 8-14　例 9-3 电路

4）7805 加装散热片。

2．输出电压可调的集成稳压器 LM317/337

LM317/337 为输出电压可调集成稳压器。317 输出正电压，337 输出负电压。TO220 封装外形正视图同图 8-11。317 引脚 1、2、3 依次为调整端（Adjust）、输出端和输入端；337 引脚 1、2、3 依次为调整端、输入端和输出端。图 8-15 为 LM317 典型应用电路（LM337 电路连接与图 8-15 相似，但二极管、电解电容极性应反接，输入电压也必须是负极性）。

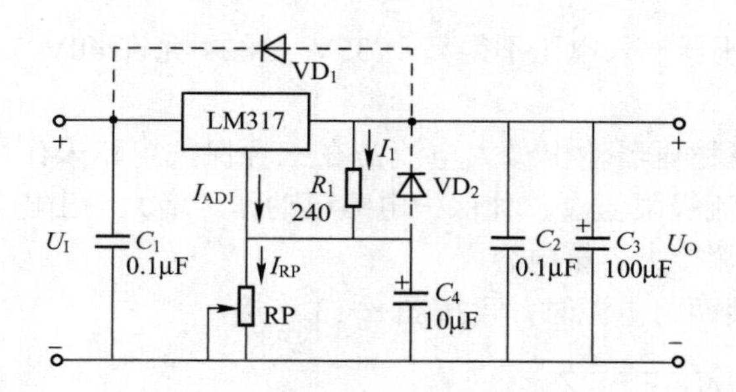

图 8-15　LM317 典型应用电路

LM317/337 有两个特点：一是输出端与 Adj 端之间有一个稳定的带隙基准电压 U_{REF} =1.25V；二是 I_{ADJ} ＜50μA。因此按图 8-15，输出电压：

$$U_O=I_1R_1+(I_1+I_{ADJ})R_p\approx I_1(R_1+R_p)=\frac{U_{REF}}{R_1}(R_1+R_p)=\left(1+\frac{R_P}{R_1}\right)U_{REF} \tag{8-11}$$

上式表明，输出电压 U_O 与取决于 RP 与 R_1 的比值，调节 RP 即能调节输出电压 U_O 。对图 8-15 电路，说明如下：

1）R_1 的取值范围应适当，一般取 120～240Ω。$I_1=U_{REF}/R_1=(10\sim5)$mA，满足 $I_1>>I_{ADJ}$，I_{ADJ} 可忽略不计，R_1 越小，输出电压精度及稳压性能越好；但 R_1 过小，功耗过大，热稳定性变差，一般可选用 RJX/0.25W 电阻（金属膜）。

2）调节 RP 即可调节输出电压，RP 可选用线性线绕电位器或多圈电位器。其最大阻值视输入输出电压值。LM317 输入电压不得高于 40V。输入输出电压最小压差约 2V。

3）电容 C_4 用于旁路 RP 两端的纹波电压。VD_2 用于输出端短路时提供 C_4 放电回路，VD_1 用于输入端短路时提供 C_3 的放电回路，以防损坏 LM317。

【复习思考题】

8.10 线性串联型稳压电路的基本电路由哪几部分组成？各有什么作用？

8.11 线性串联型稳压电路的输出电压与哪些因素有关？如何使输出电压可调？

8.12 线性串联型稳压电路的稳压性能主要与哪些因素有关？

8.13 叙述输出电压固定的三端集成稳压器输出电压正负、输出电压高低、输出电流大小分类概况。

8.14 应采取什么措施保障 78 系列集成稳压器有足够的输出电流？

8.15 若需要+5V 稳定输出电压，应选择哪一种集成稳压器芯片？其输入电压范围应如何选择？

8.5 开关型直流稳压电路

78/79 系列和 LM317/337 系列三端集成稳压器属于线性稳压电路，其内部调整管必须工作在线性放大区，调整管 U_{CE} 较大，同时输出电流全部流过调整管，因此调整管功耗很大，整个电源效率很低，一般只有 30%～60%。特别是当输入、输出压差大，输出电流大时，不但电源效率很低，也使调整管工作可靠性降低。开关型稳压电路中的调整管工作在截止与饱和两种状态，管耗很小，电源效率明显提高，可达 70%～90%，近年来发展迅速，得到广泛应用。

8.5.1 开关型直流稳压电路概述

1．工作原理

图 8-16 为开关型稳压电路工作原理示意图，电路由开关元件、控制电路和滤波器组成。其中开关元件由功率晶体管或功率 MOSFET 担任，工作在饱和导通或截止状态，由控制电路根据输出电压的高低组成闭环控制系统。开关元件饱和导通时，$U_D=U_I$；截止时，$U_D=0$。因此 U_D 为矩形脉冲波，其包络线为输入电压 U_I，如图 8-17 所示。此矩形脉冲再经过 LC 滤波器，得到比较平滑的直流电压。

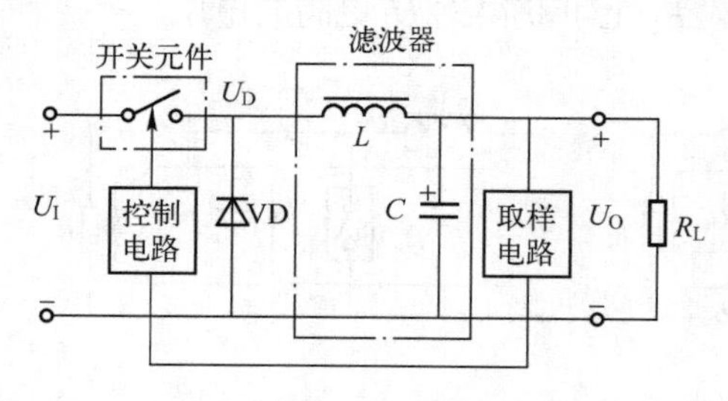

图 8-16 开关型稳压电路示意图

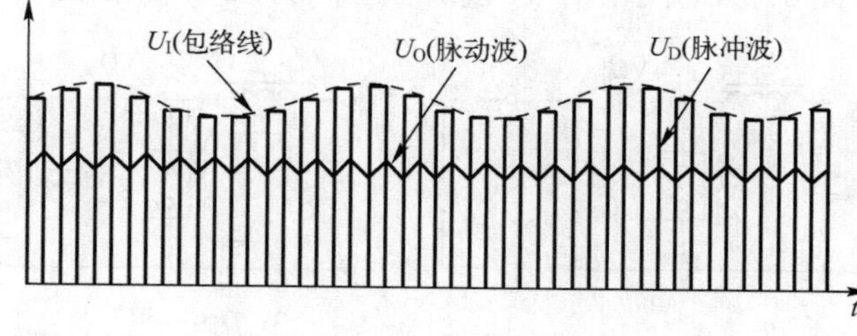

图 8-17 开关型稳压电路 U_I、U_D、U_O 波形

LC 滤波器工作原理示意图如图 8-18 所示。开关元件导通时，LC 充电储能，同时负载 R_L 中有电流流过；开关元件截止时，L 与 C 中储能向负载放电，二极管 VD 提供放电时的电流通路，称为续流二极管。显然，输出电压 U_O 的大小与一个周期中开关元件导通的时间 t_{on} 成正比。

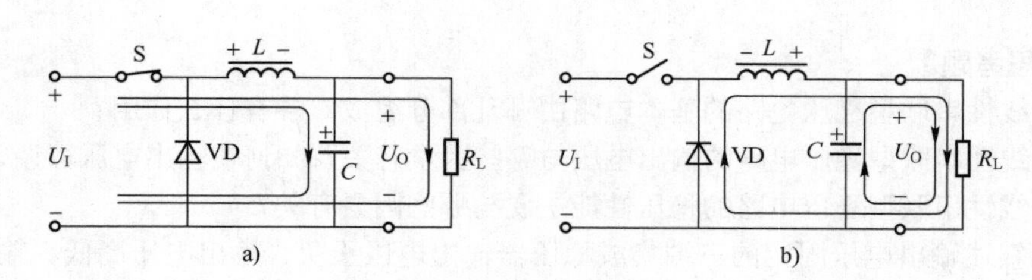

图 8-18　LC 滤波器工作原理示意图

a）充电阶段　b）放电阶段

$$U_{\mathrm{O}}=\frac{t_{\mathrm{on}}}{T}U_{\mathrm{I}}=qU_{\mathrm{I}} \tag{8-12}$$

其中 T 为矩形脉冲周期，q 称为矩形脉冲的占空比，$q=t_{\mathrm{on}}/T$。

读者可能有疑问的是，仅凭 LC 滤波能否达到稳压的目的？若能达到稳压目的，那么还要稳压电路做什么？需要指出的是，开关型稳压电路中的 LC 滤波与 8.2 节中所述的 LC 滤波不一样。8.2 节所述 LC 滤波是对 100Hz（50Hz 电源桥式整流后为 100Hz）脉动电压滤波，而开关型稳压电路中的 LC 滤波器是对高频脉冲波（早期多为 20～50kHz，目前多为 100～500kHz，已有 1MHz 以上应用）滤波，因此较小的 LC 元件即能达到很好的滤波效果，电感元件 L 中的磁心也不是普通的低频磁心，而是一种特殊的高频磁心，体积很小，L 线圈匝数很少，开关频率越高，L 可越小。当然，与线性串联型稳压电路相比，开关型稳压电路输出电压中含有较多的高频脉动成分，这是开关型稳压电路的缺点。

2．开关型稳压电路分类

开关型稳压电路发展很快，种类很多，各有优缺点和用途。主要分类情况如下：

（1）串联型和并联型

按开关元件连接方式，开关型稳压电路可分为串联型（Buck）和并联型（Boost），串联型的开关元件与负载串联，属降压型变换，如图 8-16 所示。并联型的开关元件与负载并联，属升压型变换，如图 8-19a 所示。并联型开关稳压电路工作原理是，开关元件导通时，L 充电，C 放电，如图 8-19b 所示；开关元件截止时，L 上的反电势与 U_{I} 叠加，向 C 充电，如图 8-19c 所示，C 上充得的电压将大于 U_{I}，因此负载 R_{L} 上可获得比 U_{I} 更高的电压。

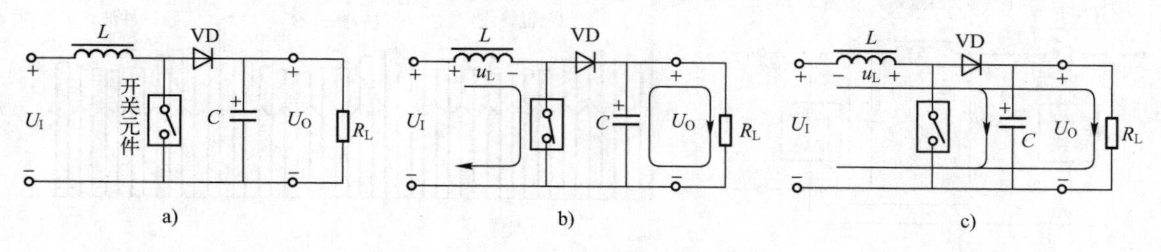

图 8-19　并联型开关稳压电路原理图

a) 电路组成　b) L 充电　c) L 放电

（2）脉宽调制型和频率调制型

脉宽调制型（Pulse Width Modulation，PWM）是在开关元件开关周期 T 不变条件下，改变导通脉冲宽度 t_{on}，从而改变占空比 q，改变输出电压 U_{O}，如图 8-20a 所示。

频率调制型（Pulse Frequency Modulation，PFM）是在开关元件导通脉冲宽度 t_{on} 不变的条件下，改变开关元件工作频率，从而改变占空比 q，改变输出电压 U_O，如图 8-20b 所示。

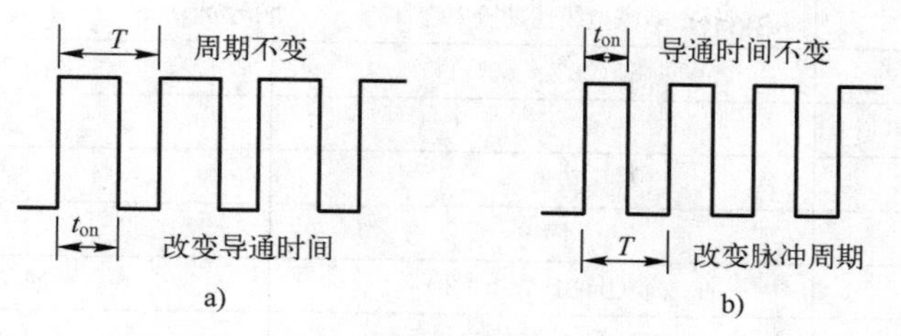

图 8-20　开关电源调制型式

a) PWM　b) PFM

（3）AC-DC 变换型和 DC-DC 变换型

AC-DC 变换型与 DC-DC 变换型的区别是指开关型稳压电源的输入电压是交流 AC 还是直流 DC，但即使输入电压是交流 AC，也需将其整流滤波变换为直流电压后再输入开关型稳压电路。

（4）正激式和反激式

正激式变换是在开关元件导通时传递能量，如图 8-21a 所示，开关元件导通时，VD_1 导通（注意变压器 T 同名端），LC 充电；开关元件截止时，VD_1 截止，LC 放电（VD_2 为续流二极管）。

反激式变换是在开关元件截止时传递能量，如图 8-21b 所示，开关元件导通时，VD 截止（注意变压器 T 同名端），变压器 T 副边储能；开关元件截止时，VD 导通，变压器 T 副边在开关元件导通时储存的能量通过 VD 向电容 C 充电。显然，反激式变换电路简单，但对元件要求较高。

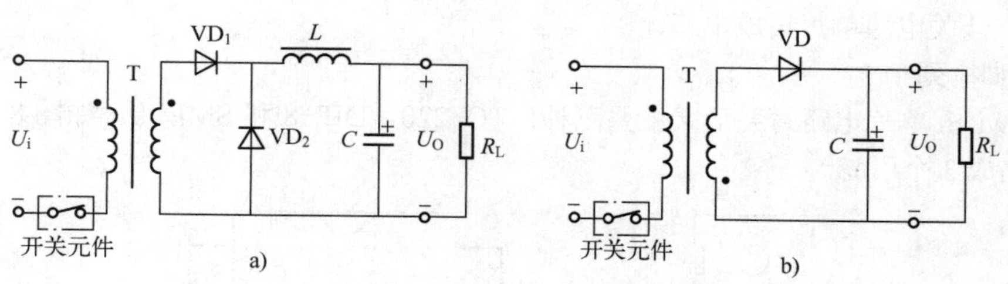

图 8-21　正激式和反激式开关电源

a) 正激式　b) 反激式

3．开关电源中的开关元件

开关元件在开关型稳压电路中是一个很关键的元件，要求高频、大电流、通态电压低、驱动控制简单等，目前常用 MOSFET、VMOS 和 IGBT，小功率开关电源也使用双极型晶体管，其中以 IGBT 最为理想。

4．开关电源与线性电源性能比较

与串联型线性电源相比，开关电源的主要优点是效率高；调整管功耗低，不需要较大的散热器；用轻量的高频变压器替代笨重的工频变压器，体小量轻。表 8-1 为开关型稳压电源与串联型线性稳压电源性能比较。

表 8-1 开关电源与线性电源性能比较

	串联型线性稳压电源	开关型稳压电源
效率	低（30%～60%）	高（70%～90%）
尺寸	大	小
重量	重	轻
电路	简单	复杂
稳定度	高（0.001%～0.1%）	普通（0.1%～3%）
纹波（p-p）	小（0.1～10mV）	大（10～200mV）
暂态反应速度	快（50μs～1ms）	普通（500μs～10ms）
输入电压范围	窄	宽
成本	低	普通
电磁干扰	无	有

8.5.2 Top Switch 开关电源单片集成电路

用分列元件或小规模集成电路构建开关电源，线路复杂、成本高、效率低，美国动力（Power Integration）公司推出的 Top Switch 系列开关电源单片集成电路，能构成各种小型化开关电源，并能在价格上与线性稳压电源相竞争，广泛用于仪器仪表、笔记本式计算机、移动电话、电视机、VCD 和 DVD、摄录像机、手机电池充电器、功率放大器、LED 电源等领域。

1. 产品分类

Top Switch 系列开关电源单片集成电路第一代产品为 TOP 100/200 系列（用于 100W 以内），第二代产品为 TOP Switch-Ⅱ系列（用于 150W 以内），后来又推出的 TOP Switch-GX 系列（用于 250W 以内）。另外，还有比 Top Switch 功率较小的 TINY Switch 系列（用于 20W 以内）开关电源单片集成电路。

2. 引脚排列

Top Switch 单片电路封装形式主要三种：TO-220、DIP-8 和 SMD-8。如图 8-22 所示，但均可简化成 3 个引脚。

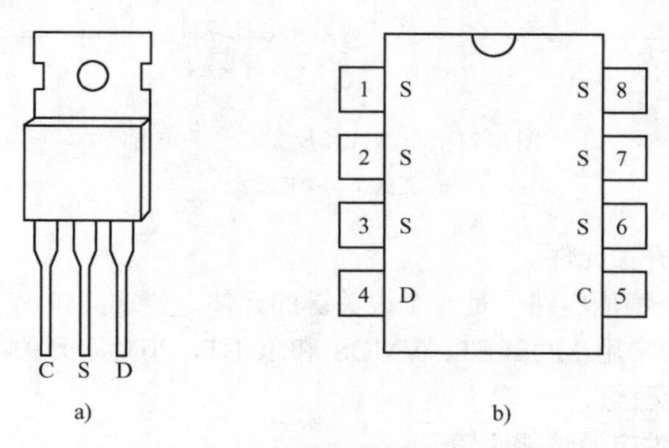

图 8-22 Top Switch-Ⅱ封装引脚图

a) TO-220 b) DIP-8 或 SMD-8

3．性能特点

1）片内含脉宽调制器、功率开关场效应晶体管（MOSFET）、自动偏置电路、保护电路、高压启动电路和环路补偿电路，能通过高频变压器使输出端与电网完全隔离，使用安全可靠。

2）宽输入交流电压范围（85～265V、47～440Hz），开关频率典型值为 100kHz，占空比调节范围是 1.7%～67%。

3）芯片体积小，重量轻；外围电路简单，成本低廉；芯片本身功耗很低，电源效率可达 80%以上。

4．典型应用电路

图 8-23 为 TOP Switch-Ⅱ典型应用电路，其工作原理是利用反馈电流来调节占空比 q，达到稳定输出电压的目的。

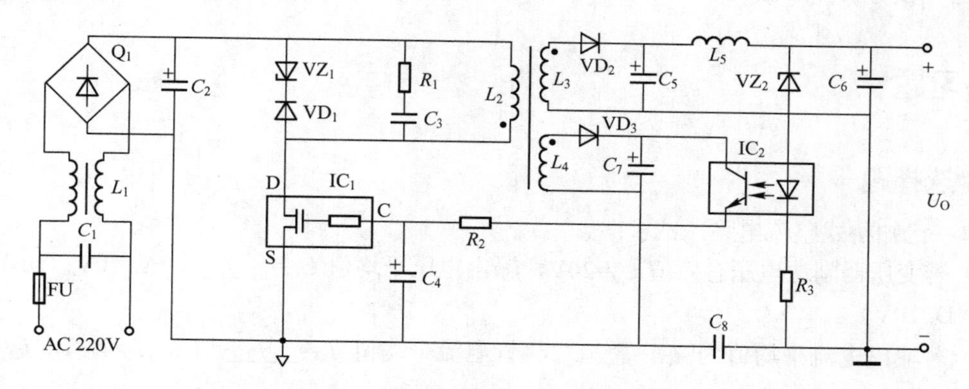

图 8-23　TOP Switch-Ⅱ典型应用电路

1）FU 为熔丝，电容 C_1 和扼流圈 L_1 主要用于抑制交流电网中各种干扰脉冲，Q_1 为桥式整流，电容 C_2 滤波后得到较为平滑的直流电压。

2）IC_1 为 TOP Switch-Ⅱ开关电源单片集成电路，片内集成的大功率 MOSFET 管，漏极 D 接 C_2 滤波后的直流高压，源极 S 直接接地；MOSFET 管在片内 100 kHz 高频振荡器激励下，将高压直流电斩波为高频脉冲。VZ_1 为瞬态电压抑制二极管，与超快恢复二极管 VD_1 串联，用于吸收超高压，防止损坏 IC_1 中的 MOSFET 管。R_1、C_3 用于吸收 L_2 反电势尖峰电压。

3）L_2、L_3 和 L_4 组成高频电源变压器。其中，L_3 为主输出绕组，高频脉冲波经 VD_2 半波整流，C_5、L_5、C_6 π 型滤波，输出平稳直流电压。C_8 用于隔离输入和输出接地。L_4 为辅绕组，经 VD_3 半波整流，C_7 滤波，提供光电耦合器 IC_2 中光电晶体管电流。因 L_2 与 L_3 同名端相反，图 8-23 电路为反激式开关电源。

4）VZ_2、R_3 组成稳压电路，当主输出直流电压升高时，稳压管 VZ_2 中电流增大，经与其串联的光耦合器 IC_2 中发光二极管耦合，导致光敏晶体管电流增大，驱动 TOP Switch-Ⅱ控制端 C，调节高频脉冲的占空比减小，从而降低主输出直流电压。

需要说明的是，为便于理解，图 8-23 电路适当做了简化。有的应用电路将高频电源变压器增加若干输出绕组，再分别整流滤波，可输出不同的直流电压，但其稳压特性随主绕组输出电压变化。有的应用电路用稳压特性更好的 TL431 代替 VZ_2（电路须适当更改）。限于篇幅，本书未予展开。

【复习思考题】

8.16 串联型线性稳压电源与开关型稳压电源的效率各为多少?为什么串联型线性稳压电源效率低而开关型稳压电源效率高?

8.17 开关型稳压电路输出电压如何计算?

8.18 同样是 *LC* 滤波，为什么开关型稳压电路中的 *LC* 滤波器所需 *LC* 数值小得多?

8.19 简述 PWM 和 PFM 开关型稳压电路的区别。

8.20 比较串联型线性稳压电源和开关型稳压电源的优缺点。

8.21 Top Switch－Ⅱ系列开关电源单片集成电路有哪些性能特点？

8.22 Top Switch－Ⅱ系列开关电源单片集成电路有几个引脚？其工作原理是什么？

8.23 试分析图 8-23 TOP Switch－Ⅱ典型应用电路的工作原理。

8.6 习题

8.6.1 选择题

8.1 已知桥式整流电路，试求：

1）若变压器副边电压有效值 U_2=20V，输出电压平均值 U_O=_____。（A. 20V；B. 18V；C. 9V；D. 10V）

2）若输出电流平均值为 I_O，整流二极管电流平均值 I_D=_____。（A. $I_O/4$；B. $I_O/2$；C. I_O；D. $I_O/\sqrt{2}$）

3）若变压器副边电压有效值为 U_2，每个整流二极管最大反向电压 U_{Drm}=_____。（A. $2\sqrt{2}\,U_2$；B. $\sqrt{2}\,U_2$；C. $U_2/\sqrt{2}$；D. U_2）

4）若一个整流二极管开路，则输出_____。（A. 半波整流波形；B. 全波整流波形；C. 无波形；D. 不能整流）

8.2 滤波电路的主要目的是_____。（A. 将交流变直流；B. 将交直流混合量中的交流成分全部去掉；C. 将交直流混合量中的交流成分去掉一部分；D. 将高频变为低频）

8.3 已知桥式整流电容滤波电路，变压器副边电压 $u_2=10\sqrt{2}\sin\omega t$(V)，$R_LC>3T$，在下列情况下，测得输出电压平均值 U_O 数值可能为：1）正常情况下，U_O=_____；2）滤波电容虚焊时，U_O=_____；3）负载电阻 R_L 开路时，U_O=_____；4）一只整流二极管和滤波电容同时开路时，U_O=_____。（A. 14V；B. 12V；C. 9V；D. 4.5V）

8.4 桥式整流电容滤波电路，变压器副边电压有效值 U_2=20V，参数满足 $R_LC>(3\sim5)T/2$。输出电压平均值 U_O=_____，（A. 28V；B. 24V；C. 20V；D. 18V）；接入电容滤波后，比未接入电容时，输出电压平均值_____，（A. 升高；B. 降低；C. 不变；D. 不定）；整流二极管导通角_____，（A. 变大；B. 变小；C. 不变；D. 不定）；外特性_____。（A. 变好；B. 变差；C. 不变；D. 不定）

8.5 下列条目中，属于电容滤波特点（多选）的是_____；属于电感滤波特点的是_____。（A. 轻便；B. 整流二极管电流波形连续；C. 外特性较差；D. 笨重；E. 输出电压升高；F. 输出电压降低；G. 输出电压基本不变；H. 整流二极管导通角小；I. 对整流二极管有冲击电流；J. 有电磁干扰）

8.6　硅稳压管稳压电路中，稳压管的作用是_____，限流电阻 R 的作用是_____。（A. 电压调节；B. 电流调节；C. 阻抗调节；D. 负载调节）

8.7　硅稳压管组成的稳压电路，只适用于_________的场合。（A. 输出电压不变，负载电流变化较小；B. 输出电压可调，负载电流不变；C. 输出电压可调，负载电流变化较小；D. 输出电压不变，负载电流变化较大）

8.8　线性串联型稳压电路，选择（多选）下列_______因素，能有效提高稳压性能。（A. 调整管 β 大；B. 调整管 β 小；C. 稳压管动态电阻 r_z 大；D. 比较放大电路增益高；E. 稳压管动态电阻 r_z 小；F. 比较放大电路增益低；G. 取样分压比低）

8.9　输出电压固定的三端集成稳压器在使用时，要求输入电压绝对值比输出电压绝对值至少_____。（A. 大于 1V；B. 大于 2V；C. 大于 5V；D. 相等）

8.10　三端集成稳压器中，输出正电压（多选）的是_______；输出负电压（多选）的是______；（A. 78 系列；B. 79 系列；C. LM317；D. LM337）

8.11　输出电压可调集成稳压器 LM317/337 芯片的特点（多选）是_______；（A. 输入端与 Adj 端之间有一个稳定的带隙基准电压 U_{REF}；B. 输出端与 Adj 端之间有一个稳定的带隙基准电压 U_{REF}；C. $I_{ADJ}>50\mu A$；D. $I_{ADJ}<50\mu A$；E. U_{REF}=1V；F. U_{REF}=1.25V；G. U_{REF}=2V；H. U_{REF}=2.5V）

8.12　开关型稳压电源效率比串联型线性稳压电源高的主要原因是_____。（A. 输入电源电压较低；B. 内部电路元件较少；C. 采用 LC 平滑滤波电路；D. 调整管处于开关状态）

8.13　开关型稳压电源与线性电源相比，有如下特点（多选）_______。（A. 效率高；B. 尺寸小；C. 电路简单；D. 稳定度高；E. 输出电压纹波小；F. 暂态响应速度快；G. 输入电压范围宽；H. 成本低；I. 无电磁干扰）

8.14　开关型稳压电源中的 LC 滤波器与线性电源中的 LC 滤波器相比，其特点（多选）为_______。（A. 高频滤波；B. 低频滤波；C. L 磁心体积大；D. L 磁心体积小；E. L 线圈匝数多；F. L 线圈匝数少；G. C 容量大；H. C 容量小）

8.6.2　分析计算题

8.15　已知半波整流电路如图 8-2 所示，输入电压为 AC 220V，变压器变比为 10∶1，R_L=10Ω，试求：1）变压器副边电压有效值 U_2；2）输出电压平均值 U_O；3）负载电流平均值 I_O；4）输出电压有效值是否等于输出电压平均值？若不同，写出输出电压有效值表达式。

8.16　已知全波整流电路如图 8-3 所示，U_2=12V，R_L=8Ω，试求：1）输出电压平均值 U_O；2）负载电流平均值 I_O；3）整流二极管平均电流 I_D；4）整流二极管承受的最大反向电压 U_{Drm}；5）若 VD_1 反接、开路、短路，会出现什么情况？6）若 VD_1、VD_2 均反接会出现什么情况？

8.17　已知桥式整流电路如图 8-4 所示，U_2=8V，R_L=5Ω，试求：1）输出电压平均值 U_O；2）负载电流平均值 I_O；3）整流二极管平均电流 I_D；4）整流二极管承受的最大反向电压 U_{Drm}；5）若 VD_2 反接、开路、短路，会出现什么情况？6）分析桥式整流 4 个整流二极管中，2 个反接，3 个反接和 4 个反接各会出现什么情况？

8.18　已知整流电路如图 8-24 所示，U_{21}=50V，U_{22}=U_{23}=10V，试计算 U_{O1}、U_{O2}。

8.19　已知整流电路如图 8-25 所示，U_{21}=10V，U_{22}=20V，R_{L1}=100Ω，R_{L2}=300Ω，试求：1）分析变压器副边电压 u_{21}、u_{22} 正负半周时电流流通路径；2）计算 U_{O1}、U_{O2} 和 U_O；3）若变压器副边接地点 O 开路，重新计算 U_{O1}、U_{O2} 和 U_O。

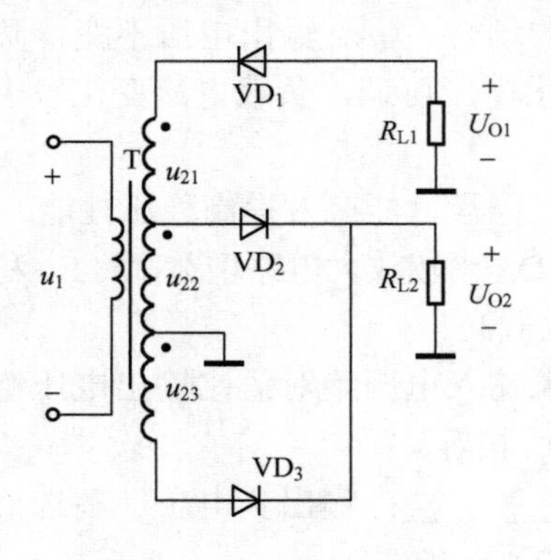

图 8-24　习题 8.18 电路

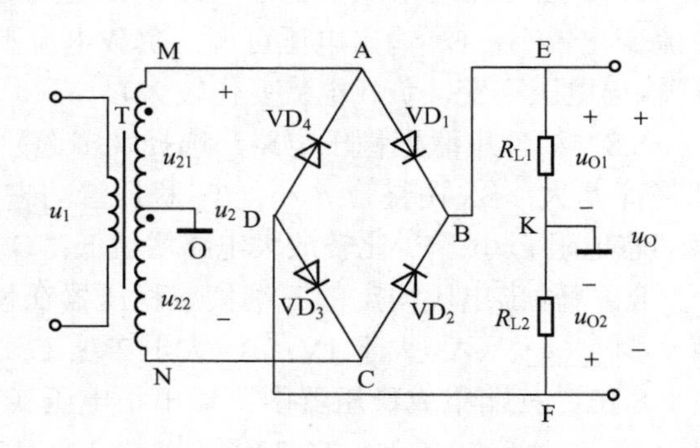

图 8-25　习题 8.19 电路

8.20　已知桥式整流电容滤波电路如图 8-5 所示，U_2 =10V，R_L=100Ω，输入电压为工频 50Hz，试估算滤波电容取值和输出电压平均值。

8.21　已知桥式整流电容滤波电路如图 8-5 所示，U_2 =10V，有 5 位同学用直流电压表测得输出电压 U_O 值：1）12V；2）14V；3）10V；4）9V；5）4.5V。试分析电路工作是否正常？若不正常试指出故障情况。

8.22　已知桥式整流电容滤波电路如图 8-5 所示，有 5 位同学用示波器观察输出电压波形，如图 8-8 所示，试分析电路工作是否正常？若不正常，试指出电路故障情况。

8.23　已知稳压管稳压电路如图 8-26 所示，U_I 足够大且极性为正，R 能使稳压管中电流工作于稳压状态，U_{Z1}=5V，U_{Z2}=8V，正向导通时，U_{on}=0.7V，试求输出电压 U_O。

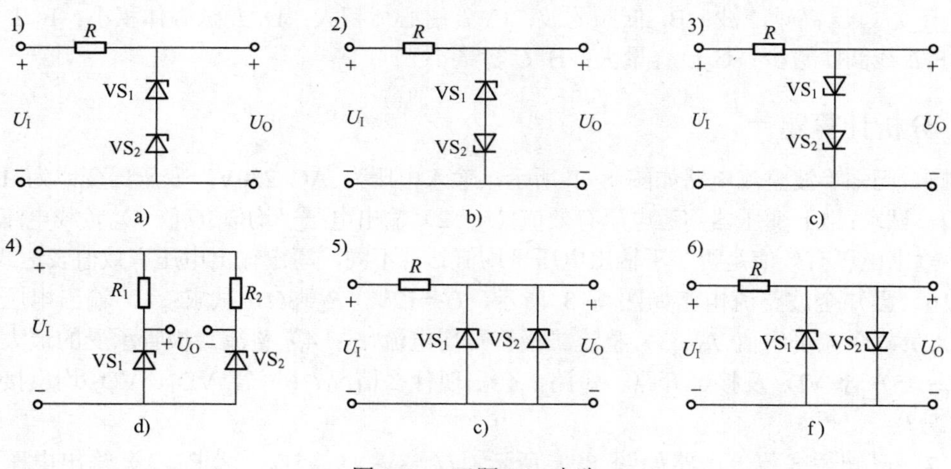

图 8-26　习题 8.23 电路

8.24　已知稳压管稳压电路如图 8-9 所示，U_I 波动范围为 17～20V，R_L 变化范围为 510Ω～1kΩ，稳压管 U_Z=6.2V，I_{Zmax}=20mA，I_{Zmin}=5mA，试求 R 取值范围。

8.25　已知稳压管稳压电路如图 8-27 所示，u_1 为 AC220V，U_C =−12V，U_O= −8V，R_L=200Ω，R=80Ω，试求：1）画出整流二极管 VD_1～VD_4，滤波电容 C（包括极性），稳压管 VS。2）选取稳压管参数：U_Z、I_Z。3）选取滤波电容值。4）计算变压器副边电压有效值 U_2。5）忽略滤波电容充放电电流，计算整流二极管 U_{Drm}、I_D 。

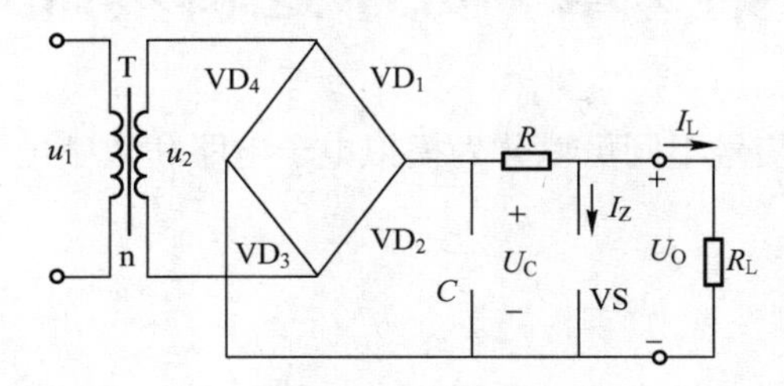

图 8-27　习题 8.25 电路

8.26　已知稳压电路如图 8-10b 所示，R_1=R_2=R_p=2kΩ，U_Z=6.2V，U_I 足够大，R_3、R_4 取合适阻值，试求调节 RP 时 U_O 的范围。

8.27　试设计一个输出电压电流 12V/0.5A 的稳压电路，并画出电路。

8.28　试设计一个输出电压电流−15V/0.5A 的稳压电路，并画出电路。

8.29　试设计一个输出电压 1.25～12V 可调，输出最大电流不超过 1A 的稳压电源。

8.30　已知图 8-28 电路，试分析电路工作状况，输出电压是否可调？与 LM317 组成的输出电压可调稳压电路有什么区别？

8.31　已知图 8-29 电路，试求 I_L 并分析其特点。

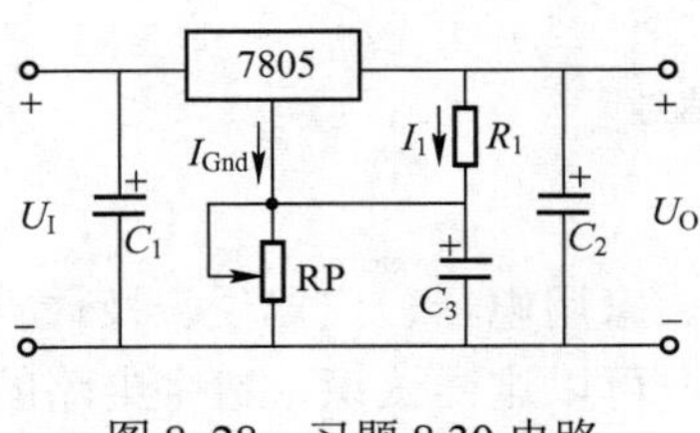

图 8-28　习题 8.30 电路

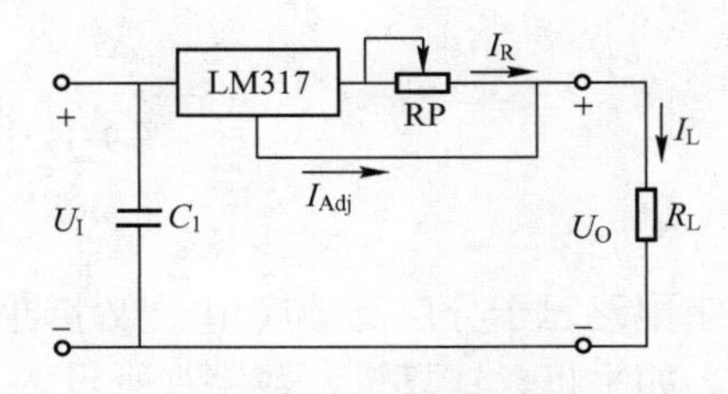

图 8-29　习题 8.31 电路

8.32　已知开关型稳压电路，输入电压平均值 U_I=100V，开关元件导通时间占整个周期的 1/3，试估算其输出电压平均值 U_O。

第 9 章　数字逻辑基础

电子电路根据其处理信号不同可以分为模拟电子电路和数字电子电路。

9.1　数字电路概述

在时间上和数值上都是连续变化的信号，称为模拟信号。如音频信号、视频信号及温度信号等，其信号电压波形如图 9-1a 所示。处理模拟信号的电子电路称为模拟电路。如各类放大器、稳压电路等。

在时间上和数值上都是离散（变化不连续）的信号，称为数字信号。如脉冲方波、计算机和手机中的信号等，其信号电压波形如图 9-1b 所示。处理数字信号的电子电路称为数字电路。如各类门电路、触发器及寄存器等。

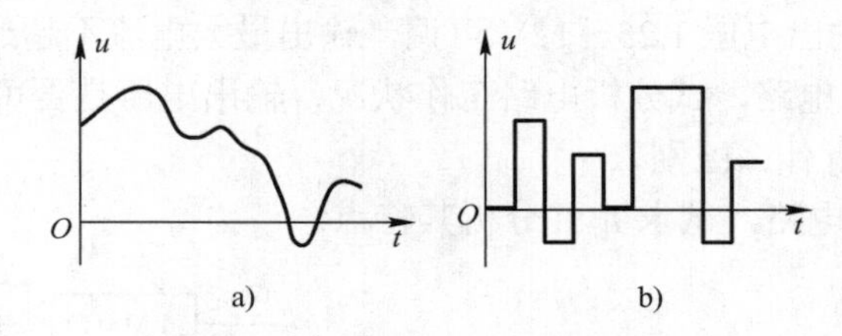

图 9-1　模拟信号和数字信号

a) 模拟信号　b) 数字信号

数字电路已十分广泛地应用于数字通信、自动控制、家用电器、仪器仪表及计算机等各个领域。如手机、计算机、数字视听设备及数码相机等。可以这样认识，数字电路的发展标志着电子技术发展进入了一个新的阶段，进行了一场新的革命。当今电子技术的飞速发展是以数字化作为主要标志的。当然这并不是说数字化可以代替一切，信号的放大、转换和功能的执行等都离不开模拟电路，模拟电路是电子技术的基础，两者互为依存，互相促进，缺一不可。

与模拟电路相比，数字电路的主要特点是：

1）内部晶体管主要工作在饱和导通或截止状态。

2）只有两种状态：高电平和低电平，便于数据处理。

3）抗干扰能力强。其原因是高低电平间容差较大，幅度较小的干扰不足以改变信号的有无状态。

4）电路结构相对简单，功耗较低，便于集成。

5）在计算机系统中得到广泛应用。

【复习思考题】

9.1　与模拟电路相比，数字电路主要有什么特点？

9.2 数制与编码

9.2.1 二进制数和十六进制数

人们习惯于用十进制数，但在数字电路和计算机中，通常采用二进制数和十六进制数。有些场合也用其他进制数，如时间，分秒的进位用 60，即 60 进制。

1．十进制数（DeCimal Number）

十进制数有 10 个数码（数符）：0、1、2、3、4、5、6、7、8、9。进位规则是“逢十进一”。其数值可表达为：

$$[N]_{10}=d_{i-1}\times10^{i-1}+d_{i-2}\times10^{i-2}+\cdots+d_1\times10^1+d_0\times10^0=\sum_{n=0}^{i-1}d_n\times10^n \quad (9-1)$$

$[N]_{10}$ 中的下标 10 说明数 N 是十进制数，十进制数也可用$[N]_D$表示。更多情况下，下标 10 或 D 省略不标。

10^{i-1}、10^{i-2}、…、10^1、10^0 称为十进制数各数位的权。

例如，$1234=1\times10^3+2\times10^2+3\times10^1+4\times10^0$

2．二进制数（Binary Number）

二进制数只有两个数码：0 和 1。进位规则是“逢二进一”。其数值可表达为：

$$[N]_2=b_{i-1}\times2^{i-1}+b_{i-2}\times2^{i-2}+\cdots+b_1\times2^1+b_0\times2^0=\sum_{n=0}^{i-1}b_n\times2^n \quad (9-2)$$

$[N]_2$ 中的下标 2 说明数 N 是二进制数，二进制数也可用 NB 表示。例如，1011B。尾缀 B 一般不能省略。

2^{i-1}、2^{i-2}、…、2^1、2^0 称为二进制数各数位的权。

例如，$10101011\text{ B}=1\times2^7+0\times2^6+1\times2^5+0\times2^4+1\times2^3+0\times2^2+1\times2^1+1\times2^0=171$

为什么要在数字电路和计算机中采用二进制数呢？

1）二进制数只有两个数码 0 和 1，可以代表两个不同的稳定状态，如白炽灯的亮和暗、继电器的合和开、信号的有和无、电平的高和低、晶体管的饱和导通和截止。因此，可用电路来实现这两种状态。

2）二进制基本运算规则简单，操作方便。

但是二进制数也有其缺点，数值较大时，位数过多，不便于书写和识别。因此，在数字系统中又常用十六进制数来表示二进制数。

3．十六进制数（HexadeCimal Number）

十六进制数有 16 个数码：0、1、…、9、A、B、C、D、E、F。其中 A、B、C、D、E、F 分别代表 10、11、12、13、14、15。进位规则是“逢十六进一”。其数值可表达为：

$$[N]_{16}=h_{i-1}\times16^{i-1}+h_{i-2}\times16^{i-2}+\cdots+h_1\times16^1+h_0\times16^0=\sum_{n=0}^{i-1}h_n\times16^n \quad (9-3)$$

$[N]_{16}$ 中的下标 16 说明数 N 是十六进制数，十六进制数也可用 NH 表示。例如，A3H。尾缀 H 一般不能省略。

16^{i-1}、16^{i-2}、…、16^1、16^0称为十六进制数各位的权。

例如，AB H=$10\times16^1+11\times16^0$=160+11=171

十六进制数与二进制数相比，大大缩小了位数，缩短了字长。一个 4 位二进制数只需要用 1 位十六进制数表示，一个 8 位二进制数只需用 2 位十六进制数表示，转换极其方便，例如上例中 AB H=10101011 B=171。

十六进制数、二进制数和十进制数对应关系表如表 9-1 所示。

表 9-1　十六进制数、二进制数和十进制数对应关系表

十进制数	十六进制数	二进制数	十进制数	十六进制数	二进制数
0	00H	0000B	11	0BH	1011B
1	01H	0001B	12	0CH	1100B
2	02H	0010B	13	0DH	1101B
3	03H	0011B	14	0EH	1110B
4	04H	0100B	15	0FH	1111B
5	05H	0101B	16	10H	0001 0000B
6	06H	0110B	17	11H	0001 0001B
7	07H	0111B	18	12H	0001 0010B
8	08H	1000B	19	13H	0001 0011B
9	09H	1001B	20	14H	0001 0100B
10	0AH	1010B	21	15H	0001 0101B

需要指出的是，除二进制数、十六进制数外，早期数字系统中还推出过八进制数，现早已淘汰不用。

4．不同进制数间相互转换

（1）二进制数、十六进制数转换为十进制数

二进制数、十六进制数转换为十进制数只需按式（9-2）、（9-3）展开相加即可。

（2）十进制整数转换为二进制数

【例 9-1】 将十进制数 41 转换成二进制数。

解： 十进制整数转换成二进制整数用“除 2 取余法”。先用 2 去除整数，然后用 2 逐次去除所得的商，直到商为 0 止，依次记下得到的各个余数。第一个余数是转换后的二进制数的最低位，最后一个余数是最高位。如图 9-2a 所示，41=($b_5b_4b_3b_2b_1b_0$)B=101001B。

（3）十进制整数转换为十六进制数

【例 9-2】 将十进制数 8152 转换成十六进制数。

解： 十进制数整数转换成十六进制数用“除 16 取余法”。将十进制数连续用基数 16 去除，直到商为 0 止，依次记下得到的各个余数。第一个余数是转换后的十六进制数的最低位，最后一个余数是最高位。如图 9-2b 所示，8152=($h_3h_2h_1h_0$)H=1FD8H。

（4）二进制数与十六进制数相互转换

前述 4 位二进制数与 1 位十六进制数有一一对应关系，如表 9-1 所示。相互转换时，只要用相应的数值代换即可。二进制数整数转换为十六进制数时，应从低位开始自右向左每 4 位一组，最后不足 4 位用零补足。

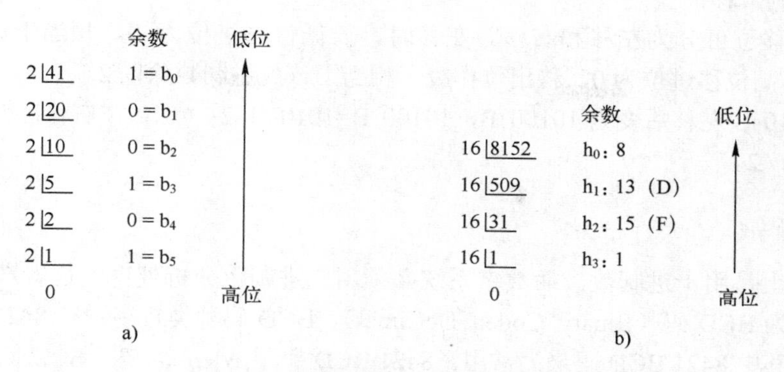

图 9-2　十进制整数转换成二进制数和十六进制数

a) 转换成二进制数　b) 转换成十六进制数

【例 9-3】 11100010011100 B=0011 1000 1001 1100 B=389C H
（0011→3，1000→8，1001→9，1100→C）

【例 9-4】 5DFE H=101 1101 1111 1110 B=101110111111110 B
（5→101，D→1101，F→1111，E→1110）

5．二进制数加减运算

（1）二进制数加法运算

运算规则：① 0+0=0；② 0+1=1+0=1；③ 1+1=10，向高位进位 1。

运算方法：两个二进制数相加时，先将相同权位对齐，然后按运算规则从低到高逐位相加，若低位有进位，则必须同时加入。

【例 9-5】 计算 10100101 B+11000011 B

解：如图 9-3a 所示，10100101 B+11000011 B=101101000 B

（2）二进制数减法运算

运算规则：① 0-0=0；② 1-0=1；　③ 1-1=0；④ 0-1=1，向高位借位 1。

运算方法：两个二进制数相减时，先将相同权位对齐，然后按运算规则从低到高逐位相减。不够减时可向高位借位，借 1 当 2。

【例 9-6】 计算 10100101 B － 11000011 B

解：如图 9-3b 所示，10100101 B － 11000011 B =11100010 B（借位 1）

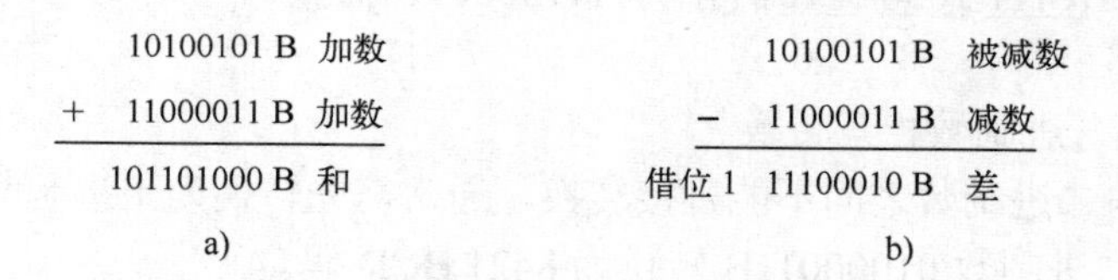

图 9-3　二进制数加法运算和减法运算

a) 加法运算　b) 减法运算

读者可能感到奇怪的是，二进制数减法怎么会出现差值比被减数和减数还要大的现象？在数字电路和计算机中，无符号二进制数减法可无条件向高位借位，不出现负数（二进制负数另有表达方法，不在本书讨论范围）。实际上该减法运算是 110100101 B－11000011 B。

（3）二进制数移位

二进制数移位可分为左移和右移。左移时，若低位移进位为 0，相当于该二进制数乘 2；右移时，若高位移进位为 0，移出位作废，相当于该二进制数除以 2。

例如，1010 B 左移后变为 10100 B，10100 B=1010 B×2；1010 B 右移后变为 0101 B，0101 B=1010 B / 2。

9.2.2 BCD 码

人们习惯上是用十进制数，而数字系统必须用二进制数分析处理，这就产生了二-十进制代码，也称为 BCD 码（Binary Coded DeCimal）。BCD 码种类较多，有 8421 码、2421 码和余 3 码等，其中 8421 BCD 码最为常用。8421 BCD 码用$[N]_{8421BCD}$表示，常简化为$[N]_{BCD}$。

1．编码方法

BCD 码是十进制数，逢十进一，只是数符 0～9 用 4 位二进制码 0000～1001 表示而已。8421 BCD 码每 4 位以内按二进制进位；4 位与 4 位之间按十进制进位。其与十进制数之间的对应关系如表 9-2 所示。

表 9-2　十进制数与 8421 BCD 码对应关系

十进制数	8421 BCD 码	十进制数	8421 BCD 码
0	0000	5	0101
1	0001	6	0110
2	0010	7	0111
3	0011	8	1000

但是 4 位二进制数可有 16 种状态，其中 1010、1011、1100、1101、1110 和 1111 六种状态舍去不用，且不允许出现，这 6 种数码称为非法码或冗余码。

2．转换关系

（1）BCD 码与十进制数相互转换

由表 9-2 可知，十进制数与 8421 BCD 码转换十分简单，只要把数符 0～9 与 0000～1001 对应互换就行了。

【例 9-7】 $[010010010001]_{BCD}=[\underset{4}{\underline{0100}}\ \underset{9}{\underline{1001}}\ \underset{1}{\underline{0001}}]_{BCD}=491$

【例 9-8】 $786=[\underset{7}{\underline{0111}}\ \underset{8}{\underline{1000}}\ \underset{6}{\underline{0110}}]_{BCD}=[011110000110]_{BCD}$

（2）BCD 码与二进制数相互转换

8421 BCD 码与二进制数之间不能直接转换，通常需先转换为十进制数，然后再转换。

【例 9-9】 将二进制数 01000011B 转换为 8421 BCD 码。

解：01000011 B=67=$[01100111]_{BCD}$

需要指出的是，决不能把$[01100111]_{BCD}$误认为 01100111 B，二进制码 01100111 B 的值为 103，而$[01100111]_{BCD}$的值为 67。显然，两者是不一样的。

【复习思考题】

9.2　为什么要在数字系统中采用二进制数？

9.3　二进制数减法，为什么有时差值会大于被减数？

9.4　BCD码与二进制码有否区别？如何转换？

9.3　逻辑代数基础

逻辑代数又称为布尔（Boole）代数，是研究逻辑电路的数学工具。逻辑代数与数学代数不同，逻辑代数不是研究变量大小之间的关系，而是分析研究变量之间的逻辑关系。

9.3.1　基本逻辑运算

基本逻辑运算共有三种：与、或、非。

1．逻辑“与”和“与”运算（AND）

1）逻辑关系。

“与”逻辑关系可用图9-4说明。只有当A、B两个开关同时闭合时，灯F才会通电点亮。即只有当决定某种结果的条件全部满足时，这个结果才能产生。

2）逻辑表达式。

$$F=A\cdot B=AB$$

其中“·”表示逻辑“与”，“·”号也可省略。有关技术资料中也有用$A\wedge B$、$A\cap B$表示逻辑“与”。逻辑“与”也称为逻辑乘。

3）运算规则：① 0·0=0；② 0·1=1·0=0；③ 1·1=1。

上述“与”逻辑变量运算规则可归纳为：有0出0，全1出1。

4）逻辑电路符号。

“与”逻辑电路符号可用图9-5a表示，矩形框表示门电路，方框中的“&”表示“与”逻辑。图9-5b、c为常用和国际上通用的符号。

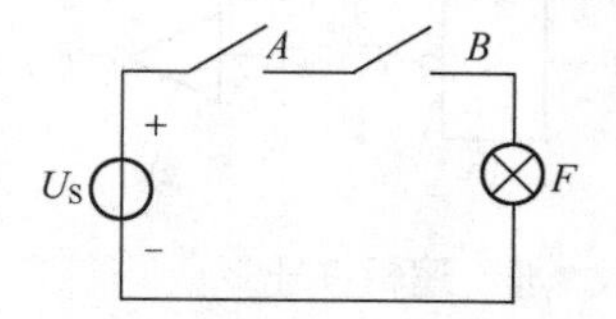

图9-4　“与”逻辑关系示意图

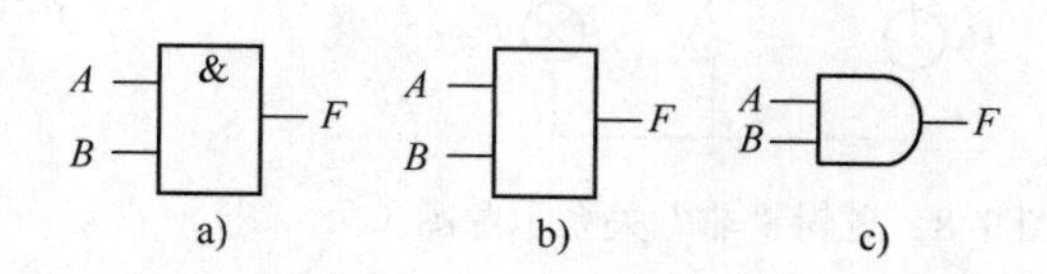

图9-5　“与“逻辑符号

a) 国标　b) 常用　c) 国际

2．逻辑“或”和“或”运算（OR）

1）逻辑关系。

“或”逻辑可用图9-6说明。A、B两个开关中，只需要有一个闭合，灯F就会通电点亮。即决定某种结果的条件中，只需其中一个条件满足，这个结果就能产生。

2）逻辑表达式。

$$F=A+B$$

其中“+”表示逻辑“或”，有关技术资料也用$A\vee B$、$A\cup B$表示逻辑或。逻辑“或”也称为逻辑加。

3）运算规则：① 0+0=0；② 0+1=1+0=1；③ 1+1=1。

上述“或”逻辑变量运算规则可归纳为：有 1 出 1，全 0 出 0。

4）逻辑电路符号。

“或”逻辑电路符号可用图 9-7a 表示，矩形框中的“≥1”表示“或”逻辑，图 9-7b、c 为常用和国际上通用的符号。

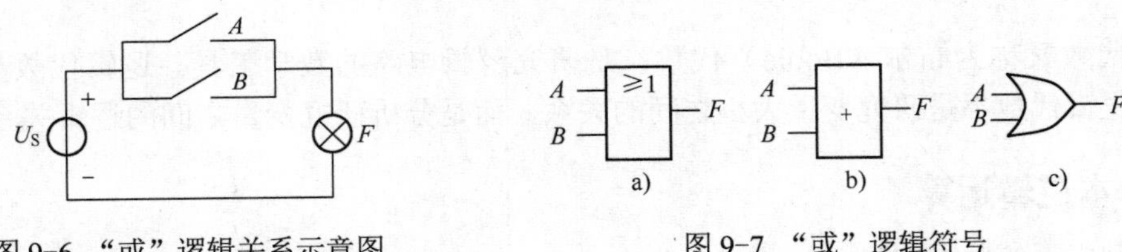

图 9-6 “或”逻辑关系示意图

图 9-7 “或”逻辑符号
a) 国标 b) 常用 c) 国际

3. 逻辑“非”和“非”运算

1）逻辑关系。

逻辑“非”可用图 9-8 说明，只有当开关 A 断开时，灯 F 才会通电点亮；开关 A 闭合时，灯 F 反而不亮。即条件和结果总是相反。

2）逻辑表达式。

$$F=\overline{A}$$

$\overline{A}$ 读作“A 非”。

3）运算规则：① $A=0$，$F=1$；② $A=1$，$F=0$。

4）逻辑电路符号。

逻辑“非”的符号可用图 9-9a 表示，矩形框中的“1”表示逻辑值相同，小圆圈表示逻辑“非”，图 9-9b、c 为常用和国际上通用的符号。

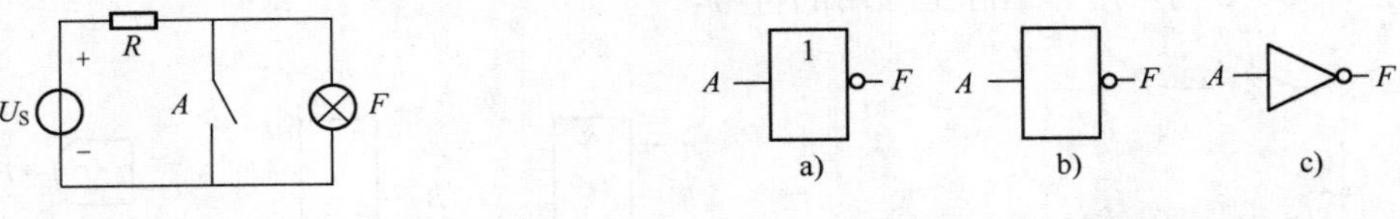

图 9-8 逻辑“非”关系示意图

图 9-9 “非”逻辑符号
a) 国标 b) 常用 c) 国际

4. 复合逻辑运算

除“与”“或”“非”基本逻辑运算外，广泛应用的还有复合逻辑运算，由两种或两种以上逻辑运算组成，如表 9-3 所示。在此基础上，还可组合成更复杂的逻辑运算。

表 9-3 复合逻辑门

名　称	逻 辑 符 号	逻辑表达式
与非门	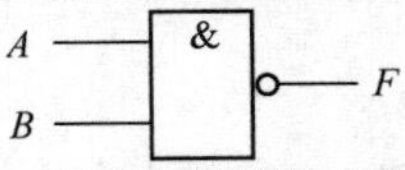 A、B → & → F	$F=\overline{AB}$
或非门	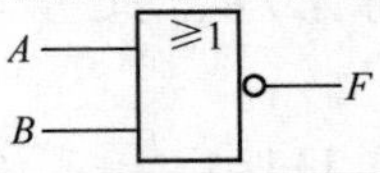 A、B → ≥1 → F	$F=\overline{A+B}$

（续）

名 称	逻辑符号	逻辑表达式
与或非门	A、B 输入 & ，C、D 输入 &，≥1 输出 F（带非）	$F=\overline{AB+CD}$
异或门	A、B 输入 =1，输出 F	$F=A\oplus B=A\overline{B}+\overline{A}B$
同或门	A、B 输入 =1，输出 F（带非）	$F=A\odot B=AB+\overline{A}\ \overline{B}$

需要指出的是，多种逻辑运算组合在一起时，其运算次序应按如下规则进行：

1）有括号时，先括号内，后括号外。

2）有“非”号时应先进行“非”运算。

3）同时有逻辑“与”和逻辑“或”时，应先进行“与”运算。

例如，表 9-3 中“异或”运算逻辑表达式中，应先进行 B 和 A 的“非”运算；再进行 $A\overline{B}$ 和 $\overline{A}B$ 的“与”运算，最后进行 $A\overline{B}$ 和 $\overline{A}B$ 之间的“或”运算。

9.3.2 逻辑代数

1．逻辑代数的基本定律

1）0-1 律：$A\cdot 0=0$　　$A+1=1$。

2）自等律：$A\cdot 1=A$　　$A+0=A$。

3）重叠律：$A\cdot A=A$　　$A+A=A$。

4）互补律：$A\cdot \overline{A}=0$　　$A+\overline{A}=1$。

5）交换律：$A\cdot B=B\cdot A$　　$A+B=B+A$。

6）结合律：$A\cdot(B\cdot C)=(A\cdot B)\cdot C$　　$A+(B+C)=(A+B)+C$。

7）分配律：$A\cdot(B+C)=AB+AC$　　$A+B\cdot C=(A+B)(A+C)$。

8）吸收律：$A(A+B)=A$　　$A+AB=A$。

9）反演律：$\overline{AB}=\overline{A}+\overline{B}$　　$\overline{A+B}=\overline{A}\ \overline{B}$。

10）非非律：$\overline{\overline{A}}=A$。

2．逻辑代数常用公式

在逻辑代数的运算、化简和变换中，还经常用到以下公式：

（1）$A+\overline{A}B=A+B$

证明：根据分配律，$A+\overline{A}B=(A+\overline{A})\cdot(A+B)=1\cdot(A+B)=A+B$

上式的含义是：如果两个乘积项，其中一个乘积项的部分因子恰是另一个乘积项的补，则该乘积项中的这部分因子是多余的。

（2）$AB+A\overline{B}=A$

证明：$AB+A\overline{B}=A(B+\overline{B})=A\cdot 1=A$

上式的含义是：如果两个乘积项中的部分因子互补，其余部分相同，则可合并为公有因子。

（3）$AB+\overline{A}C+BC=AB+\overline{A}C$

证明：$AB+\overline{A}C+BC=AB+\overline{A}C+(A+\overline{A})BC=AB+\overline{A}C+ABC+\overline{A}BC=AB(1+C)+\overline{A}C(1+B)=AB\cdot1+AC\cdot1=AB+\overline{A}C$

上式的含义是：如果两个乘积项中的部分因子互补（例如 A 和 $\overline{A}$），而这两个乘积项中的其余因子（例如 B 和 C）都是第三乘积项中的因子，则这个第三乘积项是多余的（例如 BC）。也可反过来理解：如果两个乘积项中的部分因子互补（例如 A 和 $\overline{A}$），其余部分不同（例如 B 和 C），则可扩展一项其余部分的乘积（例如 BC）。

【例 9-10】 求证：$AB+BCD+\overline{A}C+\overline{B}C=AB+C$

证明：$\underline{AB}+BCD+\underline{\overline{A}C}+\overline{B}C=AB+\overline{A}C+\underline{BC}+\underline{BCD}+\overline{B}C$

$=AB+\overline{A}C+\underline{BC}+\underline{\overline{B}C}$

$=AB+\underline{\overline{A}C}+\underline{C}$

$=AB+C$

【复习思考题】

9.5　逻辑代数中的“1”和“0”与数学代数中的“1”和“0”有否区别？

9.6　多种逻辑运算组合在一起时，其运算次序有什么规则？

9.4　逻辑函数

9.4.1　逻辑函数及其表示方法

1．逻辑函数定义

输入输出变量为逻辑变量的函数称为逻辑函数。

在数字电路中，逻辑变量只有逻辑 0 和逻辑 1 两种取值，它们之间没有大小之分，不同于数学中的 0 和 1。

逻辑函数的一般表达式可写为：

$$F=f（A、B、C、\cdots） \quad （9-4）$$

2．逻辑函数的表示方法

逻辑函数的表示方法主要有真值表、逻辑表达式、逻辑电路图、卡诺图和波形图等。

（1）真值表

真值表是将输入逻辑变量各种可能的取值和相应的函数值排列在一起而组成的表格。

现以三人多数表决逻辑为例，说明真值表的表示方法。

设三人为 A、B、C，同意为 1，不同意为 0；表决为 Y，有两人或两人以上同意，表决通过，通过为 1，否决为 0。因此，ABC 为输入量，Y 为输出量。列出输入输出量之间关系的表格如表 9-4 所示。

表 9-4　三人多数表决真值表

输入			输出
A	B	C	Y
0	0	0	0
0	0	1	0
0	1	0	0
0	1	1	1
1	0	0	0
1	0	1	1
1	1	0	1

列真值表时，应将逻辑变量所有可能取值列出。例如，两

个逻辑变量可列出 4 种状态：00、01、10、11；3 个逻辑变量可列出 8 种状态：000、001、010、011、100、101、110、111；n 个逻辑变量可列出 2^n 种状态，按 0→（2^n−1）排列，既不能遗漏，又不能重复。这种所有输入变量的组合称为最小项，最小项主要有以下特点：

1）每项都包括了所有输入逻辑变量。

2）每个逻辑变量均以原变量或反变量形式出现一次。

用真值表表示逻辑函数，直观明了。但变量较多时，较烦琐。

（2）逻辑表达式

逻辑表达式是用各逻辑变量相互间与、或、非逻辑运算组合表示的逻辑函数，相当于数学中的代数式、函数式。

如上述三人多数表决通过的逻辑表达式为：

$$Y=\overline{A}BC+A\overline{B}C+AB\overline{C}+ABC$$

上式表示，A、B、C 三人在投票值为 011、101、110、111 时表决通过，即 Y=1。

书写逻辑表达式的方法是：把真值表中逻辑值为 1 的所有项相加（逻辑或）；每一项中，A、B、C 的关系为“与”，变量值为 1 时取原码，变量值为 0 时取反码。

（3）逻辑电路图

逻辑电路图是用规定的逻辑电路符号连接组成的电路图。

逻辑电路图可按逻辑表达式中各变量之间与、或、非逻辑关系用逻辑电路符号连接组成。图 9-10 为三人多数表决逻辑电路图。

（4）波形图

波形图是逻辑函数输入变量每一种可能出现的取值与对应的输出值按时间顺序依次排列的图形，也称为时序图。波形图可通过实验观察，在逻辑分析仪和一些计算机仿真软件工具中，常用这种方法给出分析结果。图 9-11 为三人多数表决逻辑函数波形图。

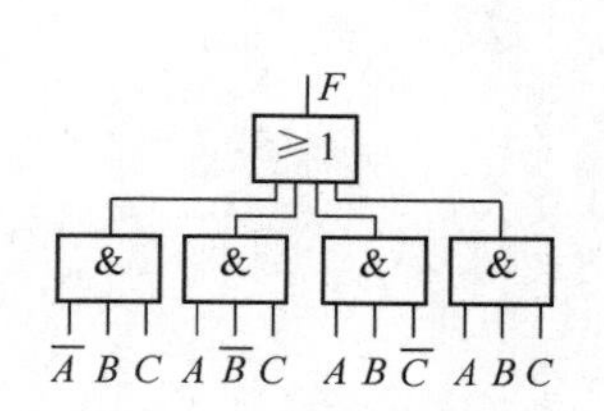

图 9-10 三人多数表决逻辑电路图

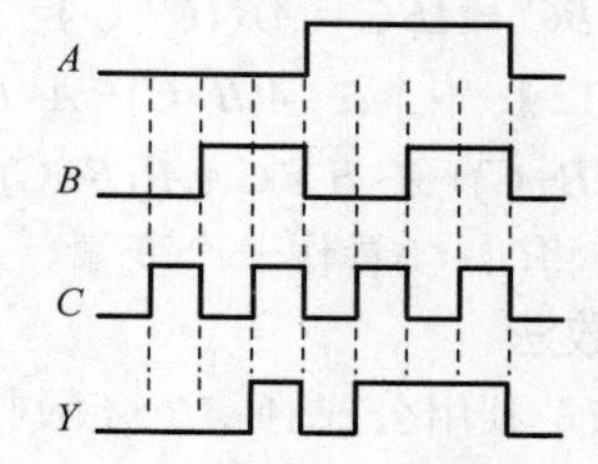

图 9-11 三人多数表决逻辑函数波形图

（5）卡诺图

卡诺图是按一定规则画出的方格图，是真值表的另一种形式，主要用于化简逻辑函数。

真值表、逻辑表达式、逻辑电路图、波形图和卡诺图具有对应关系，可相互转换。对同一逻辑函数，真值表、卡诺图和波形图具有唯一性；逻辑表达式和逻辑电路图可有多种不同的表达形式。

3．逻辑函数相等概念

逻辑函数的逻辑表达式和逻辑电路图往往不是唯一的，但真值表是唯一的。因此，若两个逻辑函数具有相同的真值表，则认为该两个逻辑函数相等。

例如，上述三人多数表决逻辑函数 $F=ABC+AB\overline{C}+\overline{A}BC+A\overline{B}C$。化简后，也可表达

为：$F=AB+BC+CA$，或 $F=\overline{\overline{AB}\cdot\overline{BC}\cdot\overline{CA}}$，其逻辑电路图分别如图 9-12a 和图 9-12b 所示。因此，逻辑函数的逻辑表达式和逻辑电路图可有多种形式。当然，我们希望得到最简逻辑表达式和逻辑电路，显然图 9-12 比图 9-10 来得简洁，这就需要对逻辑函数化简。

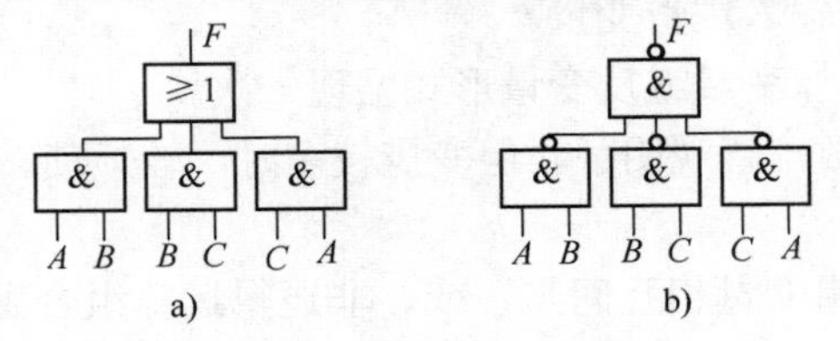

图 9-12　三人多数表决逻辑电路

a) $F=AB+BC+CA$　b) $F=\overline{\overline{AB}\cdot\overline{BC}\cdot\overline{CA}}$

逻辑函数化简，通常要求化简为最简与或表达式。符合最简与或表达式的条件是：

1）乘积项个数最少。

2）每个乘积项中变量最少。

变换和化简逻辑表达式，一般可有两种方法：公式法和卡诺图法。

9.4.2　公式法化简逻辑函数

公式法化简逻辑函数是运用逻辑代数公式，消去多余的“与”项及“与”项中多余的因子。公式法化简一般有以下几种方法：并项法、吸收法、消去法和配项法。

1．并项法

并项法是利用 $AB+A\overline{B}=A$ 将两个乘积项合并为一项，合并后消去一个互补的变量。

【例 9-11】 化简：$A\overline{B}C+A\overline{B}\overline{C}$

解： $A\overline{B}C+A\overline{B}\overline{C}=A\overline{B}\,(C+\overline{C})=A\overline{B}$

【例 9-12】 化简：$A(B+C)+A\cdot\overline{B+C}$

解： $A(B+C)+A\cdot\overline{B+C}=A[(B+C)+(\overline{B+C})]=A$

说明： 将$(B+C)$看作一个变量，$(B+C)$与$(\overline{B+C})$互补。

2．吸收法

吸收法是利用公式 $A+AB=A$ 吸收多余的乘积项。

【例 9-13】 化简：$\overline{A}B+\overline{A}BC$

解： $\overline{A}B+\overline{A}BC=\overline{A}B$

说明： 将 $\overline{A}B$ 看作是一个变量。

【例 9-14】 化简：$AD+BCD+\overline{A}\overline{C}D+D+EF$

解： $AD+BCD+\overline{A}\overline{C}D+D+EF=D(A+BC+\overline{A}\overline{C}+1)+EF=D+EF$

说明： 若多个乘积项中有一个单独变量，那么其余含有该变量原变量的乘积项都可以被吸收。

3．消去法

消去法是利用 $A+\overline{A}B=A+B$ 消去多余的因子。

【例 9-15】 化简：$A+\overline{A}B+\overline{A}C$

解： $A+\overline{A}B+\overline{A}C=A+B+C$

说明：若多个乘积项中有一个是单独变量，且其余乘积项中含有该变量的反变量因子，则该反变量因子可以消去。

【例 9-16】 化简：$\overline{A}+ABC+ADE$

解：$\overline{A}+ABC+ADE=\overline{A}+BC+DE$

说明：将 $\overline{A}$ 看作为一个原变量，则 A 是 $\overline{A}$ 的反变量。

4．配项法

配项法是利用 $X+\overline{X}=1$，将某乘积项一项拆成两项，然后再与其他项合并，消去多余项。有时多出一项后，反而有利于化简逻辑函数。

【例 9-17】 化简：$A\overline{B}+B\overline{C}+\overline{B}C+\overline{A}B$

解：$A\overline{B}+B\overline{C}+\overline{B}C+\overline{A}B=A\overline{B}(C+\overline{C})+(A+\overline{A})B\overline{C}+\overline{B}C+\overline{A}B$

$=\underline{A\overline{B}C}+\underline{\underline{\underline{A\overline{B}\overline{C}}}}+\underline{\underline{\underline{AB\overline{C}}}}+\underline{\overline{A}B\overline{C}}+\underline{\overline{B}C}+\underline{\underline{\overline{A}B}}=\overline{B}C+A\overline{C}+\overline{A}B$

另解：$A\overline{B}+B\overline{C}+\overline{B}C+\overline{A}B=A\overline{B}+B\overline{C}+(A+\overline{A})\overline{B}C+\overline{A}B(C+\overline{C})$

$=\underline{A\overline{B}}+\underline{\underline{B\overline{C}}}+\underline{A\overline{B}C}+\underline{\underline{\underline{\overline{A}\overline{B}C}}}+\underline{\underline{\underline{\overline{A}BC}}}+\underline{\underline{\overline{A}B\overline{C}}}=A\overline{B}+B\overline{C}+\overline{A}C$

上述两种解法表明，用公式法化简，方法不是唯一的，结果也不是唯一的。

配项法的另一种方法是利用公式 $AB+\overline{A}C=AB+\overline{A}C+BC$，增加一项再化简。

【例 9-18】 化简 $AB+BCD+\overline{A}C+\overline{B}C$

解：$\underline{AB}+BCD+\underline{\overline{A}C}+\overline{B}C=AB+\overline{A}C+\underline{BC}+BCD+\underline{\overline{B}C}=AB+\underline{\overline{A}C+BCD+C}=AB+C$

9.4.3 卡诺图化简逻辑函数

卡诺图是根据真值表按相邻原则排列而成的方格图，是真值表的另一种形式。

1．卡诺图

卡诺图主要有如下特点：

1）n 变量卡诺图有 2^n 个方格，每个方格对应一个最小项。

2）相邻两个方格所代表的最小项只有一个变量不同。

图 9-13a、b 分别为 3 变量和 4 变量逻辑函数卡诺图，其中 m_i 为最小项编号。一般来说，二变量较简，化简时不需要用卡诺图；5 变量及 5 变量以上卡诺图较繁杂，且与 3 变量、4 变量原理相同，也不予研究，本书例题和习题全部为 3 变量或 4 变量卡诺图。

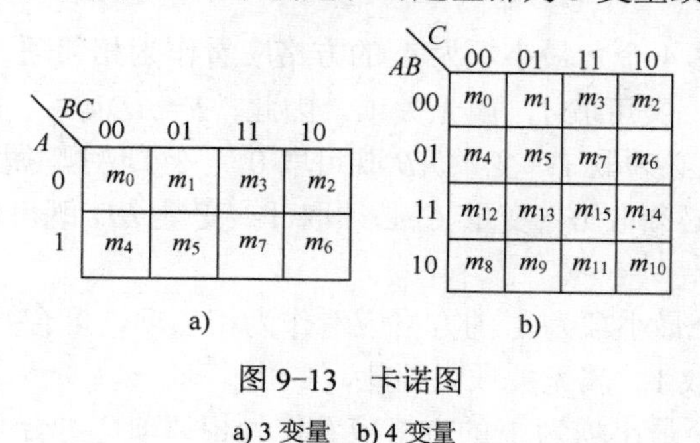

图 9-13　卡诺图

a) 3 变量　b) 4 变量

2．合并卡诺圈

卡诺图的主要功能是合并相邻项。其方法是将最小项为 1（称为 1 方格）的相邻项圈起来，称为卡诺圈。一个卡诺圈可以包含多个 1 方格，一个卡诺圈可以将多个 1 方格合并为一项。因此，卡诺图可以化简逻辑函数。举例说明如下：

（1）3 变量卡诺圈合并

图 9-14 为 3 变量卡诺图。其中：

图 9-14a，变量 AB 必须取 0；变量 C 既可取 0，又可取 1，属无关项。因此 $F=\overline{A}\overline{B}$。

图 9-14b，左右两个最小项为 1 的方格应看作为相邻项，可合并。变量 AC 必须取 0；变量 B 既可取 0，又可取 1，属无关项。因此，$F=\overline{A}\overline{C}$。

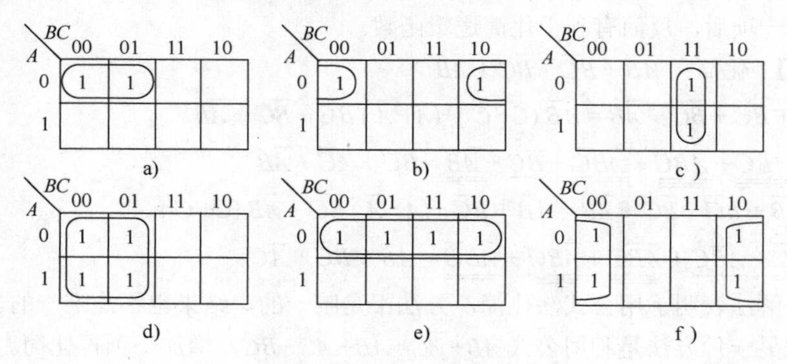

图 9-14　三变量卡诺圈合并

a) $F=\overline{A}\overline{B}$　b) $F=\overline{A}\overline{C}$　c) $F=BC$　d) $F=\overline{B}$　e) $F=\overline{A}$　f) $F=\overline{C}$

图 9-14c，变量 BC 必须取 1；变量 A 既可取 0，又可取 1，属无关项。因此，$F=BC$。

图 9-14d，变量 B 必须取 0；变量 AC 既可取 0，又可取 1，属无关项。因此 $F=\overline{B}$。

图 9-14e，变量 A 必须取 0；变量 BC 既可取 0，又可取 1，属无关项。因此，$F=\overline{A}$。

图 9-14f，左右 4 个最小项为 1 的方格应看作为相邻项，可合并。变量 C 必须取 0；变量 AB 既可取 0，又可取 1，属无关项。因此，$F=\overline{C}$。

（2）4 变量卡诺圈合并

图 9-15 为 4 变量卡诺图。其中：

图 9-15a，变量 BC 必须取 0；变量 AD 既可取 0，又可取 1，属无关项。因此 $F=\overline{B}\overline{C}$。

图 9-15b，变量 B 必须取 1；变量 D 必须取 0；变量 AC 既可取 0，又可取 1，属无关项。因此，$F=B\overline{D}$。

图 9-15c，上下左右 4 个角最小项为 1 的方格应看作为相邻项，可合并。变量 BD 必须取 0；变量 AC 既可取 0，又可取 1，属无关项。因此，$F=\overline{B}\overline{D}$。

图 9-15d，变量 CD 必须取 1；变量 AB 既可取 0，又可取 1，属无关项。因此 $F=CD$。

图 9-15e，变量 A 必须取 0；变量 C 必须取 1；变量 BD 既可取 0，又可取 1，属无关项。因此，$F=\overline{A}C$。

图 9-15f，左右 4 个最小项为 1 的方格应看作为相邻项，可合并。变量 D 必须取 0；变量 ABC 既可取 0，又可取 1，属无关项。因此，$F=\overline{D}$。

图 9-15g，上下 4 个最小项为 1 的方格应看作为相邻项，可合并。变量 B 必须取 0；变量 ACD 既可取 0，又可取 1，属无关项。因此，$F=\overline{B}$。

图 9-15h，变量 D 必须取 1；变量 ABC 既可取 0，又可取 1，属无关项。因此，$F=D$。

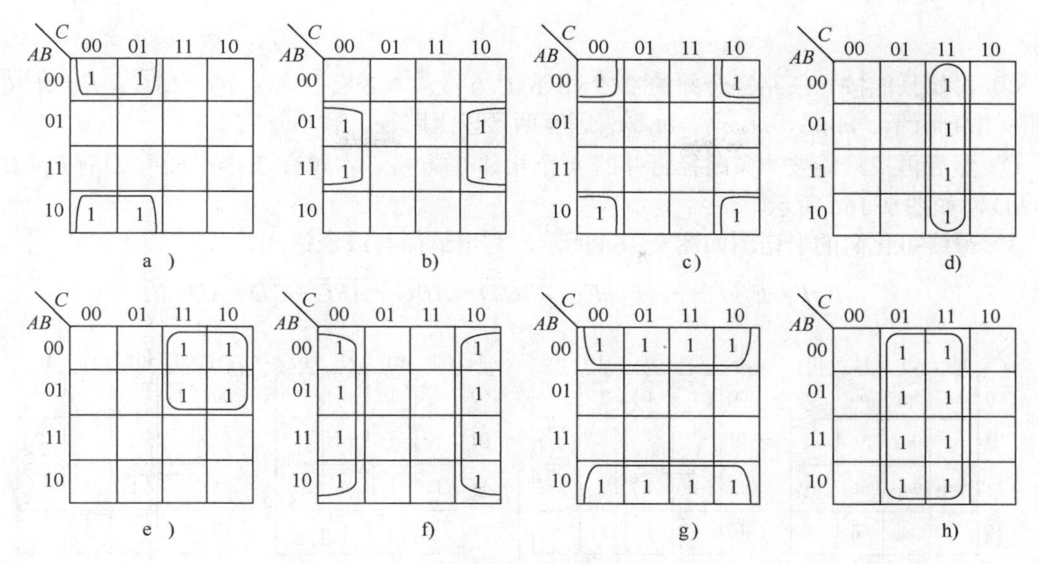

图 9-15　四变量卡诺圈合并

a) $F=\overline{B}\,\overline{C}$　b) $F=B\overline{D}$　c) $F=\overline{B}\,\overline{D}$　d) $F=CD$　e) $F=\overline{A}C$　f) $F=\overline{D}$　g) $F=\overline{B}$　h) $F=D$

3．卡诺图化简逻辑函数

利用卡诺圈合并，可化简逻辑函数。步骤如下：

（1）画卡诺图

（2）化简卡诺图

化简卡诺图需要遵循以下规则：

1）卡诺圈内的 1 方格应尽可能多，卡诺圈越大，消去的乘积项数越多。但卡诺圈内的 1 方格个数必须为 2^n 个，即 2、4、8、16 等，不能是其他数字。

2）卡诺圈的个数应尽可能少，卡诺圈数即与或表达式中的乘积项数。

3）每个卡诺圈中至少有一个 1 方格不属于其他卡诺圈。

4）不能遗漏任何一个 1 方格。若某个 1 方格不能与其他 1 方格合并，可单独作为一个卡诺圈。

（3）根据化简后的卡诺图写出与或逻辑表达式

需要说明的是：

1）若卡诺图为最简（即按上述规则化简至不能再继续合并），则据此写出的与或表达式为最简与或表达式。

2）由于卡诺图圈法不同，所得到的最简与或表达式也会不同。即一个逻辑函数可能有多种圈法，而得到多种最简与或表达式。

【例 9-19】 化简：$F(ABCD)=\sum m(0，1，3，5，6，9，11，12，13，15)$，写出其最简与或表达式。

解：1）画出卡诺图，如图 9-16a 所示。

2）化简卡诺图。

化简卡诺图具体操作可按如下步骤：

① 先找无相邻项的 1 方格，称为孤立圈。本题只有一个孤立圈，$F_1=\overline{A}BC\overline{D}$，如图 9-16b

所示。

② 再找只能按一条路径合并的 2 个相邻 1 方格。本题有 2 个：$F_2= AB\overline{C}$；$F_3= \overline{ABC}$；如图 9-16b 所示。m_1m_3、m_9m_{11}、$m_{13}m_{15}$ 因有两条以上路径，暂不管它。

③ 然后再找只能按一条路径合并的 4 个相邻 1 方格。本题有 3 个：$F_4=\overline{C}D$；$F_5=AD$；$F_6=\overline{B}D$，如图 9-16c 所示。

3）最终可化简的卡诺图如图 9-16d 所示，写出最简与或表达式。

$$F=F_1+F_2+F_3+F_4+F_5+F_6=\overline{A}BC\overline{D}+AB\overline{C}+\overline{ABC}+\overline{C}D+AD+\overline{B}D$$

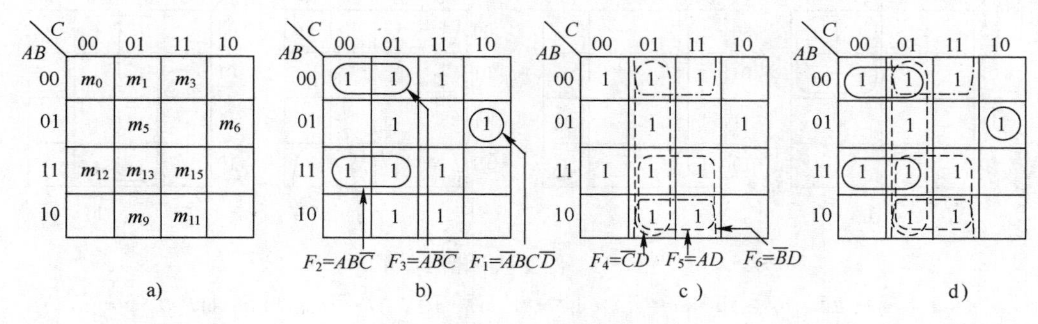

图 9-16 例 9-19 卡诺图

4. 卡诺图化简的特点

卡诺图化简法的优点是简单、直观，而且有一定的操作步骤可循，化简过程中易于避免差错，便于检验逻辑表达式是否化至最简，初学者容易掌握。但逻辑变量超过 5 个（含）时，将失去简单直观的优点，也就没有太大的实用意义了。

公式法化简的优点是它的使用不受条件限制，但化简时没有一定的操作步骤可循，主要靠熟练、技巧和经验；且一般较难判定逻辑表达式是否化至最简。

【复习思考题】

9.7 逻辑函数主要有哪几种表示方法？相互间有什么关系？

9.8 什么叫最小项和最小项表达式？

9.9 两个逻辑函数符合怎样的条件可以认为相等？

9.10 什么叫卡诺圈？画卡诺圈应遵循什么规则？

9.5 习题

9.5.1 选择题

9.1 下列各条中，不属于数字电路特点的是_____。（A. 电路结构相对较简单；B. 内部晶体管主要工作在放大状态；C. 功耗较低；D. 便于集成）

9.2 数字电路抗干扰能力强的原因是_____。（A. 电路结构相对较简单；B. 内部晶体管主要工作在放大状态；C. 功耗较低；D. 高低电平间容差较大）

9.3 下列因素中，不属于数字电路采用二进制数原因的是_____。（A. 可以代表两种不同状态；B. 运算规则简单；C. 便于书写；D. 便于计算机数据处理）

9.4 下列各条中，不属于二进制数特点的是_____。（A. 左移一位，相当于除以 2；B. 右移一位，相当于乘以 2；C. 小数不能减大数；D. 小数减大数，可无条件向更高位借位）

9.5 下列尾缀字母中，二进制数为_____；十进制数为_____；十六进制数为____。（A. A；B. B；C. C；D. D；E. E；F. H）

9.6 BCD 码是_____。（A. 二进制码；B. 十进制码；C. 二-十进制码；D. ASCII 码）

9.7 下列运算规则口诀中，与逻辑运算为______；或逻辑运算为______；与非逻辑运算为______；或非逻辑运算为______。（A. 有 0 出 0，全 1 出 1；B. 有 0 出 1，全 1 出 0；C. 有 1 出 1，全 0 出 0；D. 有 1 出 0，全 0 出 1）

9.8 已知某逻辑电路输入变量 *AB* 和输出函数 *Y* 的波形如图 9-17 所示，该逻辑门应为门。（A. 与非；B. 同或；C. 异或；D. 或非）

9.9 已知某逻辑电路输入变量 *AB* 和输出函数 *Y* 的波形如图 9-18 所示，该逻辑门应为门。（A. 与非；B. 或非；C. 与；D. 异或）

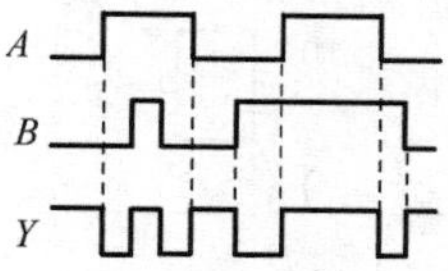

图 9-17 习题 9.8 电路

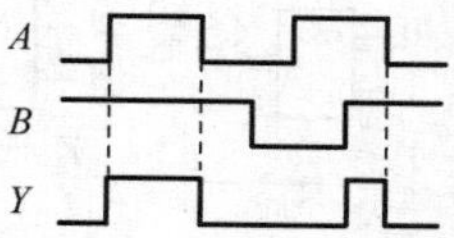

图 9-18 习题 9.9 电路

9.10 下列逻辑函数表示方法中，具有唯一性（多选）的是_____。（A. 真值表；B. 逻辑表达式；C. 逻辑电路图；D. 卡诺图）

9.11 列真值表时，*n* 个逻辑变量可列出_____种状态。（A. 2^n-1；B. $2n$；C. 2^n+1；D. n^2）

9.12 *n* 变量逻辑函数，真值表有_____个取值组合；最小项有_____项；最简与或表达式有_____项；卡诺图有_____个方格。（A. n；B. $2n$；C. n^2；D. 2^n；E. 不定）

9.13 下述有关卡诺图的说法，错误的是______。（A. 卡诺图是真值表的另一种形式，具有唯一性；B. 卡诺图相邻两个方格所代表的最小项只有一个变量不同；C. 卡诺圈越大，消去的乘积项数越多；D. 用卡诺图法化简逻辑函数的结果是唯一的；E. 卡诺图化简后的卡诺圈圈数就是与或表达式中的乘积项数）

9.5.2 分析计算题

9.14 试将下列十进制数转换为二进制数

（1）48=____________________；（2）123=____________________。

9.15 试将下列二进制数转换为十进制数：

（1）10100101B=______________；（2）01110110B=____________。

9.16 试将习题 9.14 中十进制数直接转换为十六进制数。

（1）48=____________________；（2）123=____________________。

9.17 试将习题 9.15 中二进制数直接转换为十六进制数。

（1）10100101B=_____________；（2）01110110B=_____________。

9.18 试将下列十六进制数转换为十进制数：

（1）E7H=__________________；（2）2AH=__________________。

9.19　试将习题 9.18 中十六进制数直接转换为二进制数。

（1）E7H=____________；　　　　　（2）2AH=____________。

9.20　已知下列二进制数 X、Y，试求 $X+Y$、$X-Y$。

（1）$X=01011011B$，$Y=10110111B$；　　　（2）$X=11101100B$，$Y=11111001B$。

9.21　试将十进制数转换成 8421 BCD 码：

（1）34　　　　　　　　　　　　　　（2）100

9.22　试将下列二进制数转换成 8421 BCD 码：

（1）10110101B　　　　　　　　　　（2）11001011B

9.23　已知门电路和输入信号如图 9-19 所示，试填写 Y_1～Y_{12} 逻辑电平值。

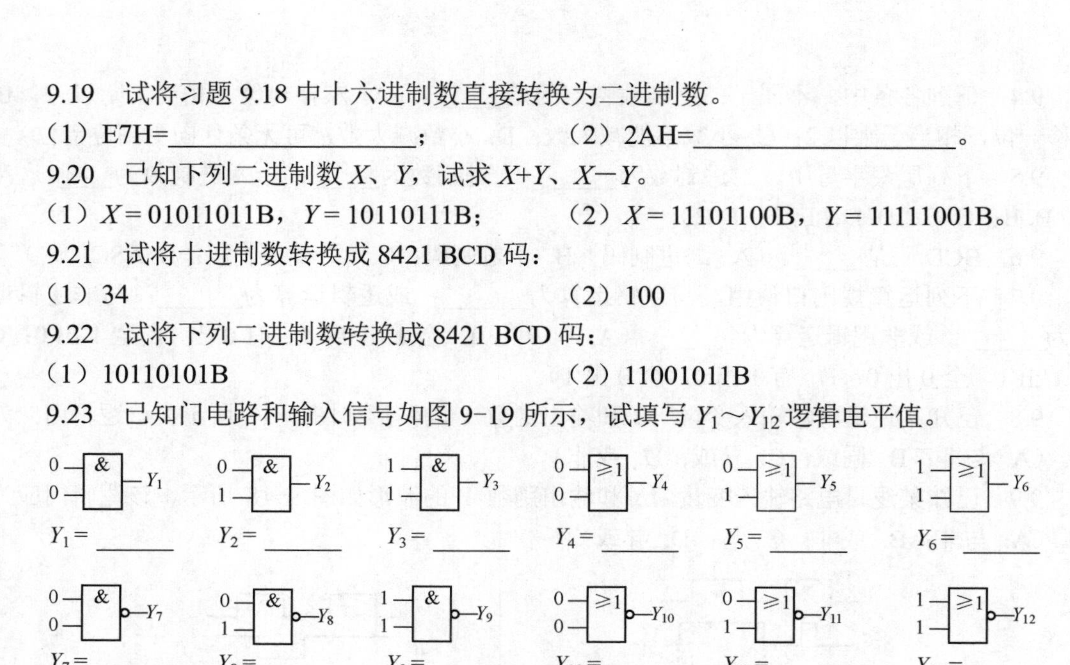

图 9-19　习题 9.23 电路

9.24　已知门电路和输入信号如图 9-20 所示，试写出 Y_1～Y_6 逻辑电平值。

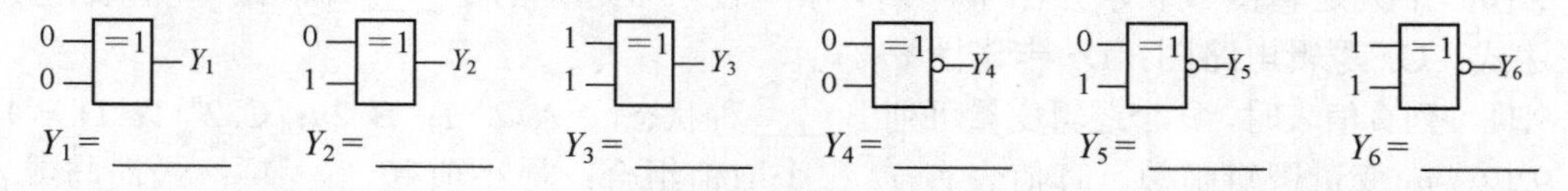

图 9-20　习题 9.24 电路

9.25　已知逻辑电路输入输出信号 A、B、Y_1 和 Y_2 的波形如图 9-21 所示，试写出其输出逻辑函数 Y_1 和 Y_2 表达式。

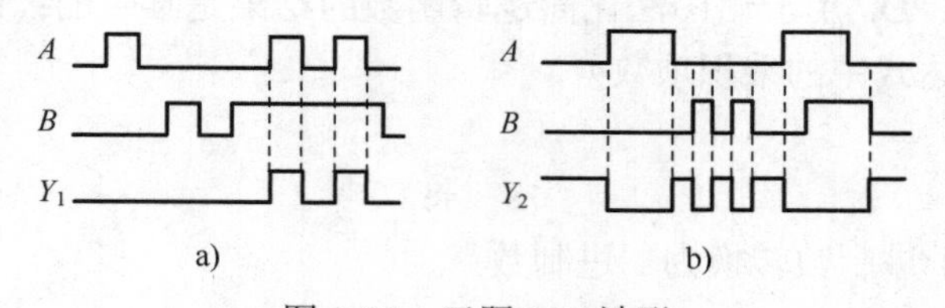

图 9-21　习题 9.25 波形

9.26　已知逻辑电路输入输出信号 A、B、Y_1 和 Y_2 的波形如图 9-22 所示，试写出其输出逻辑函数 Y_1 和 Y_2 表达式。

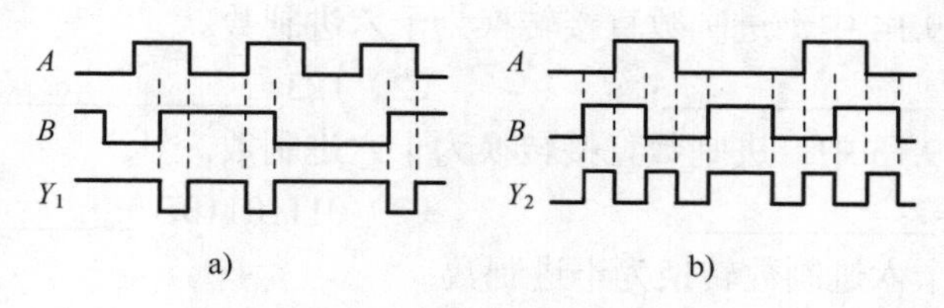

图 9-22　习题 9.26 波形

9.27　已知电路如图 9-23 所示，试写出输出信号表达式（不需化简）。

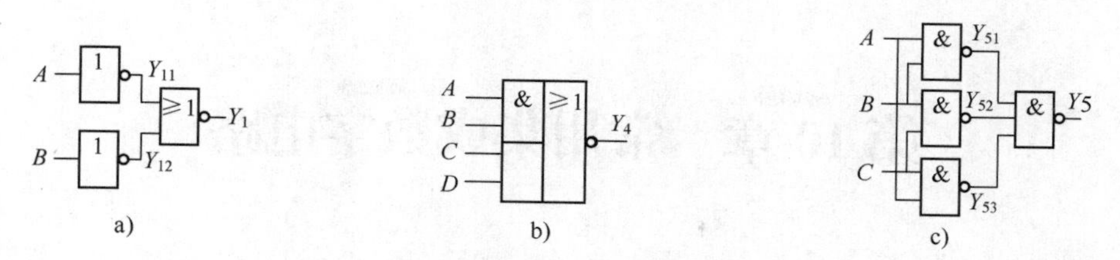

图 9-23　习题 9.27 电路

9.28　试根据下列输出信号表达式，画出逻辑电路图。

1）$Y_1=\overline{\overline{AB}\cdot\overline{CD}}$；2）$Y_2=\overline{AB+CD}$；3）$Y=(A+B)(C+D)(A+C)$。

9.29　已知下列逻辑电路如图 9-24 所示，试写出其逻辑函数表达式，并化简。

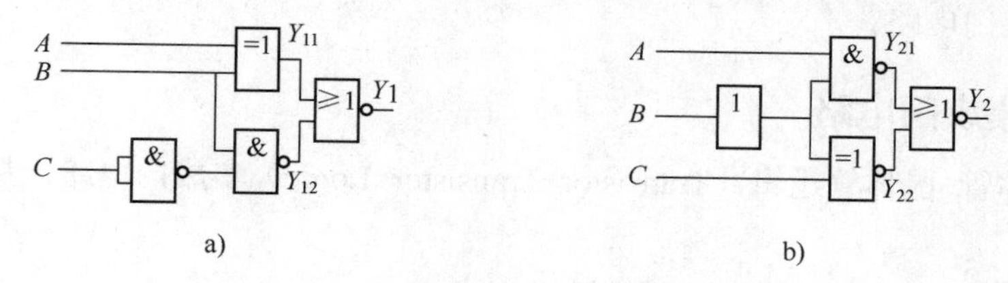

图 9-24　习题 9.29 逻辑电路

9.30　化简下列逻辑表达式：

1）$Y_1=A+B+C+D+\bar{A}\bar{B}\bar{C}\bar{D}$；　　2）$Y_2=A(\bar{A}+B)+B(B+C)+B$。

3）$Y_3=A\bar{B}+B+\bar{A}B$；　　4）$Y_4=ABC+\bar{A}BC+\overline{BC}$。

9.31　化简逻辑函数：$Y=AC+\bar{B}C+B\bar{D}+C\bar{D}+A(B+\bar{C})+\bar{A}BC\bar{D}+A\bar{B}DE$

9.32　试画出下列逻辑函数的卡诺图，并化简为最简与或表达式。

1）$Y_1=\bar{A}\bar{B}\bar{C}+\bar{A}\bar{B}C+\bar{A}BC+A\bar{B}C$。　　2）$Y_2(ABC)=\sum m(1,2,3,4,6)$。

9.33　已知卡诺图如图 9-25 所示，试写出最小项表达式 $Y(ABCD)=\sum m_i$，并按已画好的卡诺圈，写出逻辑函数的最简与或表达式。

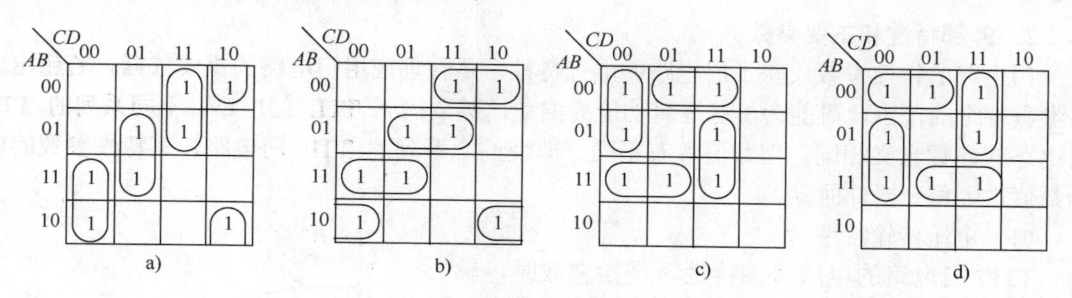

图 9-25　习题 9.33 卡诺图

9.34　试画出下列逻辑函数卡诺图，并化简为最简与或表达式。

1）$Y_1=\bar{A}\bar{C}D+A\bar{B}C+B\bar{C}+\bar{B}CD$。

2）$Y_2=\bar{A}\bar{B}\bar{C}\bar{D}+\bar{A}\bar{B}\bar{C}D+\bar{A}\bar{B}C\bar{D}+A\bar{B}\bar{C}\bar{D}+A\bar{B}\bar{C}D+A\bar{B}C\bar{D}$。

第 10 章　常用集成数字电路

10.1　集成门电路

逻辑门电路是能实现基本逻辑功能的电子电路。早期，门电路通常由二极管和晶体管等分列元件组成；后来，发展成集成门电路。集成门电路按其内部器件组成主要可分为 TTL 门电路和 CMOS 门电路。

10.1.1　TTL 集成门电路

TTL 是晶体管-晶体管逻辑（Transistor-Transistor Logic）集成门电路，是双极型器件组成的门电路。

1．分类概况

TTL 门电路有许多不同的系列，总体可分为 54 系列和 74 系列，54 系列为满足军用要求设计，工作温度范围-50～+125℃；74 系列为满足民用要求设计，工作温度范围 0～+70℃。而每一大系列中又可分为（为便于书写，以 74 为例）以下几个子系列：74 系列（基本型）、74L 系列（低功耗）、74H 系列（高速）、74S 系列（肖特基）、74LS 系列（低功耗肖特基）、74AS 系列（先进高速肖特基）、74ALS 系列（先进低功耗肖特基）。其中 74（基本型）子系列为早期 TTL 产品，已基本淘汰。74LS 子系列采用肖特基二极管晶体管，降低饱和程度，开关速度大为提高，以其价廉物美、综合性能较好而应用最广，目前仍是主流应用品种之一。现以 74LS 与非门电路为例，分析 TTL 集成门电路的外部特性和主要参数。

2．外部特性和主要参数

门电路的特性参数反映了门电路的电气特性，是合理应用门电路的重要依据。若超出这些参数规定的范围，可能会引起逻辑功能的混乱，甚至损坏 TTL 门电路。不同系列的 TTL 门电路的参数含义相同，但数值各有不同。即使同一系列的 TTL 门电路，其特性参数的确切数值也因每一器件而异。

（1）电压传输特性

TTL 门电路的电压传输特性，是指空载时，输出电压与输入电压间的函数关系。

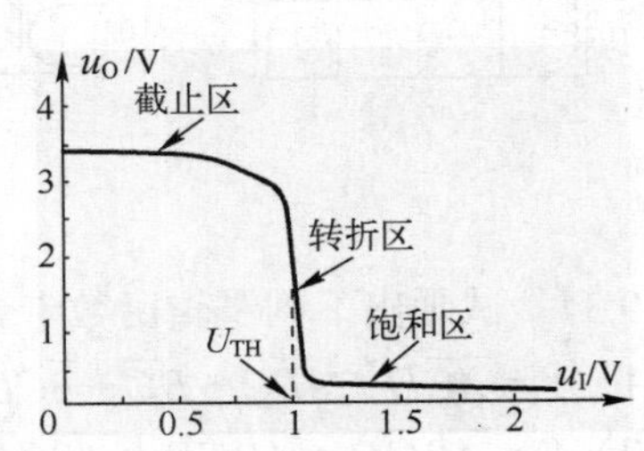

图 10-1　74LS TTL 与非门电压传输特性

图 10-1 为 74LSTTL 与非门电压传输特性。该传输特性大致可分为三个区域：截止区、转折区和饱和区。截止区是输入电压 u_I 很低时，与非门输出高电平 U_{OH}；饱和区是输入电压 u_I 较高时，与非门输出低电平 U_{OL}。转折区是输出电压由高电平变为低电平或

由低电平变为高电平的分界线。转折区的输入电压称为阈值电压 U_{TH}，也称为门限电压或门槛电压，它的含义是：对与非门电路，当 $u_I > U_{TH}$ 时，$u_O = U_{OL}$；当 $u_I < U_{TH}$ 时，$u_O = U_{OH}$。

74LS 系列门电路，$U_{TH} \approx 1V$，$U_{OH} \approx 3.4V$，$U_{OL} \approx 0.35V$。

（2）输出特性

门电路输出高电平时，输出电流从门电路输出端流出，称为拉电流。拉电流过大，将降低输出高电平电压值。输出高电平最大电流 I_{OHmax} 和输出高电平最小值 U_{OHmin} 即为衡量该特性的最低标准参数。

门电路输出低电平时，输出电流从门电路输出端流进，称为灌电流。灌电流过大，将提升输出低电平电压值，可能会高于允许的低电平阈值。输出低电平最大电流 I_{OLmax} 和输出低电平最大值 U_{OLmax} 即为衡量该特性的最低标准参数。

74LS 系列门电路，I_{OHmax}=4mA，U_{OHmin}=2.7V；I_{OLmax}=8mA，U_{OLmax}=0.5V。

门电路的负载能力也常用扇出系数 N_O 表示。扇出系数是指门电路带动（负载）同类门电路的数量，系数值越大，表明带负载能力相对越强。

（3）输入特性

从图 10-1 与非门电压传输特性中可得出，门电路对输入高电平和输入低电平有一定要求。为保证 TTL 与非门输出高电平，应满足 $u_I \leqslant U_{ILmax}$（输入低电平最大值）；为保证 TTL 与非门输出低电平，应满足 $u_I \geqslant U_{IHmin}$（输入高电平最小值）。

74LS 系列门电路，U_{ILmax}=0.8V，U_{IHmin}=2V。

此外，门电路输入端对接地电阻也有一定要求。输入端接对地电阻 R_I 时，从输入端流出的电流在 R_I 上产生一定的电压降，将影响输入电平的高低，R_I 较小时，u_I 相当于输入低电平，与非门处于关门状态；R_I 较大时，u_I 相当于输入高电平，与非门处于开门状态。即：若需保持 u_I 为低电平（$u_I < U_{ILmax}$），R_I 不能过大，须 $R_I < R_{OFF}$，R_{OFF} 称为关门电阻，是使与非门保持关门状态的 R_I 最大值。若需保持 u_I 相当于输入高电平，R_I 不能过小，须 $R_I > R_{ON}$，R_{ON} 称为开门电阻，是使与非门保持开门状态的 R_I 最小值。

74LS 系列门电路，$R_{OFF} \approx 4.2k\Omega$，$R_{ON} \approx 6.3k\Omega$。

（4）噪声容限

噪声容限是指输入电平受噪声干扰时，为保证电路维持原输出电平，允许叠加在原输入电平上的最大噪声电平。因输入低电平和输入高电平时允许叠加的噪声电平不同，噪声容限可分为低电平噪声容限 U_{NL} 和高电平噪声容限 U_{NH}。噪声容限示意图如图 10-2 所示。

高电平噪声容限：$U_{NH} = U_{OHmin} - U_{IHmin}$

低电平噪声容限：$U_{NL} = U_{ILmax} - U_{OLmax}$

74LS 系列门电路，U_{NH}=0.7V，U_{NL}=0.3V。

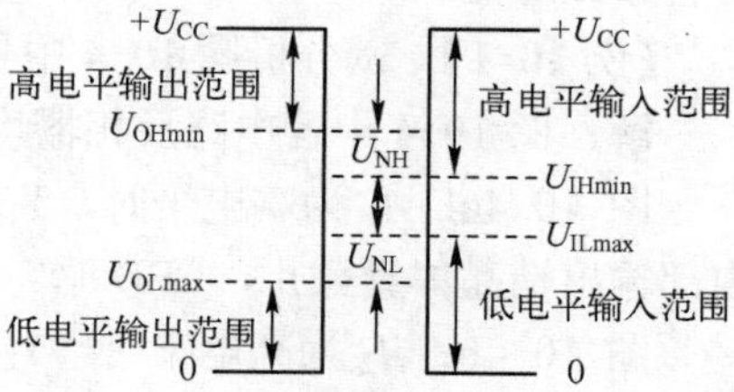

图 10-2　噪声容限示意图

（5）静态动耗 P_D

静态功耗 P_D 是指维持输出高电平或维持输出低电平不变时的最大功耗。

74LS 系列门电路，P_D<2mW。

需要说明的是，门电路输出高电平和输出低电平时，分别工作在截止区和饱和区，功耗很低。功耗较大的阶段发生在高低电平转换区域，因此，TTL 电路的实际功耗与信号频率有关，信号频率越高，功耗越大。

（6）传输延迟时间 t_{pd}

t_{pd} 是电路传输延迟时间的平均值，74LS 系列门电路，t_{pd}<10ns。

3．集电极开路门（OC 门）

TTL 门电路中，有一种特殊功能的门电路——集电极开路门（Open Collector，OC）。若门电路内部输出端晶体管的集电极不接负载电阻，直通输出端，则该门电路即称为集电极开路门，如图 10-3a 所示。用符号“◇”表示，如图 10-3b 所示。OC 门的主要作用：

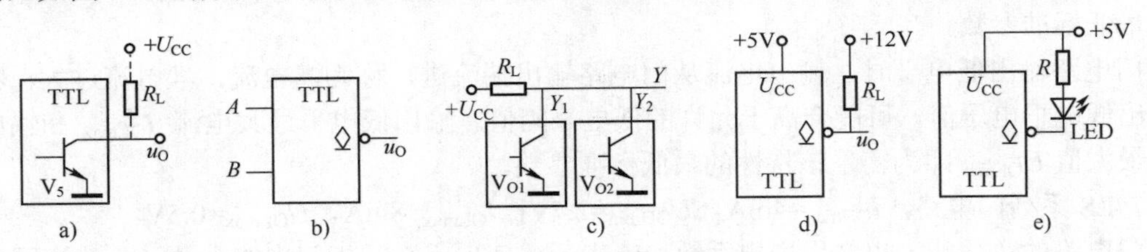

图 10-3　集电极开路门（OC 门）及其应用

a) 输出端结构　b) 电路符号　c) 线与　d) 电平转换　e) 驱动

1）实现“线与”功能。一般来说，几个 TTL 门电路输出端不允许直接连接在一起。试想，若直接连接在一起，一个门电路输出高电平，另一个门电路输出低电平，其间没有限流电阻，将发生短路，损坏门电路。但 OC 门输出端集电极是开路的，不但可以直接接在一起，而且连接在一起后，可实现“与”逻辑功能，如图 10-3c 所示。当两个 OC 门输出 Y_1、Y_2 均为低电平（V_{O1}、V_{O2} 均饱和导通）时，Y 为低电平；当 Y_1、Y_2 中一个为低电平另一个为高电平（V_{O1}、V_{O2} 中一个饱和导通，另一个截止）时，因为截止的那个晶体管门对电路无影响，Y 仍为低电平；只有当 Y_1、Y_2 均为高电平（V_{O1}、V_{O2} 均截止）时，Y 才为高电平。从而实现了两个 OC 门电路输出电平的“与”逻辑功能，这种两个 OC 门输出端直接连接在一起，实现“与”逻辑的方法称为“线与”。

2）实现电平转换。TTL 门电路电源电压为+5V，输出高电平约为 3.4V，输出低电平约为 0.3V，若要求将高电平变得更高，可采用图 10-3d 所示电路，将上拉电阻 R_L 接更高电源电压，高电平输出将接近于更高电源电压，低电平输出不变，从而实现电平转换。

3）用作驱动电路。OC 门可用作驱动电路，直接驱动 LED、继电器、脉冲变压器等，图 10-3e 为 OC 门驱动 LED 电路。OC 门输出低电平时，LED 亮；OC 门输出高电平时，由于输出端晶体管截止，LED 暗。但若用非 OC 门 TTL 电路，则输出高电平约为 3.4V，LED 仍会微微发亮。

【例 10-1】 试分析图 10-4 中各电路 LED 工作状态。

解：图 10-4 中各电路反相器均为 OC 门。

图 10-4a：A_1 为高电平时，Y_1 输出低电平，LED_1 亮；A_1 为低电平时，Y_1 输出高电平，内部输出端晶体管截止，LED 暗。

图 10-4b：A_2 为高电平时，Y_2 输出低电平，LED_2 暗；A_2 为低电平时，Y_2 输出高电平，内部输出端晶体管截止，由于未接上拉电阻，因此 LED_2 中无电流，暗。

图 10-4c：A_3 输入低电平时，内部输出端晶体管截止。但因外接上拉电阻，R_3 中电流流进 LED_3，亮；A_3 输入高电平时，内部输出端晶体管饱和导通，Y_3 输出低电平，R_3 中电流全部流进内部输出端晶体管，LED_3 中无电流，暗。

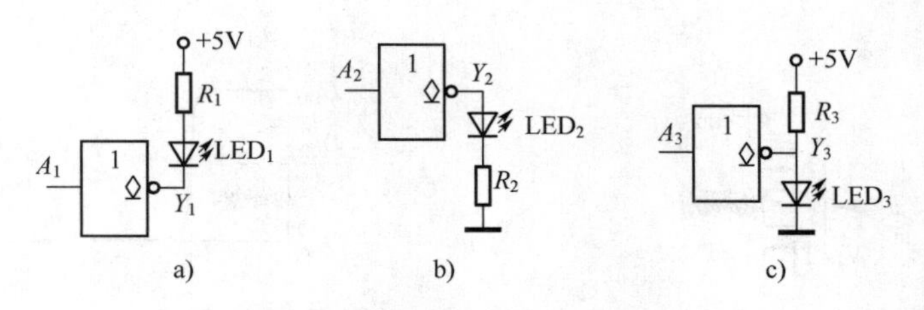

图 10-4　例 10-1 电路

4．三态门（TSL 门）

三态门（Three State Logic，TSL）是在普通门电路的基础上，在电路中添加控制电路，它的输出状态，除了高电平、低电平外，还有第三种状态：高阻态（或称为禁止态）。高阻态相当于输出端开路。图 10-5 三态门电路中，符号“▽”为三态门标志，EN（Enable）为使能端（或称输出控制端），EN 端信号电平有效时，门电路允许输出；EN 端信号电平无效时，门电路禁止输出，输出端既不是高电平，也不是低电平，呈开路状态，即高阻态。

三态门主要用于总线分时传送电路信号。在微型计算机电路中，地址信号和数据信号均用总线传输，在总线上挂接许多门电路，如图 10-5 所示。在某一瞬时，总线上只允许有一个门电路的输出信号出现，其余门电路输出均呈高阻态。否则若几个门电路均允许输出，且信号电平高低不一致，将引起短路而损坏门电路器件。至于允许哪一个门电路输出，由控制端 EN 信号电平决定。例如图 10-5 中，E_1 信号电平有效，则 Y_1 输出信号出现在总线上（即总线输出 Y_1 信号）；此时 E_2、E_3 信号电平必须无效，Y_2、Y_3 与总线相当于断开。即在任一瞬时，挂接在总线上门电路的控制信号，只允许其中一个有效，其余必须无效。

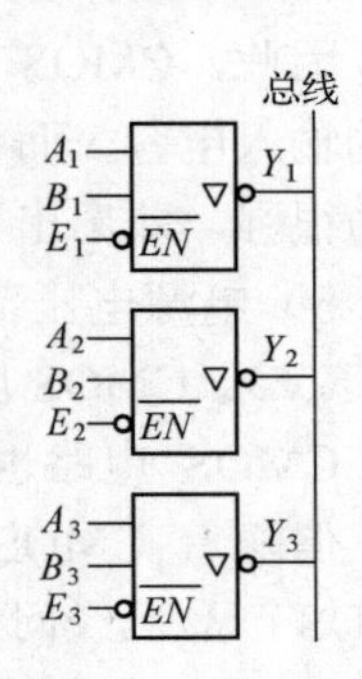

图 10-5　三态门电路

需要指出的是，控制信号 EN 有效电平有正有负，视不同门电路而不同，但多数为低电平有效，常在 EN 端用一个小圆圈表示，或用 $\overline{EN}$ 表示。

10.1.2　CMOS 集成门电路

CMOS 器件属单极型器件，不同于双极型 TTL 器件。CMOS 集成电路的主要特点是输入阻抗高，功耗低，工艺简单，集成度高。

1．CMOS 反相器及其特点

CMOS 电路由一个 N 沟道增强型 MOS 管和一个 P 沟道增强型 MOS 管互补组成，如图 10-6 所示，其中 V_1 为 PMOS 管，V_2 为 NMOS 管。当输入电压 u_I 为低电平时，V_1 导通，V_2 截止，u_O 输出高电平；当输入电压 u_I 为高电平时，V_1 截止，V_2 导通，u_O 输出低电平。因此，CMOS 电路具有反相功能。其主要特点是：

1）输入电阻高。MOS 管因其栅极与导电沟道绝缘，因而输入电阻很高，可达 $10^{15}\Omega$，基本上不需要信号源提供电流。

2）电压传输特性好。CMOS 反相器电压传输特性如图 10-7 所示，与 TTL 电压传输特性相比，其线性区很窄，特性曲线陡峭，且高电平趋于 U_{DD}，低电平趋于 0，因此，其电压传输特性接近于理想开关。

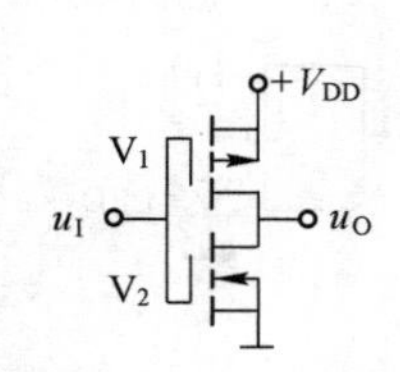

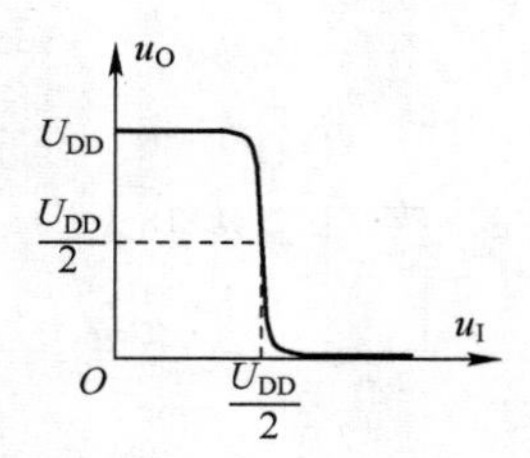

图 10-6　COMS 反相器　　　　图 10-7　COMS 反相器电压传输特性

3）静态功耗低。CMOS 反相器无论输入高电平还是输入低电平，两个 MOS 管中总有一个是截止的，静态电流极小（纳安级），且线性区很窄（线性区范围越宽，功耗越大），因此功耗很低（小于 1μW）。

4）抗干扰能力强。CMOS 反相器的阈值电压 $U_{TH}\approx U_{DD}/2$，噪声容限很大，也接近于 $U_{DD}/2$。因此，CMOS 反相器抗干扰能力强。

5）扇出系数大。由于 CMOS 电路输入电阻高，作为负载时几乎不需要前级门提供电流。因此，CMOS 反相器前级门的扇出系数不是取决于后级门的输入电阻，而是取决于后级门的输入电容，而 CMOS 电路输入电容约为几个 pF，所以，CMOS 反相器带同类门的负载能力很强，即扇出系数很大。

6）电源电压范围大。TTL 门电路的标准工作电压为+5V，要求电源电压范围为（5V±5×5%V）。CMOS 反相器的电源电压可为 3～18V。

CMOS 电路也有一些缺点，例如输入端易被静电击穿、工作速度不高、输出电流较小等，但随着 CMOS 电路新工艺的发展，这些问题已逐步改善。高速工作、输出较大电流的 CMOS 产品已经问世。易静电击穿问题采用在输入端加保护二极管电路，也已被大大改善。

2．CMOS 集成门电路

CMOS 集成门电路也有多种不同系列，应用广泛的有 CMOS 4000 系列（包括 4500 系列、MC14000 / MC14500 系列）和 74HC 系列（HCMOS）。MC14000 系列与 4000 系列兼容，MC14500 系列与 4500 系列兼容，前者为美国摩托罗拉公司产品。74HC 系列中：74HC 系列与 74 系列引脚兼容，但电平不兼容；74HCT 系列与 74 系列引脚、电平均兼容。近年来，74HC 系列应用广泛，有逐步取代 74LS 系列的趋势。表 10-1 为 TTL 和 CMOS 门电路输入 / 输出特性参数表。

表 10-1　TTL 和 CMOS 门电路输入/输出特性参数表

电路 参数	TTL		CMOS	高速 CMOS	
	74 系列	74LS 系列	4000 系列	74HC 系列	74HCT 系列
U_{OHmin}/V	2.4	2.7	V_{DD}−0.05	4.4	4.4
U_{OLmax}/V	0.4	0.5	0.05	0.1	0.33
I_{OHmax}/mA	4	4	0.4	4	4
I_{OLmax}/mA	16	8	0.4	4	4
U_{IHmin}/V	2	2	2V_{DD}/3	3.15	2
U_{ILmax}/V	0.8	0.8	V_{DD}/3	1.35	0.8
I_{IHmax}/μA	40	20	0.1	0.1	0.1
I_{ILmax}/μA	1600	400	0.1	0.1	0.1

需要说明的是，CMOS 集成门电路也有类似 TTL 的 OC 门（称为 OD 门，漏极开路）和三态门输出端，其作用与 TTL OC 门、三态门相同。

特别需要指出的是，CMOS 门电路的输入端不应悬空。在 TTL 门电路中，输入端引脚悬空相当于接高电平。但在 CMOS 门电路中，输入端悬空是一个不确定因素，因此必须根据需要，接高电平（接正电源电压）或接低电平（接地）。

另外，由于输入端保护二极管电流容量有限（约为 1mA），在可能出现较大输入电流的场合应采取保护措施，如输入端接有大电容和输入引线较长时，可在输入端串接电阻，一般为 1～10kΩ。

3．TTL 门电路与 CMOS 门电路的连接

从表 10-1 可知，TTL 门电路与 CMOS 门电路在输入输出高低电平上，有一定差别，称为输入输出电平不兼容。在一个数字系统中，为了输入输出电平兼容，一般全部用 TTL 门电路或全部用 CMOS 门电路。但有时也会碰到在一个系统中需要同时应用 TTL 和 CMOS 两种门电路的情况，这就出现了两类门电路如何连接的问题。

TTL 与 CMOS 门电路连接原则如表 10-2 所示。前级门电路驱动后级门电路，存在着高低电平和电流负载能力是否适配的问题，驱动门电路必须提供符合负载门电路输入要求的电平和驱动电流。因此，必须同时满足下列各式：

其中 n 是负载门的个数。根据表 10-1 和表 10-2，可以得出：

1）74HCT 系列门电路与 74LS 系列门电路可直接相互连接。

2）74HC 系列门电路可以驱动 74LS 系列门电路。

3）CMOS 4000 系列门电路可以驱动一个（不能多个）74LS 系列负载门电路。

原因是 CMOS 4000 系列 I_{OLmax}（0.4mA）等于 74LS 系列 I_{ILmax}（0.4mA）。若需驱动多个，可在 CMOS 门电路后增加一级 CMOS 缓冲器或用多个 CMOS 门并联使用，以增大 I_{OLmax}。

4）74LS 系列门电路不能直接驱动 CMOS 4000 系列和 74HC 系列门电路。

原因是 74LS 系列 U_{OHmin}（2.7V）小于 CMOS 4000 系列和 74HC 系列 U_{IHmin}（分别为 $2V_{DD}/3$ 和 3.15V）。

解决的办法是在 TTL 门电路输出端加接上拉电阻，TTL 与 CMOS 门连接电路如图 10-8 所示。

表 10-2　TTL 与 CMOS 门电路连接原则

驱动门		负载门
U_{OHmin}	≥	U_{IHmin}
U_{OLmax}	≤	U_{ILmax}
I_{OHmax}	≥	nI_{IHmax}
I_{OLmax}	≥	nI_{ILmax}

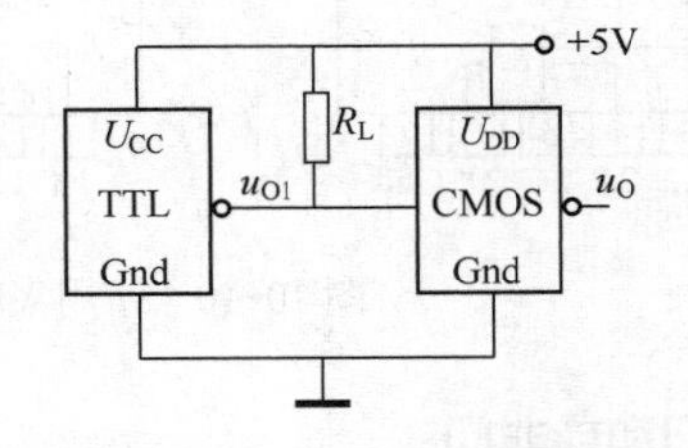

图 10-8　TTL 与 CMOS 门连接电路

10.1.3　常用集成门电路

如前所述，集成门电路主要有 54/74 系列和 CMOS 4000 系列，其引脚排列有一定规律，一般为双列直插式。若将电路芯片如图 10-9a 放置，缺口向左，按图 10-9b 正视图观察，引脚编号由小到大按逆时针排列，其中 V_{CC} 为上排最左引脚（引脚编号最大），Gnd 为下排最右引脚（引脚编号为最大编号的一半）。

集成门电路通常在一片芯片中集成多个门电路，常用集成门电路主要有以下几种形式：

1）2 输入端 4 门电路。即每片集成电路内部有 4 个独立的功能相同的门电路，每个门电路有两个输入端。

2）3 输入端 3 门电路。即每片集成电路内部有 3 个独立的功能相同的门电路，每个门电路有 3 个输入端。

3）4 输入端 2 门电路。即每片集成电路内部有两个独立的功能相同的门电路，每个门电路有 4 个输入端。

为便于认识和熟悉这些集成门电路，选择其中一些常用典型芯片介绍。

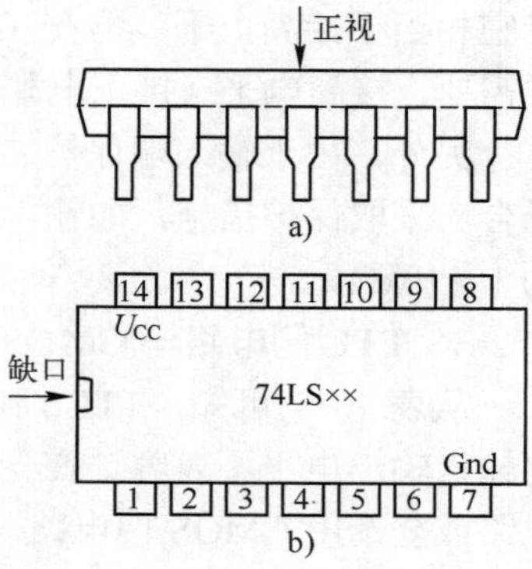

正视

a)

14 13 12 11 10 9 8

U_{CC}

缺口

74LS××

Gnd

1 2 3 4 5 6 7

b)

图 10-9　集成电路引脚排列图

a) 侧视图　b) 正视图

1. 与门和与非门

与门和与非门常用典型芯片有 2 输入端 4 与非门 74LS00、2 输入端 4 与门 74LS08、3 输入端 3 与非门 74LS10、4 输入端 2 与非门 74LS20、8 输入端与非门 74LS30 和 CMOS 2 输入端 4 与非门 CC 4011。其引脚排列如图 10-10 所示。

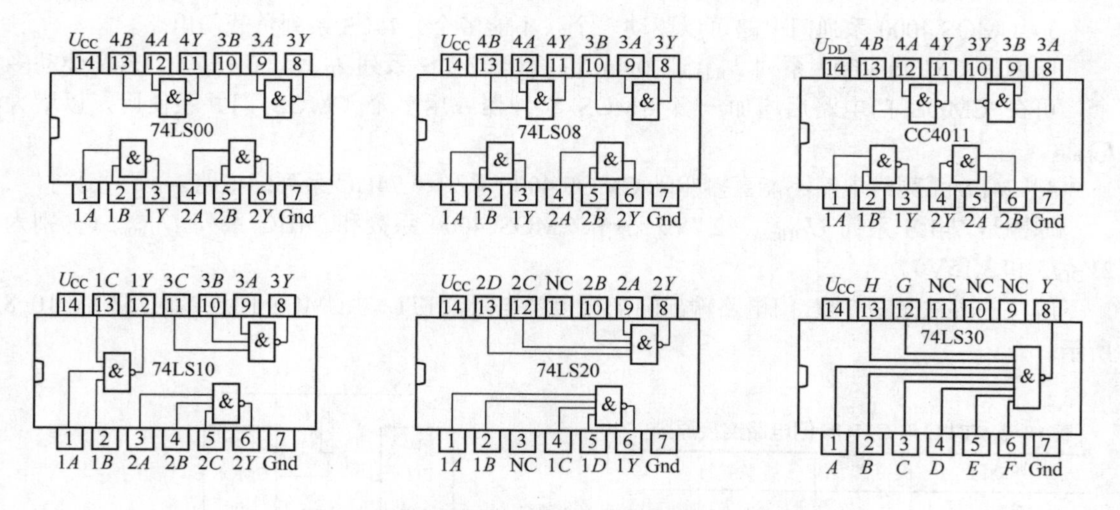

图 10-10　常用集成与门和与非门电路引脚排列图

2. 或门和或非门

或门和或非门常用典型芯片有 2 输入端 4 或非门 74LS02、2 输入端 4 或门 74LS32、3 输入端 3 或非门 74LS27 和 CMOS 2 输入端 4 或非门 CC 4001、4 输入端 2 或非门 CC 4002、3 输入端 3 或门 CC 4075。其引脚排列如图 10-11 所示。

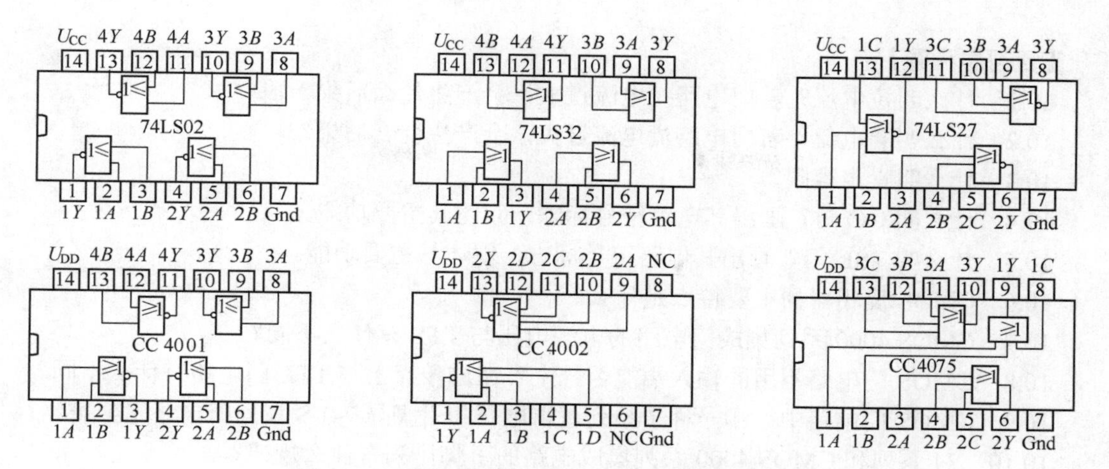

图 10-11　常用集成或门和或非门电路引脚排列图

3．与或非门

74LS54 为 4 路与或非门，其引脚排列如图 10-12 所示。内部有 4 个与门：其中两个与门为 2 输入端；另两个与门为 3 输入端；4 个与门再输入到一个或非门。

4．异或门和同或门

74LS86 为 2 输入端 4 异或门，其引脚排列如图 10-13 所示。CC4077 为 2 输入端 4 同或门，其引脚排列如图 10-14 所示。

5．反相器

TTL 6 反相器 74LS04 和 CMOS 6 反相器 CC 4069 引脚排列相同，内部有 6 个非门，如图 10-15 所示。

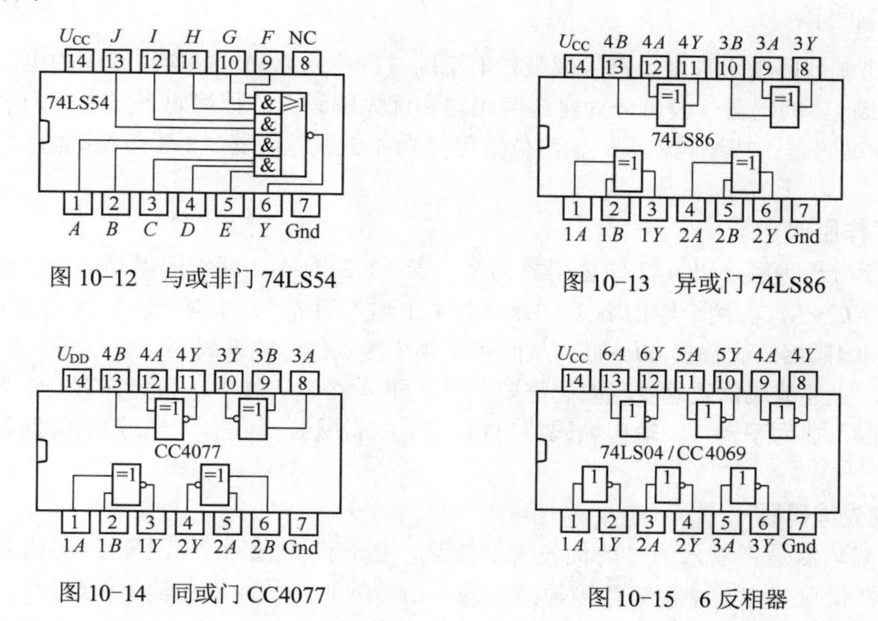

图 10-12　与或非门 74LS54

图 10-13　异或门 74LS86

图 10-14　同或门 CC4077

图 10-15　6 反相器

从上述列举的 74LS 系列和 CMOS 4000 系列门电路芯片，表明门电路品种繁多，应用时可根据需要选择实用芯片构成所需功能电路。

【复习思考题】

10.1 什么叫拉电流？若门电路拉电流过大，会产生什么后果？

10.2 什么叫灌电流？若门电路灌电流过大，会产生什么后果？

10.3 什么叫噪声容限？

10.4 什么叫 OC 门？画出其电路符号标志，叙述其主要功能。

10.5 什么叫 TSL 门？画出其电路符号标志，叙述其主要功能。

10.6 CMOS 反相器的主要特点是什么？

10.7 CMOS 4000 系列集成门电路的电源电压与 TTL 有什么不同？

10.8 CMOS 门电路不用的输入端能否悬空？在这一点上与 TTL 门电路有什么不同？

10.9 CMOS 门电路中，哪一种子系列逻辑电平和引脚与 74LS 系列门电路完全兼容？

10.10 74 系列和 CMOS 4000 系列集成电路的引脚排列有什么规律？

10.2 组合逻辑电路

若任一时刻数字电路的稳态输出只取决于该时刻输入信号的组合，而与这些输入信号作用前电路原来的状态无关，则该数字电路称为组合逻辑电路（Combinational logic circuit）。

为了便于应用，常用组合逻辑电路，通常不是由各类门电路外部连接组合，而是集成在一块芯片上，组成具有专用功能的集成组合逻辑电路。其特点是通用性强、能扩展、可控制，一般有互补信号输出端。

常用集成组合逻辑电路主要有编码器、译码器、数据选择器、数据分配器和加法器等。

10.2.1 编码器

用二进制代码表示数字、符号或某种信息的过程称为编码。能实现编码的电路称为编码器（Encoder）。编码器一般可分为普通编码器和优先编码器；按编码形式可分为二进制编码器和 BCD 编码器；按编码器编码输出位数可分为 4-2 线编码器、8-3 线编码器和 16-4 线编码器等。

1．工作原理

为便于分析理解，以 4-2 线编码器为例。表 10-3 为 4-2 线编码器功能表。该编码器有 4 个输入端 I_0～I_3，有两个输出端 Y_1、Y_0。当 4 个输入端 I_0～I_3 中有一个依次为 1（其与 3 个为 0）时，编码器依次输出 00～11。从而实现 4 个输入信号的编码。

但是，上述编码器正确实现编码需要条件。即 4 个输入端中，只允许有一个为逻辑 1。若有两个输入端为逻辑 1，输出编码将出错。为了解决这一问题，一般把编码器设计为优先编码器。

2．优先编码器

优先编码器是将输入信号的优先顺序排队，当有两个或两个以上输入端信号同时有效时，编码器仅对其中一个优先等级最高的输入信号编码，从而避免输出编码出错。表 10-4 为 4-2 线优先编码器功能表。I_0～I_3 中，I_0 优先等级最高。当 I_0 为 1 时，I_1～I_3 不论是 1 是 0，Y_1Y_0=00；当 I_0=0，I_1=1 时，I_2、I_3 不论是 1 是 0，Y_1Y_0=01；以此类推。

表 10-3　4-2 线编码器功能表

输入				输出	
I_3	I_2	I_1	I_0	Y_1	Y_0
0	0	0	1	0	0
0	0	1	0	0	1
0	1	0	0	1	0
1	0	0	0	1	1

表 10-4　4-2 线优先编码器功能表

输入				输出	
I_3	I_2	I_1	I_0	Y_1	Y_0
×	×	×	1	0	0
×	×	1	0	0	1
×	1	0	0	1	0
1	0	0	0	1	1

3. 8-3 线优先编码器 74LS148

74LS148 引脚图如图 10-16 所示，74LS148 功能表如表 10-5 所示。

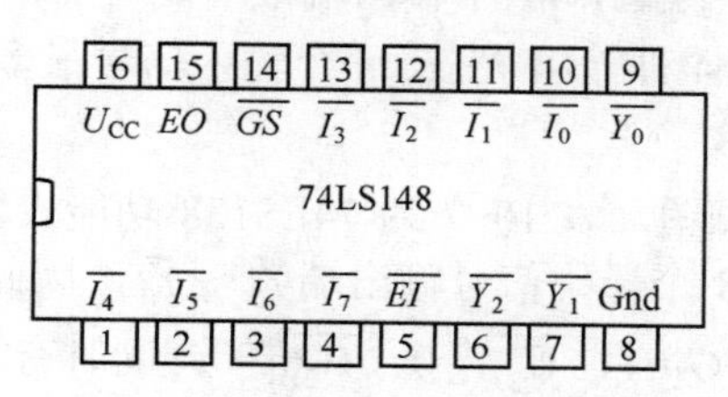

图 10-16　74LS148 引脚图

表 10-5　74LS148 功能表

输入端									输出端				
$\overline{EI}$	$\overline{I_7}$	$\overline{I_6}$	$\overline{I_5}$	$\overline{I_4}$	$\overline{I_3}$	$\overline{I_2}$	$\overline{I_1}$	$\overline{I_0}$	$\overline{Y_2}$	$\overline{Y_1}$	$\overline{Y_0}$	EO	$\overline{GS}$
1	×	×	×	×	×	×	×	×	1	1	1	1	1
0	1	1	1	1	1	1	1	1	1	1	1	0	1
0	0	×	×	×	×	×	×	×	0	0	0	1	0
0	1	0	×	×	×	×	×	×	0	0	1	1	0
0	1	1	0	×	×	×	×	×	0	1	0	1	0
0	1	1	1	0	×	×	×	×	0	1	1	1	0
0	1	1	1	1	0	×	×	×	1	0	0	1	0
0	1	1	1	1	1	0	×	×	1	0	1	1	0
0	1	1	1	1	1	1	0	×	1	1	0	1	0
0	1	1	1	1	1	1	1	0	1	1	1	1	0

1）$\overline{I_0}$～$\overline{I_7}$：输入端，低电平有效，$\overline{I_7}$ 优先等级最高。

2）$\overline{EI}$：控制端，低电平有效。

3）$\overline{Y_2}$、$\overline{Y_1}$、$\overline{Y_0}$：输出端，为反码形式（111 相当于 000）。

4）EO：选通输出端。

5）$\overline{GS}$：扩展输出端。

从表 10-5 中看出，$\overline{EI}$=1 时，芯片不编码；$\overline{EI}$=0 时，芯片编码。EO 和 $\overline{GS}$ 除用于选通输出和扩展输出外，还可用于区分芯片非编码状态和无输入状态。

除 74LS148 外，其他常用编码器芯片有 10-4 线 BCD 码优先编码器 74LS147、CMOS 8-3 线优先编码器 CC 4532、CMOS 10-4 线 BCD 码优先编码器 CC 40147 等。

10.2.2　译码器

将给定的二值代码转换为相应的输出信号或另一种形式二值代码的过程，称为译码。能实现译码功能的电路称为译码器（Decoder）。译码是编码的逆过程。

译码器大致可分为两大类：通用译码器和显示译码器。通用译码器又可分为变量译码器和代码变换译码器。

1. 工作原理

为便于分析理解，以 2-4 线译码器为例，表 10-6 为 2-4 线译码器功能表。该译码器有两个输入端 A_0 和 A_1，有 4 个输出端 Y_0～Y_3。当输入编码依次为 00～11 时，输出端 Y_0～Y_3 依次为 1，从而实现对两个输入编码信号 4 种状态的译码。

需要说明的是，编码器和译码器的输入输出端有相应的依存关系。对编码器来说，两个输出端最多能对 4 个输入信号编码，m 个输出端最多能对 2^m 个输入信号编码；对译码器来说，两个输入信号最多能译成 4 种输出状态，n 个输入信号最多能译成 2^n 种输出状态。

2．3-8 线译码器 74LS138

图 10-17 为 74LS138 引脚图，表 10-7 为 74LS138 功能表。74LS138 有 3 个编码信号输入端 C、B、A（A 是低端），8 个译码信号输出端 $\overline{Y_7}\sim\overline{Y_0}$，因此称为 3-8 线译码器。有 3 个门控端 G_1、$\overline{G_{2A}}$、$\overline{G_{2B}}$。当 G_1=1、$\overline{G_{2A}}$=0、$\overline{G_{2B}}$=0，同时有效时，芯片译码，反码输出，相应输出端低电平有效。3 个控制端只要有一个无效，芯片禁止译码，输出全 1。

表 10-6　2-4 线译码器功能表

输入		输出			
A_1	A_0	Y_3	Y_2	Y_1	Y_0
0	0	0	0	0	1
0	1	0	0	1	0
1	0	0	1	0	0
1	1	1	0	0	0

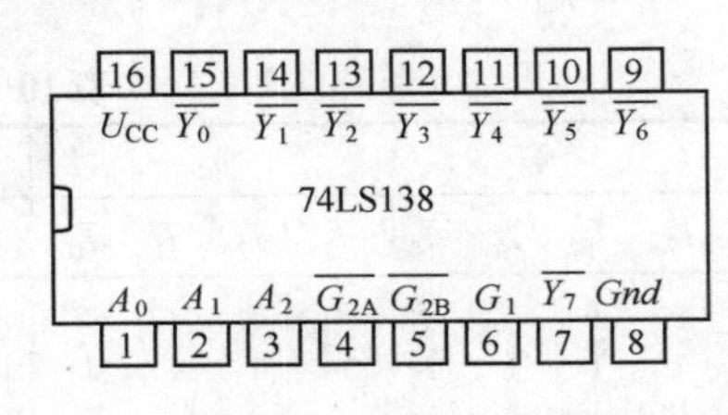

图 10-17　74LS138 引脚

表 10-7　74LS138 功能表

输入						输出							
G_1	$\overline{G_{2A}}$	$\overline{G_{2B}}$	A_2	A_1	A_0	$\overline{Y_7}$	$\overline{Y_6}$	$\overline{Y_5}$	$\overline{Y_4}$	$\overline{Y_3}$	$\overline{Y_2}$	$\overline{Y_1}$	$\overline{Y_0}$
0	×	×	×	×	×	1	1	1	1	1	1	1	1
×	1	×	×	×	×	1	1	1	1	1	1	1	1
×	×	1	×	×	×	1	1	1	1	1	1	1	1
1	0	0	0	0	0	1	1	1	1	1	1	1	0
1	0	0	0	0	1	1	1	1	1	1	1	0	1
1	0	0	0	1	0	1	1	1	1	1	0	1	1
1	0	0	0	1	1	1	1	1	1	0	1	1	1
1	0	0	1	0	0	1	1	1	0	1	1	1	1
1	0	0	1	0	1	1	1	0	1	1	1	1	1
1	0	0	1	1	0	1	0	1	1	1	1	1	1
1	0	0	1	1	1	0	1	1	1	1	1	1	1

与 74LS138 相同功能的芯片是 74LS238，其与 74LS138 的唯一区别是 Y_0～Y_7 输出高电平有效。除 74LS138 外，其他常用编码器芯片有双 2-4 线译码器 74LS139、4-16 线译码器 74LS154、BCD 码输入 4-10 线译码器 74LS42。CMOS 译码器除与 74LS 系列相应的 74HC 系列芯片外，还有双 2-4 线译码器 4555（反码输出）、4556（反码输出），4-16 线译码器 4514（原码输出）、4515（反码输出）和 BCD 码输出 4-10 线译码器 4028（原码输出）等。

3．显示译码器 CC 4511

CC 4511 是 CMOS 4000 系列 7 段译码显示驱动器，图 10-18 为 CC 4511 引脚图，表 10-8 为 CC 4511 功能表。A_0～A_3 为数据（BCD 码）输入端，Y_a～Y_g 为译码显示驱动输出端，$\overline{LT}$ 为灯测试控制端，$\overline{LT}=0$，全亮；$\overline{BI}$ 为消隐控制端，$\overline{BI}=0$，全暗；LE 为数据锁存控制端，$LE=0$，允许从 A_3～A_0 输入数据，刷新显示；$LE=1$，锁存并维持原显示状态。

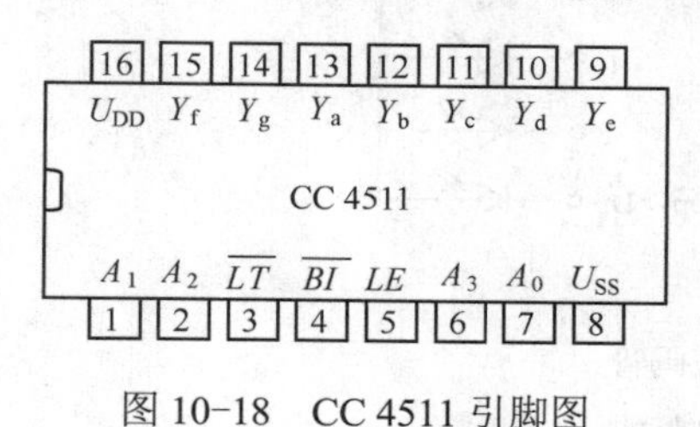

图 10-18　CC 4511 引脚图

表 10-8　CC 4511 功能表

LE	$\overline{BI}$	$\overline{LT}$	A_3 A_2 A_1 A_0	显示数字
×	×	0	× × × ×	全亮
×	0	1	× × × ×	全暗
1	1	1	× × × ×	维持
0	1	1	0000～1001	0～9
0	1	1	1010～1001	全暗

除 CC 4511 外，其他常用译码显示驱动器有 CC 4513、CC 4543 / 4544（可驱动 LED 或液晶）、CC 4547（大电流）、CC 4026、CC 4033、CC 4055（驱动液晶）、CC 40110（加减计数译码 / 驱动）等，有关资料可查阅技术手册。

4．译码器应用

（1）用译码器选通某一电路

在单片机控制电路中，常用 74138 译码片选选通某一电路，例如存储器、片外扩展 I/O 口和动态显示数码管，图 10-19 为 CC4511 译码和 74LS138 片选组成的 8 位动态扫描显示电路。

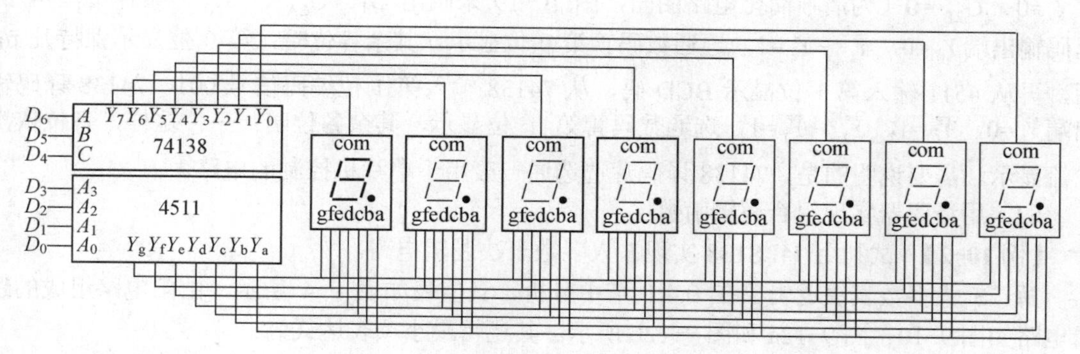

图 10-19　CC4511 译码和 74LS138 片选组成的 8 位动态扫描显示电路

1）LED 数码管由发光二极管（Light Emitting Diode，LED，参阅 6.2.2 节）分段组成。因其工作电压低、体积小、可靠性高、寿命长、响应速度快（<10ns）、使用方便灵活而得到广泛应用。数码管共有 8 个笔段：a、b、c、d、e、f、g 组成数字 8，Dp 为小数点。图 10-20 分别为 LED 数码管引脚排列、共阴型和共阳型数码管内部连接方式。从图中看出，共阴型数码管是将所有笔段 LED 的阴极（负极）连接在一起，作为公共端 com；共阳型数码管是将所有笔段 LED 的阳极（正极）连接在一起，作为公共端 com。应用 LED 共阴型数码管时，公共端 com 接地，笔段端接高电平（串接限流电阻）时亮，笔段接低电平时暗。应用 LED 共阳型数码管时，公共端 com 接$+U_{CC}$，笔段端接低电平（串接限流电阻）时亮，笔段接高电平时暗。控制笔段亮或暗，可组成 0～9 数字和其他一些字符显示。

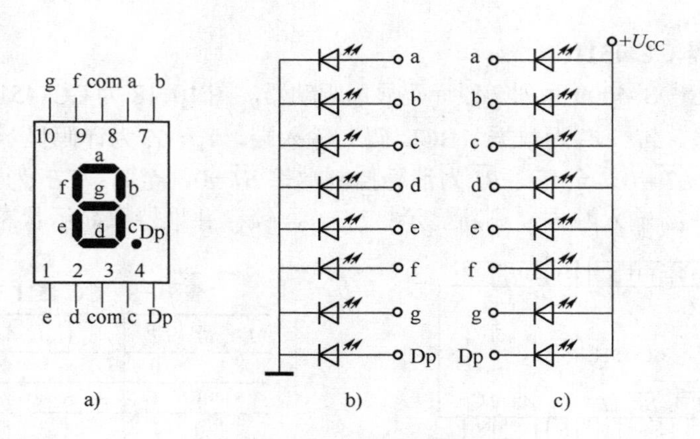

图 10-20　LED 数码管

a) 0.5LED 数码管引脚排列　b) 共阴型　c) 共阳型

2）动态扫描显示电路是在每一瞬时只显示一位，下一瞬时再显示下一位，这样依次轮流显示，由于人视觉的滞留效应，人们看到的将是多位同时稳定显示。因此，电路连接时将数码管每一位的 a 段连在一起，b 段连在一起，…，g 段连在一起，由一片 CC 4511 译码输出端 Y_a～Y_g 控制，而每一位的公共端由 74138 译码输出端 Y_0～Y_7 片选选通。

实际操作时，先从 4511 A_3～A_0 输入第 0 位显示 BCD 码，在 $\overline{LT}$=1、$\overline{BI}$=1、LE=0（为清晰简化电路图面，图 10-19 未画出 $\overline{LT}$、$\overline{BI}$、LE）条件下，4511 Y_a～Y_g 端即刻输出该 BCD 码的译码笔段信号；再从 74138 译码输入端 CBA 输入第 0 位编码信号 000，在 G_1=1、$\overline{G_{2A}}$=0、$\overline{G_{2B}}$=0（为清晰简化电路图面，图 10-19 未画出 G_1、$\overline{G_{2A}}$、$\overline{G_{2B}}$）条件下，74138 译码输出端 $\overline{Y}_0$=0，$\overline{Y}_1$～$\overline{Y}_7$=1，选通数码管第 0 位显示，其余各位暗；第 0 位显示保持几 ms 后，再从 4511 输入第 1 位显示 BCD 码，从 74138 输入第 1 位编码信号 001，74138 译码输出端 $\overline{Y}_1$=0，$\overline{Y}_0$=1，$\overline{Y}_2$～$\overline{Y}_7$=1，选通数码管第 1 位显示，其余各位暗；…；这样，各位依次轮流显示。需要说明的是，74138 译码片选选通一般用于单片机控制的电路。

（2）用译码器实现组合逻辑函数

【例 10-2】 试利用 74LS138 实现 3 人多数表决逻辑电路。

解： 3 人多数表决逻辑已在 9.4.1 节中分析，真值表如表 9-4 所示，由门电路组成的逻辑电路如图 9-10、图 9-12a 和图 9-12b 所示。其逻辑最小项表达式为：

$$Y=\overline{A}BC+A\overline{B}C+AB\overline{C}+ABC=m_3+m_5+m_6+m_7$$

据此，画出图 10-21 逻辑电路。3 人表决输入端 A、B、C 依次接 74LS138 A_2、A_1、A_0 端（次序不能接反）；G_1=1，$\overline{G_{2A}}=\overline{G_{2B}}$=0，不参与控制，始终有效。当 3 人表决输入符合最小项表达式要求时，74LS138 $\overline{Y}_3$、$\overline{Y}_5$、$\overline{Y}_6$、$\overline{Y}_7$ 端分别有效，输出为 0，经过与非门，有 0 出 1，完成 3 人多数表决逻辑要求。

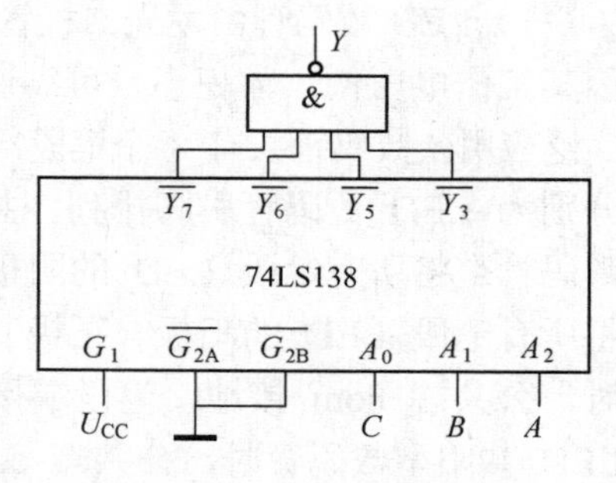

图 10-21　例 10-2 逻辑电路

从上例看出，用译码器实现组合逻辑函数，比单纯由门电路组成的逻辑电路方便得多。只需先求出组合逻辑要求的最小项表达式，将最小项 m 值相应的输出变量用一个与非门（原码输出用与门）组合，即可实现。

【复习思考题】

10.11　什么叫组合逻辑电路？有什么特点？

10.12　什么叫编码器和优先编码器？

10.13　什么叫译码器？如何分类？

10.14　试述 74LS138 输入输出与控制端的关系。

10.15　什么叫共阴型和共阳型 LED 数码管？

10.3　触发器

数字系统中，不但要对数字信号进行算术运算和逻辑运算，而且还需要将运算结果保存起来。能够存储一位二进制数字信号的逻辑电路称为触发器（Flip-Flop，FF）。与门电路一样，触发器也是组成各种复杂数字系统的一种基本逻辑单元，其主要特征是具有“记忆”功能。因此，触发器也称为半导体存储单元或记忆单元。

10.3.1　触发器基本概念

1．基本 RS 触发器

（1）电路组成

图 10-22a 为由与非门组成的基本 RS 触发器。图 10-22b 为其逻辑符号。图中 Q、$\overline{Q}$ 端为输出端，逻辑电平值恒相反。Q 和 $\overline{Q}$ 端有两种稳定状态：$Q=1$、$\overline{Q}=0$ 或 $Q=0$、$\overline{Q}=1$，所以也称为双稳态触发器。S、R 分别称为置“1”端和置“0”端。即 S 有效时，Q 端输出“1”；R 有效时，Q 端输出“0”。图 10-22a 中 $\overline{S}$、$\overline{R}$ 低电平有效，在图 10-22b 中以输入端小圆圈表示。基本 RS 触发器也可由或非门组成，逻辑功能基本相同。

（2）逻辑功能

在描述触发器逻辑功能时，为分析方便，触发器原来的状态称为初态，用 Q^n 表示，触发以后的状态称为次态，用 Q^{n+1} 表示。基本 RS 触发器的功能表如表 10-9 所示。

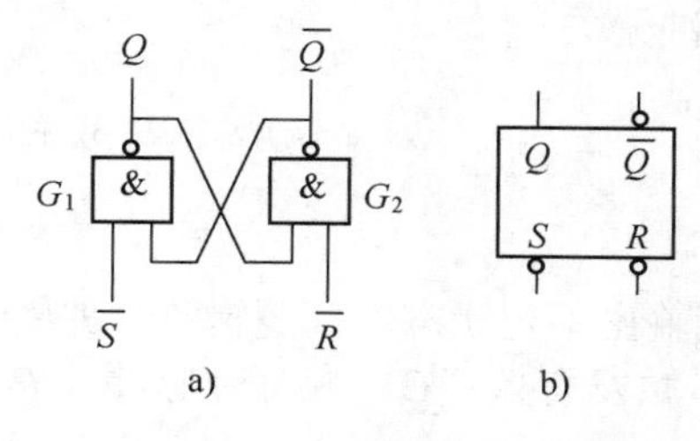

图 10-22　基本 RS 触发器

a) 电路　b) 逻辑符号

表 10-9　基本 RS 触发器功能表

$\overline{R}$	$\overline{S}$	Q^{n+1}
0	0	不定
0	1	0
1	0	1
1	1	Q^n

（3）功能缺陷

1）触发时刻不能同步。

基本 RS 触发器的输出状态能跟随输入信号按一定规则相应变化。但在实际应用中，一般仅要求将输入信号 R、S 作为触发器输出状态变化的转移条件，不希望其立即变化。通常需要按一定节拍、在统一的控制脉冲作用下同步改变输出状态。

2）有不定状态。

当$\overline{S}=0$、$\overline{R}=0$时，$Q^{n+1}=\overline{Q^{n+1}}=1$，违背了触发器对$Q$与$\overline{Q}$互补的定义，不允许出现。且触发器具有记忆功能，即触发脉冲消失后，能保持（记忆）原来的输出状态。若$\overline{S}=0$、$\overline{R}=0$触发脉冲同时消失，则要看门G_1、G_2传输延迟时间t_{pd}的长短。若G_1的t_{pd1}短，则G_1首先翻转，即$Q=0$，反馈至G_2输入端，使$\overline{Q}=1$；若G_2的t_{pd2}短，则使$\overline{Q}=0$、$Q=1$。因此，$\overline{R}\ \overline{S}=00$同时消失（即$\overline{R}\ \overline{S}$从00→11）后的输出状态不定。

2．基本RS触发器的改进

（1）钟控RS触发器

钟控RS触发器也称同步RS触发器，由统一的*CP*脉冲触发翻转。但钟控RS触发器属于电平触发，具有“透明”特性，存在“空翻”现象。即在*CP*=1期间，若*RS*多次变化，Q也随之多次变化。一般要求，在*CP*有效期间，触发器只能翻转一次。

（2）主从型RS触发器

主从型RS触发器由两个钟控RS触发器即主触发器F_1和从触发器F_2串接而成，在*CP*脉冲的一个周期内，输出状态只改变一次，而不会多次翻转（空翻），主从触发也称为脉冲触发。但主从型RS触发器仍存在*RS*=11时输出状态不定的问题。

（3）JK触发器

JK触发器解决了上述不同步、空翻和不定状态的问题，其功能和特点将在下节详述。

（4）边沿触发

边沿触发能根据时钟脉冲*CP*上升沿或下降沿时刻的输入信号转换输出状态，其抗干扰能力和实用性大大提高，因而得到了广泛的应用。目前，触发器中大多采用边沿触发方式。图10-23为边沿触发逻辑符号图，C端的小“∧”表示动态输入，即边沿触发。无小圆圈表示上升沿触发；有小圆圈表示下降沿触发。

（5）初始状态的预置

触发器在实际应用中，常需要在*CP*脉冲到来之前预置输出信号。预置端$\overline{R}_d$、$\overline{S}_d$电平有效时，输出状态立即按要求转换。$\overline{R}_d$、$\overline{S}_d$具有强置性质，即与*CP*脉冲无关，与*CP*脉冲不同步，所以称为异步置位端，权位最高。

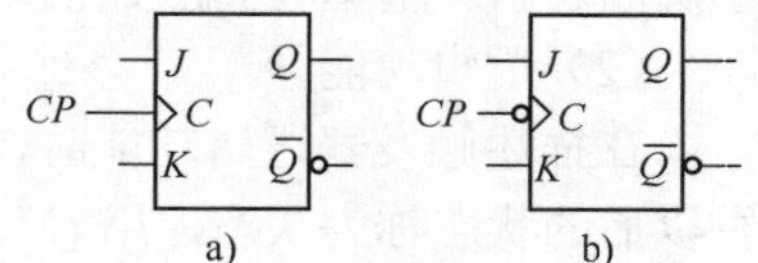

图10-23　边沿触发逻辑符号图

a) 上升沿触发　b) 下降沿触发

10.3.2　JK触发器

JK触发器具有与RS触发器相同功能，且无输出不定状态。其逻辑符号如图10-24所示。Q、$\overline{Q}$为输出端。$\overline{R}_d$、$\overline{S}_d$为预置端，低电平触发有效；*C*1为时钟脉冲*CP*输入端，1*J*、1*K*为触发信号输入端，其中1表示相关联序号，写在后面表示主动信号，写在前面表示被动信号。即在*C*1作用下，将1*J*、1*K*信号注入触发器。在本书后续内容中，为简化图形，“1”常省略不写。

1．JK触发器基本特性

（1）功能表

表10-10为JK触发器功能表（*CP*和预置端$\overline{R}_d$、$\overline{S}_d$未列入），其与RS触发器的显著区

别是无不定输出状态，JK=11 时，$Q^{n+1}=\overline{Q^n}$。

（2）特征方程

$$Q^{n+1}=J\ \overline{Q^n}+\overline{K}Q^n \tag{10-1}$$

表 10-10　JK 触发器功能表

J	K	Q^{n+1}
0	0	Q^n
0	1	0
1	0	1
1	1	$\overline{Q}^n$

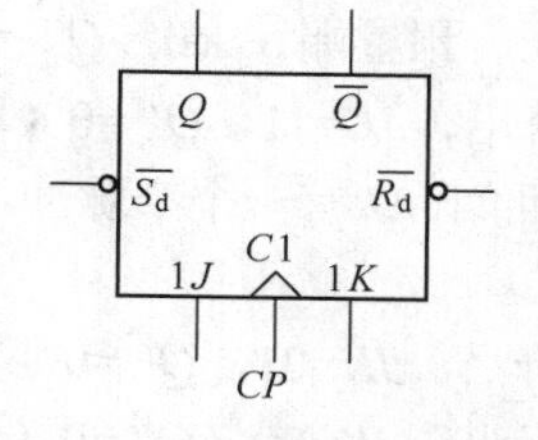

图 10-24　JK 触发器逻辑符号

2. 常用 JK 触发器典型芯片介绍

（1）上升沿 JK 触发器 CC 4027

CC 4027 是 CMOS 双 JK 触发器，包含了两个相互独立的 JK 触发器，CP 上升沿触发有效，R_d、S_d 预置端高电平有效。CC 4027 引脚图如图 10-25 所示。

（2）下降沿 JK 触发器 74LS112

74LS112 为 TTL 双 JK 触发器，包含了两个相互独立的 JK 触发器，CP 下降沿触发有效，$\overline{R}_d$、$\overline{S}_d$ 预置端低电平有效，74LS112 引脚图如图 10-26 所示。

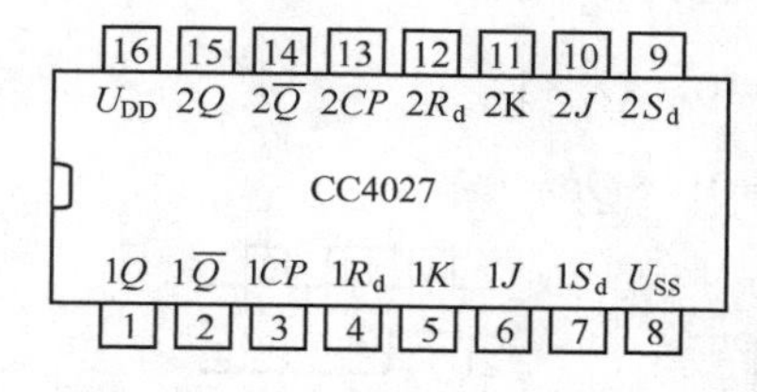

图 10-25　CC4027 引脚图

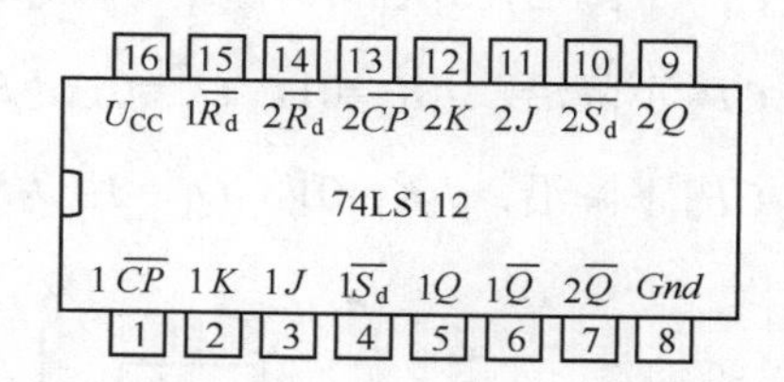

图 10-26　74LS112 引脚图

【例 10-3】 已知边沿型 JK 触发器 CP、$\overline{R}_d$、$\overline{S}_d$、J、K 输入波形如图 10-27a 所示，试分别按上升沿触发和下降沿触发画出其输出端 Q 波形。

解： 1）上升沿触发输出波形 Q'如图 10-27b 所示。

初始，预置端 $\overline{R}_d$=0，Q'=0。

① CP_1 上升沿，JK=10，Q'=1。

② CP_2 上升沿，JK=00，Q'=1（不变）。

③ CP_3 上升沿，JK=11，Q'=0（取反）。

④ CP_3=1 期间，预置端 $\overline{S}_d$=0，Q'=1（强置 1）。

⑤ CP_4 上升沿，JK=01，Q'=0。

⑥ CP_4=1 期间，J 有一个窄脉冲，但上升沿已过，J 窄脉冲不起作用。

⑦ CP_5 上升沿，JK=11，Q'=1（取反）。

⑧ CP_5 后，预置端 $\overline{R}_d$=0，Q'=0（强置 0）。

⑨ CP_6 上升沿，JK=00，Q'=0（不变）。

⑩ CP_7 上升沿，JK=11，Q'=1。

2）下降沿触发输出波形 Q'' 如图 10-27c 所示。

初始，预置端 $\overline{R}_d=0$，$Q''=0$。

① CP_1 下降沿，$JK=10$，$Q''=1$。

② CP_2 下降沿，$JK=01$，$Q''=0$。

③ CP_3 期间，预置端 $\overline{S}_d=0$，$Q''=1$（强置 1）。

④ CP_3 下降沿，$JK=11$，$Q''=0$（取反）。

⑤ $CP_4=1$ 期间，J 有一个窄脉冲，下降沿未到，J 窄脉冲不起作用。

⑥ CP_4 下降沿，$JK=01$，$Q''=0$（继续保持 0）。

⑦ CP_5 下降沿，$JK=00$，$Q''=0$（不变）。

⑧ CP_5 后，预置端 $\overline{R}_d=0$，$Q''=0$（继续保持 0）。

⑨ CP_6 下降沿，$JK=10$，$Q''=1$。

⑩ CP_7 下降沿，$JK=00$，$Q''=1$（不变）。

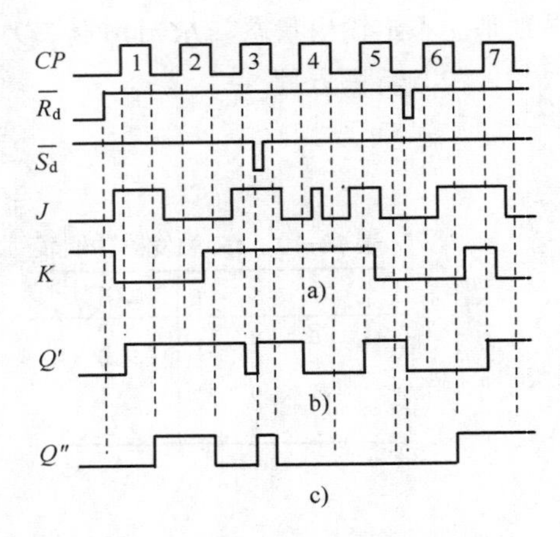

图 10-27　例 10-3 波形图

【例 10-4】 已知 JK 触发器电路如图 10-28a 所示，输入信号 CP 和 A 波形如图 10-28b 所示，设初始 $Q_1^0=Q_2^0=0$，试画出输出端 Q_1、Q_2 波形。

解： 从图 8-7 中看出：两个 JK 触发器均为下降沿触发，且 JK 状态初始相反（10 或 01）。据此，画出输出端 Q_1Q_2 波形如图 10-28c 所示。

1）CP_1 下降沿，$J_1K_1=10$，$Q_1^1=1$；$J_2K_2=Q_1^0\ \overline{Q}_1^0=01$，$Q_2^1=0$。

2）CP_2 下降沿，$J_1K_1=01$，$Q_1^2=0$；$J_2K_2=Q_1^1\ \overline{Q}_1^1=10$，$Q_2^2=1$。

3）CP_3 下降沿，$J_1K_1=01$，$Q_1^3=0$；$J_2K_2=Q_1^2\ \overline{Q}_1^2=01$，$Q_2^3=0$。

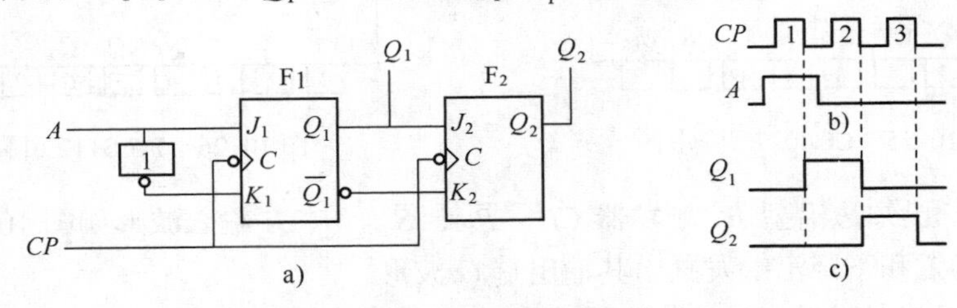

图 10-28　例 10-4 电路和波形

10.3.3　D 触发器

D 触发器只有一个信号输入端 D，实际上是将 D 反相后的 $\overline{D}$ 与原码 D 加到其内部的 RS 触发器的 RS 端，使其 RS 永远互补，从而消除它们之间的约束关系。D 触发器逻辑符号如图 10-29 所示。1D 端为信号输入端，C1 端加 CP 脉冲，无小圆圈表示上升沿触发有效（集成 D 触发器均为上升沿触发）。$\overline{R}_d$、$\overline{S}_d$ 为预置端，有小圆圈表示低电平有效；无小圆圈表示高电平有效。Q 和 $\overline{Q}$ 端为互补输出端。

1．D 触发器的基本特性

（1）功能表

表 10-11 为 D 触发器功能表（预置端 $\overline{R}_d$、$\overline{S}_d$ 未列入），从表中看出，CP 脉冲上升沿触发时，输出信号跟随 D 信号电平。非 CP 脉冲上升沿时刻，输出信号保持不变。

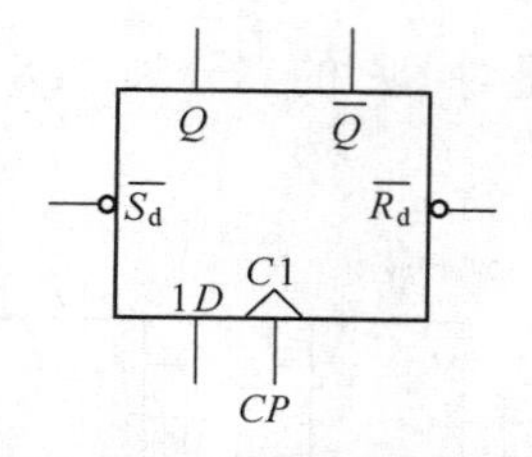

图 10-29　D 触发器逻辑符号

表 10-11　D 触发器功能表

CP	D	Q^{n+1}
↑	0	0
↑	1	1
非↑	×	Q^n

（2）特征方程

$$Q^{n+1}=D \tag{10-2}$$

2．常用 D 触发器典型芯片介绍

1）TTL D 触发器 74LS74。图 10-30 为 74LS74 引脚图，片内有两个相互独立的 D 触发器。预置端$\overline{R}_d$、$\overline{S}_d$低电平有效。

2）CMOS D 触发器 CC 4013。图 10-31 为 CC4013 引脚图，片内有两个相互独立的 D 触发器。预置端R_d、S_d高电平有效。

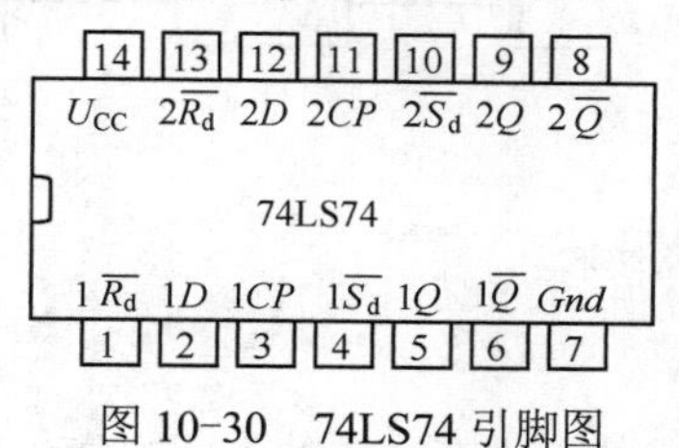

图 10-30　74LS74 引脚图

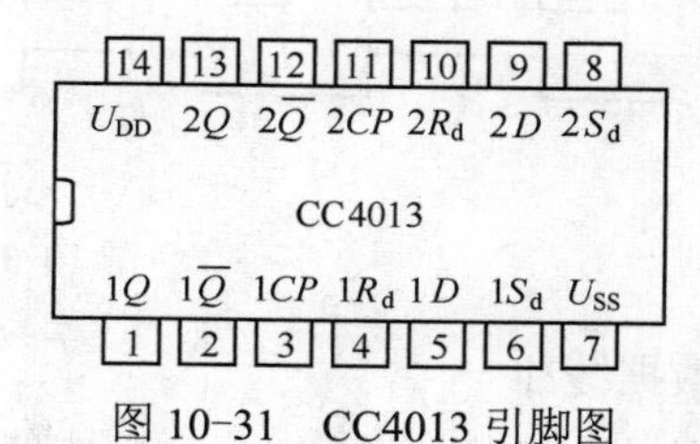

图 10-31　CC4013 引脚图

【例 10-5】 已知 4013 输入信号 CP、R_d、S_d、D 波形如图 10-32a 所示，试画出输出信号 Q 波形（设初态 Q=1）。

解： 画出输出波形如图 10-32b 所示。

① CP_1 上升沿，D=0，Q=0。

② CP_1 期间，S_d=1，Q=1（与 CP_1 无关）。

③ CP_2 上升沿，D=1，Q=1。

④ CP_3 上升沿，D=0，Q=0；CP_3=1 期间，D 变化对 Q 无影响。

⑤ CP_4 上升沿，D=1，Q=1。

⑥ CP_4 后，R_d=1，Q=0。

CP 1 2 3 4
S_d
R_d
D
a)
Q
b)

图 10-32　例 10-5 波形图

3．触发器应用

触发器是时序逻辑电路的基本逻辑单元，可组成分频器、寄存器、计数器、顺序脉冲发生器等。

（1）组成分频电路

分频电路是数字电路中的一种常用功能电路，也是构成计数器的基本部件。所谓分频是将某一频率的信号降低到其 1/N，称为 N 分频。若该信号频率为 f，二分频后频率为 $f/2$，三分频后频率为 $f/3$。二分频电路的功能为每来一个 CP 脉冲，触发器输出状态就翻转一次，相当于将 CP 脉冲二分频。

D 触发器构成二分频电路时，D 端须与$\overline{Q}$短接，如图 10-33a 所示。JK 触发器构成二分频电路时，J=K=1，如图 10-33b 所示。此时，每来一个 CP 脉冲，触发器就翻转一次。其波形分别如图 10-34a、b 所示。从图 10-34 中看出，Q_1 是对 CP 的二分频，Q_2 是对 Q_1 的二分频（对 CP 是四分频）。

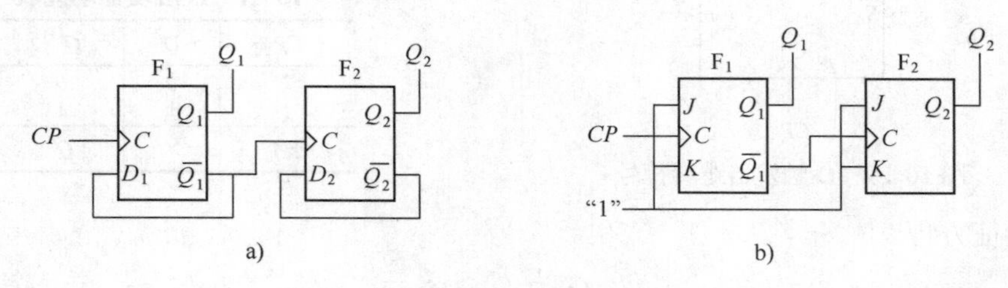

图 10-33　二分频电路

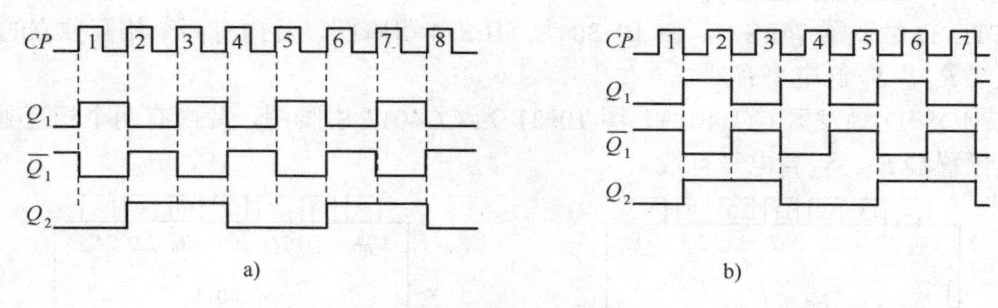

图 10-34　二分频电路波形

（2）数据缓冲

在计算机系统中，功能电路一般挂在总线上，输出信号需有一定的先后次序，或须在某种条件下才能输出。总之，这些功能电路的输出信号是不能随便输出的，其输出端需有一个数据缓冲器。这个数据缓冲器就是 D 触发器。输出信号接 D 触发器的 D 端，控制信号接 D 触发器的 CP 端，在允许输出的时候，给出一个 CP 脉冲，输出信号从 D 触发器的 Q 端或 $\overline{Q}$ 端输出。

【复习思考题】

10.16　基本 RS 触发器有什么功能缺陷？

10.17　什么叫"透明"特性？钟控 RS 触发器有什么缺点？

10.18　触发器中的预置端 $\overline{R}_{\mathrm{d}}$、$\overline{S}_{\mathrm{d}}$ 有什么作用？有条件吗？

10.19　什么叫边沿触发方式？

10.20　简述 JK 触发器功能。

10.21　什么叫分频？分频电路主要有什么作用？JK 触发器和 D 触发器如何连接构成二分频电路？

10.22　D 触发器主要有什么应用？

10.4　时序逻辑电路

数字逻辑电路按输出量与电路原来的状态有无关系可分为组合逻辑电路和时序逻辑电路。组合逻辑电路的输出仅取决于输入信号的组合，时序逻辑电路的输出则与输入信号和电路原来的输出状态均有关系。因此，时序逻辑电路具有记忆功能。触发器、寄存器和计数器等均属于时序逻辑电路。

10.4.1 寄存器

能存放一组二进制数码的逻辑电路称为寄存器。在数字电路中，寄存器一般由具有记忆功能的触发器和具有控制功能的门电路组成。寄存器按其功能可分为数码寄存器和移位寄存器。寄存器主要用于在计算机中存放数据和组成加法器、计数器等运算电路。

1．工作原理

以图 10-35 为例，D 触发器 F_0～F_3 组成 4 位数码寄存器，输入信号为 D_0～D_3，输出信号为 Q_0～Q_3，CP 脉冲为控制信号，CP 有效（上升沿）时，输入信号 D_0～D_3 分别寄存至 F_0～F_3，并从 Q_0～Q_3 输出。

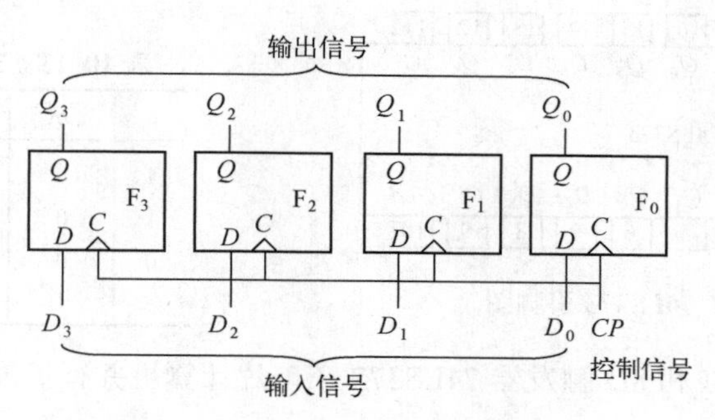

图 10-35　4 位数码寄存器

需要注意的是，输入信号 D_0～D_3 必须在 CP 脉冲触发有效前输入，否则将出错。

2．集成数码寄存器

现代电子电路中，用一个个触发器组成多位数码寄存器已不多见，常用的是集成数码寄存器，即在一片集成电路中，集成 4 个、6 个、8 个甚至更多触发器，例如 74LS175（4D 触发器）、74LS174（6D 触发器）、74LS377（8D 触发器）和 74LS373（8D 锁存器）等。

（1）8D 触发器 74LS377

图 10-36 为 74LS377 逻辑结构引脚图，内部有 8 个 D 触发器，输入端分别为 $1D$～$8D$，输出端分别 $1Q$～$8Q$，共用一个时钟脉冲，上升沿触发；同时 8 个 D 触发器共用一个控制端 $\overline{G}$，低电平有效。门控端 $\overline{G}$ 的作用是在门控电平有效，且在触发脉冲作用下，允许从 D 端输入数据信号；门控电平无效时，输出状态保持不变。74LS377 功能表如表 10-12 所示。

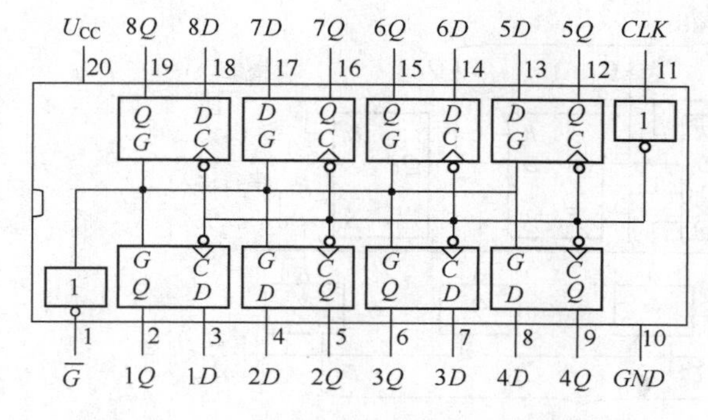

图 10-36　74LS377 逻辑结构引脚图

表 10-12　74LS377 功能表

$\overline{G}$	CLK	D	Q^{n+1}
1	×	×	Q^n
0	↑	0	0
0	↑	1	1
×	0	×	Q^n

（2）8D 锁存器 74LS373

74LS373 为 8D 锁存器，图 10-37 为 74LS373 引脚图。锁存器与触发器的区别在于触发信号的作用范围。触发器是边沿触发，在触发脉冲的上升沿锁存该时刻的 D 端信号，例如 74LS377；锁存器是电平触发，在 CP 脉冲有效期间（74LS373 是门控端 G 高电平），且输出允许（$\overline{OE}$ 有效）条件下，Q 端信号随 D 端信号变化而变化，即具有钟控 RS 触发器的“透明”特性，当 CP 脉冲有效结束跳变时，锁存该时刻的 D 端信号。

$\overline{OE}$ 为输出允许（Output Enable），低电平有效，与门控端共同控制输出信号，$\overline{OE}$ 无效时，输出端呈高阻态（相当于断开），表 10-13 为 74LS373 功能表。

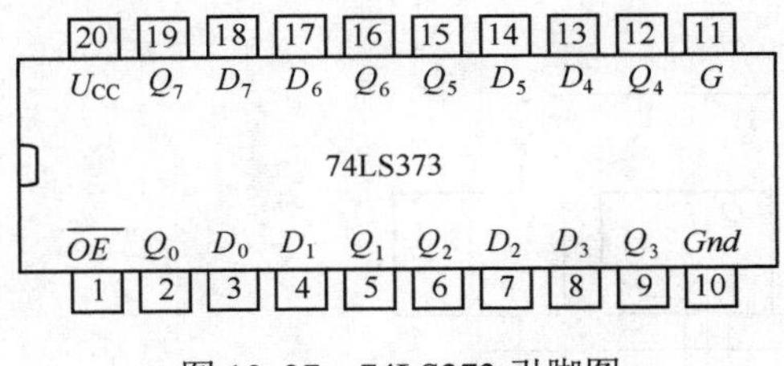

图 10-37　74LS373 引脚图

表 10-13　74LS373 功能表

G	$\overline{OE}$	D	Q^{n+1}
1	0	0	0
1	0	1	1
0	0	×	Q^n
×	1	×	Z（高阻）

8D 锁存器 74LS373 和 8D 触发器 74LS377 在单片计算机并行扩展中得到广泛应用。

3．移位寄存器

移位寄存器除具有数码寄存功能外，还能使寄存数码逐位移动。按数据移位方向，可分为左移和右移移位寄存器，单向移位型和双向移位型。按数据形式变换，可分为串入并出型和并入串出型。

（1）用途

1）移位寄存器是计算机系统中的一个重要部件，计算机中的各种算术运算就是由加法器和移位寄存器组成的。例如，将多位数据左移一位，相当于乘 2 运算；右移一位，相当于除 2 运算。

2）现代通信中数据传送主要以串行方式传送，而在计算机或智能化通信设备内部，数据则主要以并行形式传送。移位寄存器可以将并行数据转换为串行数据，也可将串行数据转换为并行数据。

（2）工作原理

图 10-38 为移位寄存器原理电路图。数据输入可以串行输入也可并行输入。

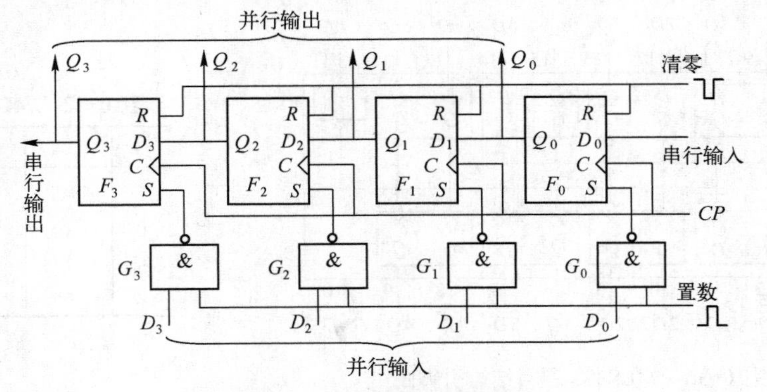

图 10-38　移位寄存器原理电路图

数据串行输入时，从最低位触发器 F_0 D 端输入，随着 CP 移位脉冲作用，串行数据依次移入 F_0～F_3，此时，若从 Q_3～Q_0 输出，则为并行输出；若从 F_3 Q_3 端输出，则为串行输出，若在 F_3 左侧再级联更多触发器，则可组成 8 位、16 位或更多位并行数据。

数据并行输入时，采用两步接收。第一步先用清零脉冲把各触发器清 0；第二步利用置数脉冲打开 4 个与非门 G_3～G_0，将并行数据 D_3～D_0 置入 4 个触发器，然后再在 CP 移位脉冲作用下，逐位从 Q_3 端串行输出。

4．集成移位寄存器

常用集成移位寄存器，TTL 芯片主要有 74LS164、74LS165、74LS595 等，CMOS 芯片主要有 CC 4014、CC 4021、CC 4094 等。

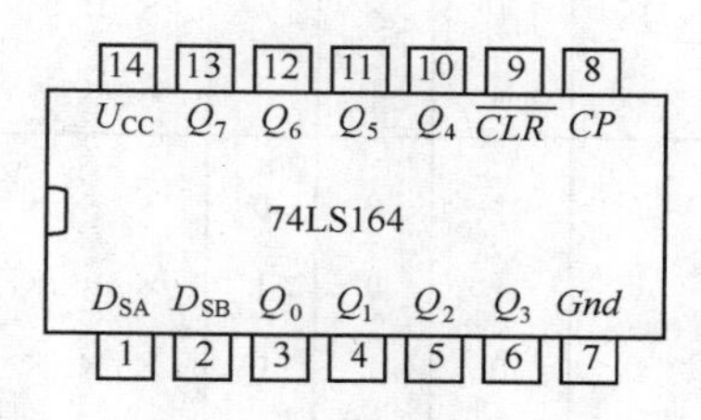

图 10-39　74LS164 引脚图

（1）串入并出 8 位移位寄存器 74LS164

图 10-39 为 74LS164 引脚图，表 10-14 为 74LS164 功能表。

Q_0～Q_7：并行数据输出端。

D_{SA}、D_{SB}：串行数据输入端；当 $D_{SA}D_{SB}$=11 时，移入数据为 1。

当 D_{SA}、D_{SB} 中有一个为 0 时，移入数据为 0。实际运用中，常将 D_{SA}、D_{SB} 短接，串入数据同时从 D_{SA}、D_{SB} 输入。需要注意的是，串入数据从最低位 Q_0 移入，然后依次移至 Q_1～Q_7。

表 10-14　74LS164 功能表

输　入				输　出								功能
$\overline{CLR}$	CP	D_{SA}	D_{SB}	Q_0	Q_1	Q_2	Q_3	Q_4	Q_5	Q_6	Q_7	
0	×	×	×	0	0	0	0	0	0	0	0	清 0
1	↑	1	1	1	Q_0^n	Q_1^n	Q_2^n	Q_3^n	Q_4^n	Q_5^n	Q_6^n	移位
1	↑	0	×	0	Q_0^n	Q_1^n	Q_2^n	Q_3^n	Q_4^n	Q_5^n	Q_6^n	
1	↑	×	0	0	Q_0^n	Q_1^n	Q_2^n	Q_3^n	Q_4^n	Q_5^n	Q_6^n	
1	0	×	×	Q_0^n	Q_1^n	Q_2^n	Q_3^n	Q_4^n	Q_5^n	Q_6^n	Q_7^n	保持

$\overline{CLR}$：并行输出数据清 0 端，低电平有效。

CP：移位脉冲输入端，上升沿触发。

（2）并入串出 8 位移位寄存器 74LS165

图 10-40 为 74LS165 引脚图，表 10-15 为 74LS165 功能表。

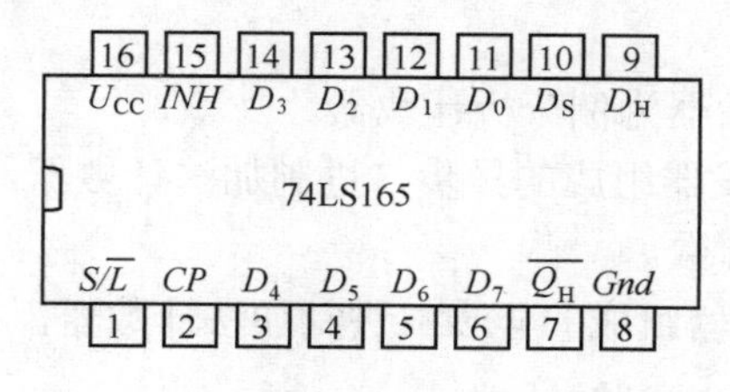

图 10-40　74LS165 引脚图

表 10-15　74LS165 功能表

输入					内部数据	输出		功能
$S/\overline{L}$	INH	CP	D_S	$D_0\ D_1\ D_2\ D_3\ D_4\ D_5\ D_6\ D_7$	$Q_0\ Q_1\ Q_2\ Q_3\ Q_4\ Q_5\ Q_6\ Q_7$	Q_H	$\overline{Q}_H$	
0	×	×	×	$d_0\ d_1\ d_2\ d_3\ d_4\ d_5\ d_6\ d_7$	$d_0\ d_1\ d_2\ d_3\ d_4\ d_5\ d_6\ d_7$	d_7	$\overline{d_7}$	置入数据
1	0	0	×	× × × × × × × ×	$Q_0^n\ Q_1^n\ Q_2^n\ Q_3^n\ Q_4^n\ Q_5^n\ Q_6^n\ Q_7^n$	Q_7^n	$\overline{Q_7^n}$	保持
1	1	×	×	× × × × × × × ×	$Q_0^n\ Q_1^n\ Q_2^n\ Q_3^n\ Q_4^n\ Q_5^n\ Q_6^n\ Q_7^n$	Q_7^n	$\overline{Q_7^n}$	
1	×	1	×	× × × × × × × ×	$Q_0^n\ Q_1^n\ Q_2^n\ Q_3^n\ Q_4^n\ Q_5^n\ Q_6^n\ Q_7^n$	Q_7^n	$\overline{Q_7^n}$	
1	↑	0	0	× × × × × × × ×	$0\ Q_0^n\ Q_1^n\ Q_2^n\ Q_3^n\ Q_4^n\ Q_5^n\ Q_6^n$	Q_6^n	$\overline{Q_6^n}$	移位
1	↑	0	1	× × × × × × × ×	$1\ Q_0^n\ Q_1^n\ Q_2^n\ Q_3^n\ Q_4^n\ Q_5^n\ Q_6^n$	Q_6^n	$\overline{Q_6^n}$	
1	0	↑	0	× × × × × × × ×	$0\ Q_0^n\ Q_1^n\ Q_2^n\ Q_3^n\ Q_4^n\ Q_5^n\ Q_6^n$	Q_6^n	$\overline{Q_6^n}$	
1	0	↑	1	× × × × × × × ×	$1\ Q_0^n\ Q_1^n\ Q_2^n\ Q_3^n\ Q_4^n\ Q_5^n\ Q_6^n$	Q_6^n	$\overline{Q_6^n}$	

数据输入既可并行输入又可串行输入：串行数据输入端 D_S，并行数据输入端 D_0～D_7。

$S/\overline{L}$ 为移位/置数控制端，$S/\overline{L}$=0，芯片从 D_0～D_7 置入并行数据；$S/\overline{L}$=1，芯片在时钟脉冲作用下，允许移位操作。

串行数据输出端 Q_H、$\overline{Q_H}$，Q_H 与 $\overline{Q_H}$ 互补。

时钟脉冲输入端有两个：*CP* 和 *INH*，功能可互换使用。一个为时钟脉冲输入（*CP* 功能），另一个为时钟禁止控制端（*INH* 功能）。当其中一个为高电平时，该端履行 *INH* 功能，禁止另一端时钟输入；当其中一个为低电平时，允许另一端时钟输入，时钟输入上升沿有效。

串入并出移位寄存器 74LS164 和并入串出移位寄存器 74LS165 在单片计算机串行扩展中得到广泛应用。

10.4.2 计数器

统计输入脉冲个数的过程叫作计数，能够完成计数工作的数字电路称为计数器。计数器不仅可用来对脉冲计数，而且广泛用于分频、定时、延时、顺序脉冲发生和数字运算等。

1．计数器基本概念

计数器一般由触发器组成。计数器按计数长度可分为二进制、十进制和 N 进制计数器；按计数增减趋势可分为加法计数器、减法计数器和可逆计数器；按计数脉冲引入方式可分为异步计数器和同步计数器。

（1）电路和工作原理

现以异步二进制加法计数器为例分析计数器。

图 10-41a 为由 JK 触发器组成的异步二进制加法计数器，*JK*=11，每来一个 *CP* 脉冲（下降沿触发），电路就翻转计数。

图 10-41b 为由 D 触发器组成的异步二进制加法计数器，$\overline{Q}$ 端与 *D* 端相接，每来一个 *CP* 脉冲（上升沿触发），电路就翻转计数。

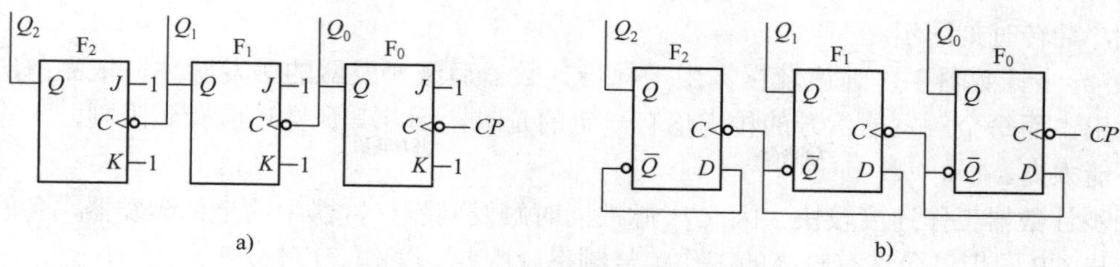

图 10-41　异步二进制加法计数器

a) 由 JK 触发器组成　b) 由 D 触发器组成

画出它们的时序波形分别如图 10-42a、b 所示。根据时序波形图列出异步二进制加法计数器状态转换表如表 10-16 所示，从表中得出，3 个触发器最多可构成 2^3=8 种状态，即最大可构成 8 进制计数器，推而广至，n 个触发器最大可构成 2^n 进制计数器，画出状态转换图如图 10-43 所示。

表 10-16　二进制加法计数器状态转换表

CP	Q_2 Q_1 Q_0
0	0　0　0
1	0　0　1
2	0　1　0
3	0　1　1
4	1　0　0
5	1　0　1
6	1　1　0
7	1　1　1
8	0　0　0

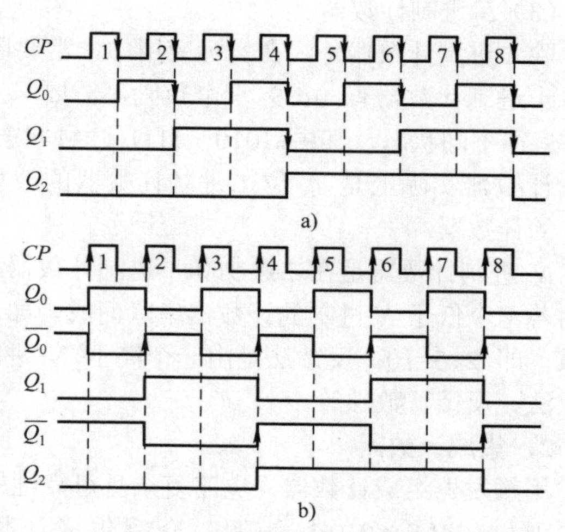

图 10-42　异步二进制加法计数器时序图

a) 下降沿触发　b) 上升沿触发电路

从图 10-42 中看出，Q_0 的频率只有 CP 的 1/2，Q_1 的频率只有 CP 的 1/4，Q_2 的频率只有 CP 的 1/8。即计数脉冲每经过一个触发器，输出信号频率就下降一半。由 n 个触发器组成的二进制加法计数器，其末级触发器输出信号频率为 CP 脉冲频率的 $1/2^n$，即实现对 CP 的 2^n 分频。

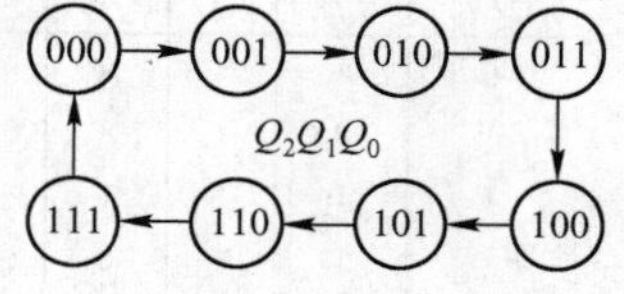

图 10-43　二进制加法计数器状态转换图

（2）异步计数器和同步计数器

异步计数器是指计数脉冲未同时加到组成计数器的所有触发器的时钟输入端，只作用于其中一些触发器的时钟输入端，各触发器翻转时刻不同步。

同步计数器是指计数脉冲同时加到各触发器的时钟输入端，在时钟脉冲触发有效时同时翻转，即各触发器翻转时刻同步。

异步计数器与同步计数器相比，有以下特点：

1）异步计数器电路结构简单；同步计数器电路结构相对稍复杂些。

2）异步计数器组成计数器的触发器的翻转时刻不同。同步计数器的翻转由时钟脉冲同时触发，翻转时刻同步。

3）异步计数器工作速度较慢。由于异步计数器后级触发器的触发脉冲需依靠前级触发器的输出，而每个触发器信号的传递均有一定的延时，因此其计数速度受到限制，工作信号频率不能太高。

同步计数器工作速度较快。因 CP 脉冲同时触发同步计数器中的全部触发器，各触发器的翻转与 CP 同步，允许有较高的工作信号频率。因此，工作速度快。

4）异步计数器译码时易出错。由于触发器信号传递有一定延时时间，若将计数器在延时过渡时间范围内的状态译码输出，则会产生错误（延时过渡结束稳定后，无错）。

同步计数器译码时不会出错。虽然触发器信号传递也有一定延时时间，甚至各触发器的延时时间也有快有慢，在这个延时时间范围内的过渡状态也有可能不符合要求，但由于有统一时钟 CP，可将 CP 脉冲同时控制译码，仅在翻转稳定后译码，则译码输出不会出错。

（3）N 进制计数器

除二进制计数器外，在实际应用中，常要用到十进制和任意进制计数器。

十进制计数器有 0～9 十个数码，需要 4 个触发器才能满足要求，但 4 个触发器共有 2^4=16 种不同状态，其中 1010～1111 六种状态属冗余码（即无效码），应予剔除。因此，十进制计数器实际上是 4 位二进制计数器的改型，是按二-十进制编码（一般为 8421 BCD 码）的计数器。

N 进制计数器是在二进制和十进制计数器的基础上，运用级联法、反馈法获得。级联法是由若干个低于 N 进制的计数器串联而成。如十进制计数器由一个二进制和一个五进制串联而成，即 2×5=10；反馈法是由一个高于 N 进制的计数器缩减而成。缩减的方法主要有反馈复位法、反馈置数法等。

2．集成计数器

用触发器组成计数器，电路复杂且可靠性差。实际应用中，均用集成计数器。

现以 74LS160/161 为例，介绍集成计数器。74LS160/161 为同步可预置计数器，74LS160 为十进制计数器（最大计数值 10）；74LS161 为二进制计数器（最大计数值 16）。74LS160/161 功能表如表 10-17 所示，74LS160/161 引脚图如图 10-44 所示。其中：

表 10-17　74LS160/161 功能表

$\overline{CLR}$	$\overline{LD}$	CP	CT_T	CT_P	功能
0	×	×	×	×	清零
1	0	↑	×	×	置数
1	1	↑	1	1	计数
1	1	×	0	×	保持
1	1	×	×	0	保持

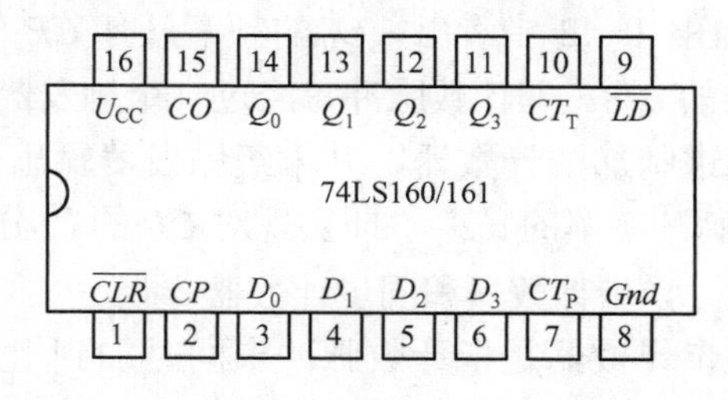

图 10-44　74LS160/161 引脚图

$\overline{CLR}$——异步清零端，低电平有效，$\overline{CLR}$=0 时，$Q_3Q_2Q_1Q_0$=0000；

$\overline{LD}$——同步置数端，低电平有效。$\overline{LD}$=0 时，在 CP 上升沿，将并行数据 $D_3D_2D_1D_0$ 置入片内触发器，并从 Q_3、Q_2、Q_1、Q_0 端分别输出，即 $Q_3Q_2Q_1Q_0=D_3D_2D_1D_0$。

CT_T、CT_P——计数允许控制端。$CT_T \cdot CT_P$=1 时允许计数；$CT_T \cdot CT_P$=0 时禁止计数，保持输出原状态。CT_T、CT_P 可用于级联时超前进位控制。

$D_3 \sim D_0$——预置数据输入端。

$Q_3 \sim Q_0$——计数输出端。

CO——进位输出端。

CP——时钟脉冲输入端，上升沿触发。

利用 74LS160/161 可以很方便地组成 N 进制计数器（N 须小于最大计数值）。

【例 10-6】 试利用 74LS161 组成 12 进制计数器。

解： 利用 74LS161 组成 12 进制计数器，可有多种方法，现举例说明如下：

1）反馈置数法。

图 10-45a 为 74LS161 利用反馈置数法构成 12 进制计数器，其计数至 1011 时，$Q_3Q_1Q_0$ 通过与非门全 1 出 0，置数端 $\overline{LD}=0$，重新置入 $Q_3Q_2Q_1Q_0=D_3D_2D_1D_0=0000$。该电路状态转换图如图 10-45b 所示。

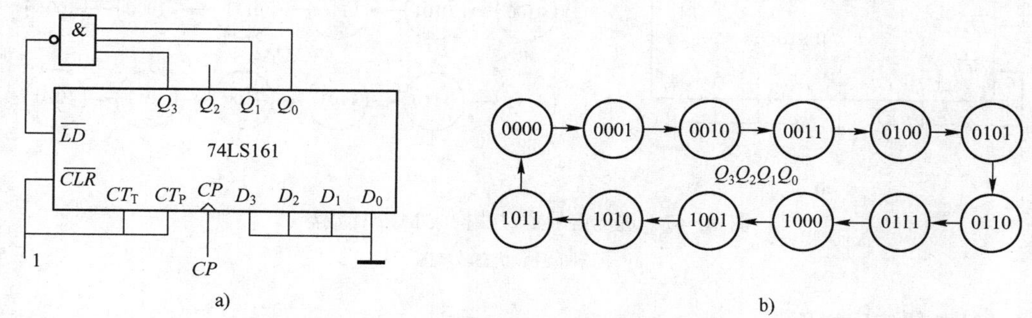

图 10-45　反馈置数法构成 M12 计数器

a) 电路图　b) 状态转换图

2）反馈复位法。

图 10-46a 为 74LS161 利用反馈复位法构成 12 进制计数器，计数至 1100 时，Q_3Q_2 通过与非门全 1 出 0，复位端 $\overline{CLR}=0$，复位 $Q_3Q_2Q_1Q_0=0000$，该电路状态转换图如图 10-46b 所示。

图 10-46a 与图 10-45a 有什么不同？为什么图 10-45a 是计数到 1011，而图 10-46a 要计数到 1100？图 10-45a 是反馈到同步置位端 $\overline{LD}$，而同步置位的条件是要有 CP 脉冲，因此计数至 1011 后，需等待至下一 CP 上升沿，才能置数 0000。而图 10-46a 是反馈到异步复位端 $\overline{CLR}$，异步复位是不需要 CP 脉冲的，电路计数至 1100 瞬间，即能产生复位信号，1100 存在时间约几 ns，因此实际上 1100 状态是不会出现的。但是在要求较高的场合，这类电路可能因瞬间出现 1100 而出错，应采用 RC 积分电路吸收干扰脉冲。

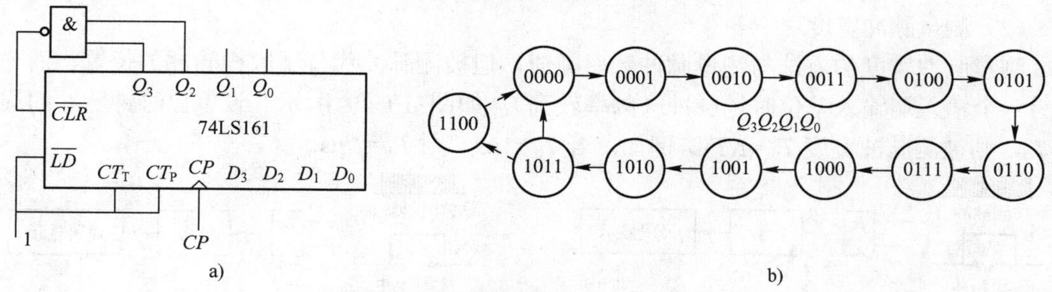

图 10-46　反馈复位法构成 M12 计数器

a) 电路图　b) 状态转换图

3）进位信号置位法。

需要说明的是，对 N 进制计数器的广义理解，并不仅是计数 0→N，只要有 N 种独立的状态，计满 N 个计数脉冲后，状态能复位循环的时序电路均称为模 N 计数器，或称为 N 进制计数器。

图 10-47a 为 74LS161 利用进位信号 CO 置位，构成 M12 计数器。进位信号产生于 1111，数据输入端接成 0100，计数从 0100 开始，至 1111 时，触发 74LS161 重新置位 0100，则从 0100→1111 共有 12 种状态构成 M12 计数器，其状态转换图如图 10-47b 所示。

集成计数器品种繁多，应用方便。读者可参阅有关技术资料。

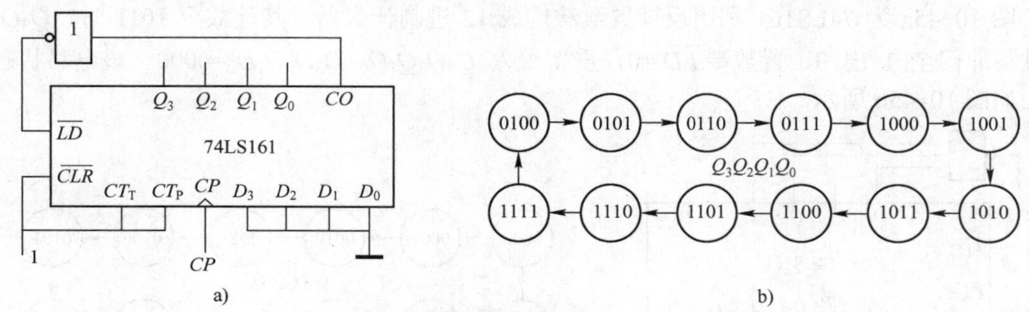

图 10-47　进位信号置位法构成 M12 计数器

a) 电路图　b) 状态转换图

3．计数器应用举例

计数器主要用于计数、分频。此外，还常用于测量脉冲频率和脉冲宽度（或周期），组成定时电路、数字钟和顺序脉冲发生器等。

（1）测量脉冲频率

测量脉冲频率的示意电路框图如图 10-48 所示。被测脉冲从与门的一个输入端输入，取样脉冲从与门的另一个输入端输入。无取样脉冲时，与门关；有取样脉冲时，与门开，被测脉冲进入计数器计数，若取样脉冲的宽度 T_W 已知，则被测脉冲的频率 $f=N/T_W$。若将取样脉冲的宽度 T_W 设定为 1s、0.1s、0.01s ···，则被测脉冲的频率就为 N、$10N$、$100N$ ···，可经过译码直接显示出来。

取样脉冲的产生可用石英晶体（精度高）振荡器振荡产生，并经模 10 计数器逐级分频而得，例 100kHz 晶体振荡器，10 分频后为 10kHz（T =0.1ms），再 10 分频（T =1ms），再 10 分频（T=10ms），···。

（2）测量脉冲宽度

测量脉冲宽度的方法与测量脉冲频率类似，但被测脉冲代替了取样脉冲的位置，而与门的另一个输入端输入单位时钟脉冲（频率较高），如图 10-49 所示。设单位时钟脉冲的周期为 T_0，则被测脉冲宽度 $T_W=NT_0$。例如，若 T_0=1μs，则 T_W=Nμs。

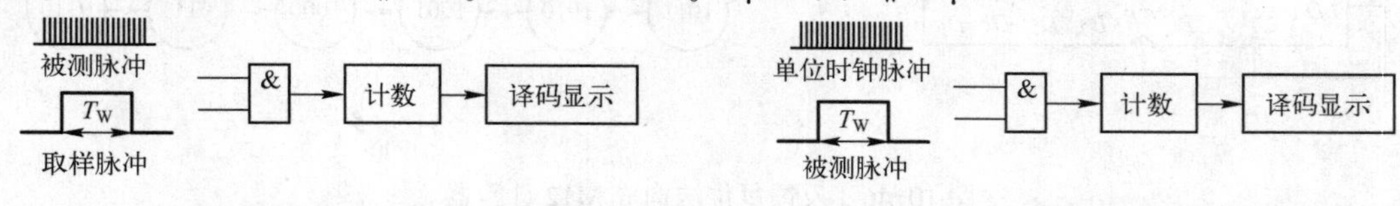

图 10-48　测量脉冲频率示意电路框图　　图 10-49　测量脉冲宽度示意电路框图

（3）组成定时电路和数字钟

若已知 CP 脉冲周期 T_0，则计数 N 个 CP 脉冲就可得到 $t=NT_0$ 的定时时间。单片计算机中的定时器就是根据这一原理设计的。精确的定时电路经计数器计数还可组成数字钟，数字钟电路原理框图如图 10-50 所示。秒和分显示位分别为 6×10 计数，而时计数除驱动时译码显示外，还应有 M24 计数器，计数满 24，产生一个复位脉冲，使时计数器清 0。

振荡电路产生 32768Hz 脉冲信号，分频电路将其 15 分频后，产生 1Hz 秒基准信号。该秒基准信号除作为秒个位十进制计数器的 CP 脉冲外，同时可作为秒闪烁冒号（用两个发光二极管串联组成）驱动信号。

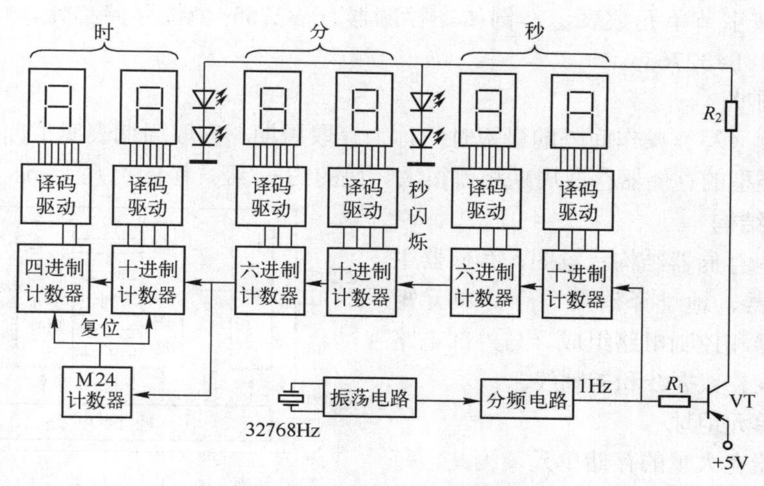

图 10-50 数字钟电路框图

【复习思考题】

10.23 什么叫时序逻辑电路？有什么特点？

10.24 8D 触发器与 8D 锁存器有什么区别？

10.25 移位寄存器主要有什么用途？

10.26 异步计数器和同步计数器如何定义区分？

10.27 集成计数器中，如何理解清 0 异步同步、置位异步同步？

10.28 图 10-46 与图 10-45 电路的状态转换图有什么区别？

10.29 如何从广义上理解模 N 进制计数器？

10.5 半导体存储器

存储器是一种能存储二进制数据的器件。存储器按其材料组成主要可分为磁存储器和半导体存储器。磁存储器的主要特点是存储容量大，但读写速度较慢。早期的磁存储器是磁心存储器，后来有磁带、磁盘存储器，目前微型计算机系统仍在应用的硬盘就属于磁盘存储器。半导体存储器是由半导体存储单元组成的存储器，读写速度快，但存储容量相对较小，随着半导体存储器技术的快速发展，半导体存储器的容量越来越大，已在逐步取代磁盘存储器的过程之中。本节分析研究半导体存储器。

1．存储器的主要技术指标

（1）存储容量

能够存储二进制数码 1 或 0 的电路称为存储单元，一个存储器中有大量的存储单元。存储容量即存储器含有存储单元的数量。存储容量通常用位（bit，缩写为小写字母 b）或字节（Byte，缩写为大写字母 B）表示。位是构成二进制数码的基本单元，通常 8 位组成一个字节，由一个或多个字节组成一个字（Word）。因此，存储器存储容量的表示方式有两种：

一种是按位存储单元数表示。例如，存储器有 32768 个位存储单元，存储容量可表示为 32kb（bit）。其中 1kb=1024b，1024b×32=32768b。

另一种是按字节单元数表示。例如，存储器有 32768 个位存储单元，可表示为 4kB（Byte），4×1024×8=32768b。

（2）存取周期

连续两次读（写）操作间隔的最短时间称为存取周期。存取周期表明了读写存储器的工作速度，不同类型的存储器存取周期相差很大。快的约 ns 级，慢的约几十 ms。

2．存储器结构

图 10-51 为存储器结构示意图，存储器主要由地址寄存器、地址译码器、存储单元矩阵、数据缓冲器和控制电路组成，与外部电路的连接有地址线、数据线和控制线。

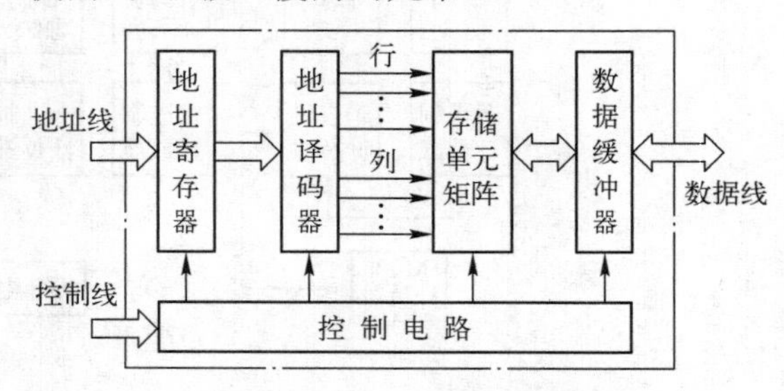

图 10-51　存储器结构示意图

（1）存储单元地址

由于存储器有大量的存储单元，因此，每一存储单元有一个相应的编码，称为存储单元地址。8 位地址编码可区分 2^8=256 个存储单元，n 位地址编码可区分 2^n 个存储单元。

（2）地址寄存器和地址译码器

地址寄存器和地址译码器的作用是寄存 n 位地址并将其译码为选通相应存储单元的信号。由于存储器中存储单元的数量很多，选通 2^8=256 个存储单元需要 256 条选通线，选通 2^{16}=65536 个存储单元需要 65536 条选通线，这是难以想象的。事实上地址译码器输出的选通信号线分为行线和列线。例如，16 条行线和 16 条列线能选通 16×16=65536 个存储单元。

（3）存储单元矩阵

存储单元矩阵就是存储单元按序组成的矩阵，是存储二进制数据的实体。

（4）数据缓冲器

存储器输入、输出数据须通过数据缓冲寄存器，数据缓冲器是三态的。输入（写）时，输入数据存放在数据缓冲寄存器内，待地址选通和控制条件满足时，才能写入相应存储单元。输出（读）时，待控制条件满足，数据线“空”（其他挂在数据线上的器件停止向数据线输出数据，对数据线呈高阻态）时，才能将输出数据放到数据线上，否则会发生“撞车”（高低电平数据短路）。

（5）控制电路

控制电路是产生存储器操作各种节拍脉冲信号的电路。主要包括片选控制 *CE*（Chip Enable），输入（写）允许 *WE*（Write Enable）和输出（读）允许 *OE*（Output Enable）信号。控制电平为低电平时用 $\overline{CE}$、$\overline{WE}$、$\overline{OE}$ 表示。

3. 存储器的读/写操作

1）存储器写操作步骤：

① 写存储器的主器件将地址编码信号放在地址线上，同时使存储器片选控制信号 *CE* 有效。

② 存储器地址译码器根据地址信号选通相应存储单元。

③ 主器件将写入数据信号放在数据线上，同时使存储器输入允许信号 *WE* 有效。

④ 存储器将数据线上的数据写入已选通的存储单元。

2）存储器读操作步骤：

① 读存储器的主器件将地址编码信号放在地址线上，同时使存储器片选控制信号 *CE* 有效。

② 存储器地址译码器根据地址信号选通相应存储单元，同时将被选通存储单元与数据缓冲器接通，被选通存储单元数据被复制进入数据缓冲器暂存（此时数据缓冲器对数据线呈高阻态）。

③ 主器件使存储器输出允许信号 *OE* 有效，存储器数据缓冲器中的数据被放在数据线上。

④ 主器件从数据线上读入数据。

4. 半导体存储器的分类

半导体存储器按其使用功能可分为两大类。

（1）只读存储器（Read Only Memory，ROM）

ROM 一般用来存放固定的程序和常数，如微型计算机的管理程序、监控程序、汇编程序以及各种常数、表格等。其特点是信息写入后，能长期保存，不会因断电而丢失，并要求使用时，信息（程序和常数）不能被改写。所谓“只读”，是指不能随机写入。当然并非完全不能写入，若完全不能写入，则读出的内容从何而来？要对 ROM 写入必须在特定条件下才能完成写入操作。

（2）随机存取存储器（Random Access Memory，RAM）

RAM 主要用于存放各种现场的输入、输出数据和中间运算结果。其特点是能随机读出或写入，读写速度快（能跟上微型计算机快速操作）、方便（不需特定条件）。缺点是断电后，被存储的信息丢失，不能保存。

5. 只读存储器 ROM

只读存储器 ROM 分类概况如图 10-52 所示。

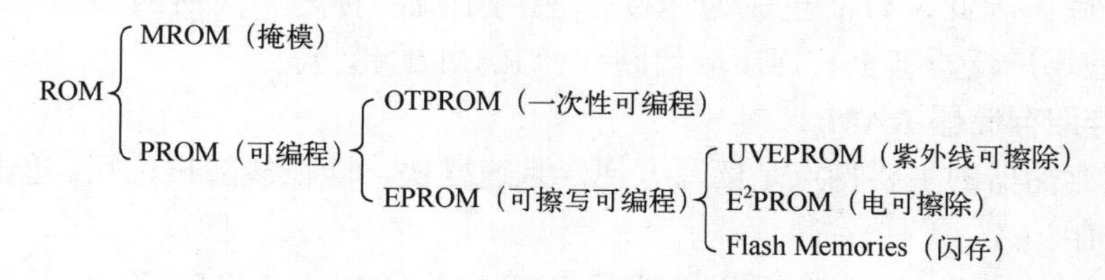

图 10-52　只读存储器 ROM 分类概况

按用户能否编程可分为掩模 ROM（Mask ROM，MROM）和可编程 ROM（Programmable ROM，PROM）。可编程 ROM 又可分为一次性可编程 ROM（One Time Programmable

ROM，OTP ROM）和可擦写可编程 ROM（Erasable Programmable ROM，EPROM）。可擦写可编程 ROM 又可分为紫外线可擦除 EPROM（Ultra-Violet EPROM，UVEPROM）和电可擦除 EPROM（Electrically EPROM，EEPROM 或 E^2PROM）以及近年来应用及其广泛的 Flash Memories（闪存）。

（1）掩模 ROM（Mask ROM）

掩模 ROM 的特点是用户无法自行写入，必须委托生产厂商在制造芯片时一次性写入。显然，掩模 ROM 适用于大批量成熟产品。掩模 ROM 价格低廉，性能稳定可靠。

（2）一次性可编程 ROM（OTP ROM）

OTP ROM 的特点是用户可自行一次性编程，但一次性编程后不能修改，因此，OTP ROM 也仅适用于成熟产品，不能作为试制产品应用。OTP ROM 价格低廉，性能稳定可靠，是当前 ROM 应用主流品种之一。

（3）紫外线可擦除 EPROM（UV EPROM）

UV EPROM 在封装上有一个圆形透明石英玻璃窗，强紫外线照射一定时间后，存储单元处于 1 状态。写入 0 时，加编程电压 U_{PP}，早期 UV EPROM 芯片 U_{PP}=21V，后来降至 12.5V，约经过 50ms，才能完成写入 0（存储 1 时不写入）。使用时，透明玻璃窗应贴上不透明的保护层，否则在正常光线照射下，雪崩注入浮栅中的电荷也会慢慢泄漏，从而丢失写入 UV EPROM 的数据信息。

UV EPROM 可多次（10000 次以上）擦写，但擦写均不方便，擦除时需专用的 UV EPROM 擦除器（产生强紫外线）；写入时需编程电源 U_{PP}（电压高），写入时间也很长，不能在线改写（读 UV EPROM 很快，小于 250ns，可在线读）；且 UV EPROM 价格较贵。在十几年之前，UV EPROM 曾经是 ROM 应用主流品种，目前已让位于价廉、擦写方便的 Flash Memories。

需要说明的是，在多数有关技术资料中，常将 UV EPROM 简称为 EPROM。

（4）电可擦除 EPROM（E^2PROM）

UV EPROM 擦除时需强紫外线，且需整片擦除，不能按字节擦写，写速度很慢，因此应用极不方便。E^2PROM 擦除时不需紫外线，且可按字节擦写其中一部分，写入速度较快，应用相对方便，但价格比 UV EPROM 稍贵。

（5）快闪存储器（Flash Memories）

Flash Memories 也属于 E^2PROM，其内部结构与 E^2PROM 相类似，擦写速度比 E^2PROM 快得多，擦写电压也降至 5V，已达到可以在线随机读写应用状态，擦写次数达 10 万次以上，且价格低廉。因此，目前已成为 ROM 应用主流品种之一（另两种是 Mask ROM 和 OTPROM），应用广泛，甚至有逐步取代硬盘和 RAM 的趋势。

6．随机存取存储器 RAM

随机存取存储器的主要特点是读写方便，且速度快，能在线随机读写。但断电后，信息丢失，不能保存。

按存储信息的方式，RAM 可以分成静态 RAM（Static RAM，SRAM）和动态 RAM（Dynamic RAM，DRAM）。

（1）静态 RAM

静态 RAM 的优点是读写速度快，缺点是电路较复杂，因此集成后，存储容量较小。

（2）动态 RAM

动态 RAM 的优点是电路简单，便于大规模集成，存储容量大，成本低；缺点是需要刷新操作。动态 RAM 主要用于当前计算机的内存。

（3）典型 RAM 芯片 6264 简介

6264 是 CMOS 静态 RAM，存储容量 8k×8 位，存取时间小于 200ns，电源电压+5V。表 10-18 为 6264 工作方式功能表，图 10-53 为 RAM 6264 引脚图。A_0～A_{12}为 13 位地址输入端，可选通 2^{13}=8192=1024×8=8kB（字节），每字节 8 位，8k×8=64kb（位）。因此 6264 后两位数字代表了它的存储容量。I/O_0～I/O_7 为 8 位数据输入/输出端；$\overline{CE_1}$、CE_2 为片选端。$\overline{CE_1}$ 低电平有效；CE_2 高电平有效；$\overline{CE_1}$、CE_2 全部有效时，存储芯片才能工作；$\overline{OE}$ 为输出允许，低电平有效；$R/\overline{W}$ 为读/写控制端，$R/\overline{W}$ =1，读；$R/\overline{W}$ =0，写；NC 为空脚；U_{CC}、GND 为正电源和接地端。

表 10-18　6264 工作方式功能表

工作状态	$\overline{CE_1}$	CE_2	$\overline{OE}$	$R/\overline{W}$	I/O
读	0	1	0	1	输出数据
写	0	1	×	0	输入数据
维持	1	×	×	×	高阻
	×	0	×	×	
输出禁止	0	1	1	1	高阻

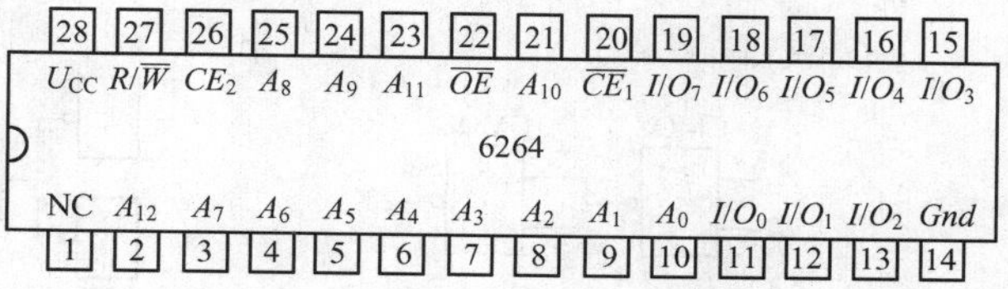

图 10-53　RAM 6264 引脚图电路

【复习思考题】

10.30　简述存储器容量用位或字节表示的区别。

10.31　存储器主要有哪些组成部分？简述其作用。

10.32　存储器数据输出为什么需要数据缓冲器？

10.33　存储器控制使能端，CE、OE、WE 各代表什么含义？

10.34　简述存储器读/写操作步骤。

10.35　什么叫 ROM？什么叫 RAM？各有什么特点和用途？

10.36　简述 ROM 分类概况及其特点。

10.37　简述 RAM 分类概况。各有什么特点？

10.6　习题

10.6.1　选择题

10.1　通常能实现“线与”功能的门电路是_____。（A. OC 门；B. TSL 门；C. TTL 与门；D. 74LS 与门）

10.2　（多选）TTL 与（与非）门电路，多余输入端可接_____；TTL 或（或非）门电路，多余输入端可接_____。（A. $+U_{CC}$；B. 与有信号输入端并联；C. 悬空；D. 接地；E. 接对地电阻 $R_I > R_{ON}$；F. 接对地电阻 $R_I < R_{OFF}$）

10.3　图 10-54 电路中，用 TTL 门电路能实现逻辑功能 $Y=\overline{A}$ 功能的门电路是_____。

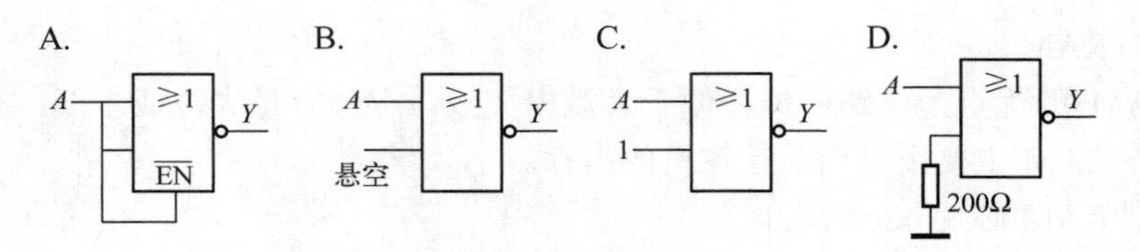

图 10-54　习题 10.3 电路

10.4　若电源电压为 5V，有关阈值电压的说法，74LS 系列门电路是_____；CMOS 门电路是_____。（A. U_{TH}=2.5V；B. U_{TH}>2.5V；C. U_{TH}<2.5V；D. U_{TH}≈1V；E. 不定）

10.5　与 TTL 74LS 系列门电路引脚和电平均兼容的 CMOS 门电路是_____。（A. CMOS 4000 系列；B. 74HC 系列；C. 74HCT 系列；D. MC14000 / MC14500 系列）

10.6　与 TTL 门电路相比，CMOS 门电路的优点（多选）在于_____。（A. 微功耗；B. 高速；C. 抗干扰能力强；D. 电源电压范围大）

10.7　图 10-55 电路中，能实现逻辑功能 $Y=A+B$ 的电路（多选）是_____。

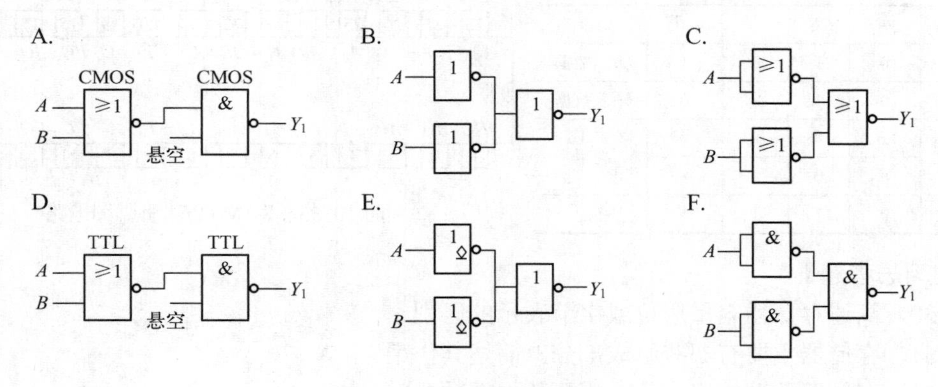

图 10-55　习题 10.7 电路

10.8　若需对 50 个输入信号编码，则输出编码位数至少为_____个。（A. 5；B. 6；C. 10；D. 50）

10.9　若编码器编码输出位数为 4 位，则最多可对_____个输入信号编码。（A. 4；B. 8；C. 16；D. 32）

10.10　相对于普通编码器，优先编码器对输入信号编码的特点是_____。（A. 只允许有一个有效输入信号；B. 只允许有效输入信号为 1；C. 只允许有效输入信号为 0；D. 仅对其中一个优先等级最高的输入信号编码）

10.11　将给定的二进制码变换为相应的（多选）____功能之一者，就属于译码器。（A. 另一种形式二值代码；B. 显示代码；C. BCD 码；D. 十进制数）

10.12　D 触发器在计算机系统中有着广泛的应用，主要（多选）为_____。（A. 数据缓冲；B. 优先编码器；C. 组成分频电路；D. 译码器；E. 实现组合逻辑）

10.13　下列电路中，不属于组合逻辑电路的是_____。（A. 编码器；B. 译码器；C. 数据选择器；D. 计数器）

10.14　某移位寄存器的时钟脉冲频率为 100kHz，欲将存放在该寄存器中的二进制数码左移 8 位，完成该操作需要_____。（A. 10μs；B. 80μs；C. 100μs；D. 800μs）

10.15　一个触发器可记录_____位二进制代码。（A. 1；B. 2；C. 4；D. 8）

10.16　存储 8 位二进制信息至少要_____个触发器。（A. 2；B. 3；C. 4；D. 8；E. 2^8）

10.17　N个触发器最多可寄存_____位二进制数码。（A. N−1；B. N；C. N+1；D. 2N；E. 2^N）

10.18　用二进制异步计数器从 0 起做加法计数，最少需要_____个触发器才能计数到100。（A. 6；B. 7；C. 8；D. 10；E. 100）

10.19　某数字钟需要一个分频器，将 32768Hz 的脉冲转换为 1Hz 的脉冲，欲达此目的，该分频器至少需要_____个触发器。（A. 10；B. 15；C. 32；D. 32768）

10.20　一位 8421 BCD 码计数器至少需要_____个触发器。（A. 3；B. 4；C. 5；D. 10）

10.21　N 个触发器可以构成最大计数长度（进制数）为_____的计数器。（A. N；B. 2N；C. N^2；D. 2^N）

10.22　把一个五进制计数器与一个四进制计数器串联可得到_____进制计数器。（A. 4；B. 5；C. 9；D. 20）

10.23　下列存储器引脚端名称中输入允许为_____；输出允许为_____；片选允许为_____；（A. CE；B. WE；C. OE；D. NC）

10.24　下列条件中，_____不是读存储器某一单元的必要条件。（A. 挂在数据总线上的其他器件呈“高阻”态；B. 存储器片选有效；C. 该存储单元中存有数据；D. 该存储单元被选通；E. 该存储芯片 OE 端电平有效）

10.25　下列存储器中，用户一次性写入的是_____；紫外线擦除可编程的是_____；电可擦除可编程的是_____；需生产厂商写入的是_____。（A. Mask ROM；B. OTPROM；C. UVEPROM；D. E^{2}PROM）

10.26　下列存储器中，（多选）可多次擦写的有_____。（A. Mask ROM；B. OTPROM；C. UVEPROM；D. E^{2}PROM；E. Flash Memories）

10.27　下列存储器中，存储内容需不断刷新的是_____。（A. SRAM；B. DRAM；C.MROM；D. PROM）

10.28　下列存储器中（多选），能随机读写的是_____；断电后，信息不丢失的有_____。（A. SRAM；B. DRAM；C.MROM；D. PROM）

10.6.2　分析计算题

10.29　已知 74LS 系列三输入端与非门电路如图 10-56 所示，其中两个输入端分别接输入信号 A、B，另一个输入端为多余引脚。试分析电路中多余引脚的接法是否正确？

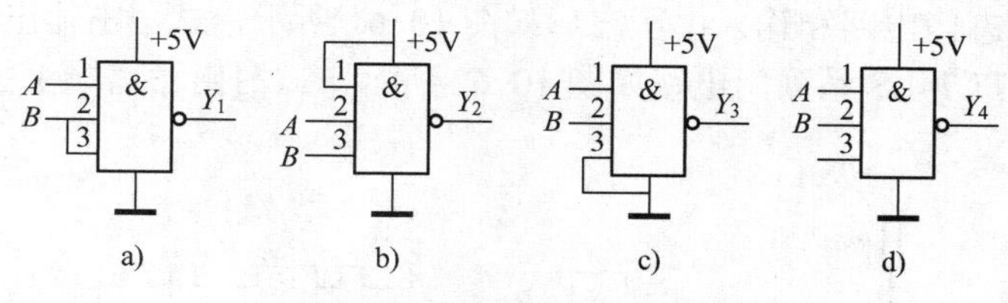

图 10-56　习题 10.29 电路

10.30　已知 74LS 系列三输入端或非门电路如图 10-57 所示，其中两个输入端分别接输入信号 A、B，另一个输入端为多余引脚。试分析电路中多余引脚接法是否正确？

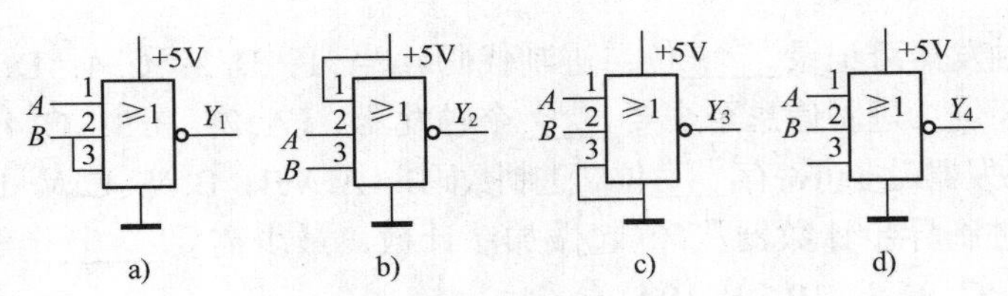

图 10-57　习题 10.30 电路

10.31　已知图 10-58 电路中 TTL 门电路的 R_{OFF}=0.8kΩ，R_{ON}=2.5kΩ，试写出输出端 Y_1～Y_4函数表达式。

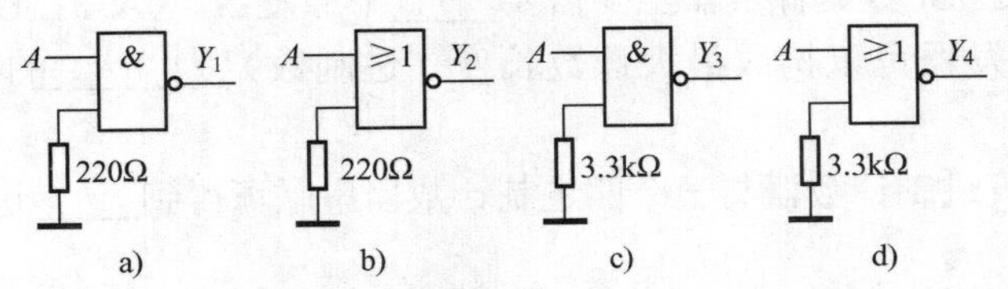

图 10-58　习题 10.31 电路

10.32　已知 74LS 系列三输入端门电路如图 10-59 所示，A、B 为有效输入信号，另一个输入端为多余引脚。若要求电路输出 Y_1～Y_6 按图所求，试判断电路接法是否正确？若有错，试予以改正。

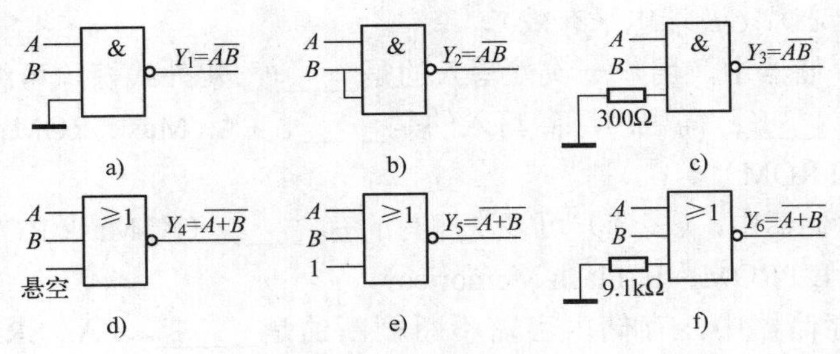

图 10-59　习题 10.32 电路

10.33　已知发光二极管驱动电路如图 10-60 所示，图中反相器为 74LS04，设 LED 正向压降为 1.7V，电流大于 1mA 时发光，最大电流为 10mA，U_{CC}=5V，试分析 R_1、R_2 的阻值范围。

10.34　已知下列 74LS 系列与非门器件开门电平和关门电平，试求其噪声容限。

1）U_{ON}=1.4V，U_{OFF}=1.1V。

2）U_{ON}=1.6V，U_{OFF}=1V。

10.35　已知三态门电路和输入电压波形如图 10-61 所示，试画出输出电压波形。

10.36　已知 TTL74LS 系列门电路如图 10-62 所示，试写出输出端 Y 的逻辑表达式。

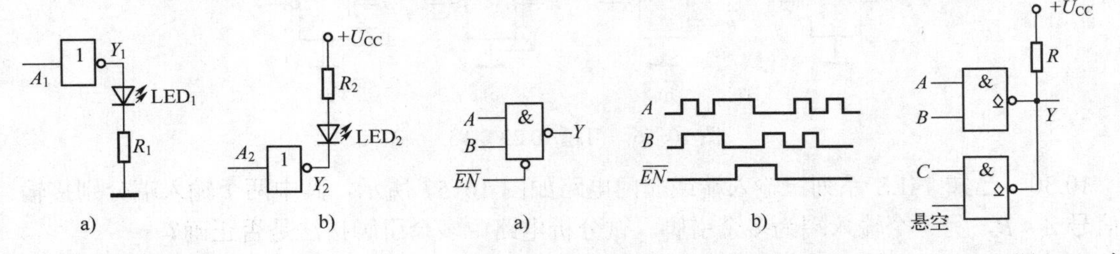

图 10-60　习题 10.33 电路　　　图 10-61　习题 10.35 电路和波形　　　图 10-62　习题 10.36 电路

10.37　若图 10-56 中与非门改成 74HC 系列或 CMOS 4000 系列，再判电路接法是否正确？

10.38　已知 CMOS 门电路如图 10-58 所示，试重新写出输出端 Y_1～Y_4 函数表达式。

10.39　已知 CMOS 三输入端门电路如图 10-59 所示，试重新判断电路接法是否正确？若有错，试予以改正。

10.40　已知 CMOS 三态门电路和输入波形如图 10-63 所示，试写出 Y_1 和 Y_2 的逻辑表达式，并画出 Y_1Y_2 波形。

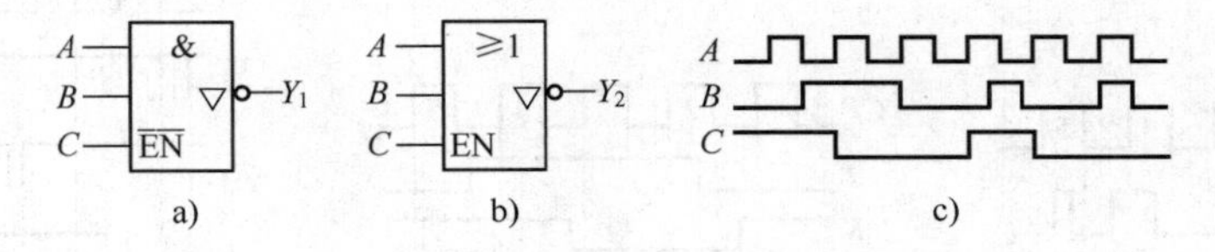

图 10-63　习题 10.40 电路和波形

10.41　已知 74LS00（2 输入端 4 与非门，引脚图见图 10-10）连接电路如图 10-64 所示，A、B 为输入信号，试写出输出端 Y 的逻辑表达式。

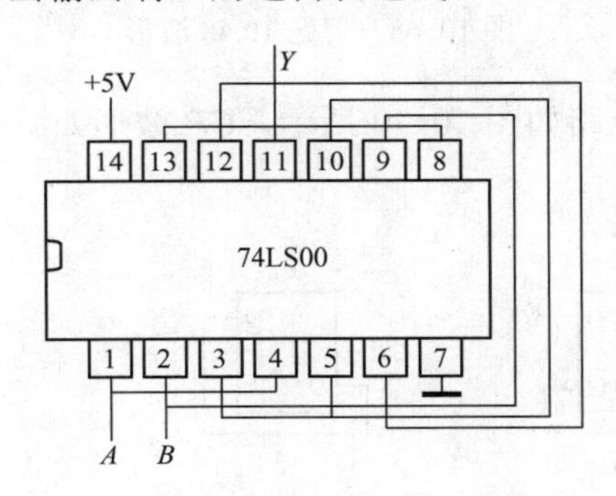

图 10-64　习题 10.41 电路

10.42　试用 74LS27 实现逻辑函数 $Y=\overline{\overline{\overline{A+B}+C+D}+E}$。要求按 74LS27（2 输入端 4 或非门）芯片引脚图（见图 10-11）画出连接线路。

10.43　已知逻辑电路如图 10-65 所示，试分析其逻辑功能。

10.44　试分析图 10-66 所示电路逻辑功能。

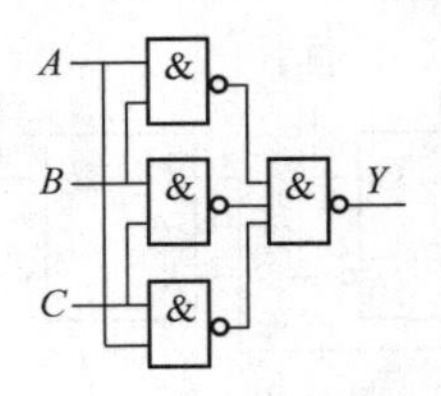

图 10-65　习题 10.43 逻辑电路

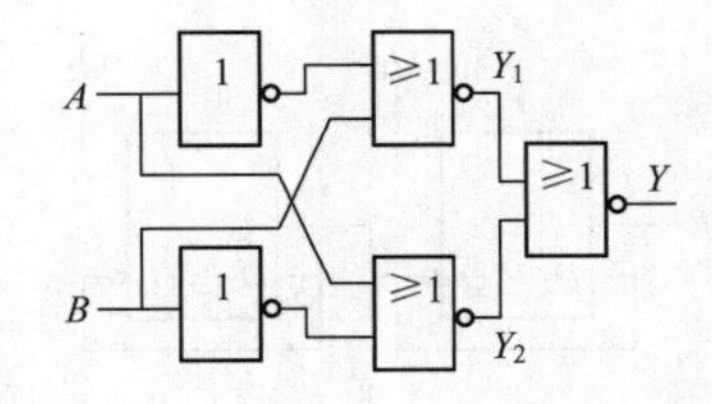

图 10-66　习题 10.44 逻辑电路

10.45　试应用 74LS138 和门电路实现逻辑函数：$F=ABC+\overline{A}BC+A\overline{B}C$。

10.46　试应用 74LS138 和门电路实现逻辑函数：$Y=\overline{A}\,\overline{B}\,\overline{C}+A\overline{B}\,\overline{C}+A\overline{B}C+ABC$。

10.47　已知上升沿 JK 触发器 CP、J、K 波形如图 10-67 所示，试画出 JK 触发器输出端 Q 波形（设初态 Q=0）。

10.48　已知下降沿 JK 触发器 CP、J、K、$\overline{R}_d$、$\overline{S}_d$ 波形如图 10-68 所示，试画出输出端 Q 波形（设初态 Q=0）。

10.49　已知 D 触发器 CP、$\overline{R}_d$、$\overline{S}_d$ 和 D 波形如图 10-69a 所示，试画出输出端 Q 波形（设初态 Q=0）。

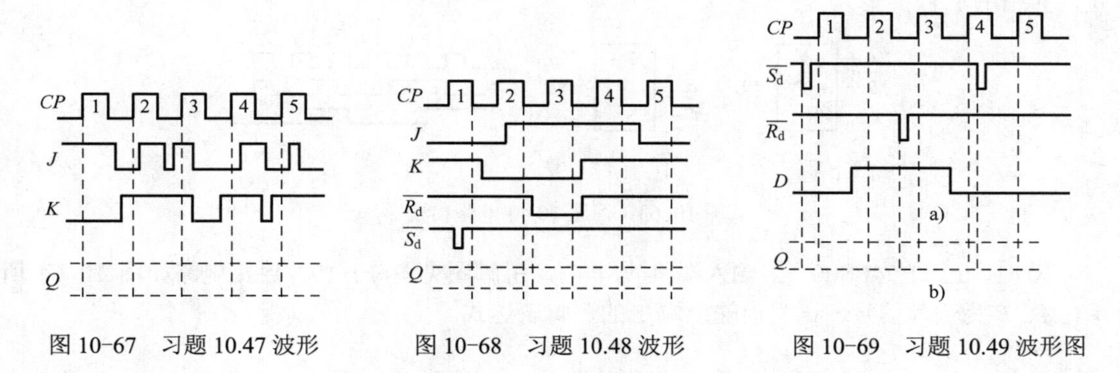

图 10-67　习题 10.47 波形　　图 10-68　习题 10.48 波形　　图 10-69　习题 10.49 波形图

10.50　已知 D 触发器电路如图 10-70 所示，CP 波形如图 10-71 所示，试画出 Q_1、Q_2 波形（设初态 $Q_1^0=Q_2^0=0$）。

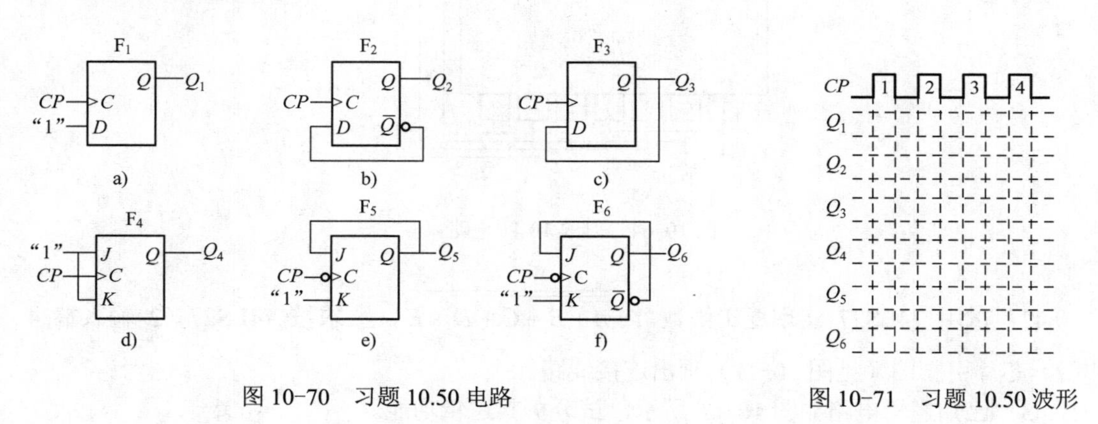

图 10-70　习题 10.50 电路　　图 10-71　习题 10.50 波形

10.51　已知电路如图 10-72 所示，设初始 Q_1=Q_2=0，试画出 Q_1、Q_2 波形。

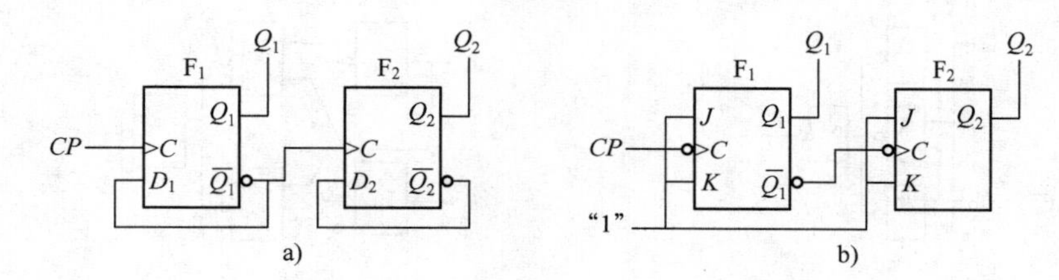

图 10-72　习题 10.51 电路

10.52　已知电路如图 10-73 所示，试求 Q_1、Q_2、Q_3 和 Q_4 表达式。

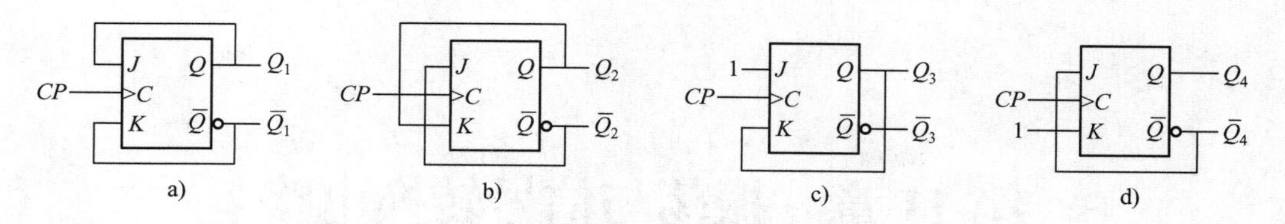

图 10-73　习题 10.52 电路

10.53　某同学用图 10-74a 所示集成电路组成电路，并从示波器上观察到该电路波形如图 10-74b 所示，试问该电路是如何连接的？（画出电路连线）

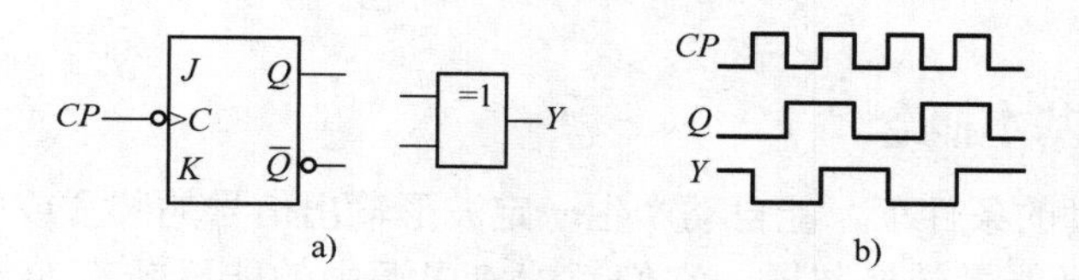

图 10-74　习题 10.53 元件和波形

a) 元件　b) 波形

10.54　已知移位寄存器电路如图 10-38 所示，*CP*、*R*、*D* 端波形如图 10-75 所示，试画出 $Q_3Q_2Q_1Q_0$ 时序波形图。

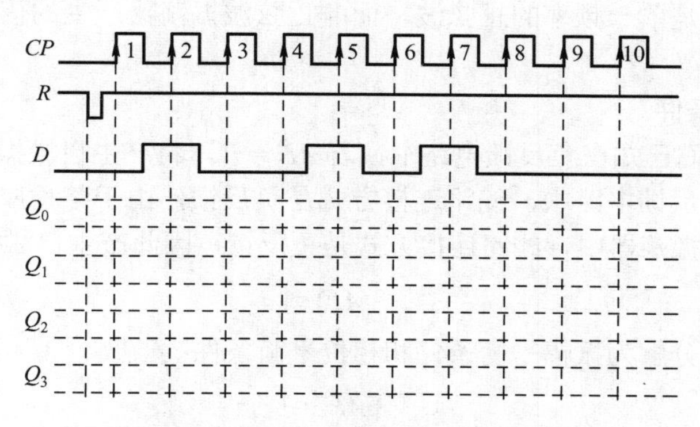

图 10-75　习题 10.54 时序波形图

10.55　试利用 74LS161 组成 14 进制计数器。

10.56　试用异步复位法和同步置位法将 74LS161 改为 8421 BCD 码计数器。

10.57　已知某存储器共有下列数量的位存储单元，试分别用位存储单元和字节存储单元（1 字节=8 位）表示其存储容量。

1）512。2）8192。3）65536。4）262144。

10.58　已知下列存储器的存储容量，试计算其位存储单元数量。

1）16k 位（bit）。2）4k 字节（Byte）。3）128k 位（bit）。4）256 字节（Byte）。

10.59　数据同题 8.43，试计算能区分（选通）上述字节存储单元的地址线根数。

10.60　已知下列存储器地址线根数，试计算其能选通的最大字节存储单元数。

1）5。2）8。3）11。4）13。

第 11 章　振荡与信号转换电路

11.1　正弦波振荡电路

11.1.1　振荡电路基本概念

在没有外加激励的条件下，能自动产生一定波形输出信号的装置或电路，称为振荡器。振荡器和放大器都是能量转换装置，它们都能将电源中的能量转换为有一定要求的能量输出。其区别在于放大器需要外加激励，而振荡器不需要外加激励。振荡器产生的信号是“自激”的。因此，也称为自激振荡器。按照产生信号的波形是否正弦波，振荡器可分为正弦波振荡器和非正弦波振荡器。

正弦波振荡器和非正弦波振荡器虽然都有一定的振荡频率，但根据傅氏级数分析，正弦波振荡器产生的信号是单一频率的正弦波，而非正弦波振荡器产生的信号是有一系列不同频率的正弦波合成的。

1．自激振荡的条件

在 7.3 节中，我们已知在负反馈电路中，若 $\dot{A}\dot{F}=-1$，将产生自激振荡，实际上是负反馈变成了正反馈。在负反馈电路中，线路连接方式是负反馈，由于某种原因产生附加相移而形成正反馈。在正弦波振荡器中，线路连接方式是正反馈，因此产生自激振荡的条件是：

$$\dot{A}\dot{F}=1 \tag{11-1}$$

式（11-1）又可分解为振幅平衡条件和相位平衡条件：

$$|\dot{A}\dot{F}|=1 \tag{11-1a}$$

$$\varphi_{\mathrm{a}}+\varphi_{\mathrm{f}}=2n\pi\text{（}n=0，1，2，3，\cdots\text{）} \tag{11-1b}$$

2．起振与稳幅过程

1）起振。由于正弦波属于单一频率，因此在正弦波振荡电路中必须含有选频网络。在振荡电路接通电源瞬间，会产生微小的不规则的噪声或扰动信号，它包含各种频率的谐波成分，通过选频网络，只选出一种符合选频网络频率要求的单一频率信号进行正反馈，让该单一频率信号满足振幅平衡条件和相位平衡条件，其余频率信号均属抑制之列。但在初始阶段由于扰动信号很微小，仅满足 $|\dot{A}\dot{F}|=1$ 是不够的，必须 $|\dot{A}\dot{F}|>1$，才能使输出信号由小逐渐变大，使电路起振。因此，振荡电路的起振条件与振荡电路稳定工作的振幅平衡条件是不同的。起振幅值条件为：

$$|\dot{A}\dot{F}|>1 \tag{11-2}$$

2）稳幅。满足起振的振幅条件后，振荡电路开始起振，振荡波形由小变大，但是由于

$|\dot{A}\dot{F}|>1$，最终会进入放大电路的非线性区，致使输出波形变坏，因此必须有稳幅环节，让振荡电路从$|\dot{A}\dot{F}|>1$过渡到$|\dot{A}\dot{F}|=1$，使输出幅度稳定，稳幅环节通常是一个负反馈网络。正弦波振荡电路起振和稳幅过程如图 11-1 所示。

3．正弦波振荡电路组成

根据上述要求，正弦波振荡电路的组成应有 4 个部分：放大电路、正反馈网络、选频网络和稳幅环节，如图 11-2 所示。

放大电路的主要作用是满足振荡电路的振幅条件；正反馈网络的主要作用是满足振荡电路的相位条件；选频网络的主要作用是选取单一频率的正弦波信号；稳幅环节的主要作用是电路起振后满足$|\dot{A}\dot{F}|=1$，稳定电路静态工作点，稳定输出电压幅度。

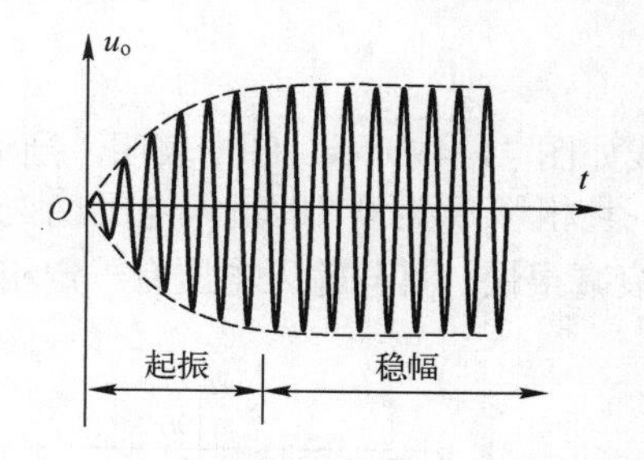

图 11-1　正弦波振荡电路起振和稳幅过程

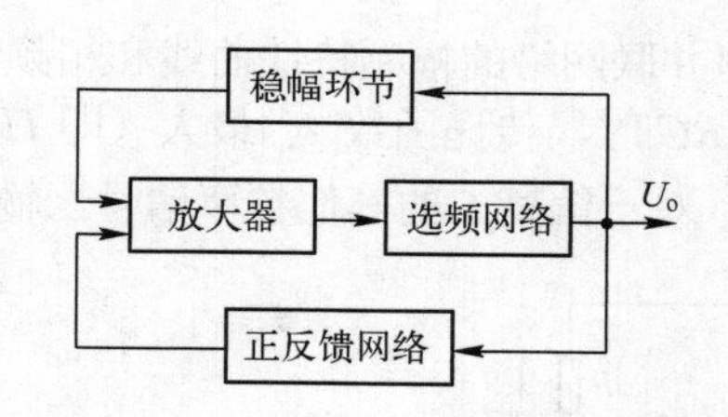

图 11-2　正弦波振荡电路组成框图

4．正弦波振荡电路的分类

正弦波振荡电路按照选频网络不同，可分为 *RC* 正弦波振荡电路、*LC* 正弦波振荡电路和石英晶体振荡电路。

11.1.2　*RC*正弦波振荡电路

RC 正弦波振荡电路可分为 *RC* 串并联正弦波振荡电路、*RC* 移相式正弦波振荡电路和双 T 网络正弦波振荡电路，本书介绍 *RC* 串并联正弦波振荡电路。

1．*RC* 串并联网络的频率特性

图 11-3 为 *RC* 串并联网络，设 Z_1 为 *RC* 串联电路复阻抗，$Z_1=R+\dfrac{1}{\mathrm{j}\omega C}$；$Z_2$ 为 *RC* 并联电路复阻抗，$Z_2=R//\dfrac{1}{\mathrm{j}\omega C}$。则 *RC* 串并联网络的传递函数（即用作反馈时的反馈系数）$\dot{F}_\mathrm{u}$ 为：

$$\dot{F}_\mathrm{u}=\frac{\dot{U}_2}{\dot{U}_1}=\frac{Z_2}{Z_1+Z_2}=\frac{R//\dfrac{1}{\mathrm{j}\omega C}}{\left(R+\dfrac{1}{\mathrm{j}\omega C}\right)+\left(R//\dfrac{1}{\mathrm{j}\omega C}\right)}=\frac{1}{3+\mathrm{j}\left(\omega RC-\dfrac{1}{\omega RC}\right)}$$

令 $\omega_0=\dfrac{1}{RC}$，则：

$$\dot{F}_\mathrm{u}=\frac{1}{3+j\left(\dfrac{\omega}{\omega_0}-\dfrac{\omega_0}{\omega}\right)} \tag{11-3}$$

其幅频特性和相频特性分别为：

$$|\dot{F}_{\rm u}|=\frac{1}{\sqrt{3^2+\left(\frac{\omega}{\omega_0}-\frac{\omega_0}{\omega}\right)^2}} \tag{11-3a}$$

$$\varphi_{\rm f}=\arctan\frac{(\omega/\omega_0)-(\omega_0/\omega)}{3} \tag{11-3b}$$

由式（11-3a）及式（11-3b）分析可知：

① 当 $\omega=\omega_0$ 时，$|\dot{F}_{\rm u}|=1/3$，$\varphi_{\rm f}=0$。

② 当 $\omega\ll\omega_0$ 时，$|\dot{F}_{\rm u}|\to0$，$\varphi_{\rm f}\to+90^\circ$。

③ 当 $\omega\gg\omega_0$ 时，$|\dot{F}_{\rm u}|\to0$，$\varphi_{\rm f}\to-90^\circ$。

RC 串并联网络的幅频特性曲线和相频特性曲线如图 11-4 所示。图中表明，当 $\omega=\omega_0$ 即 $f=f_0=1/2\pi RC$ 时，传递函数$|\dot{F}_{\rm u}|$最大（即 U_2 最大），且相移 $\varphi_{\rm f}$ 为 0（即输入电压 $\dot{U}_1$ 与输出电压 $\dot{U}_2$ 同相），对于偏离 f_0 的其他频率信号，输出电压衰减很快，且与输入电压有一定相位差。

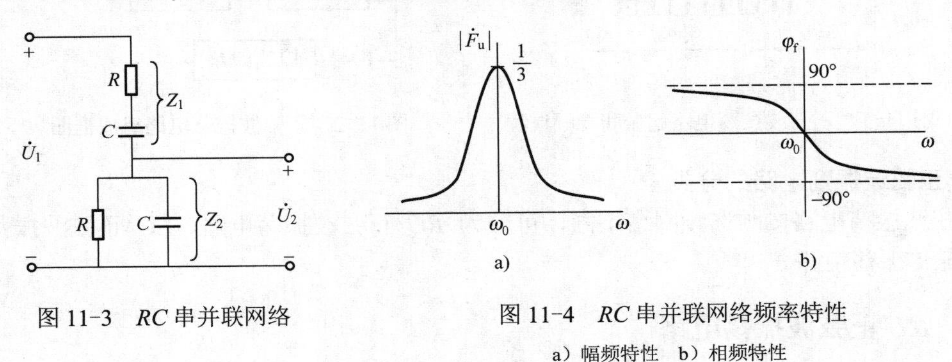

图 11-3　*RC* 串并联网络

图 11-4　*RC* 串并联网络频率特性

a）幅频特性　b）相频特性

2．*RC* 串并联正弦波振荡电路

1）电路组成。*RC* 串并联正弦波振荡电路，如图 11-5a 所示，其中集成运放为组成振荡器的放大电路；*RC* 串并联网络既作为正反馈网络（f_0 时，$\varphi_{\rm f}=0$，正反馈），又具有选频作用（只有 f_0 满足相位平衡条件，其余频率均不满足）；负反馈支路 $R_{\rm f}$ 、R_1 组成稳幅环节。

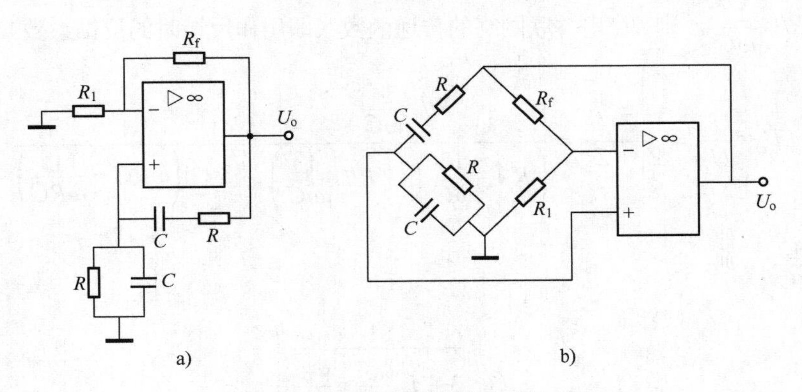

图 11-5　*RC* 串并联正弦振荡电路

a) 一般画法　b) 桥式画法

图 11-5a 也可画成图 11-5b 形式，因此 RC 串并联正弦波振荡电路也称为 RC 桥式振荡电路或文氏电桥（Wien Bridge）振荡器。

2）振荡频率。

$$f_0=\frac{1}{2\pi RC} \tag{11-4}$$

3）起振条件。根据式（11-2），RC 串并联正弦波振荡电路也必须满足$|\dot{A}\dot{F}|>1$，因 f_0 时，F=1/3，则必须 $A>3$。根据集成运放同相输入电压增益 $A=1+\frac{R_f}{R_1}$，则应 $R_f>2R_1$。

4）稳幅措施。起振时 $A>3$，稳定工作时应 A=3。因此，通常 R_f 采用具有负温度系数的热敏电阻，起振时 R_f 因温度较低阻值较大，此时 $A>3$；随着振幅增大，R_f 温度升高，阻值降低，至 A=3，达到稳幅目的。

5）特点：① 电路结构简单，易起振。② 频率调节方便。由于 RC 串并联正弦波振荡电路要求串联支路中的 R 及 C 与并联支路中的 R 及 C 分别相等，一般采用 C 固定，R 用同轴电位器，调节 R 即可调节振荡频率。

6）用途。由于选频网络中的 R 及 C 均不能过小。R 小，使放大电路负载加重；C 小，易受寄生电容影响，使 f_0 不稳定。因此，一般适用于产生较低频率（f_0<1MHz）的场合。

11.1.3 *LC* 正弦波振荡电路

LC 正弦波振荡电路由 LC 并联谐振回路作为选频网络，可以分为变压器反馈式，电感三点式和电容三点式三种。

由于 LC 并联谐振回路在谐振（$f=f_0$）时阻抗最大，若用电流源激励，则其两端电压最大，且电压电流相位差为 0。因此，LC 并联谐振回路具有选频作用。LC 正弦波振荡器就是利用 LC 并联回路作选频网络，组成正弦波振荡电路。在 Q>>1 条件下（一般均能满足）。

谐振角频率：

$$\omega_0=\frac{1}{\sqrt{LC}} \tag{11-5a}$$

谐振频率：

$$f_0=\frac{1}{2\pi\sqrt{LC}} \tag{11-5b}$$

1．变压器反馈式 *LC* 正弦波波振荡电路

（1）电路组成

图 11-6 为变压器反馈式 LC 正弦波振荡电路，变压器初级线圈 L（严格来讲，包括次级线圈 L_1 反射到初级的等效电感）与电容 C 组成 LC 并联谐振回路，作为集电极负载，由于 LC 并联回路谐振时，阻抗最大，因此，只有谐振频率 f_0 的信号电压最大，其余偏离 f_0 的信号衰减很大。M 为初级线圈 L 与次级线圈 L_1 的互感系数。按图中同名端，次级线圈 L_1 反馈极性应为正反馈，满足的正弦振荡的相位平衡条

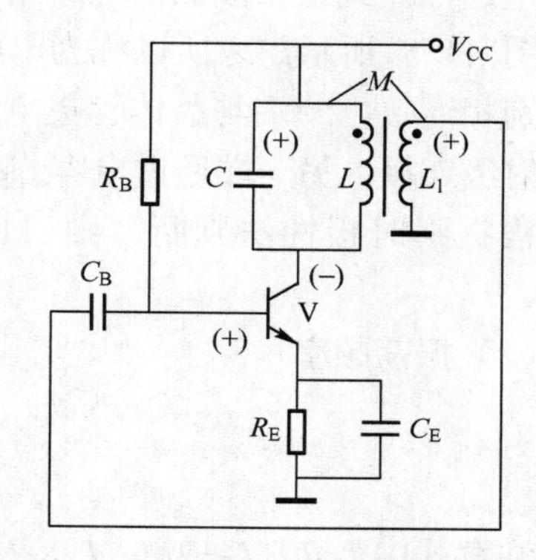

图 11-6　变压器反馈式 LC 正弦波振荡电路

件，而放大元件晶体管 V 很易满足振幅平衡条件。

（2）谐振频率

$$f_0=\frac{1}{2\pi\sqrt{LC}} \tag{11-6}$$

（3）起振参数选择

根据有关分析，增大晶体管 β 值，增大晶体管静态工作电流（r_{be} 小），增大并联谐振回路 Q 值（增大 L，减小 C，减小变压器线圈损耗电阻 R），适当选取 L、L_1 的耦合程度（互感系数 M 不能太大，也不能太小），有利于电路起振。

（4）特点

1）电路结构简单。

2）易起振（容易满足起振条件）。

3）输出幅度大（并联谐振 Z_0 大，增益高；无 R_C，动态范围大）。

4）频率调节方便（一般调 L 磁心）。

5）调节频率时输出幅度变化不大（不影响电路增益和静态工作点）。

6）频率稳定性较差。

变压器反馈式正弦波振荡电路一般适用于振荡频率不太高的场合，如中短波段。

【例 11-1】 已知变压器反馈式正弦波振荡电路如图 11-7 所示，L_2=190μH，试计算当电容 C_3 从最小值调至最大值时，电路振荡频率的范围。

解： LC 振荡回路中等效电容为 C_2、C_3 并联后与 C_1 串联，$\frac{1}{C}=\frac{1}{C_1}+\frac{1}{C_2+C_3}$，$C_3$ 的调节范围为 12～270pF，因此等效电容 C=28.9～147.5pF，电路振荡频率 $f_0=\frac{1}{2\pi\sqrt{LC}}$，振荡频率范围为 950～2148kHz。

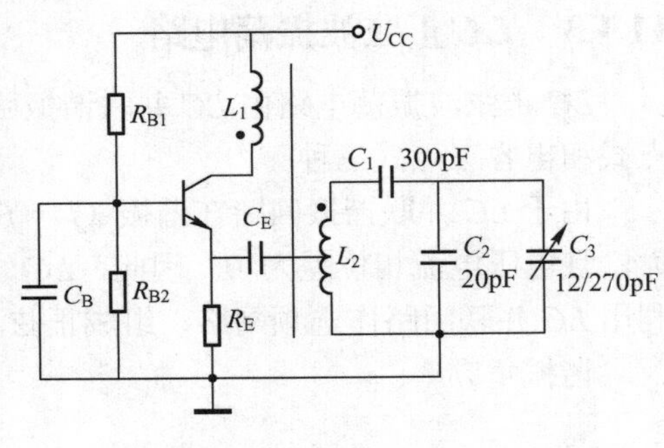

图 11-7　例 11-1 电路

2. 电感三点式正弦波振荡电路

（1）电路组成

电感三点式正弦波振荡电路又称为哈特莱（Hartley）振荡器，电感三点式正弦波振荡电路如图 11-8 所示。之所以称为电感三点式，是因为电感线圈的三个引出端与晶体管三个电极分别相连接。一端与晶体管集电极连接；中间抽头接 V_{CC} 相当于交流接地，通过电容 C_E 与发射级连接；另一端通过电容 C_B 与基极连接（C_B、C_E 对振荡信号可视作交流短路）。

根据瞬时极性法判断，图 11-8 电路满足振荡相位平衡条件，也很易满足振幅平衡条件。

（2）振荡频率

$$f_0=\frac{1}{2\pi\sqrt{LC}}=\frac{1}{2\pi\sqrt{(L_1+L_2+2M)C}} \tag{11-7}$$

注意式中 $L=L_1+L_2+2M$。L_1、L_2 为两个互感线圈顺向串联，M 为 L_1、L_2 间互感系数。

（3）起振参数选择

根据有关分析，增大晶体管 β，增大晶体管静态工作电流（r_{be} 小），适当选取 L_1、L_2 比值有利于电路起振。

（4）特点

1）容易起振。

2）频率调节方便且范围较宽（采用可调电容）。

3）调节频率不影响反馈系数。

4）波形较差（反馈线圈 L_2 对高次谐波感抗大，反馈电压中含有幅度较大的高次谐波成分）。

电感三点式正弦波振荡电路适用于振荡频率几十 MHz 以下，对波形要求不高的场合。

3．电容三点式正弦波振荡电路

（1）电路组成

电容三点式正弦波振荡电路又称为考毕兹（Colpitts）振荡器，电容三点式正弦波振荡电路如图 11-9 所示，之所以称为电容三点式，是因为两个电容串联，对外引出的三个端点与晶体管三个电极相连接，C_1 一端通过电容 C_C 接集电极，C_2 一端通过电容 C_B 接基极，C_1、C_2 的连接端通过电容 C_E 接发射级。（C_C、C_B、C_E 对振荡信号均可视作交流短路），L_C 为高频扼流圈，提供晶体管 V 静态集电极电流通路，对振荡信号可视作交流开路。L_C 也可用直流电阻 R_C 替代，但用 R_C 有两个缺点：一是减小电路输出动态范围，二是等效并联在振荡回路两端，将使回路等效谐振阻抗减小，降低 Q 值。

根据瞬时极性法判断，图 11-9 电路满足振荡相位平衡条件，也很易满足振幅平衡条件。

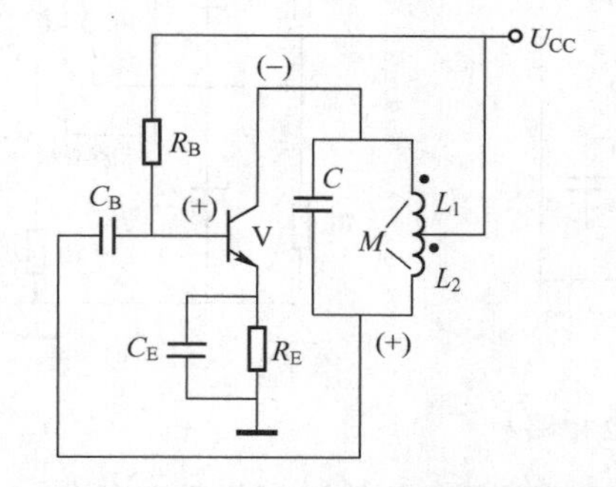

图 11-8　电感三点式正弦波振荡电路

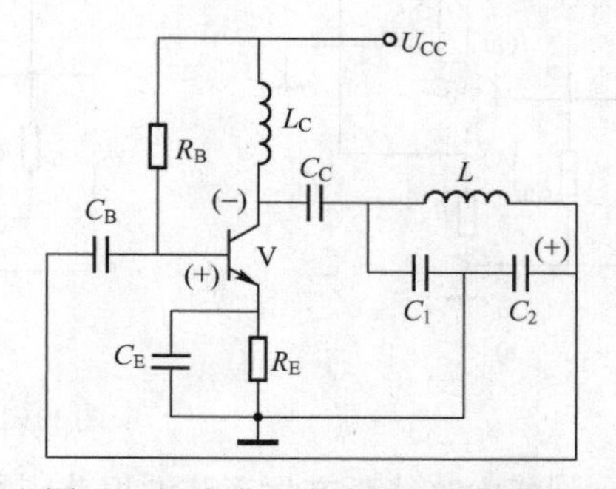

图 11-9　电容三点式正弦波振荡电路

（2）振荡频率

$$f_0=\frac{1}{2\pi\sqrt{LC}}=\frac{1}{2\pi\sqrt{L\dfrac{C_1C_2}{C_1+C_2}}} \tag{11-8}$$

注意式中 C 为 C_1、C_2 串联后等效电容。

（3）起振参数选择

根据有关分析，增大晶体管 β，增大晶体管静态工作电流，适当选取 C_1、C_2 比值有利于电路起振。

（4）特点

1）输出波形好（反馈电压取自 C_2，C_2 对高次谐波容抗小，反馈电压中含有高次谐波分量小）。

2）振荡频率可做到 100MHz 以上（C_1、C_2 容量可选得很小）。

3）频率调节不便（若通过调节电容来调节频率，反馈系数随之变化，将影响振荡器工作状态）。

电容三点式正弦波振荡电路适用于频率固定的高频振荡器。

4．三点式振荡电路的组成原则

三点式正弦波振荡电路，谐振回路的结构有时较复杂，可能不单是一个纯电感或纯电容，而是由 LC 串联、并联或混联组成，这时就较难判断其能否组成三点式振荡电路及其特性。但是三点式振荡电路的谐振回路组成有其规律和原则。三点式振荡电路一般形式（交流通路）如图 11-10 所示。X_{be}、X_{ce}、X_{cb} 分别为连接在晶体管三个电极之间的电抗元件，其组成原则为：X_{be}、X_{ce} 必须为同性电抗元件，且 X_{cb} 必须与其性质相反。即若 X_{be}、X_{ce} 呈感性，则 X_{cb} 必须呈容性；若 X_{be}、X_{ce} 呈容性，则 X_{cb} 必须呈感性；且 X_{be}、X_{ce} 电抗性质不能相反，才有可能满足相位平衡条件。

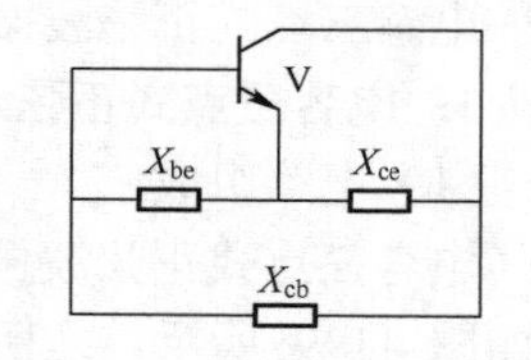

图 11-10　三点式振荡电路

【例 11-2】 已知电路如图 11-11 所示，试判断这些电路能否产生正弦波振荡？并说明理由。

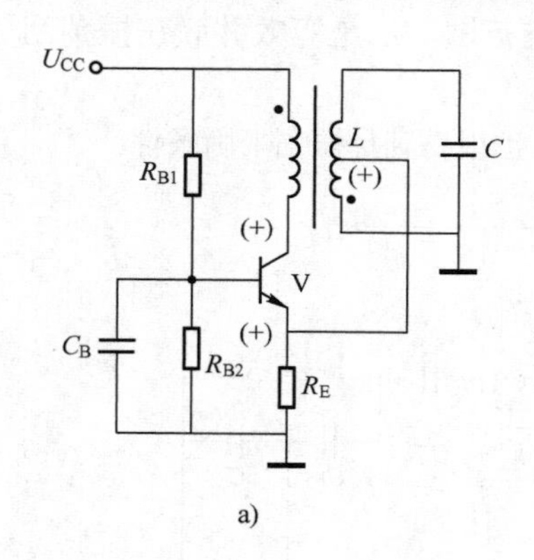

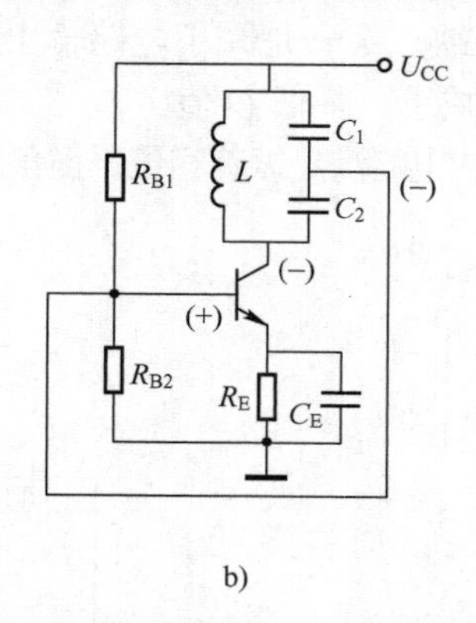

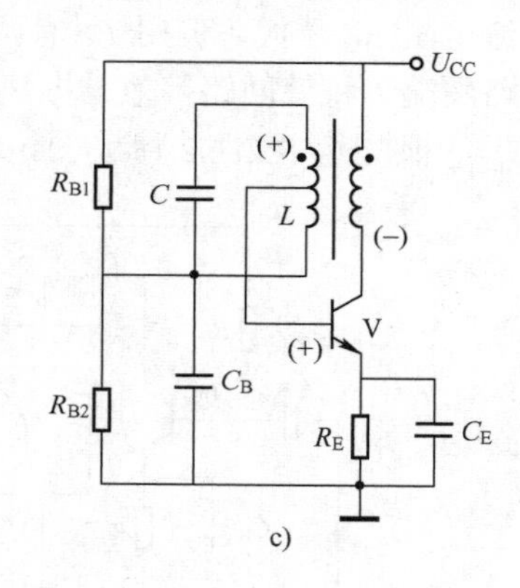

图 11-11　例 11-2 电路

解： 判断电路能否产生正弦波振荡应按能否满足振幅平衡条件和相位平衡条件。

1）振幅平衡条件，主要看晶体管放大电路能否正常工作，能否工作在放大工作状态（静态工作点是否合适），若能工作在放大区，则一般认为能满足振幅平衡和起振条件。

2）相位平衡条件，主要看能否构成正反馈，一般用瞬时极性法，这里涉及共射（输入输出反相）和共基（输入、输出同相）电路，但不会影响判断电路正负反馈的结论。

3）若为三点式正弦波振荡电路，则可先判断是否符合三点式振荡电路的组成原则，若符合，再按上述 1）、2）继续判断。

图 11-11a：不能。用瞬时极性法判断，满足相位平衡条件。该电路属共基电路，按共基电路判断，设发射极瞬时极性为（+），集电极与其同相为（+），反馈极性相同为正反馈，符合相位平衡条件；若按共射电路（有时未看清或对共射共基概念不清引起）判断，设基极瞬时极性为（+），发射极跟随极性为（+），集电极反相极性为（−），反馈到发射极极性相反为正反馈，也符合相位平衡条件。因此即使看错电路组态，并不影响正负反馈的判别。图 11-11a

不能组成正弦振荡的原因是不满足振幅平衡条件，电路静态工作点不合适，发射极接线圈 L 后接地，直流电压为 0，不可以。但若在反馈支路中串联一个电容，隔断直流地电位，则电路能产生正弦波振荡。

图 11-11b：不能。该电路属共射组态，设基极瞬时极性为正，集电极为负，反馈端电容 C_1 上电压极性为负，构成负反馈，不满足相位平衡条件。需要说明的是，如何理解反馈至输入端的极性？初学者有的理解为 C_2 上的正极性，有的理解为 C_1 上的负极性，现用图 11-12a 加以分析说明，首先接 U_{CC} 相当于交流接地，所谓瞬时极性是指对交流地电位而言，集电极的负极性是对地负极性，电容极板上极性如 图 11-12a 所示，反馈至输入端的电压是 C_1 上的电压，不是 C_2 上的电压，因此反馈极性应为负极性。

图 11-11c：能。该电路属共射组态，设基极瞬时极性为（+），集电极为（−），同名端极性为（+），反馈线圈的一端通过电容 C_B 接地，相当于交流接地，线圈上电压极性如图 11-12b 所示，反馈至基极的极性为正，满足相位平衡条件。

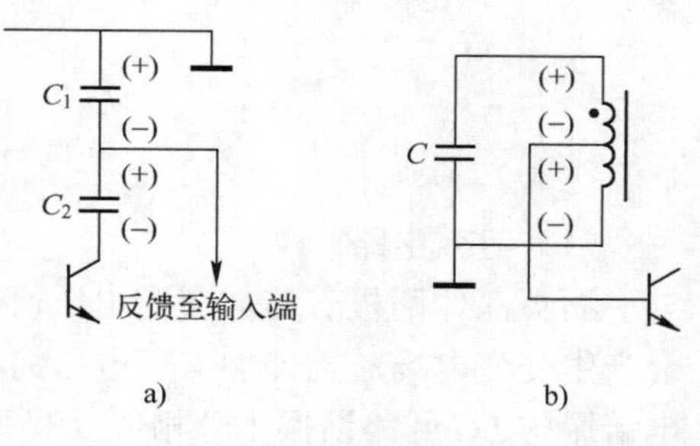

图 11-12　反馈正负极性判断

a) 电容　b) 电感

【例 11-3】 图 11-13 是由三个 LC 谐振电路组成的振荡电路的交流通路，试分析电路能否起振？若能起振，L_1C_1、L_2C_2、L_3C_3 应满足什么条件？并确定振荡频率范围。

解：图 11-13 电路属 LC 三点式振荡电路一般形式。设三个 LC 并联网络的谐振角频率分别为：$\omega_1=\dfrac{1}{\sqrt{L_1C_1}}$、$\omega_2=\dfrac{1}{\sqrt{L_2C_2}}$、$\omega_3=\dfrac{1}{\sqrt{L_3C_3}}$，并设其满足振荡条件时的振荡角频率为 ω_o，对信号频率为 ω_o 的电抗分别为 X_1、X_2、X_3 。

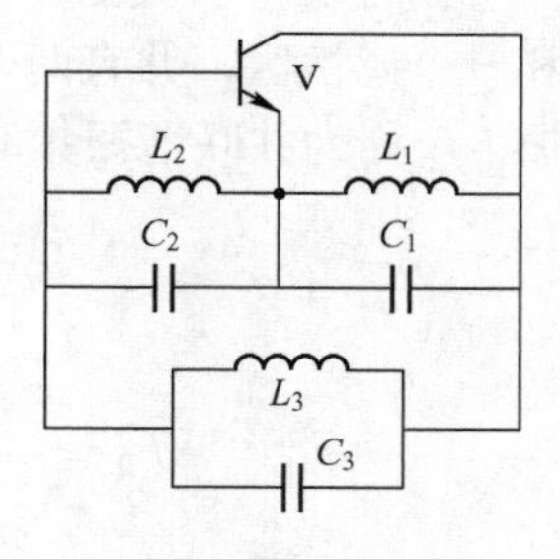

图 11-13　例 11-3 电路

1）当 $\omega_1>\omega_o$，$\omega_2>\omega_o$，$\omega_o>\omega_3$ 时，X_1、X_2 呈感性，X_3 呈容性，电路组成电感三点式振荡电路，振荡频率范围：Min $[\omega_1, \omega_2]>\omega_o>\omega_3$ 。

2）当 $\omega_1<\omega_o$，$\omega_2<\omega_o$，$\omega_o<\omega_3$ 时，X_1、X_2 呈容性，X_3 呈感性，电路组成电容三点式振荡电路，振荡频率范围：Max $[\omega_1, \omega_2]<\omega_o<\omega_3$ 。

11.1.4　石英晶体正弦波振荡电路

正弦波振荡电路是产生单一频率的振荡器，频率越纯，稳定度越高，正弦波形越好。而频率稳定度与谐振回路的 Q 值有关，Q 值越大，谐振曲线越尖锐，频率稳定度越高。但是一般 LC 谐振回路的 Q 值只有几百，而石英晶体的 Q 值可达 10^4～10^6，因此在要求频率稳定度高的场合，常采用石英晶体组成谐振回路。

1．石英晶体基本特性

石英晶体主要成分是二氧化硅，具有稳定的物理化学性能。从一块晶体按一定方位角切割下来的薄片，称为石英晶片，在晶片的两面涂上银层引出电极外壳封装，便构成石英晶体谐振器，其电路符号如图 11-14a 所示。

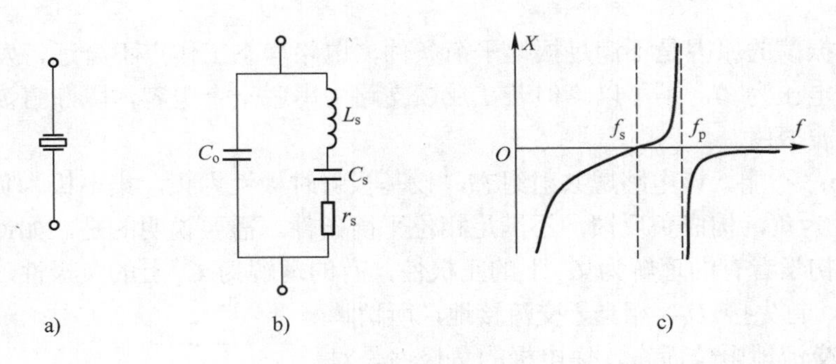

图 11-14 石英晶体

a) 电路符号 b) 等效电路 c) 电抗特性

（1）等效电路

石英晶体两极若施加交变电压，晶片会产生机械变形振动，同时晶片的机械变形振动又会产生交变电场，当外加交变电压的频率与晶片固有振荡频率相等时，会产生压电谐振。压电谐振与 LC 回路谐振十分相似，其等效电路如图 11-14b 所示。

其中 C_o 表示晶片极板间静电电容，约几～几十 pF；L_s 和 C_s 分别模拟晶片振动时的惯性和弹性，r_s 模拟晶片振动时的摩擦损耗。一般 L_s 很大，约 10^{-3}H～10^{2}H；C_s 很小，仅 10^{-2}～10^{-1}pF；r_s 也很小，因此石英晶体的 Q 值很大。

（2）电抗特性

据分析，石英晶体的电抗特性如图 11-14c 所示，它有三个电抗特性区域：两个容性区和一个感性区，并有两个谐振频率 f_s 和 f_p，f_s 称为串联谐振频率，是利用 L_s 与 C_s 串联谐振；f_p 称为并联谐振频率，是利用 L_s 与 C_o 并联谐振。

$$f_s=\frac{1}{2\pi\sqrt{L_s C_s}} \tag{11-9}$$

$$f_p=\frac{1}{2\pi\sqrt{L_s\frac{C_s C_o}{C_s+C_o}}}=\frac{1}{2\pi\sqrt{L_s C_s}}\sqrt{1+\frac{C_s}{C_o}}=f_s\sqrt{1+\frac{C_s}{C_o}}\approx f_s \tag{11-10}$$

由于 $C_s \ll C_o$，因此 f_s 与 f_p 很接近。一般来讲，石英晶体主要工作在感性区，即 $f_s<f<f_p$。

（3）石英晶体稳频原因

1）石英晶体物理化学性质十分稳定，外界因素对其影响很小。

2）石英晶体 Q 值极高。

3）石英晶体的工作频率被限制在 f_s～f_p 范围内，该范围内的电抗特性极其陡峭，石英晶体对频率变化自动调整的灵敏度极高。

4）石英晶体接入系数极小，外电路与谐振回路的耦合很弱，影响很小。

2．石英晶体正弦波振荡电路

利用石英晶体组成正弦波振荡电路一般有两种形式：并联型和串联型。

（1）并联型石英晶体振荡电路

并联型石英晶体振荡电路及其等效电路如图 11-15 所示，石英晶体支路呈感性，电路属电容三点式振荡电路。

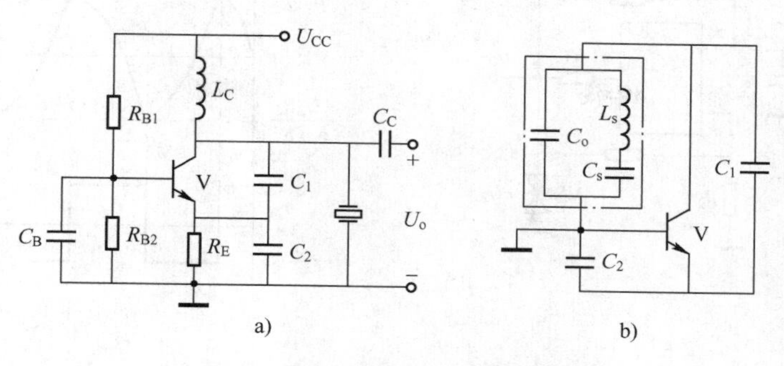

图 11-15　并联型石英晶体振荡电路

a) 电路　b) 等效电路

$f_0=f_s\sqrt{1+\frac{C_s}{C_o'}}\approx f_s$，其中 $C_o'=C_o+\frac{C_1C_2}{C_1+C_2}$，因 $C_s<<C_o<C_o'$，电路振荡频率仍接近并取决于石英晶体串联谐振频率 f_s。

（2）串联型石英晶体振荡电路

串联型石英晶体振荡电路如图 11-16 所示，用瞬时极性法可判断电路属正反馈，其中石英晶体串联谐振频率 f_s，晶体阻抗最小，且为纯阻，反馈最强，电路振荡频率即为石英晶体串联谐振频率 f_s。

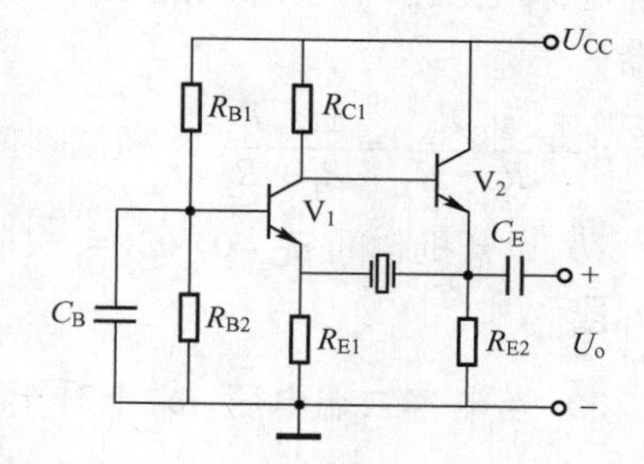

图 11-16　串联型石英晶体振荡电路

【复习思考题】

11.1　自激振荡的条件是什么？为什么与负反馈中的表达式不一样？

11.2　正弦波振荡电路由哪几个部分组成？

11.3　简述文氏电桥振荡电路的特点和用途。

11.4　主要有哪些因素影响变压器反馈式正弦振荡电路的起振，应如何选择？

11.5　叙述比较电感三点式和电容三点式振荡电路的主要特点和区别。

11.6　影响电感三点式和电容三点式振荡电路起振的主要因素有哪些？如何选择？

11.7　三点式振荡电路谐振回路的电抗元件有什么组成原则？

11.8　石英晶体频率稳定度高的原因是什么？

11.2　多谐振荡电路

多谐振荡电路，顾名思义，输出波形包含丰富的谐波，例如方波发生电路。多谐振荡电路可由集成运放构成，也可由数字电路中的门电路或其他电路构成。

11.2.1　由集成运放组成的多谐振荡电路

图 11-17a 为由集成运放组成的方波发生电路。

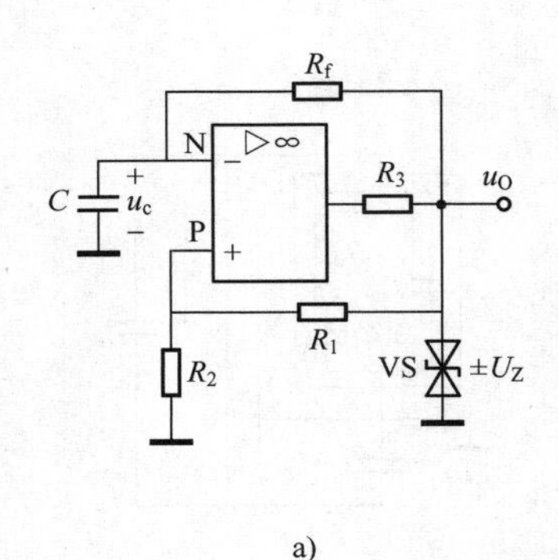

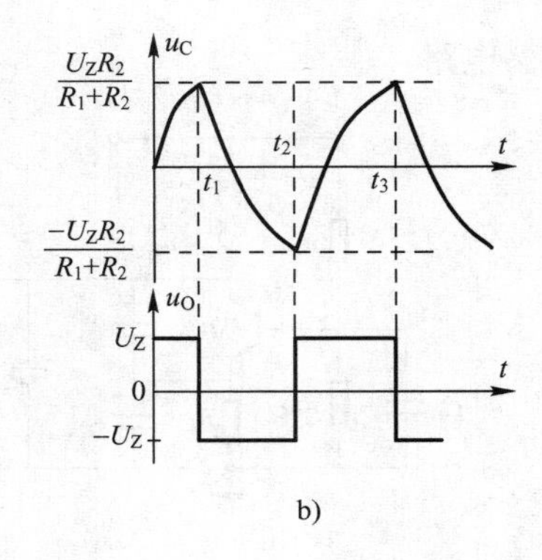

图 11-17　方波发生电路

a) 电路　b) 波形

1．工作原理

方波发生电路实际是一个滞回电压比较器，基准电压 U_{REF} 由输出电压经 R_1、R_2 分压而得，输入电压由输出电压经 R_f 向电容 C 充放电而得，不需外界输入，因此是一个自激振荡器。

$u_P=\dfrac{u_OR_2}{R_1+R_2}=\dfrac{\pm U_ZR_2}{R_1+R_2}$，高低阈值电压分别为$\dfrac{+U_ZR_2}{R_1+R_2}$和$\dfrac{-U_ZR_2}{R_1+R_2}$。

1）设开机瞬间 $u_C=0$，$u_O=+U_Z$，u_O通过 R_f 向电容 C 充电，u_C 上升，其波形如图 11-17b 中 t_1 段。

2）当电容二端电压 u_C 上升至正阈值电压$\dfrac{+U_ZR_2}{R_1+R_2}$时，由集成运放组成的滞回电压比较器反转，u_O 输出低电平$-U_Z$。

3）$u_O=-U_Z$ 后，发生两个变化：一是基准电压变化，即 $u_P=\dfrac{-U_ZR_2}{R_1+R_2}$；二是电容 C 开始通过 R_f 向 u_O 放电，其波形如图 11-17b 中 t_1t_2 段。

4）当电容二端电压下降至负阈值电压$\dfrac{-U_ZR_2}{R_1+R_2}$时，滞回比较器再次反转，u_O 输出高电平$+U_Z$。

5）$u_O=+U_Z$ 后，再次发生两个变化：一是 $U_{REF}=u_P=\dfrac{+U_ZR_2}{R_1+R_2}$；二是电容 C 开始充电，其波形图 11-17b 中 t_2t_3 段。

6）如此反复变换，u_O 输出方波，如图 11-17b 所示。

2．振荡周期

可以证明，图 11-17a 所示方波发生电路的振荡周期：

$$T=2R_fC\ln\left(1+\frac{2R_2}{R_1}\right) \qquad (11\text{-}11)$$

3．矩形波发生电路

矩形波与方波相比，是高、低电平所占时间不等。高电平时间 t_{on} 与周期 T 的比值称为占空比，用 q 表示：

$$q=\frac{t_{on}}{T} \qquad (11\text{-}12)$$

改变电容 C 充放电时间常数，可使方波变为矩形波，如图 11-18 所示。电容 C 的充电时间常数取决于 $R_{f1}C$，放电时间常数取决于 $R_{f2}C$，调节 R_{f1}、R_{f2}，即可调节矩形波占空比。

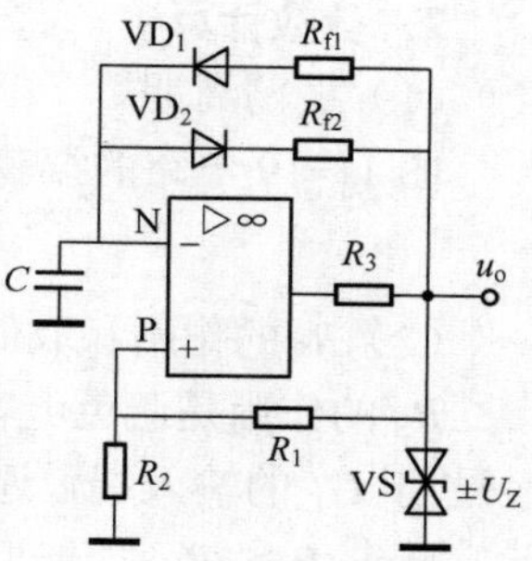

图 11-18　矩形波发生电路

【例 11-4】 已知矩形波发生电路如图 11-18 所示，R_1=10kΩ，R_2=20kΩ，R_{f1}=30kΩ，R_{f2}=40kΩ，C=0.01μF，试求矩形波周期和占空比。

解：矩形波周期：$T=R_{f1}C\ln\left(1+\frac{2R_2}{R_1}\right)+R_{f2}C\ln\left(1+\frac{2R_2}{R_1}\right)$

$$=(R_{f1}+R_{f2})C\ln\left(1+\frac{2R_2}{R_1}\right)=(30+40)\text{k}\times0.01\mu\times\ln\left(1+\frac{2\times20}{10}\right)=2.13\text{ms}$$

占空比：$q=\frac{t_{on}}{T}=\frac{R_{f1}}{R_{f1}+R_{f2}}=\frac{30}{30+40}=\frac{3}{7}=0.43$

11.2.2　由门电路组成的多谐振荡电路

1．电路组成和工作原理

由门电路组成的多谐振荡电路如图 11-19 所示。

（1）暂稳态 I

设接通电源瞬间 u_I 为 0，则 u_{O1} 为高电平，u_O 为低电平。

（2）暂稳态 II

因 u_{O1} 输出高电平，u_O 输出低电平，则 u_{O1} 通过 R 向 C 充电，u_I 电平逐渐上升，上升至门 G_1 阈值电压 U_{TH}，门 G_1 翻转，u_{O1} 输出低电平，u_O 输出高电平，由于电容两端电压不能突变，$u_I=u_C+u_O$，产生一个正微分脉冲，形成正反馈，使 u_O 输出波形上升沿很陡峭。

（3）返回暂稳态 I

因 u_{O1} 输出低电平，电容 C 上的电压随即通过 R 放电，u_I 电平从正微分脉冲逐渐下降，下降至门 G_1 阈值电压 U_{TH}，门 G_1 再次翻转，u_{O1} 输出高电平，u_O 输出低电平。

（4）不断循环

如此反复，不断循环，u_O 输出方波。多谐振荡器时序波形图如图 11-20 所示。需要指出的是，图 11-19 电路若由 TTL 门电路组成，则 $t_{W1}\neq t_{W2}$，输出不是方波；若由 CMOS 门电路组成，则因 $U_{TH}=U_{DD}/2$，$t_{W1}=t_{W2}$，输出是方波。

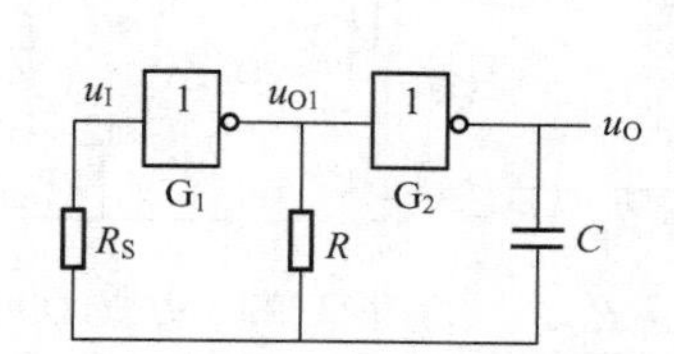

图 11-19　门电路组成多谐振荡电路

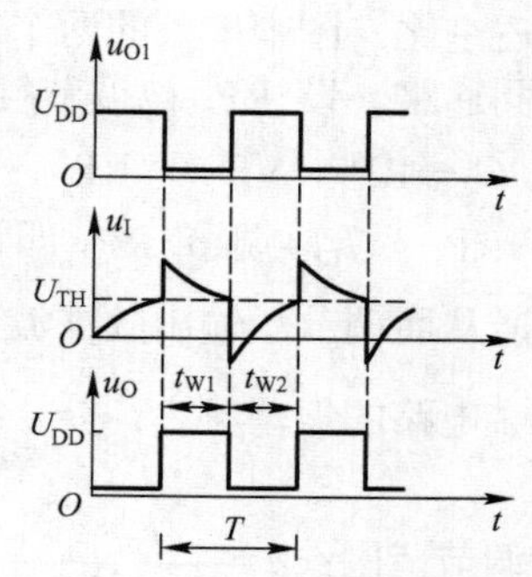

图 11-20　多谐振荡电路时序波形图

2．参数计算

（1）振荡周期

图 11-19 电路的振荡周期与门电路 U_{OH}、U_{TH} 和 RC 参数有关。一般可按下式估算：

$$T \approx 2RC \ln 3 \approx 2.2RC \tag{11-13}$$

（2）R_S 的作用和取值范围

R_S 的作用是避免电容 C 上的瞬间正负微分脉冲电压损坏门 G_1；同时使电容放电几乎不经过门 G_1 的输入端，避免门 G_1 对振荡频率带来影响，即提高电路振荡频率的稳定性。因此，要求 $R_S >> R$，一般取 $R_S = (5 \sim 10)R$。但 R_S 也不可太大，R_S 与 G_1 门的输入电容构成的时间常数将影响电路振荡频率的提高。

3．可控型多谐振荡电路

在自动控制系统中，常需要能控制多谐振荡电路的起振和停振，图 11-21 即为可控型多谐振荡电路。其中图 11-21a 由与非门组成，控制端输入高电平振荡，输入低电平停振；图 11-21b 由或非门组成，控制端输入低电平振荡，输入高电平停振。

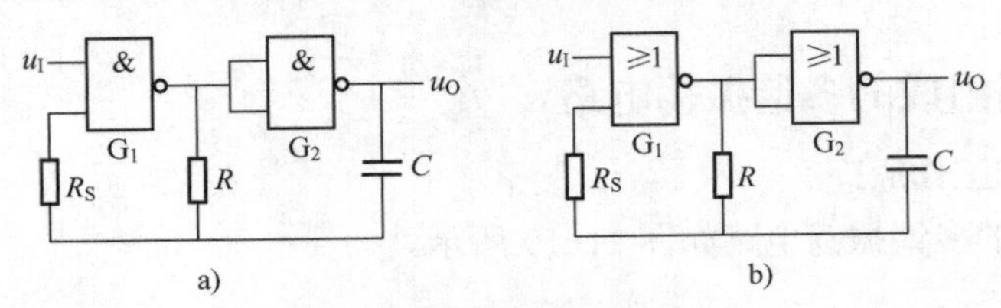

图 11-21　可控型多谐振荡电路

a) 输入高电平振荡　b) 输入低电平振荡

4．占空比和振荡频率可调的多谐振荡电路

门电路组成的多谐振荡电路的振荡频率为 $f \approx 1/2.2RC$，调节 R 及 C 均能调节其振荡频率，一般调 R。

占空比的定义是输出脉冲波的高电平持续时间与脉冲波周期之比，即占空比 $q = t_W/T$。对方波而言，$q = 50\%$，即方波的高电平时间与低电平时间相等。但在数字系统中，常需各种不同占空比的矩形波。根据对多谐振荡电路的分析，输出脉冲波的高电平时间与 RC 放电时间有关，低电平时间与 RC 充电时间有关。因此，只要调节多谐振荡电路的充放电时间比例，即可调节其输出脉冲波的占空比。

图 11-22 电路即为占空比和振荡频率可调的多谐振荡电路，调节 RP_1 可调振荡频率，调节 RP_2 可调占空比。图中串入的两个二极管提供了电容 C 充电和放电的不同通路，设 RP_2 被调节触点分为 RP_2' 和 RP_2''，则充电通路为 $G_1 \to RP_1 \to VD_2 \to RP_2'' \to C$，放电通路为 $C \to RP_2' \to VD_1 \to RP_1 \to G_1$，调节 RP_2 即调节了充电和放电时不同的时间常数，从而调节了输出脉冲波的占空比。

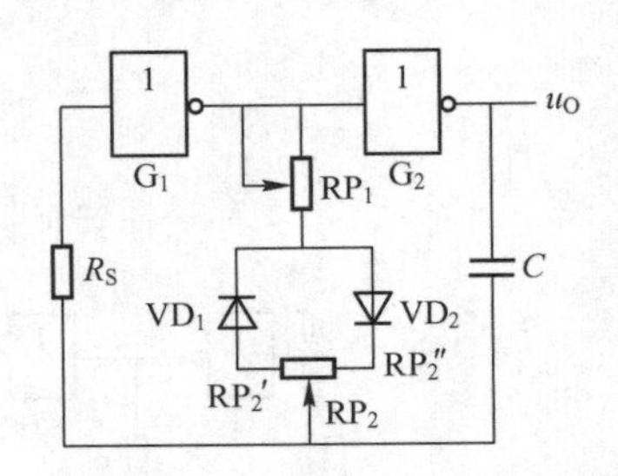

图 11-22　占空比和振荡频率可调的多谐振荡电路

图 11-22 电路的振荡频率：$f = \dfrac{1}{t_{W1} + t_{W2}} = \dfrac{1}{1.1(2R_{P1} + R_{P2})C}$

占空比调节范围：$q = \dfrac{t_{W1}}{t_{W1} + t_{W2}} = \dfrac{R_{P1}}{2R_{P1} + R_{P2}} \sim \dfrac{R_{P1} + R_{P2}}{2R_{P1} + R_{P2}}$

上式表示，调节 R_{P2}（R'_{P2}、R''_{P2} 比例变化，R_{P2} 总值不变）对振荡频率无影响，调节 R_{P1} 主要对振荡频率有影响，对占空比也略有影响。

【例 11-5】 已知电路如图 11-22 所示，R_S=100kΩ，R_{P1}=33kΩ，R_{P2}=47kΩ，C=1nF，试求电路振荡频率可调范围。若 RP_1 调至 10kΩ，试求占空比可调范围。

解： $$f_{min}=\frac{1}{1.1(2R_{P1}+R_{P2})C}=\frac{1}{1.1\times(66+47)\times10^3\times1\times10^{-9}}\text{Hz}=8.05\text{kHz}$$

$$f_{max}=\frac{1}{1.1R_{P2}C}=\frac{1}{2.2\times47\times10^3\times1\times10^{-9}}\text{Hz}=19.3\text{kHz}$$

电路振荡频率调节范围 8.05～19.3kHz。

$$q=\frac{t_{W1}}{t_{W1}+t_{W2}}=\frac{R_{P1}}{2R_{P1}+R_{P2}}\sim\frac{R_{P1}+R_{P2}}{2R_{P1}+R_{P2}}=\frac{10}{2\times10+47}\sim\frac{10+47}{2\times10+47}=0.149\sim0.851$$

电路占空比调节范围 0.149～0.851。

5．施密特触发器组成的多谐振荡电路

具有两个阈值电压的触发器称为施密特触发器。施密特触发器电压传输特性如图 11-23 所示。其中图 11-23a 为同相输出时的特性曲线，当 u_I 从 0 逐渐增大时，u_O 沿特性曲线 *abcde* 路径运行，须当 $u_I>U_{TH+}$ 时，触发器翻转；当 u_I 逐渐减小时，u_O 沿特性曲线 *edfba* 路径运行，须当 $u_I<U_{TH-}$ 时，触发器翻转。图 11-23b 为反相输出时的特性曲线，u_I 增大时，u_O 沿 *abcde* 路径运行；u_I 减小时沿 *edfba* 路径运行。即触发器具有两个阈值电压 U_{TH+} 和 U_{TH-}，这种特性类似于磁滞回线，因此施密特特性也称为滞回特性、回差特性。

需要指出的是，施密特触发器的"触发器"概念（Schmitt Trigger），与第 10 章中的"触发器"（Flip-Flop）概念，是性质完全不同的两种电路。施密特触发器因最初译名为"触发器"而一直沿用下来，不是第 10 章中具有双稳态功能的触发器。为与其他电路区别，施密特触发器标有施密特符号"⎍"标志，施密特门电路符号如图 11-24 所示。

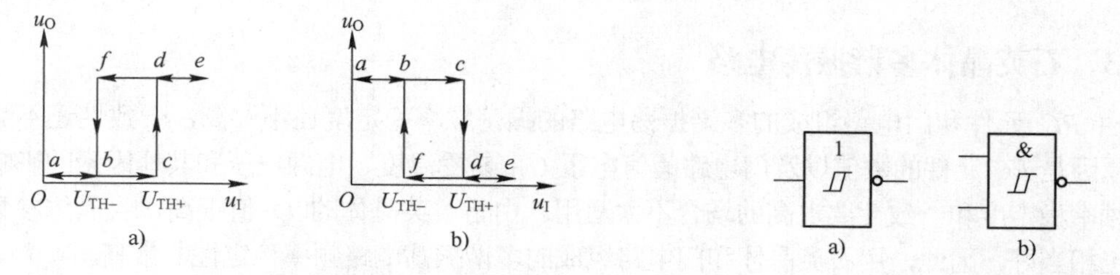

图 11-23　施密特触发器电压传输特性

a) 同相输出　b) 反相输出

图 11-24　施密特门电路符号

a) 施密特反相器　b) 施密特与非门

由于施密特触发器有两个阈值电压，所以可以很方便地构成多谐振荡电路。图 11-25a 即为施密特触发器组成的多谐振荡电路。设接通电源瞬间 u_O 输出高电平，即通过 R 向 C 充电，充至 U_{TH+}，施密特触发器翻转，u_O 输出低电平；电容 C 上的电压通过 R 放电，放至 U_{TH-}，施密特触发器再次翻转，u_O 输出高电平。如此反复，不断循环，u_O 输出连续方波。

图 11-25b 为施密特触发器组成的可控多谐振荡电路，因由与非门组成，故控制端输入

高电平有效可控。图 11-25c 为振荡频率和占空比可调的施密特触发器组成的多谐振荡电路，调节 RP_1 可调节振荡频率；调节 RP_2 可调节输出脉冲波占空比。

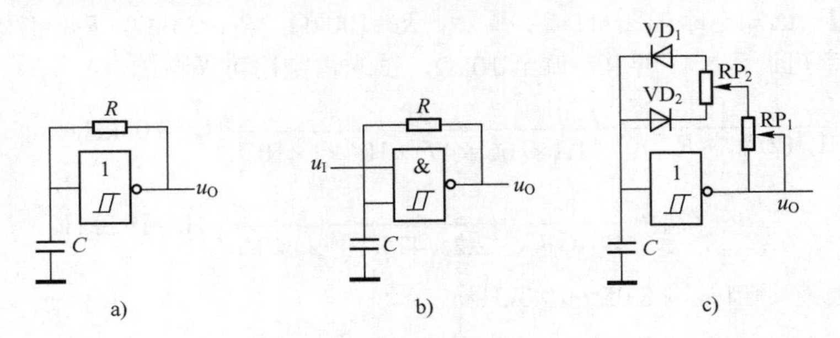

图 11-25　施密特触发器组成的多谐振荡电路

a) 基本电路　b) 可控电路　c) 振荡频率和占空比可调电路

由于各类施密特触发器两个阈值电压 U_{TH+}和 U_{TH-}参数分散性较大，因此振荡频率难于准确计算。一般，由 TTL74LS 系列施密特触发器组成的多谐振荡电路，振荡周期可按下式估算：

$$T \approx 1.1RC \tag{11-14}$$

由 CMOS 施密特触发器组成的多谐振荡电路，振荡周期可按下式估算：

$$T \approx 0.81RC \tag{11-15}$$

【例 11-6】 试用 CC40106 设计一个振荡频率为 100kHz 的方波发生电路。

解： CC40106 是 CMOS 6 施密特反相器，施密特触发器构成的方波发生电路如图 11-25a 所示。

$T=1/f=1/100\times10^3\mu s=10\mu s$，

$T=0.81RC$，取 C=1nF，则 R=12.3 kΩ。

11.2.3　石英晶体多谐振荡电路

由 RC 元件和门电路组成的多谐振荡电路的振荡频率稳定度还不够高，一致性还不够好，主要原因是 RC 元件的数值以及门电路阈值电压 U_{TH} 易受温度、电源电压和其他因素的影响，在振荡频率稳定度和一致性要求高的场合不太适用。由于石英晶体的 Q 值很高，且晶体参数的一致性也相当好，因此，用石英晶体和门电路组成的多谐振荡电路频率稳定性非常高。

石英晶体与门电路组成多谐振荡电路时，可由二级反相器或一级反相器组成，现代电子技术普遍以一级反相器与石英晶体组成，如图 11-26 所示。振荡频率取决于石英晶体的振荡频率，R_F 为直流负反馈电阻，使反相器静态工作点位于线性放大区。R_F 不宜过大过小，过小使反相器损耗过大；过大使反相器脱离线性放大区，一般取 R_F=1～10MΩ。在单片机和具有自振荡功能的集成电路芯片中，反相器和 R_F 已集成在芯片内部，对外仅引出两个端点，只需接晶振和电容 C_1C_2 即可，C_1、C_2 起稳定振荡的作用，一般取 10～100pF。

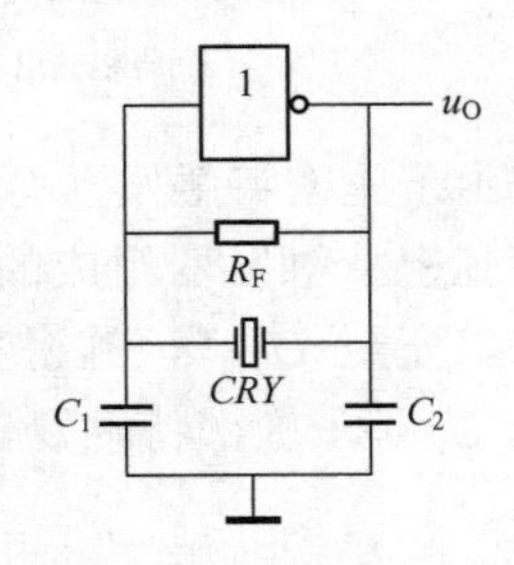

图 11-26　石英晶体多谐振荡电路

11.2.4 由555定时器组成的多谐振荡电路

555定时器又称为时基电路，外部加上少量阻容元件，即能构成多谐振荡电路。

1. 555定时器简介

1）电路结构和引脚名称。555电路因其内部有3个5kΩ电阻而得名，图11-27为555定时器原理电路图，主要由三部分组成。

① 输入级：两个电压比较器A_1A_2。

② 中间级：G_1、G_2组成RS触发器。

③ 输出级：缓冲驱动门G_3和放电管V。

555电路引脚名称和功能如下。

TH：高触发端

$\overline{TR}$：低触发端

Ctr：控制电压端

DIS：放电端

Out：输出端

$\overline{R}$：清零端

U_{CC}、*Gnd*：电源和接地端

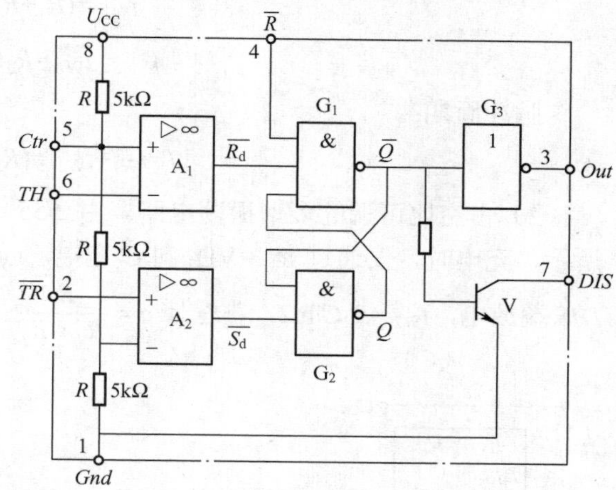

图11-27 555定时器原理电路图

2）工作原理。555定时器输入级电阻链3个电阻均为5kΩ，将电源电压分压为$2U_{CC}/3$和$U_{CC}/3$，分别接电压比较器A_1的反相输入端和A_2的同相输入端，555定时器功能表如表11-1所示。根据控制电压端*Ctr*端情况，可分为两种情况分析。

表11-1 555定时器功能表

输入			输出	
$\overline{R}$	*TH*	$\overline{TR}$	*Out*	V
0	×	×	0	导通
1	$>2U_{CC}/3$	$>U_{CC}/3$	0	导通
1	$<2U_{CC}/3$	$>U_{CC}/3$	不变	不变
1	$<2U_{CC}/3$	$<U_{CC}/3$	1	截止

① *Ctr*端不输入控制电压，经一小电容接地。

a. *TH*端输入电压$U_{TH}>2U_{CC}/3$，A_1输出端$\overline{R_d}=0$；$\overline{TR}$端输入电压$U_{TR}>U_{CC}/3$，A_2输出端$\overline{S_d}=1$；触发器输出$Q=0$，$\overline{Q}=1$，V导通，$U_{Out}=1$。

b. $U_{TH}<2U_{CC}/3$，$\overline{R_d}=1$；$U_{TR}>U_{CC}/3$，$\overline{S_d}=1$；触发器输出保持不变。

c. $U_{TH}<2U_{CC}/3$，$\overline{R_d}=1$；$U_{TR}<U_{CC}/3$，$\overline{S_d}=0$；触发器输出$Q=1$，$\overline{Q}=0$，V截止，$U_{Out}=0$。

综上所述，555定时器是将触发电压（分别从高触发端*TH*和低触发端$\overline{TR}$输入）与$2U_{CC}/3$和$U_{CC}/3$比较，均大，则输出低电平，放电管V导通；均小，则输出高电平，放电管V截止；介于二者之间，则输出和放电管V状态均不变。

② *Ctr*端输入控制电压U_{REF}，则*TH*端与U_{REF}比较，$\overline{TR}$端与$U_{REF}/2$比较，比较方法和结果与表11-2相似。

2. 构成多谐振荡电路

1）多谐振荡电路。555定时器构成多谐振荡电路如图11-28a所示，设初态u_O为高电

平，则放电管 V 截止。U_{CC} 通过 R_1R_2 向 C 充电，充电至 $2U_{CC}/3$，电路翻转，u_O 输出低电平，放电管 V 导通，电容 C 通过 R_2 向 T 放电，放电至 $U_{CC}/3$，电路再次翻转，u_O 输出低电平，放电管 V 截止。电容 C 上的电压反复在 $U_{CC}/3$ 与 $2U_{CC}/3$ 之间充电、放电，u_O 输出矩形脉冲波，如图 11-28b 所示。振荡脉宽可按下式估算：

$$t_{W1}=(R_1+R_2)C\ \ln2 \tag{11-16a}$$

$$t_{W2}=R_2C\ln2 \tag{11-16b}$$

脉冲周期：

$$T=t_{W1}+t_{W2}=(R_1+2R_2)C\ \ln2 \tag{11-17}$$

2）占空比可调的多谐振荡电路。由 555 构成的占空比可调的多谐振荡电路如图 11-29 所示，充电时，仅通过 R_1、VD_1 向 C 充电，$t_{W1}=R_1C\ \ln2$；放电时，电容 C 通过 VD_2、R_2 向 DIS 端放电，$t_{W2}=R_2C\ln2$，占空比 $q=\dfrac{R_1}{R_1+R_2}$。

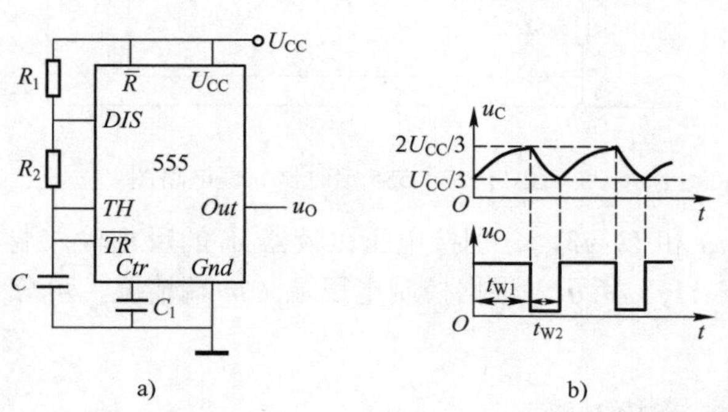

图 11-28　555 构成多谐振荡电路

a) 电路　b) 波形

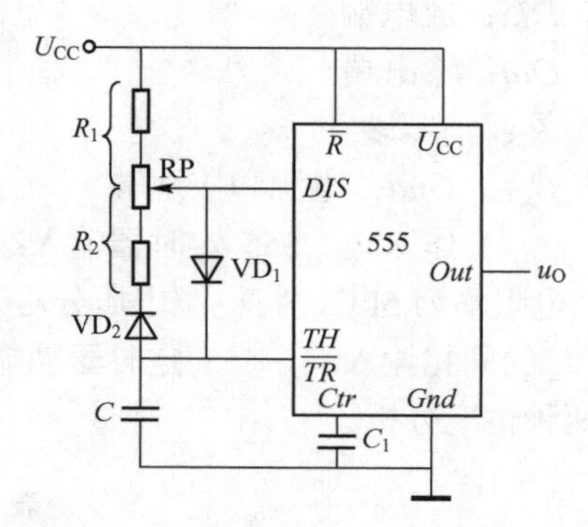

图 11-29　555 构成占空比可调多谐振荡电路

【例 11-7】 试用 555 定时器组成周期为 1ms，占空比为 30%的矩形波发生电路。（取 C=0.01μF）

解：电路如图 11-28 所示，$T=t_{W1}+t_{W2}=R_1C\ln2+R_2C\ln2=(R_1+R_2)C\ln2$，解得：

$$(R_1+R_2)=T/C\ln2=1\times10^{-3}/(0.01\times10^{-6}\times0.693)\text{k}\Omega=144.3\text{k}\Omega$$

$$q=\frac{t_{W1}}{T}=\frac{R_1}{R_1+R_2}=0.3，R_1=0.3(R_1+R_2)=0.3\times144.3\text{k}\Omega=43.3\text{k}\Omega$$

$$R_2=(R_1+R_2)-R_1=(144.3-43.3)\text{k}\Omega=101\text{k}\Omega$$

3）间隙振荡电路。555 定时器构成的间隙振荡电路如图 11-30a 所示。一般可由双 555 电路组成，555（I）输出接 555（II）$\overline{R}$ 端，控制 555（II）振荡，555（I）输出高电平时，555（II）振荡；555（I）输出低电平时，555（II）停振。且要求 555（I）中的 R_1、R_2、C_1 形成的振荡频率较低，555（II）中的 R_3、R_4、C_3 形成的振荡频率较高。输出间歇振荡波如图 11-30b 所示。这种形式电路应用很广，例如若 555（I）的振荡频率为 1Hz，555（II）的振荡频率为音频，（设为 800Hz），且输出端接扬声器时，就可听到间隙嘟嘟声。又如若 555（II）的输出端接红外发光二极管，则可构成红外线间歇发射电路等。

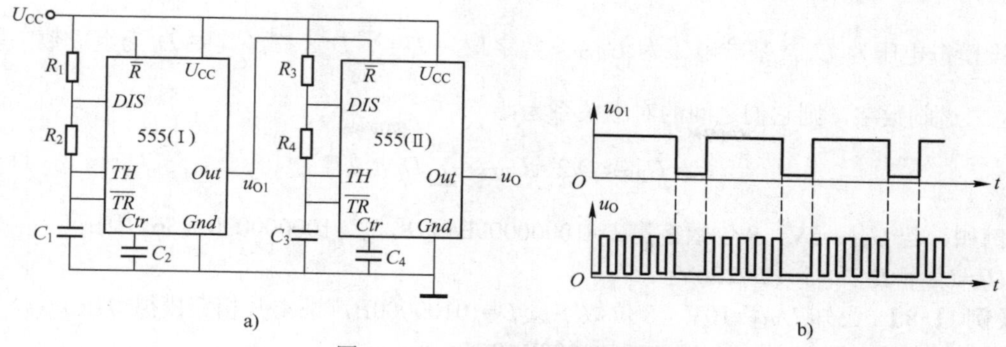

图 11-30　555 构成间隙振荡电路

a) 电路　b) 波形

【复习思考题】

11.9　简述多谐振荡电路“多谐”的含义。

11.10　如何将方波发生电路改为矩形波发生电路？

11.11　由门电路组成的多谐振荡电路的振荡频率与哪些因素有关？

11.12　如何使门电路组成的多谐振荡电路的振荡可控？

11.13　为什么一个施密特触发器门电路就能组成多谐振荡电路？

11.14　图 11-26 石英晶体多谐振荡电路中的 R_F、C_1、C_2 有什么作用？

11.15　简述 555 定时器中的“555”成名由来。

11.16　555 定时器的主要功能是什么？

11.17　试述 555 定时器 *Ctr* 端功能。

11.3　数-模转换和模-数转换电路

数字电路和计算机只能处理数字信号，不能处理模拟信号。但实际的物理量，大多是模拟量，例如温度、压力、位移、音频信号和视频信号等，若要对它们处理，必须将它们转换为相应的数字信号，才能处理。处理完毕，有的需要恢复它们的模拟特性，有的需要转换为模拟信号后控制执行元件。例如，人们是听不懂和看不懂数字化的音频信号和视频信号的，必须将它们转换为人们能听得到和看得到的模拟音频信号的模拟视频信号。又例如，有些执行元件（如电机）是需要模拟信号（模拟电压）去驱动和控制。因此，数-模转换和模-数转换在现代电子技术和现代计算机智能化、自动化控制中是必不可少的。

11.3.1　数-模转换和模-数转换基本概念

1．定义

1）数-模转换。将数字信号转换为相应的模拟信号称为数-模转换或 D-A 转换或 DAC（Digital to Analog Conversion）。

2）模-数转换。将模拟信号转换为相应的数字信号称为模-数转换或 A-D 转换或 ADC（Analog to Digital Conversion）。

2．数字信号与相应模拟信号之间的量化关系

无论是数-模转换还是模-数转换都有一个基本要求，即转换后的结果（量化关系）相对于基准值是相应的、唯一的。

设模拟电压为 U_A，基准电压为 U_{REF}，数字量为 $D=\sum_{i=0}^{n-1} D_i \times 2^i$，其中 D_i 为组成数字量的第 i 位二进制数字，则它们之间的对应关系为：

$$U_A=U_{REF}\times D/2^n=U_{REF}\times \sum_{i=0}^{n-1} D_i \times 2^i/2^n \tag{11-18}$$

例如，若 U_{REF}=5V，8 位数字量 D=10000000B=128，2^8=100000000=256，则：

$U_A=U_{REF}\times D/2^n$ =5×128/256V=2.5V

【例 11-8】 已知 U_{REF}=10V，8 位数字量 D=10100000B，试求其相应模拟电压 U_A。

解： D=10100000B=160，2^8=100000000B=256

$U_A= U_{REF}\times D/2^n$ =10×160/256V=6.25V

【例 11-9】 已知 U_{REF}=5V，模拟电压 U_A=3V，试求其相应的 10 位数字电压 D。

解： $D=2^n\times U_A/ U_{REF}=2^{10}\times 3/5$=614.4≈1001100110.011B≈1001100110B

需要说明的是，无论是数-模转换还是模-数转换，转换结果都有可能出现无限二进制小数或无限十进制小数，此时可根据精度要求按四舍五入原则取其相应近似数。

11.3.2 数-模转换电路

将数字信号转换为相应的模拟信号称为数-模转换。

1．主要技术指标

（1）分辨率

D-A 转换器的最小输出电压与最大输出电压之比称为分辨率。若数-模转换器转换位数为 n，则其分辨率为 $1/(2^n-1)$，由于 D-A 转换器的分辨率取决于转换位数 n，因此常用 n 直接表示分辨率。位数 n 越大，分辨率越高。

（2）转换精度

D-A 转换器的输出实际值与理论值之差称为转换精度。转换精度是一种综合误差，反映了 D-A 转换器的整体最大误差，一般较难准确衡量，它与 D-A 转换器的分辨率、非线性转换误差、比例系数误差和温度系数等参数有关。而这些参数与基准电压 U_{REF} 的稳定、运算放大电路的零漂、模拟电子开关的导通压降、导通电阻和电阻网络中电阻的误差等因素有关。

（3）温度系数

D-A 转换器是半导体电子电路，不可避免地受温度变化的影响。D-A 转换器的温度系数定义为满刻度输出条件下，温度每变化一度，输出变化的百分比。

（4）建立时间

D-A 转换器输入数字量后，输出模拟量达到稳定值需要一定时间，称为建立时间。建立时间即完成一次 D-A 转换所需时间，也称为转换时间。现代 D-A 转换器的建立时间一般很短，小于 1μs。

2．数-模转换的基本原理

数-模转换的基本原理是将 n 位数字量逐位转换为相应的模拟量并求和，其相应关系按式（11-18）。由于数字量不是连续的，其转换后模拟量随时间变化的曲线自然也不是光滑的，而是成阶梯状，如图 11-31 所示。但只要时间坐标的

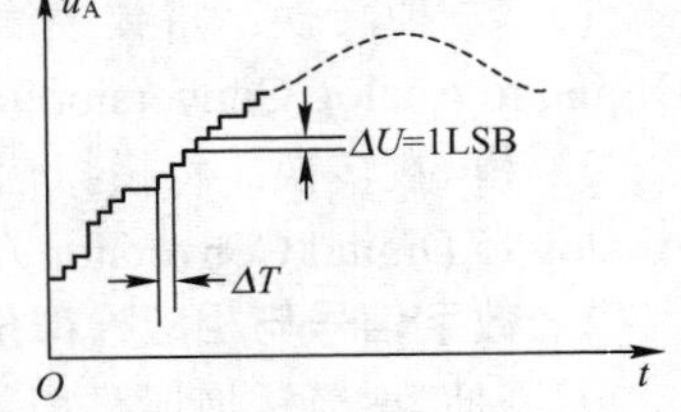

图 11-31 数-模转换示意图

最小分度ΔT和模拟量坐标的最小分度ΔU（1LSB）足够小，从宏观上看，模拟量曲线仍可看作是连续光滑的。

3．数-模转换器的分类及其特点

数-模转换器的种类较多，按转换方式可分为权电阻网络型、T 型电阻网络、倒 T 型电阻网络、权电流型网络和权电容型网络等；按数字量输入位数可分为 8 位、10 位、12 位等。

权电阻型 D-A 转换器电路结构简单，各位同时转换，转换速度很快。但权电阻网络中电阻阻值的取值范围较复杂，不易做得很精确，不便于集成，因此实际应用很少。

T 型和倒 T 型电阻网络 D-A 转换器电阻网络取值品种少，容易提高精度，便于集成。且内部模拟电子开关切换时，不会产生暂态过程，不会引起输出端动态误差，可提高 D-A 转换速度。典型倒 T 型 D-A 芯片为 DAC0832。

权电流型网络 D-A 转换器的结构与倒 T 型电阻网络 D-A 转换器相类似，用权电流源网络代替倒 T 型电阻网络，可减小由于模拟电子开关导通时压降大小不一而引起的非线性误差，从而提高 D-A 转换精度。

11.3.3 模-数转换电路

将模拟信号转换为相应的数字信号称为模-数转换。

1．模-数转换器的组成

图 11-32 为模-数转换器的组成框图，由采样、保持、量化和编码 4 个部分组成，这也是 A-D 转换的过程和步骤。通常采样和保持是同时完成的；量化和编码有的也合在一起。

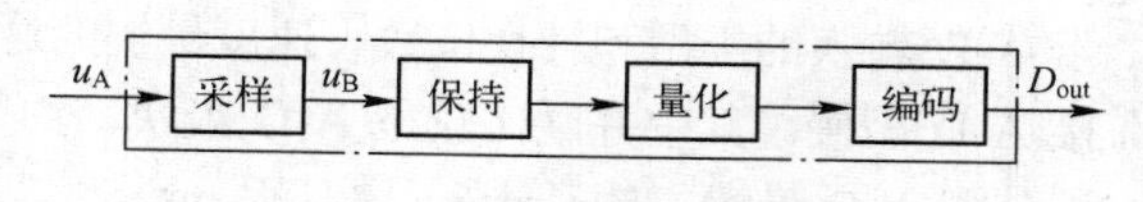

图 11-32　A-D 转换器的组成框图

（1）采样和保持

由于模拟信号是随时间连续变化的，欲对其某一时刻的信号 A-D，首先须对其该时刻的数值进行采样。周期性 A-D 转换需要对输入模拟信号进行周期性采样，如图 11-33 所示。u_A 为输入模拟信号，u_S 为采样脉冲，u_B 为采样输出信号。采样以后，连续变化的输入模拟信号已变换为离散信号。显然，只要采样脉冲 u_S 的频率足够高，采样输出信号就不会失真。根据采样定理，需满足 $f_S \geqslant 2f_{Imax}$。其中 f_S 是采样脉冲频率，f_{Imax} 是输入模拟信号频率中的最高频率。一般取 f_S=（3～5）f_{Imax}。

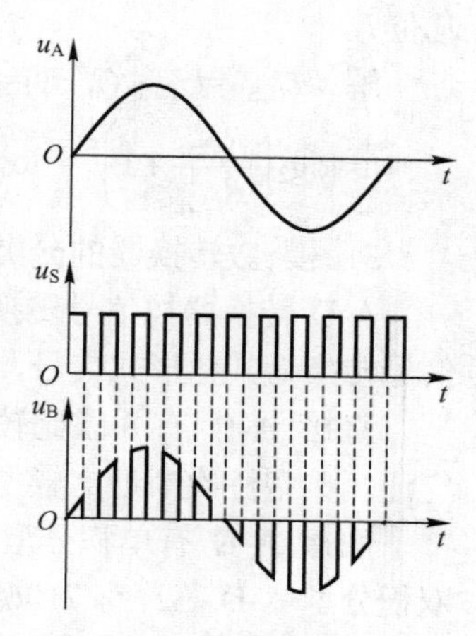

图 11-33　采样示意图

因 A-D 转换需要一定时间，故采样输出信号在 A-D 转换期间应保持不变，否则 A-D 转换将出错。采样和保持通常同时完成，最简单的采样保持电路如图 11-34 所示，MOS 管 V 为采样门；高质量的电容 C 为保持元件；高输入阻抗的运算放大电路 A 作为电压跟随器起缓冲隔离和增强负载能力的作用；u_S 为采样脉冲，控制 MOS 管 V 的导通或关断。

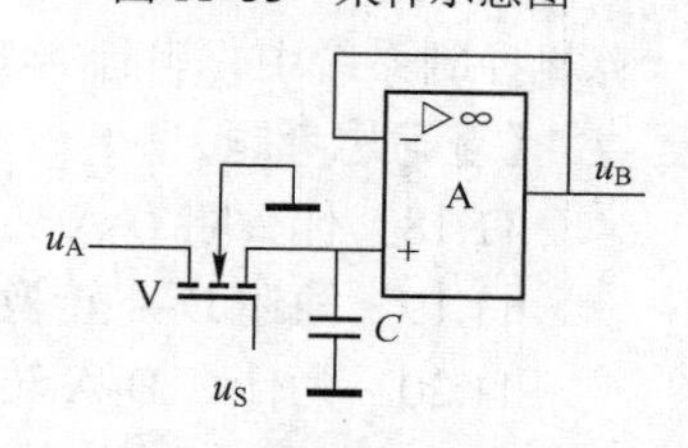

图 11-34　采样保持电路

（2）量化和编码

任何一个数字量都是以最小基准单位量的整数倍来表示的。所谓量化，就是把采样信号表示为这个最小基准单位量的整数倍。这个最小基准单位量称为量化单位。量化级越多，与模拟量所对应的数字量的位数就越多；反之，量化级越少，与模拟量所对应的数字量的位数就越少。量化后的信号数值用二进制代码表示，即 A-D 转换器的输出信号。

2．模-数转换器的主要参数

（1）分辨率

使输出数字量变化 1LSB（Least Significant Bit，最低有效位，缩写为 LSB）所需要输入模拟量的变化量，称为分辨率。其含义与 D-A 转换的分辨率相同，通常仍用位数表示，位数越多，分辨率越高。

（2）量化误差

量化误差因 A-D 转换器位数有限而引起，若位数无限多，则量化误差→0。因此量化误差与分辨率有相应关系，分辨率高的 A-D 转换器具有较小的量化误差。

（3）转换精度

A-D 转换器的转换精度是一种综合性误差，与 A-D 转换器的分辨率、量化误差、非线性误差等有关。主要因素是分辨率，因此位数越多，转换精度越高。

（4）转换时间

完成一次 A-D 所需的时间称为转换时间。各类 A-D 转换器的转换时间有很大差别，取决于 A-D 转换的类型和转换位数。速度最快的达到 ns 级，慢的约几百 ms。直接 A-D 型快，间接 A-D 型慢。其中并联比较型 A-D 最快，约几十 ns；逐次渐近式 A-D 其次，约几十 μs；双积分型 A-D 最慢，约几十 ms～几百 ms。

【例 11-10】 已知 U_{REF}=5V，试求 8 位 A-D 转换器的最小分辨率电压 U_{LSB}（近似值取 3 位有效数字）。若要求最小分辨率电压 U_{LSB}=0.01V 以上，则 A-D 转换器的位数至少应有几位？

解： $U_{LSB}=U_{REF}/(2^n-1)=5/(2^8-1)=5/255\text{V}\approx0.0196\text{V}$

$n=\log_2\left(\frac{R_{REF}}{R_{LSB}}+1\right)=\log_2\left(\frac{5}{0.01}+1\right)=8.97$，因此，A-D 转换器的位数至少应有 9 位。

3．模-数转换器的分类

A-D 转换器按信号转换形式可分为直接 A-D 型和间接 A-D 型。间接 A-D 型是先将模拟信号转换为其他形式信号，然后再转换为数字信号。

直接 A-D 有并联比较型、反馈比较型、逐次渐近比较型，其中逐次渐近比较型应用较广泛。典型逐次渐近比较型 A-D 芯片有 ADC 0809。

间接 A-D 有单积分型、双积分型和 *V*–*F* 变换型，其中以双积分型应用较为广泛。典型双积分型 A-D 芯片有 7106/7107。

按 A-D 转换后数字信号的输出形式，可分为并行 A-D 和串行 A-D。近年来，在微型计算机控制系统中，串行 A-D 逐渐占据主导地位。

【复习思考题】

11.18 什么叫 D-A 转换和 A-D 转换？

11.19 简述 D-A 转换分辨率的定义，并写出其计算公式。

11.20 为什么 D-A 转换分辨率常用转换位数来表达？

11.21 A-D 转换为什么要对模拟信号采样和保持？

11.22　为保障采样值不失真，采样频率应如何选择？

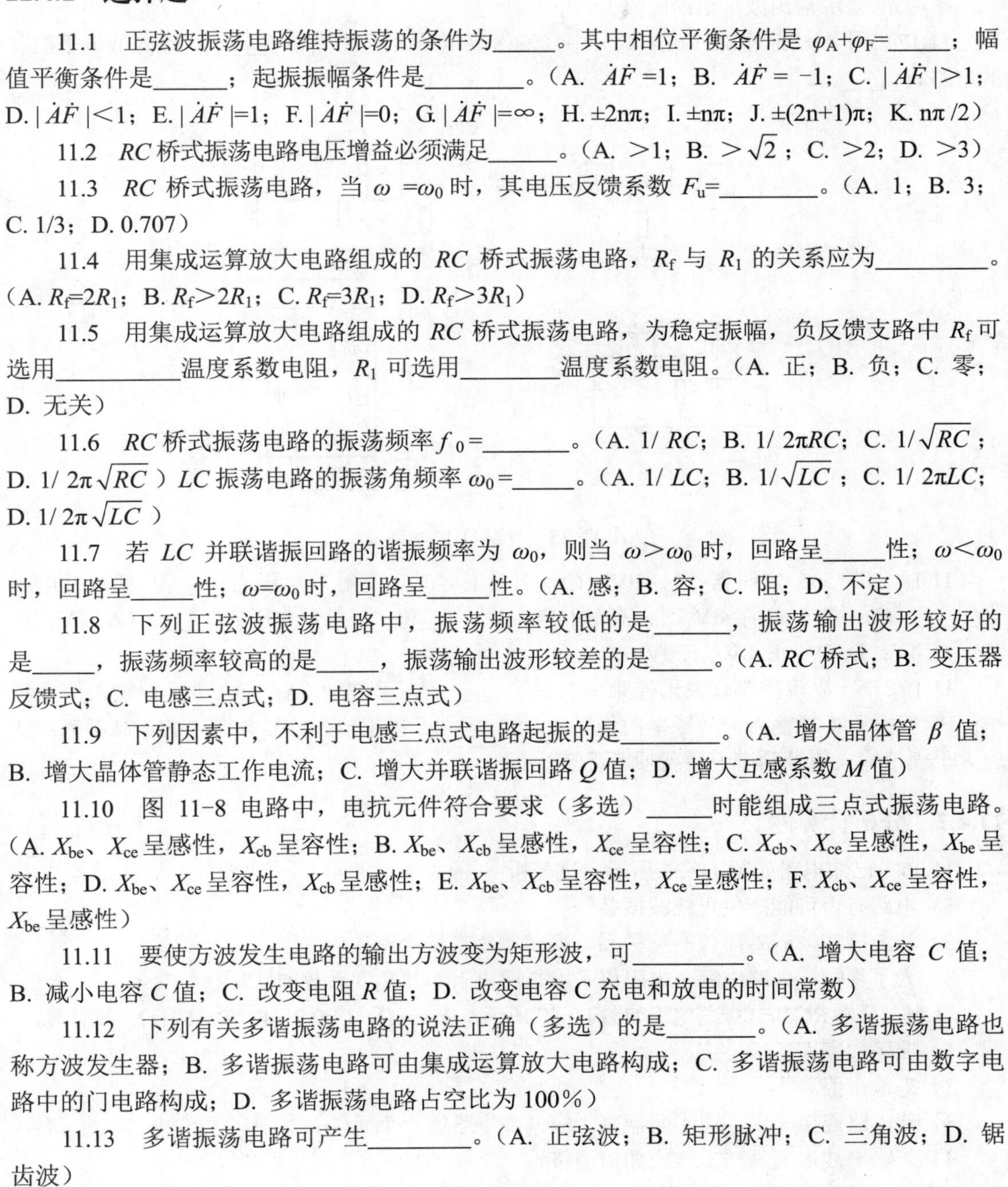

11.4　习题

11.4.1　选择题

11.1　正弦波振荡电路维持振荡的条件为_____。其中相位平衡条件是 $\varphi_A+\varphi_F=$_____；幅值平衡条件是______；起振振幅条件是________。（A. $\dot{A}\dot{F}=1$；B. $\dot{A}\dot{F}=-1$；C. $|\dot{A}\dot{F}|>1$；D. $|\dot{A}\dot{F}|<1$；E. $|\dot{A}\dot{F}|=1$；F. $|\dot{A}\dot{F}|=0$；G. $|\dot{A}\dot{F}|=\infty$；H. $\pm 2n\pi$；I. $\pm n\pi$；J. $\pm(2n+1)\pi$；K. $n\pi/2$）

11.2　*RC* 桥式振荡电路电压增益必须满足______。（A. >1；B. $>\sqrt{2}$；C. >2；D. >3）

11.3　*RC* 桥式振荡电路，当 $\omega=\omega_0$ 时，其电压反馈系数 $F_u=$________。（A. 1；B. 3；C. 1/3；D. 0.707）

11.4　用集成运算放大电路组成的 *RC* 桥式振荡电路，R_f 与 R_1 的关系应为_________。（A. $R_f=2R_1$；B. $R_f>2R_1$；C. $R_f=3R_1$；D. $R_f>3R_1$）

11.5　用集成运算放大电路组成的 *RC* 桥式振荡电路，为稳定振幅，负反馈支路中 R_f 可选用__________温度系数电阻，R_1 可选用________温度系数电阻。（A. 正；B. 负；C. 零；D. 无关）

11.6　*RC* 桥式振荡电路的振荡频率 $f_0=$_______。（A. $1/RC$；B. $1/2\pi RC$；C. $1/\sqrt{RC}$；D. $1/2\pi\sqrt{RC}$）*LC* 振荡电路的振荡角频率 $\omega_0=$_____。（A. $1/LC$；B. $1/\sqrt{LC}$；C. $1/2\pi LC$；D. $1/2\pi\sqrt{LC}$）

11.7　若 *LC* 并联谐振回路的谐振频率为 ω_0，则当 $\omega>\omega_0$ 时，回路呈_____性；$\omega<\omega_0$ 时，回路呈_____性；$\omega=\omega_0$ 时，回路呈_____性。（A. 感；B. 容；C. 阻；D. 不定）

11.8　下列正弦波振荡电路中，振荡频率较低的是______，振荡输出波形较好的是_____，振荡频率较高的是_____，振荡输出波形较差的是_____。（A. *RC* 桥式；B. 变压器反馈式；C. 电感三点式；D. 电容三点式）

11.9　下列因素中，不利于电感三点式电路起振的是________。（A. 增大晶体管 β 值；B. 增大晶体管静态工作电流；C. 增大并联谐振回路 Q 值；D. 增大互感系数 M 值）

11.10　图 11-8 电路中，电抗元件符合要求（多选）_____时能组成三点式振荡电路。（A. X_{be}、X_{ce} 呈感性，X_{cb} 呈容性；B. X_{be}、X_{cb} 呈感性，X_{ce} 呈容性；C. X_{cb}、X_{ce} 呈感性，X_{be} 呈容性；D. X_{be}、X_{ce} 呈容性，X_{cb} 呈感性；E. X_{be}、X_{cb} 呈容性，X_{ce} 呈感性；F. X_{cb}、X_{ce} 呈容性，X_{be} 呈感性）

11.11　要使方波发生电路的输出方波变为矩形波，可_________。（A. 增大电容 C 值；B. 减小电容 C 值；C. 改变电阻 R 值；D. 改变电容 C 充电和放电的时间常数）

11.12　下列有关多谐振荡电路的说法正确（多选）的是_______。（A. 多谐振荡电路也称方波发生器；B. 多谐振荡电路可由集成运算放大电路构成；C. 多谐振荡电路可由数字电路中的门电路构成；D. 多谐振荡电路占空比为 100%）

11.13　多谐振荡电路可产生________。（A. 正弦波；B. 矩形脉冲；C. 三角波；D. 锯齿波）

11.14　多谐振荡器也可称为（多选）_____。（A. 方波发生器；B. 矩形波发生器；C. 单稳态触发器；D. 双稳态触发器；E. 无稳态触发器；F. 施密特触发器）

11.15　有关石英晶体谐振频率个数的正确说法是_____。（A. 1 个谐振频率；B. 两个谐振频率；C. 3 个谐振频率；D. 不定）

11.16　石英晶体多谐振荡电路的突出优点是_____。（A. 速度高；B. 电路简单；C. 振荡频率稳定；D. 输出波形边沿陡峭）

11.17　图 11-35 电路（可多选）中，输入高电平振荡的电路有_____；输入低电平振荡的电路有_____。

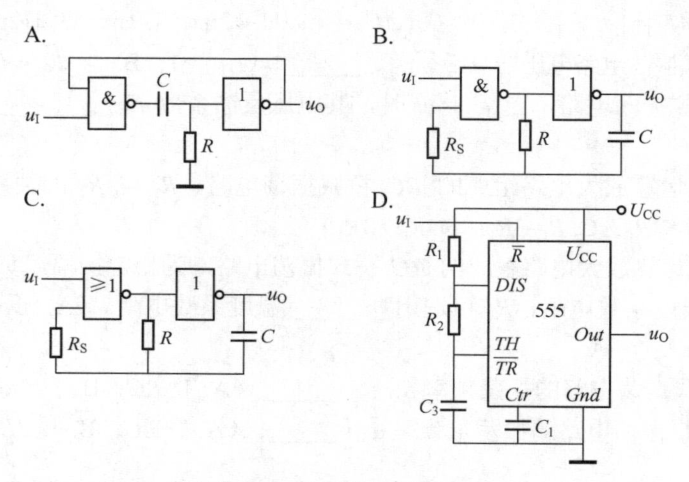

图 11-35　习题 11.17 电路

11.18　若 555 定时器 U_{CC}=9V，*Ctr* 端接电容时，高触发电压为_____；低触发电压为_____。*Ctr* 端接 U_{REF}=8V 时，高触发电压为_____和；低触发电压为_____。（A. 2V；B. 3V；C. 4V；D. 6V；E. 8V；F. 9V）

11.19　模-数转换器有关采样频率的说法_____是正确的。（A. 应大于模拟输入信号频率；B. 应大于模拟输入信号频率两倍以上；C. 应大于模拟输入信号频谱中的最高频率；D. 应大于模拟输入信号频谱中最高频率两倍以上）

11.4.2　分析计算题

11.20　已知电路如图 11-36 所示，试分析：

1）电路有否可能产生正弦波振荡？

2）若能振荡，R_1R_2 阻值有何关系？振荡频率是多少？

3）为了稳幅，电路中哪个电阻可采用热敏电阻？其温度系数如何？

11.21　已知 *RC* 桥式振荡电路如图 11-37 所示，R=16kΩ，C=0.01μF，R_1=1.1kΩ，试计算：

1）振荡频率 f_0。

2）R_f 最小值。

3）若电路连接无误，但不能振荡，应调整电路哪一个元件？

4）若输出波形失真严重，应如何调整？

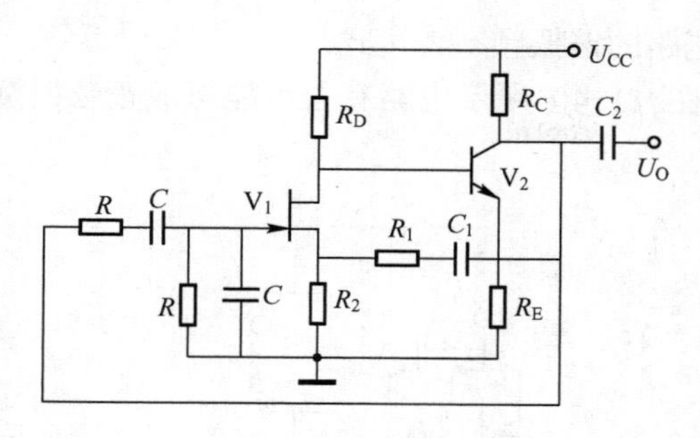

图 11-36　习题 11.20 电路

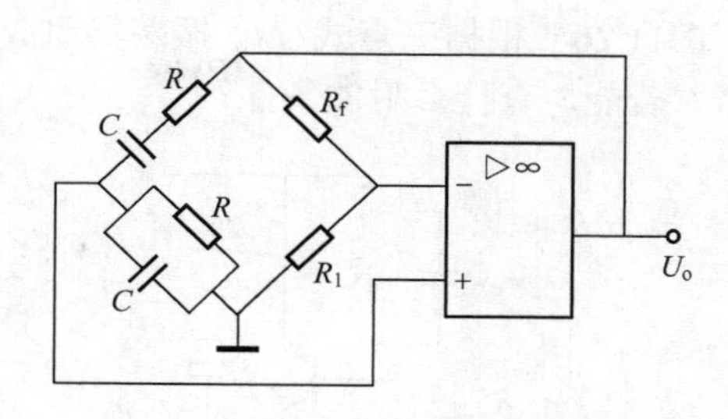

图 11-37　习题 11.21 电路

11.22　已知文氏电桥和集成运算放大电路如图 11-38 所示，1）欲组成 RC 桥式振荡电路，电路应如何连接？2）正确连接后，试求电路振荡频率。3）电路起振和维持振荡的条件。4）要使振荡稳定，R_1R_2 应选用什么元件？

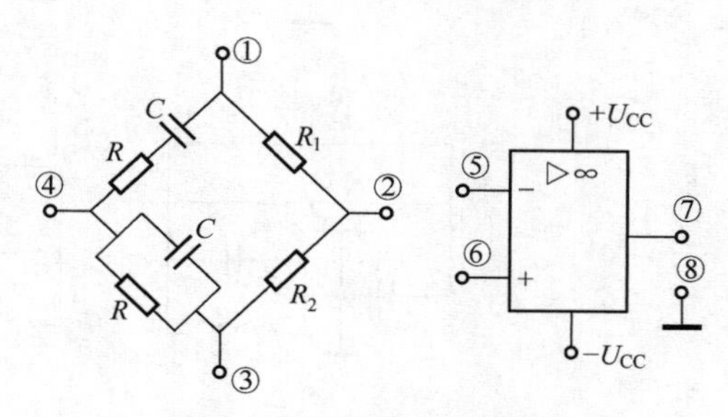

图 11-38　习题 11.22 电路

11.23　试判断图 11-39 电路能否产生正弦振荡，并说明理由。（图中 C_B、C_E、C_C、C_L 均为旁路或隔直耦合电容，L_C 为高频扼流圈）

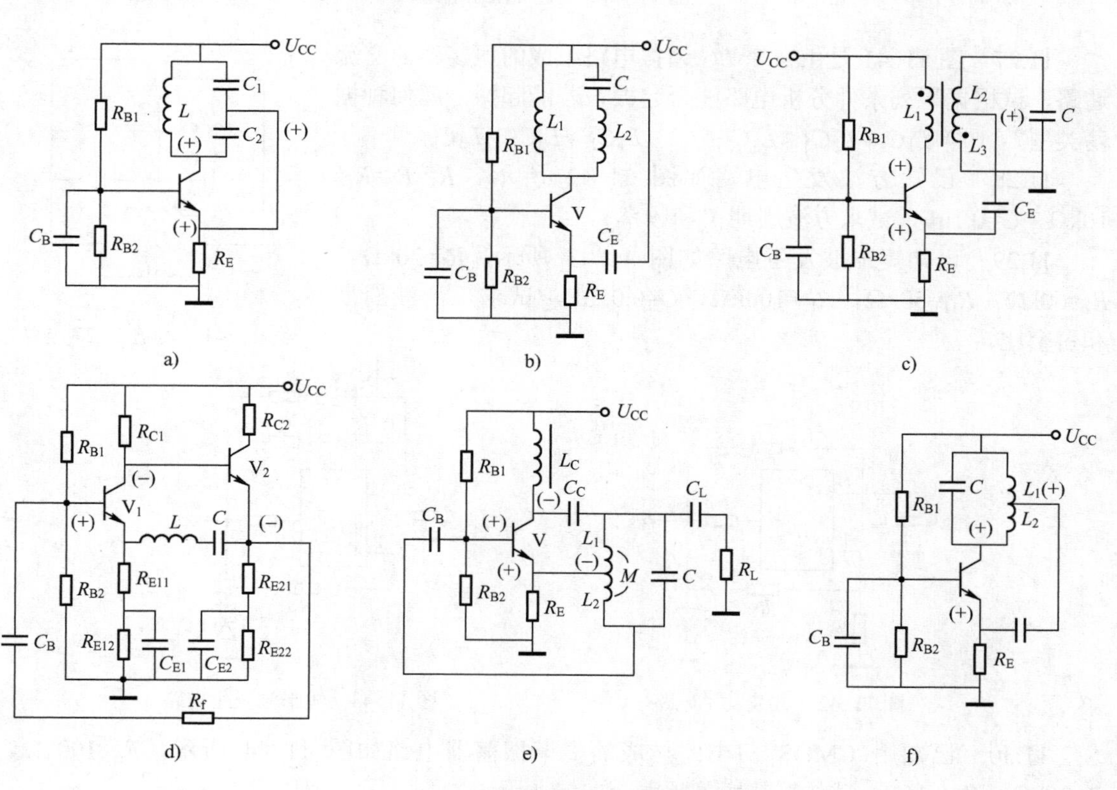

图 11-39　习题 11.23 电路

11.24　图 11-39e 中 L_C 有什么作用?

11.25　试写出图 11-39 中能产生正弦振荡波电路的谐振频率表达式。

11.26　根据三点式 LC 振荡器组成原则分析图 11-40 所示电路有否可能组成正弦振荡器？若能，有什么附加条件？

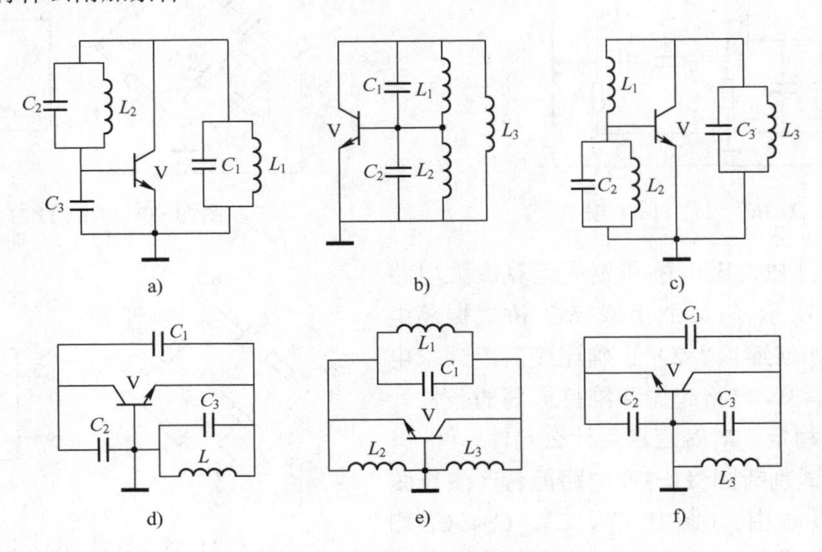

图 11-40　习题 11.26 电路

11.27　图 11-41 是由三个 LC 谐振电路组成的振荡器的交流通路，试根据下列条件分析电路能否起振？若能起振，属何种振荡类型？（1）$L_1C_1=L_2C_2<L_3C_3$；（2）$L_1C_1>L_2C_2>L_3C_3$。

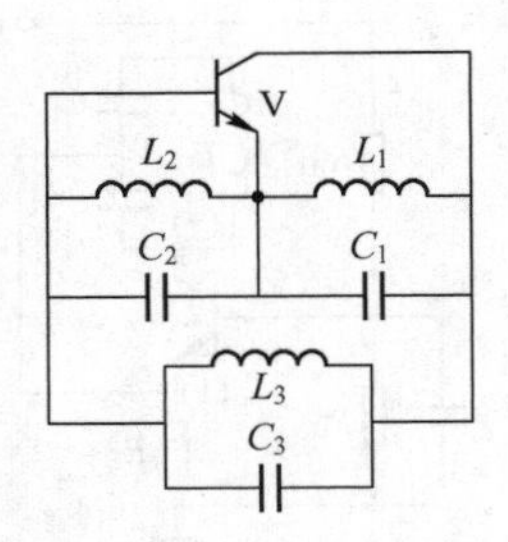

图 11-41　习题 11.27 电路

11.28　已知方波发生电路如图 11-42 所示，$R_1=R_2=R_f=10\text{k}\Omega$，$C=0.1\mu\text{F}$，试求方波周期 T 和频率 f。

11.29　已知矩形波发生电路如图 11-43 所示，$R_1=20\text{k}\Omega$，$R_2=60\text{k}\Omega$，$R_{f1}=50\text{k}\Omega$，$R_{f2}=100\text{k}\Omega$，$C=0.01\mu\text{F}$，试求矩形波周期和占空比。

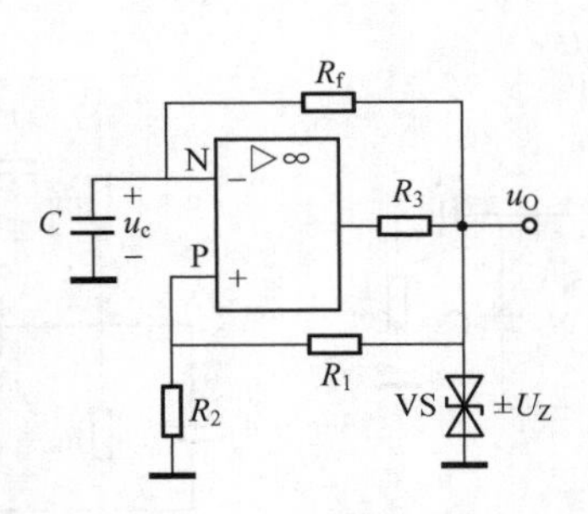

图 11-42　方波发生电路

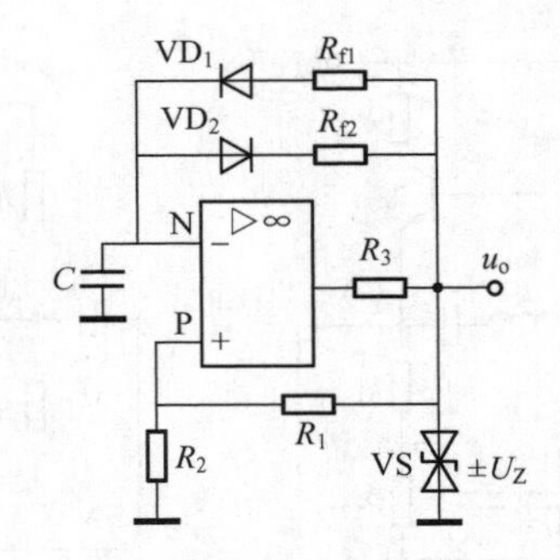

图 11-43　矩形波发生电路

11.30　已知用 CMOS 门电路构成的多谐振荡器电路如图 11-44 所示，$R_S=100\text{k}\Omega$，$R=20\text{k}\Omega$，$C=0.1\mu\text{F}$，试估算其振荡频率。

11.31　已知电路如图 11-45 所示，R_S=100kΩ，R=22kΩ，R_P=47kΩ，C=1nF，试求电路振荡频率的范围。

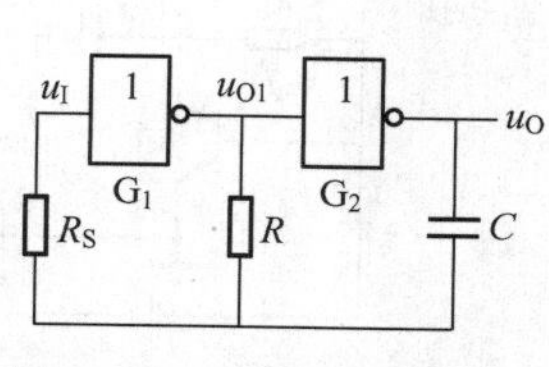

图 11-44　习题 11.30 电路

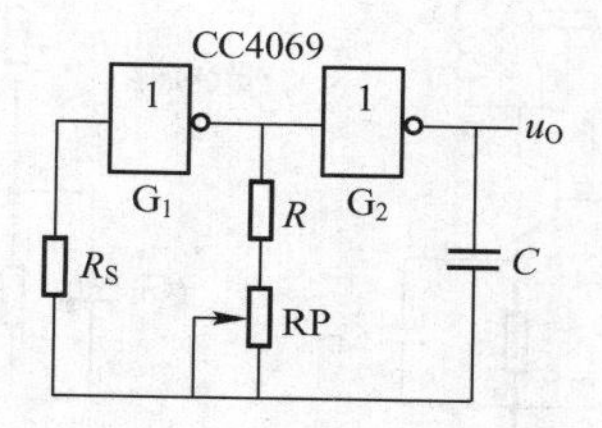

图 11-45　习题 11.31 电路

11.32　已知电路如图 11-46 所示，R_S=100kΩ，R=22kΩ，R_P=47kΩ，C=1nF，试求电路振荡脉冲周期和占空比的调节范围。

11.33　已知电路如图 11-47 所示，R=33kΩ，R_P=47kΩ，C=1nF，试按 CMOS 和 TTL 分别计算其振荡频率调节范围。

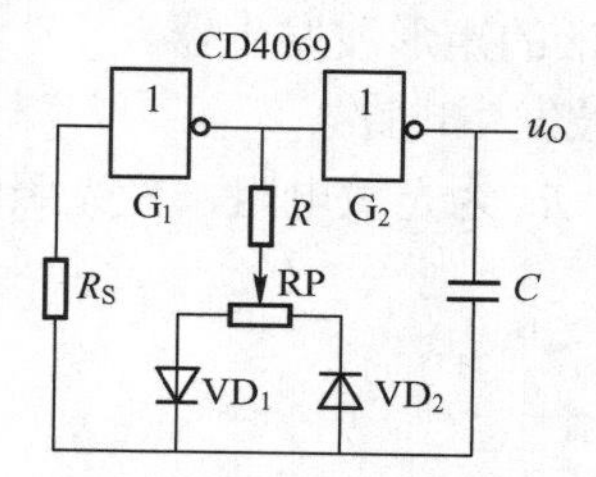

图 11-46　习题 11.32 电路

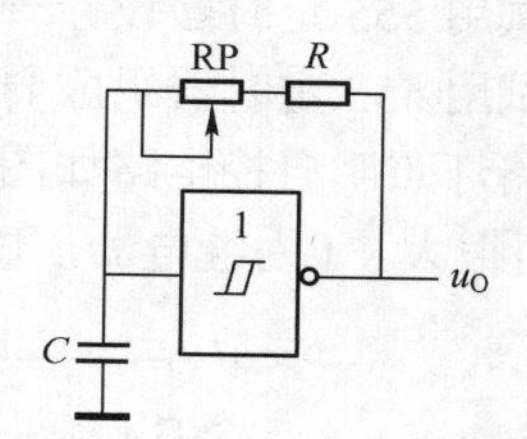

图 11-47　习题 11.33 电路

11.34　试用 CMOS 门电路设计一个振荡频率为 10kHz 的方波发生器。

11.35　试用 CMOS 门电路设计一个振荡频率为 10kHz，占空比调节范围 0.2～0.8 的矩形波发生电路。画出电路，并计算元件参数。

11.36　试用 CMOS 施密特与非门设计一个振荡频率为 10kHz 的可控方波发生电路。

11.37　电路如图 11-48 所示，R=33kΩ，R_P=47kΩ，C=1nF，试求：

1）简述电路名称；2）RP 作用；3）调节范围。

11.38　已知电路如图 11-49 所示，R_1=R_2=47kΩ，R_{S1}=R_{S2}=200kΩ，C_1=10μF，C_2=10nF，HA 为压电蜂鸣器，试分析电路功能。

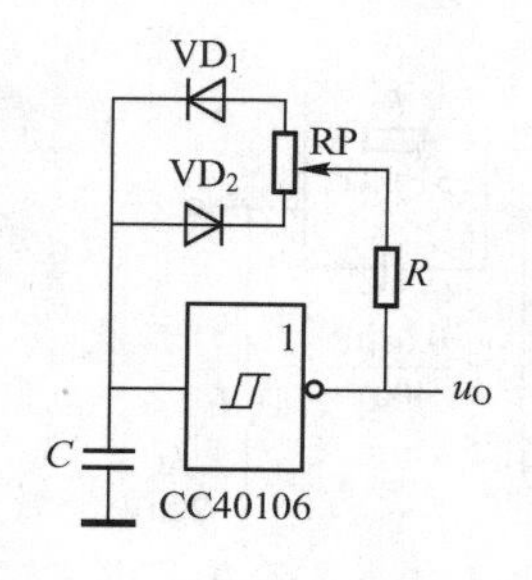

图 11-48　习题 11.37 电路

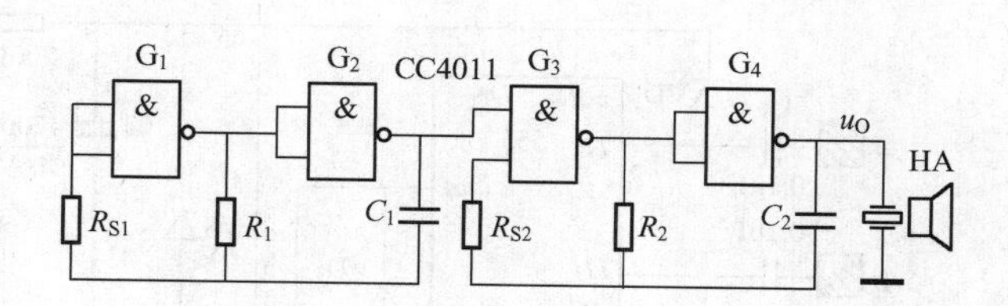

图 11-49　习题 11.38 题解电路

11.39　试指出图 11-50 各石英晶体振荡电路属于并联型还是串联型（C_B、C_E 均为旁路或隔直耦合电容）？

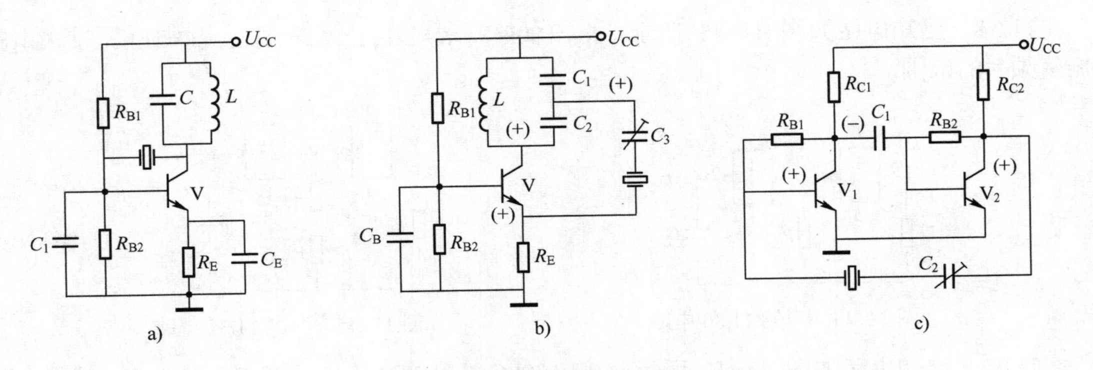

图 11-50　习题 11.39 电路

11.40　试画出石英晶体多谐振荡器典型应用电路。若要求其振荡频率 f_{osc}= 11.0592MHz，该电路元件参数应如何选择？

11.41　试用 555 定时器设计一个振荡频率为 10kHz 的矩形波发生器。

11.42　试用 555 定时器组成周期为 500μs 的方形波发生电路。

11.43　路灯照明自控电路如图 11-51 所示，图中 R_0 为光敏电阻，受光照时电阻很小，无光照时电阻很大，J 为继电器，试分析其工作原理。

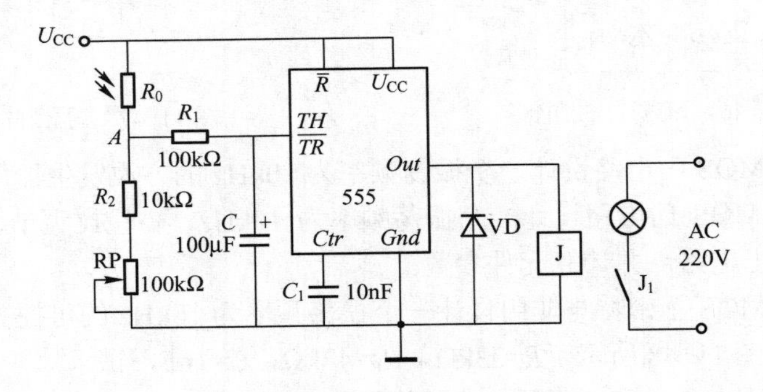

图 11-51　习题 11.43 电路

11.44　已知触摸式台灯控制电路如图 11-52 所示，触摸 A 极板灯亮，触摸 B 极板灯灭，试分析其工作原理。

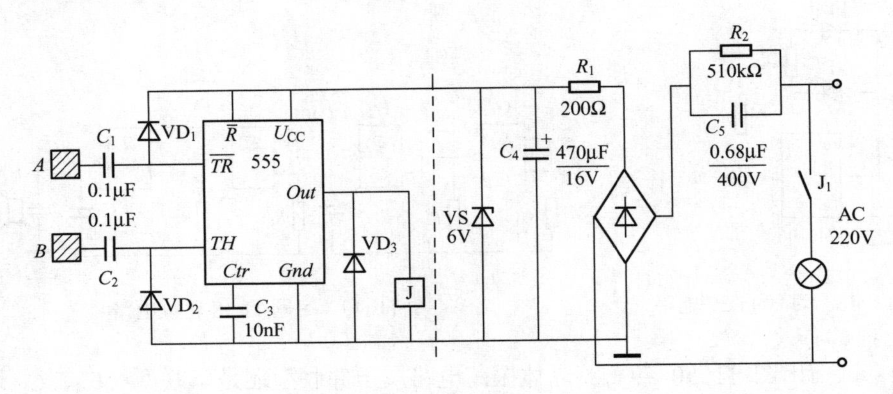

图 11-52　习题 11.44 电路

11.45　图 11-53 所示电路为由 555 组成的门铃电路（R_1 较小，且 $R_1 \ll R_2$），按下按钮 S；扬声器将发出嘟嘟声，试分析电路工作原理。

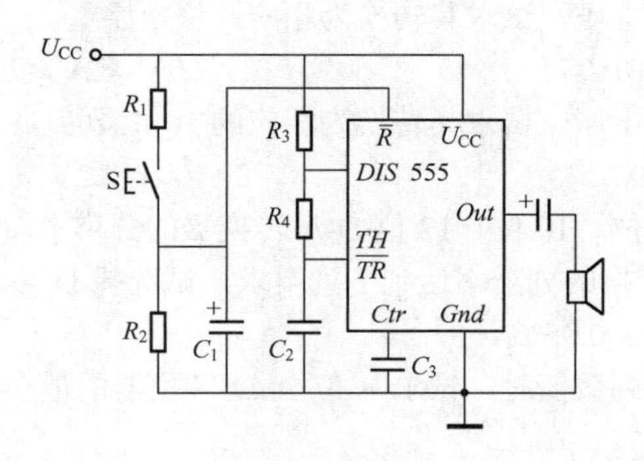

图 11-53　习题 11.45 电路

11.46　已知负电压发生电路如图 11-54 所示，试分析电路工作原理。

11.47　已知防盗报警电路如图 11-55 所示，细导线 ab 装在门窗等处，若盗贼破门窗而入，ab 线被扯断，扬声器将发出报警嘟声，试分析电路工作原理。

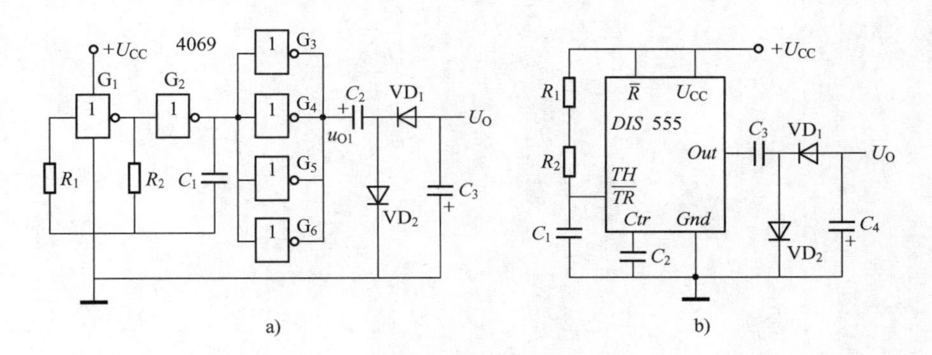

图 11-54　习题 11.46 电路

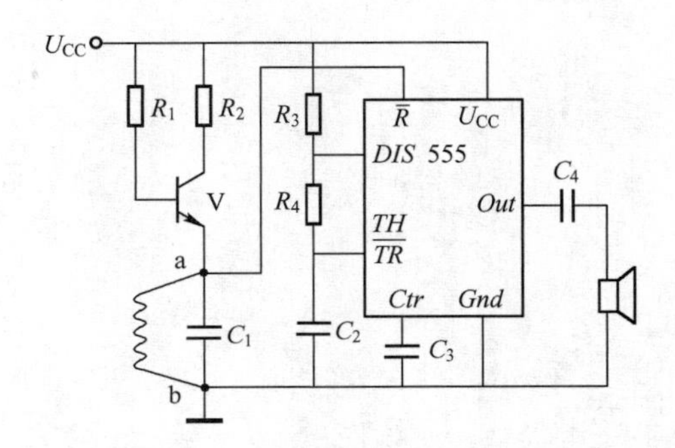

图 11-55　习题 11.47 电路

11.48　已知下列数字量，试求其转换为相应的模拟量（近似值取 3 位有效数字）。

1）D_1=10101100B，U_{REF1}=10V。2）D_2=11001011B，U_{REF2}=5V。

3）D_3=1001101011B，U_{REF3}=10V。4）D_4=0110011101B，U_{REF4}=5V。

11.49　已知下列模拟电压，试求其转换为相应 8 位数字量。

1）U_{A1}=7.5V，U_{REF}=10V。　　2）U_{A2}=4.2V，U_{REF}=5V。

11.50　已知下列模拟电压，试求其转换为相应的 10 位数字量。

1）U_{A1}=7V，U_{REF}=10V。　　2）U_{A2}=2.2V，U_{REF}=5V。

11.51　试分别计算 8 位、10 位、12 位 D-A 转换器的分辨率。

11.52　若要求 D-A 转换的分辨率达到下列要求，试选择 D-A 转换器的位数。

1）5‰；2）0.5‰；3）0.05‰。

11.53　基准电压为下列数值时，试求 8 位 A-D 转换器的最小分辨率电压 U_{LSB}（近似值取 3 位有效数字）。

1）9V；　　2）12V。

11.54　按 10 位 A-D 转换器再求上题 U_{LSB}（近似值取 3 位有效数字）。

11.55　已知 U_{REF}=10V，若要求最小分辨率电压 U_{LSB}=0.005V 以上，则 A-D 转换器的位数至少应有几位？

第12章　电工电子基础实验

12.1　电阻和直流电压电流的测量

1．实验目的

1）应用万用表测量电阻和直流电压电流；2）验证叠加定理。

2．实验设备与元器件

1）万用表（推荐用500型）；2）双路直流稳压电源；3）面包板；4）电阻器。

12.1.1　测量电阻

1．实验步骤

取3个电阻，分别用万用表10kΩ档、1kΩ档、100Ω档、10Ω档和1Ω档测量电阻值，并将测量结果填入表12-1。

表12-1　电阻测量

	欧姆档量程				
	10kΩ档	1kΩ档	100Ω档	10Ω档	1Ω档
R_1					
R_2					
R_3					

2．注意事项

1）测量电阻时，不能用手指同时接触电阻两端的金属引线。否则，就相当于在电阻两端并联了一个人体电阻，将引起测量误差。

2）每次切换欧姆档量程，应将两表棒短路，指针校零。

3）正确选择欧姆档量程。比较对同一电阻在不同欧姆量程档测出的5个电阻值，5次测量电阻值均不相同。哪一个相对准确些呢？根据对万用表内测量电路的分析，欧姆档刻度线是非线性的。一般来说，当被测电阻值与欧姆档量程之比为3～30之间，即显示指针尽量偏于中间部位时，读数更清晰易读，测量准确度更高一些。例如，一个10kΩ左右的电阻，宜用1kΩ档测量。若用100Ω档或10kΩ档测量，则读数不易读准，且相对误差大一些。

12.1.2　测量直流电压电流

1．实验步骤

直流电压电流测量电路如图12-1所示。

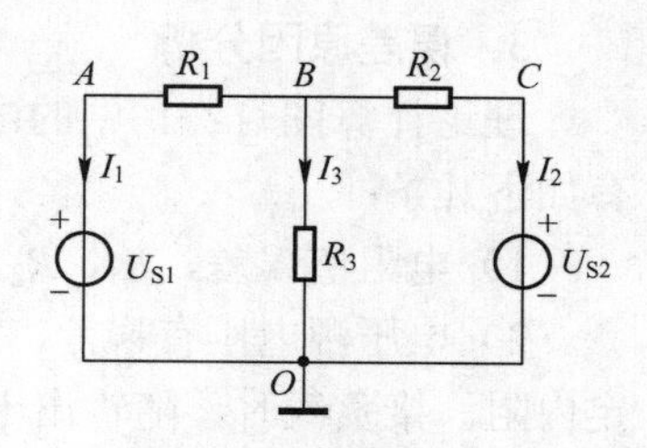

图12-1　直流电压电流测量电路

1）合上双路直流稳压电源的电源开关，调节输出电压旋钮，用万用表直流电压档测量，并使其输出两组直流电压 U_{S1}=5V 和 U_{S2}=10V（注意，有些直流稳压电源，电源本身具有直流电压表显示，但仅作参考，仍须用万用表测量其输出电压值。主要原因不是因为万用表电压表比电源本身的直流电压表精度高，而是为了多几次用万用表测量直流电压的操作练习）。

2）取 3 个电阻：R_1=100Ω、R_2=200Ω、R_3=300Ω，连同两组直流电压源，在面包板上按图 12-1 所示电路连接。用万用表不同的直流电压和直流电流量程分别测量 U_{AB}、U_{BC}、U_{AC} 和 U_{BO}，I_1、I_2 和 I_3，并将测量值填入表 12-2 和表 12-3（说明：若实测电压电流值大于电压电流满量程最大值，则可用"—"表示）。

表 12-2　测量直流电压

	直流电压量程		
	2.5V	10V	50V
U_{AB}			
U_{BC}			
U_{AC}			
U_{BO}			

表 12-3　测量直流电流

	直流电流量程		
	1mA	10mA	100mA
I_1			
I_2			
I_3			

3）核算 KVL 和 KCL。核算 I_1、I_2 和 I_3 是否符合 KCL？核算 *ABOA* 和 *BCOB* 回路各支路电压是否符合 KVL？

2．注意事项

1）测量电压时，应将万用表电压表并联在被测支路（或元件）两端。

2）测量电流时，应将万用表电流表串联在被测支路中。即断开连接线路，两根表棒分别接断开线路的两个端点。需要强调的是，千万不能将万用表电流表并接在被测支路（或元件）的两端，因电流表内阻很小，用电流表测电压，将会出现很大电流，很可能损坏电流表。

3）测量直流电压电流时，若出现显示指针反偏，可将表棒交换使用，但此时显示的电压电流值为负值。

4）正确选择电压电流量程。比较对同一电压电流用不同量程测出的数值，哪一个相对误差更小些？我们注意到万用表（大多为磁电系仪表）的电压电流刻度是线性的（除 10V 以下交流电压）。根据测量误差分析，测量值接近于满量程时，相对误差最小。即测量电压电流时，应适当选择电压电流量程，尽量使显示指针接近于满量程，相对误差较小。若未知被测电压电流大小，应将量程拨至最大档，逐级切换至适当量程。

3．误差原因分析

理论计算图 12-1 中的电压电流值，与实际测量值比较，有一定的差别。其原因，一般有如下几条：

1）电阻值误差，R_1、R_2、R_3 并不是精确的 100Ω、200Ω、300Ω。

2）电压源电压有误差，不是精确的 5V 和 10V。且电压源不是真正的理想电压源，有一定内阻。接负载时，随输出电流增大，电压值会降低。

3）万用表测量误差，包括万用表本身（准确度等级较低）及测量时的读数误差等。

12.1.3 验证叠加定理

应用叠加定理，需测量 U_{S1}、U_{S2} 分别单独作用时产生的电压电流值，其连接电路如图 12-2 所示。实验步骤如下：

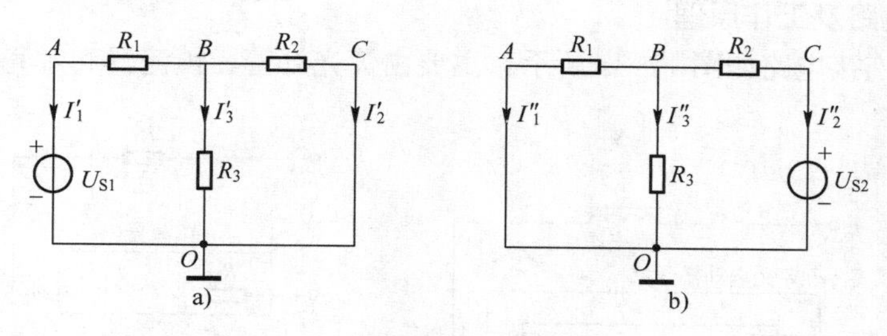

图 12-2　应用叠加定理时的电路

1）U_{S1} 单独作用时，按图 12-2a 电路连接，U_{S2} 可用短路线替代。适当选择电压电流量程，测量 U_{AB}'、U_{BC}'、U_{AC}'、U_{BO}' 和 I_1'、I_2'、I_3'，测量数据填入表 12-4。

2）U_{S2} 单独作用时，按图 12-2b 电路连接，U_{S1} 可用短路线替代。适当选择电压电流量程，测量 U_{AB}''、U_{BC}''、U_{AC}''、U_{BO}'' 和 I_1''、I_2''、I_3''，测量数据填入表 12-4。

3）计算叠加值，并与表 12-2、表 12-3 测量值比较，验证叠加定理。

表 12-4　叠加定理测量值

	U_{AB}	U_{BC}	U_{AC}	U_{BO}	I_1	I_2	I_3
U_{S1} 单独作用							
U_{S2} 单独作用							
叠加值							

【实验思考题】

12.1　测量电阻时，双手应如何正确操作？为什么不能同时用手指接触被测电阻两端的金属引线？试用一个 200kΩ 以上的电阻，测量并比较其正确操作和用手指同时接触电阻两端金属引线时的电阻值，说明什么问题？

12.2　测量电阻和测量直流电压电流时如何选择合适量程？测量电阻与测量电压电流，有什么不同？

12.3　图 12-1 电路和图 12-2 电路，各电压电流理论计算值是多少？与实际测量值产生差别的主要原因是什么？

12.2 荧光灯电路

1．实验目的

1）理解荧光灯工作原理，学会荧光灯安装；2）学会用功率表测量功率；3）理解提高功率因素的意义和方法。

2．实验设备与元器件

1）荧光灯套件（灯管及插座、辉光启动器、镇流器、电源开关等）；2）功率表（电动系）；3）交流电流表；4）交流电压表（可用万用表替代）；5）6μF 电容箱。

12.2.1 安装并点亮荧光灯

1. 荧光灯电路及工作原理

荧光灯实物连接电路如图 12-3a 所示。主要由荧光灯管、镇流器和辉光启动器组成。

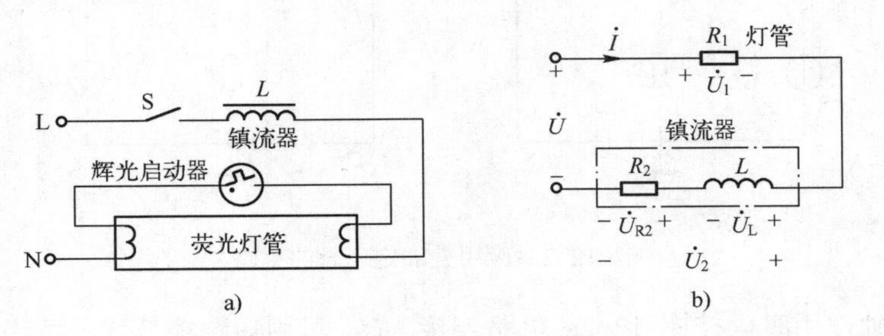

图 12-3　荧光灯电路

1）荧光灯管。荧光灯管是一根充有少量汞蒸汽的细长玻璃管，管内壁涂有一层荧光粉。灯管两端各有一组灯丝，加电压时，一端发射电子，另一端接收电子，电子撞击管壁荧光粉物质而发光。

2）镇流器。镇流器是一个铁心电感线圈，应与相应功率瓦数的灯管配套使用。其作用有二：一是起动时产生高压（可达 400～600V），激励荧光灯管放电；二是灯管点亮后，灯管相当于一个纯电阻，镇流器电感与灯管电阻分压，降低灯管两管电压，限制灯管电流。

3）辉光启动器。辉光启动器英文名为 Starter，在电路中起自动开关作用。其主要结构为双金属片触点，作用有二：一是接通电源时，提供灯管灯丝电流通路；二是灯管正常辉光放电后，自动断开（若不断开将短路灯管两端灯丝间电子发射通路）。自动断开的原理是，双金属片两种不同的金属热胀冷缩系数不同，流过电流后受热膨胀弯曲而使原接触点断开。

2. 实验步骤

荧光灯原理电路如图 12-3b 所示。其中 R_1 表示灯管，R_2 为镇流器线圈绕组的直流电阻，L 为镇流器电感。U_1 为灯管两端电压，U_2 为镇流器两端电压。

1）测量电路电流 I、灯管和镇流器两端电压。用交流电压表测量 U_1、U_2 和电源电压 U，用交流电流表测量电路电流 I，将测量值填入表 12-5。

表 12-5　荧光灯电压及参数

测量值				计算值		
电源电压 U	灯管电压 U_1	镇流器电压 U_2	电流 I	灯管电阻 R_1	镇流器直流电阻 R_2	镇流器电感 L

2）定性画出 $\dot{U}_1$、$\dot{U}_2$、$\dot{U}_{R2}$、$\dot{U}_L$、$\dot{U}$ 和 $\dot{I}$ 的相量图。

3）计算灯管电阻、镇流器线圈直流电阻和电感值，填入表 12-5。

3. 注意事项

荧光灯电路接入 220V 电压，应注意安全。连接和换接线路时，须在断开电源前提下进行。通电前，应反复检查，确认连接无误，再接通电源。

12.2.2 测量荧光灯功率和提高功率因素

1. 功率表概述

功率表属电动系仪表，表内有两组线圈，一组测电压，一组测电流；其指针偏转角正比于 $UI\cos\varphi$，正好用于测量功率。图 12-4a 为电动系单相功率表面板和测量功率电路连接示意图。电动系仪表指针偏转力矩方向与两组线圈中的电流方向有关，因此须保持两线圈的正极性端一致（两组线圈的正极性端用“*”表示），按图 12-4a 方式连接。其中电压线圈应与负载并联，电流线圈应与负载串联。电压线圈内部串接降压电阻后可有 3 种量程（不同型号的功率表量程不同），图 12-4a 中分为 150V、300V 和 600V。电流线圈实际上有两组，可串可并。并联时电流量程为 1A，串联时电流量程为 0.5A，连接方式如图 12-4b 所示。而功率表的功率量程即为电压量程与电流量程之积。

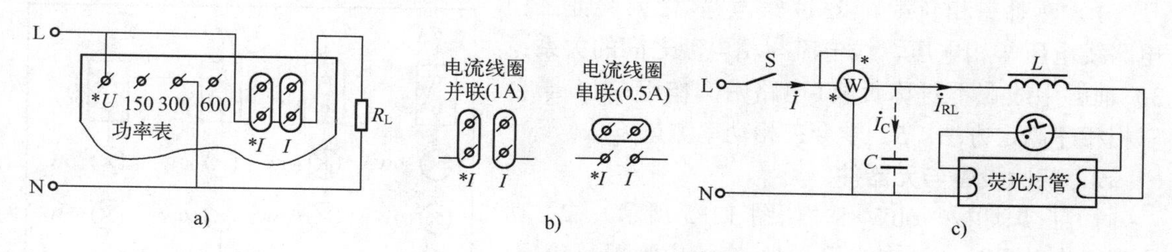

图 12-4 功率表测量荧光灯功率

2. 实验步骤

1）测量荧光灯功率按图 12-4c（电容不接）所示电路连接，功率表功率满量程读数应为电压量程与电流量程之积。测量荧光灯功率并填入表 12-6。

2）功率因素的提高。荧光灯管可以近似地看作电阻性负载，但与其串联的镇流器是一个电感量较大的电感线圈。因此，荧光灯电路的功率因素较低（灯管功率越小，功率因素越低），为了提高荧光灯电路的功率因素，可在电路两端并联电容，如图 12-4c 中虚线所示。

① 按图 12-4c 连接电路，其中 C 应按不同容量接入（C=0，即为断开电容）。分别测量 U、P、I、I_{RL} 和 I_C。并将测量值填入表 12-7。

表 12-6 荧光灯功率

电压量程	
电流量程	
功率量程	
分格系数	
实测功率	

表 12-7 并联电容提高功率因素

	U	I	I_{RL}	I_C	P	计算 $\cos\varphi$
C=0						
C=2μF						
C=4μF						
C=6μF						

② 计算功率因素 $\cos\varphi=\dfrac{P}{UI}$。并比较电路总电流的变化。

③ 定性画出 $\dot{U}$、$\dot{I}$、$\dot{I}_{RL}$、$\dot{I}_C$ 相量图。

【实验思考题】

12.4 荧光灯电路中的镇流器和辉光启动器各有什么作用？

12.5 测量荧光灯电路中的电源电压 U、灯管电压 U_1、镇流器电压 U_2 和电流 I 后，如

何计算灯管电阻 R_1、镇流器直流电阻 R_2 和镇流器电感 L？

12.6　有人用一个按钮开关替代辉光启动器，按下 2s 左右然后释放，也能点亮荧光灯，试解释其原理。

12.7　为什么用功率表测出的荧光灯电路功率比荧光灯管的标称功率高？

12.8　为什么荧光灯电路并联电容后，总电流反而减小？并在此基础上说明提高功率因素的意义。

12.3　三相电路

1．实验目的

1）熟悉三相负载Y和Δ联结电路；2）验证三相电路线电压与相电压、线电流与相电流之间的关系；3）理解中线在不对称负载Y电路中的作用；4）学会三相相序测定方法；5）学会三相功率测量方法。

2．实验设备与元器件

1）白炽灯板（60W×8，如图 12-5 所示）；2）功率表（电动系）；3）电容箱；4）交流电流表；5）万用表。

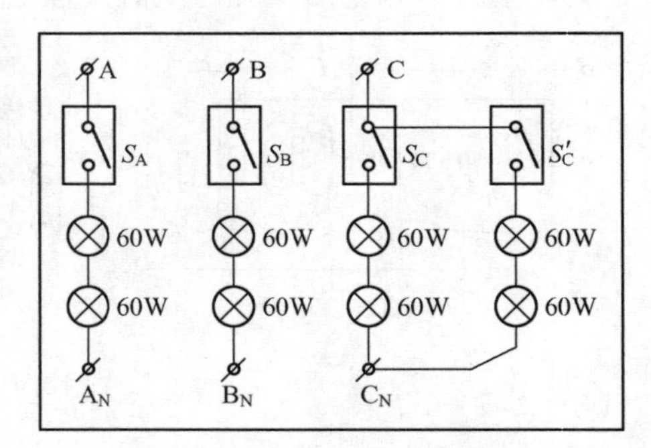

图 12-5　白炽灯板

12.3.1　测量三相电路电压电流

1．测量三相电源线电压、相电压

用万用表交流电压档测量三相电源线电压 U_{AB}、U_{BC}、U_{CA} 和相电压 U_{AN}、U_{BN}、U_{CN}，并将测量值填入表 12-8。

表 12-8　三相Y负载电压

<table>
<tr><th colspan="2" rowspan="2"></th><th colspan="3">线电压</th><th colspan="3">相电压</th><th rowspan="2">I_N</th></tr>
<tr><th>U_{AB}</th><th>U_{BC}</th><th>U_{CA}</th><th>U_{AN}</th><th>U_{BN}</th><th>U_{CN}</th></tr>
<tr><td colspan="2">三相电源电压</td><td></td><td></td><td></td><td></td><td></td><td></td><td>—</td></tr>
<tr><td rowspan="2">对称负载</td><td>有中线</td><td></td><td></td><td></td><td></td><td></td><td></td><td></td></tr>
<tr><td>无中线</td><td></td><td></td><td></td><td></td><td></td><td></td><td>—</td></tr>
<tr><td rowspan="2">不对称负载</td><td>有中线</td><td></td><td></td><td></td><td></td><td></td><td></td><td></td></tr>
<tr><td>无中线</td><td></td><td></td><td></td><td></td><td></td><td></td><td>—</td></tr>
</table>

2．测量三相Y负载电路

1）对称负载有中线。将三相电源和白炽灯板按图 12-6 所示电路联结。合上 S_A、S_B、S_C（S_C' 断开）、S_N，用万用表交流电压档测量线电压 U_{AB}、U_{BC}、U_{CA} 和相电压 U_{AN}、U_{BN}、U_{CN} 和中线电流 I_N，并将测量值填入表 12-8。

2）对称负载无中线。断开 S_N，再测 U_{AB}、U_{BC}、U_{CA} 和 U_{AN}、U_{BN}、U_{CN}，并将测量值填入表 12-8。

3）不对称负载无中线。断开 S_N，合上 S_C'，再测 U_{AB}、U_{BC}、U_{CA} 和 U_{AN}、U_{BN}、U_{CN}，

并观察白炽灯亮暗变化，测量数据填入表 12-8。

4）不对称负载有中线。合上 S_N，合上 S_C'，再测 U_{AB}、U_{BC}、U_{CA} 和 U_{AN}、U_{BN}、U_{CN}、I_N，并观察白炽灯亮暗变化，测量数据填入表 12-8。

3．测量三相△负载电路

1）对称负载。将三相电源和白炽灯板按图 12-7 所示电路联结，合上 S_A、S_B、S_C（S_C' 断开），用交流电流表分别测量线电流 I_A、I_B、I_C 和相电流 I_{ab}、I_{bc}、I_{ca}，并将测量值填入表 12-9。

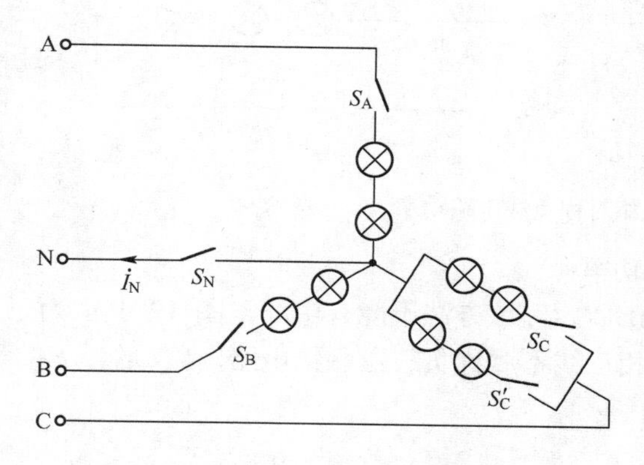

图 12-6　三相Y负载电路

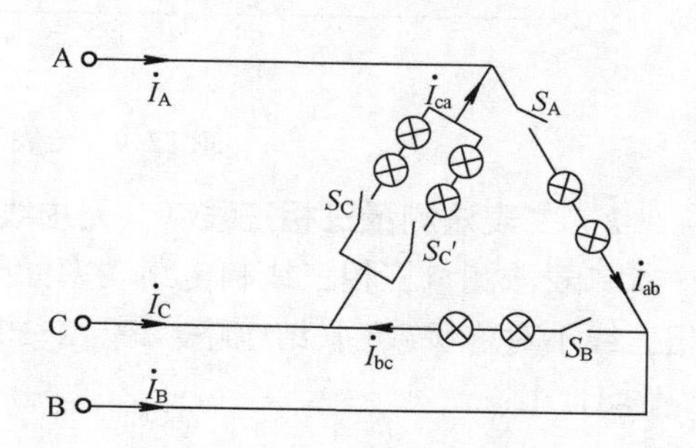

图 12-7　三相△负载电路

表 12-9　三相△负载电流

	线电流			相电流		
	I_A	I_B	I_C	I_{ab}	I_{bc}	I_{ca}
对称负载						
不对称负载						

2）不对称负载。合上 S_C'，再测线电流 I_A、I_B、I_C 和相电流 I_{ab}、I_{bc}、I_{ca}，并将测量值填入表 12-9。

4．测量相序

取白炽灯板中对称负载任二相（负载相同）及电容 C（2μF 左右），与三相电源中任一相电源按图 12-8 所示电路联结（无中线），若设接电容相为 A 相，则白炽灯较亮相为 B 相，较暗相为 C 相。

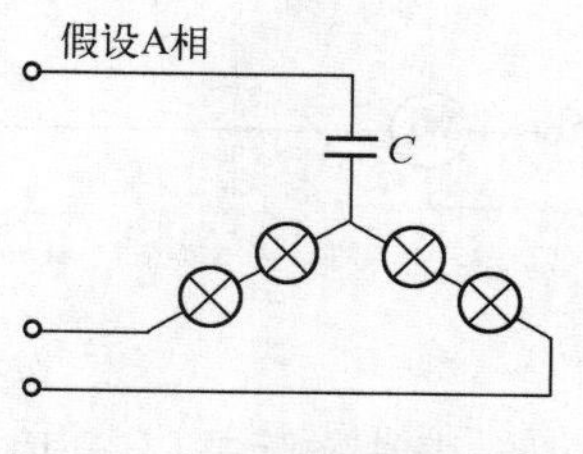

图 12-8　相序测量示意图

12.3.2　测量三相功率

用功率表测量三相功率有三种方法。一表法适用于三相对称负载，二表法适用于三相三线制（无中线）负载（负载Y和△联结均可），三表法适用于三相不对称负载。

1．一表法测量三相对称负载功率

一表法测量三相对称负载电路功率如图 12-9 所示，S_A、S_B、S_C 合上（S_C' 断开），负载必须对称，功率表接测三相中任一相。其中图 12-9a 为三相对称Y负载，图 11-9b 为三相对称△负载。将测量值填入表 12-10，并计算三相总功率 P=3P。

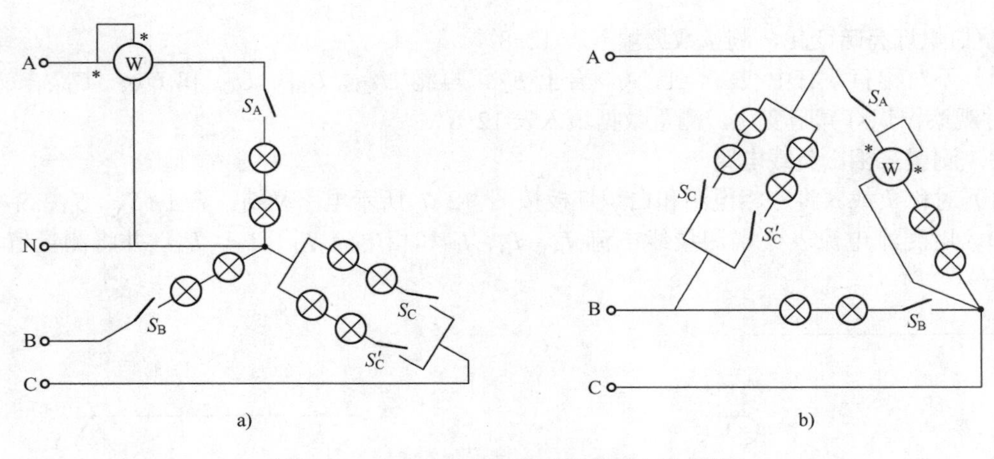

图 12-9　一表法测量三相对称负载电路功率

2．二表法测量三相三线制（无中线）电路功率

二表法测量三相三线制电路功率如图 12-10 所示，该方法不能有中线，图 12-10a 为三相三线不对称负载Y联结电路，图 12-10b 为三相三线不对称负载△联结电路，S_A、S_B、S_C、S_C' 均合上。

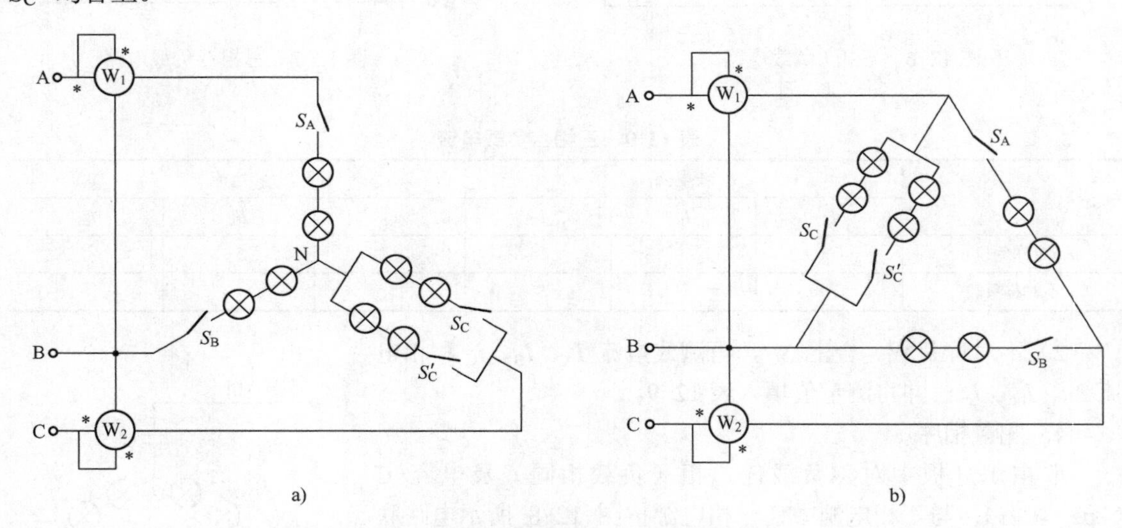

图 12-10　二表法测量三相三线制电路功率

二表法实际是以三相中一相为基准相，用两个功率表分别测量另二相相对于基准相，由线电压线电流构成的功率。将测量值填入表 12-10，并计算三相总功率 P。

表 12-10　三相功率测量

	一表法		二表法			三表法			
	P_1	P	P_1	P_2	P	P_A	P_B	P_C	P
Y负载									
△负载									

需要指出的是，本实验是以白炽灯板作负载，白炽灯板属纯阻性负载，功率因素

$\cos\varphi=1$，此时三相总功率 $P=P_1+P_2$。但若负载为电抗性负载，且功率因素 $\cos\varphi<0.5$ 时，两个功率表中的一个表指针将反偏，此时需将该功率表上的极性转换开关切换为"-"，使其指针正偏，但在计算总功率时，该表读数应视为负值，$P=P_1+(-P_2)=P_1-P_2$。因此，用二表法测量三相功率，三相总功率应为两表读数的代数和。

说明：当只有一只功率表，用二表法测三相功率时，可用一只功率表先后分别测 P_1、P_2。但三相负载电路联结应保持不变。

3．三表法测量三相不对称负载功率

三表法测量不对称负载功率与一表法相似，如图 12-10 所示，S_A、S_B、S_C、S_C' 均闭合，可同时用 3 个功率表分别测 A 相、B 相、C 相的功率。只有一个功率表时，可先后测 A 相、B 相、C 相功率，但三相负载电路联结应保持不变。将测量值填入表 12-10，并计算三相总功率：$P=P_A+P_B+P_C$。

【实验思考题】

12.9　从实验中测得的数据看，三相负载Y联结时（有中线），线电压与相电压的大小关系如何？

12.10　三相负载Y联结时，中线对三相负载相电压有什么影响？用白炽灯板作负载时，白炽灯亮、暗情况如何？从中可得出什么结论？

12.11　从实验中测得的数据看，三相负载△联结时，线电流与相电流大小关系如何？

12.12　三相负载△联结时，负载对称与否对白炽灯亮暗有何影响？

12.13　试说明图 12-8 测量相序的工作原理。

12.14　试简述二表法测量三相功率的工作原理。

12.15　为什么二表法不能应用于有中线时的三相负载Y联结电路？

12.16　若三相不对称负载Y联结有中线时，应选择何种方法测三相功率？

12.4　变压器

1．实验目的

1）学会区分变压器一次线圈或二次线圈；2）学会检测变压器空载特性和有载运行特性；3）学会调压变压器使用方法。

2．实验设备与元器件

1）小型电源变压器（推荐参数：二次侧空载电压 12～36V，容量 20～50VA）；2）调压变压器（0.5～1kVA）；3）交流电压表、直流电压表（可用万用表替代）；4）滑线变阻器。

3．实验内容与步骤

（1）区分变压器一次线圈或二次线圈

变压器绝大多数是降压变压器，其作用是将较高的交流电网电压（例如单相 AC 220V）变换为较低的适用的交流电压（电子电路通常需要较低的电压），同时还可起到与电网安全隔离的作用。小功率的电源变压器一次线圈匝数较多、线径较细，因而直流电阻较大，一般约几十至几百欧姆；二次线圈匝数较少、线径较粗，因而直流电阻较小，一般约零点几至几个欧姆。因此，可用万用表检测其直流电阻而予以区分。

用万用表分别测量变压器一、二次线圈直流电阻，并将测量数据填入表 12-11。

（2）检测变压器二次线圈空载电压和变比

按图 12-11 连接电路，其中，V_1、V_2为交流电压表，T_1为调压变压器，T_2为被测变压器。调压变压器一、二次共用一个绕组，AX 为一次侧，接交流输入电压；ax 为二次侧，作为输出电压。若 AX 接交流 220V 电压，调节滑臂 a，可输出 0～250V 交流电压。使用时，先将手柄逆时针旋到底，然后 AX 端接交流 220V 电压（L 接 A 端，N 接 X 端），ax 接变压器一次线圈。

表 12-11　变压器一、二次线圈直流电阻

一次线圈直流电阻/Ω	二次线圈直流电阻/Ω

调节调压变压器，使变压器一次侧电压 U_1 为额定值 220V，此时 U_2 即为二次侧额定电压 U_{2N}。此外，顺时针旋转手柄任取 3 点（隔一定间隔，推荐分别为 50、100、150V），测量输入、输出电压值，计算变比 n 及其平均值，并填入表 12-12。

表 12-12　变压器变比和空载电流

	额定值	1	2	3
U_1/V	220			
U_2/V				
n				
n 平均值				

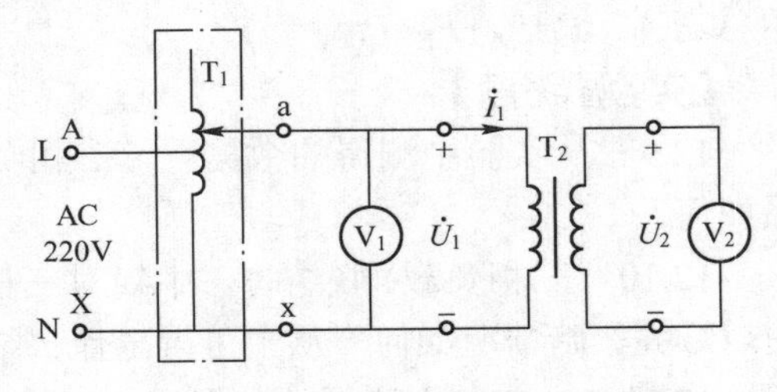

图 12-11　测量变压器二次线圈电压

注意事项：1）输入电压接 AX 端，不能错接为 ax；2）调节电压必须从零起调；使用完毕，应将输出电压归零（手柄逆时针旋到底）；3）调压变压器属自耦变压器，不同于有两个绕组的变压器，不具有电压隔离作用，应特别注意安全。

（3）检测变压器有载运行特性

按图 12-12 连接电路，其中，A_1、A_2为交流电流表，R_L为滑线变阻器，其余与图 12-11 相同。

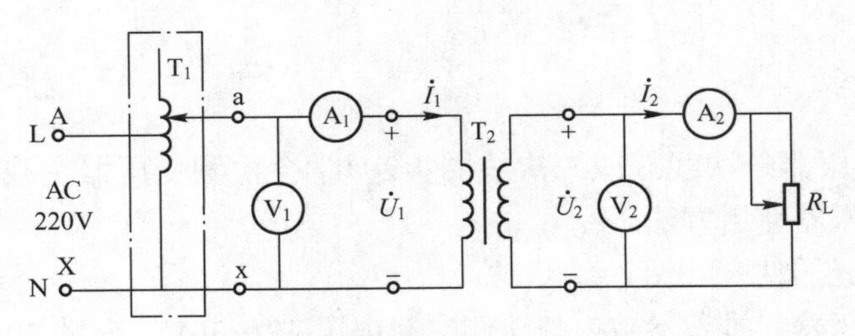

图 12-12　测量变压器有载运行特性

保持 V_1 为 220V，调节滑线变阻器，使电流表 A_2 读数分别为 0、0.1、0.2、…、1A，记录电压表 V_2 和电流表 A_1 读数，并填入表 12-13，然后根据这些数据，在图 12-13 中画出变压器有载运行时的外特性；计算电流比 I_1/I_2，验证变压器特性。

表 12-13　变压器有载运行特性

	I_2/A								
	0	0.1	0.2	0.3	0.4	0.5	0.6	0.8	1
U_2/V									
I_1/A									

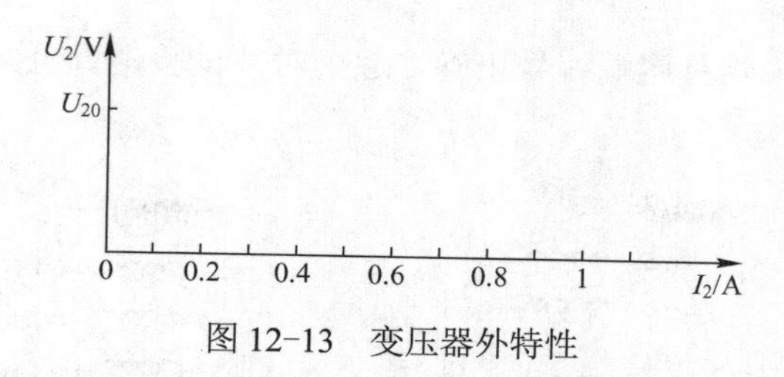

图 12-13 变压器外特性

说明，变压器二次线圈输出电流测试点可根据实验所用实际变压器容量灵活掌握；滑线变阻器通过较大电流时，通电时间不宜过长。

【实验思考题】

12.17 变压器二次线圈空载输出电压与有载输出电压有什么不同？为什么？

12.18 使用调压变压器，应注意哪些事项？

12.5 三相异步电动机

1．实验目的

1）学会三相异步电动机定子绕组首尾端判别的方法；2）熟悉三相异步电动机连续运行、点动和Y-△换接起动的线路；3）熟悉三相异步电动机正反转控制线路；4）熟悉三相异步电动机反接制动控制线路；5）认识低压控制电器。

2．实验设备与元器件

1）三相异步电动机 1 台；2）绝缘电阻表；3）36V 交流电源（可用 36V 变压器替代）；4）白炽灯（100W）；5）万用表；6）接触器；7）热继电器和速度继电器；8）按钮；9）刀开关；10）熔断器。

12.5.1 三相异步电动机定子绕组首尾端判别

有时，由于三相异步电动机接线板损坏或其他原因，定子 3 组绕组的 6 个线头分不清时，需要重新判别 3 组定子绕组的首尾端，实验步骤如下：

1）用万用表和绝缘电阻表找出三相异步电动机定子 3 组绕组的各两个线头。

2）给 3 组绕组的首尾端分别假设编号：L_{11}、L_{12}；L_{21}、L_{22}；L_{31}、L_{32}。

3）判定三相定子绕组首尾端有以下 3 种方法。

① 用 36V 交流电源和白炽灯判别。按图 12-14a 或图 12-14b 连接线路，$L_{21}L_{22}$ 与 $L_{31}L_{32}$ 串接，若顺极性串联，则 2 组绕组感应电压叠加为 72V，白炽灯亮；若反极性串联，则 2 组绕组感应电压互相抵消，白炽灯不亮。由此可验证原先假设的 L_{21}、L_{22} 和 L_{31}、L_{32} 首尾端编号正确与否，不正确时只要将其中一组绕组的首尾端编号对换即可。再用同样的方法判定 L_{11}、L_{12} 的首尾端编号。

需要注意的是，交流电源电压不能大于 110V，因另二相感应电压顺极性串联后，可能高于白炽灯额定电压 220V，损坏白炽灯。而交流电源电压过低，也会使顺极性串联后的电压过低，白炽灯只能微微发红甚至不亮，不便于判别。

② 用剩磁法判别。按图 12-14c 连接线路，其中微安表可用万用表直流微安档替代，用手转动电动机转子，若微安表指针不动，表明 3 相绕组首尾端编号正确，若微安表指针偏

转，表明 3 组绕组中有一相首尾端编号正确，逐个对换试验，直至微安表指针不动为止。

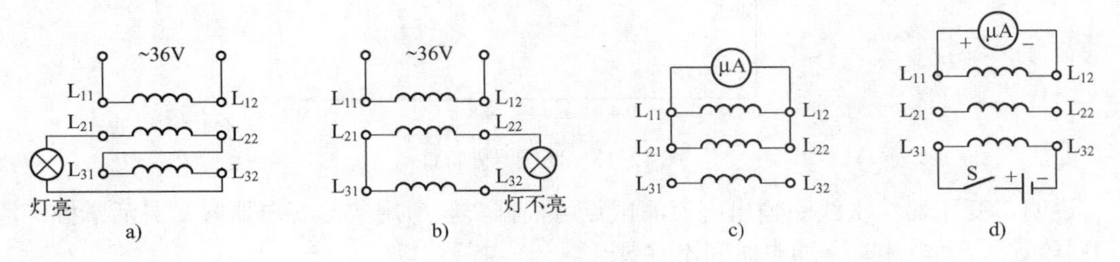

图 12-14　判定三相定子绕组首尾端

③ 用电池法判别。按图 12-14d 连接线路，其中微安表可用万用表直流微安档替代，直流电源电压可选用 1.5～10V，合上 S 开关瞬间，若微安表正偏，则直流电源正极与微安表正极性端同极性；若微安表反偏，则直流电源正极与微安表负极性端同极性。再用同样的方法判定 L_{21}、L_{22} 的首尾端编号。

12.5.2　三相异步电动机单向起动

1．连续运行

图 5-21a、b 为三相异步电动机连续运行控制线路，按图连接线路。先按下 QS，再按下 SB_2，电动机 M 将得电起动运行，控制过程已在 5.2.3 节阐述，此处不再赘述。

2．点动

图 5-21a、c 为三相异步电动机点动或连续运行控制线路，按图连接线路。先按下 QS，若要点动，可按 SB_2，电动机 M 得电运行；释放 SB_2，电动机 M 断电停止运行。若要连续运行，可按 SB_3，电动机 M 将得电连续运行，控制过程已在 5.2.3 节阐述，此处不再赘述。

3．Y-△换接起动

图 5-22 为三相异步电动机Y-△换接起动控制线路，仅适用于小容量电动机起动，一般采用按钮、接触器、继电器接通和换接，并具有过载、失电压保护，如图 12-15 所示。

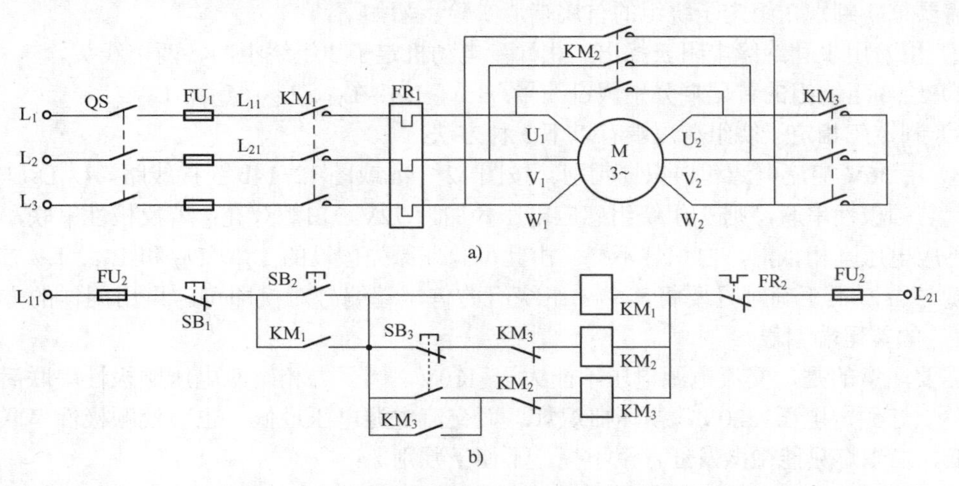

图 12-15　三相异步电动机Y-△换接起动控制线路

a) 主回路　b) 控制回路

操作步骤和控制过程：1）按下主回路 QS；2）按下 SB_2，KM_1、KM_2 主触点吸合；同时 KM_1 常开辅助触点闭合自锁；KM_2 常闭辅助触点分断，联锁 KM_3 无电；电动机处于Y型联结起动；3）待电动机起动转速接近额定转速时，按下 SB_3，KM_2 失电，主触点复位断开，电动机Y联结解体；同时 KM_2 常闭辅助触点复位闭合，KM_3 得电，主触点吸合，电动机处于△型联结运行；同时 KM_3 常开辅助触点闭合自锁，常闭辅助触点分断，联锁 KM_2 无电；4）若需停转，可按下 SB_1，控制回路断电，各接触器复位，电动机停转。

12.5.3　三相异步电动机正反转

图 5-28 为三相异步电动机正反转控制线路，按图连接线路。先按下 QS，若要正转，可按 SB_2，电动机正转运行；若要反转，可按 SB_3，电动机反转运行；若需正反转切换，应先按下停止按钮 SB_1，待电动机停转后，再按下正转按钮 SB_2 或反转按钮 SB_3。控制过程已在 5.2.3 节阐述，此处不再赘述。

12.5.4　三相异步电动机反接制动

图 5-27 为三相异步电动机反接制动控制线路，按图连接线路。先按下 QS，再按下 SB_2，电动机 M 起动并保持运行。制动时，按下停止按钮 SB_1，电动机接入逆相序电源，惯性正转速迅速下降，直至停转。其过程比无反接制动的停转控制过程要快得多，反接制动控制过程已在 5.2.3 节阐述，此处不再赘述。

【实验思考题】

12.19　判定三相定子绕组首尾端 3 种方法的原理是什么？

12.20　试述三相异步电动机Y-△换接起动的控制过程。

12.6　二极管与晶体管的检测

1．实验目的

1）应用万用表测量二极管；2）应用万用表测量晶体管。

2．实验设备与元器件

1）指针式万用表（推荐用 500 型）；2）数字式万用表；3）二极管（推荐 2AP9、1N4148、1N4001）；4）晶体管（推荐 3AG1、3AX31、3DG6、9012、9013）。

12.6.1　二极管检测

1．根据二极管外形判别正负极

检测二极管阳极（正极）、阴极（负极）首先应根据其外形、符号标志、色点或色环判断，如图 12-16 所示。

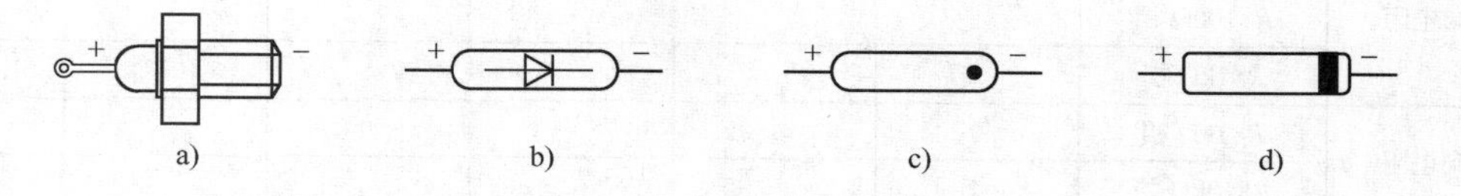

图 12-16　二极管正负极性标志

2．用指针式万用表初步检测二极管

根据二极管单向导电性，可用指针式万用表初步检测二极管特性。

1）检测二极管正负极性。如图 12-17 所示，将万用表置于 R×100Ω 或 R×1kΩ 档（在指针式万用表欧姆档，黑表棒连接的是表内电源正极，红表棒连接的是表内电源负极），检测二极管电阻可测得大小两个电阻值。较小值为正向电阻，黑表棒连接的是二极管正极，如图 12-17a 所示；较大值为反向电阻，黑表棒连接的是二极管负极，如图 12-17b 所示。

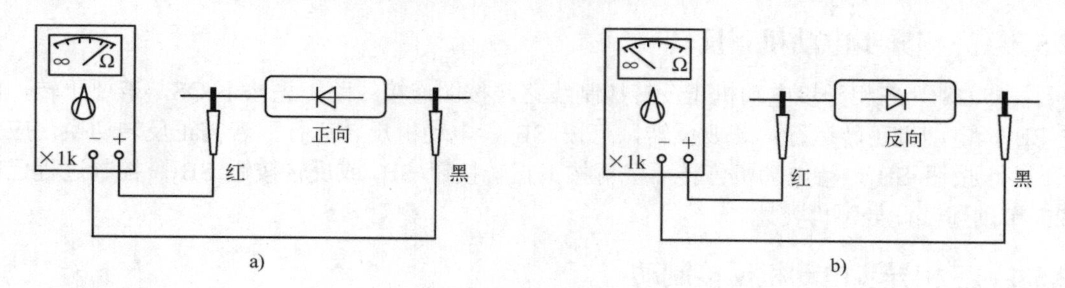

图 12-17　二极管的测试
a) 正向特性　b) 反向特性

2）判断二极管的好坏与质量优劣。根据上述方法测得二极管正反向电阻，可判别二极管的好坏与质量优劣。

① 正向电阻越小，反向电阻越大，表明二极管单向导电特性好。一般来讲，硅二极管正向电阻约几千欧，反向电阻趋于∞；锗二极管正向电阻约几百欧，反向电阻不趋于∞。反向电阻越大越好，若反向电阻略小，表明二极管反向电流大，质量差。

② 若正反向电阻均趋于 0，表明二极管击穿损坏。

③ 若正反向电阻均趋于∞，表明二极管开路损坏。

3）判断硅二极管或锗二极管。根据硅管和锗管正反向电阻的区别可判别硅管或锗管，但这种方法并不严密，只能参考。可靠的方法是用二极管串联合适电阻接电源，若二极管二端正向压降为 0.6～0.7V，则为硅二极管；若为 0.2～0.3V，则为锗二极管。

3．实验内容与步骤

取 6 个二极管（推荐 2AP9、1N4148、1N4001 各 2 个），分别用指针式万用表测量其正反向电阻，判别其正负极性，数字式万用表测量其正向压降，并将测量结果填入表 12-14。

表 12-14　二极管检测

		2AP9		1N4148		1N4001	
		1＃	2＃	3＃	4＃	5＃	6＃
正向电阻	R×10Ω 档						
	R×100Ω 档						
	R×1kΩ 档						
反向电阻	R×1kΩ 档						
	R×10kΩ 档						
正向压降							
质量初判							

注意事项：1）不能用手指同时接触二极管的正负极，否则相当于检测时在二极管二端并联了一个较大的人体电阻，测出的反向电阻有误差，影响判别结论；2）必须用万用表 $R\times100$ 或 $R\times1\text{k}\Omega$档，因为用 $R\times10\text{k}\Omega$档时，万用表内一般接高电压电源，有可能造成二极管耐压不够而击穿损坏；用 $R\times1\Omega$或 $R\times10\Omega$时，万用表内限流电阻较小，有可能造成被测试二极管电流过大而损坏。

4．用数字式万用表检测二极管

数字式万用表专设了检测二极管的一档，该档提供了一个 2.8V 的基准电压源，可用于测量二极管的正向压降（电流约 1mA）。一般，硅二极管正向压降约 0.5～0.7V；锗二极管正向压降约 0.15～0.3V。该档还可用于检测发光二极管，正向时，发光二极管亮。

需要说明的是，用数字式万用表电阻档测量二极管的正反向电阻是没有意义的。

5．用晶体管特性图示仪判别二极管

用晶体管特性图示仪可检测二极管的伏安特性，限于篇幅，本书不予展开，有兴趣的读者可参阅有关书籍。

12.6.2　晶体管检测

晶体管的检测一般可用晶体管特性图示仪和万用表简易检测。用万用表检测晶体管，可区分晶体管的 3 个电极、管型和初步判断晶体管质量优劣、β 值大小等，方法简单方便。

1．根据晶体管外形判别 3 个电极

常见的晶体管封装形式主要有金属壳和塑料封装两种形式。图 12-18a、b 为小功率金属壳封装晶体管，目前市场上已不多见，底视图 E、B、C 为等腰三角形排列，B 极位于等腰三角形顶点，E 极临近于底面凸齿；图 12-18c 为小功率塑料封装晶体管，是目前市场最常用的封装形式，底视图沿平面处一般按 CBE 顺序排列；图 12-18d 为大功率塑料封装带散热板的晶体管，正视图从左至右一般按 BCE 顺序排列；图 12-18e 为大功率金属壳封装晶体管，外壳为 C 极。

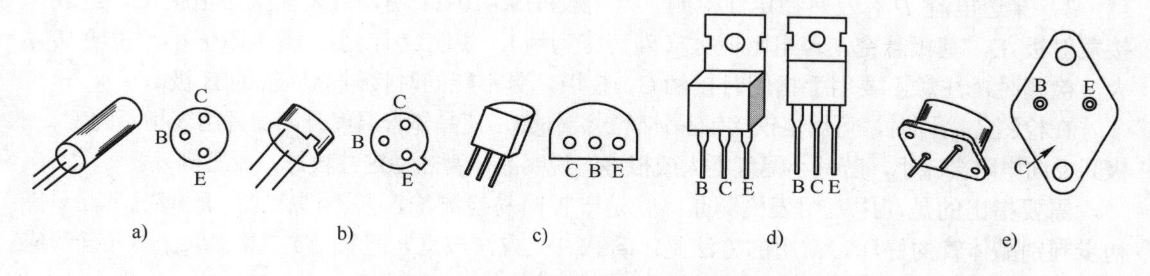

图 12-18　常见晶体管的外形及引脚排列

需要指出的是上述引脚排列为多数同类型晶体管的一般规律，尚有未按此规律排列的相同外形相同型号的晶体管，因此使用时应查阅有关手册或以实际测量为准。

2．用指针式万用表初步检测晶体管

晶体管内部 PN 结排列，可用图 12-19 所示等效电路表示，根据这一特点，可用指针式万用表检测晶体管。

1）判基极和管型。用万用表 $R\times100\Omega$或 $R\times1\text{k}\Omega$档检测 3 个电极间电阻。

① 若测得某一电极对另两个电极正向电阻均小，反向电阻均大，则该电极为基极，且管型为NPN。

② 若测得某一电极对另两个电极正向电阻均大，反向电阻均小，则该电极为基极，且管型为PNP。

2）判集电极C或发射极E。判断区别C极和E极的原理示意图如图12-20所示，主要是利用晶体管PN结集电结、发射结结构上区别而引起的β值绝然不同的特点，按图12-20连接β值很大；反之，若C、E极对调，则β值很小很小。检测时，万用表仍取R×100Ω或R×1kΩ档，黑表棒接假设的集电极，红表棒接假设的发射极，然后用一个大电阻R（100kΩ左右）短接基极和假设的集电极，若偏转较大（β大），说明原假设正确；若偏转很小（β小），说明原假设不正确。一般可作二次假设二次检测，然后比较判别。其中R也可用手指（人体电阻）替代，但由于手指接触松紧引起R值不同，易产生误判。

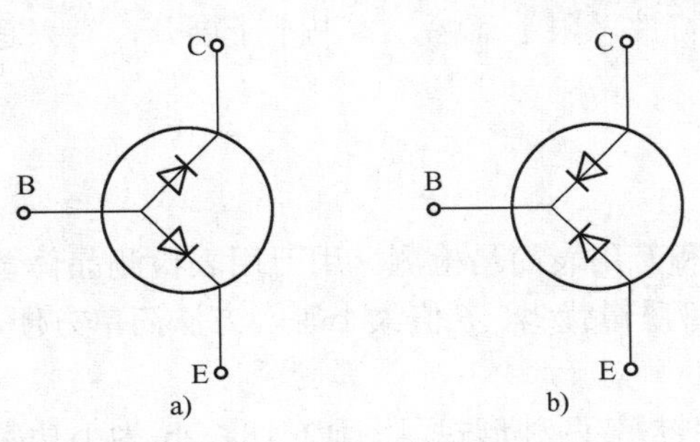

图12-19　晶体管内部PN结排列

a) NPN型　b) PNP型

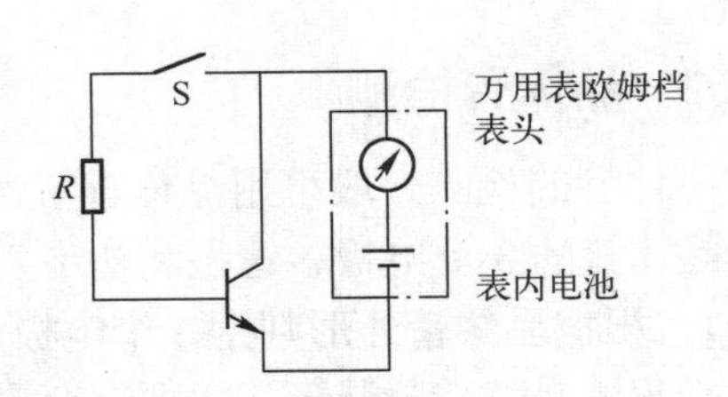

图12-20　判别晶体管C、E极

对于设有测晶体管h_{FE}（即β）插孔的万用表，先用正反向电阻法测出基极B和管型，然后将晶体管分二次测量h_{FE}值（基极插入B孔，另两引脚第一次随意插入C、E孔，第二次C、E对调），比较所测h_{FE}值的大小，较大的一次，各引脚插入的位置是正确的。

3）穿透电流I_{CEO}及热稳定性检测。万用表取R×10kΩ档，黑表棒接集电极C，红表棒接发射极E，基极悬空。若电阻值大（硅管应为∞），说明I_{CEO}小；若电阻值小，说明I_{CEO}大。检测时，注意不要用手指同时接触C、E极，更不能同时接触晶体管的B极。

在检测I_{CEO}同时，可用烙铁接触晶体管封装外壳，使晶体管温度升高，万用表指示的C、E极间反向电阻会减小，若减小幅度不大或很慢，说明晶体管热稳定性较好；反之则差。

需要指出的是，用万用表检测晶体管是一种简易检测法，并不严密。一般情况下，只能初步判别晶体管的好坏。常用的方法是：若按1）方法成立，且按3）方法I_{CEO}小（硅管应$I_{CEO}\to 0$），则晶体管好，否则晶体管坏。

4）估测β值。按上述2）方法，在同等条件下，可相对比较不同晶体管β值的大小，指针偏转大，β大；反之β小。

目前，万用表上一般都设有测量晶体管的插孔，将万用表置于h_{FE}档，就能很方便测出晶体管的β值，并判别管型引脚。需要注意的是，万用表检测h_{FE}的测试条件是按小功率设置，适用于小功率晶体管，且测出的是直流β。

3. 实验内容与步骤

取5～6个晶体管（推荐3AG1、3AX31、3DG6、9012、9013），分别用万用表按上述

1）、2）、3）、4）方法测量晶体管管型、电极、β 值、穿透电流 I_{CEO} 及热稳定性，初步判断晶体管质量优劣。并将测量结果填入表 12-15。

表 12-15　晶体管检测

晶体管编号	V_1管			V_2管			V_3管			V_4管			V_5管			V_6管		
晶体管电极编号	1	2	3	1	2	3	1	2	3	1	2	3	1	2	3	1	2	3
电极名称																		
硅管或锗管																		
NPN 或 PNP																		
β 值估测																		
穿透电流 I_{CEO}																		
热稳定性																		

4．用晶体管特性图示仪判别晶体管

用晶体管特性图示仪可检测晶体管三种组态的输入、输出特性曲线和在某种条件下的特性参数，限于篇幅，本书不予展开，有兴趣的读者可参阅有关书籍。

【实验思考题】

12.21　用万用表检测二极管的正反向电阻时，为什么用不同的量程档测出的电阻相差很大？

12.22　用万用表检测二极管的正向电阻时，硅二极管约几千欧，锗二极管约几百欧，与二极管正向导通的开关特性相去甚远，如何理解？

12.23　既然晶体管是由两个 PN 结组成，可否用两个二极管反向串联组成晶体管？

12.24　晶体管的集电极 C 和发射极 E 都是 PN 结的阴极引出端，两个电极能否对换使用？

12.7　放大电路

1．实验目的

1）学会共射基本放大电路静态工作点的调节方法；2）理解截止失真和饱和失真的基本概念；3）理解电流串联负反馈电路；4）理解集成运算放大电路反相输入、同相输入和差动输入 3 种基本输入电路结构和输入、输出电压关系；5）理解集成运算放大电路加法运算、减法运算和积分运算 3 种基本运算电路结构和输入、输出电压关系。

2．实验设备与元器件

1）电阻；多圈电位器（470kΩ、10kΩ）；2）电容 10μF×2、47μF；3）晶体管（推荐 9013，β：100～160）；4）集成运算放大电路 μA741；5）直流稳压电源、信号发生器、双踪示波器、毫伏表；6）直流电压表、直流电流表（可用万用表替代）；7）面包板。

12.7.1　共射基本放大电路静态工作点测试和调节

1．测试共射基本放大电路静态工作点

按图 12-21 在面包板上连接电路。其中，U_{CC}=6V，R_B=470kΩ，R_C=2.4kΩ，C_1= C_2=10μF，R_L=6.8kΩ，U_{BEQ}=0.6V，β=120，用直流电压、电流表测量电路静态工作点（I_{BQ}、I_{CQ} 和 U_{CEQ}）。并将测量填入表 12-16。

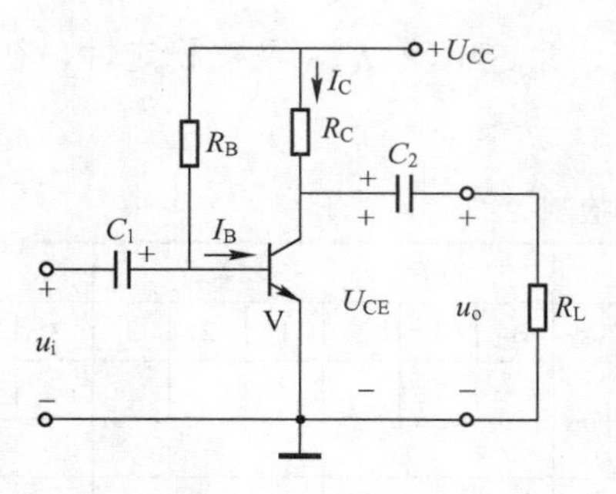

图 12-21　静态工作点测试

表 12-16　静态工作点测试

I_{BQ}/μA	
I_{CQ}/ mA	
U_{CEQ}/ V	

2．测试共射基本放大电路各点电压波形

输入端接信号发生器、毫伏表和双踪示波器的一个输入通道，调节信号发生器，使输入电压 u_i =10mV，f=1kHz，用双踪示波器的另一输入通道分别观察和测量 u_i 与 u_{BE}、u_i 与 u_{CE}、u_i 与 u_o 波形的相位和幅度（包括直流分量和交流分量）；用毫伏表测量 u_o 电压值；并将测量结果填入表 12-17；定性画出 u_i、u_{BE}、u_{CE} 和 u_o 波形图（要求对齐时间坐标）；计算电路电压放大倍数。

表 12-17　共射基本放大电路各点电压和波形

	u_i	u_{BE}/	u_{CE}	u_o	电压放大倍数 A_u=u_o/u_i
直流分量	0	V	V	0	
交流分量	10mV	mV	V	V	
波形					—

3．观察 u_o 截止失真和饱和失真波形

改接电路如图 12-22 所示，其中，U_{CC}=6V，R_C=2.4kΩ，C_1= C_2=10μF，R_L=6.8kΩ，U_{CES}=0.1V，U_{BEQ}=0.6V，β=120，R_P=470kΩ，u_i=10mV，f=1kHz。测量电路在下列两种情况下的静态工作点（I_{BQ}、I_{CQ} 和 U_{CEQ}）：1）R_B=2MΩ，RP 调至最大值（470kΩ）；2）R_B=200kΩ，RP 调至最小值（0）。用示波器观察 u_o 波形，并将测量结果和 u_o 波形填入表 12-18。

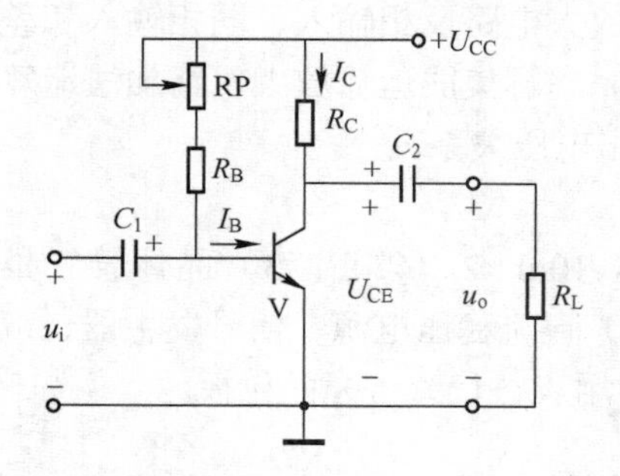

图 12-22　静态工作点调节

表 12-18　截止失真和饱和失真波形

	R_B=2MΩ，R_P=470kΩ	R_B=200kΩ，R_P=0
I_{BQ}/μA		
I_{CQ}/ mA		
U_{CEQ}/ V		
u_o 波形		

说明：由于晶体管特性参数（主要是 β）和电路其他参数的差异，上述截止失真和饱和失真情况可能也会出现差异。若达不到预设要求，在观察截止失真时，可增大 R_B；在观察饱和失真时，可调小 R_B。

4．共射基本放大电路静态工作点的调节

电路仍如图 12-22 所示，其中，R_B 分别为表 12-19 中数值，R_P=470kΩ，其余不变。调节 RP，使 U_{CEQ} 分别为 2V、3V 和 4V，试分别测量 RP 值，并将测量结果填入表 12-19。

表 12-19　静态工作点调节

U_{CEQ}/V	R_B/kΩ	R_P/kΩ
2V	200kΩ	
3V	200kΩ	
4V	390kΩ	

5．电流串联负反馈电路

改接电路如图 12-23 所示，R_E 为电位器，取 R_E=1kΩ。

1）C_E 暂不接，输入电压及其他参数不变，调节 R_E 从 0→1kΩ，用示波器观察 u_o 波形。若调节 R_E 分别为 20Ω、100Ω、500Ω 和 1kΩ，分别测量 u_o 幅值，计算电路电压放大倍数，将测量和计算结果填入表 12-20。

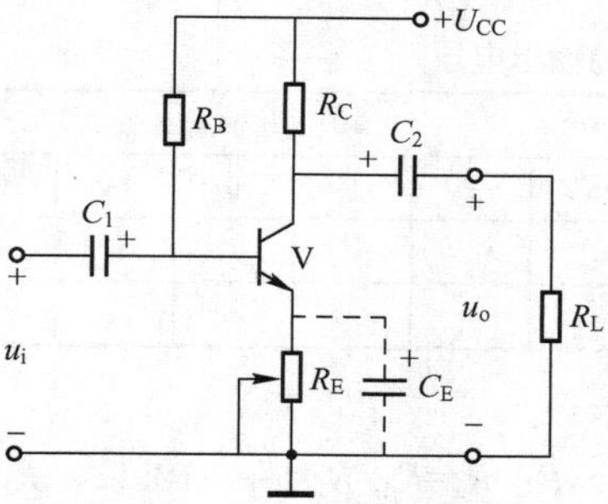

图 12-23　电流串联负反馈电路

表 12-20　R_E 对电压放大倍数的影响

R_E/Ω	u_o/V	$A_u=u_o/u_i$
20		
100		
500		
1000		

2）接 C_E=47μF，输入电压及其他参数不变，调节 R_E 从 0→1kΩ，用示波器观察 u_o 波形。

12.7.2　集成运算放大电路

本节集成运算放大电路实验选用 μA741，其 DIP 封装芯片引脚图如图 12-24a 所示。

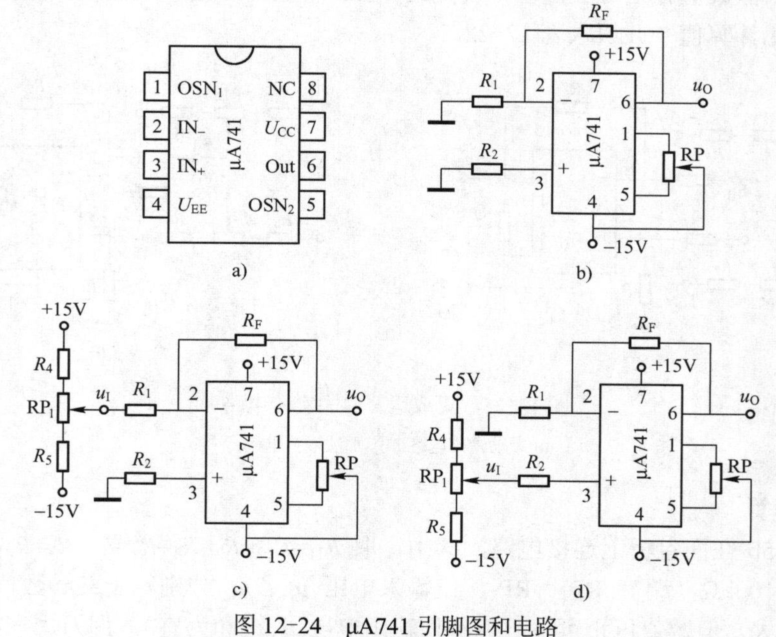

图 12-24　μA741 引脚图和电路

a) 引脚图　b) 调零电路　c) 反相输入电路　d) 同相输入电路

1．集成运算放大电路调零

集成运算放大电路如果输入为 0，输出也应该为 0。但实际上会有一个不为 0 的很小电压，因此需要在输入端输入一个相反电压，使输出为 0，称为调零。

按图 12-24b 在面包板上连接电路，其中，取 R_1=R_2=10kΩ，R_F=33kΩ，RP 为多圈电位器，R_P=100kΩ，调节 RP，使 u_o=0。

2．反相输入

按图 12-24c 在面包板上连接电路，其中，取 R_1=R_2=R_4=R_5=R_{P1}=10kΩ，R_F=33kΩ，R_P=100kΩ，调节 RP_1，使输入电压 u_I 依次等于 0、±1V、±3V、±5V，用万用表分别测量输出电压 u_o，并计算电压增益 A_u，填入表 12-21。

表 12-21　不同 R_F 反馈时的输出电压

u_o	反相输入 u_I							同相输入 u_I						
	−5V	−3V	−1V	0	1V	3V	5V	−5V	−3V	−1V	0	1V	3V	5V
R_F =33kΩ														
$A_u = u_o / u_I$														

3．同相输入

按图 12-24d 在面包板上连接电路，其中，取 R_1=R_2=R_4=R_5=R_{P1}=10kΩ，R_F=33kΩ，R_P=100kΩ，调节 R_{P1}，使输入电压 u_I 依次等于 0、±1V、±3V、±5V，用万用表分别测量输出电压 u_o，并计算电压增益 A_u，填入表 12-21。

4．差动输入

按图 12-25a 在面包板上连接电路，其中，取 R_1=R_2=R_3=R_4=R_5=R_6=R_7=R_{P1}=R_{P2}=10kΩ，R_F=33kΩ，R_P=100kΩ，调节 R_{P1}、R_{P2}，使输入电压 u_{I1}、u_{I2} 分别等于某一数值（注意 u_{I1}、u_{I2} 数值不能过大，但数值可正可负，以不使输出电压 u_o 饱和为宜），用万用表测量实际输出电压 u_o，并将理论计算值一并填入表 12-22。

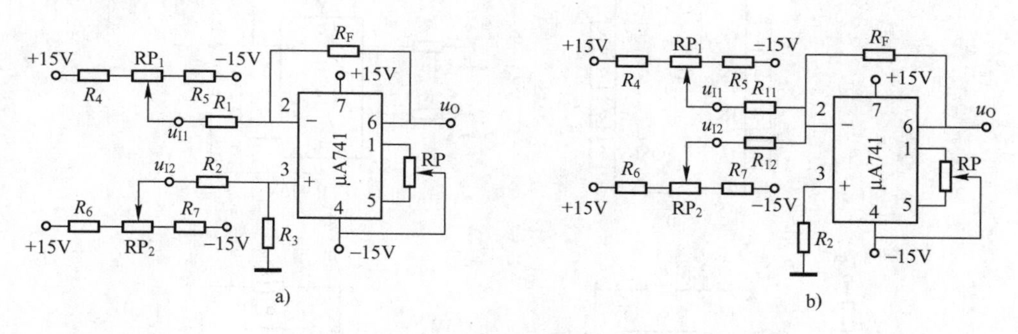

图 12-25　集成运算放大实验电路

a) 差动输入电路　b) 加法运算电路

5．加法运算

按图 12-25b 在面包板上连接电路，其中，取 R_{11}=R_{12}=R_2=R_4=R_5=R_6=R_7=R_{P1}=R_{P2}=10kΩ，R_F=33kΩ，R_P=100kΩ，调节 RP_1、RP_2，使输入电压 u_{I1}、u_{I2} 分别等于某一数值（注意 u_{I1}、u_{I2} 数值不能过大，但数值可正可负，以不使输出电压 u_o 饱和为宜），用万用表测量实际输出

电压 u_o，并将理论计算值一并填入表 12-22。

表 12-22　集成运算放大电路实验输入、输出电压

差动输入				加法运算				减法运算			
u_{I1}	u_{I2}	u_o 计算值	u_o 测量值	u_{I1}	u_{I2}	u_o 计算值	u_o 测量值	u_{I1}	u_{I2}	u_o 计算值	u_o 测量值

6. 减法运算

减法运算电路与差动输入电路相同，但参数条件有所区别。当 $R_1=R_2=R_3=R_F$ 时，构成减法运算电路：$u_o=u_{I2}-u_{I1}$。按图 12-25a 在面包板上连接电路，其中，取 $R_1=R_2=R_3=R_F=10\text{k}\Omega$，$R_4=R_5=R_6=R_7=R_{P1}=R_{P2}=10\text{k}\Omega$，$R_P=100\text{k}\Omega$，调节 R_{P1}、R_{P2}，使输入电压 u_{I1}、u_{I2} 分别等于某一数值（注意 u_{I1}、u_{I2} 数值不能过大，但数值可正可负，以不使输出电压 u_o 饱和为宜），用万用表测量实际输出电压 u_o，并将理论计算值一并填入表 12-22。

7. 积分运算

按图 12-26a 在面包板上连接电路，其中，取 $R_1=R_2=10\text{k}\Omega$，$R_P=100\text{k}\Omega$，$C_F=10\text{nF}$，调节信号发生器，使输入电压 $u_I(t)$为 2500Hz 方波（周期 0.4ms），用双踪示波器观测输入、输出电压波形，并在图 12-26b、c 坐标上分别画出输入电压 $u_I(t)$和输出电压 $u_O(t)$波形。

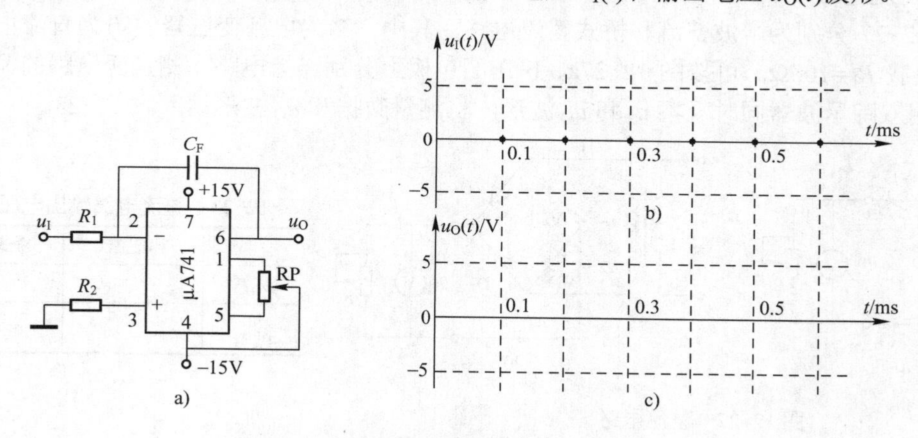

图 12-26　积分运算输入、输出波形

a) 积分运算电路　b) 输入波形　c) 输出波形

【实验思考题】

12.25　按图 12-21 电路参数，计算静态工作点。理论计算值与实测值有何不同？主要原因是什么？

12.26　定性画出图 12-21 电路 u_i、u_{BE}、u_{CE} 和 u_o 波形图（要求对齐时间坐标），并按给定的电路元件参数计算电路电压放大倍数。

12.27　按图 12-22 电路参数，在下列两种情况下：1）$R_B=2\text{M}\Omega$，RP 调至最大值（470kΩ）；2）$R_B=200\text{k}\Omega$，RP 调至最小值（0），计算电路静态工作点（I_{BQ}、I_{CQ} 和 U_{CEQ}），并用示波器观察和定性画出 u_o 波形。

12.28　电路同上题，若要避免 RP 调至 0 时出现饱和失真，应如何处置？

12.29　电路同上题，若要使 U_{CEQ} 分别为 2V、3V 和 4V，应如何处置？

12.30　按图 12-23 电路参数，分别计算不接 C_E 和接 C_E 两种情况下的电路电压放大倍数。

12.31　按图 12-25c 电路参数，若 $u_I(t)$为 2500Hz 方波，试计算输出电压 $u_O(t)$，并分别画出输入电压 $u_I(t)$和输出电压 $u_O(t)$波形（要求对齐时间坐标）。

12.8　直流稳压电源

1．实验目的

1）理解整流和电容滤波的基本概念；2）掌握三端集成稳压器的应用。

2．实验设备与元器件

1）小型电源变压器（推荐参数：二次侧空载电压 9～12V，容量 10W 左右）；2）交流电压表、直流电压表（可用万用表替代）；3）双踪示波器；4）铝电解电容：10μF、22μF、47μF、100μF、470μF、1000μF；CBB 电容：0.1μF；5）变阻器 200Ω；RJX/0.25W 电阻 200Ω；滑线变阻器；6）整流二极管 1N4001；7）三端集成稳压器 7805、LM317；8）面包板。

12.8.1　整流和滤波电路

1．整流电路

图 12-27 分别为半波整流和桥式整流电路，其中，T 为电源变压器，Ⓥ为直流电压表，变阻器负载 R_L=100Ω。可按图 12-27a、b 在面包板上分别连接电路，测量两电路的输出电压 U_O，并用双踪示波器同时观察 u_2 和 u_O 波形，将测量数据和 u_O 波形填入表 12-23。

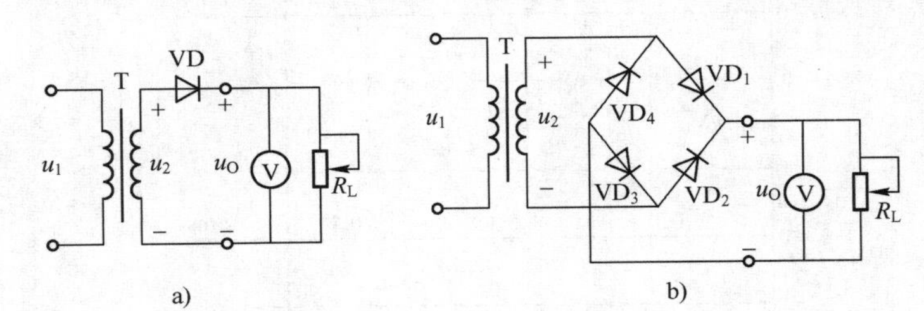

图 12-27　整流电路

a) 半波整流　b) 桥式整流

表 12-23　整流电路输出电压和波形

	半波整流	桥式整流
U_O/V		
u_O 波形		

2．滤波电路

按图 12-28 在面包板上连接电路，分别按表 12-24 调节滑线变阻器 R_L 和电容 C 值，测量电路的输出电压平均值 U_O，并用双踪示波器同时观察 u_2 和 u_O 波形，将测量数据和 u_O 波形填入表 12-24。

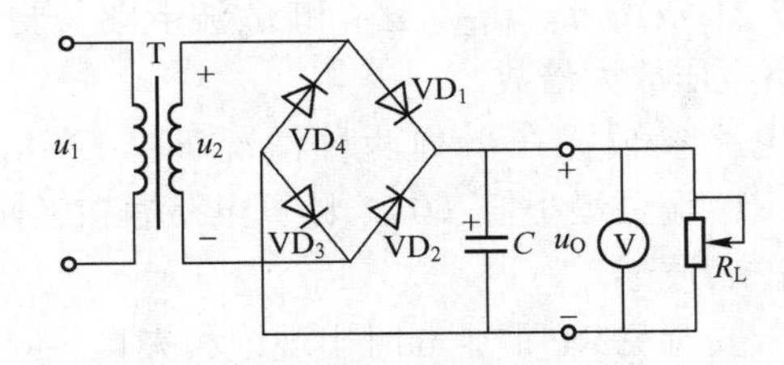

图 12-28　整流滤波电路

表 12-24　整流滤波电路输出电压和波形

	R_L=20Ω C=22μF	R_L=50Ω C=47μF	R_L=100Ω C=100μF	R_L=100Ω C=470μF	R_L=100Ω C=1000μF	R_L→∞ C=22μF
U_O/V						
U_O 波形						

说明：1）R_L 减小时，负载电流将增大，但不能超出 R_L 所能承受的功率。注意选用功率较大的滑线变阻器或短时操作。2）观察 u_O 波形时，可适当放大 Y 轴幅度，以便比较 u_O 波形中的纹波幅度。

12.8.2　集成稳压电路

滤波电路虽能滤去大部分脉动成分，但还不能适应要求较高的电子电路。稳压电路的作用是将含有脉动成分的直流电压变换为稳恒直流电压。

从理解串联型线性稳压电路工作原理的角度看，实验以分列元件组成的稳压电路为宜。但从市场应用和性价比的角度看，实验以掌握三端集成稳压器更合适。

1．输出电压固定的三端集成稳压电路

应用最广和性价比较高的输出电压固定的三端集成稳压器为 78/79 系列，图 12-29 所示电路为由三端集成稳压器 7805 组成的输出电压固定 5V 的稳压电路。其中，C_1、C_3 为电解电容，C_1=C_3=470μF，C_2、C_4 为非电解电容（一般可选用 CBB 电容），C_2=C_4=0.1μF。按图 12-29 在面包板上连接电路，调节负载电阻 R_L，测量电路的输出电压平均值 U_O，并用双踪示波器同时观察和比较 u_3 与 u_O 波形中的纹波幅度。

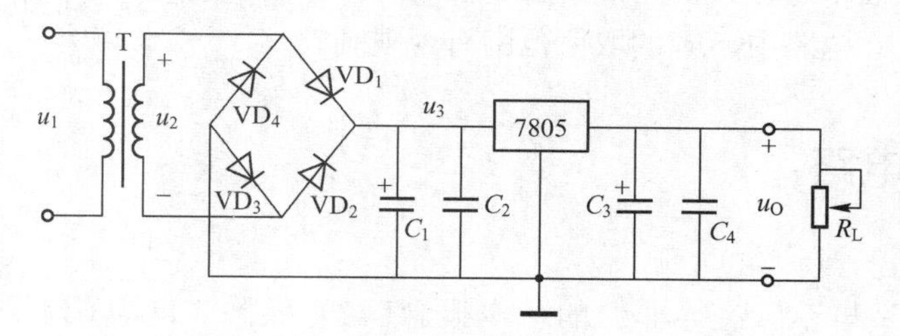

图 12-29　7805 稳压电路

说明：1）三端集成稳压器输入输出电压差不能小于 2V，小于 2V，将不能保证输出稳定电压，纹波幅度增大。但也不宜过大，过大将增加稳压器功耗，超出稳压器最大功耗时将导致其内部热保护电路启动而不能稳压。一般以 3～8V 为宜。2）若由于所选变压器二次电压 u_2 较大，导致稳压电路输入输出电压差过大，可选用 7806、7808、7809 等稳压值更高的三端集成稳压器。3）输出电流较大时，稳压器加装散热片。

2．输出电压可调的三端集成稳压电路

应用最广和性价比较高的输出电压可调三端集成稳压器为 LM317/337，317 输出正电压，337 输出负电压。其典型应用电路如图 12-30 所示，LM317/337 的特点是：1）输出端与 Adj 端之间有一个稳定的带隙基准电压 U_{REF}=1.25V；2）I_{Adj} ＜50μA。因此：

$$U_O=I_1R_1+(I_1+I_{Adj})R_{RP}\approx I_1(R_1+R_{RP})=\frac{U_{REF}}{R_1}(R_1+R_{RP})=\left(1+\frac{R_{RP}}{R_1}\right)U_{REF}$$

按图 12-30 在面包板上连接电路，C_1、C_2、C_3、C_4 与图 12-29 相同，C_5=10μF；R_1=200Ω，R_P=2.2kΩ，调节 RP，可调节输出电压。

说明： 1）R_1 一般可选用 RJX/0.25W 电阻（金属膜）。

2）RP 可选用线性线绕电位器或多圈电位器。其最大阻值视输入输出电压值和 R_1 阻值。

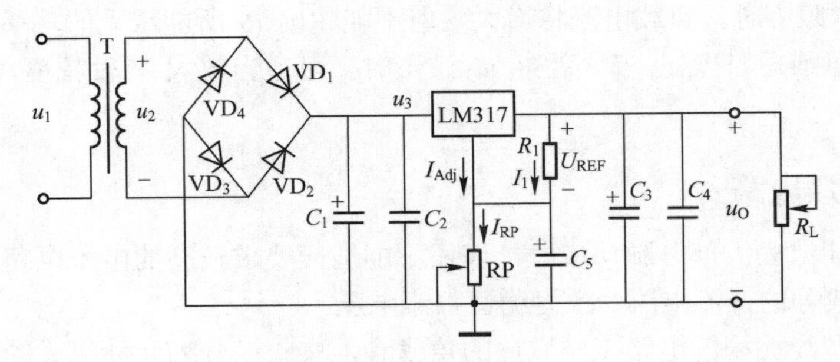

图 12-30　LM317 可调稳压电路

【实验思考题】

12.32　半波整流与全波整流有什么区别？

12.33　从示波器观察，滤波电路中的滤波电容减小、负载电阻减小（负载电流增大），会带来什么后果？滤波电容应如何选取？

12.34　三端集成稳压器对输入输出电压差有什么要求？

12.35　LM317/337 有什么特点？输出电压如何计算？

12.36　图 12-30 电路中，R_1 的取值范围有否限制？

12.9　集成门电路

1. 实验目的

1）熟悉逻辑“与”“或”“非”的基本概念；2）熟悉 TTL、CMOS 集成门电路典型常用品种引脚排列和基本应用；3）熟悉由集成门电路组成的多谐振荡器的组成和参数调节。

2. 实验设备与元器件

1）直流稳压电源，万用表、面包板、双踪示波器；2）TTL 门电路：74LS00、74LS02、74LS04、74LS08、74LS32、74LS86；3）CMOS 门电路：CC4001、CC4011、CC4030、CC4069、CC40106；4）线性电位器 33kΩ；电阻 10kΩ、220kΩ、2.2MΩ；电容 1nF、100pF；5）晶振 32768Hz；6）二极管 1N4148。

12.9.1　与或非基本逻辑门

1. 非门

查阅 74LS04 和 CC4069 引脚排列图。分别取 74LS04 和 CC4069 中的一个反相器，按图 12-31 在面包板上电路连接。按表 12-25，输入 u_I，测试输出电压 u_O。

表 12-25　非门电路实验

U_{CC}/V	u_I/V	u_O/V	
		74LS04	CC4069
5	0		
5	5		

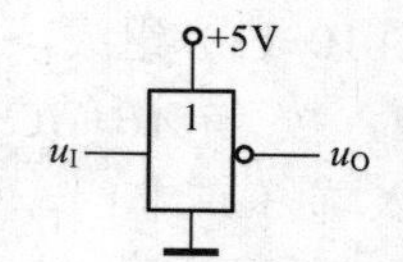

图 12-31　非门实验电路

2．与门和与非门

查阅 74LS08、74LS00 和 CC4011 引脚排列图。按图 12-32，分别取上述 3 种集成电路中的一个与（与非）门连接电路。按表 12-26，输入 u_A、u_B，测试输出电压 u_O。

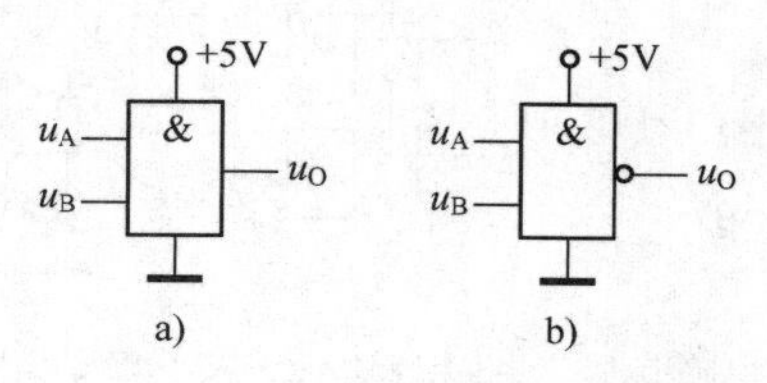

图 12-32　与（与非）门实验电路

a) 与门　b) 与非门

表 12-26　与（与非）门电路实验

U_{CC}/V	u_I/V		u_O/V		
	u_A	u_B	74LS08	74LS00	CC4011
5	0	0			
5	0	5			
5	5	0			
5	5	5			

3．或门和或非门

查阅 74LS32、74LS02 和 CC4001 引脚排列图。按图 12-33，分别取上述 3 种集成电路中的一个或（或非）门连接电路。按表 12-27，输入 u_A、u_B，测试输出电压 u_O。

表 12-27　或（或非）门电路实验

U_{CC}/V	u_I/V		u_O/V		
	u_A	u_B	74LS32	74LS02	CC4001
5	0	0			
5	0	5			
5	5	0			
5	5	5			

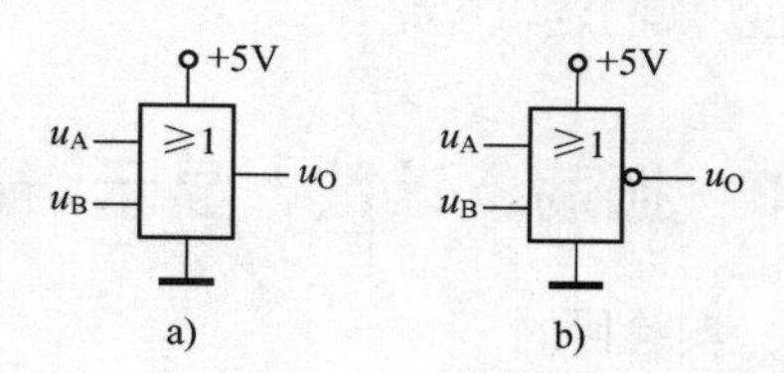

图 12-33　或（或非）门实验电路

a) 或门　b) 或非门

12.9.2　三人多数表决器

三人多数表决逻辑真值表如表 12-28 所示，由门电路组成的逻辑电路如图 9-10、图 9-12a 和图 9-12b 所示。其逻辑最小项表达式为：

$$
\begin{aligned}
Y &= ABC+AB\overline{C}+A\overline{B}C+\overline{A}BC = AB+C(A\overline{B}+\overline{A}B) \\
&= AB+C(A\oplus B) \\
&= AB+BC+CA \\
&= \overline{\overline{AB}\cdot\overline{BC}\cdot\overline{CA}}
\end{aligned}
$$

表 12-28　三人多数表决真值表

输　入			输　出
A	*B*	*C*	*Y*
0	0	0	0
0	0	1	0
0	1	0	0
0	1	1	1
1	0	0	0
1	0	1	1
1	1	0	1
1	1	1	1

上述逻辑表达式表明，实现 3 人多数表决逻辑功能的电路可有多种。为便于观察，在输出端接发光二极管 VD，灯亮表示通过。

1）电路 1。按 $Y=AB+C(A\oplus B)$，可用 74LS08（2 输入

端4与门，引脚图10-10）、74LS32（2输入端4或门，引脚图10-11）、74LS86（2输入端4异或门，引脚图10-13）组成，如图12-34所示。

2）电路2。按 $Y=AB+BC+CA$，可用74LS08（2输入端4与门，引脚图10-10）、74LS27（3输入端3或非门，引脚图10-11）组成（用74LS27中两个或非门实现1个或门），如图12-35所示。

3）电路3。按 $Y=\overline{\overline{AB}\cdot\overline{BC}\cdot\overline{CA}}$，可用74LS00（2输入端4与非门，引脚图10-10）、74LS10（3输入端3与非门，引脚图10-10）组成，如图12-36所示。

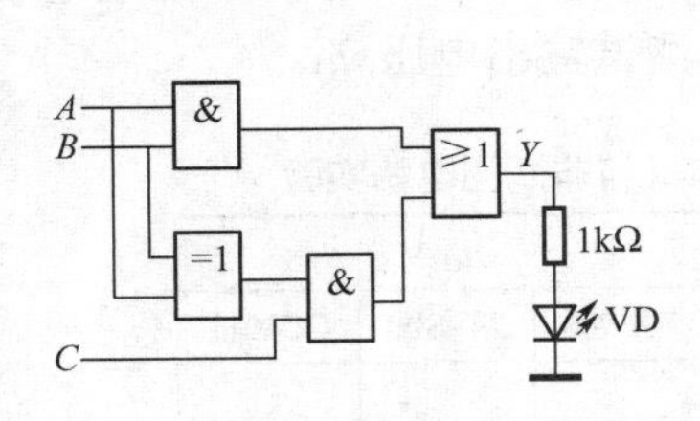

图12-34　三人多数表决电路2

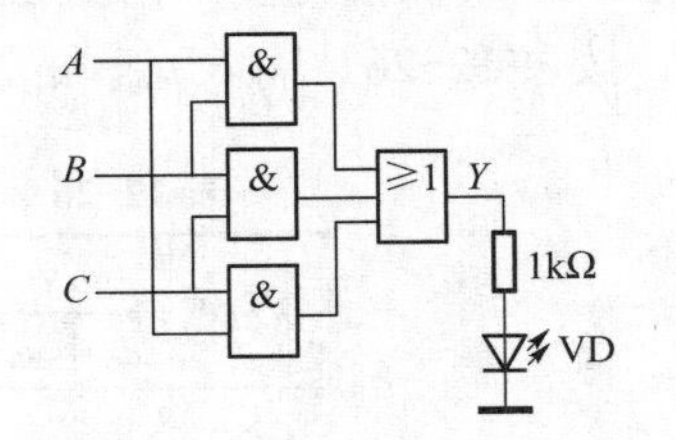

图12-35　三人多数表决电路3

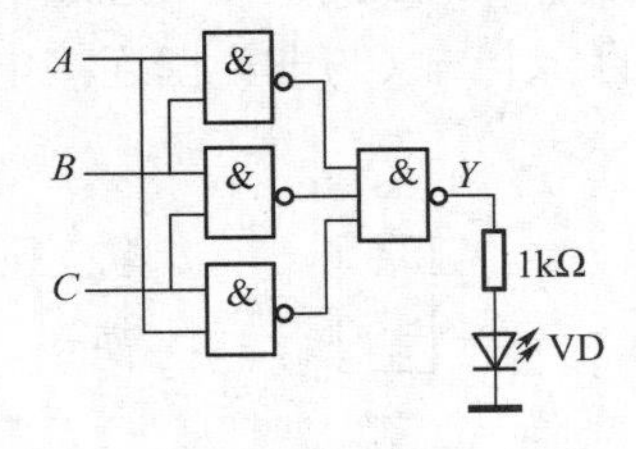

图12-36　三人多数表决电路4

用上述集成门电路，分别按图12-34、图12-35、图12-36连接电路，按表12-28依次输入 ABC 信号（接+5V代表“1”，接地代表“0”），验证输出结果（VD亮表示表决通过）。

【实验思考题】

12.37　可用3种不同的门电路实现三人多数表决器逻辑功能，说明了什么？怎样选择最方便实现的逻辑电路？

12.10　振荡、计数、显示、译码和编码电路

1．实验目的

1）熟悉由门电路组成的多谐振荡器；2）熟悉二进制计数器74HC161；3）熟悉3线-8线译码器74HC138；4）熟悉8线-3线编码器74HC148；5）熟悉BCD译码显示器CC4511。

2．实验设备与元器件

1）直流稳压电源、面包板；2）集成电路：74HC00、74HC161、74HC138、74HC148、CC4511；3）共阳数码管；4）发光二极管；5）电阻：510Ω、470kΩ、1MΩ；6）电容：1μF。

3．实验内容和实验步骤

1）先按图12-37左半部分振荡（74HC00引脚图10-10）、计数（74HC161引脚图10-44）、显示（CC4511引脚图10-18）在面包板上连接电路。其中，R_S=1MΩ，R=470kΩ，C=1μF，控制端接高电平（+5V）。74HC00为2输入端4与非门，应用其中两个与非门，组成多谐振荡器，产生约1Hz的方波。经74HC161计数，从 $Q_2Q_1Q_0$ 输出。该BCD码被CC4511译码为7段共阳显示码，并驱动共阳数码管循环显示0～7。

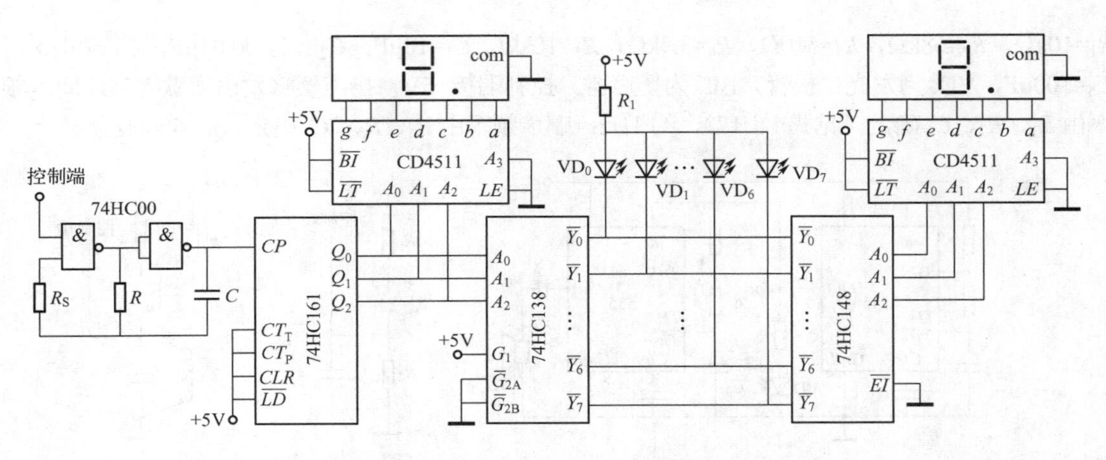

图 12-37 振荡、计数、显示、译码和编码实验电路

2）完成上述电路连接并正确计数循环显示后，再接通 74HC138（引脚图 10-17）及 8 位发光二极管显示电路。其中，R_1=510Ω。74HC138 将 3 位编码输入信号译为 8 位输出信号，当 CC4511 依次显示 0～7 时，相应编号的发光二极管点亮，其余暗。

3）完成上述两部分电路功能后，再接通编码器 74HC148（引脚图 10-16）及 CC4511（引脚图 10-18）输出显示电路。74HC138 的 8 位输出信号，一方面驱动相应编号的发光二极管点亮，同时作为 74HC148 的输入信号，编码后从输出端输出，再经 CC4511 译码为 7 段共阳显示码，并驱动共阳数码管循环显示 0～7。

整个电路正确运行的结果是：两个数码管循环显示同一计数编号 0～7，并点亮相应编号的发光二极管。

【实验思考题】

12.38 为什么图 12-37 中的 CC4511 编码输入端 A_3 需接地？

12.39 若 CC4511 初始显示不是 0，怎样才能使其初始显示为 0？

12.40 如何使图 12-37 中计数显示速度加快？

12.11 555 定时器应用

1．实验目的

熟悉 555 定时器功能及其应用。

2．实验设备与元器件

1）直流稳压电源、面包板；2）555 定时器；3）电阻：100Ω、510Ω、3.9kΩ、10kΩ、47kΩ、68kΩ、1MΩ；4）电容：0.01μF、0.1μF、10μF、47μF、100μF；5）发光二极管、扬声器、按键（无锁）。

3．实验内容和实验步骤

555 定时器可构成施密特触发器、单稳态电路、多谐振荡器和间隙振荡电路，并在此基础上又可组成各种应用电路。

1）间歇嘟声发生电路。按图 12-38a 连接电路（555 引脚图 11-27）。其中，U_{CC}=+5V，

R_1=10kΩ，R_2=68kΩ，R_3=510Ω，R_4=3.9kΩ，R_5=10kΩ，C_1=10μF，$C_2=C_4$=0.01μF，C_3=0.1μF，C_5=100μF，VD 为发光二极管，BL 为扬声器。控制端接+5V，扬声器将发出间歇嘟声，间歇频率由 R_1、R_2、C_1 确定（见式 11-17），约 1Hz；嘟声频率由 R_4、R_5、C_3 确定，约 600Hz。

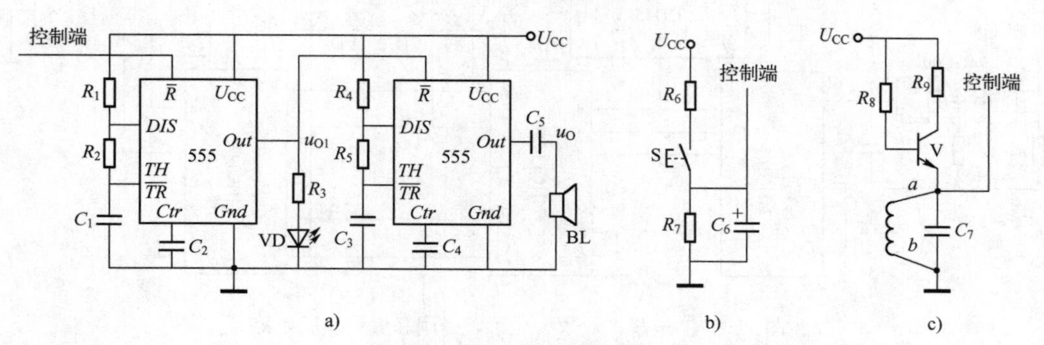

图 12-38　555 应用电路

a) 间歇嘟声发生电路　b) 门铃电路控制部分　c) 防盗报警电路控制部分

2）门铃电路。在图 12-38a 电路基础上加接控制电路图 12-38b，其中，R_6=100Ω，R_7=1MΩ，C_6=47μF。按下按键〈S〉，扬声器将发出间歇嘟声，持续约 47s，持续时间由 R_7、C_6 确定。

3）防盗报警电路。在图 12-38a 电路基础上加接控制电路图 12-38c，其中，R_8=47kΩ，R_9=10kΩ，C_7=0.1μF。若短路线接在 ab 两端，$\overline{R}$ 端接低电平，555 停振；若盗贼破门窗而入，扯断 ab 线，电容 C_7 充电至 $\overline{R}$ 端高电平阈值，555 振荡，扬声器发出间歇嘟声，持续不断。

【实验思考题】

12.41　叙述图 12-38a 电路工作原理。调节嘟声频率和间歇频率，可调整哪些元件？

12.42　计算图 12-38b 电路门铃声持续时间。

参考文献

[1] 张志良. 电工基础[M]. 北京：机械工业出版社，2010.
[2] 张志良. 电工基础学习指导与习题解答[M]. 北京：机械工业出版社，2010.
[3] 张志良. 模拟电子技术基础[M]. 北京：机械工业出版社，2006.
[4] 张志良. 模拟电子学习指导与习题解答[M]. 北京：机械工业出版社，2006.
[5] 张志良. 数字电子技术基础[M]. 北京：机械工业出版社，2007.
[6] 张志良. 数字电子学习指导与习题解答[M]. 北京：机械工业出版社，2007.
[7] 张志良. 电子技术基础[M]. 北京：机械工业出版社，2009.
[8] 张志良. 计算机电路基础[M]. 北京：机械工业出版社，2011.
[9] 张志良. 计算机电路基础学习指导及习题解答[M]. 北京：机械工业出版社，2011.
[10] 张志良. 单片机原理与控制技术[M]. 3 版. 北京：机械工业出版社，2013.
[11] 张志良. 单片机学习指导及习题解答[M]. 2 版. 北京：机械工业出版社，2013.

精品教材推荐

精品教材推荐

SMT 工艺

书号：ISBN 978-7-111-53321-4

定价：35.00 元　　作者：刘新

推荐简言：

国家骨干高职院校建设成果。采用项目导向，任务驱动的模式组织教学内容。校企深度合作，教学内容符合 SMT 生产企业实际需求。

物联网技术应用——智能家居

书号：ISBN 978-7-111-50439-9

定价：35.00 元　　作者：刘修文

推荐简言：

通俗易懂，原理产品一目了然。内容新颖，实训操作添加技能。一线作者，案例讲解便于教学。

手机原理与维修项目式教程

书号：ISBN 978-7-111-53449-5

定价：26.00 元　　作者：陈子聪

推荐简言：

执行“以就业为导向”的指导思想，多采用实物图来讲解，便于学生形象理解，突出“做中学、做中教”的职业教学特色，以“智能机型”为例讲解，充分体现“以学生为本”的教学思想，突出手机维修技能训练。

光伏电站的施工与维护

书号：ISBN 978-7-111-52516-5

定价：29.90 元　　作者：袁芬

推荐简言：江苏省示范院校重点专业教改课程配套教材。校企合作编写，对接光伏电站，精选案例，实用性强。采用“项目-任务”的编写模式，突出“任务引领”的职业教育教学特色。理论联系实际，对光伏电站的施工、测试和维护具有可操作性。

Verilog HDL 与 CPLD/FPGA 项目开发教程 第 2 版

书号：ISBN 978-7-111-52029-0

定价：39.90 元　　作者：聂章龙

推荐简言：

教材内容以“项目为载体，任务为驱动”的方式进行组织。教材的项目选取源自企业化的教学项目，教材体现充分与企业合作开发的特色。教材知识点的学习不再将理论与实践分开，而是将知识点融入到每个项目的每个任务中。教材遵循“有易到难、有简单到综合”的学习规律。

电子产品装配与调试项目教程

书号：ISBN 978-7-111-53480-8

定价：39.90 元　　作者：牛百齐

推荐简言：

以项目为载体，将电子产品装配与调试工艺融入工作任务中。以培养技能为主线，学中做，做中学，快速掌握并应用。含丰富的实物及操作图片，真实、直观，方便教学。

精品教材推荐

自动化生产线安装与调试 第2版

书号：ISBN 978-7-111-49743-1

定价：53.00 元　　作者：何用辉

推荐简言："十二五"职业教育国家规划教材

校企合作开发，强调专业综合技术应用，注重职业能力培养。项目引领、任务驱动组织内容，融"教、学、做"于一体。内容覆盖面广，讲解循序渐进，具有极强实用性和先进性。配备光盘，含有教学课件、视频录像、动画仿真等资源，便于教与学

智能小区安全防范系统 第2版

书号：ISBN 978-7-111-49744-8

定价：43.00 元　　作者：林火养

推荐简言："十二五"职业教育国家规划教材

七大系统 技术先进 紧跟行业发展。来源实际工程 众多企业参与。理实结合 图像丰富 通俗易懂。参照国家标准 术语规范

短距离无线通信设备检测

书号：ISBN 978-7-111-48462-2

定价：25.00 元　　作者：于宝明

推荐简言："十二五"职业教育国家规划教材

紧贴社会需求，根据岗位能力要求确定教材内容。立足高职院校的教学模式和学生学情，确定适合高职生的知识深度和广度。工学结合，以典型短距离无线通信设备检测的工作过程为逻辑起点，基于工作过程层层推进。

数字电视技术实训教程 第3版

书号：ISBN 978-7-111-48454-7

定价：39.00 元　　作者：刘修文

推荐简言："十二五"职业教育国家规划教材

结构清晰，实训内容来源于实践。内容新颖，适合技师级人员阅读。突出实用，以实例分析常见故障。一线作者，以亲身经历取舍内容

物联网技术与应用

书号：ISBN 978-7-111-47705-1

定价：34.00 元　　作者：梁永生

推荐简言："十二五"职业教育国家规划教材

三个学习情境，全面掌握物联网三层体系架构。六个实训项目，全程贯穿完整的智能家居项目。一套应用案例，全方位对接行企人才技能需求

电气控制与 PLC 应用技术 第2版

书号：ISBN 978-7-111-47527-9

定价：36.00 元　　作者：吴丽

推荐简言：

实用性强，采用大量工程实例，体现工学结合。适用专业多，用量比较大。省级精品课程配套教材，精美的电子课件，图片清晰、画面美观、动画形象